国外优秀数学著作
原 版 系 列

古典群和量子群的压缩

●［俄罗斯］尼古拉·阿列克谢耶维奇·格罗莫夫

著

（俄文）

哈尔滨工业大学出版社
HARBIN INSTITUTE OF TECHNOLOGY PRESS

黑版贸审字 08-2020-098 号

Автор Н. А. Громов Название Контракции классических и квантовых групп ISBN 978-5-9221-1398-4

Разрешение издательства ФИЗМАТЛИТ © на публикацию на русском языке в Китайской Народной Республике

The Russian language edition is authorized by FIZMATLIT PUBLISHERS RUSSIA for publishing and sales in the People's Republic of China

图书在版编目(CIP)数据

古典群和量子群的压缩:俄文/(俄罗斯)尼古拉·阿列克谢耶维奇·格罗莫夫著. —哈尔滨:哈尔滨工业大学出版社,2021.3

ISBN 978-7-5603-9366-7

Ⅰ.①古…　Ⅱ.①尼…　Ⅲ.①量子群-研究-俄文　Ⅳ.①O152.5

中国版本图书馆 CIP 数据核字(2021)第 038452 号

策划编辑　刘培杰
责任编辑　刘家琳　穆　青
封面设计　孙茵艾
出版发行　哈尔滨工业大学出版社
社　　址　哈尔滨市南岗区复华四道街 10 号　邮编 150006
传　　真　0451-86414749
网　　址　http://hitpress.hit.edu.cn
印　　刷　哈尔滨圣铂印刷有限公司
开　　本　880 mm×1 230 mm　1/32　印张 12.25　字数 395 千字
版　　次　2021 年 3 月第 1 版　2021 年 3 月第 1 次印刷
书　　号　ISBN 978-7-5603-9366-7
定　　价　98.00 元

ОГЛАВЛЕНИЕ

Часть I. Контракции классических групп и супергрупп

Ч а с т ь II. Контракции квантовых групп

Предисловие

Теоретико-групповые методы составляют неотъемлемую часть современной теоретической и математической физики. Достаточно напомнить, что наиболее продвинутая теория фундаментальных взаимодействий — стандартная электрослабая модель — является калибровочной теорией с калибровочной группой $SU(2) \times U(1)$. В различных областях физики находят применения все типы классических групп: ортогональные, унитарные и симплектические, а также неоднородные группы, представляющие собой полупрямые произведения своих подгрупп. Группы Евклида, Лобачевского, Галилея, Лоренца, Пуанкаре, анти-де Ситтера лежат в основе пространственных и пространственно-временных симметрий. Супергруппы и суперсимметричные модели в теории поля предсказывают существование суперсимметричных партнеров известных элементарных частиц. Квантовые деформации групп и алгебр Ли приводят к некоммутативным моделям пространства-времени (или кинематикам).

Контракции групп Ли — это метод получения новых групп Ли из исходных. В стандартном подходе Вигнера–Иненю [164] процедура контракции состоит в введении в группу одного или нескольких параметров ε таким образом, чтобы в пределе $\varepsilon \to 0$ сохранялись групповая структура и размерность группы Ли, а групповое умножение изменялось. Хорошо известно, что проще изучать невырожденные структуры. Так, общую группу Ли можно представить в виде полупрямого произведения полупростой и разрешимой групп и свести проблему классификации групп Ли к классификации полупростых и разрешимых групп. Однако, если полупростые группы Ли давно классифицированы, то получить классификацию разрешимых групп Ли нет никакой надежды [57]. В общем случае контрактированная группа представляет собой полупрямое произведение своих подгрупп. В частности, контракция полупростых групп Ли приводит к неполупростым группам. Поэтому метод контракций является инструментом изучения неполупростых групп, отталкиваясь от хорошо изученных полупростых групп Ли.

Метод контракций (предельных переходов) впоследствии был распространен на другие типы групп и алгебр. Градуировочные контракции (graded contractions) [191, 194] дополнительно сохраняют введенную на алгебре Ли градуировку. Контракции биалгебр Ли [105] сохраняют алгебру Ли и кокоммутатор. Контракции алгебр Хопфа (или квантовых групп) [123, 124] вводятся так, чтобы в пределе $\varepsilon \to 0$ получались новые выражения для коумножения, коединицы и антипода, удовлетворяющие аксиомам алгебры Хопфа. Все это привело к обобщению понятия контракции на произвольные алгебраические структуры [147].

Определение 1.1. Контракцией алгебраической структуры $(M, *)$ называется зависящее от параметра ε отображение

$$\psi_\varepsilon : (M, *) \to (N, *'), \tag{1}$$

где $(N, *')$ есть алгебраическая структура рассматриваемого типа, изоморфная $(M, *)$ при $\varepsilon \neq 0$ и неизоморфная при $\varepsilon = 0$.

Существует другой подход [28] к описанию неполупростых групп (алгебр) Ли и отвечающих им квантовых групп, основанный на рассмотрении этих алгебраических структур над алгеброй Пименова $\mathbf{P}_n(\iota)$ с нильпотентными коммутативными образующими. При этом важный класс групп — групп движений пространств с постоянной кривизной (или групп Кэли–Клейна) — реализуется как матричные группы специального вида над $\mathbf{P}_n(\iota)$ и может быть получен из простой классической ортогональной группы заменой ее матричных элементов на элементы алгебры $\mathbf{P}_n(\iota)$. Оказывается, что такая замена формально совпадает с введением параметров ε в методе контракций Вигнера–Иненю [164]. Тем самым наш подход демонстрирует, что математической основой метода контракций алгебраических структур является существование соответствующих структур над алгеброй $\mathbf{P}_n(\iota)$.

Следует отметить, что оба подхода дополняют друг друга и в конечном счете приводят к одинаковым результатам. Нильпотентные образующие удобнее использовать при математическом анализе контракций, тогда как стремящийся к нулю контракционный параметр больше отвечает физической интуиции, в соответствии с которой состояние физической системы изменяется непрерывно и система плавно переходит к своему предельному состоянию. В главах 8 и 15, посвященных применению метода контракций, используется как раз традиционный подход.

В геометрии известно (см. обзор [84]), что с помощью проективной метрики можно получить 3^n геометрий размерности n, допускающих максимальную группу движений. Р.И. Пименов [64, 69] предложил единое аксиоматическое описание всех 3^n геометрий пространств постоянной кривизны (геометрий Кэли–Клейна) и показал, что все они локально моделируются в виде области n-мерного сферического пространства с именованными координатами, которые могут быть вещественными, чисто мнимыми или нильпотентными. В соответствии с Эрлангенской программой Ф. Клейна, главное в геометрии — это ее группа преобразований, тогда как свойства преобразуемых объектов — вещи второстепенные. Группа движений n-мерного сферического пространства изоморфна ортогональной группе $SO(n+1)$. В свою очередь, группы, получающиеся из $SO(n+1)$ контракциями и аналитическими продолжениями, изоморфны группам движений систем Кэли–Клейна, что обеспечивает геометрическую интерпретацию схемы контракций

Кэли–Клейна. По аналогии эта интерпретация переносится на случай контракций других алгебраических систем.

Цель настоящей книги — дать единое описание групп (алгебр), супералгебр и квантовых групп Кэли–Клейна с помощью контракций ортогональных, унитарных, симплектических групп (алгебр) Ли, классических супералгебр и квантовых деформаций простых классических групп.

Метод, позволяющий достичь поставленной цели, — это имеющий ясную геометрическую интерпретацию метод переходов, основанный на введении набора контракционных параметров $j = (j_1, \ldots, j_n)$, каждый из которых принимает по три значения: вещественная единица, чисто мнимая единица, нильпотентная единица.

Метод переходов между группами, помимо самостоятельного интереса для теории групп, представляет интерес и для теоретической физики. Если имеется теоретико-групповое описание физической системы с какой-то группой симметрии, то контракция группы симметрии отвечает некоторому предельному поведению системы. Таким образом, переформулировка описания системы в терминах метода переходов и физическая интерпретация параметров j открывает возможность изучать поведение физической системы в различных предельных случаях. Пример такого подхода изложен в главе 8 для электрослабой модели взаимодействия элементарных частиц.

Представляется, что развитый формализм является необходимым инструментом для построения «общей теории физических систем», в соответствии с которой «необходимо перейти от инвариантно-группового изучения одной отдельно взятой физической теории или геометрии, понимаемой в смысле Клейна (т. е. характеризуемой заданием основной группы), к одновременному изучению сразу того или иного множества предельных теорий. Тогда некоторые физические и геометрические свойства будут инвариантными характеристиками всего множества теорий — их следует рассматривать в первую очередь. Другие свойства будут специфичны только для конкретных представителей множества и будут меняться при предельном переходе от одной теории к другой» [41].

Часть первая монографии посвящена контракциям классических групп и некоторым их применениям. В главе 1 кратко описывается алгебра Пименова с нильпотентными образующими, даются определения ортогональных, унитарных и симплектических групп Кэли–Клейна, находятся их генераторы, коммутаторы и операторы Казимира преобразованием соответствующих величин классических групп. Далее (раздел 1.5) исследуется структура переходов между группами и устанавливается, что в качестве исходной для получения всего набора групп Кэли–Клейна можно взять группу в произвольном нерасслоенном пространстве. В главе 2 подробно рассматриваются кинематические группы и дается интерпретация кинематик, включая экзотические кинематики Кэрролла, как пространств постоянной кривизны.

В главе 3 рассматриваются контракции неприводимых представлений унитарных и ортогональных алгебр в базисе Гельфанда–Цетлина, который является особенно удобным для приложений в квантовой физике. Находятся возможные варианты контракций, приводящие к различным неприводимым представлениям контрактированных алгебр и подробно изучаются контракции общего вида, дающие в результате неприводимые представления с отличным от нуля спектром всех операторов Казимира. При многомерных контракциях, когда контрактированная алгебра есть полупрямая сумма нильпотентного радикала и полупростой подалгебры, метод переходов обеспечивает построение неприводимых представлений алгебр такой структуры исходя из хорошо известных неприводимых представлений классических алгебр. В том случае, когда контрактированные по разным параметрам алгебры изоморфны, получаются неприводимые представления в разных (дискретном и непрерывном) базисах.

В главе 4 обосновывается эвристический принцип, согласно которому физически различные величины (метр, секунда, кулон и др.) геометрически моделируются размерностями пространства не совмещаемыми группами автоморфизмов и показывается, что для единого геометрического описания большого числа физически различных величин подходящим инструментом является многократно расслоенная полуриманова геометрия. Демонстрируется, что полуриманово пространство специального вида может рассматриваться как единая геометрическая теория пространства–времени–электричества.

Глава 5 посвящена градуированным контракциям бесконечномерной алгебры Вирасоро и ее представлений. Рассматриваются контрактированные представления старшего веса, которые являются приводимыми за исключением некоторых специальных случаев.

В главе 6 рассматривается другой тип бесконечномерных алгебр — аффинные алгебры Каца–Муди [45]. Мнимый корень δ аффинных алгебр обладает свойством нильпотентности $\delta^2 = 0$ (что и приводит к бесконечномерности алгебры), и поэтому естественно интерпретируется как вектор расслоенного пространства. Определены корневые системы в пространствах Кэрролла с вырожденным скалярным произведением и показано их соответствие аффинным алгебрам Каца–Муди.

В главе 7 определен класс ортосимплектических и унитарных супералгебр Кэли–Клейна, которые получаются из классических супералгебр $osp(m|2n)$ и $sl(m|n)$ контракциями и аналитическими продолжениями в рамках схемы Кэли–Клейна. Найдены их операторы Казимира. Подробно рассмотрены контракции супералгебры $osp(1|2)$ и ее представлений.

В качестве примера применения метода контракций в физике в главе 8 рассмотрена модифицированная электрослабая модель взаимодействия элементарных частиц с контрактированной калибровочной группой. Стремящийся к нулю контракционный параметр связывается с энергией нейтрино, что позволяет объяснить весьма редкое взаимодействие нейтрино с веществом при малых энергиях и рост сечения этого взаимодействия с ростом энергии нейтрино.

Во второй части рассматриваются квантовые группы, т. е. некоммутативные и некокоммутативные алгебры Хопфа, полученные школой Л. Д. Фаддеева [50, 72, 78] в рамках метода квантовой обратной задачи. В качестве исходных используются определения и конструкции работы [72].

В главе 9 вводятся квантовые ортогональные группы Кэли–Клейна. Для этого систематическое определение квантовых деформаций классических простых групп и алгебр Ли в так называемом «симплектическом» базисе работы [72] переформулируется в декартов базис. Квантовые ортогональные алгебры Кэли–Клейна определяются как двойственные объекты к соответствующим квантовым группам. Полученные общие конструкции иллюстрируются на примерах квантовых групп и алгебр низших размерностей.

Рекурсивный метод нахождения квантовой структуры непосредственно алгебр Кэли–Клейна евклидова типа во вращательных образующих, развитый в работах [101]–[104], рассматривается в главе 10. Подробно изучены контракции квантовых алгебр $so_z(3)$ и $so_z(4)$ при разных выборах примитивных элементов в алгебрах Хопфа. Отметим, что квантовые аналоги неполупростых алгебр Ли низших размерностей впервые получены методом контракций в работах [121, 124].

При стандартной схеме контракций Кэли–Клейна разные ее сочетания со структурой алгебры Хопфа возникают за счет выбора разных примитивных элементов. В главе 11 эта идея применяется к квантовым ортогональным группам в декартовых образующих. Дается общее определение и в качестве примеров подробно рассматриваются контракции квантовых групп $SO_z(N)$ при $N = 3, 4, 5$.

В главе 12 определяются квантовые унитарные группы Кэли–Клейна и находится структура алгебры Хопфа для контрактированных квантовых унитарных групп. В разделе 12.7 изучается изоморфизм квантовой унитарной алгебры $su_z(2; j)$ и квантовой ортогональной алгебры $so_z(3; j)$ при разных сочетаниях схемы контракций Кэли–Клейна и структуры алгебры Хопфа.

Квантовые симплектические группы Кэли–Клейна и ассоциированные с ними некоммутативные квантовые пространства рассматриваются в главе 13.

С квантовыми ортогональными группами связаны квантовые ортогональные векторные пространства (или квантовые пространства Евклида), которые определяются как алгебра функций, порождаемая набором образующих, удовлетворяющих определенным коммутационным соотношениям. В главе 14 подробно описываются неизоморфные квантовые векторные пространства Кэли–Клейна с двумя и тремя образующими, являющиеся квантовыми аналогами пространств с постоянной кривизной размерности два и три.

Наиболее интересный для приложений в физике случай четырех образующих рассматривается в главе 15. Получены некоммутативные квантовые аналоги как релятивистских кинематик анти-де Ситтера, Минковского, так и нерелятивистских кинематик Ньютона, Галилея, а также экзотической кинематики Кэрролла. Некоммутативность координат пространства–времени неразрывно связана с наличием фундаментальной физической константы, являющейся мерой этой некоммутативности. Построены квантовые кинематики с фундаментальной длиной и фундаментальным временем.

Список литературы не претендует на полноту и отражает интересы автора.

Автор благодарен И. В. Костякову, В. В. Куратову за полезные обсуждения, Д. А. Тимушеву за помощь в работе над монографией.

Часть I

КОНТРАКЦИИ КЛАССИЧЕСКИХ ГРУПП И СУПЕРГРУПП

Глава 1

ГРУППЫ И АЛГЕБРЫ КЭЛИ–КЛЕЙНА

В этой главе вводится основной инструмент исследования — алгебра Пименова с нильпотентными образующими, даются определения ортогональных, унитарных и симплектических групп Кэли–Клейна. В ней показано, что основные характеристики этих групп находятся преобразованием соответствующих величин классических групп. Далее исследуется структура переходов между группами и устанавливаеся, что в качестве исходной для получения всего набора групп Кэли–Клейна можно взять группу в произвольном нерасслоенном пространстве.

1.1. Дуальные числа и алгебра Пименова

1.1.1. Дуальные числа. Дуальные числа были введены [128] еще в позапрошлом веке. Они использовались [49] при построении теории винтов в трехмерных пространствах Евклида, Лобачевского и Римана, при описании неевклидовых пространств [73, 74], при аксиоматическом изучении пространств с постоянной кривизной [64, 65, 69]. Некоторые применения дуальных чисел в кинематике содержатся в работе [83]. Теория дуальных чисел как числовых систем изложена в монографиях [6, 43]. Тем не менее нельзя сказать, что дуальные числа широко известны, поэтому мы дадим их краткое описание.

Определение 1.1.1. Ассоциативной алгеброй ранга n над полем действительных чисел $\mathbb{R}$ называется n-мерное векторное пространство над этим полем, в котором определена операция умножения, ассоциативная $a(bc) = (ab)c$, дистрибутивная относительно сложения $(a + b)c = ac + {} + bc$ и связанная с умножением элементов на действительные числа равенством $(ka)b = k(ab) = a(kb)$, где a, b, c — элементы алгебры, k — действительное число. Если в алгебре существует такой элемент e, что для любого элемента a справедливо $ae = ea = a$, то элемент e называют единицей.

Определение 1.1.2. Дуальные числа $a = a_0 + a_1\iota_1$, $a_0, a_1 \in \mathbb{R}$ есть элементы ассоциативной алгебры ранга 2 с единицей, дуальная образующая которой удовлетворяет условию $\iota_1^2 = 0$.

Для суммы, произведения и частного дуальных чисел имеем

$$a + b = (a_0 + \iota_1 a_1) + (b_0 + \iota_1 b_1) = a_0 + b_0 + \iota_1(a_1 + b_1),$$
$$ab = (a_0 + \iota_1 a_1)(b_0 + \iota_1 b_1) = a_0 b_0 + \iota_1(a_1 b_0 + a_0 b_1),$$

$$\frac{a}{b} = \frac{a_0 + \iota_1 a_1}{b_0 + \iota_1 b_1} = \frac{a_0}{b_0} + \iota_1 \left(\frac{a_1}{b_0} - a_0 \frac{b_1}{b_0^2} \right). \tag{1.1}$$

Деление не всегда выполнимо: чисто дуальные числа $a_1 \iota_1$ не имеют обратного элемента. Поэтому дуальные числа не образуют поля. Как алгебраическая структура они представляют собой кольцо. Дуальные числа равны $a = b$, если равны их вещественные и чисто дуальные части $a_0 = b_0$, $a_1 = b_1$. Следовательно, уравнение $a_1 \iota_1 = b_1 \iota_1$ имеет единственное решение $a_1 = b_1$ при $a_1, b_1 \neq 0$. Этот факт мы будем записывать в виде $\iota_1 / \iota_1 = 1$ и именно так следует трактовать сокращения дуальных единиц, поскольку деление на дуальную единицу $1/\iota_1$ не определено.

Функции от дуального переменного $x = x_0 + \iota_1 x_1$ определяются своими разложениями в ряд Тейлора

$$f(x) = f(x_0) + \iota_1 x_1 \frac{\partial f(x_0)}{\partial x_0}. \tag{1.2}$$

В частности,

$$\sin x = \sin x_0 + \iota_1 x_1 \cos x_0, \quad \sin(\iota_1 x_1) = \iota_1 x_1,$$
$$\cos x = \cos x_0 - \iota_1 x_1 \sin x_0, \quad \cos(\iota_1 x_1) = 1. \tag{1.3}$$

Согласно (1.2), разность двух функций равна

$$f(x) - h(x) = f(x_0) - h(x_0) + \iota_1 x_1 \left(\frac{\partial f(x_0)}{\partial x_0} - \frac{\partial h(x_0)}{\partial x_0} \right), \tag{1.4}$$

поэтому если вещественные части $f(x_0)$ и $h(x_0)$ тождественно равны, то тождественно одинаковыми будут функции $f(x)$ и $h(x)$. Отсюда следует [43], что в области дуальных чисел сохраняются все тождества обыкновенной алгебры и тригонометрии, все теоремы дифференциального и интегрального исчисления. В частности, производная от функции дуального переменного по дуальному переменному находится по формуле

$$\frac{df(x)}{dx} = \frac{\partial f(x_0)}{\partial x_0} + \iota_1 x_1 \left(\frac{\partial^2 f(x_0)}{\partial x_0^2} \right). \tag{1.5}$$

1.1.2. Алгебра Пименова. Рассмотрим более общую ситуацию, когда в качестве образующих алгебры берутся несколько нильпотентных единиц (термин «нильпотентный» используется в дальнейшем вместо термина «дуальный»). Р. И. Пименов первый ввел [64, 65, 69] несколько нильпотентных коммутативных единиц и использовал их при едином аксиоматическом описании пространств с постоянной кривизной. Поэтому полученную алгебру назовем алгеброй Пименова и обозначим $\mathbf{P}_n(\iota)$.

Определение 1.1.3. Алгеброй Пименова $\mathbf{P}_n(\iota)$ называется ассоциативная алгебра с единицей и n нильпотентными образующими $\iota_1, \iota_2, \ldots, \iota_n$ со свойствами $\iota_k \iota_p = \iota_p \iota_k \neq 0$, $k \neq p$, $\iota_k^2 = 0$, $p, k = 1, 2, \ldots, n$.

Любой элемент из алгебры $\mathbf{P}_n(\iota)$ является линейной комбинацией одночленов $\iota_{k_1}\iota_{k_2}\ldots\iota_{k_r}$, $k_1 < k_2 < \ldots < k_r$, которые вместе с единичным элементом образуют базис в алгебре как в линейном пространстве размерности 2^n:

$$a = a_0 + \sum_{r=1}^{n} \sum_{k_1,\ldots,k_r=1}^{n} a_{k_1\ldots k_r}\iota_{k_1}\ldots\iota_{k_r}. \qquad (1.6)$$

Эта запись становится однозначной, если наложить дополнительное условие $k_1 < k_2 < \ldots < k_r$ или же условие симметричности коэффициентов $a_{k_1\ldots k_r}$ по индексам $k_1,\ldots k_r$. Два элемента a, b алгебры $\mathbf{P}_n(\iota)$ равны, если равны их коэффициенты в разложении (1.6), то есть $a_0 = b_0$, $a_{k_1\ldots k_r} = b_{k_1\ldots k_r}$. Как и в случае дуальных чисел, это определение равенства элементов алгебры $\mathbf{P}_n(\iota)$ выражается в допустимости сокращения одинаковых (с одним и тем же индексом) нильпотентных образующих $\iota_k/\iota_k = 1$, $k = 1, 2, \ldots, n$ (но не ι_k/ι_m или ι_m/ι_k, $k \neq m$, поскольку такие выражения не определены).

Здесь уместно сравнить алгебру Пименова $\mathbf{P}_n(\iota)$ с грассмановой алгеброй $\Gamma_{2n}(\varepsilon)$, т. е. ассоциативной алгеброй с единицей, в которой система нильпотентных образующих $\varepsilon_1, \varepsilon_2, \ldots, \varepsilon_{2n}$, $\varepsilon_k^2 = 0$ обладает свойствами антикоммутативности $\varepsilon_k\varepsilon_p = -\varepsilon_p\varepsilon_k \neq 0$, $p \neq k$, $p, k = 1, \ldots, 2n$. Любой элемент f грассмановой алгебры $\Gamma_{2n}(\varepsilon)$ представим в виде [5]

$$f(\varepsilon) = f(0) + \sum_{r=1}^{2n} \sum_{k_1,\ldots,k_r=1}^{2n} f_{k_1\ldots k_r}\varepsilon_{k_1}\ldots\varepsilon_{k_1}, \qquad (1.7)$$

причем однозначно, если потребовать $k_1 < k_2 < \ldots < k_r$ или наложить условие кососимметричности $f_{k_1\ldots k_r}$ по индексам. Если в разложении (1.7) отличны от нуля лишь слагаемые с четным r, то элемент f называется четным по отношению к системе канонических образующих ε_k, если же в (1.7) отличны от нуля слагаемые с нечетным r, то f называется нечетным элементом. Как линейное пространство грассманова алгебра распадается на четное Γ_{2n}^0 и нечетное Γ_{2n}' подпространства $\Gamma_{2n}(\varepsilon) = \Gamma_{2n}^0 + \Gamma_{2n}^1$, причем Γ_{2n}^0 является не только подпространством, но и подалгеброй.

Рассмотрим отличные от нуля произведения $\varepsilon_{2k-1}\varepsilon_{2k}$ образующих грассмановой алгебры $\Gamma_{2n}(\varepsilon)$ при $k = 1, 2, \ldots, n$. Легко видеть, что эти произведения обладают теми же свойствами, что и образующие $\iota_k = \varepsilon_{2k-1}\varepsilon_{2k}$, $k = 1, 2, \ldots, n$. Таким образом, алгебра Пименова $\mathbf{P}_n(\iota)$ есть подалгебра четной части Γ_{2n}^0 грассмановой алгебры $\Gamma_{2n}(\varepsilon)$. Отметим также, что четные произведения грассмановых антикоммутирующих образующих называют еще параграссмановыми переменными. Эти переменные используются для классического и квантового описания массивных и безмассовых частиц с целым спином [18, 19, 37], а также в теории струн [40].

1.2. Ортогональные группы и алгебры Кэли–Клейна

1.2.1. Три фундаментальные геометрии на прямой.

Введем эллиптическую геометрию на прямой. Вращения $x'^* = g(\varphi^*)x^*$:

$$
\begin{aligned}
x_0^{*\,'} &= x_0^* \cos\varphi^* - x_1^* \sin\varphi^*, \\
x_1^{*\,'} &= x_0^* \sin\varphi^* + x_1^* \cos\varphi^*
\end{aligned}
\tag{1.8}
$$

из группы $SO(2)$ переводят окружность $\mathbf{S}_1^* = \{x_0^{*2} + x_1^{*2} = 1\}$ на евклидовой плоскости $\mathbf{R}_2$ в себя. Отождествим диаметрально противоположные точки окружности и введем внутреннюю координату $w^* = x_1^*/x_0^*$. Тогда вращениям (1.8) в $\mathbf{R}_2$ при $\varphi^* \in (-\pi/2, \pi/2)$ отвечают преобразования

$$
w^{*\,'} = \frac{w^* - a^*}{1 + w^* a^*}, \quad a^* = \mathrm{tg}\,\varphi^*, \quad a^* \in \mathbb{R},
\tag{1.9}
$$

которые образуют группу переносов (группу движений) G_1 эллиптической прямой с законом композиции

$$
a^{*\,'} = \frac{a^* + a_1^*}{1 - a^* a_1^*}.
\tag{1.10}
$$

Рассмотрим представление группы $SO(2)$ в пространстве дифференцируемых функций на $\mathbf{R}_2$, определяемое левыми сдвигами

$$
T(g(\varphi^*))f(x^*) = f(g^{-1}(\varphi^*)x^*).
\tag{1.11}
$$

Генератор (инфинитезимальный оператор) представления

$$
X^* f(x^*) = \frac{d(T(g(\varphi^*))f(x^*))}{d\varphi^*}\Big|_{\varphi^*=0},
\tag{1.12}
$$

отвечающий преобразованию (1.8), легко найти:

$$
X^*(x_0^*, x_1^*) = x_1^* \frac{\partial}{\partial x_0^*} - x_0^* \frac{\partial}{\partial x_1^*}.
\tag{1.13}
$$

Для представления группы G_1 левыми сдвигами в пространстве дифференцируемых функций на эллиптической прямой генератор Z^*, отвечающий преобразованию (1.9), имеет вид

$$
Z^*(w^*) = (1 + w^{*2}) \frac{\partial}{\partial w^*}.
\tag{1.14}
$$

Отметим также, что вращениям $g(\varphi^*) \in SO(2)$ отвечает матричный генератор

$$
Y^* = \begin{pmatrix} 0 & -1 \\ 1 & 0 \end{pmatrix}.
\tag{1.15}
$$

Преобразование евклидовой плоскости $\mathbf{R}_2$, заключающееся в умножении декартовой координаты x_1 на параметр j_1,

$$
\psi : \mathbf{R}_2 \to \mathbf{R}_2(j_1)
$$
$$
\psi x_0^* = x_0, \quad \psi x_1^* = j_1 x_1,
\tag{1.16}
$$

где $j_1 = 1, \iota_1, i$, переводит $\mathbf{R}_2$ в плоскость $\mathbf{R}_2(j_1)$, геометрия которой определяется метрикой $x^2(j_1) = x_0^2 + j_1^2 x_1^2$. Легко видеть, что при $j_1 = i$ получаем плоскость Минковского, а при $j_1 = \iota_1$ — плоскость Галилея.

Наша основная идея состоит в том, что преобразование геометрий (1.16) индуцирует преобразование соответствующих групп движений и их алгебр. Покажем, как можно естественно получить эти преобразования.

Мероопределение углов на евклидовой плоскости $\mathbf{R}_2$ определяется отношением x_1^*/x_0^*, которое при преобразовании (1.16) переходит в $j_1 x_1/x_0$, т. е. углы преобразуются по закону $\psi \varphi^* = j_1 \varphi$. Звездочкой мы отмечаем исходные величины (координаты, углы, генераторы и т. д.), а преобразованные величины обозначаются тем же символом без звездочки. Заменим в (1.8) координаты согласно (1.16), а углы — по найденному закону преобразования и умножим обе части второго уравнения на j_1^{-1}, получим вращения на плоскости $\mathbf{R}_2(j_1)$:

$$
\begin{aligned}
x_0' &= x_0 \cos j_1\varphi - x_1 j_1 \sin j_1\varphi, \\
x_1' &= x_0 \frac{1}{j_1} \sin j_1\varphi + x_1 \cos j_1\varphi,
\end{aligned}
\tag{1.17}
$$

которые образуют группу $SO(2; j_1)$. Согласно (1.3), $\cos \iota_1\varphi = 1$, $\sin \iota_1\varphi = \iota_1\varphi$, поэтому преобразования из группы $SO(2; \iota_1)$ есть преобразования Галилея, а элементы из группы $SO(2; i)$ есть преобразования Лоренца, если интерпретировать x_0 как время, а x_1 как пространственную координату. Область задания $\Phi(j_1)$ группового параметра φ такова: $\Phi(1) = (-\pi/2, \pi/2)$, $\Phi(\iota_1) = \Phi(i) = \mathbb{R}$.

Вращения (1.17) сохраняют окружность $\mathbf{S}_1(j_1) = \{x_0^2 + j_1^2 x_1^2 = 1\}$ (рис. 1.1) на плоскости $\mathbf{R}_2(j_1)$. Отождествление диаметрально противоположных точек дает полуокружность (при $j_1 = 1$) и связную компоненту сферы (окружности), проходящую через точку $(x_0 = 1, x_1 = 0)$, при $j_1 = \iota_1, i$. Внутренняя координата w^* на окружности преобразуется по правилу $\psi w^* = j_1 w$. Подставляя в (1.9) и сокращая обе части на j_1, получаем формулу для переносов на прямой

$$
w' = \frac{w - a}{1 + j_1 w a}, \quad a = \frac{1}{j_1} \operatorname{tg} j_1\varphi \in R,
\tag{1.18}
$$

которые образуют группу $G_1(j_1)$ — группу движений эллиптической прямой $\mathbf{S}_1(1)$ при $j_1 = 1$, параболической прямой $\mathbf{S}_1(\iota_1)$ при $j_1 = \iota_1$, гиперболической прямой $\mathbf{S}_1(i)$ при $j_1 = i$.

В пространстве дифференцируемых функций на $\mathbf{R}_2(j_1)$ генератор $X(x)$ представления группы $SO(2; j_1)$ определяется формулой (1.12), в которой все величины берутся без звездочек. При преобразовании (1.16) производная $d/d\varphi^*$ переходит в $j_1^{-1}(d/d\varphi)$, поэтому для получения производной $d/d\varphi$ генератор X^* следует умножить на j_1, т. е. генераторы $X^*(\varphi x)$ и $X(x)$ связаны преобразованием

$$
X(x) = j_1 X^*(\varphi x^*) = j_1^2 x_1 \frac{\partial}{\partial x_0} - x_0 \frac{\partial}{\partial x_1}.
\tag{1.19}
$$

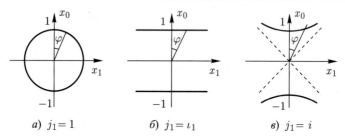

Рис. 1.1. Окружности единичного радиуса на плоскости $\mathbf{R}_2(j_1)$

По такому же закону преобразуется генератор Z:

$$Z(w) = j_1 Z^*(\varphi w^*) = (1 + j_1^2 w^2)\frac{\partial}{\partial w}. \qquad (1.20)$$

Легко находится закон преобразования матричного генератора вращений Y

$$Y = j_1 Y^*(\to) = j_1 \begin{pmatrix} 0 & -j_1 \\ j_1^{-1} & 0 \end{pmatrix} = \begin{pmatrix} 0 & -j_1^2 \\ 1 & 0 \end{pmatrix}. \qquad (1.21)$$

Формулы (1.17)–(1.21) описывают пространство и группу Кэли–Клейна традиционно — с помощью вещественных координат, генераторов и т. д. Такой подход использовался в монографии [28]. Существует другой способ описания пространств Кэли–Клейна с помощью именованных (т. е. имеющих наименование: вещественные, нильпотентные, мнимые) координат вида $j_1 x_1$, когда при замене в (1.8) координат согласно (1.16) и углов по закону $\psi\varphi^* = j_1\varphi$ обе части второго уравнения не умножаются на j_1^{-1}. Тогда вращения на плоскости $\mathbf{R}_2(j_1)$ с координатами x_0, $j_1 x_1$ запишутся в виде

$$\begin{pmatrix} x_0' \\ j_1 x_1' \end{pmatrix} = \begin{pmatrix} \cos j_1\varphi & -\sin j_1\varphi \\ \sin j_1\varphi & \cos j_1\varphi \end{pmatrix} \begin{pmatrix} x_0 \\ j_1 x_1 \end{pmatrix}. \qquad (1.22)$$

Они образуют группу $SO(2; j_1)$, матричный генератор которой имеет вид

$$Y = j_1 Y^* = \begin{pmatrix} 0 & -j_1 \\ j_1 & 0 \end{pmatrix}. \qquad (1.23)$$

Символ Y^* вместо $Y^*(\to)$ в (1.21) означает, что генератор Y^* (1.15) не преобразуется. Именно второй подход будет в основном использоваться в настоящей монографии. Одно из его преимуществ состоит в том, что при $j_1 = \iota_1$ матрица вращений (1.22) из группы $SO(2; \iota_1)$, равная

$$\begin{pmatrix} 1 & -\iota_1\varphi \\ \iota_1\varphi & 1 \end{pmatrix}, \qquad (1.24)$$

зависит от группового параметра φ, тогда как при $j_1 \to 0$ она равна единичной матрице.

Группа движений $G_1(j_1)$ пространства Кэли–Клейна $\mathbf{S}_1(j_1)$ тесно связана с группой вращений $SO(2; j_1)$ в пространстве $\mathbf{R}_2(j_1)$. Поэтому в дальнейшем под пространством Кэли–Клейна будем понимать как $\mathbf{S}_1(j_1)$, так и $\mathbf{R}_2(j_1)$, а под группами их движений — как $G_1(j_1)$, так и $SO(2; j_1)$. Такому же правилу будем следовать и в случае пространств высшей размерности.

Простейшие группы $SO(2; j_1)$, $G_1(j_1)$ рассмотрены подробно, так как в этом случае основные идеи метода переходов проявляются в наиболее ясном виде. Эти идеи таковы: а) определяем преобразование типа (1.16) от евклидова пространства к произвольному пространству Кэли–Клейна; б) находим законы преобразования движений, генераторов и т. д.; в) получаем движения, генераторы и т. п. группы Кэли–Клейна из соответствующих величин классической группы. Простой метод переходов позволяет описать все группы Кэли–Клейна данной размерности исходя из классической группы той же размерности.

1.2.2. Девять групп Кэли–Клейна. Отображение

$$\psi : \mathbf{R}_3 \to \mathbf{R}_3(j)$$
$$\psi x_0^* = x_0, \quad \psi x_1^* = j_1 x_1, \quad \psi x_2^* = j_1 j_2 x_2, \tag{1.25}$$

где $j = (j_1, j_2)$, $j_1 = 1, \iota_1, i$, $j_2 = 1, \iota_2, i$, переводит трехмерное евклидово пространство в пространства $\mathbf{R}_3(j)$, на сферах (или связных компонентах сфер)

$$\mathbf{S}_2(j) = \{x_0^2 + j_1^2 x_1^2 + j_1^2 j_2^2 x_2^2 = 1\} \tag{1.26}$$

которых реализуются девять геометрий плоскостей Кэли–Клейна. Связь геометрий и значений параметров j ясна из рис.1.2.

Угол поворота φ_{rs} в координатной плоскости $\{x_r, x_s\}$, $r < s$, $r, s = 0, 1, 2$, определяется отношением x_s/x_r и преобразуется при отображении (1.25) как замена $\varphi_{rs}^* \to \varphi_{rs}(r, s)$, где обозначено

$$(i, k) = \prod_{l=\min(i,k)+1}^{\max(i,k)} j_l, \quad (k, k) = 1. \tag{1.27}$$

Поэтому для однопараметрических вращений в плоскости $\{x_r, x_s\}$ пространства $\mathbf{R}_3(j)$ получаем

$$(0, r)x_r' = x_r(0, r)\cos(\varphi_{rs}(r, s)) - x_s(0, s)\sin(\varphi_{rs}(r, s)),$$
$$(0, s)x_s' = x_r(0, r)\sin(\varphi_{rs}(r, s)) + x_s(0, s)\cos(\varphi_{rs}(r, s)), \tag{1.28}$$

а остальные координаты не меняются: $x_p' = x_p$, $p \neq r, s$.

Матричные генераторы вращений (1.28) легко находятся и имеют вид

$$Y_{01} = j_1 Y_{01}^* = \begin{pmatrix} 0 & -j_1 & 0 \\ j_1 & 0 & 0 \\ 0 & 0 & 0 \end{pmatrix}, \; Y_{12} = j_2 Y_{12}^* = \begin{pmatrix} 0 & 0 & 0 \\ 0 & 0 & -j_2 \\ 0 & j_2 & 0 \end{pmatrix},$$

$$Y_{02} = j_1 j_2 Y_{02}^* = \begin{pmatrix} 0 & 0 & -j_1 j_2 \\ 0 & 0 & 0 \\ j_1 j_2 & 0 & 0 \end{pmatrix}. \tag{1.29}$$

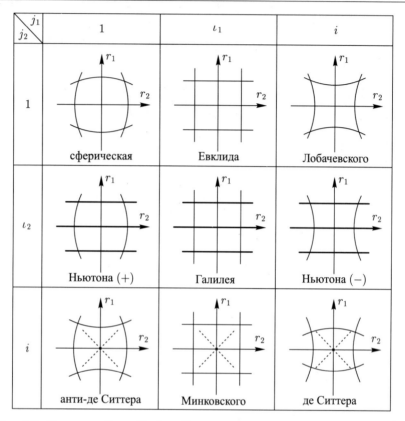

Рис. 1.2. Плоскости Кэли–Клейна. Слои изображены жирными линиями. Световые конусы в $(1 + 1)$ кинематиках указаны пунктиром. Внутренние координаты $r_1 = x_1/x_0$, $r_2 = x_2/x_0$

Они образуют базис алгебры Ли $so(3; j)$. Закон преобразования генераторов представления группы $SO(3; j)$ в пространстве дифференцируемых функций на $\mathbf{R}_3(j)$ левыми сдвигами совпадает с законом преобразования параметров φ_{rs} и имеет вид [21, 23]:

$$X_{rs}(x) = (r, s)X_{rs}^*(\varphi x^*), \qquad (1.30)$$

а сами генераторы равны

$$X_{rs}(x) = (r, s)^2 x_s \frac{\partial}{\partial x_r} - x_r \frac{\partial}{\partial x_s}. \qquad (1.31)$$

Зная генераторы, можно вычислить их коммутаторы. Но эти коммутаторы можно получить непосредственно из коммутационных соотношений алгебры $so(3)$. Введем новые обозначения для генераторов $X_{01}^* = H^*$, $X_{02}^* = P^*$, $X_{12}^* = K^*$. Как хорошо известно, коммутаторы алгебры Ли $so(3)$ равны

$$[H^*, P^*] = K^*, \quad [P^*, K^*] = H^*, \quad [H^*, K^*] = -P^*. \tag{1.32}$$

Генераторы алгебры $so(3)$ преобразуются по закону $H = j_1 H^*, P = j_1 j_2 P^*$, $K = j_2 K^*$, т. е. $H^* = j_1^{-1} H$, $P^* = j_1^{-1} j_2^{-1} P$, $K^* = j_2^{-1} K$. Подставив эти выражения в (1.32) и избавившись от неопределенных выражений, умножая коммутатор на коэффициент, равный знаменателю в левой части равенства, т. е. первый на $j_1^2 j_2$, второй на $j_1 j_2^2$, третий на $j_1 j_2$, получим коммутаторы алгебры Ли группы $SO(3; j)$:

$$[H, P] = j_1^2 K, \quad [P, K] = j_2^2 H, \quad [H, K] = -P. \tag{1.33}$$

Пространства Кэли–Клейна $\mathbf{S}_2(j)$ (или пространства постоянной кривизны) при $j_1 = 1, \iota_1, i$, $j_2 = \iota_2, i$ могут моделировать двумерные кинематики, т. е. геометрии пространства–времени. При этом внутренняя координата $t = x_1/x_0$ интерпретируется как временна́я ось, а внутренняя координата $r = x_2/x_0$ интерпретируется как пространственная ось. Тогда H есть генератор переноса вдоль оси времени, P — генератор пространственного переноса, K — генератор преобразования Галилея при $j_2 = \iota_2$ или преобразования Лоренца при $j_2 = i$.

Требование, чтобы конечные формулы не содержали деления на нильпотентные единицы, подсказывает способ нахождения закона преобразования алгебраических конструкций. Пусть алгебраическая величина $Q^* = Q^*(A_1^*, \ldots, A_k^*)$ выражается через величины $A_1^*, \ldots, A_k^*$, закон преобразования которых при отображении ψ известен, например: $A_1 = J_1 A_1^*, \ldots A_k = J_k A_k^*$, где $J_1, \ldots, J_k$ представляют собой некоторые произведения параметров j. Подставляя $A_1^* = J_1^{-1} A_1, \ldots, A_k^* = J_k^{-1} A_k$ в формулу для Q^*, получаем формулу $Q^*(J_1^{-1} A_1, \ldots, J_k^{-1} A_k)$, содержащую, вообще говоря, неопределенные выражения, когда параметры j равны нильпотентным единицам. Поэтому последнюю формулу нужно умножить на такой минимальный коэффициент J, чтобы конечная формула не содержала неопределенных выражений:

$$Q = J Q^*(J_1^{-1} A_1, \ldots, J_k^{-1} A_k). \tag{1.34}$$

Тогда (1.34) представляет собой закон преобразования величины Q при отображении ψ.

Этот прием, непосредственно вытекающий из определения равенства элементов алгебры Пименова $\mathbf{P}_n(\iota)$, оказывается весьма полезным и будет широко использоваться в дальнейшем. Закон преобразования (1.34) алгебраической величины Q, установленный из условия отсутствия неопределенных выражений при нильпотентных значениях параметров j, автоматически выполняется при мнимых значениях этих параметров.

Проиллюстрируем его на примере оператора Казимира. Единственный оператор Казимира алгебры $so(3)$ равен

$$C_2^*(H^*, \ldots) = H^{*2} + P^{*2} + K^{*2}. \tag{1.35}$$

Подставив $H^* = j_1^{-1} H$, $P^* = j_1^{-1} j_2^{-1} P$, $K^* = j_2^{-1} K$ в (1.35), получим

$$C_2^*(j_1^{-1} H, \ldots) = j_1^{-2} H^2 + j_1^{-2} j_2^{-2} P^2 + j_2^{-2} K^2. \qquad (1.36)$$

Наиболее сингулярный коэффициент, когда $j_1 = \iota_1$ и $j_2 = \iota_2$, есть коэффициент $(j_1 j_2)^{-2}$ при слагаемом P^2. Домножив обе части уравнения (1.36) на $(j_1 j_2)^2$, мы избавимся от неопределенных выражений, а также найдем закон преобразования и вид операторов Казимира алгебры $so(3; j)$:

$$C_2(j; H, \ldots) = j_1^2 j_2^2 C_2^*(j_1^{-1} H, \ldots) = j_2^2 H^2 + P^2 + j_1^2 K^2. \qquad (1.37)$$

Как хорошо известно, оператор Казимира двумерной алгебры Галилея $so(3; \iota_1, \iota_2)$ равен $C_2(\iota_1, \iota_2) = P^2$ (см., например, [179]), алгебры Пуанкаре $so(3; \iota_1, i)$ равен $C(\iota_1, i) = P^2 - H^2$, алгебры $so(3; i; 1) = so(2, 1)$ равен $C_2(i, 1) = H^2 + P^2 - K^2$ (см. [195]). Все эти операторы Казимира получаются из формулы (1.37) при соответствующих значениях параметров j.

Матричные генераторы (1.29) образуют базис фундаментального представления алгебры Ли $so(3; j)$ группы $SO(3; j)$. Общему элементу

$$Y(\mathbf{r}; j) = r_1 Y_{01} + r_2 Y_{02} + r_3 Y_{12} = \begin{pmatrix} 0 & -j_1 r_1 & -j_1 j_2 r_2 \\ j_1 r_1 & 0 & -j_2 r_3 \\ j_1 j_2 r_2 & j_2 r_3 & 0 \end{pmatrix} \qquad (1.38)$$

алгебры $so(3; j)$ с помощью экспоненциального отображения сопоставляется конечное вращение $g(\mathbf{r}; j) = \exp Y(\mathbf{r}; j)$ вида

$$g(\mathbf{r}; j) = E \cos(r) + Y(\mathbf{r}; j) \frac{\sin r}{r} + Y'(\mathbf{r}, j) \frac{1 - \cos r}{r^2},$$

$$Y'(\mathbf{r}; j) = \begin{pmatrix} j_2^2 r_3^2 & -j_1 j_2^2 r_2 r_3 & j_1 j_2 r_1 r_3 \\ -j_1 j_2^2 r_2 r_3 & j_1^2 j_2^2 r_2^2 & -j_1^2 j_2 r_1 r_2 \\ j_1 j_2 r_1 r_3 & -j_1^2 j_2 r_1 r_2 & j_1^2 r_1^2 \end{pmatrix},$$

$$r^2 = j_1^2 r_1^2 + j_1^2 j_2^2 r_2^2 + j_2^2 r_3^2, \qquad (1.39)$$

действующее на вектор $(x_0, j_1 x_1, j_1 j_2 x_2)^t \in \mathbf{R}_3(j)$ с именованными компонентами.

Недостатком параметризации (1.38), (1.39) является сложность закона композиции параметров $\mathbf{r}$ при групповом умножении. В работе [81] предложена параметризация группы вращений $SO(3)$, в которой закон композиции имеет особенно простой вид. Можно построить аналоги параметризации Федорова для всех групп $SO(3; j)$ [24]. Матрица конечного вращения группы $SO(3; j)$ записывается в виде

$$g(\mathbf{c}; j) = \frac{1 + c^*(j)}{1 - c^*(j)} = 1 + 2 \frac{c^*(j) + c^{*2}(j)}{1 + c^2(j)},$$

$$c^*(j) = \begin{pmatrix} 0 & -j_1^2 c_3 & j_1^2 j_2^2 c_2 \\ c_3 & 0 & -j_2^2 c_1 \\ -c_2 & c_1 & 0 \end{pmatrix},$$

$$c^2(j) = j_2^2 c_1^2 + j_1^2 j_2^2 c_2^2 + j_1^2 c_3^2, \tag{1.40}$$

а матрице $g(\mathbf{c}''; j) = g(\mathbf{c}; j)g(\mathbf{c}'; j)$ отвечают параметры $\mathbf{c}''$, которые выражаются через $\mathbf{c}$ и $\mathbf{c}'$ формулой

$$\mathbf{c}'' = \frac{\mathbf{c} + \mathbf{c}' + [\mathbf{c}, \mathbf{c}']_j}{1 - (\mathbf{c}, \mathbf{c}')_j}. \tag{1.41}$$

Здесь скалярное произведение векторов $\mathbf{c}$ и $\mathbf{c}'$ дается формулой (1.40), а векторное произведение равно

$$[\mathbf{c}, \mathbf{c}']_j = (j_1^2[\mathbf{c}, \mathbf{c}']_1, [\mathbf{c}, \mathbf{c}']_2, j_2^2[\mathbf{c}, \mathbf{c}']_3), \tag{1.42}$$

где $[\mathbf{c}, \mathbf{c}']_k$ есть компоненты обычного векторного произведения.

В работе [164] введена операция контракции (contraction: сокращение, сжатие, предельный переход) алгебр Ли, групп Ли и их представлений. При этой операции генераторы исходной алгебры подвергаются преобразованию, зависящему от некоторого параметра ε, такому, что при $\varepsilon \neq 0$ это преобразование несингулярно, а при $\varepsilon \to 0$ становится сингулярным. Если существуют пределы при $\varepsilon \to 0$ преобразованных генераторов, то они являются генераторами новой (контрактированной) алгебры, неизоморфной исходной. Заметим, что преобразование (1.30) генераторов алгебры $so(3)$ при нильпотентных значениях параметров j является контракцией Вигнера–Инёню. Действительно, $X_{rs}^*(\varphi x^*)$ есть сингулярно преобразованный генератор исходной алгебры $so(3)$, произведение (r, s) играет роль стремящегося к нулю параметра ε, а результирующие генераторы $X_{rs}(\mathbf{x})$ — генераторы контрактированной алгебры $so(3; j)$.

Сопоставляя закон преобразования генераторов (1.30) и выражение (1.38) для общего элемента алгебры $so(3)$, устанавливаем, что при мнимых значениях параметров j некоторые из вещественных групповых параметров r_k становятся мнимыми, т. е. они аналитически продолжаются из области действительных чисел в область комплексных чисел. Ортогональная группа $SO(3)$ при этом преобразуется в псевдоортогональную группу $SO(p, q)$, $p + q = 3$. При нильпотентных значениях параметров j вещественные групповые параметры r_k становятся элементами алгебры Пименова $\mathbf{P}(\iota)$ специального вида, что дает контракцию группы $SO(3)$. Таким образом, с точки зрения преобразования групп при отображении ψ, обе эти, на первый взгляд, разные, операции — контракции и аналитические продолжения групп — имеют одну и ту же природу, а именно продолжение групповых параметров из поля вещественных чисел в поле комплексных чисел или в алгебру $\mathbf{P}(\iota)$.

1.2.3. Обобщение на высшие размерности. Геометрии Кэли–Клейна размерности n реализуются на сферах

$$\mathbf{S}_n(j) = \{(x,x) = x_0^2 + \sum_{k=1}^{n} (0,k)^2 x_k^2 = 1\} \qquad (1.43)$$

в пространствах $\mathbf{R}_{n+1}(j)$, которые получаются из евклидова пространства $\mathbf{R}_{n+1}$ отображением

$$\psi : \mathbf{R}_{n+1} \to \mathbf{R}_{n+1}(j)$$
$$\psi x_0^* = x_0, \quad \psi x_k^* = (0,k)x_k, \quad k = 1,2,\ldots,n, \qquad (1.44)$$

где $j = (j_1,\ldots,j_n)$, $j_k = 1, \iota_k, i$, $k = 1,2,\ldots,n$. Если все $j_k = 1$, то ψ — тождественное отображение, если все или некоторые $j_k = i$, а остальные параметры равны 1, то получаем псевдоевклидовы пространства различной сигнатуры. Пространство $\mathbf{R}_{n+1}(j)$ называем нерасслоенным, если ни один из параметров $j_1,\ldots,j_n$ не принимает нильпотентного значения.

Определение 1.2.1. Пространство $\mathbf{R}_{n+1}(j)$ называем $(k_1,k_2,\ldots,k_p)$-расслоенным, если $1 \leqslant k_1 < k_2 < \ldots < k_p \leqslant n$ и $j_{k_1} = \iota_{k_1},\ldots,j_{k_p} = \iota_{k_p}$, а остальные $j_k = 1, i$.

Эти расслоения тривиальны [7] и характеризуются набором последовательно вложенных проекций $pr_1, pr_2,\ldots,pr_p$, причем для pr_1 базой является подпространство, натянутое на $\{x_0, x_1,\ldots,x_{k_1-1}\}$, а слоем — подпространство, натянутое на $\{x_{k_1}, x_{k_1+1},\ldots x_n\}$, для pr_2 базой является подпространство $\{x_{k_1}, x_{k_1+1},\ldots,x_{k_2-1}\}$, а слоем — подпространство $\{x_{k_2}, x_{k_1+1},\ldots,x_n\}$ и т. д.

Расслоение в пространстве $\mathbf{R}_{n+1}(j)$, с математической точки зрения, является тривиальным расслоением [7], т. е. глобально оно устроено так же, как и локально. С физической точки зрения, расслоение дает возможность моделировать величины разных физических размерностей. Например, пространство Галилея, реализуемое на сфере $\mathbf{S}_4(\iota_1, \iota_2, 1, 1)$, позволяет моделировать время $t = x_1$, $[t] =$ с и пространство $\mathbf{R}_3 = \{x_2, x_3, x_4\}$, $[x_k] =$ см, $k = 2, 3, 4$.

Определение 1.2.2. Группа $SO(n+1; j)$ состоит из всех преобразований пространства $\mathbf{R}_{n+1}(j)$ с единичным детерминантом, сохраняющих квадратичную форму (1.43).

Совокупность всех возможных значений параметров j дает 3^n различных пространств $\mathbf{R}_{n+1}(j)$ и геометрий Кэли–Клейна $\mathbf{S}_n(j)$. Пространства с одинаковой сигнатурой изоморфны (соответственно изоморфны и их группы движений). Обычно принято рассматривать пространства с точностью до изоморфизма, т. е. отождествлять, скажем, пространство $\mathbf{R}_3(1, i)$ с метрикой $x_0^2 + x_1^2 - x_2^2$ и пространство $\mathbf{R}_3(i, i)$ с метрикой $x_0^2 - x_1^2 + x_2^2$. Мы же зафиксировали координатные оси в $\mathbf{R}_{n+1}(j)$, присвоив им постоянные номера, поэтому у нас пространства $\mathbf{R}_3(1, i)$ и $\mathbf{R}_3(i, i)$, соответственно группы $SO(3; 1, i)$ и $SO(3; i, i)$ различны. Это сделано для удобства приложений развиваемого метода.

Действительно, приложение того или иного абстрактного математического формализма в конкретной науке означает прежде всего содержательную интерпретацию основных математических конструкций. Например, интепретировав в пространстве $\mathbf{R}_4(i, 1, 1)$ с метрикой $x_0^2 - x_1^2 - x_2^2 - x_3^2$ первую декартову координатную ось x_0 как ось времени, а остальные x_1, x_2, x_3 как пространственные оси, получим кинематику (модель пространства–времени) специальной теории относительности. В нашем случае, поскольку мы не рассматриваем какую-то конкретную модель, роль содержательной интерпретации играют номера декартовых координатных осей рассматриваемого пространства — ось номер один, ось номер два и т. д.

Вращения в двумерной плоскости $\{x_r, x_s\}$, закон преобразования генераторов представления и их вид даются формулами (1.28), (1.30), (1.31) соответственно, где $r, s = 0, 1, \ldots, n$, $r < s$. Отличные от нуля элементы матричных генераторов вращений равны: $(Y_{rs})_{sr} = = -(Y_{rs})_{rs} = (r, s)$. Коммутационные соотношения в алгебре Ли $so(n + 1; j)$ проще всего получить из коммутаторов алгебры $so(n + 1)$, как это сделано в разделе 1.2.2. Ненулевые коммутаторы равны

$$[X_{r_1 s_1}, X_{r_2 s_2}] = \begin{cases} (r_1, s_1)^2 X_{s_1 s_2}, & r_1 = r_2, \ s_1 < s_2, \\ (r_2, s_2)^2 X_{r_1 r_2}, & r_1 < r_2, \ s_1 = s_2, \\ -X_{r_1 s_2}, & r_1 < r_2 = s_1 < s_2. \end{cases} \tag{1.45}$$

Алгебра $so(n + 1)$ имеет $[(n + 1)/2]$ независимых операторов Казимира, где $[x]$ означает целую часть числа x. При четном $n = 2k$ операторы Казимира, как известно [1], выражаются формулами

$$\widehat{C}_{2p}^*(X_{rs}^*) = \sum_{a_1, \ldots, a_p = 0}^{n} X_{a_1 a_2}^* X_{a_2 a_3}^* \ldots X_{a_{2p} a_1}^*, \tag{1.46}$$

где $p = 1, 2, \ldots, k$. При нечетном $n = 2k + 1$ к ним добавляется оператор

$$C_n'^*(X_{rs}^*) = \sum_{a_1, \ldots, a_n = 0}^{n} \varepsilon_{a_1 a_2 \ldots a_n} X_{a_1 a_2}^* X_{a_3 a_4}^* \ldots X_{a_n a_{n+1}}^*, \tag{1.47}$$

где $\varepsilon_{a_1 \ldots a_n}$ — полностью антисимметричный единичный тензор.

Другой способ определения оператора Казимира C_{2p}^* [12] состоит в том, чтобы рассматривать его как сумму главных миноров порядка $2p$ антисимметричной матрицы A, составленной из генераторов X_{rs}^*: $(A)_{rs} = X_{rs}^*, (A)_{sr} = -X_{rs}^*$.

Чтобы получить операторы Казимира алгебры $so(n + 1; j)$, используем прием, изложенный в разделе 1.2.2. Из (1.30) находим $X_{rs}^* = (r, s)^{-1} X_{rs}$ и подставляем в (1.46). Наиболее сингулярный коэффициент $(0, n)^{-2p}$ имеет слагаемое $X_{0n} X_{n0} \ldots X_{n0}$ в (1.46). Чтобы избавиться от него минимальным образом, умножаем $\widehat{C}_{2p}^*$ на $(0, n)^{2p}$.

Таким образом, закон преобразования операторов Казимира $\widehat{C}_{2p}$ имеет вид

$$\widehat{C}_{2p}(j;X_{rs}) = (0,n)^{2p}\widehat{C}_{2p}^{*}((r,s)^{-1}X_{rs}), \qquad (1.48)$$

а сами операторы Казимира выражаются формулой

$$\widehat{C}_{2p}(j) = \sum_{a_1,\ldots,a_{2p}=0}^{n}(0,n)^{2p}\prod_{v=1}^{2p}(r_v,s_v)^{-1}X_{a_1a_2}\ldots X_{a_{2p}a_1}, \qquad (1.49)$$

где $r_v = \min(a_v,a_{v+1})$, $s_v = \max(a_v,a_{v+1})$, $v = 1,2,\ldots,2p-1$, $r_{2p} = \min(a_1,a_{2p})$, $s_{2p} = \max(a_1,a_{2p})$.

Для операторов C_{2p} и C_n' хорошо определенное выражение, не содержащее сингулярных слагаемых, получается при умножении их на коэффициент q, равный наименьшему общему знаменателю коэффициентов при слагаемых, возникающих после замены генераторов X^* на X. Этот наименьший общий знаменатель можно найти по индукции [22]. Приведем окончательные выражения для закона преобразования этих операторов Казимира:

$$C_{2p}(j;X_{rs}) = \left(\prod_{m=1}^{p-1}j_m^{2m}j_{n-m+1}^{2m}\prod_{l=p}^{n-p+1}j_l^{2p}\right)C_{2p}^{*}(X_{rs}(r,s)^{-1}),$$

$$p = 1,2,\ldots,k,$$

$$C_n'(j;X_{rs}) = \left(j_{(n+1)/2}^{\cdot(n+1)/2}\prod_{m=1}^{(n-1)/2}j_m^{m}j_{n-m+1}^{m}\right)C_n'^{*}(X_{rs}(r,s)^{-1}). \qquad (1.50)$$

Оператор $C_{2p}(j)$ (или $C'(j)$) коммутирует со всеми генераторами X_{rs} алгебры $so(n+1;j)$. Действительно, когда вычисляем нулевой коммутатор $[C_{2p}^{*},X_{rs}^{*}]$, то получаем слагаемые одного вида, но с разными знаками. При преобразованиях (1.30), (1.48) оба слагаемых умножаются на одну и ту же комбинацию параметров, образованную произведением параметров в четных степенях. Поэтому оба слагаемых либо меняют знак, либо не изменяют знака, но во всех случаях сумма равна нулю. Кроме того, операторы $C_{2p}(j)$ при $p = 1,2,\ldots,k$ линейно независимы, так как образованы генераторами X_{rs} в разных степенях.

Следующий вопрос, который нужно выяснить, исчерпывают ли $[(n+1)/2]$ операторов Казимира (1.50) все инвариантные операторы алгебры $so(n+1;j)$? Ответ дает следующая теорема.

Теорема 1.2.1. *При любых значениях параметров j число инвариантных операторов алгебры $so(n+1;j)$ равно $[(n+1)/2]$.*

Доказательство приведено в работе [28]. Из теоремы следует, что все инвариантные операторы алгебры $so(n+1;j)$ полиномиальны и даются формулами (1.50).

1.3. Унитарные группы и алгебры Кэли–Клейна

1.3.1. Определение, генераторы, коммутаторы. Специальные унитарные группы $SU(n+1;j)$ связаны с комплексными пространствами Кэли–Клейна $\mathbf{C}_{n+1}(j)$, которые получаются из $(n+1)$-мерного комплексного пространства $\mathbf{C}_{n+1}$ отображением

$$\psi : \mathbf{C}_{n+1} \to \mathbf{C}_{n+1}(j)$$
$$\psi z_0^* = z_0^*, \quad \psi z_k^* = (0,k)z_k, \quad k = 1, 2, \ldots, n, \tag{1.51}$$

где $z_0^*, z_k^* \in \mathbf{C}_{n+1}$, $z_0, z_k \in \mathbf{C}_{n+1}(j)$ — компексные декартовы координаты, $j = (j_1, \ldots, j_n)$, каждый из параметров j_k принимает три значения $j_k = 1, \iota_k, i$. Квадратичная форма $(z^*, z^*) = \sum_{m=0}^{n} |z_m^*|^2$ пространства $\mathbf{C}_{n+1}$ переходит при отображении (1.51) в квадратичную форму пространства $\mathbf{C}_{n+1}(j)$ вида

$$(z, z) = |z_0|^2 + \sum_{k=1}^{n} (0,k)^2 |z_k|^2. \tag{1.52}$$

Здесь $|z_k| = (x_k^2 + y_k^2)^{1/2}$ — абсолютная величина комплексного числа $z_k = x_k + jy_k$, комплексный вектор $z = (z_0, z_1, \ldots, z_n)$.

Определение комплексного расслоенного пространства такое же, как и для вещественного пространства в разделе 1.2.3.

Определение 1.3.1. Группа $SU(n+1;j)$ состоит из всех преобразований пространства $\mathbf{C}_{n+1}(j)$ с единичным детерминантом, сохраняющих квадратичную форму (1.52).

В $(k_1, k_2, \ldots, k_p)$-расслоенном пространстве $\mathbf{C}_{n+1}(j)$ имеем $p+1$ квадратичную форму, сохраняющуюся при преобразованиях из группы $SU(n+1;j)$. При преобразованиях, не затрагивающих координаты $z_0, z_1, \ldots, z_{k_s-1}$, остается инвариантная форма

$$(z, z)_{s+1} = \sum_{a=k_s}^{k_{s+1}-1} (k_s, a)^2 |z_a|^2, \tag{1.53}$$

где $s = 0, 1, \ldots, p$, $k_0 = 0$. При $s = p$ суммирование ведется до n.

Отображение (1.51) индуцирует переход классической группы $SU(n+1)$ в группу $SU(n+1;j)$, соответственно алгебры $su(n+1)$ в алгебру $su(n+1;j)$. Все $(n+1)^2 - 1$ генераторов алгебры $su(n+1)$ являются эрмитовыми матрицами. Однако, поскольку коммутаторы для эрмитовых генераторов не имеют симметричного вида, обычно переходят к матричным генераторам A_{km}^*, $k, m = 0, 1, 2, \ldots, n$ общей линейной алгебры $gl_{n+1}(R)$, таким, что $(A_{km}^*)_{km} = 1$, а остальные матричные элементы равны нулю. (Звездочка в A^* означает, что A^* есть генератор исходной классической группы.) Коммутаторы генераторов A^* равны

$$[A_{km}^*, A_{pq}^*] = \delta_{mp} A_{kq}^* - \delta_{kq} A_{pm}^*, \tag{1.54}$$

где δ_{mp} — символ Кронекера. Независимые эрмитовы генераторы алгебры $su(n+1)$ задаются формулами

$$Q_{rs}^* = \frac{i}{2}(A_{rs}^* + A_{sr}^*), \quad L_{rs}^* = \frac{1}{2}(A_{sr}^* - A_{rs}^*),$$

$$P_k^* = \frac{i}{2}(A_{k-1,k-1}^* - A_{kk}^*), \tag{1.55}$$

где $r = 0, 1, \dots, n-1$, $s = r+1, r+2, \dots, n$, $k = 1, 2, \dots, n$.

Матричные генераторы A^* при отображении (1.51) преобразуются следующим образом:

$$A_{rs}(j) = (r,s)A_{rs}^*, \quad A_{kk}(j) = A_{kk}^*. \tag{1.56}$$

Коммутаторы генераторов $A(j)$ легко находятся [25] и равны

$$[A_{km}, A_{pq}] = (k,m)(p,q)\left(\delta_{mp}A_{kq}(k,q)^{-1} - \delta_{kp}A_{pm}(m,p)^{-1}\right). \tag{1.57}$$

Точно так же преобразуются эрмитовы генераторы (1.55) при переходе от алгебры $su(n+1)$ к алгебре $su(n+1;j)$, что дает вид матричных генераторов алгебры $su(n+1;j)$ для случая, когда группа $SU(n+1;j)$ действует в пространстве $C_{n+1}(j)$ с именованными координатами

$$Q_{rs}(j) = (r,s)Q_{rs}^*, \quad L_{rs}(j) = (r,s)L_{rs}^*, \quad P_k(j) = P_k^*. \tag{1.58}$$

Коммутационные соотношения для этих генераторов не приводим из-за громоздкости выражения [25]. Они могут быть найдены с помощью (1.57).

Укажем еще одну реализацию генераторов унитарной алгебры. Если группа GL_{n+1} действует левыми сдвигами в пространстве аналитических функций, заданных на $\mathbf{C}_{n+1}$, то генераторы ее алгебры имеют вид $X_{ab}^* = z^{*b}\partial_a^*$, где $\partial_a^* = \dfrac{\partial}{\partial z^{*a}}$. Эрмитовы генераторы алгебры $su(n+1)$ выражаются через X_{ab}^* формулами (1.55), в которых нужно заменить A^* на X^*. При отображении ψ они преобразуются по закону

$$Z_{ab} = (a,b)Z_{ab}^*(\varphi z^*), \tag{1.59}$$

где $Z_{ab} = Q_{rs}, L_{rs}, P_k = P_{kk}$. Аналогично преобразуются генераторы X_{ab}^*, что дает

$$X_{kk} = z_k\partial_k, \ X_{sr} = z_r\partial_s, \ X_{rs} = (r,s)^2 z_s\partial_r, \tag{1.60}$$

где $k = 1, 2, \dots, n$, $r, s = 0, 1, \dots, n$, $r < s$.

Матричные генераторы (1.58) образуют базис алгебры $su(n+1;j)$. Общему элементу алгебры

$$Z(\mathbf{u}, \mathbf{v}, \mathbf{w}; j) = \sum_{t=1}^{n(n+1)/2} (u_t Q_t(j) + v_t L_t(j)) + \sum_{k=1}^{n} w_k P_k, \tag{1.61}$$

где индекс t связан с индексами r, s, $r < s$, соотношением

$$t = s + r(n-1) - \frac{r(r-1)}{2}, \qquad (1.62)$$

а групповые параметры u_t, v_t, w_k вещественны, отвечает конечное групповое преобразование из группы $SU(n+1; j)$ вида

$$W(\mathbf{u}, \mathbf{v}, \mathbf{w}; j) = \exp\{Z(\mathbf{u}, \mathbf{v}, \mathbf{w}; j)\}. \qquad (1.63)$$

По теореме Кэли–Гамильтона [48] матрица W алгебраически выражается через матрицы Z^m, $m = 0, 1, 2, \ldots, n$, однако получить ее явный вид удается лишь для групп $SU(2; j_1)$ и $SU(3; j_1, j_2)$, которые рассмотрим в следующем разделе.

1.3.2. Унитарная группа $SU(2; j_1)$. Простейшей из унитарных групп Кэли–Клейна является группа $SU(2; j_1)$.

Определение 1.3.2. Множество преобразований пространства $\mathbf{C}_2(j_1)$, оставляющих инвариантной форму $|z_0|^2 + j_1^2|z_1|^2$, образуют специальную унитарную группу Кэли–Клейна $SU(2; j_1)$.

Если группа $SU(2; j_1)$ действует на именованные координаты $z_0, j_1 z_1$ пространства $\mathbf{C}_2(j)$, то ее элементы есть матрицы вида

$$g(j) = \begin{pmatrix} \alpha & -j\overline{\beta} \\ j\beta & \overline{\alpha} \end{pmatrix}, \quad \det g(j) = |\alpha|^2 + j^2|\beta|^2 = 1. \qquad (1.64)$$

Здесь черта обозначает комплексное сопряжение. Образуя генераторы алгебры $su(2; j_1)$ по формулам (1.58), получаем

$$P_1 = \frac{i}{2}\begin{pmatrix} 1 & 0 \\ 0 & -1 \end{pmatrix}, \quad Q_{01} = \frac{i}{2}\begin{pmatrix} 0 & j_1 \\ j_1 & 0 \end{pmatrix}, \quad L_{01} = \frac{1}{2}\begin{pmatrix} 0 & -j_1 \\ j_1 & 0 \end{pmatrix},$$
$$(1.65)$$

причем коммутационные соотношения равны

$$[P_1, Q_{01}] = L_{01}, \quad [L_{01}, P_1] = Q_{01}, \quad [Q_{01}, L_{01}] = j_1^2 P_1. \qquad (1.66)$$

Генераторы (1.65) при $j_1 = 1$ с точностью до множителей совпадают с матрицами Паули. Отметим также, что для специальных унитарных алгебр (групп) в комплексных пространствах Кэли–Клейна размерность алгебр (групп) при любых (в том числе и нильпотентных) значениях параметров остается неизменной.

Генераторам (1.65) отвечают однопараметрические подгруппы вида

$$g_1(r; j_1) = \exp r Q_{01}(j_1) = \begin{pmatrix} \cos\frac{1}{2}j_1 r & i\sin\frac{1}{2}j_1 r \\ i\sin\frac{1}{2}j_1 r & \cos\frac{1}{2}j_1 r \end{pmatrix},$$

$$g_2(s; j_1) = \exp s L_{01}(j_1) = \begin{pmatrix} \cos\frac{1}{2}j_1 s & -\sin\frac{1}{2}j_1 s \\ \sin\frac{1}{2}j_1 s & \cos\frac{1}{2}j_1 s \end{pmatrix},$$

$$g_3(w) = \exp w P_1 = \begin{pmatrix} e^{iw/2} & 0 \\ 0 & e^{-iw/2} \end{pmatrix}, \qquad (1.67)$$

а общему элементу $Z = rQ_{01} + sL_{01} + wP_1$ алгебры $su(2;j_1)$ отвечает конечное преобразование из группы $SU(2;j_1)$

$$g(\zeta, w; j_1) = \exp Z = \begin{pmatrix} \cos\dfrac{v}{2} + i\dfrac{w}{v}\sin\dfrac{v}{2} & -j_1\dfrac{\overline{\zeta}}{v}\sin\dfrac{v}{2} \\ j_1\dfrac{\zeta}{v}\sin\dfrac{v}{2} & \cos\dfrac{v}{2} - i\dfrac{w}{v}\sin\dfrac{v}{2} \end{pmatrix},$$

$$v^2(j_1) = w^2 + j_1^2|\zeta|^2, \quad \zeta = s + ir. \qquad (1.68)$$

В параметризации Эйлера [9] преобразования из группы $SU(2;j_1)$ записываются в виде

$$g(\varphi, \theta, \omega; j_1) = g_3(\varphi; j_1) g_1(\theta; j_1) g_3(\omega; j_1) =$$

$$= \begin{pmatrix} e^{i\frac{\omega+\varphi}{2}}\cos j_1\dfrac{\theta}{2} & e^{-i\frac{\omega-\varphi}{2}} i\sin j_1\dfrac{\theta}{2} \\ e^{i\frac{\omega-\varphi}{2}} i\sin j_1\dfrac{\theta}{2} & e^{-i\frac{\omega+\varphi}{2}}\cos j_1\dfrac{\theta}{2} \end{pmatrix}, \qquad (1.69)$$

где групповые параметры — углы Эйлера — изменяются в пределах

$$0 \leqslant \varphi < 2\pi, \quad -2\pi \leqslant \omega \leqslant 2\pi, \quad \theta \in \Theta(j) = \begin{cases} (0,\pi), & j_1 = 1 \\ (0,\infty), & j_1 = \iota \\ (-\infty, 0), & j_1 = i. \end{cases} \qquad (1.70)$$

Отметим, что при $j_1 = 1$ матрицы $g(\varphi, \theta, \omega; j_1)$ совпадают с матрицами (1.1.3–4), гл. III в [9], при $j_1 = i$ совпадают с матрицами (1.3.4–5), гл. VI в [9], а при $j_1 = \iota_1$ дают описание евклидовой группы $SU(2;\iota_1)$ через углы Эйлера.

1.3.3. Представления группы $SU(2;j_1)$. Обозначим пространство бесконечно дифференцируемых, квадратично интегрируемых функций на окружности символом $\mathbf{H}(j_1) = \{f(e^{it})\}$. Зададим операторы представления, отвечающие матрицам (1.64) из группы $SU(2;j_1)$, формулой

$$T_\lambda(\widetilde{g}(j_1)) f(e^{it}) = \left(\alpha + j_1\beta e^{-it}\right)^{\frac{\lambda}{j_1}} \left(\overline{\alpha} - j_1\overline{\beta}e^{it}\right)^{\frac{\lambda}{j_1}} f\left(\frac{\alpha e^{it} + j_1\beta}{\overline{\alpha} - j_1\overline{\beta}e^{it}}\right). \quad (1.71)$$

При $j_1 = 1$ эти операторы совпадают с операторами (2.1.10), гл. III в [9], если положить $\lambda = l = 0, \dfrac{1}{2}, 1, \ldots$ и, следовательно, описывают неприводимые представления группы $SU(2)$, если ограничить пространство $\mathbf{H}(1)$ до конечномерного подпространства $\mathbf{H}_l = \{\Phi(e^{it}) = \sum_{k=-l}^{l} a_k e^{ikt}\}$ тригонометрических многочленов. При $j_1 = i$ операторы (1.71) совпадают с операторами (2.2.5), гл. VI в [9], если $\lambda \in C$ и описывают неприводимые представления группы $SU(2;i) \equiv SU(1,1)$, которые унитарны при $\lambda = -\dfrac{i}{2} - \rho$, $\rho \in R$ (первая основная серия). Положим $j_1 = \iota_1$ в (1.71) и учтем ограничение (1.64) на групповые параметры, которое в этом случае имеет вид $|\alpha|^2 = 1$, т. е. $\alpha = e^{iw/2}$, $\beta \in C$. Тогда (1.71) преобразуется:

$$T_\lambda(g(\iota_1))f(e^{it}) =$$

$$= \left[1 + \iota_1 2i\mathrm{Im}(\beta)e^{-i(t+w/2)}\right]^{\frac{\lambda}{\iota_1}} f\left(e^{i(t+w)}(1 + \iota_1 2\mathrm{Re}(\beta)e^{-i(t+w/2)})\right). \tag{1.72}$$

Учитывая, что $(1 + \iota_1 a)^{\frac{\lambda}{\iota_1}} = \exp\{\frac{\lambda}{\iota_1}\ln(1 + \iota_1 a)\} = \exp\{\frac{\lambda}{\iota_1}\iota_1 a)\} = \exp\{\lambda a\}$, $f(a + \iota_1 b) = f(a) + \iota_1 b f'(a)$ и отбрасывая в (1.72) нильпотентные слагаемые, получаем для операторов представления евклидовой группы $SU(2; \iota_1) = M(2)$ выражение

$$T_\lambda(g(\iota_1))f(e^{it}) = e^{2i\lambda|\beta|\cos(t+p+w/2)} f\left(e^{i(t+w)}\right), \tag{1.73}$$

где $\arg\beta = -p + \pi/2$. Заменим групповые параметры w, β на новые групповые параметры $-w, a, b$ по правилу: $\beta = i\zeta \exp iw/2$, где $\zeta = a + ib$, $|\zeta| = r$, $\arg\zeta = \varphi$; тогда (1.73) запишем в виде

$$T_\lambda(g(\iota_1))f(e^{it}) = e^{2i\lambda r\cos(t-\varphi)} f\left(e^{i(t-w)}\right), \tag{1.74}$$

что при $2i\lambda = R$ совпадает с операторами неприводимого представления евклидовой группы $M(2)$ (сравни с (2.1.3) в [9]). Поскольку последние унитарны при $R = i\rho$, ρ — вещественное число, то операторы (1.74) унитарны при вещественных значениях λ.

Итак, формула (1.71) дает единое описание операторов неприводимых представлений трех групп: $SU(2)$, $SU(1,1)$ и группы $SU(2; \iota_1)$, имеющей структуру полупрямого произведения абелевой подгруппы e^T, $T = \{Q_{01}, L_{01}\}$ и подгруппы $U_1 = \exp wP_1$, т. е. $SU(2; \iota_1) = e^T \otimes U_1$. Такие группы называются [200] неоднородными унитарными группами. Группа $SU(2; \iota_1)$ локально изоморфна евклидовой группе, представляющей собой полупрямое произведение двумерной подгруппы трансляций на подгруппу вращений плоскости.

Сложнее обстоит дело с единым описанием пространства неприводимого представления. Для некомпактных групп $SU(2; \iota_1)$ или $SU(2; i)$ пространство неприводимого представления одно и то же $\mathbf{H}(\iota) = \mathbf{H}(i) \equiv \mathbf{H}$, а именно: пространство бесконечно дифференцируемых квадратично интегрируемых функций на окружности, тогда как для компактной группы $SU(2; 1)$ пространство $\mathbf{H}$ ограничивается до конечномерного подпространства $\mathbf{H}_l = \mathbf{H}(1)$ тригонометрических многочленов порядка l. Причина заключается в том, что контракция (предельный переход) есть локальная операция, поэтому удается получить единое описание операторов неприводимых представлений (1.71), а пространство неприводимого представления определяется глобальными свойствами группы (ее компактностью или некомпактностью), поэтому строение пространства неприводимого представления необходимо устанавливать отдельно для каждой группы.

Базис в пространстве $\mathbf{H}(j_1)$ можно записать в виде $f_k^\lambda(t;j_1) = C_k^\lambda(j_1)e^{-ikt}$, где при $j_1 = \iota_1,\ i, k = 0,\pm 1,\pm 2,\ldots$ и $C_k^\lambda(\iota_1) = C_k^\lambda(i) = 1$, а при $j_1 = 1$ имеем $\lambda = 0, \frac{1}{2}, 1, \ldots,\ -\lambda \leqslant k \leqslant \lambda$ и $C_k^\lambda(1) = [(\lambda - k)!(\lambda + k)!]^{-1/2}$. Скалярное произведение определяется формулой

$$\left(f_k^\lambda(t;j_1), f_m^\lambda(t;j_1)\right) =$$

$$= \left(C_k^\lambda(j_1)\right)^{-2} \frac{1}{2\pi} \int\limits_0^{2\pi} f_k^\lambda(t;j_1)\overline{f}_m^\lambda(t;j_1)dt = \delta_{km} \qquad (1.75)$$

(сравни с (3.2.14), гл. III в [9] при $j_1 = 1$, с (2.1.4), гл. IV в [9] при $j_1 = \iota_1$ и с (2.7.4), гл. VI в [9] при $j_1 = i$).

Операторы (1.71) реализуют неприводимые представления групп $SU(2;j_1)$, если $\lambda = 0, \frac{1}{2}, 1, \ldots$ при $j_1 = 1$ и $\lambda \in \mathbb{C}$ при $j_1 = \iota_1, i$. Эти представления унитарны, если $\lambda = 0, \frac{1}{2}, 1, \ldots$ при $j_1 = 1,\quad \lambda \in \mathbb{R},\ \lambda > 0$ при $j_1 = \iota_1$ и $\lambda = -\frac{i}{2} - \rho,\ \rho \in \mathbb{R}$ при $j_1 = i$. В последнем случае имеем неприводимые представления первой основной серии группы $SU(1,1)$ (см. п.7, §2, гл. VI в [9]).

Рассмотрим матричные элементы неприводимых унитарных представлений групп $SU(2;j_1)$ в базисе $\{f_k^\lambda(t;j_1)\}$. Используя (1.71), (1.75), получаем

$$D_{mn}^\lambda(g(j_1)) \equiv \left(T_\lambda(g(j_1))f_n^\lambda, f_m^\lambda\right) =$$

$$= \frac{C_n^\lambda(j_1)}{C_m^\lambda(j_1)} \frac{1}{2\pi} \int\limits_0^{2\pi} \left(\alpha + j_1\beta e^{-it}\right)^{\frac{\lambda}{j_1} - n} \left(\overline{\alpha} - j_1\overline{\beta}e^{it}\right)^{\frac{\lambda}{j_1} + n} e^{i(m-n)t}dt. \quad (1.76)$$

Матрица оператора $T_\lambda(g_3(w;j_1))$ является диагональной матрицей, конечной при $j_1 = 1$ и бесконечной при $j_1 = \iota_1, i$, на главной диагонали которой стоят числа $\exp(-imw)$. Поэтому из разложения Эйлера (1.69) имеем

$$D_{mn}^\lambda(g(\varphi,\theta,\omega;j_1)) = e^{-i(m\varphi + n\omega)} P_{mn}^\lambda(\theta;j_1), \qquad (1.77)$$

где $P_{mn}^\lambda(\theta;j_1)$ — матричный элемент, отвечающий подгруппе $g_1(\theta;j_1)$:

$$P_{mn}^\lambda(\theta;j_1) = \frac{C_n^\lambda(j_1)}{C_m^\lambda(j_1)} \frac{1}{2\pi} \int\limits_0^{2\pi} \left(\cos j_1 \frac{\theta}{2} + e^{-it}i\sin j_1 \frac{\theta}{2}\right)^{\frac{\lambda}{j_1} - n} \times$$

$$\times \left(\cos j_1 \frac{\theta}{2} + e^{it}i\sin j_1 \frac{\theta}{2}\right)^{\frac{\lambda}{j_1} + n} e^{i(m-n)t}dt. \qquad (1.78)$$

При $j_1 = 1$ (1.78) совпадает с формулой (3.4.4), гл. III в [9], определяющей функцию $P_{mn}^l(\cos\theta)$, — частный случай многочленов Якоби $P_k^{(a,b)}(z)$ с целыми a и b. При $j_1 = i$ (1.78) совпадает с формулой (3.2.6), гл. VI в [9], определяющей функцию Якоби $\mathbf{P}^l_{mn}(\operatorname{ch}\theta)$. Наконец, при $j_1 = \iota_1$ имеем $C^\lambda_n(\iota_1) = C^\lambda_m(\iota_1) = 1$ и (1.78) перепишем в виде

$$P^\lambda_{mn}(\theta;\iota_1) = \frac{1}{2\pi}\int\limits_0^{2\pi}(1+\iota_1 i\theta\cos t)^{\frac{\lambda}{\iota_1}}e^{i(m-n)t}dt =$$

$$= \frac{1}{2\pi}\int\limits_0^{2\pi}e^{i\lambda\theta\cos t + i(m-n)t}dt = i^{n-m}J_{n-m}(\lambda\theta), \qquad (1.79)$$

совпадающем с матричным элементом евклидовой группы (см. §3, гл. IV в [9]). Здесь $J_n(x)$ — функция Бесселя n-го порядка. Таким образом, формула (1.78) дает единую запись матричных элементов групп $SU(2)$, $M(2)$ и $SU(1,1)$.

Групповой закон умножения порождает функциональные соотношения для матричных элементов представления. Эти соотношения также можно записать в едином виде. Рассмотрим, в частности, теорему сложения для функций $P^\lambda_{mn}(\theta;\iota_1)$. Из соотношения $g(\varphi,\theta,\omega) = g_1(0,\theta_1,0)g_2(\varphi_2,\theta_2,0)$ находим выражение параметров Эйлера φ,θ,ω через параметры $\theta_1,\theta_2,\varphi_2$ в виде

$$\cos j_1\theta = \cos j_1\theta_1\cos j_1\theta_2 - \sin j_1\theta_1\sin j_1\theta_2\cos\varphi_2,$$

$$e^{i\varphi} = \frac{1}{\sin j_1\theta}\left(\sin j_1\theta_1\cos j_1\theta_2 + \cos j_1\theta_1\sin j_1\theta_2\cos\varphi + \right.$$

$$\left. + i\sin j_1\theta_2\sin\varphi_2\right),$$

$$e^{i(\varphi+\omega)/2} = \frac{1}{\cos j_1\frac{\theta}{2}}\left[\cos j_1\frac{\theta_1}{2}\cos j_1\frac{\theta_2}{2}e^{i\varphi_2/2} - \right.$$

$$\left. - \sin j_1\frac{\theta_1}{2}\sin j_1\frac{\theta_2}{2}e^{-i\varphi_2/2}\right],$$

$$\frac{1}{j_1^2}\sin^2 j_1\theta = \frac{1}{j_1^2}\sin^2 j_1\theta_1 + \frac{1}{j_1^2}\sin^2 j_1\theta_2 -$$

$$-\frac{1}{j_1^2}\sin^2 j_1\theta_1\sin^2 j_1\theta_2(1+\cos^2\varphi_2) + \frac{1}{2j_1^2}\sin 2j_1\theta_1\sin 2j_1\theta_2\cos\varphi_2. \quad (1.80)$$

Поскольку при $j_1 = \iota_1$ функция $\cos\iota_1\theta = 1$, то первая формула в (1.80) вырождается в тождество $1 \equiv 1$, поэтому мы ее переписали в эквивалентном виде с помощью синусов (последняя формула в (1.80)). При $j_1 = 1$ формулы (1.80) совпадают с формулами (4.1.6), гл. III в [9], при $j_1 = i$ совпадают с формулами (4.1.4), гл. VI в [9], а при $j_1 = \iota_1$ принимают вид

$$\theta^2 = \theta_1^2\theta_2^2 + 2\theta_1\theta_2\cos\varphi_2, \quad e^{i\varphi} = \frac{1}{\theta}\left(\theta_1 + \theta_2 e^{i\varphi_2}\right),$$

$$e^{i(\varphi+\omega)/2} = e^{i\varphi_2/2} \qquad (1.81)$$

и совпадают с формулами (4.1.2), гл. IV в [9]. Для операторов представления имеем $T_\lambda(g) = T_\lambda(g_1)T_\lambda(g_2)$, что дает следующее соотношение для матричных элементов:

$$D^\lambda_{mn}(g(\varphi,\theta,\omega)) = \sum_k D^\lambda_{mk}(g_1(0,\theta_1,0))D^\lambda_{kn}(g_2(\varphi_2,\theta_2,0)), \qquad (1.82)$$

где суммирование по k ведется от $-\lambda$ до λ при $j_1 = 1$ и от $-\infty$ до ∞ при $j_1 = \iota_1, i$. Учитывая, что согласно (1.77)

$$D^\lambda_{mk}(g_1) = P^\lambda_{mk}(\theta_1; j_1), \quad D^\lambda_{kn}(g_2) = e^{-ik\varphi_2}P^\lambda_{kn}(\theta_2; j_1),$$
$$D^\lambda_{mn}(g) = e^{-i(m\varphi+n\omega)}P^\lambda_{mn}(\theta; j_1), \qquad (1.83)$$

получаем теорему сложения для функций $P^\lambda_{mn}(\theta; j_1)$ в виде

$$e^{-i(m\varphi+n\omega)}P^\lambda_{mn}(\theta; j_1) = \sum_k e^{-ik\varphi_2}P^\lambda_{mk}(\theta_1; j_1)P^\lambda_{kn}(\theta_2; j_1). \qquad (1.84)$$

Это выражение при $j_1 = 1$ совпадает с теоремой сложения (4.1.7), гл. III в [9] для полиномов Якоби, а при $j_1 = i$ совпадает с теоремой сложения (4.1.6), гл. VI в [9] для функций Якоби. При $j_1 = \iota_1$, с учетом соотношения (1.79), формула (1.84) принимает вид

$$e^{in\varphi}J_n(\lambda\theta) = \sum_{k=-\infty}^\infty e^{ik\varphi_2}J_{n-k}(\lambda\theta_1)J_k(\lambda\theta_2), \qquad (1.85)$$

где параметры θ, φ связаны с параметрами $\theta_1, \theta_2, \varphi_2$ формулами (1.81), и дает теорему сложения для функций Бесселя (4.1.3), гл. IV в [9].

Аналогично можно записать в едином виде и другие свойства матричных элементов, например выражение производящей функции для матричных элементов $P^\lambda_{mn}(\theta; j_1)$. Из соотношения (1.78) и формул преобразования Фурье следует равенство

$$F(\theta, e^{-it}; j_1) \equiv C^\lambda_n(j_1)\left(\cos j_1\frac{\theta}{2} + e^{-it}i\sin j_1\frac{\theta}{2}\right)^{\frac{\lambda}{j_1}-n} \times$$
$$\times \left(\cos j_1\frac{\theta}{2} + e^{it}i\sin j_1\frac{\theta}{2}\right)^{\frac{\lambda}{j_1}+n}e^{-int} = \sum_m P^\lambda_{mn}(\theta; j_1)C^\lambda_m(j_1)e^{-imt},$$

$$(1.86)$$

где суммирование по m ведется от $-\lambda$ до λ при $j_1 = 1$ и от $-\infty$ до ∞ при $j_1 = \iota_1, i$, а коэффициенты $C^\lambda_m(j_1)$ определены ранее. Формула (1.86) показывает, что $F(\theta, e^{-it}; j_1)$ является производящей функцией для $P^\lambda_{mn}(\theta; j_1)$. Вводя переменную $w = e^{it}$ при $j_1 = 1$, получаем из (1.86) формулу, совпадающую с выражением (5.1.3), гл. III в [9] для производящей функции многочленов Якоби $P^l_{mn}(\cos\theta)$. При $j_1 = i$, обозначая $z = e^{-it}$, получаем из (1.86) формулу (4.6.2), гл. VI в [9], описывающую производящую функцию для функций Якоби $\mathbf{P}^\lambda_{mn}(\mathrm{ch}\,\theta)$.

При $j_1 = \iota_1$ равенство (1.86) дает выражение (4.5.2), гл. IV в [9] производящей функции для функций Бесселя.

Таким образом, единое описание групп $SU(2;j_1)$ порождает единое описание (1.71) операторов представлений и матричных элементов (1.73) этих операторов. Матричные элементы (1.75) операторов, отвечающих подгруппе $g_1(\theta;j_1)$, при $j_1 = 1$ дают многочлены Якоби $P^l_{mn}(\cos\theta)$, аналитическое продолжение которых (при $j_1 = i$), т. е. $l \to \lambda \in C$, $\theta \to i\theta$, приводит к функции Якоби $\mathbf{P}^\lambda_{mn}(\operatorname{ch}\theta)$. Контракция группы $SU(2)$ в группу Евклида $SU(2;\iota_1) = M(2)$ индуцирует предельный переход между матричными элементами — специальными функциями математической физики, а именно: многочлены Якоби $P^l_{mn}(\cos\theta)$ переходят в функцию Бесселя $J_{n-m}(\lambda\theta)$ (сравни [9], гл. IV, §7, п.2, где рассмотрен предельный переход $P^l_{mn}\left(\cos\dfrac{r}{l}\right) \to J_{n-m}(r)$ при $l \to \infty$). Свойства специальных функций, имеющие групповую природу, такие как теорема сложения (1.85), производящая функция (1.86) и, очевидно, другие свойства также допускают единое описание.

Отдельного исследования для каждой конкретной группы требует, однако, выяснение свойств, определяемых глобальным строением группы, таких как выбор пространств, в которых описанные представления неприводимы, а также нахождение тех значений параметров λ, характеризующих представления, при которых эти представления унитарны.

1.3.4. Унитарная группа $SU(3;j)$. Группа $SU(3;j)$, $j = (j_1, j_2)$ состоит из преобразований, сохраняющих квадратичную форму $(z, z) = |z_0|^2 + j_1^2|z_1|^2 + j_1^2 j_2^2|z_2|^2$. Матричные генераторы общей линейной алгебры $gl_3(j)$, согласно (1.56), имеют вид

$$A_{00} = \begin{pmatrix} 1 & 0 & 0 \\ 0 & 0 & 0 \\ 0 & 0 & 0 \end{pmatrix}, A_{11} = \begin{pmatrix} 0 & 0 & 0 \\ 0 & 1 & 0 \\ 0 & 0 & 0 \end{pmatrix}, A_{22} = \begin{pmatrix} 0 & 0 & 0 \\ 0 & 0 & 0 \\ 0 & 0 & 1 \end{pmatrix},$$

$$A_{10} = \begin{pmatrix} 0 & 0 & 0 \\ j_1 & 0 & 0 \\ 0 & 0 & 0 \end{pmatrix}, A_{01} = \begin{pmatrix} 0 & j_1 & 0 \\ 0 & 0 & 0 \\ 0 & 0 & 0 \end{pmatrix}, A_{20} = \begin{pmatrix} 0 & 0 & 0 \\ 0 & 0 & 0 \\ j_1 j_2 & 0 & 0 \end{pmatrix},$$

$$A_{02} = \begin{pmatrix} 0 & 0 & j_1 j_2 \\ 0 & 0 & 0 \\ 0 & 0 & 0 \end{pmatrix}, A_{21} = \begin{pmatrix} 0 & 0 & 0 \\ 0 & 0 & 0 \\ 0 & j_2 & 0 \end{pmatrix}, A_{12} = \begin{pmatrix} 0 & 0 & 0 \\ 0 & 0 & j_2 \\ 0 & 0 & 0 \end{pmatrix},$$

$$\tag{1.87}$$

а генераторы алгебры $su(3;j)$, построенные из (1.87) по формулам (1.58), равны

$$P_1 = \frac{i}{2}\begin{pmatrix} 1 & 0 & 0 \\ 0 & -1 & 0 \\ 0 & 0 & 0 \end{pmatrix}, \quad P_2 = \frac{i}{2}\begin{pmatrix} 0 & 0 & 0 \\ 0 & 1 & 0 \\ 0 & 0 & -1 \end{pmatrix},$$

$$Q_1 = \frac{i}{2}\begin{pmatrix} 0 & j_1 & 0 \\ j_1 & 0 & 0 \\ 0 & 0 & 0 \end{pmatrix}, \quad L_1 = \frac{1}{2}\begin{pmatrix} 0 & -j_1 & 0 \\ j_1 & 0 & 0 \\ 0 & 0 & 0 \end{pmatrix},$$

$$Q_2 = \frac{i}{2}\begin{pmatrix} 0 & 0 & j_1 j_2 \\ 0 & 0 & 0 \\ j_1 j_2 & 0 & 0 \end{pmatrix}, \quad L_2 = \frac{1}{2}\begin{pmatrix} 0 & 0 & -j_1 j_2 \\ 0 & 0 & 0 \\ j_1 j_2 & 0 & 0 \end{pmatrix},$$

$$Q_3 = \frac{i}{2}\begin{pmatrix} 0 & 0 & 0 \\ 0 & 0 & j_2 \\ 0 & j_2 & 0 \end{pmatrix}, \quad L_3 = \frac{1}{2}\begin{pmatrix} 0 & 0 & 0 \\ 0 & 0 & -j_2 \\ 0 & j_2 & 0 \end{pmatrix}, \qquad (1.88)$$

где обозначено $Q_k \equiv Q_{0k}$, $L_k \equiv L_{0k}$, $k = 1, 2$, $Q_3 \equiv Q_{12}$ $L_3 \equiv L_{12}$. Эти генераторы удовлетворяют коммутационным соотношениям

$$[P_1, P_2] = 0, \ [P_1, Q_1] = L_1, \ [P_1, L_1] = -Q_1, \ [P_1, Q_2] = \frac{1}{2}L_2,$$

$$[P_1, L_2] = -\frac{1}{2}Q_2, \quad [P_1, Q_3] = -\frac{1}{2}L_3, \quad [P_1, L_3] = \frac{1}{2}Q_3,$$

$$[P_2, Q_1] = -\frac{1}{2}L_1, \quad [P_2, L_1] = \frac{1}{2}Q_1, \quad [P_2, Q_2] = \frac{1}{2}L_2,$$

$$[P_2, L_2] = -\frac{1}{2}Q_2, \quad [P_2, Q_3] = L_3, \quad [P_2, L_3] = -Q_3,$$

$$[Q_1, L_1] = j_1^2, \quad [Q_2, L_2] = j_1^2 j_2^2 (P_1 + P_2), \quad [Q_3, L_3] = j_2^2 P_2,$$

$$[Q_1, L_2] = -\frac{j_1^2}{2}Q_3, \quad [Q_2, L_3] = \frac{j_2^2}{2}Q_1, \quad [L_1, Q_2] = \frac{j_1^2}{2}Q_3,$$

$$[L_2, Q_3] = -\frac{j_2^2}{2}Q_1, \quad [Q_1, L_3] = -\frac{1}{2}Q_2, \quad [Q_3, L_1] = \frac{1}{2}Q_2,$$

$$[Q_1, Q_2] = \frac{j_1^2}{2}L_3, \quad [Q_1, Q_3] = \frac{1}{2}L_2, \quad [Q_2, Q_3] = \frac{j_2^2}{2}L_1,$$

$$[L_1, L_2] = \frac{j_1^2}{2}L_3, \quad [L_1, L_3] = -\frac{1}{2}L_2, \quad [L_2, L_3] = \frac{j_2^2}{2}L_1. \qquad (1.89)$$

Контракции изменяют структуру группы (алгебры). Полагаем, скажем, $j_1 = \iota_1$ в (1.89). Полученные коммутационные соотношения показывают, что простая классическая алгебра $su(3)$ приобретает структуру полупрямой суммы, а именно: $su(3; \iota_1, j_2) = T \ni u(2; j_2)$, где коммутативный идеал T натянут на генераторы Q_1, L_1, Q_2, L_2, а подалгебра $u(2; j_2)$, натянутая на генераторы P_1, P_2, Q_3, L_3, есть алгебра Ли унитарной группы в комплексном пространстве Кэли–Клейна. Из коммутаторов (1.89) при $j_1 = \iota_1$ устанавливаем, что $[T, u(2; j_2)] \subset T$, как это и должно быть для полупрямой суммы алгебр. Группа $SU(3; \iota_1, j_2)$ имеет структуру полупрямого произведения $SU(3; \iota_1, j_2) = \exp(T) \otimes U(2; j_2)$ и является так называемой неоднородной унитарной группой [200].

Общему элементу алгебры $su(3; j)$ вида

$$Z(\mathbf{u}, \mathbf{v}, \mathbf{w}; j) = \sum_{k=1}^{3}(u_k Q_k + v_k L_k) + w_1 P_1 + w_2 P_2 =$$

$$= \frac{1}{2}\begin{pmatrix} iw_1 & -j_1(v_1 - iu_1) & -j_1 j_2(v_2 - iu_2) \\ j_1(v_1 + iu_1) & i(w_2 - w_1) & -j_2(v_3 - iu_3) \\ j_1 j_2(v_2 + iu_2) & j_2(v_3 + iu_3) & -iw_2 \end{pmatrix} =$$

$$= \frac{1}{2} \begin{pmatrix} iw_1 & -j_1\bar{t}_1 & -j_1j_2\bar{t}_2 \\ j_1t_1 & i(w_2-w_1) & -j_2\bar{t}_3 \\ j_1j_2t_2 & j_2t_3 & -iw_2 \end{pmatrix}, \tag{1.90}$$

где комплексные параметры $t_k = v_k + iu_k$, $k = 1, 2, 3$, а черта обозначает комплексное сопряжение, сопоставляется конечное групповое преобразование

$$W(\mathbf{t}, \mathbf{w}; j) = \exp\{Z(\mathbf{t}, \mathbf{w}; j)\} \in SU(3; j), \tag{1.91}$$

действующее на векторы с именованными компонентами. Чтобы найти матрицу W, воспользуемся теоремой Кэли–Гамильтона. Характеристическое уравнение $\det(Z - hE_3) = 0$ матрицы Z является кубическим уравнением

$$h^3 + ph + q = 0,$$
$$p = w_1^2 - w_1w_2 + w_2^2 + |t|^2(j),$$
$$|t|^2(j) = j_1^2|t_1|^2 + j_1^2j_2^2|t_2|^2 + j_2^2|t_3|^2,$$
$$q = -iw_1w_2(w_2-w_1) + iw_2j_1^2|t_1|^2 - i(w_2-w_1)j_1^2j_2^2|t_2|^2 -$$
$$-iw_1j_2^2|t_3|^2 + 2ij_1^2j_2^2\mathrm{Im}(t_1\bar{t}_2t_3). \tag{1.92}$$

Его корни даются выражением

$$h_k = \sqrt[3]{-\frac{q}{2} + \sqrt{\left(\frac{q}{2}\right)^2 + \left(\frac{p}{3}\right)^3}} +$$

$$+ \sqrt[3]{-\frac{q}{2} - \sqrt{\left(\frac{q}{2}\right)^2 + \left(\frac{p}{3}\right)^3}} = h_k' + h_k'', \tag{1.93}$$

где $h_k'h_k'' = -p/3$, а индекс $k = 1, 2, 3$, нумерует три различных корня в первом слагаемом. По теореме Кэли–Гамильтона находим

$$W(\mathbf{t}, \mathbf{w}; j) = AE_3 - BZ + CZ^2, \tag{1.94}$$

$$4Z^2 = \begin{pmatrix} -w_1^2 - j_1^2|t_1|^2 - j_1^2j_2^2|t_2|^2 & -j_1(iw_2\bar{t}_1 + j_2^2\bar{t}_2t_3) \\ j_1(iw_2t_1 - j_2^2t_2\bar{t}_3) & -(w_2-w_1)^2 - j_1^2|t_1|^2 - j_2^2|t_3|^2 \\ j_1j_2(-i(w_2-w_1)t_2 + t_1t_3) & -j_2(iw_1t_3 + j_1^2\bar{t}_1t_2) \end{pmatrix}$$

$$\begin{matrix} j_1j_2(i(w_2-w_1)\bar{t}_2 + \bar{t}_1\bar{t}_3) \\ j_2(iw_1\bar{t}_3 - j_1^2t_1\bar{t}_2) \\ -w_2^2 - j_1^2j_2^2|t_2|^2 - j_2^2|t_3|^2 \end{matrix} \Bigg), \tag{1.95}$$

а функции A, B, C выражаются через корни h_k характеристического уравнения формулами

$$A = \{h_2h_3(h_2-h_3)\exp(h_1) - h_1h_3(h_1-h_3)\exp(h_2) +$$
$$+ h_1h_2(h_1-h_2)\exp(h_3)\}/D,$$
$$B = \{(h_2^2 - h_3^2)\exp(h_1) - (h_1^2 - h_3^2)\exp(h_2) +$$
$$+ (h_1^2 - h_2^2)\exp(h_3)\}/D,$$

$$C = \{(h_2 - h_3)\exp(h_1) - (h_1 - h_3)\exp(h_2)+$$

$$+(h_1 - h_2)\exp(h_3)\}/D,$$

$$D = (h_1 - h_2)(h_1 - h_3)(h_2 - h_3). \tag{1.96}$$

Поскольку $\operatorname{Tr} Z = 0$, то $\det W = 1$ и мы имеем конечное групповое преобразование, записанное в координатах второго рода.

1.3.5. Инвариантные операторы. Алгебра $su(n+1)$ имеет n независимых операторов Казимира вида

$$C_p^* = \sum_{k_0,\ldots,k_p=0}^{n} A_{k_o k_1}^* A_{k_1 k_2}^* \ldots A_{k_p k_o}^*, \quad p = 1, 2, \ldots, n. \tag{1.97}$$

Чтобы найти инвариантные операторы алгебры $su(n+1;j)$, используем прием, описанный в разделе 1.2.2. Для получения закона преобразования оператора Казимира при переходе от алгебры $su(n+1)$ к алгебре $su(n+1;j)$ заменим в (1.97) генераторы A^* их выражениями через генераторы $A(j)$ согласно (1.56) и домножим полученный оператор, который обозначим $C_p^*(\rightarrow)$, на наиболее сингулярный коэффициент в минус первой степени при слагаемых, входящих в (1.97). При четном $p = 2q$ наиболее сингулярный коэффициент $(0, n)^{-2q}$ возникает при слагаемом $A_{0n}A_{n0}\ldots A_{n0}A_{0n}$, а при нечетном $p = 2q - 1$ он стоит при слагаемом $A_{0n}A_{n0}\ldots A_{0n}A_{n0}$, поэтому, в соответствии с (1.34), операторы Казимира преобразуются следующим образом:

$$C_p(j) = (0, n)^{2q} C_p^*(\rightarrow), \tag{1.98}$$

где $p = 2q$ или $p = 2q - 1$. Используя (1.97) и (1.98), находим вид инвариантных операторов алгебры $su(n+1;j)$

$$C_p(j) = \sum_{k_o,\ldots,k_p=0}^{n} A_{k_0 k_1} A_{k_1 k_2} \ldots A_{k_p k_0} \frac{(0, n)^{2q}}{(k_0, k_p)} \prod_{m=0}^{p-1} (k_m, k_{m+1})^{-1}, \tag{1.99}$$

где $p = 1, 2, \ldots, n$.

В работе [25] теми же методами, что и в случае ортогональных алгебр, доказана теорема.

Теорема 1.3.1. *Для любого набора значений параметров j число инвариантных операторов алгебры $su(n+1;j)$ не превосходит n.*

Поскольку операторы (1.99) независимы при $p = 1, 2, \ldots, n$, то алгебра $su(n+1;j)$ имеет ровно n инвариантных операторов, явный вид которых дается формулой (1.99).

1.4. Симплектические группы и алгебры Кэли–Клейна

1.4.1. Определение, генераторы, коммутаторы. Прежде чем рассматривать симплектические группы $Sp(n; j)$ в пространствах Кэли–Клейна, рассмотрим пространство $\mathbf{R}_n(j)$, которое получается из n-мерного пространства Евклида $\mathbf{R}_n$ отображением

$$\psi : \mathbf{R}_n \to \mathbf{R}_n(j)$$

$$\psi x_1^* = x_1, \quad \psi x_k^* = (0, k-1)x_k, \quad k = 2, 3, \ldots, n, \qquad (1.100)$$

где $x^* \in \mathbf{R}_n$, $x \in \mathbf{R}_n(j)$, $j = (j_1, j_2, \ldots, j_{n-1})$.

Определение 1.4.1. Группа $Sp(n; j)$ состоит из преобразований $2n$-мерного пространства $\mathbf{R}_n(j) \times \mathbf{R}_n(j)$, сохраняющих билинейную форму

$$[x, y] = x_1 y_{-1} - x_{-1} y_1 + \sum_{k=2}^{n} (0, k-1)^2 (x_k y_{-k} - x_{-k} y_k). \qquad (1.101)$$

Здесь декартовы координаты x_k, y_k, $k = 1, 2, \ldots, n$ принадлежат первому сомножителю в прямом произведении пространств, а x_{-k}, y_{-k} — второму.

Для $(k_1, \ldots, k_p)$-расслоенного пространства имеем $p + 1$ билинейную форму, сохраняющихся при преобразованиях из группы $Sp(n; j)$, а именно, при преобразованиях из $Sp(n; j)$, не затрагивающих координаты $x_{\pm 1}, \ldots x_{\pm(k_s-1)}$, остается инвариантной форма

$$[x, y]_{s+1} = \sum_{m=k_s}^{k_{s+1}-1} (k_s - 1, m - 1)^2 (x_k y_{-k} - x_{-k} y_k), \qquad (1.102)$$

где $s = 0, 1, \ldots, p$, $k_0 = 1$. При $s = p$ суммирование по m ведется до n.

Генераторы X алгебры $sp(n; j)$ получим из известных [1] генераторов X^* классической симплектической алгебры $sp(n)$ преобразованием, индуцированным отображением (1.100). Рассмотрим как матричные генераторы X, связанные с преобразованиями в пространстве $\mathbf{R}_n(j) \times \mathbf{R}_n(j)$, так и генераторы $X(x)$, порождаемые действиями группы левыми сдвигами $Sp(n; j)$ в пространстве дифференцируемых функций, заданных на $\mathbf{R}_n(j) \times \mathbf{R}_n(j)$, т. е. $gf(x) = f(g^{-1}x)$. Из определения генератора

$$X(x) = \sum_{k=-n}^{n} \left(\frac{\partial x_k'}{\partial a} \right)_{|a=0} \partial_k, \qquad (1.103)$$

где $x' = g(a)x$, $g(0) = 1$, $g \in Sp(n; j)$, $x \in \mathbf{R}_n(j) \times \mathbf{R}_n(j)$, находим закон преобразования генераторов при переходе от алгебры $sp(n)$ к алгебре $sp(n; j)$:

$$X_{uv}(x) = (|u| - 1, |v| - 1)X_{uv}^*(\psi x^*). \qquad (1.104)$$

Преобразуя известные генераторы симплектической алгебры, получим генераторы алгебры $sp(n; j)$ в виде

$$X_{uv}(x) = (|u| - 1, |v| - 1)^{1+\text{sign}(|u|-|v|)} x_u \partial_v -$$
$$- (|u| - 1, |v| - 1)^{1-\text{sign}(|u|-|v|)} w_u w_v x_{-v} \partial_{-u}, \quad (1.105)$$

где $w_u = \text{sign}(u)$, т.е. $w_u = 1$ при $u > 0$, $w_u = 0$ при $u = 0$, $w_u = -1$, при $u < 0$, $u, v = \pm 1, \ldots, \pm n$. Генераторы (1.105) не являются независимыми. Они связаны свойством симметрии

$$X_{uv}(x) = -w_u w_v X_{-v,-u}(x). \quad (1.106)$$

Размерность алгебры $sp(n; j)$ равна $n(2n + 1)$ при любом наборе значений параметров j и в качестве независимых выберем следующие генераторы:

$$X_{rr}(x) = x_r \partial_r - x_{-r} \partial_{-r}, \quad r = 1, 2, \ldots, n,$$
$$X_{r,-r}(x) = 2 x_r \partial_{-r}, \quad r = \pm 1, \pm 2, \ldots, \pm n,$$
$$X_{sr}(x) = (|r| - 1, s - 1)^2 x_s \partial_r - w_r x_{-r} \partial_{-s}, \quad |r| < s, \ s = 2, 3, \ldots, n,$$
$$X_{rs}(x) = x_r \partial_s - (|r| - 1, s - 1)^2 w_r x_{-s} \partial_{-r}. \quad (1.107)$$

Генераторы (1.105) удовлетворяют коммутационным соотношениям

$$[X_{uv}, X_{u'v'}] = (|u| - 1, |v| - 1)(|u'| - 1, |v'| - 1) \left\{ \frac{\delta_{u'v} X_{uv'}}{(|u| - 1, |v'| - 1)} - \right.$$
$$\left. - \frac{\delta_{uv'} X_{u'v}}{(|u'| - 1, |v| - 1)} + \frac{w_u w_v \delta_{-v'v} X_{u',-u}}{(|u| - 1, |u'| - 1)} + \frac{w_v w_{u'} \delta_{u',-u} X_{-v,v'}}{(|v| - 1, |v'| - 1)} \right\}. \quad (1.108)$$

Матричные генераторы X_{uv} связаны с генераторами $X_{uv}(x)$ (1.105) в пространстве дифференцируемых функций соотношениями

$$X_{uv}(x) = \underline{\partial} X_{uv} x, \quad (1.109)$$

где $\underline{\partial} = (\partial_1, \ldots, \partial_n, \partial_{-1}, \ldots, \partial_{-n})$ — матрица-строка́, $x^t = (x_1, \ldots, x_n, x_{-1}, \ldots, x_{-n})^t$ — матрица-столбец и произведение в (1.109) есть обычное матричное произведение. Независимые генераторы (1.107) представляются матрицами размерности $2n$, ненулевые элементы которых равны

$$(X_{rr})_{rr} = 1, \quad (X_{rr})_{-r,-r} = -1, \quad r = 1, 2, \ldots, n,$$
$$(X_{r,-r})_{-r,r} = 2, \quad r = \pm 1, \pm 2, \ldots, \pm n,$$
$$(X_{rs})_{sr} = 1, \quad (X_{rs})_{-r,-s} = -w_r(|r| - 1, s - 1)^2, \quad |r| < s, \ s = 2, 3, \ldots, n,$$
$$(X_{sr})_{rs} = (|r| - 1, s - 1)^2, \quad (X_{sr})_{-s,-r} = -w_r. \quad (1.110)$$

1.4.2. Инвариантные операторы. Классическая симплектическая алгебра $sp(n)$ имеет ровно n независимых операторов Казимира вида

$$C_p^* = \sum_{u_1, \ldots, u_p} X_{u_1 u_2}^* X_{u_2 u_3}^* \ldots X_{u_p u_1}^*, \quad (1.111)$$

где $p = 2, 4, \ldots, 2n$. Как и ранее в случае ортогональных и унитарных алгебр, заменим в (1.111) генераторы X^* их выражениями через генераторы X согласно (1.104) и домножим оператор C_p^* на наиболее сингулярный коэффициент в минус первой степени при слагаемых, входящих в (1.111). В нашем случае это выражение равно $(0, n - 1)^p$, поэтому

$$C_p(j) = (0, n - 1)^p C_p^*(\to) =$$

$$= \sum_{u_1, \ldots, u_p} \frac{(0, n - 1)}{(|u_1| - 1, |u_p| - 1)} \prod_{k=1}^{p-1} \frac{X_{u_1 u_2} X_{u_2 u_3} \ldots X_{u_p u_1}}{(|u_k| - 1, |u_{k+1}| - 1)}. \qquad (1.112)$$

Свойства операторов Казимира $C_p(j)$ описываются следующими утверждениями, доказанными в работе [28].

Утверждение 1.4.1. *Операторы $C_p(j)$, $p = 2, 4, \ldots, 2n$ принадлежат центру Z универсальной обертывающей алгебры для алгебры Ли $sp(n; j)$.*

Утверждение 1.4.2. *Количество линейно независимых операторов из центра Z алгебры $sp(n; j)$ при любом наборе значений параметров j не превосходит n.*

Операторы $C_p(j)$ при $p = 2, 4, \ldots 2n$ линейно независимы, так как образованы генераторами X_{uv} в разных степенях. Из этого факта и сформулированных утверждений вытекает теорема.

Теорема 1.4.1. *При любом наборе значений параметров j алгебра $sp(n; j)$ имеет ровно n инвариантных операторов $C_p(j)$, $p = 2, 4, \ldots$ $\ldots 2n$ вида (1.112).*

1.5. Классификация переходов между группами

В предыдущих разделах мы определили ортогональные, унитарные и симплектические группы в пространствах Кэли–Клейна и показали, что их генераторы, операторы Казимира и другие алгебраические конструкции получаются преобразованием соответствующих конструкций классических групп. Такой естественный подход оправдан тем, что классические группы и характеризующие их алгебраические конструкции хорошо изучены. Является ли, однако, такой подход единственным? Нельзя ли в качестве исходной взять одну из групп в пространстве Кэли–Клейна? Положительный ответ на эти вопросы дает следующая теорема о структуре переходов между группами.

Определим (формально) переход от пространства $\mathbf{C}_{n+1}(j)$ и генераторов $Z_{ab}(\mathbf{z}; j)$ унитарной группы $SU(n + 1; j)$ к пространству $\mathbf{C}_{n+1}(j')$ и генераторам $Z_{ab}(\mathbf{z}'; j')$ преобразованиями, которые получаются из преобразований (1.51) и (1.59), если заменить в них параметры j_k на $j_k' j_k^{-1}$:

$$\psi' : \mathbf{C}_{n+1}(j) \to \mathbf{C}_{n+1}(j')$$

$$\psi' z_0 = z_0', \quad \psi' z_k = z_k' \prod_{m=1}^{k} j_m' j_m^{-1}, \quad k = 1, 2, \ldots, n,$$

$$Z_{ab}(\mathbf{z}'; j') = \left(\prod_{l=1+\min(a,b)}^{\max(a,b)} j_l' j_l^{-1} \right) Z_{ab}(\psi'\mathbf{z}; j). \tag{1.113}$$

Обратные переходы получаются из (1.113) заменой штрихованных параметров j' на нештрихованные j и наоборот. Применив (1.113) к квадратичной форме (1.52) и генераторам (1.60), получим

$$(z', z') = |z_0'|^2 + \sum_{k=1}^{n} |z_k'|^2 \prod_{m=1}^{k} j_m'^2,$$

$$X_{kk} = z_k' \partial_k', \quad X_{sr} = z_r' \partial_s', \quad X_{rs} = \left(\prod_{l=1+r}^{s} j_l'^2 \right) z_s' \partial_r', \tag{1.114}$$

т. е. квадратичную форму в пространстве $C_{n+1}(j')$ и генераторы группы $SU(n+1; j')$.

Однако построенные переходы имеют смысл не для любых групп и пространств (формальность преобразований (1.113) в этом и состоит), так как при нильпотентных значениях параметров j выражения типа ι_k^{-1}, $\iota_m \cdot \iota_k^{-1}$ при $k \neq m$ не определены. Мы определили в разделе 1.1 только выражения $\iota_k \cdot \iota_k^{-1} = 1$, $k = 1, 2, \ldots, n$. Поэтому, если некоторый параметр $j_k = \iota_k$, то преобразования (1.113) будут определены и дадут (1.114) только в том случае, когда штрихованный параметр с тем же самым номером равен тому же самому чисто нильпотентному значению, т. е. $j_k' = \iota_k$.

Переходы от пространства $\mathbf{R}_{n+1}(j)$ к пространству $\mathbf{R}_{n+1}(j')$, а также от групп $SO(n+1; j)$, $Sp(n; j)$ к группам $SO(n+1; j')$, $Sp(n; j')$, соответственно, получаются из преобразований (1.44), (1.30), (1.100), (1.104) такой же заменой параметров j_k на $j_k' j_k^{-1}$. Аналогично устанавливается и допустимость этих переходов. Введем обозначения: $G(j) = SO(n+1; j)$, $SU(n+1; j)$, $Sp(n; j)$, $\mathbf{R}(j) = \mathbf{R}_{n+1}(j)$, $\mathbf{C}_{n+1}(j)$, $\mathbf{R}_n(j) \times \mathbf{R}_n(j)$. Условимся обозначать символом $\Psi G(j) = G(j')$ преобразование генераторов группы. Несложный анализ преобразований (1.113) и обратных преобразований с точки зрения допустимости переходов [26] дает следующую теорему.

Теорема 1.5.1. О классификации переходов. *I. Пусть $G(j)$ есть группа в нерасслоенном пространстве $\mathbf{R}(j)$, а $G(j')$ — группа в произвольном пространстве $\mathbf{R}(j')$, тогда $G(j') = \Psi G(j)$. Если $\mathbf{R}(j')$ — нерасслоенное пространство, то Ψ взаимно однозначно и $G(j) = \Psi^{-1} G(j')$.*

II. Пусть $G(j)$ есть группа в $(k_1, k_2, \ldots, k_p)$-расслоенном пространстве $\mathbf{R}(j)$, а $G(j')$ — группа в $(m_1, m_2, \ldots, m_q)$-расслоенном пространстве $\mathbf{R}(j')$, тогда $G(j') = \Psi G(j)$, если числа $(k_1, \ldots, k_p)$

содержатся в наборе чисел $(m_1, \ldots, m_q)$. Обратный переход $G(j) =$
$= \Psi^{-1} G(j')$ имеет место тогда и только тогда, когда $p = q$,
$k_1 = m_1, \ldots, k_p = m_p$.

Из теоремы следует, что группу $G(j)$ при любом наборе значений
параметров j можно получить не только из классической группы, но и
из группы в произвольном нерасслоенном пространстве Кэли–Клейна,
т. е. из псевдоортогональной, псевдоунитарной или псевдосимплектиче-
ской группы. Естественно, что переходы между другими алгебраическими конструкциями, в частности между алгебрами Ли, операторами
Казимира, также описываются этой теоремой.

Глава 2
МОДЕЛИ ПРОСТРАНСТВА–ВРЕМЕНИ

В настоящей главе рассматриваются кинематические группы и алгебры. Приводится интерпретация кинематик как пространств постоянной кривизны. Подробно изучаются нерелятивистские кинематики и экзотические кинематики Кэрролла.

2.1. Кинематические группы

2.1.1. Кинематики как пространства постоянной кривизны. Возможные кинематические группы, т. е. группы движений четырехмерных моделей пространства–времени (кинематик), удовлетворяющих естественным физическим постулатам: 1) пространство изотропно, 2) пространственная четность и обращение времени являются автоморфизмами кинематической группы, 3) бусты (вращения в пространственно-временных плоскостях) образуют некомпактную подгруппу, описаны в работе [98]. В работе [99] авторы отказались от постулатов 2, 3 и получили более широкий набор групп с пространственной изотропией. Дадим геометрическую интерпретацию кинематик из первой статьи, следуя работам [26, 27].

Все кинематические группы зависят от десяти параметров, поэтому кинематики, с точки зрения геометрии, естественно должны находиться среди четырехмерных максимально однородных пространств с постоянной кривизной, группы движений которых имеют размерность десять. Эти пространства реализуются на связной компоненте сферы

$$\mathbf{S}_4(j) = \{x_0^2 + \sum_{k=1}^{4}(0,k)x_k^2 = 1\}. \qquad (2.1)$$

Введем на $\mathbf{S}_4(j)$ внутренние (бельтрамиевы) координаты $\xi_k = x_k/x_0$, $k = 1, 2, 3, 4$. Генераторы (1.31) группы $SO(4;j)$ выражаются через внутренние координаты ξ формулой

$$X_{0s}(\xi) = -\partial_1 - (0,s)^2\xi_s\sum_{k=1}^{4}\xi_k\partial_k, \quad \partial_k = \partial/\partial\xi_k,$$

$$X_{rs}(u) = -\xi_r\partial_s + (r,s)^2\xi_s\partial_r, \quad r < s,\ r, s = 1, 2, 3, 4 \qquad (2.2)$$

и удовлетворяют коммутационным соотношениям (1.45). Генератор $X_{0s}(u)$ имеет смысл генератора переноса вдоль s-й бельтрамиевой оси, а $X_{rs}(u)$ есть генератор вращения в двумерной плоскости $\{\xi_r, \xi_s\}$.

Физические постулаты 1)–3) можно выразить в терминах параметров j. Постулат 1) означает, что при преобразовании (1.44) три бельтрамиевы координаты должны умножаться на одну и ту же величину и интерпретироваться как пространственные оси, а оставшаяся координата интерпретируется как временная ось кинематики. Это возможно в двух случаях:

А) при $j_3 = j_4 = 1$, когда координаты ξ_2, ξ_3, ξ_4 умножаются на произведение $j_1 j_2$ и объявляются пространственными, а ξ_1 умножается на j_1 и объявляется временной;

Б) при $j_2 = j_3 = 1$, когда на j_1 умножаются пространственные координаты $\xi_k = r_k$, $k = 1, 2, 3$, а координата времени $\xi_4 = t$ умножается на произведение $j_1 j_4$.

Постулат 3) накладывает ограничения на характер вращения в двумерных плоскостях, натянутых на временную и пространственную оси кинематики, требуя, чтобы эти вращения были лоренцевыми или галилеевыми, что в терминах параметров j дает $j_2 = \iota_2, i$ в случае А) и $j_4 = \iota_4, i$ в случае Б). Требования постулата 2) учитываются определением пространства постоянной кривизны как связной компоненты сферы (2.1).

В случае А) кинематические генераторы H, $\mathbf{P} = (P_1, P_2, P_3)$ (переносы вдоль временной и пространственных осей), вращения $\mathbf{J} = (J_1, J_2, J_3)$, бусты $\mathbf{K} = (K_1, K_2, K_3)$ выражаются через генераторы (2.2) в соответствии с упомянутой интерпретацией соотношениями $H = -X_{01}$, $P_k = -X_{0,k+1}$, $K_k = -X_{1,k+1}$, $J_1 = X_{34}$, $J_2 = -X_{24}$, $J_3 = X_{23}$, $k = 1, 2, 3$ и удовлетворяют коммутационным соотношениям

$$[H, \mathbf{J}] = 0, \quad [H, \mathbf{K}] = \mathbf{P}, \quad [H, \mathbf{P}] = -j_1^2 \mathbf{K},$$

$$[\mathbf{P}, \mathbf{P}] = j_1^2 j_2^2 \mathbf{J}, \quad [\mathbf{K}, \mathbf{K}] = j_2^2 \mathbf{J}, \quad [P_k, K_l] = -j_2^2 \delta_{kl} H, \qquad (2.3)$$

где $[\mathbf{X}, \mathbf{Y}] = \mathbf{Z}$ означает $[X_k, Y_l] = e_{klm} Z_m$, e_{klm} — антисимметричный единичный тензор. Пространства постоянной кривизны $\mathbf{S}_4(j_1, j_2, 1, 1) \equiv \mathbf{S}_4(j_1, j_2)$, $j_1 = 1, \iota_1, i$, $j_2 = \iota_2, i$ изображены на рис.1.2 (см. раздел 1.2.2), где пространственную ось r нужно мыслить как трехмерное пространство. Полусферическая $SO(5; 1, \iota_2)$ и полугиперболическая $SO(5; i, \iota_2)$ группы отвечают группам Ньютона $N_{\pm}$ (иногда их еще называют группами Гука), а интерпретация остальных групп хорошо известна.

В случае Б) временная и пространственная оси кинематики иначе выражаются через бельтрамиевы координаты пространства постоянной кривизны, соответственно геометрические генераторы $X(\xi)$ получают иную кинематическую интерпретацию: $H = X_{04}$, $P_k = -X_{0k}$, $K_k = X_{k4}$, $J_1 = X_{23}$, $J_2 = -X_{13}$, $J_3 = X_{12}$ и удовлетворяют коммутационным соотношениям вида

$$[\mathbf{J},\mathbf{J}] = \mathbf{J}, \quad [\mathbf{J},\mathbf{P}] = \mathbf{P}, \quad [\mathbf{J},\mathbf{K}] = \mathbf{K},$$
$$[H,\mathbf{J}] = 0, \quad [H,\mathbf{K}] = -j_4^2\mathbf{P}, \quad [H,\mathbf{P}] = j_1^2\mathbf{K},$$
$$[\mathbf{P},\mathbf{P}] = j_1^2\mathbf{J}, \quad [\mathbf{K},\mathbf{K}] = j_4^2\mathbf{J}, \quad [P_k,K_l] = \delta_{kl}H. \tag{2.4}$$

Значение параметра $j_4 = i$, как легко убедиться, не приводит к новым кинематикам, поскольку $SO(5; j_1, 1, 1, i)$ при $j_1 = 1, \iota_1, i$ есть группа де Ситтера, Пуанкаре и анти-де Ситтера соответственно.

Значениям параметров $j_1 = \iota_1$, $j_4 = \iota_4$ отвечает кинематическая группа Кэрролла [22], группа движений плоского пространства Кэрролла, впервые описанного в физических терминах в работе [179]. Сравнивая коммутаторы (2.4) с коммутаторами работы [98], находим, что группа $SO(5; 1, 1, 1, \iota_4)$ совпадает с кинематической группой $ISO(4)$, а группа $SO(5; i, 1, 1, \iota_4)$ есть группа пара-Пуанкаре P'. Далее учитывая, что параметр j_1 определяет знак кривизны пространства, а именно: кривизна положительна при $j_1 = 1$, нулевая при $j_1 = \iota_1$ и отрицательна при $j_1 = i$, заключаем, что группа $SO(5; 1, 1, 1, \iota_4)$ (или $ISO(4)$) есть группа движений кинематики Кэрролла с положительной кривизной, группа $SO(5; 1, 1, 1, \iota_4)$ (или P') есть группа движений кинематики Кэрролла с отрицательной кривизной. Такая интерпретация кинематических групп $ISO(4)$ и P', по-видимому, не осознавалась авторами работы [98], что, кстати, отражено в названиях и обозначениях этих групп. Нет указаний на такую интерпретацию и в работах [137], [202]. Кинематики Кэрролла далее будем обозначать $\mathcal{C}_4(j_1)$, а их кинематические группы — $G(j_1) = SO(5; j_1, 1, 1, \iota_4)$.

В работе [98] описано 11 кинематических групп. Девять из них получили геометрическую интерпретацию как пространства постоянной кривизны. Оставшиеся две кинематики пара-Галилей и статическую нельзя отождествлять ни с одним из пространств постоянной кривизны. Например, группа пара-Галилей получается из группы Галилея $SO(5; \iota_1, \iota_2)$ заменой $\mathbf{P} \to \mathbf{K}$, $\mathbf{K} \to \mathbf{P}$, т. е. новой интерпретацией генераторов, при которой генераторы пространственных переносов кинематики Галилея объявляются генераторами бустов кинематики пара-Галилей, а генераторы бустов Галилея, наоборот, объявляются генераторами пространственных переносов пара-Галилей.

2.2. Кинематики Кэрролла

Опишем подробнее кинематики Кэрролла $\mathcal{C}_4(j_1)$. Каждая из кинематик $\mathcal{C}_4(j_1)$ представляет собой тривиально расслоенное пространство, базой которого является трехмерное пространство, интерпретируемое как абсолютное изотропное физическое пространство, а слоем служит одномерное подпространство, интерпретируемое как время. Сравнительно с кинематикой Галилея пространство и время в кинематиках Кэрролла как бы поменялись своими свойствами. Математически:

в кинематике Галилея время является базой, а изотропное физическое пространство — слоем расслоения. Физически: в кинематике Галилея время абсолютно, т. е. два события, одновременные в системе отсчета K, одновременны в любой другой системе отсчета, полученной из K преобразованием Галилея (бустом), а в кинематиках Кэрролла абсолютно пространство, т. е. два события, происшедшие в одной и той же пространственной точке системы отсчета K (однопространственные события), в любой другой системе отсчета, полученной из K преобразованием буста, произойдут в той же самой точке пространства (останутся однопространственными).

Метод переходов позволяет из известных инвариантных операторов алгебры $so(5)$ без труда получить операторы Казимира алгебр Ли групп Кэрролла $G(j_1)$

$$I_1(j_1) = H^2 + j_1^2\mathbf{K}^2, \quad I_2(j_1) = (H\mathbf{J} - \mathbf{P} \times \mathbf{K})^2 + j_1^2(\mathbf{K},\mathbf{J})^2. \quad (2.5)$$

При $j_1 = \iota_1$ операторы (2.5) совпадают с операторами Казимира, полученными в работе [179].

Алгебра Кэрролла есть полупрямая сумма

$$AG_4(j_1) = A_4 \mathbin{\text{⊕}} M_6, \quad A_4 = \{H, \mathbf{K}\}, \quad M_6 = \{\mathbf{P}, \mathbf{J}\}, \quad (2.6)$$

она, помимо (2.6), допускает также разложение

$$AG_4(j_1) = A_4' \mathbin{\text{⊕}} (A_3 \mathbin{\text{⊕}} M_3), A_4' = \{H, \mathbf{P}\}, A_3 = \{\mathbf{K}\}, M_3 = \{\mathbf{J}\}. \quad (2.7)$$

Введем специальные разложения конечных групповых преобразований группы $G(j_1)$ двух видов

$$g = T^{\mathbf{r}}T^tT^{\mathbf{v}}R \equiv (\mathbf{r}, t, \mathbf{v}, R), \quad (2.8)$$

$$g = T^lT^{\mathbf{u}}T^{\mathbf{r}}R \equiv (l, \mathbf{u}, \mathbf{r}, R), \quad (2.9)$$

где $R = \exp(\mathbf{wJ})$ есть пространственное вращение, $T^{\mathbf{v}} = \exp(\mathbf{vK})$ — буст, $T^{\mathbf{r}} = \exp(\mathbf{rP})$ — пространственный перенос, $T^t = \exp(tH)$ — временной перенос. Структура полупрямого произведения для групп $G(j_1)$ определяется разложениями (2.6), (2.7) для алгебр и может быть записана в виде

$$\begin{aligned} G(j_1) &= (T^t \times T^{\mathbf{v}}) \mathbin{\text{⊗}} (T^{\mathbf{r}} \times R), \\ G(j_1) &= (T^t \times T^{\mathbf{r}}) \mathbin{\text{⊗}} (T^{\mathbf{v}} \times R). \end{aligned} \quad (2.10)$$

Для нахождения группового закона умножения для элементов группы $G(j_1)$, записанных в виде специального разложения (2.8), воспользуемся теоремой о точных представлениях и рассмотрим присоединенное представление $(C_z)_{m_1 m_2} = \sum_m c_{m m_2}^{m_1} z^m$ алгебры $AG(j_1)$, которое является точным, поскольку центр алгебры равен нулю. Упорядочив генераторы следующим образом: H, $\mathbf{P}$, $\mathbf{K}$, $\mathbf{J}$, выпишем матрицу присоединенного представления, отвечающую каноническим параметрам $\widetilde{t}, \widetilde{r}_k, \widetilde{v}_k, \widetilde{w}_k$ (таким, что общий элемент $a \in AG(j_1)$ равен $a = \widetilde{t}H + \widetilde{\mathbf{r}}\mathbf{P} + \widetilde{\mathbf{v}}\mathbf{K} + \widetilde{\mathbf{w}}\mathbf{J}$),

$$C_z = \begin{pmatrix} 0 & -\widetilde{\mathbf{v}} & \widetilde{\mathbf{r}} & 0 \\ 0 & -A(\widetilde{\mathbf{w}}) & 0 & -A(\widetilde{\mathbf{r}}) \\ -j_1^2\widetilde{\mathbf{r}} & j_1^2\widetilde{t}\mathbf{1} & -A(\widetilde{\mathbf{w}}) & -A(\widetilde{\mathbf{v}}) \\ 0 & -j_1^2 A(\widetilde{\mathbf{r}}) & 0 & -A(\widetilde{\mathbf{w}}) \end{pmatrix}, \qquad (2.11)$$

где $\widetilde{\mathbf{v}}, \widetilde{\mathbf{r}}$ — векторы-стро́ки, $j_1^2\widetilde{\mathbf{r}}$ — вектор-столбец, $A(\mathbf{x})$ есть матрица присоединенного представления группы вращений

$$A(\mathbf{x}) = \begin{pmatrix} 0 & x_3 & -x_2 \\ -x_3 & 0 & x_1 \\ x_2 & -x_1 & 0 \end{pmatrix}. \qquad (2.12)$$

Из (2.11) можно получить матрицы присоединенного представления, отвечающие специальным разложениям. Действительно, положим $\widetilde{\mathbf{r}} = \widetilde{\mathbf{v}} = \widetilde{\mathbf{w}} = 0$, тогда $\widetilde{t} = t$, т. е. канонический параметр $\widetilde{t}$ совпадает со специальным параметром t, а формула (2.11) дает выражение для матрицы C_t. Положив в (2.11) $\widetilde{t} = \widetilde{\mathbf{r}} = \widetilde{\mathbf{w}} = 0$, получим $\widetilde{\mathbf{v}} = \mathbf{v}$ и вид матрицы $C_{\mathbf{v}}$. При $\widetilde{t} = \widetilde{\mathbf{v}} = \widetilde{\mathbf{w}} = 0$ имеем $\widetilde{\mathbf{r}} = \mathbf{r}$ и матрицу $C_{\mathbf{r}}$. Наконец, при $\widetilde{t} = \widetilde{\mathbf{r}} = \widetilde{\mathbf{v}} = 0$, т. е. при $\widetilde{\mathbf{w}} = \mathbf{w}$ формула (2.11) дает матрицу $C_{\mathbf{w}}$.

Воспользовавшись теоремой о точных представлениях, получим полезные формулы

$$RT^{\mathbf{r}}R^{-1} = T^{R\mathbf{r}}, \quad RT^{\mathbf{v}}R^{-1} = T^{R\mathbf{v}},$$

$$R = \exp A(\mathbf{w}) = \mathbf{1} + A(\mathbf{w})\frac{\sin w}{w} + A^2(\mathbf{w})\frac{1 - \cos w}{w^2},$$

$$T^t T^{\mathbf{r}} = T^{\mathbf{r}} T^{t_1} T^{\mathbf{v_1}},$$

$$t_1 = t \cos j_1 r, \quad \mathbf{v}_1 = j_1^2 t\mathbf{r}\frac{\sin j_1 r}{j_1 r},$$

$$T^{\mathbf{u}} T^{\mathbf{r}} = T^{\mathbf{r}} T^{\mathbf{u_1}} T^{t_1},$$

$$\mathbf{u}_1 = \mathbf{u} - (\mathbf{r}, \mathbf{u})\mathbf{r}\frac{1 - \cos j_1 r}{r^2}, \quad t_1 = -(\mathbf{r}, \mathbf{u})\frac{\sin j_1 r}{j_1 r}. \qquad (2.13)$$

Здесь $r = (r_1^2 + r_2^2 + r_3^2)^{1/2}$. Переносы времени и бусты коммутируют $T^t T^{\mathbf{v}} = T^{\mathbf{v}} T^t$. Для пространственных переносов имеем $T^{\mathbf{r}} T^{\mathbf{r_1}} = T^{\mathbf{r}'}$, причем вектор $\mathbf{r}' = \mathbf{r} \oplus \mathbf{r_1}$ — обобщенная сумма векторов $\mathbf{r}, \mathbf{r_1}$ — находится из соотношений

$$\cos j_1 r' = \cos j_1 r \cos j_1 r_1 - j_1^2(\mathbf{r}, \mathbf{r_1})\frac{\sin j_1 r \sin j_1 r_1}{j_1 r j_1 r_1},$$

$$\mathbf{r}'\frac{\sin j_1 r'}{j_1 r'} = \mathbf{r}'\frac{\sin j_1 r}{j_1 r} + \mathbf{r}_1 \cos j_1 r \frac{\sin j_1 r_1}{j_1 r_1} - $$

$$- \mathbf{r}_1(\mathbf{r}, \mathbf{r}_1)\frac{1 - \cos j_1 r_1}{r_1^2}\frac{\sin j_1 r}{j_1 r}. \qquad (2.14)$$

Сумма $\mathbf{r} \oplus \mathbf{r}_1$ при $j_1 = 1$ есть закон сложения векторов трехмерного сферического пространства, при $j_1 = \iota_1$ есть обычное сложение векторов в трехмерном евклидовом пространстве, а при $j_1 = i$ представляет собой закон сложения векторов трехмерного пространства Лобачевского (ср. [3]), так как именно такова геометрия базы расслоения при соответствующих значениях параметра j_1.

Закон умножения элементов группы $G(j_1)$ теперь легко найти и для специального разложения (2.8) он имеет вид

$$(\mathbf{r}, t, \mathbf{v}, R)(\mathbf{r}_1, t_1, \mathbf{v}_1, R_1) = (\mathbf{r} + R\mathbf{r}_1, t', \mathbf{v}', RR_1),$$

$$t' = t_1 + t \cos j_1 r_1 - (\mathbf{v}, R\mathbf{r}_1) \frac{\sin j_1 r_1}{j_1 r_1},$$

$$\mathbf{v}' = \mathbf{v} + R\mathbf{v}_1 + R\mathbf{r}_1 \left[j_1^2 t \frac{\sin j_1 r}{j_1 r} - (\mathbf{v}, R\mathbf{r}_1) \frac{1 - \cos j_1 r_1}{r_1^{-2}} \right]. \qquad (2.15)$$

Обратный элемент

$$(\mathbf{r}, t, \mathbf{v}, R)^{-1} = (-R^{-1}\mathbf{r}, t'', \mathbf{v}'', R^{-1}),$$

$$t'' = -t \cos j_1 r - (\mathbf{v}, \mathbf{r}) \frac{\sin j_1 r}{j_1 r},$$

$$\mathbf{v}'' = -R^{-1} \left\{ \mathbf{v} - \mathbf{r} \left[j_1^2 t \frac{\sin j_1 r}{j_1 r} + (\mathbf{v}, \mathbf{r}) \frac{1 - \cos j_1 r}{r^2} \right] \right\}. \qquad (2.16)$$

Выпишем также групповой закон для разложения (2.9)

$$(l, \mathbf{u}, \mathbf{r}, R)(l_1, \mathbf{u}_1, \mathbf{r}_1, R_1) = (l', \mathbf{u}', \mathbf{r} + R\mathbf{r}_1, RR_1),$$

$$l' = l + l_1 \cos j_1 r + (\mathbf{r}, R\mathbf{u}_1) \frac{\sin j_1 r}{j_1 r},$$

$$\mathbf{u}' = \mathbf{u} + R\mathbf{u}_1 - \mathbf{r} \left\{ j_1^2 l_1 \frac{\sin j_1 r}{j_1 r} + (\mathbf{r}, R\mathbf{u}_1) \frac{1 - \cos j_1 r}{r^2} \right\}. \qquad (2.17)$$

Обратный элемент

$$(l, \mathbf{u}, \mathbf{r}, R)^{-1} = (l'', \mathbf{u}'', -R^{-1}\mathbf{r}, R^{-1}),$$

$$l'' = -l \cos j_1 r + (\mathbf{r}, \mathbf{u}) \frac{\sin j_1 r}{j_1 r},$$

$$\mathbf{u}'' = R^{-1} \left\{ \mathbf{u} + \mathbf{r} \left[-j_1^2 l \frac{\sin j_1 r}{j_1 r} + (\mathbf{r}, \mathbf{u}) \frac{1 - \cos j_1 r}{r^2} \right] \right\}. \qquad (2.18)$$

Кинематики Кэрролла можно получить как фактор-пространство $\mathcal{C}_4(j_1) = G(j_1)/\{T^{\mathbf{v}} \times R\}$, пространственно-временная координация которого задается преобразованиями $T^{\mathbf{r}}T^t$ и $T^l T^{\mathbf{r}}$. Преобразование $T^{\mathbf{r}}T^t$ задает так называемые квазибельтрамиевы координаты точки M кинематики, а $T^l T^{\mathbf{r}}$ задает декартовы координаты точки M (рис. 2.1), причем пространственные координаты точки M одинаковы, а временны́е связаны соотношением $t = l \cos j_1 r$. В плоской кинематике Кэрролла $\mathcal{C}_4(\iota_1)$ оба преобразования определяют одну и ту же декартову систему координат.

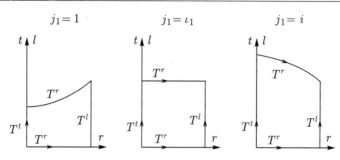

Рис. 2.1. Декартовы $(l, \mathbf{r})$ и квазибельтрамиевы $(\mathbf{r}, \mathbf{l})$ координаты в кинематиках Кэрролла

Транзитивное действие группы Кэрролла в кинематике $\mathcal{C}_4(j_1)$, отвечающее элементу группы $(\mathbf{a}, b, \mathbf{v}, R)$, в координатах $(\mathbf{r}, t)$ имеет вид

$$t' = t + b\cos j_1 r - (\mathbf{v}, R\mathbf{r})\frac{\sin j_1 r}{j_1 r}, \quad \mathbf{r}' = \mathbf{a} + R\mathbf{r}. \qquad (2.19)$$

Генераторы группы Кэрролла имеют непосредственный физический смысл, т. е. являются наблюдаемыми для свободной физической системы (частицы) в кинематиках Кэрролла. Поэтому числовые значения генераторов в некотором состоянии $\langle s|$ имеют физический смысл энергии $h = \langle s|H \rangle$, импульса $\mathbf{p} = \langle s|\mathbf{P} \rangle$, положения центра масс $\mathbf{k} = \langle s|\mathbf{K} \rangle$ и момента импульса $\mathbf{l} = \langle s|\mathbf{J} \rangle$ свободной системы. При общем преобразовании Кэрролла $(\mathbf{a}, b, \mathbf{v}, R)$ числовые значения генераторов, как показано Зайцевым [41], преобразуются по присоединенному представлению группы

$$(h', \mathbf{p}', \mathbf{k}', \mathbf{l}') = (h, \mathbf{p}, \mathbf{k}, \mathbf{l})\exp C_{\mathbf{w}}\exp C_{\mathbf{v}}\exp C_b\exp C_{\mathbf{r}'}, \qquad (2.20)$$

причём строка числовых значений умножается на столбец матрицы присоединенного представления. Учитывая, что $\exp C_t = \mathbf{1} + C_t$, $\exp C_{\mathbf{v}} = \mathbf{1} + C_{\mathbf{v}}$,

$$\exp C_{\mathbf{a}} = \mathbf{1} + C_{\mathbf{a}}\frac{\sin j_1 a}{j_1 a} + C_{\mathbf{a}}^2\frac{1 - \cos j_1 a}{(j_1 a)^2}, \qquad (2.21)$$

получаем из (2.20) законы преобразования энергии, импульса, положения центра масс и момента импульса свободной физической системы в кинематиках Кэрролла

$$h' = h\cos j_1 a + j_1^2(\mathbf{a}, R\mathbf{k})\frac{\sin j_1 a}{j_1 a},$$

$$\mathbf{p}' = R\mathbf{p}\cos j_1 a + \mathbf{v}\left[h\cos j_1 a + j_1^2(\mathbf{a}, R\mathbf{k})\frac{\sin j_1 a}{j_1 a}\right] -$$

$$- j_1^2 R\mathbf{k}\left[b\cos j_1 a - (\mathbf{a}, \mathbf{v})\frac{\sin j_1 a}{j_1 a}\right] +$$

$$+ \mathbf{a}\frac{1 - \cos j_1 a}{a^2}\left[(\mathbf{a}, R\mathbf{p}) + h(\mathbf{a}, \mathbf{v}) - j_1^2 b(\mathbf{a}, R\mathbf{k})\right],$$

$$\mathbf{k}' = R\mathbf{k} - \mathbf{a}(\mathbf{a}, R\mathbf{k})\frac{1 - \cos j_1 a}{a^2} - \mathbf{a}h\frac{\sin j_1 a}{j_1 a},$$

$$\mathbf{l}' = R\mathbf{l}\cos j_1 a - \mathbf{v} \times R\mathbf{k}\cos j_1 a - \mathbf{a} \times R\mathbf{l}\frac{\sin j_1 a}{j_1 a} +$$

$$+\mathbf{a} \times (\mathbf{v} \times R\mathbf{k})\frac{\sin j_1 a}{j_1 a} + \mathbf{a}\frac{1 - \cos j_1 a}{a^2}\left[(\mathbf{a}, R\mathbf{l}) - (\mathbf{a}, \mathbf{v} \times R\mathbf{k})\right]. \quad (2.22)$$

Нетрудно проверить, что при преобразованиях (2.22) остаются инвариантными две величины:

$$\text{inv}_1 = h^2 + j_2^2\mathbf{k}^2, \quad \text{inv}_2 = (h\mathbf{l} - \mathbf{p} \times \mathbf{k})^2 + j_1^2(\mathbf{k}, \mathbf{l})^2, \quad (2.23)$$

т. е. собственные значения операторов Казимира (2.5), которые характеризуют состояние свободной системы.

2.3. Нерелятивистские кинематики

Полусферическая $SO(5; 1, \iota_2)$ и полугиперболическая $SO(5; i, \iota_2)$ группы (или группы Ньютона) являются группами движений нерелятивистских кинематик, которые, в отличие от кинематики Галилея, имеют постоянную ненулевую кривизну, положительную и отрицательную соответственно. Представления этих групп, а также описание физических систем в таких кинематиках даны в работах [129, 134]. Для полноты изложения кратко рассмотрим нерелятивистские кинематики, включая кинематику Галилея с группой движений $SO(5; \iota_1, \iota_2)$.

Коммутаторы генераторов групп $SO(5; j_1, \iota_2)$, $j_1 = 1, \iota_1, i$ даются формулами (2.3) при $j_2 = \iota_2$, откуда непосредственно следует, что алгебра $so(5; j_1, \iota_2)$ представима в виде полупрямой суммы

$$so(5; j_1, \iota_2) = L_6 \uplus L_4, \quad L_6 = \{\mathbf{K}, \mathbf{J}\}, \quad L_4 = \{h, \mathbf{P}\}. \quad (2.24)$$

Будем рассматривать специальное разложение конечных преобразований из группы $SO(5; j_1, \iota_2)$ вида

$$g = T^t T^{\mathbf{r}} T^{\mathbf{u}} T^{\mathbf{w}} \equiv (t, \mathbf{r}, \mathbf{u}, \mathbf{w}). \quad (2.25)$$

Определение и физический смысл сомножителей такие же, как в предыдущем разделе. Матрица присоединенного представления, отвечающая каноническим параметрам $\tilde{t}, \tilde{\mathbf{r}}, \tilde{\mathbf{u}}, \tilde{\mathbf{w}}$, такова:

$$C = \begin{pmatrix} 0 & 0 & 0 & 0 \\ -\tilde{\mathbf{u}} & A(\tilde{\mathbf{w}}) & -\tilde{t}\mathbf{1} & A(\tilde{\mathbf{r}}) \\ 0 & j_1^2\tilde{t}\mathbf{1} & A(\tilde{\mathbf{w}}) & A(\tilde{\mathbf{u}}) \\ 0 & 0 & 0 & A(\tilde{\mathbf{w}}) \end{pmatrix}, \quad (2.26)$$

где $A(\mathbf{x})$ дается формулой (2.12). Как и в предыдущем разделе, находим

$$T^{\mathbf{w}} T^{\mathbf{r}} = T^{R\mathbf{r}} T^{\mathbf{w}}, \quad T^{\mathbf{w}} T^{\mathbf{u}} = T^{R\mathbf{u}} T^{\mathbf{w}}, \quad T^{\mathbf{u}} T^{\mathbf{r}} = T^{\mathbf{r}} T^{\mathbf{u}},$$

$$T^t T^{\mathbf{r}} = T^{\mathbf{r}_1} T^{\mathbf{u}_1} T^t, \quad \mathbf{r}_1 = \mathbf{r}\cos j_1 t, \quad \mathbf{u}_1 = \mathbf{r}j_1\sin j_1 t,$$

$$T^t T^{\mathbf{u}} = T^{\mathbf{r}_1} T^{\mathbf{u}_1} T^t, \quad \mathbf{r}_1 = -\mathbf{u}_1 j_1^{-1} \sin j_1 t, \quad \mathbf{u}_1 = \mathbf{u} \cos j_1 t, \qquad (2.27)$$

что позволяет получить закон умножения в группе $SO(5; j_1, \iota_2)$

$$(t, \mathbf{r}, \mathbf{u}, R) \cdot (t_1, \mathbf{r}_1, \mathbf{u}_1, R_1) = (t + t_1, \mathbf{r}', \mathbf{u}', RR_1),$$

$$\mathbf{r}' = R\mathbf{r}_1 + \mathbf{r} \cos j_1 t + \mathbf{u} j_1^{-1} \sin j_1 t,$$

$$\mathbf{u}' = R\mathbf{u}_1 + \mathbf{u} \cos j_1 t - \mathbf{r} j_1 \sin j_1 t. \qquad (2.28)$$

Обратный элемент

$$(t, \mathbf{r}, \mathbf{u}, R)^{-1} = (-t, \mathbf{r}'', \mathbf{u}'', R^{-1}),$$

$$\mathbf{r}'' = -R^{-1}(\mathbf{r} \cos j_1 t - \mathbf{u} j_1^{-1} \sin j_1 t),$$

$$\mathbf{u}'' = -R^{-1}(\mathbf{u} \cos j_1 t + \mathbf{r} j_1 \sin j_1 t). \qquad (2.29)$$

Числовые значения генераторов в некотором состоянии преобразуются по присоединенному представлению. Для разложения (2.25) это преобразование имеет вид

$$h' = h - (\mathbf{u}, R\mathbf{p}) + j_1^2(\mathbf{r}, R\mathbf{l}), \quad \mathbf{p}' = R\mathbf{p} \cos j_1 t + R\mathbf{k} j_1 \sin j_1 t,$$

$$\mathbf{k}' = R\mathbf{k} \cos j_1 t - R\mathbf{p} \frac{1}{j_1} \sin j_1 t, \quad \mathbf{l}' = R\mathbf{l} + \mathbf{u} \times R\mathbf{k}. \qquad (2.30)$$

Здесь h есть энергия, $\mathbf{p}$ — импульс, $\mathbf{l}$ — момент импульса свободной частицы с нулевой массой в нерелятивистских кинематиках, а вектор $\mathbf{k}$ пропорционален ее положению.

Среди кинематических групп только группы $SO(5; j_1, \iota_2)$ имеют проективные представления. Последние характеризуются одним числом $m \in \mathbb{R}$. Соответственно алгебры $so(5; j_1, \iota_2)$ допускают нетривиальное центральное расширение, которое получается добавлением к десяти генераторам единичного генератора I и заменой в (2.3) при $j_2 = \iota_2$ коммутатора $[P_l, K_l] = 0$ на коммутатор $[P_l, K_l] = mI$. Матрица присоединенного представления центрального расширения получается из (2.26) добавлением последнего нулевого столбца и последней строки вида $(0, -m\tilde{\mathbf{u}}, m\tilde{\mathbf{r}}, 0, 0)$. Учитывая, что числовое значение единичного генератора равно константе, которую можно считать равной единице, получаем вместо (2.30) формулы преобразования энергии, импульса, момента импульса и положения свободной частицы массы m

$$h' = h - (\mathbf{u}, R\mathbf{p}) + j_1^2(\mathbf{r}, R\mathbf{k}) + \frac{mu^2}{2} + j_1^2 \frac{mr^2}{2},$$

$$\mathbf{p}' = (R\mathbf{p} - m\mathbf{u}) \cos j_1 t + (R\mathbf{k} + m\mathbf{r}) j_1 \sin j_1 t,$$

$$\mathbf{k}' = (R\mathbf{k} + m\mathbf{r}) \cos j_1 t - (R\mathbf{p} - m\mathbf{u}) \frac{1}{j_1} \sin j_1 t,$$

$$\mathbf{l}' = R\mathbf{l} + u \times R\mathbf{k} + \mathbf{r} \times R\mathbf{p}. \qquad (2.31)$$

Операторы Казимира алгебр $so(5; j_1, \iota_2)$ даются формулой (1.49), если положить в ней $j_2 = \iota_2$, $j_3 = j_4 = 1$, $n = 4$, тогда

$$C_2(j_1) = \mathbf{P}^2 + j_1^2 \mathbf{K}^2, \quad C_4(j_1) = (\mathbf{P} \times \mathbf{K})^2. \tag{2.32}$$

Оператор $C_2(j_1)$ имеет смысл кинетической энергии частицы с нулевой массой, а оператор $C_4(j_1)$ равен квадрату момента импульса этой частицы. При центральном расширении имеем три оператора Казимира

$$C_1' = mI, \quad C_2' = H^2 - \frac{1}{2m}(\mathbf{P}^2 + j_1^2 \mathbf{K}), \quad C_4' = (\mathbf{J} - \frac{1}{m}(\mathbf{K} \times \mathbf{P}))^2, \tag{2.33}$$

где C_1' есть оператор массы частицы, C_2' — оператор внутренней энергии частицы, а оператор C_4', равный квадрату разности между полным моментом частицы и ее моментом импульса, есть квадрат внутреннего момента (спина) частицы. т. е. в групповом подходе совершенно естественно возникает понятие спина у классической частицы, причем как в кинематике Галилея, так и в кинематиках Ньютона.

Определение 2.3.1. Проективное унитарное представление U группы G задается формулой

$$U(g)U(g_1) = U(gg_1)\exp\{if(g, g_1)\}, \quad g, g_1 \in G, \tag{2.34}$$

где вещественная непрерывная функция $f(g, g_1)$ называется мультипликатором, обладает свойством $f(1, g) = f(g, 1) = 0$ и удовлетворяет условию, вытекающему из тождества Якоби

$$f(g, g_1) + f(gg_1, g_2) = f(g, g_1g_2) + f(g_1, g_2). \tag{2.35}$$

Если каждый оператор представления $U(g)$ умножить на непрерывную функцию $\exp\{iv(g)\}$, то новое проективное представление операторами $U'(g) = U(g)\exp\{iv(g)\}$ будет иметь мультипликатор

$$f'(g, g_1) = f(g, g_1) + v(g) + v(g_1) - v(gg_1). \tag{2.36}$$

В работе [134] показано, что группы $SO(5; j_1, \iota_2)$ имеют проективные представления с мультипликатором

$$f'(g, g_1) = m\Big[(\mathbf{u}^2 - j_1^2 \mathbf{r}^2)\frac{\sin 2j_1 t_1}{4j_1} - (\mathbf{r}, \mathbf{u})\sin^2 j_1 t_1 -$$
$$- (\mathbf{r}, R\mathbf{r})j_1\sin j_1 t_1 + (\mathbf{u}, R\mathbf{r}_1)\cos j_1 t_1\Big], \tag{2.37}$$

где $g, g_1 \in SO(5; j_1, \iota_2)$ записаны в виде разложения (2.25). Метод, предложенный в работе [111], приводит к мультипликатору

$$f(g, g_1) = m[(\mathbf{r}, R\mathbf{r}_1)j_1\sin j_1 t_1 + (\mathbf{r}, R\mathbf{u})\cos j_1 t_1 -$$
$$- (\mathbf{u}, R\mathbf{r}_1)\cos j_1 t_1 + (\mathbf{u}, R\mathbf{u}_1)j_1^{-1}\sin j_1 t_1]/2. \tag{2.38}$$

Мультипликаторы (2.37) и (2.38) связаны соотношением (2.36) с функцией $v(g) = m(\mathbf{r}, \mathbf{u})$. При $j_1 = \iota_1$ выражение (2.37) совпадает с мультипликатором группы Галилея работы [211].

ПРЕДСТАВЛЕНИЯ АЛГЕБР КЭЛИ–КЛЕЙНА В БАЗИСЕ ГЕЛЬФАНДА–ЦЕТЛИНА

В этой главе изучаются контракции неприводимых представлений унитарных и ортогональных алгебр в базисе Гельфанда–Цетлина, который особенно удобен для приложений в квантовой физике. Особое внимание уделяется контракциям общего вида, приводящим к представлениям с отличным от нуля спектром всех операторов Казимира. Метод переходов обеспечивает построение неприводимых представлений полупрямой суммы алгебр исходя из хорошо известных неприводимых представлений классических алгебр. Если контрактированные по разным параметрам алгебры изоморфны, то получаются неприводимые представления в разных (дискретном и непрерывном) базисах.

3.1. Представления унитарных алгебр $u(2; j_1)$ и $su(2; j_1)$

3.1.1. Конечномерные неприводимые представления алгебр $u(2)$ и $su(2)$.
Указанные представления описаны Гельфандом и Цетлиным [17]. Они реализуются в пространстве с ортонормированным базисом, задаваемым схемой с целочисленными компонентами вида

$$|m^*\rangle = \left| \begin{array}{ccc} m_{12}^* & & m_{22}^* \\ & m_{11}^* & \end{array} \right\rangle, \quad m_{12}^* \geqslant m_{11}^* \geqslant m_{22}^*, \qquad (3.1)$$

операторами

$$E_{11}^*|m^*\rangle = m_{11}^*|m^*\rangle = A_{11}^*|m^*\rangle,$$

$$E_{22}^*|m^*\rangle = (m_{12}^* + m_{22}^* - m_{11}^*)|m^*\rangle = A_{00}^*|m^*\rangle, \qquad (3.2)$$

$$E_{21}^*|m^*\rangle = \sqrt{(m_{12}^* - m_{11}^* + 1)(m_{11}^* - m_{22}^*)}\,|m_{11}^* - 1\rangle = A_{01}^*|m\rangle,$$

$$E_{12}^*|m^*\rangle = \sqrt{(m_{12}^* - m_{11}^*)(m_{11}^* + 1 - m_{22}^*)}\,|m_{11}^* + 1\rangle = A_{10}^*|m\rangle,$$

где $|m_{11}^* \pm 1\rangle$ обозначает схему (3.1), в которой компонента m_{11}^* заменена на $m_{11}^* \pm 1$. Стандартные обозначения генераторов E_{kr} заменим на новые обозначения $A_{n-k,n-r}$, $n = 2$, согласованные с обозначениями раздела 1.2. Неприводимое представление полностью определяется компонентами $m_{12}^*, m_{22}^*, m_{12}^* \geqslant m_{22}^*$ верхней строки в (3.1) (компонентами старшего веса).

Операторы Казимира, как известно, пропорциональны единичным операторам на пространстве неприводимого представления. Спектр операторов Казимира для классических групп был найден в работах [61, 62], а для полупростых групп — в работе [53] и для алгебры $u(2)$ равен

$$C_1^* = m_{12}^* + m_{22}^*, \quad C_2^* = m_{12}^{*2} + m_{22}^{*2} + m_{12}^* - m_{22}^*. \tag{3.3}$$

Напомним, что звездочками мы отмечаем величины, относящиеся к классическим группам (алгебрам), $u(2)$ в данном случае.

В пространстве представления имеется вектор старшего веса z_h, описываемый схемой (3.1) при $m_{11}^* = m_{12}^*$, при действии на который повышающий оператор A_{10}^* дает ноль: $A_{10}^* z_h = 0$, а понижающий оператор A_{01}^* уменьшает значение $m_{11}^* = m_{12}^*$ на единицу: $A_{01}^* z_h = \sqrt{m_{12}^* - m_{22}^*} |m_{12}^* - 1\rangle$. Последовательно применяя A_{01}^* к z_h, приходим к вектору младшего веса z_l, который описывается схемой (3.1) при $m_{11}^* = m_{22}^*$. При действии на z_l понижающий оператор дает ноль: $A_{01}^* z_l = 0$. Неприводимое представление конечномерно, и этот факт отражен в неравенствах (3.1), которым удовлетворяет компонента m_{11}^* схемы, нумерующая базисные векторы в пространстве представления.

Условие унитарности представлений алгебры $u(2)$ эквивалентно следующим соотношениям для операторов (3.2): $A_{kk}^* = \overline{A_{kk}^*}$, $k = 0, 1$, $A_{01}^* = \overline{A_{10}^*}$, где черта обозначает комплексное сопряжение. Для матричных элементов условие унитарности запишем в виде

$$\langle m^* | A_{kk}^* | m^* \rangle = \overline{\langle m^* | A_{kk}^* | m^* \rangle}, \ k = 0, 1, \quad \langle m^* | A_{11}^* | m^* \rangle = \overline{\langle m^* | A_{11}^* | m^* \rangle},$$

$$\langle m_{11}^* - 1 | A_{01}^* | m^* \rangle = \overline{\langle m^* | A_{10}^* | m_{11}^* - 1 \rangle}. \tag{3.4}$$

Представления алгебры $su(2)$ получаются из представлений $u(2)$ при $m_{12}^* = l^*$, $m_{22}^* = -l^*$, $m_{11}^* \equiv m^*$, $|m^*| \leqslant l^*$ и задаются операторами $J_3^* = A_{11}^*$, $J_-^* = \dfrac{1}{\sqrt{2}} A_{01}^*$, $J_+^* = \dfrac{1}{\sqrt{2}} A_{10}^*$ с коммутационными соотношениями

$$[J_3^*, J_\pm^*] = \pm J_\pm^*, \quad [J_+^*, J_-^*] = J_3^*. \tag{3.5}$$

Собственные значения оператора Казимира C_1^* обращаются в ноль, а у оператора второго порядка равны $C_2^* = l^*(l^* + 1)$.

3.1.2. Переход к представлениям алгебр $u(2;j_1)$ и $su(2;j_1)$.

При переходе от алгебры $u(2)$ к алгебре $u(2;j_1)$ генераторы A_{00}^*, A_{11}^* и оператор Казимира C_1^* не меняются, а генераторы A_{01}^*, A_{10}^* и оператор Казимира C_2^* преобразуются следующим образом:

$$A_{01} = j_1 A_{01}^*(\rightarrow), \quad A_{10} = j_1 A_{10}^*(\rightarrow), \quad C_2(j_1) = j_1^2 C_2^*(\rightarrow), \tag{3.6}$$

где $A_{01}^*(\rightarrow)$, $A_{10}^*(\rightarrow)$ — сингулярно преобразованные (при нильпотентном значении параметра $j_1 = \iota_1$) генераторы исходной алгебры $u(2)$. Весь вопрос теперь состоит в том, как задать это преобразование для неприводимого представления (3.2) алгебры $u(2)$. Определим преобразование компонент схемы (3.1) следующим образом:

$$m_{12} = j_1 m_{12}^*, \quad m_{22} = j_1 m_{22}^*, \quad m_{11} = m_{11}^*. \tag{3.7}$$

Тогда генераторы представления (3.2) с учетом (3.6) запишем в виде

$$A_{00}|m\rangle = \left(\frac{m_{12}+m_{22}}{j_1} - m_{11}\right)|m\rangle, \quad A_{11}|m\rangle = m_{11}|m\rangle,$$

$$A_{01}|m\rangle = \sqrt{(m_{12}-j_1 m_{11}+j_1)(j_1 m_{11}-m_{22})}\,|m_{11}-1\rangle,$$

$$A_{10}|m\rangle = \sqrt{(m_{12}-j_1 m_{11})(j_1 m_{11}+j_1-m_{22})}\,|m_{11}+1\rangle, \tag{3.8}$$

а спектр операторов Казимира

$$C_1(j_1) = A_{00} + A_{11},$$

$$C_2(j_1) = A_{01}A_{10} + A_{10}A_{01} + j_1^2(A_{00}^2 + A_{11}^2) \tag{3.9}$$

будет равен

$$C_1(j_1) = \frac{1}{j_1}(m_{12} + m_{22}),$$

$$C_2(j_1) = m_{12}^2 + m_{22}^2 + j_1(m_{12} - m_{22}), \tag{3.10}$$

где через $|m\rangle$ обозначена схема вида

$$|m\rangle = \left|\begin{array}{ccc} m_{12} & & m_{22} \\ & m_{11} & \end{array}\right\rangle. \tag{3.11}$$

Неравенства (3.1) для компонент формально имеют вид

$$\frac{m_{12}}{j_1} \geqslant m_{11} \geqslant \frac{m_{22}}{j_1}, \quad \frac{m_{12}}{j_1} \geqslant \frac{m_{22}}{j_1}. \tag{3.12}$$

Чтобы выяснить смысл этих неравенств при $j_1 \neq 1$, рассмотрим действия повышающего оператора A_{10} на вектор «старшего веса» z_h, описываемый схемой при $m_{11} = m_{12}$, и понижающего оператора A_{01} на вектор «младшего веса» z_l, описываемый схемой (3.11) при $m_{11} = m_{22}$. Имеем

$$A_{10}z_h = \sqrt{m_{12}(1-j_1)(j_1 m_{12}+j_1-m_{22})}\,|m_{12}+1\rangle,$$

$$A_{10}z_l = \sqrt{(m_{12}-j_1 m_{22}+j_1)m_{22}(j_1-1)}\,|m_{22}-1\rangle. \tag{3.13}$$

Отсюда видно, что при $j_1 = \iota_1, i$ эти выражения отличны от нуля. Следовательно, пространство представления бесконечномерно и целочисленная компонента m_{11}, нумерующая базисные векторы, изменяется в пределах от $-\infty$ до ∞. Итак, формальные неравенства (3.12) при $j_1 = \iota_1, i$ интерпретируются как неравенства $\infty > m_{11} > -\infty$ и $m_{12} \geqslant m_{22}$.

Вид (3.7) преобразования компонент схем Гельфанда–Цетлина выбран так, чтобы оператор Казимира второго порядка был отличен от нуля и не содержал неопределенных выражений при нильпотентном значении параметра j_1.

При переходе от $su(2)$ к алгебре $su(2; j_1)$ генераторы и компоненты схем Гельфанда–Цетлина преобразуются по правилу

$$J_\pm = j_1 J_\pm^*(\to), \quad J_3 = J_3^*(\to), \quad l = j_1 l^*, \; m = m^*. \tag{3.14}$$

В результате получаем генераторы

$$J_\pm|l, m\rangle = \alpha^\pm(m)|l, m\pm 1\rangle, \quad J_3|l, m\rangle = m|l, m\rangle,$$

$$\alpha^{\pm}(m) = \frac{1}{\sqrt{2}}\sqrt{(l \mp j_1 m)(l \pm j_1 m + j_1)}, \qquad (3.15)$$

которые удовлетворяют коммутационным соотношениям

$$[J_3, J_\pm] = \pm J_\pm, \quad [J_+, J_-] = j_1^2 J_3. \qquad (3.16)$$

Оператор Казимира на неприводимом представлении пропорционален единичному оператору $C_2(j_1) = l(l + j_1)$.

3.1.3. Контракция неприводимых представлений.

При $j_1 = \iota_1$ оператор A_{00} содержит слагаемое $(m_{12} + m_{22})/\iota_1$, которое определено только тогда, когда числитель пропорционален ι_1, то есть $m_{12} + m_{22} = \iota_1 s$, где $s \in \mathbb{R}, \mathbb{C}$. Требование унитарности для оператора A_{00} дает $s \in \mathbb{R}$. Таким образом, для того чтобы операторы (3.8) задавали представление алгебры $u(2;\iota_1)$, необходимо выбрать компоненты m_{12}, m_{22} схемы (3.11) в виде

$$m_{12} = k + \iota_1\frac{s}{2}, \quad m_{22} = -k + \iota_1\frac{s}{2}, \quad s \in \mathbb{R}, \qquad (3.17)$$

где k, вообще говоря, комплексное число. Схема (базисный вектор) (3.11) при нильпотентных значениях компонент определяется разложением в ряд

$$|m\rangle = \left| \begin{array}{cc} k + \iota_1\dfrac{s}{2} & -k + \iota_1\dfrac{s}{2} \\ & m_{11} \end{array} \right\rangle = |\widetilde{m}\rangle + \iota_1\frac{s}{2}\left(|\widetilde{m}\rangle'_{12} + |\widetilde{m}\rangle'_{22}\right),$$

$$|\widetilde{m}\rangle = \left| \begin{array}{cc} k & -k \\ & m_{11} \end{array} \right\rangle, \quad |\widetilde{m}\rangle'_{12} = \left(\frac{\partial|m\rangle}{\partial m_{12}}\right)_{|m_{12}=k,\, m_{22}=-k}, \qquad (3.18)$$

аналогично для $|\widetilde{m}\rangle'_{22}$. Исходные схемы (3.1) нормированы на единицу $\langle m'^*|m^*\rangle = \delta_{m'^*_{12}, m^*_{12}}\delta_{m'^*_{22}, m^*_{22}}\delta_{m'^*_{11}, m^*_{11}}$. Схемы (3.11) при непрерывных значениях компонент нормированы на дельта-функцию. В частности, для $|\widetilde{m}\rangle$ имеем нормировку на квадрат дельта-функции

$$\langle \widetilde{m}'|\widetilde{m}\rangle = \delta^2(k' - k)\delta_{m'_{11}, m_{11}}. \qquad (3.19)$$

Подставляя (3.17), (3.18) в формулы раздела 3.1.2 и приравнивая комплексные части, получаем операторы представления алгебры $u(2;\iota_1)$

$$A_{00}|\widetilde{m}\rangle = (s - m_{11})|\widetilde{m}\rangle, \quad A_{11}|\widetilde{m}\rangle = m_{11}|\widetilde{m}\rangle,$$

$$A_{01}|\widetilde{m}\rangle = k|\widetilde{m}_{11} - 1\rangle, \quad A_{10}|\widetilde{m}\rangle = k|\widetilde{m}_{11} + 1\rangle. \qquad (3.20)$$

Условие унитарности (3.4) для операторов A_{01}, A_{10} дает $k = \overline{k}$, т. е. k — вещественное число, неравенство $m_{12} \geqslant m_{22}$ дает для вещественных частей $k \geqslant 0$, компонента m_{11} целочисленная и изменяется в пределах $-\infty < m_{11} < \infty$. Собственные значения операторов Казимира (3.9) на неприводимом представлении алгебры $u(2;\iota_1)$ находятся по формулам (3.10) и равны

$$C_1(\iota_1) = s, \quad C_2(\iota_1) = 2k^2. \qquad (3.21)$$

Они независимы и отличны от нуля. Как и в случае исходной алгебры $u(2)$, неприводимое представление контрактированной алгебры $u(2; \iota_1)$ полностью определяется верхней строкой схемы, т. е. параметрами $k \geqslant$ $\geqslant 0$, $s \in \mathbb{R}$. Результаты (3.18), (3.19) совпадают с соответствующими формулами работы [127] для случая неоднородной алгебры $IU(1)$.

Условию определенности спектра оператора $C_2(\iota_1)$ отвечает не только преобразование (3.7) компонент схем Гельфанда–Цетлина, но и, например, преобразование $m_{12} = j_1 m_{12}^*$, $m_{22} = m_{22}^*$, $m_{11} = m_{11}^*$. При этом генератор $A_{00}|m> = (m_{12}/\iota_1 + m_{22} - m_{11})|m\rangle$ определен лишь при $m_{12} = \iota_1 p$, $p \in \mathbb{R}$, но тогда $C_1(\iota_1) = p + m_{22} \neq 0$, а $C_2(\iota_1) = \iota_1^2[m_{22}(m_{22} - 1) + m_{12}^2/\iota_1^2 + m_{12}/\iota_1] = m_{12}^2 + \iota_1 m_{12} = (\iota_1 p)^2 + \iota_1(\iota_1 p) = 0$, т. е. в этом случае неприводимое представление алгебры $u(2)$ контрактируется в вырожденное представление алгебры $u(2; \iota_1)$, у которого $C_1(\iota_1) \neq 0$, а $C_2(\iota_1) = 0$. Можно вообще не преобразовывать компоненты $m_{kr} = m_{kr}^*$, тогда при контракции также получим вырожденное представление алгебры $u(2; \iota_1)$, у которого $C_1(\iota_1) = m_{12} + m_{22} \neq 0$ и $C_2(\iota_1) = 0$. Это представление задается генераторами A_{00}, A_{11} вида (3.2), а генераторы $A_{01}|m\rangle = 0$, $A_{10}|m\rangle = 0$.

Мы выбрали преобразование (3.7), которое дает при контракции невырожденное представление алгебры $u(2; \iota_1)$ с ненулевым спектром всех операторов Казимира. В дальнейшем, при изучении алгебр высших размерностей, будем рассматривать именно такой общий случай.

Если положить $j_1 = \iota_1$ в формулах (3.15), то получим бесконечномерное представление контрактированной алгебры $su(2; \iota_1)$ реализуемое операторами

$$J_\pm|l, m\rangle = l|l, m \pm 1\rangle, \quad J_3|l, m\rangle = m|l, m\rangle, \quad l \geqslant 0, \ m \in \mathbb{Z} \qquad (3.22)$$

с коммутационными соотношениями $[J_3, J_\pm] = \pm J_\pm$, $[J_+, J_-] = 0$ и оператором Казимира $C_2(\iota_1) = l^2$.

3.1.4. Аналитическое продолжение неприводимых представлений.
Как отмечалось в разделе 3.1.3, формулы преобразования алгебраических величин, полученные из условия отсутствия неопределенных выражений при нильпотентных значениях контракционных параметров, справедливы и при мнимых значениях параметров. Для алгебры $u(2; j_1 = i) \equiv u(1, 1)$ это означает, что $(m_{12} + m_{22})/i = s$. Условие унитарности для A_{00} дает $s \in \mathbb{R}$, т. е. компоненты m_{12} и m_{22}, вообще говоря, равны

$$m_{12} = a + i\left(b + \frac{s}{2}\right), \quad m_{22} = -a - i\left(b - \frac{s}{2}\right), \quad a, b, s \in \mathbb{R}. \qquad (3.23)$$

Подставляя (3.23) в (3.8), (3.10), получаем для генераторов

$$A_{\substack{01 \\ 10}}|m\rangle =$$

$$= \sqrt{a^2 - b(b+1) + \left(\frac{s}{2} - m_{11}\right)\left(\frac{s}{2} - m_{11} \pm 1\right) + ia(2b+1)}\,|m_{11} \mp 1\rangle,$$

$$A_{00}|m\rangle = (s - m_{11})|m\rangle, \quad A_{11}|m\rangle = m_{11}|m\rangle \qquad (3.24)$$

и операторов Казимира

$$C_1(i) = s, \quad C_2(i) = 2\left[a^2 - b(b+1) - \left(\frac{s}{2}\right)^2\right] + 2ia(2b+1).$$

Соотношение (3.4) для операторов A_{01}, A_{10}, вытекающее из условия эрмитовости, запишем в виде

$$\sqrt{a^2 - b(b+1) + \left(\frac{s}{2} - m_{11}\right)\left(\frac{s}{2} - m_{11} + 1\right) + ia(2b+1)} =$$

$$\sqrt{a^2 - b(b+1) + \left(\frac{s}{2} - m_{11}\right)\left(\frac{s}{2} - m_{11} + 1\right) - ia(2b+1)}. \qquad (3.25)$$

Для выполнения (3.25) при любых s, m_{11} нужно, чтобы мнимая часть под корнем обращалась в ноль, а вещественная часть была положительной, что возможно в двух случаях: А) $b = -1/2$, $a \neq 0$; Б) $a = 0$, $-b(b+1) > 0$.

В случае А) формулы (3.24) перепишем

$$A_{\substack{01\\10}}|m\rangle = \sqrt{a^2 + \left(m_{11} \mp \frac{1-s}{2}\right)^2}\,|m_{11} \mp 1\rangle,$$

$$C_1(i) = s, \quad C_2(i) = 2a^2 + \frac{1}{2}(1 - s^2), \qquad (3.26)$$

а это есть неприводимое представление основной непрерывной серии алгебры $u(1,1)$ [13]. Компоненты $\tilde{m}_{12} = -1/2 + r$, $\tilde{m}_{22} = 1/2 + r$ работы [13] связаны с нашими компонентами m_{12}, m_{22} соотношениями $m_{12} = i\tilde{m}_{12}$, $m_{22} = i\tilde{m}_{22}$, т. е. $\mathrm{Re}(r) = s/2$, $\mathrm{Im}(r) = -a$.

В случае Б) формулы (3.24)) имеют вид

$$A_{\substack{01\\10}}|m\rangle = \sqrt{\left(m_{11} - \frac{s \pm 1}{2}\right)^2 - \left(\frac{b+1}{2}\right)^2}\,|m_{11} \mp 1\rangle,$$

$$C_1(i) = s, \quad C_2(i) = -2\left(b(b+1) + \frac{s^2}{4}\right), \qquad (3.27)$$

а это есть неприводимое представление дополнительной непрерывной серии [180].

Помимо случаев А) и Б), есть еще одна возможность. Пусть компоненты m_{12}, m_{22} являются чисто мнимыми: $m_{12} = i\hat{m}_{12}$, $m_{22} = i\hat{m}_{22}$, где $\hat{m}_{12}, \hat{m}_{22}$ — целые числа. Тогда формулы (3.24) перепишем в форме

$$A_{00}|m\rangle = (\hat{m}_{12} + \hat{m}_{22} - m_{11})|m\rangle, \quad A_{11}|m\rangle = m_{11}|m\rangle,$$

$$A_{01}|m\rangle = \sqrt{-(\hat{m}_{12} - m_{11} + 1)(m_{11} - \hat{m}_{22})}\,|m_{11} - 1\rangle,$$

$$A_{10}|m\rangle = \sqrt{-(\hat{m}_{12} - m_{11})(m_{11} + 1 - \hat{m}_{22})}\,|m_{11} + 1\rangle,$$

$$C_1(i) = \hat{m}_{12} + \hat{m}_{22}, \quad C_2(i) = -(\hat{m}_{12}^2 + \hat{m}_{22}^2 + \hat{m}_{12} - \hat{m}_{22}), \qquad (3.28)$$

совпадающей с (3.2), (3.3), за исключением знака минус под корнем. Условие унитарности (3.4) сводится к вещественности корня в выражениях для генераторов A_{01}, A_{10}, что возможно при отрицательных значениях одного из сомножителей. В результате имеем еще два неприводимых представления: В) $m_{11} > \hat{m}_{12} + 1$; Г) $m_{11} < \hat{m}_{22} - 1$, называемых дискретными сериями. Дискретные серии неприводимых представлений псевдоунитарных алгебр $u(p, q)$ описаны в работах [13, 14]. Случаи В) и Г) соответствуют модифицированным схемам вида

$$\left| \begin{array}{cc} \hat{m}_{12} & \hat{m}_{22} \\ m_{11} & \end{array} \right\rangle, \quad \left| \begin{array}{cc} \hat{m}_{12} & \hat{m}_{22} \\ & m_{11} \end{array} \right\rangle. \tag{3.29}$$

Мы подробно рассмотрели простейший случай алгебр $u(2; j_1)$, чтобы показать, как работает метод переходов для неприводимых представлений. Формулы раздела 3.1.2 при дополнительных условиях на компоненты верхней строки схемы Гельфанда–Цетлина вида (3.17), в случае контракции, и (3.23), в случае аналитического продолжения, дают неприводимые представления алгебр $u(2; j_1)$. Чтобы получить унитарное представление, необходимо дополнительно проверять выполнение соотношений унитарности (3.4) для контрактированных или аналитически продолженных генераторов представления.

3.2. Представления унитарных алгебр $u(3; j_1, j_2)$

3.2.1. Описание представлений.
Стандартные обозначения Гельфанда–Цетлина отвечают убывающей цепочке подалгебр $u(3) \supset u(2) \supset \supset u(1)$, где $u(3) = \{E_{kr}, k, r = 1, 2, 3\}$, $u(2) = \{E_{kr}, k, r = 1, 2\}$, $u(1) = = \{E_{11}\}$. Чтобы согласовать с нашими обозначениями раздела 1.2, заменим индекс k на индекс $n - k = 3 - k$, т. е. $E_{kr} = A_{n-k,n-r}$. При этом цепочка подалгебр принимает вид $u(3; j_1, j_2) \supset u(2; j_2) \supset u(1)$, где $u(3; j) = \{A_{sp}, s, p = 0, 1, 2\}$, $u(2; j_2) = \{A_{sp}, s, p = 1, 2\}$, $u(1) = \{A_{22}\}$. Нумерацию компонент схем Гельфанда–Цетлина оставляем неизменной.

Хорошо известно, что для определения представлений алгебры $u(3)$ достаточно задать действие генераторов E_{pp}, $E_{p,p-1}$, $E_{p-1,p}$, т. е. генераторов A_{kk}, $k = 0, 1, 2$, $A_{k+1,k}$, $A_{k,k+1}$, $k = 0, 1$. Оставшиеся генераторы A_{02}, A_{20} находятся с помощью коммутаторов $A_{02} = [A_{01}, A_{12}]$, $A_{20} = = [A_{21}, A_{10}]$. При переходе от $u(3)$ к $u(3; j)$ генераторы преобразуются по формулам: $A_{01} = j_1 A_{01}^*(\rightarrow)$, $A_{12} = j_2 A_{12}^*(\rightarrow)$, $A_{10} = j_1 A_{10}^*(\rightarrow$ $\rightarrow)$, $A_{21} = j_2 A_{21}^*(\rightarrow)$, $A_{kk} = A_{kk}^*(\rightarrow)$. Преобразование компонент схем Гельфанда–Цетлина определим следующим образом:

$$m_{13} = j_1 j_2 m_{13}^*, \quad m_{23} = m_{23}^*, \quad m_{33} = j_1 j_2 m_{33}^*,$$

$$m_{12} = j_2 m_{12}^*, \quad m_{22} = j_2 m_{22}^*, \quad m_{11} = m_{11}^*, \tag{3.30}$$

Тогда компоненты схемы $|m\rangle$ удовлетворяют неравенствам

$$|m\rangle = \left|\begin{array}{ccccc} m_{13} & m_{12} & m_{23} & m_{22} & m_{33} \\ & & m_{11} & & \end{array}\right\rangle,$$

$$\frac{m_{13}}{j_1 j_2} \geqslant m_{23} \geqslant \frac{m_{33}}{j_1 j_2}, \quad \frac{m_{13}}{j_1 j_2} \geqslant \frac{m_{12}}{j_2} \geqslant m_{23},$$

$$m_{23} \geqslant \frac{m_{22}}{j_2} \geqslant \frac{m_{33}}{j_1 j_2}, \quad \frac{m_{12}}{j_2} \geqslant m_{11} \geqslant \frac{m_{22}}{j_2}. \tag{3.31}$$

Преобразуя известные выражения для генераторов алгебры $u(3)$, получаем генераторы представления алгебры $u(3; j)$:

$$A_{00}|m\rangle = \left(m_{23} + \frac{m_{13} + m_{33}}{j_1 j_2} - \frac{m_{12} + m_{22}}{j_2}\right)|m\rangle,$$

$$A_{01}|m\rangle = \frac{1}{j_2}\left\{-\frac{(m_{13} - j_1 m_{12} + j_1 j_2)(m_{33} - j_1 m_{12} - j_1 j_2)(j_2 m_{23} - m_{12})}{(m_{22} - m_{12})} \times \right.$$
$$\left. \times \frac{(j_2 m_{11} - m_{12})}{(m_{22} - m_{12} - j_2)}\right\}^{1/2}|m_{12} - j_2\rangle +$$
$$+ \frac{1}{j_2}\left\{\frac{-(m_{13} - j_1 m_{22} + 2j_1 j_2)(m_{33} - j_1 m_{22})(j_2 m_{23} + j_2 - m_{22})}{(m_{12} - m_{22} + 2j_2)} \times \right.$$
$$\left. \times \frac{(j_2 m_{11} + j_2 - m_{22})}{(m_{12} - m_{22} + j_2)}\right\}^{1/2}|m_{22} - j_2\rangle,$$

$$A_{10}|m\rangle = \frac{1}{j_2}\left\{\frac{-(m_{13} - j_1 m_{12})(m_{33} - j_1 m_{12} - 2j_1 j_2)(j_2 m_{23} - j_2 - m_{12})}{(m_{22} - m_{12} - j_2)} \times \right.$$
$$\left. \times \frac{(j_2 m_{11} - j_2 - m_{12})}{(m_{22} - m_{12} - 2j_2)}\right\}^{1/2}|m_{12} + j_2\rangle +$$
$$+ \frac{1}{j_2}\left\{\frac{-(m_{13} - j_1 m_{22} + j_1 j_2)(m_{33} - j_1 m_{22} - j_1 j_2)(j_2 m_{23} - m_{22})}{(m_{12} - m_{22} + j_2)} \times \right.$$
$$\left. \times \frac{(j_2 m_{11} - m_{22})}{(m_{12} - m_{22})}\right\}^{1/2}|m_{22} + j_2\rangle,$$

$$A_{02}|m\rangle = \left\{\frac{-(m_{13} - j_1 m_{12} + j_1 j_2)(m_{33} - j_1 m_{12} - j_1 j_2)(j_2 m_{23} - m_{12})}{(m_{22} - m_{12})} \times \right.$$
$$\left. \times \frac{(m_{22} - j_2 m_{11})}{(m_{22} - m_{12} - j_2)}\right\}^{1/2}\left|\begin{array}{c} m_{12} - j_2 \\ m_{11} - 1 \end{array}\right\rangle +$$
$$+ \left\{\frac{-(m_{13} - j_1 m_{22} + 2j_1 j_2)(m_{33} - j_1 m_{22})(j_2 m_{23} + j_2 - m_{22})}{(m_{12} - m_{22} + 2j_2)} \times \right.$$
$$\left. \times \frac{(m_{12} - j_2 m_{11} + j_2)}{(m_{12} - m_{22} + j_2)}\right\}^{1/2}\left|\begin{array}{c} m_{22} - j_2 \\ m_{11} - 1 \end{array}\right\rangle,$$

$$A_{20}|m\rangle = \left\{ \frac{-(m_{13} - j_1 m_{12})(m_{33} - j_1 m_{22} - 2j_1 j_2)(j_2 m_{23} - j_2 - m_{12})}{(m_{22} - m_{12} - j_2)} \times \right.$$

$$\left. \times \frac{(m_{22} - j_2 m_{11} - j_2)}{(m_{22} - m_{12} - 2j_2)} \right\}^{1/2} \left| \begin{array}{c} m_{12} + j_2 \\ m_{11} + 1 \end{array} \right\rangle +$$

$$+ \left\{ \frac{-(m_{13} - j_1 m_{22} + j_1 j_2)(m_{33} - j_1 m_{22} - j_1 j_2)(j_2 m_{23} - m_{22})}{(m_{12} - m_{22} + j_2)} \times \right.$$

$$\left. \times \frac{(m_{12} - j_2 m_{11})}{(m_{12} - m_{22})} \right\}^{1/2} \left| \begin{array}{c} m_{22} + j_2 \\ m_{11} + 1 \end{array} \right\rangle, \tag{3.32}$$

где $|m_{12} \pm j_2\rangle$ обозначает схему (3.31), в которой компонента m_{12} заменена на $m_{12} \pm j_2$, и т.д. Генераторы $A_{11}, A_{22}, A_{12}, A_{21}$, образующие подалгебру $u(2; j_2)$, описываются формулами (3.8), в которых нужно увеличить каждый индекс у генератора на единицу и заменить параметр j_1 на j_2. Генераторы (3.32) удовлетворяют коммутационным соотношениям алгебры $u(3; j)$ вида

$$[A_{kr}, A_{pq}] = \frac{(k, r)(r, q)}{(k, q)} \delta_{pr} A_{kq} - \frac{(k, r)(r, q)}{(p, r)} \delta_{kq} A_{pr}. \tag{3.33}$$

Унитарная алгебра $u(3)$ имеет три оператора Казимира, которые при переходе к алгебре $u(3; j)$ преобразуются согласно (1.98)

$$C_1(j) = C_1^*(\rightarrow), \quad C_2(j) = j_1^2 j_2^2 C_2^*(\rightarrow), \quad C_3(j) = j_1^2 j_2^2 C_3^*(\rightarrow). \tag{3.34}$$

При этом спектр операторов Казимира равен

$$C_1(j) = \frac{m_{13} + m_{33}}{j_1 j_2} + m_{23},$$

$$C_2(j) = m_{13}^2 + m_{33}^2 + j_1^2 j_2^2 m_{23}^2 + 2j_1 j_2 (m_{13} - m_{33}), \tag{3.35}$$

$$C_3(j) = \frac{m_{13}^3 + m_{33}^3}{j_1 j_2} + 2(2m_{13}^2 - m_{33}^2) - m_{13} m_{33} +$$

$$+ j_1^2 j_2^2 (m_{23}^3 + 2m_{23}^2 - 2m_{23}) + j_1 j_2 [2(2m_{13} - m_{33}) - m_{23}(m_{13} + m_{33})].$$

Естественно возникает вопрос: из каких соображений выбирается закон преобразования (3.30) компонент схем Гельфанда–Цетлина или закон (3.7) в случае алгебр $u(2; j_1)$? Он выбирается так, чтобы спектр операторов Казимира 2-го порядка был отличен от нуля и не содержал неопределенных выражений при нильпотентных значениях параметров j. Поскольку $C_2(j) = j_1^2 j_2^2 C_2^*(\rightarrow)$ и компоненты m_{13}, m_{23}, m_{33} входят в C_2^* квадратичным образом, это условие дает (3.30). Однако вариант (3.30) (назовем его базовым) не единствен. Возможны еще два варианта: $m_{13} = m_{13}^*$, $m_{23} = j_1 j_2 m_{23}^*$, $m_{33} = j_1 j_2 m_{33}^*$ или $m_{13} = j_1 j_2 m_{13}^*$, $m_{23} = j_1 j_2 m_{23}^*$, $m_{33} = m_{33}^*$, которые переводят исходное неприводимое представление алгебры $u(3)$ в представление алгебры

$u(3; j)$ с другими, по сравнению с базовым вариантом (3.35), значениями операторов Казимира. Например,

$$C_2'(j) = m_{23}^2 + m_{33}^2 + j_1^2 j_2^2 m_{13}(m_{13} + 2) - 2j_1 j_2 m_{33},$$
$$C_2''(j) = m_{13}^2 + m_{23}^2 + j_1^2 j_2^2 m_{33}(m_{33} - 2) + 2j_1 j_2 m_{13}. \tag{3.36}$$

Рассмотрение этих вариантов перехода для неприводимых представлений вполне аналогично базовому варианту, поэтому соответствующие формулы выписываться не будут.

Ниже будет видно, что базовые преобразования (3.30), как и два других варианта, дают при контракциях невырожденные представления контрактированных алгебр, все операторы Казимира которых независимы и имеют ненулевой спектр.

Для интерпретации формальных неравенств (3.31) рассмотрим действие повышающего генератора A_{10} на вектор «старшего веса» z_h, описываемый схемой (3.31) при $m_{11} = m_{12} = m_{13}$, $m_{22} = m_{23}$, а также действие понижающего генератора A_{01} на вектор «младшего веса» z_l, описываемый схемой (3.31) при $m_{11} = m_{22} = m_{33}$, $m_{12} = m_{23}$. При этом явно выпишем только те сомножители, которые обращаются в ноль при $j_1 = j_2 = 1$. Имеем

$$A_{10} z_h = \frac{1}{j_2} \sqrt{m_{13}(1 - j_1)A} \, |m_{13} + j_2\rangle + \frac{1}{j_2} \sqrt{m_{23}(j_2 - 1)B} \, |m_{23} + j_2\rangle,$$
$$A_{01} z_l = \frac{1}{j_2} \sqrt{m_{23}(j_2 - 1)C} \, |m_{23} - j_2\rangle + \frac{1}{j_2} \sqrt{m_{33}(1 - j_1)D} \, |m_{33} - j_2\rangle. \tag{3.37}$$

Отсюда видно, что при $j_1 \neq 1$, $j_2 = 1$

$$A_{10} z_h = \sqrt{m_{13}(1 - j_1)A} \, |m_{13} + 1\rangle \neq 0,$$

что означает отсутствие ограничений сверху на m_{12},

$$A_{01} z_l = \sqrt{m_{33}(1 - j_1)D} \, |m_{33} - 1\rangle \neq 0,$$

что означает отсутствие ограничений снизу на m_{22}, т. е. компоненты схемы (3.31) удовлетворяют неравенствам $m_{12} \geqslant m_{23} \geqslant m_{22}$. При $j_1 = 1$, $j_2 \neq 1$ получаем из (3.37)

$$A_{10} z_h = j_2^{-1} \sqrt{m_{23}(j_2 - 1)B} \, |m_{23} + j_2\rangle \neq 0,$$

что означает отсутствие ограничений сверху на m_{22} и

$$A_{01} z_l = j_2^{-1} \sqrt{m_{23}(j_2 - 1)C} \, |m_{23} - j_2\rangle \neq 0,$$

что означает отсутствие ограничений снизу на m_{12}, т. е. справедливы неравенства $m_{13} \geqslant m_{12}$, $m_{22} \geqslant m_{33}$, $-\infty < m_{11} < \infty$. Наконец, из (3.37) при $j_1 \neq 1$, $j_2 \neq 1$ устанавливаем, что на компоненты m_{12}, m_{22}, m_{11} нет ограничений. Во всех случаях сохраняется неравенство $m_{13} \geqslant m_{33}$.

В точности те же неравенства для компонент схемы Гельфанда-Цетлина получим из формальных неравенств (3.31), если будем интерпретировать их при $j_1, j_2 \neq 1$ по следующим правилам: а) неравенство $j^{-1}m \geqslant m_1$ означает отсутствие ограничений сверху на m_1; б) неравенство $m_1 \geqslant j^{-1}m$ означает отсутствие ограничений снизу на m_1; в) неравенство $(j_1 j_2)^{-1}m \geqslant j_1^{-1}m_1$ эквивалентно неравенству $j_1^{-1}m \geqslant m_1$, т.е. одинаковые параметры в обеих частях неравенства можно сокращать. Эти же правила справедливы и для алгебр высших размерностей.

Формулы для неприводимого представления алгебры $u(3)$ получаются из формул настоящего раздела при $j_1 = j_2 = 1$. Условие унитарности представлений алгебры $u(3)$ приводит к следующим соотношениям для операторов (3.32): $A_{kk} = \overline{A}_{kk}$, $k = 0, 1, 2$, $A_{rp} = \overline{A}_{pr}$, $r, p = 0, 1, 2$. Здесь черта обозначает комплексное сопряжение.

3.2.2. Контракция по первому параметру.
Структура контрактированной унитарной алгебры такова: $u(3; \iota_1, j_2) = T_4 \dotplus (u(1) \oplus u(2; j_2))$, где $T_4 = \{A_{01}, A_{10}, A_{02}, A_{20}\}$, подалгебра $u(2; j_2) = \{A_{11}, A_{22}, A_{12}, A_{21}\}$ и $u(1) = \{A_{00}\}$. Формулы (3.32) при $j_1 = \iota_1$ дают

$$A_{00}|m\rangle = \left(\frac{m_{13} + m_{33}}{\iota_1 j_2} + m_{23} - \frac{m_{12} + m_{22}}{j_2}\right)|m\rangle,$$

$$A_{01}|m\rangle = \frac{1}{j_2}\sqrt{-m_{13}m_{33}}\left\{\sqrt{\frac{(j_2 m_{23} - m_{12})}{(m_{22} - m_{12})}\frac{(j_2 m_{11} - m_{12})}{(m_{22} - m_{12} - j_2)}}|m_{12} - j_2\rangle + \right.$$

$$\left. + \sqrt{\frac{(j_2 m_{23} + j_2 - m_{22})}{(m_{12} - m_{22} + 2j_2)}\frac{(j_2 m_{11} + j_2 - m_{22})}{(m_{12} - m_{22} + j_2)}}|m_{22} - j_2\rangle\right\},$$

$$A_{10}|m\rangle = \frac{1}{j_2}\sqrt{-m_{13}m_{33}}\times$$

$$\times\left\{\sqrt{\frac{(j_2 m_{23} - j_2 - m_{12})}{(m_{22} - m_{12} - j_2)}\frac{(j_2 m_{11} - j_2 - m_{12})}{(m_{22} - m_{12} - 2j_2)}}|m_{12} + j_2\rangle + \right.$$

$$\left. + \sqrt{\frac{(j_2 m_{23} - m_{22})}{(m_{12} - m_{22} + j_2)}\frac{(j_2 m_{11} - m_{22})}{(m_{12} - m_{22})}}|m_{22} + j_2\rangle\right\},$$

$$A_{02}|m\rangle = \sqrt{-m_{13}m_{33}}\left\{\sqrt{\frac{(j_2 m_{23} - m_{12})}{(m_{22} - m_{12})}\frac{(m_{22} - j_2 m_{11})}{(m_{22} - m_{12} - j_2)}}\left|\begin{array}{c}m_{12} - j_2\\m_{11} - 1\end{array}\right\rangle + \right.$$

$$\left. + \sqrt{\frac{(j_2 m_{23} + j_3 - m_{22})}{(m_{12} - m_{22} + 2j_2)}\frac{(m_{12} - j_2 m_{11} + j_2)}{(m_{12} - m_{22} + j_2)}}\left|\begin{array}{c}m_{22} - j_2\\m_{11} - 1\end{array}\right\rangle\right\},$$

$$A_{20}|m\rangle = \sqrt{-m_{13}m_{33}}\times$$

$$\times\left\{\sqrt{\frac{(j_2 m_{23} - j_2 - m_{12})}{(m_{22} - m_{12} - j_2)}\frac{(m_{22} - j_2 m_{11} - j_2)}{(m_{22} - m_{12} - 2j_2)}}\left|\begin{array}{c}m_{12} + j_2\\m_{11} + 1\end{array}\right\rangle + \right.$$

$$\left. + \sqrt{\frac{(j_2 m_{23} - m_{22})}{(m_{12} - m_{22} + j_2)}\frac{(m_{12} - j_2 m_{11})}{(m_{12} - m_{22})}}\left|\begin{array}{c}m_{22} + j_2\\m_{11} + 1\end{array}\right\rangle\right\}. \tag{3.38}$$

Нильпотентные слагаемые, возникающие в выражениях для генераторов, отбрасываются, и выписываются только вещественные части.

Алгебра $u(3; \iota_1, 1)$ есть неоднородная алгебра $IU(2)$ в обозначениях работы [127]. Условие определенности и унитарности генератора A_{00} дает $(m_{13} + m_{33})/\iota_1 = q \in \mathbb{R}$, т. е.

$$m_{13} = k + \iota_1 \frac{q}{2}, \quad m_{33} = -k + \iota_1 \frac{q}{2}, \quad k, q \in \mathbb{R}, \ k \geqslant 0. \qquad (3.39)$$

Вещественность k вытекает из соотношения унитарности для A_{01}, A_{10}, а неотрицательность из неравенства $m_{13} \geqslant m_{33}$, рассматриваемого для вещественных частей. С учетом (3.39) имеем $\sqrt{-m_{13}m_{33}} = k$ и выражения (3.38) при $j_2 = 1$ совпадают с соответствующими формулами работы [127] для $IU(2)$. Целочисленные компоненты схемы $|\widetilde{m}\rangle$ связаны неравенствами $m_{12} \geqslant m_{23} \geqslant m_{22}$, $m_{12} \geqslant m_{11} \geqslant m_{22}$, вытекающими из (3.31) при $j_1 = \iota_1$. Схема $|\widetilde{m}\rangle$ получается из схемы (3.31) при $m_{13} = k$, $m_{33} = -k$. Спектр операторов Казимира в данном представлении алгебры $u(3; \iota_1, 1)$ находится из (3.35) и оказывается равным

$$C_1(\iota_1, 1) = q + m_{23}, \quad C_2(\iota_1, 1) = 2k^2, \quad C_3(\iota_1, 1) = 3k^2(q + 1). \qquad (3.40)$$

Алгебра $su(3, \iota_1, 1)$ отличается от алгебры $u(3, \iota_1, 1)$ тем, что диагональные операторы удовлетворяют соотношению $A_{00} + A_{11} + A_{22} = 0$. Действуя на схему $|\widetilde{m}\rangle$, находим спектр операторов Казимира

$$C_1(\iota_1, 1) = 0, \quad C_2(\iota_1, 1) = 2k^2, \quad C_3(\iota_1, 1) = 3k^2(1 - m_{23}) \qquad (3.41)$$

представления алгебры $su(3; \iota_1, 1) = T_4 \ni u(2)$, генераторы которого описываются формулами (3.38) при $j_2 = 1$, где нужно положить

$$m_{13} = k - \iota_1 \frac{m_{23}}{2}, \quad m_{33} = -k - \iota_1 \frac{m_{23}}{2}, \quad k \geqslant 0, \quad m_{23} \in \mathbb{Z}. \qquad (3.42)$$

Здесь $\mathbb{Z}$ обозначает множество целых чисел.

3.2.3. Контракция по второму параметру. Структура контрактированной алгебры имеет вид $u(3; j_1, \iota_2) = T_4 \ni (u(2; j_1) \oplus u(1))$, где $T_4 = \{A_{12}, A_{21}, A_{02}, A_{20}\}$, $u(2; j_1) = \{A_{00}, A_{11}, A_{01}, A_{10}\}$, $u(1) = \{A_{22}\}$. При подстановке в (3.32) значения $j_2 = \iota_2$ встречаются выражения $|m_{12} \pm \iota_2\rangle$, с которыми поступаем в соответствии с общими правилами обращения с функциями нильпотентного переменного, т. е. раскладываем в ряд

$$|m_{12} \pm \iota_2\rangle = |m\rangle \pm \iota_2|m\rangle'_{12}, \quad |m\rangle'_{12} = \frac{\partial|m\rangle}{\partial m_{12}},$$

$$|m_{22} \pm \iota_2\rangle = |m\rangle \pm \iota_2|m\rangle'_{22}, \quad |m\rangle'_{22} = \frac{\partial|m\rangle}{\partial m_{22}}. \qquad (3.43)$$

С учетом этого замечания формулы (3.32) при $j_2 = \iota_2$ дают следующие выражения для генераторов:

$$A_{00}|m\rangle = \left(m_{23} + \frac{m_{13} + m_{33}}{\iota_2 j_1} - \frac{m_{12} + m_{22}}{\iota_2}\right)|m\rangle,$$

$$A_{11}|m\rangle = \left(\frac{m_{12} + m_{22}}{\iota_2} - m_{11}\right)|m\rangle, \quad A_{22}|m\rangle = m_{11}|m\rangle,$$

$$A_{12}|m\rangle = \sqrt{-m_{12}m_{22}}\,|m_{11} - 1\rangle, \quad A_{21}|m\rangle = \sqrt{-m_{12}m_{22}}\,|m_{11} + 1\rangle,$$

$$A_{01}|m\rangle = \frac{1}{m_{12} - m_{22}}\left\{ \frac{m_{12}a_{12} + m_{22}a_{22}}{\iota_2}|m\rangle + \right.$$

$$+ \frac{1}{2a_{12}}\left[j_1 m_{12}(m_{13} - m_{33}) - a_{12}^2 \frac{m_{11} + m_{23} + m_{12}}{m_{12} - m_{22}} \right]|m\rangle -$$

$$- \frac{1}{2a_{22}}\left[2j_1 m_{22}(m_{33} - j_1 m_{22}) + a_{22}^2\left(m_{11} + m_{23} + \frac{2m_{12} + m_{22}}{m_{12} - m_{22}} \right) \right]|m\rangle -$$

$$\left. - m_{12}a_{12}|m\rangle'_{12} - m_{22}a_{22}|m\rangle'_{22} \right\},$$

$$A_{10}|m\rangle = \frac{1}{m_{12} - m_{22}}\left\{ \frac{m_{12}a_{12} + m_{22}a_{22}}{\iota_2}|m\rangle + \right.$$

$$+ \frac{1}{2a_{12}}\left[2j_1 m_{12}(m_{13} - j_1 m_{12}) - a_{12}^2\left(m_{11} + m_{23} + \frac{m_{12} + 2m_{22}}{m_{12} - m_{22}} \right) \right]|m\rangle +$$

$$+ \frac{1}{2a_{22}}\left[j_1 m_{22}(m_{13} - m_{33}) - a_{22}\left(m_{11} + m_{23} + \frac{m_{22}}{m_{12} - m_{22}} \right) \right]|m\rangle +$$

$$\left. + m_{12}a_{12}|m\rangle'_{12} + m_{22}a_{22}|m\rangle'_{22} \right\},$$

$$A_{\substack{02 \\ 20}}|m\rangle = \frac{\sqrt{-m_{12}m_{22}}}{m_{12} - m_{22}}(a_{12} + a_{22})|m_{11} \mp 1\rangle,$$

$$a_{12} = \sqrt{-(m_{13} - j_1 m_{12})(m_{33} - j_1 m_{12})},$$

$$a_{22} = \sqrt{-(m_{13} - j_1 m_{22})(m_{33} - j_1 m_{22})}, \tag{3.44}$$

в которых оставлены только вещественные части.

Требование определенности генераторов A_{00}, A_{11} вместе с условием их эрмитовости приводит к компонентам схем вида

$$m_{13} = k + \iota_2 j_1 \frac{q}{2}, \quad m_{33} = -k + \iota_2 j_1 \frac{q}{2}, \quad k \geqslant 0,\ q \in \mathbb{R},$$

$$m_{12} = r + \iota_2 \frac{s}{2}, \quad m_{33} = -r + \iota_2 \frac{s}{2}, \quad r \geqslant 0,\ s \in \mathbb{R}. \tag{3.45}$$

Подстановка компонент (3.45) в (3.31) дает

$$|m\rangle = |\widetilde{m}\rangle + \iota_2 j_1 q \frac{1}{2}(|\widetilde{m}\rangle'_{13} + |\widetilde{m}\rangle'_{33}) + \iota_2 s \frac{1}{2}(|\widetilde{m}\rangle'_{12} + |\widetilde{m}\rangle'_{22}),$$

$$|\widetilde{m}\rangle = \left| \begin{array}{ccccc} k & & r & m_{23} & -r & -k \\ & & & m_{11} & & \end{array} \right\rangle, \quad m_{11}, m_{23} \in \mathbb{Z}. \tag{3.46}$$

Для классических унитарных алгебр схемы Гельфанда–Цетлина $|m\rangle$ с целочисленными компонентами нумеруют нормированные на единицу базисные векторы в конечномерном пространстве представления. При контракциях и аналитических продолжениях часть компонент схем $|m\rangle$ принимает непрерывные значения. При этом базисные «векторы» в бесконечномерном пространстве представления контракти-

рованных или аналитически продолженных алгебр, отвечающие таким
схемам, понимаются как обобщенные функции, по-прежнему ортого-
нальные, но нормированные на дельта-функцию. В частности, для $|\widetilde{m}\rangle$
имеем

$$\langle \widetilde{m}'|\widetilde{m}\rangle = \delta^2(k'-k)\delta^2(r'-r)\delta_{m'_{23},m_{23}}\delta_{m'_{11},m_{11}}, \tag{3.47}$$

где квадраты дельта-функций появляются из-за того, что r и k по два
раза входят в компоненты схемы. Сравни с работами [118–120] в случае контракций и с работами [176, 177, 195] в случае аналитических
продолжений.

Подставляя (3.45), (3.46) в формулы (3.44), получаем генераторы
представления алгебры $u(3; j_1, \iota_2)$:

$$A_{00}|\widetilde{m}\rangle = (m_{23}+q-s)|\widetilde{m}\rangle, \ A_{11}|\widetilde{m}\rangle = (s-m_{11})|\widetilde{m}\rangle, \ A_{22}|\widetilde{m}\rangle = m_{11}|\widetilde{m}\rangle,$$

$$A_{\substack{12 \\ 21}}|\widetilde{m}\rangle = r|\widetilde{m_{11}\mp 1}\rangle, \quad A_{\substack{02 \\ 20}}|\widetilde{m}\rangle = \sqrt{k^2-j_1^2r^2}\,|\widetilde{m_{11}\mp 1}\rangle,$$

$$A_{\substack{01 \\ 10}}|\widetilde{m}\rangle = \frac{\sqrt{k^2-j_1^2r^2}}{2r}\left\{\left(s-m_{11}-m_{23}\mp\frac{1}{2}\right)|\widetilde{m}\rangle + \right.$$

$$\left. +j_1r^2\frac{q-s\pm 1}{k^2-j_1^2r^2}|\widetilde{m}\rangle - r(|\widetilde{m}\rangle'_{12}-|\widetilde{m}\rangle'_{12})\right\}. \tag{3.48}$$

Соотношение эрмитовости для операторов A_{02}, A_{20} дает $k^2-j_1^2r^2 \geqslant 0$,
что при $j_1 = 1$ накладывает ограничения $k \geqslant r$. Действие операторов
на производные схем находится с помощью (3.43) применением опера-
торов к обеим частям равенства $|m\rangle'_{12} = (|m_{12}+\iota_2\rangle - |m_{12}-\iota_2\rangle)/2\iota_2$.
Собственные значения операторов Казимира для представления (3.48)
получаются подстановкой компонент (3.45) в (3.35) и имеют вид

$$C_1(j_1,\iota_2) = q+m_{23}, \quad C_2(j_1,\iota_2) = 2k^2, \quad C_3(j_1,\iota_2) = 3k^2(q+1). \tag{3.49}$$

Они все отличны от нуля и независимы, как это и должно быть
для невырожденного представления алгебры $u(3; j_1, \iota_2)$. Отметим, что
спектр (3.49) совпадает со спектром (3.40) операторов Казимира алгебры $u(3; \iota_1, j_2)$.

Для удобства приложений (интерпретации) мы зафиксировали ин-
дексы генераторов A_{pr}, поэтому $u(3; 1, \iota_2)$ и $u(3; \iota_1, j_2)$ оказались у
нас разными алгебрами. Если теперь отказаться от этого соглашения,
то нетрудно установить изоморфизм указанных алгебр. Представление
(3.38),(3.39) реализовано в дискретном базисе, порождаемом цепочкой
подалгебр $u(3; \iota_1, 1) \supset u(2; 1) \supset u(1)$ и описываемом схемами вида

$$\left|\begin{array}{cccc} k & & m_{23} & \\ & m_{12} & & -k \\ & & m_{11} & m_{22} \end{array}\right\rangle, \ \begin{array}{c} m_{23}\in\mathbb{Z}, \ k\geqslant 0, \\ m_{12}\geqslant m_{23}\geqslant m_{22}, \ m_{12}\geqslant m_{11}\geqslant m_{22}, \\ m_{12}, m_{22}, m_{11}\in\mathbb{Z}, \end{array}$$

$$\tag{3.50}$$

в то время как представление (3.48) реализовано в непрерывном базисе, порождаемом разложением $u(3; 1, \iota_2) \supset u(2; \iota_2) \supset u(1)$ и описываемом схемами

$$\left| \begin{array}{ccccc} k & & m_{23} & & -k \\ & r & & -r & \\ & & m_{11} & & \end{array} \right\rangle, \qquad \begin{array}{l} m_{23}, m_{11} \in \mathbb{Z}, \\[6pt] k \geqslant r \geqslant 0, \end{array} \tag{3.51}$$

причем, помимо A_{00}, A_{11}, A_{22}, оператор $A_{01} + A_{10}$ тоже диагонален в этом базисе.

Таким образом, контракции по разным параметрам, приводящие к изоморфным алгебрам, дают описание одного и того же представления контрактированной алгебры в разных базисах, порождаемых каноническими цепочками подалгебр.

3.2.4. Двумерная контракция.
Структура контрактированной алгебры $u(3; \iota)$ имеет вид: $u(3; \iota) = T_6 \ominus (\{A_{00}\} \oplus \{A_{11}\} \oplus \{A_{22}\})$, где нильпотентная подалгебра T_6 натянута на генераторы A_{pr}, $p, r = 1, 2$. Вид генераторов неприводимого представления алгебры можно получить, подставив $j_1 = \iota_1, j_2 = \iota_2$ в (3.32), либо положив $j_2 = \iota_2$ в (3.38), либо из формул (3.44) при $j_1 = \iota_1$. Все три способа приводят к одинаковому результату, а именно:

$$A_{00}|m\rangle = \left(m_{23} + \frac{m_{13} + m_{33}}{\iota_1 \iota_2} - \frac{m_{12} + m_{22}}{\iota_2} \right) |m\rangle,$$

$$A_{11}|m\rangle = \left(\frac{m_{12} + m_{22}}{\iota_2} - m_{11} \right) |m\rangle, \quad A_{22}|m\rangle = m_{11}|m\rangle,$$

$$A_{02}|m\rangle = \frac{2ab}{m_{12} - m_{22}}|m_{11} - 1\rangle, \quad A_{12}|m\rangle = a|m_{11} - 1\rangle,$$

$$A_{20}|m\rangle = \frac{2ab}{m_{12} - m_{22}}|m_{11} + 1\rangle, \quad A_{21}|m\rangle = a|m_{11} + 1\rangle,$$

$$A_{01}|m\rangle = \frac{b}{m_{12} - m_{22}} \left\{ \frac{m_{12} + m_{22}}{\iota_2}|m\rangle - \left[m_{11} + m_{23} + \right. \right.$$

$$\left. \left. + \frac{3m_{12} + m_{22}}{2(m_{12} - m_{22})} \right] |m\rangle - m_{12}|m\rangle'_{12} - m_{22}|m\rangle'_{22} \right\},$$

$$A_{10}|m\rangle = \frac{b}{m_{12} - m_{22}} \left\{ \frac{m_{12} + m_{22}}{\iota_2}|m\rangle - \left[m_{11} + m_{23} + \right. \right.$$

$$\left. \left. + \frac{m_{12} + 3m_{22}}{2(m_{12} - m_{22})} \right] |m\rangle + m_{12}|m\rangle'_{12} + m_{22}|m\rangle'_{22} \right\},$$

$$a = \frac{1}{-m_{12}m_{22}}, \quad b = \frac{1}{-m_{13}m_{33}}. \tag{3.52}$$

Требование определенности операторов A_{00}, A_{11}, а также условие эрмитовости дают для компонент схемы $|m\rangle$ выражения

$$m_{13} = k + \iota_1 \iota_2 \frac{q}{2}, \quad m_{33} = -k + \iota_1 \iota_2 \frac{q}{2}, \quad k \geqslant 0, \ q \in \mathbb{R},$$

$$m_{12} = r + \iota_2 \frac{s}{2}, \quad m_{22} = -r + \iota_2 \frac{s}{2}, \quad r \geqslant 0, \ s \in \mathbb{R}, \tag{3.53}$$

подстановка которых в формулы (3.52) приводит к операторам представления вида

$$A_{00}|\widetilde{m}\rangle = (m_{23} + q - s)|\widetilde{m}\rangle, \quad A_{11}|\widetilde{m}\rangle = (s - m_{11})|\widetilde{m}\rangle,$$

$$A_{22}|\widetilde{m}\rangle = m_{11}|\widetilde{m}\rangle, \quad A_{12}|\widetilde{m}\rangle = r|\widetilde{m_{11} - 1}\rangle, \quad A_{21}|\widetilde{m}\rangle = r|\widetilde{m_{11} + 1}\rangle,$$

$$A_{02}|\widetilde{m}\rangle = k|\widetilde{m_{11} - 1}\rangle, \quad A_{20}|\widetilde{m}\rangle = k|\widetilde{m_{11} + 1}\rangle, \tag{3.54}$$

$$A_{01}|\widetilde{m}\rangle = \frac{k}{2r}\left(s - m_{11} - m_{23} - \frac{1}{2}\right)|\widetilde{m}\rangle - \frac{k}{2}\left(|\widetilde{m}\rangle'_{12} - |\widetilde{m}\rangle'_{22}\right),$$

$$A_{10}|\widetilde{m}\rangle = \frac{k}{2r}\left(s - m_{11} - m_{23} + \frac{1}{2}\right)|\widetilde{m}\rangle + \frac{k}{2}\left(|\widetilde{m}\rangle'_{12} - |\widetilde{m}\rangle'_{22}\right),$$

где через $|\widetilde{m}\rangle$ обозначена схема

$$|\widetilde{m}\rangle = \left|\begin{array}{ccccc} k & & m_{23} & & -k \\ & r & & -r & \\ & & m_{11} & & \end{array}\right\rangle, \quad \begin{array}{l} m_{11}, \ m_{23} \in \mathbb{Z}, \\[4pt] k \geqslant r \geqslant 0. \end{array} \tag{3.55}$$

Отметим, что оператор $A_{01} + A_{10}$ диагонален в базисе $|\widetilde{m}\rangle$, а спектр операторов Казимира представления (3.54) алгебры $u(3; \iota)$ дается теми же формулами (3.40), (3.49), что и в случае алгебр $u(3; \iota_1, j_2)$, $u(3; j_1, \iota_2)$.

3.3. Представления унитарных алгебр $u(n;j)$

3.3.1. Операторы представления.
Стандартные обозначения Гельфанда–Цетлина (используется вариант, приведенный в монографии [1]) отвечают убывающей цепочке подалгебр $u(n) \supset u(n - 1) \supset \ldots \supset u(2) \supset u(1)$, где $u(n) = \{E_{kr}, k, r = 1, 2, \ldots, n\}, \ldots, u(2) = \{E_{kr}, k, r, = 1, 2\}, u(1) = \{E_{11}\}$. Здесь будет использоваться другое вложение подалгебры в алгебру, приводящее к цепочке подалгебр вида $u(n; j_1, j_2, \ldots, j_{n-1}) \supset u(n - 1; j_2, \ldots, j_{n-1}) \supset \ldots \supset u(2; j_{n-1}) \supset u(1)$, где $u(n; j_1, j_2, \ldots, j_{n-1}) = \{A_{sp}, s, p = 0, 1, \ldots n - 1\}, u(n - 1; j_2, \ldots, j_{n-1}) = \{A_{sp}, s, p = 1, 2, \ldots, n - 1\}, \ldots, u(2; j_{n-1}) = \{A_{sp}, s, p = n - 2, n - 1\}, u(1) = \{A_{n-1,n-1}\}$. Чтобы перейти от стандартных обозначений к нашим, нужно заменить индекс k у генератора на индекс $n - k$ и оставить неизменной нумерацию компонент схем Гельфанда–Цетлина.

Для определения представлений алгебры $u(n)$ достаточно задать действие генераторов $E_{kk}, E_{k,k+1}, E_{k+1,k}$, а оставшиеся генераторы найти из коммутационных соотношений. В наших обозначениях достаточно знать генераторы $A_{n-k,n-k}$, $A_{n-k,n-k-1}$, $A_{n-k-1,n-k}$, которые преобразуются при переходе от $u(n)$ к $u(n;j)$ следующим образом:

$$A_{n-k,n-k-1} = j_{n-k} A^*_{n-k,n-k-1}(\to), \qquad (3.56)$$
$$A_{n-k-1,n-k} = j_{n-k} A^*_{n-k-1,n-k}(\to), \quad k = 1, 2, \ldots, n,$$
$$A_{n-k,n-k} = A^*_{n-k,n-k}(\to),$$

где j_{n-k} при нильпотентном значении играет роль стремящегося к нулю параметра в контракции Вигнера–Иненю [164], а $A^*(\to)$ есть сингулярно преобразованный генератор. Задание сингулярного преобразования эквивалентно заданию закона преобразования компонент схемы Гельфанда–Цетлина

$$|m\rangle = \begin{vmatrix} m^*_{1n} & & m^*_{2n} & \ldots & m^*_{n-1,n} & & m^*_{nn} \\ & m^*_{1,n-1} & & m^*_{2,n-1} & \cdots & & m^*_{n-1,n-1} \\ & & \cdots\cdots\cdots & & \\ & & m^*_{12} & m^*_{22} & \\ & & m^*_{11} & \end{vmatrix} \Bigg\rangle,$$

$$m^*_{pk} \geqslant m^*_{p,k-1} \geqslant m^*_{p+1,k}, \quad k = 2, 3, \ldots, n, \ p = 1, 2, \ldots, n-1,$$
$$m^*_{1n} \geqslant m^*_{2n} \geqslant \ldots \geqslant m^*_{nn} \qquad (3.57)$$

при переходе от $u(n)$ к $u(n;j)$. Определим это преобразование формулами

$$m_{1k} = m^*_{1k} J_k, \quad m_{kk} = m^*_{kk} J_k, \quad J_k = \prod_{l=n-k+1}^{n-1} j_l,$$
$$m_{pk} = m^*_{pk}, \quad p = 2, 3, \ldots, k-1, \ k = 2, 3, \ldots, n, \qquad (3.58)$$

тогда получим схему $|m\rangle$, компоненты m_{pk} которой целочисленны, а компоненты m_{1k}, m_{kk} могут быть комплексными или нильпотентными. Они удовлетворяют неравенствам

$$m_{pk} \geqslant m_{p,k-1} \geqslant m_{p+1,k}, \ k = 2, 3, \ldots, n, \ p = 2, 3, \ldots, n-2$$
$$\frac{m_{1k}}{J_k} \geqslant \frac{m_{1,k-1}}{J_{k-1}} \geqslant m_{2k}, \quad m_{k-1,k} \geqslant \frac{m_{k-1,k-1}}{J_{k-1}} \geqslant \frac{m_{kk}}{J_k},$$
$$\frac{m_{1n}}{J_n} \geqslant m_{2n} \geqslant m_{3n} \geqslant \ldots \geqslant m_{n-1,n} \geqslant \frac{m_{nn}}{J_n},$$

которые при нильпотентных и мнимых значениях параметров j трактуются по правилам, описанным в разделе 3.2.1.

Подставляя (3.58) в известные выражения для генераторов алгебры и учитывая (3.56), находим операторы представления алгебры $u(n;j)$

$$A_{n-k,n-k}|m\rangle = \left[\frac{m_{1k} + m_{kk}}{J_k} - \frac{m_{1,k-1} + m_{k-1,k-1}}{J_{k-1}} + \right.$$
$$\left. + m_{k-1,k} + \sum_{s=2}^{k-2} (m_{sk} - m_{s,k-1}) \right] |m\rangle, \quad k = 1, 2, \ldots, n,$$

$$A_{n-k-1,n-k}|m\rangle = \frac{1}{J_k}\left[a_k^1(m)|m_{1k}-J_k\rangle + a_k^k(m)|m_{kk}-J_k\rangle\right] +$$

$$+ j_{n-k+1}\sum_{s=2}^{k-1}a_k^s(m)|m_{sk}-1\rangle,$$

$$A_{n-k,n-k-1}|m\rangle = \frac{1}{J_k}\left[b_k^1(m)|m_{1k}+J_k\rangle + b_k^k(m)|m_{kk}+J_k\rangle\right] +$$

$$+ j_{n-k+1}\sum_{s=2}^{k-1}b_k^s(m)|m_{sk}+1\rangle, \quad k=1,2,\dots,n-1, \tag{3.59}$$

где

$$a_k^1(m) = \left\{\frac{\displaystyle\prod_{p=2}^{k}(J_k l_{p,k+1}-l_{1k}+J_k)\prod_{p=2}^{k-2}(J_k l_{p,k-1}-l_{1k})}{\displaystyle\prod_{p=2}^{k-1}(J_k l_{pk}-l_{1k}+J_k)(J_k l_{pk}-l_{1k})}\right\}^{1/2} \times$$

$$\times \left\{-\frac{(l_{1,k+1}-j_{n-k}l_{1k}+J_{k+1})(l_{k+1,k+1}-j_{n-k}l_{1k}+J_{k+1})}{(l_{kk}-l_{1k}+J_k)} \times\right.$$

$$\left.\times \frac{(l_{1,k-1}j_{n-k+1}-l_{1k})(l_{k-1,k-1}j_{n-k+1}-l_{1k})}{(l_{kk}-l_{1k})}\right\}^{1/2},$$

$$a_k^s(m) = \left\{\frac{\displaystyle\prod_{p=2}^{k}(l_{p,k+1}-l_{sk}+1)\prod_{p=2}^{k-2}(l_{p,k-1}-l_{sk})}{\displaystyle\prod_{p=2,p\neq s}^{k-1}(l_{pk}-l_{sk}+1)(l_{pk}-l_{sk})}\right\}^{1/2} \times$$

$$\times \left\{-\frac{(l_{1,k+1}-J_{k+1}l_{sk}+J_{k+1})(l_{k+1,k+1}-J_{k+1}l_{sk}+J_{k+1})}{(l_{1k}-J_k l_{sk}+J_k)(l_{1k}-J_k l_{sk})} \times\right.$$

$$\left.\times \frac{(l_{1,k-1}-J_{k-1}l_{sk})(l_{k-1,k-1}-J_{k-1}l_{sk})}{(l_{kk}-J_k l_{sk}+J_k)(l_{kk}-J_k l_{sk})}\right\}^{1/2}, \quad 1<s<k,$$

$$b_k^1(m) = \left\{\frac{\displaystyle\prod_{p=2}^{k}(J_k l_{p,k+1}-l_{1k})\prod_{p=2}^{k-2}(J_k l_{p,k-1}-l_{1k}-J_k)}{\displaystyle\prod_{p=2}^{k-1}(J_k l_{pk}-l_{1k})(J_k l_{pk}-l_{1k}-J_k)}\right\}^{1/2} \times$$

$$\times \left\{-\frac{(l_{1,k+1}-j_{n-k}l_{1k})(l_{k+1,k+1}-j_{n-k}l_{1k})}{(l_{kk}-l_{1k})} \times\right.$$

$$\left.\times \frac{(l_{1,k-1}j_{n-k+1}-l_{1k}-J_k)(l_{k-1,k-1}j_{n-k+1}-l_{1k}-J_k)}{(l_{kk}-l_{1k}-J_k)}\right\}^{1/2}, \tag{3.60}$$

$$b_k^s(m) = \left\{ \frac{\displaystyle\prod_{p=2}^{k}(l_{p,k+1}-l_{sk})\prod_{p=2}^{k-2}(l_{p,k-1}-l_{sk}-1)}{\displaystyle\prod_{p=2,p\neq s}^{k-1}(l_{pk}-l_{sk})(l_{pk}-l_{sk}-1)} \right\}^{1/2} \times$$

$$\times \left\{ -\frac{(l_{1,k+1}-J_{k+1}l_{sk})(l_{k+1,k+1}-J_{k+1}l_{sk})}{(l_{1k}-J_kl_{sk})(l_{1k}-J_kl_{sk}-J_{\cdot})} \times \right.$$

$$\left. \times \frac{(l_{1,k-1}-J_{k-1}l_{sk}-J_{k-1})(l_{k-1,k-1}-J_{k-1}l_{sk}-J_{k-1})}{(l_{kk}-J_kl_{sk})(l_{kk}-J_kl_{sk}-J_k)} \right\}^{1/2}, \quad 1 < s < k.$$

Выражение для $a_k^k(m)$ получается из $a_k^1(m)$ заменой l_{1k} на l_{kk} и l_{kk} на l_{1k}. Такой же заменой из $b_k^1(m)$ получаем $b_k^k(m)$. Компоненты m связаны с l соотношениями

$$l_{1k} = m_{1k} - J_k,\ l_{kk} = m_{kk} - kJ_k,\ l_{sk} = m_{sk} - s,\ 1 < s < k. \qquad (3.61)$$

Непосредственной проверкой убеждаемся, что операторы (3.59) удовлетворяют коммутационным соотношениям (3.33), следовательно они задают представление алгебры $u(n; j)$. Рассматривая действие повышающих операторов $A_{n-k,n-k-1}$ на вектор «старшего веса» z_h, описываемый схемой $|m\rangle$ при максимальных значениях компонент, и действие понижающих операторов $A_{n-k-1,n-k}$ на вектор «младшего веса» z_l, описываемый схемой $|m\rangle$ при минимальных значениях компонент, как и в разделе 3.2.1, устанавливаем, что при нильпотентных или мнимых значениях всех или некоторых параметров j пространство представления бесконечномерно и в нем нет инвариантных относительно операторов (3.59) подпространств, поскольку, взяв произвольный базисный вектор и подействовав на него операторами A_{kr} нужное число раз, получаем все базисные векторы в пространстве представления. Следовательно, представление (3.59) неприводимо.

Хотя исходное представление алгебры $u(n)$ эрмитово, неприводимое представление (3.59) алгебры $u(n; j)$, вообще говоря, эрмитовым не является. Поэтому, чтобы представление (3.59) было эрмитовым, необходимо потребовать выполнения соотношений $A_{pp}^\dagger = A_{pp}$, $p = 0, 1, \dots$ $\dots, n-1$, $A_{kp} = A_{pk}^\dagger$, которые для матричных элементов операторов записываются в виде

$$\langle m|A_{pp}|m\rangle = \overline{\langle m|A_{pp}|m\rangle}, \quad \langle n|A_{kp}|m\rangle = \overline{\langle m|A_{pk}|n\rangle}, \qquad (3.62)$$

где черта обозначает комплексное сопряжение.

3.3.2. Спектр операторов Казимира.
Компоненты m_{kn}^* верхней строки схемы (3.57) (компоненты старшего веса) полностью определяют неприводимое представление алгебры $u(n)$. В работах [53, 61] собственные значения операторов Казимира выражены через компо-

ненты старшего веса. Для унитарной алгебры $u(n)$ спектр операторов Казимира описывается формулой

$$C_q^*(m^*) = \mathrm{Tr}\,(a^{*q}E), \tag{3.63}$$

где E — матрица размерности n, все элементы которой равны единице, а матрица a^* имеет вид

$$a_{ps}^* = (m_{pn}^* + n - p)\delta_{ps} - w_{sp}, \quad s, p = 1, 2, \ldots, n. \tag{3.64}$$

Здесь $w_{sp} = 1$ при $s < p$ и $w_{sp} = 0$ при $s > p$.

При переходе от алгебры $u(n)$ к алгебре $u(n;j)$, $j = (j_1, \ldots, j_{n-1})$ компоненты старшего веса преобразуются согласно (3.58): $m_{1n} = Jm_{1n}^*$, $m_{nn} = Jm_{nn}^*$, $m_{sn} = m_{sn}^*$, $s = 2, 3, \ldots, n - 1$, $J = \prod_{l=1}^{n-1} j_l$. Определим матрицу $a(j)$ формулой

$$a(j) = Ja^*(\rightarrow), \tag{3.65}$$

где $a^*(\rightarrow)$ есть матрица (3.64), в которой компоненты m_{pn}^* заменены выражениями через m_{pn}, т.е. $a_{11}(\rightarrow) = n - 1 + m_{1n}J^{-1}$, $a_{nn}(\rightarrow) = m_{nn}J^{-1}$, а остальные матричные элементы даются формулой (3.64). Тогда матрица $a(j)$ такова:

$$a_{11}(j) = m_{1n} + J(n - 1), \quad a_{nn}(j) = m_{nn}, \tag{3.66}$$

$$a_{ps}(j) = J[(m_{pn} + n - p)\delta_{ps} - w_{sp}], \quad p, s = 2, 3, \ldots, n - 2.$$

Операторы Казимира преобразуются согласно (1.98), т.е. $C_{2k}(j) = J^{2k}C_{2k}^*(\rightarrow)$, $C_{2k+1}(j) = J^{2k}C_{2k+1}^*(\rightarrow)$. Точно так же преобразуются их спектры. Поэтому спектр операторов Казимира алгебры $u(n;j)$ выражается формулами

$$C_{2k}(m) = J^{2k}\mathrm{Tr}\,\{a^{*2k}(\rightarrow)E\} = \mathrm{Tr}\,\{[Ja^*(\rightarrow)]^{2k}E\} = \mathrm{Tr}\,\{a^{2k}(j)E\},$$

$$C_{2k+1}(m) = J^{2k}\mathrm{Tr}\,\{a^{*2k+1}(\rightarrow)E\} = \mathrm{Tr}\,\{a^*(\rightarrow)[Ja^*(\rightarrow)]^{2k}E\} =$$

$$= \mathrm{Tr}\,\{a^*(\rightarrow)a^{2k}(j)E\} = \frac{1}{J}\mathrm{Tr}\,\{a^{2k+1}(j)E\}, \tag{3.67}$$

где $2k$ и $2k + 1$ пробегают значения от 1 до n. В частности,

$$C_1(m) = \frac{m_{1n} + m_{nn}}{J} + \sum_{s=2}^{n-1} m_{sn},$$

$$C_2(m) = m_{1n}^2 + m_{nn}^2 + J(n - 1)(m_{1n} - m_{nn}) +$$

$$+ J^2 \sum_{s=2}^{n-1} m_{sn}(m_{sn} + n + 1 - 2s) \tag{3.68}$$

есть собственные значения первых двух операторов Казимира алгебры $u(n;j)$ на ее неприводимых представлениях.

3.3.3. Возможные варианты контракций неприводимых представлений.

Для краткости в этом разделе будем говорить о контракциях неприводимых представлений, имея, однако, в виду, что соответствующие рассуждения справедливы и при мнимых значениях параметров j. Преобразование (3.58) компонент схемы Гельфанда–Цетлина выбрано так, чтобы собственные значения операторов Казимира четного порядка были отличны от нуля при контракциях. Однако базовый вариант (3.58) не единственный. Как легко видеть из (3.67), (3.68), той же цели можно достигнуть, преобразовав по правилу $m = Jm^*$ любые две компоненты верхней строки и оставив неизменными остальные компоненты этой строки.

Что произойдет в этом случае с исходным неприводимым представлением, скажем, при контракции по первому параметру $j_1 = \iota_1$, $j_2 = \ldots = j_{n-1} = 1$? Закон преобразования генераторов не изменится $A = (\prod_k j_k) A^*(\rightarrow)$, модифицируются лишь выражения $A^*(\rightarrow)$ для сингулярно преобразованных операторов представления, а также неравенства для компонент схемы Гельфанда–Цетлина по сравнению с той же контракцией $j_1 = \iota_1$ в базовом варианте. Собственные значения операторов Казимира будут зависеть не от компонент m_{1n}, m_{nn}, как в базовом варианте, а от другой пары компонент верхней строки.

Таким образом, каждый из $\binom{n}{2} = n(n-1)/2$ вариантов перехода от неприводимого представления алгебры $u(n)$ дает при контракциях свое представление алгебры $u(n; j)$, спектр операторов Казимира которого задается своей парой компонент верхней строки схемы Гельфанда–Цетлина. Причем все варианты переходов являются переходами общего вида, т. е. приводят к отличному от нуля спектру всех операторов Казимира даже в том случае, когда все параметры j принимают нильпотентные значения.

Приведенные рассуждения справедливы, естественно, для каждой подалгебры $u(k; j')$, $k = 2, 3, \ldots, n-1$ в цепочке подалгебр, приведенной в начале раздела 3.3.1, т. е. для каждой подалгебры имеется $\binom{k}{2} = k(k-1)/2$ вариантов перехода от неприводимого представления подалгебры $u(k)$ к неприводимым представлениям общего вида подалгебры $u(k; j')$. Последние определяют базис Гельфанда–Цетлина. Следовательно, каждый из $\binom{n}{2}$ вариантов перехода от неприводимого представления алгебры $u(n; j)$ может быть записан в $N_{n-1} = \sum_{k=2}^{n-1} \binom{k}{2}$ различных базисах, отвечающих различным вариантам преобразования компонент схемы Гельфанда–Цетлина в строках с номерами $k = 2, 3, \ldots, n-1$. В разделах 3.3.1 и 3.3.2 описан базовый вариант, в котором преобразуются первая и последняя компоненты строк с номерами $k = 2, 3, \ldots, n$. Ясно, что при необходимости подобные формулы можно выписать в любом из $N_k = \sum_{k=2}^{n} \binom{k}{2}$ вариантов.

3.4. Представления ортогональных алгебр

3.4.1. Алгебра $so(3; j)$. Хотя алгебра $so(3)$ изоморфна алгебре $su(2)$, рассмотрим ее отдельно, поскольку алгебры $so(3; j)$, $j = (j_1, j_2)$ допускают, в отличие от $su(2; j_1)$, контракцию по двум параметрам. При переходе от $so(3)$ к $so(3; j)$ генераторы преобразуются следующим образом: $X_{01} = j_1 X_{01}^*(\to)$, $X_{02} = j_1 j_2 X_{02}^*(\to)$, $X_{12} = j_2 X_{12}^*(\to)$, а единственный оператор Казимира преобразуется так: $C_2(j) = j_1^2 j_2^2 C_2^*(\to)$. Неприводимые представления алгебры $so(3)$ установлены в работе [17] и в базисе, определяемом цепочкой подалгебр $so(3) \supset so(2)$, задаются операторами

$$X_{12}^* |m^*\rangle = i m_{11}^* |m^*\rangle,$$

$$X_{01}^* |m^*\rangle = \frac{1}{2} \left\{ \sqrt{(m_{12}^* - m_{11}^*)(m_{12}^* + m_{11}^* + 1)} \, |m_{11}^* + 1\rangle - \right.$$
$$\left. - \sqrt{(m_{12}^* + m_{11}^*)(m_{12}^* - m_{11}^* + 1)} \, |m_{11}^* - 1\rangle \right\},$$

$$X_{02}^* |m^*\rangle = \frac{i}{2} \left\{ \sqrt{(m_{12}^* - m_{11}^*)(m_{12}^* + m_{11}^* + 1)} \, |m_{11}^* + 1\rangle + \right.$$
$$\left. + \sqrt{(m_{12}^* + m_{11}^*)(m_{12}^* - m_{11}^* + 1)} \, |m_{11}^* - 1\rangle \right\}, \tag{3.69}$$

где схемы $|m^*\rangle$, нумерующие элементы ортонормированного базиса Гельфанда–Цетлина, имеют вид $|m^*\rangle = \left| \begin{smallmatrix} m_{12}^* \\ m_{11}^* \end{smallmatrix} \right\rangle$, $|m_{11}^*| \leqslant m_{12}^*$ и компоненты m_{11}^*, m_{12}^* являются одновременно все целыми или полуцелыми. Спектр оператора Казимира равен

$$C_2^*(m_{12}^*) = m_{12}^*(m_{12}^* + 1). \tag{3.70}$$

Компонента m_{11}^* является собственным значением оператора X_{12}^*, поэтому вид ее преобразования определяется преобразованием оператора X_{12}^*, т.е. $m_{11} = j_2 m_{11}^*$. Вид преобразования компоненты m_{12}^* находим из условия определенности и неравенства нулю спектра оператора Казимира при контракциях

$$C_2(m_{12}) = j_1^2 j_2^2 C_2^*(\to) =$$
$$= j_1^2 j_2^2 \frac{m_{12}}{j_1 j_2} \left[\frac{m_{12}}{j_1 j_2} + 1 \right] = m_{12} \left(m_{12} + j_1 j_2 \right), \tag{3.71}$$

т.е. компонента m_{12}^* преобразуется так: $m_{12} = j_1 j_2 m_{12}^*$.

После этого из (3.69) находим операторы представления алгебры $so(3; j)$:

$$X_{12} |m\rangle = i m_{11} |m\rangle,$$

$$X_{01} |m\rangle = \frac{1}{2 j_2} \left\{ \sqrt{(m_{12} - j_1 m_{11})(m_{12} + j_1 m_{11} + j_1 j_2)} \, |m_{11} + j_2\rangle - \right.$$
$$\left. - \sqrt{(m_{12} + j_1 m_{11})(m_{12} - j_1 m_{11} + j_1 j_2)} \, |m_{11} - j_2\rangle \right\},$$

$$X_{02}|m\rangle = \frac{i}{2}\left\{\sqrt{(m_{12} - j_1 m_{11})(m_{12} + j_1 m_{11} + j_1 j_2)}\,|m_{11} + j_2\rangle +\right.$$

$$\left.+ \sqrt{(m_{12} + j_1 m_{11})(m_{12} - j_1 m_{11} + j_1 j_2)}\,|m_{11} - j_2\rangle\right\}, \qquad (3.72)$$

где компоненты схемы $|m\rangle$ удовлетворяют неравенствам $|m_{11}| \leqslant m_{12}/j_1$. То, что это представление, т.е. операторы (3.72) удовлетворяют коммутационным соотношениям алгебры $so(3; j)$, проверяется непосредственно. То, что это представление неприводимо, устанавливается, как и в случае унитарных алгебр, действием повышающими и понижающими операторами на векторы старшего и младшего веса.

При $j_1 = \iota_1$ формулы (3.72) дают представление неоднородной алгебры $so(3; \iota_1, j_2) = io(2; j_2) = \{X_{01}, X_{02}\} \dotplus \{X_{12}\}$ вида

$$X_{12}|m\rangle = i m_{11}|m\rangle,$$

$$X_{01}|m\rangle = \frac{1}{2j_2} m_{12}(|m_{11} + j_2\rangle - |m_{11} - j_2\rangle),$$

$$X_{02}|m\rangle = \frac{i}{2} m_{12}(|m_{11} + j_2\rangle + |m_{11} - j_2\rangle), \qquad (3.73)$$

где m_{11} — целое или полуцелое число, а $m_{12} \in \mathbb{R}$, $m_{12} \geqslant 0$. Собственные значения оператора Казимира равны $C_2(\iota_1, j_2) = m_{12}^2$.

При $j_2 = \iota_2$ получаем из (3.72) представление алгебры $so(3; j_1, \iota_2) = \{X_{02}, X_{12}\} \dotplus \{X_{01}\}$ операторами

$$X_{12}|m\rangle = i m_{11}|m\rangle, \quad X_{02}|m\rangle = i\sqrt{m_{12}^2 - j_1^2 m_{11}^2}\,|m\rangle,$$

$$X_{01}|m\rangle = \sqrt{m_{12}^2 - j_1^2 m_{11}^2}\,|m\rangle'_{11} - \frac{j_1^2 m_{11}}{2\sqrt{m_{12}^2 - j_1^2 m_{11}^2}}|m\rangle, \qquad (3.74)$$

где $m_{11}, m_{12} \in \mathbb{R}$ и $|m_{11}| \leqslant m_{12}$. Отказываясь от фиксирования нумерации координат x_0, x_1, x_2 в $\mathbf{R}_3(j)$, где действует группа $SO(3; j)$, легко устанавливаем изоморфизм алгебр $so(3; \iota_1, 1)$ и $so(2; 1, \iota_2)$. Тогда (3.73) при $j_2 = 1$ и (3.74) при $j_1 = 1$ дают описание неприводимого представления неоднородной алгебры $io(2)$ в дискретном и непрерывном базисах соответственно в бесконечномерном пространстве представления. Дискретный базис образуют собственные векторы компактного оператора X_{12} с целыми или полуцелыми собственными числами $\infty < m_{11} < \infty$. Непрерывный базис образуют обобщенные собственные векторы некомпактного оператора X_{12}, собственные значения которого $m_{11} \in \mathbb{R}$, $|m_{11}| \leqslant m_{12}$. Близкий подход к контракциям неприводимых представлений ортогональных алгебр $so(3), so(5)$, связанный с сингулярными преобразованиями компонент схем Гельфанда–Цетлина, рассмотрен в работах [118–120].

Двумерная контракция $j_1 = \iota_1$, $j_2 = \iota_2$ дает неприводимое представление алгебры Галилея $so(3; \iota)$ вида

$$X_{01}|m\rangle = m_{12}|m\rangle'_{11}, \quad X_{12}|m\rangle = i m_{11}|m\rangle, \quad X_{02}|m\rangle = i m_{12}|m\rangle, \quad (3.75)$$

где $m_{12}, m_{11} \in \mathbb{R}$, $m_{12} \geqslant 0$, $-\infty < m_{11} < \infty$ и $C_2(\iota) = m_{12}^2$. Результат действия генератора на производную $|m\rangle'_{11}$ находится применением генератора к обеим частям равенства $|m\rangle'_{11} = (|m_{11} + \iota_2\rangle - |m_{11} - \iota_2\rangle)/2\iota_2$. В частности, имеем $X_{12}|m\rangle'_{11} = im_{11}|m\rangle'_{11} + i|m\rangle$.

3.4.2. Алгебра $so(4; j)$. Чтобы задать неприводимое представление алгебры $so(4; j)$, $j = (j_1, j_2, j_3)$, достаточно задать представление генераторов X_{01}, X_{12}, X_{23}. Мы используем формулы, приведенные в [1], заменяя индексы генераторов по правилу: $4 \to 0$, $3 \to 1$, $2 \to 2$, $1 \to 3$. Тогда представление Гельфанда–Цетлина отвечает цепочке подалгебр $so(4; \mathbf{j}) \supset so(3; j_2, j_3) \supset so(2; j_3)$, где $so(4; j) = \{X_{rs}, r < s, r, s = 0, 1, 2, 3\}$, $so(3; j_2, j_3) = \{X_{rs}, r < s, r, s = 1, 2, 3\}$, $so(2; j_3) = \{X_{23}\}$. Представление генераторов X_{23}, X_{12} задается формулами (3.72), в которых нужно увеличить на единицу индексы генераторов и параметров j, а также заменить схему $|m\rangle = \left| \begin{smallmatrix} m_{12} \\ m_{11} \end{smallmatrix} \right\rangle$ на схему

$$|m\rangle = \left| \begin{matrix} & m_{13} & & m_{12} & & m_{23} \\ & & & m_{11} & & \end{matrix} \right\rangle. \tag{3.76}$$

Вид преобразования компонент m_{12}^*, m_{11}^* установлен при рассмотрении алгебры $so(3; j)$: $m_{11} = j_3 m_{11}^*$, $m_{12} = j_2 j_3 m_{23}^*$, $|m_{11}| \leqslant m_{12}/j_2$. Осталось найти вид преобразования компонент m_{13}^*, m_{23}^*, задающих неприводимое представление. Для этого рассмотрим спектр операторов Казимира алгебры $so(4)$, установленный в работах [54, 62],

$$C_2^* = m_{13}^*(m_{13}^* + 2) + m_{23}^{*2}, \quad C_2^{*\prime} = -(m_{13}^* + 1)m_{23}^*, \tag{3.77}$$

а также закон преобразования операторов Казимира при переходе от $so(4)$ к $so(4; j)$

$$C_2(j) = j_1^2 j_2^2 j_3^2 C_2^*(\to), \quad C_2'(j) = j_1 j_2^2 j_3 C^{*\prime}_2(\to). \tag{3.78}$$

Требуя, чтобы собственные значения операторов $C_2(j)$ и $C_2'(j)$ были определенными выражениями при контракциях, из формул (3.77), (3.78) для $C_2'(j)$ получаем уравнение

$$m_{13}m_{23} = j_1 j_2^2 j_3 m_{13}^* m_{23}^*, \tag{3.79}$$

которое вместе с условием, чтобы преобразования компонент m_{13}, m_{23} содержали только первые степени контракционных параметров j, дает возможные законы преобразования этих компонент.

Выпишем допустимые варианты преобразований неприводимых представлений алгебры $so(4)$ в представления алгебры $so(4; j)$, а также преобразованные спектры операторов Казимира:

1. $m_{13} = j_1 j_2 m_{13}^*$, $m_{23} = j_2 j_3 m_{23}^*$,

$$C_2(j) = j_3^2 m_{13}(m_{13} + 2j_1 j_2) + j_1^2 m_{23}^2,$$
$$C_2'(j) = -(m_{13} + j_1 j_2) m_{23}. \tag{3.80}$$

2. $m_{13} = j_2 m_{13}^*$, $\quad m_{23} = j_1 j_2 j_3 m_{23}^*$,
$$C_2(j) = m_{23}^2 + j_1^2 j_3^2 m_{13}(m_{13} + 2j_2),$$
$$C_2'(j) = -(m_{13} + j_2)m_{23}. \qquad (3.81)$$

3. $m_{13} = j_1 j_2 j_3 m_{13}^*$,
$$C_2(j) = m_{13}(m_{13} + 2j_1 j_2 j_3) + j_1^2 j_3^2 m_{23}^2,$$
$$C_2'(j) = -(m_{13} + j_1 j_2 j_3)m_{23}. \qquad (3.82)$$

Если рассмотреть (3.77), (3.78) только для оператора $C_2(j)$, то допустимы варианты:

4. $m_{13} = j_1 j_2 j_3 m_{13}^*$, $\quad m_{23} = m_{23}^*$,
$$C_2(j) = m_{13}(m_{13} + 2j_1 j_2 j_3) + j_1^2 j_2^2 j_3^2 m_{23}^2,$$
$$C_2'(j) = -j_2(m_{13} + j_1 j_2 j_3)m_{23}. \qquad (3.83)$$

5. $m_{13} = m_{13}^*$, $\quad m_{23} = j_1 j_2 j_3 m_{23}^*$,
$$C_2(j) = m_{23}^2 + j_1^2 j_2^2 j_3^2 m_{13}(m_{13} + 2),$$
$$C_2'(j) = -j_2(m_{13} + 1)m_{23}, \qquad (3.84)$$

а также другие варианты преобразований компонент m_{13}^*, m_{23}^*, в том числе включающие не все параметры j, вплоть до варианта $m_{13} = m_{13}^*$, $m_{23} = m_{23}^*$.

Если теперь рассмотреть контракцию по всем параметрам $j = \iota$, то увидим, что общие, невырожденные (с отличными от нуля собственными значениями обоих операторов Казимира) представления контрактированной алгебры $so(4; \iota)$ получаются лишь при преобразованиях 2 и 3. При преобразованиях 1 имеем $C_2(\iota) = 0$, при преобразованиях 4, 5 имеем $C_2'(\iota) = 0$, а при остальных преобразованиях оба оператора Казимира имеют нулевой спектр.

Рассмотрим вариант 3, тогда компоненты схемы (3.76) удовлетворяют неравенствам
$$\frac{m_{13}}{j_1 j_3} \geqslant |m_{23}|, \quad \frac{m_{13}}{j_1 j_3} \geqslant \frac{m_{12}}{j_3} \geqslant |m_{23}|, \quad \frac{m_{12}}{j_2} \geqslant |m_{11}|, \qquad (3.85)$$
интерпретируемым при мнимых и нильпотентных значениях параметров j по правилам раздела 3.2.1. Используя (3.82), а также законы преобразования генераторов: $X_{01} = j_1 X_{01}^*$, $X_{02} = j_1 j_2 X_{02}^*$, $X_{03} = j_1 j_2 X_{03}^*$, находим вид операторов представления алгебры $so(4; j)$:

$$X_{01}|m\rangle = im_{11}b|m\rangle - \frac{a(m_{12})}{j_2 j_3}\sqrt{m_{12}^2 - j_2^2 m_{11}^2}\,|m_{12} - j_2 j_3\rangle +$$
$$+ \frac{a(m_{12} + j_2 j_3)}{j_2 j_3}\sqrt{(m_{12} + j_2 j_3)^2 - j_2^2 m_{11}^2}\,|m_{12} + j_2 j_3\rangle,$$
$$X_{02}|m\rangle = \frac{ib}{2}\left\{\sqrt{(m_{12} - j_2)(m_{12} + j_2 m_{11} + j_2 j_3)}\,|m_{11} + j_3\rangle +\right.$$

$$+\sqrt{(m_{12}+j_2m_{11})(m_{12}-j_2m_{11}+j_2j_3)}\,|m_{11}-j_3\rangle\Big\}-$$

$$-\frac{a(m_{12})}{2j_3}\left\{\sqrt{(m_{12}-j_2m_{11})(m_{12}-j_2m_{11}-j_2j_3)}\;\left|\begin{array}{c}m_{12}-j_2j_3\\m_{11}+j_2\end{array}\right\rangle-\right.$$

$$\left.-\sqrt{(m_{12}+j_2m_{11})(m_{12}+j_2m_{11}-j_2j_3)}\;\left|\begin{array}{c}m_{12}-j_2j_3\\m_{11}-j_3\end{array}\right\rangle\right\}-$$

$$-\frac{a(m_{12}+j_2j_3)}{2j_3}\times$$

$$\times\left\{\sqrt{(m_{12}+j_2m_{11}+j_2j_3)(m_{12}+j_2m_{11}+2j_2j_3)}\;\left|\begin{array}{c}m_{12}+j_2j_3\\m_{11}+j_3\end{array}\right\rangle-\right.$$

$$\left.-\sqrt{(m_{12}-j_2m_{11}+j_2j_3)(m_{12}-j_2m_{11}+2j_2j_3)}\;\left|\begin{array}{c}m_{12}+j_2j_3\\m_{11}-j_3\end{array}\right\rangle\right\},$$

$$X_{03}|m\rangle=\frac{j_3b}{2}\left\{\sqrt{(m_{12}-j_2m_{11})(m_{12}+j_2m_{11}+j_2j_3)}\,|m_{11}+j_3\rangle-\right.$$

$$\left.-\sqrt{(m_{12}+j_2m_{11})(m_{12}-j_2m_{11}+j_2j_3)}\,|m_{11}-j_3\rangle\right\}+$$

$$+\frac{ia(m_{12})}{2}\left\{\sqrt{(m_{12}-j_2m_{11})(m_{12}-j_2m_{11}-j_2j_3)}\;\left|\begin{array}{c}m_{12}-j_2j_3\\m_{11}+j_3\end{array}\right\rangle+\right.$$

$$+\sqrt{(m_{12}+j_2m_{11})(m_{12}+j_2m_{11}-j_2j_3)}\;\left|\begin{array}{c}m_{12}-j_2j_3\\m_{11}-j_3\end{array}\right\rangle\right\}+\frac{i}{2}a(m_{12}+j_2j_3)\times$$

$$\times\left\{\sqrt{(m_{12}+j_2m_{11}+j_2j_3)(m_{12}+j_2m_{11}+2j_2j_3)}\;\left|\begin{array}{c}m_{12}+j_2j_3\\m_{11}+j_3\end{array}\right\rangle+\right.$$

$$\left.+\sqrt{(m_{12}-j_2m_{11}+j_2j_3)(m_{12}-j_2m_{11}+2j_2j_3)}\;\left|\begin{array}{c}m_{12}+j_2j_3\\m_{11}-j_3\end{array}\right\rangle\right\},$$

$$a(m_{12})=\sqrt{\frac{[(m_{13}+j_1j_2j_3)^2-j_1^2m_{12}^2](m_{12}^2-j_3^2m_{23}^2)}{m_{12}^2(4m_{12}^2-j_2^2j_3^2)}}\,,$$

$$b=\frac{(m_{13}+j_1j_2j_3)m_{23}}{m_{12}(m_{12}+j_2j_3)}. \tag{3.86}$$

Хотя, как было отмечено, достаточно задать только X_{01}, для полноты описания мы привели здесь все генераторы алгебры $so(4;j)$.

Исходное конечномерное неприводимое представление компактной алгебры $so(4)$ эрмитово. Представление (3.86) алгебры $so(4;j)$ неприводимо, но, вообще говоря, не эрмитово. Чтобы получить эрмитово представление, на операторы (3.86) необходимо наложить условие эрмитовости $X_{rs}^\dagger=-X_{rs}$. Найти ограничения, накладываемые этим условием, на компоненты схем Гельфанда–Цетлина, не конкретизируя значения параметров j, затруднительно. Поэтому условие эрмитовости проверяем в каждом отдельном случае при определенных значениях контракционных параметров j.

Если рассматривать вариант 2, задаваемый формулами (3.81), то компоненты схемы (3.76) будут удовлетворять неравенствам

$$m_{13} \geqslant \frac{m_{23}}{j_1 j_3}, \quad m_{13} \geqslant \frac{m_{12}}{j_3} \geqslant \frac{|m_{23}|}{j_1 j_3}, \quad \frac{m_{12}}{j_2} \geqslant |m_{11}|, \qquad (3.87)$$

операторы X_{12}, X_{13}, X_{23} описываются формулами (3.72), в которых нужно увеличить на единицу индексы параметров j и генераторов, а операторы X_{0k}, $k = 1, 2, 3$ задаются формулами (3.86), в которых функции b и $a(m_{12})$ заменены на функции $\tilde{b}$, $\tilde{a}(m_{12})$ вида

$$\tilde{a}(m_{12}) = \sqrt{\frac{[j_3^2(m_{13} + j_2)^2 - m_{12}^2](j_1^2 m_{12}^2 - m_{23}^2)}{m_{12}(4m_{12}^2 - j_2^2 j_3^2)}},$$

$$\tilde{b} = \frac{(m_{13} + j_2)m_{23}}{m_{12}(m_{12} + j_2 j_3)}. \qquad (3.88)$$

3.4.3. Контракции представлений алгебры $so(4; j)$.

Рассмотрим представление алгебры $so(4; \iota_1, j_2, j_3) = \{X_{0k}\} \oplus so(3; j_2, j_3)$. Пусть компоненты m_{13}, m_{23} преобразуются согласно (3.82): $k = m_{23} = \iota_1 j_2 j_3 m_{13}^*$, $m_{23} = j_2 m_{23}^*$. Операторы представления описываются формулами (3.86), в которых

$$a(m_{12}) = k \sqrt{\frac{m_{12}^2 - j_3^2 m_{23}^2}{m_{12}^2(4m_{12}^2 - j_2^2 j_3^2)}}, \quad b = \frac{k m_{23}}{m_{12}(m_{12} + j_2 j_3)}. \qquad (3.89)$$

Из неравенств (3.85) при $j_2 = j_3 = 1$ находим: $0 \leqslant |m_{23}| < \infty$, $m_{12} \geqslant |m_{23}|$, $|m_{11}| \leqslant m_{12}$, где $m_{11}, m_{12}, m_{23} \in \mathbb{Z}$, $k \in \mathbb{R}$ (последнее — из условия эрмитовости для X_{01}). Спектр операторов Казимира получается из (3.82): $C_2(\iota_1) = k^2$, $C_2'(\iota_1) = -k m_{23}$.

Если компоненты преобразуются согласно (3.81), т.е. $m_{13} = j_2 m_{13}^*$, $s = m_{23} = \iota_1 j_2 j_3 m_{23}^*$, то a, b заменяются на

$$\tilde{a}(m_{12}) = is \sqrt{\frac{j_3^2(m_{13} + j_2)^2 - m_{12}^2}{m_{12}^2(4m_{12}^2 - j_2^2 j_3^2)}}, \quad \tilde{b} = \frac{s(m_{13} + j_2)}{m_{12}(m_{12} + j_2 j_3)}. \qquad (3.90)$$

Неравенства (3.87) при $j_2 = j_3 = 1$ дают: $m_{13} \geqslant m_{12} \geqslant 0$, $|m_{11}| \leqslant m_{12}$, $m_{11}, m_{12}, m_{13} \in \mathbb{Z}$, $s \in \mathbb{R}$. Спектр операторов Казимира получается из (3.81): $C_2(\iota_1) = s^2$, $C_2'(\iota_1) = -s m_{13}$.

Для алгебры $so(4; j_1, j_2, \iota_3) = T_3 \oplus so(3; j_1, j_2)$, где абелева подалгебра $T_3 = \{X_{03}, X_{13}, X_{23}\}$, формулы (3.86) при преобразовании (3.82), т.е. $k = m_{13} = j_1 j_2 \iota_3 m_{13}^*$, $m_{23} = j_2 m_{23}^*$, $p = m_{12} = j_2 \iota_3 m_{12}^*$, $q = m_{11} = \iota_3 m_{11}^*$, дают операторы представления вида

$$X_{01}|m\rangle = ikq\frac{m_{23}}{p^2}|m\rangle + \frac{1}{2p}\sqrt{(p^2 - j_2^2 q^2)(k^2 - j_1^2 p^2)} \times$$

$$\times \left[2|m\rangle_p' + \frac{p}{p^2 - j_2^2 q^2}|m\rangle - \frac{k^2}{p(k^2 - j_1^2 p^2)}|m\rangle\right],$$

$$X_{02}|m\rangle = ik\frac{m_{23}}{p^2}\sqrt{p^2 - j_2^2 q^2}\,|m\rangle - \frac{1}{2p}\sqrt{k^2 - j_1^2}\,\times$$

$$\times\left[2p|m\rangle'_q + 2j_2^2 q|m\rangle'_p - \frac{j_2^2 q k^2}{p(k^2 - j_1^2 p^2)}|m\rangle\right],$$

$$X_{03}|m\rangle = i\sqrt{k^2 - j_1^2 p^2}\,|m\rangle, \quad |m\rangle = \left|\begin{array}{cc} k & m_{23} \\ p & \\ q & \end{array}\right\rangle. \tag{3.91}$$

Оставшиеся генераторы даются формулами (3.74) с очевидными изменениями. Спектр операторов Казимира равен: $C_2(\iota_3) = k^2$, $C'_2(\iota_3) = -km_{23}$. Неравенства (3.85) при $j_1 = j_2 = 1$ дают: $0 \leqslant |m_{23}| < \infty$, $k \geqslant p \geqslant 0$, $|q| \leqslant p$, $m_{23} \in \mathbb{Z}$, $k, p, q \in \mathbb{R}$.

При преобразовании компонент (3.81), т.е. $m_{13} = j_2 m_{13}^*$, $s = m_{23} = j_1 j_2 \iota_3 m_{23}^*$, $p = m_{12} = j_2 \iota_3 m_{12}^*$, $q = m_{11} = \iota_3 m_{11}^*$, представление алгебры $so(4; j_1, j_2, \iota_3)$ описывается операторами

$$X_{01}|\widetilde{m}\rangle = \frac{isq}{p^2}(m_{13} + j_2)|\widetilde{m}\rangle + \frac{i}{2p}\sqrt{(p^2 - j_2^2 q^2)(j_1^2 p^2 - s^2)}\,\times$$

$$\times\left[2|\widetilde{m}\rangle'_p + \frac{s^2}{p(j_1^2 p^2 - s^2)}|\widetilde{m}\rangle + \frac{p}{(p^2 - j_2^2 q^2)}|\widetilde{m}\rangle\right],$$

$$X_{02}|\widetilde{m}\rangle = \frac{is}{p^2}(m_{13} + j_2)\sqrt{p^2 - j_2^2 q^2}\,|\widetilde{m}\rangle - \frac{i}{2p}\sqrt{j_1^2 p^2 - s^2}\,\times$$

$$\times\left[2p|\widetilde{m}\rangle'_q + 2j_2^2 q|\widetilde{m}\rangle'_p + \frac{j_2^2 s^2 q}{p(j_1^2 p^2 - s^2)}|\widetilde{m}\rangle\right],$$

$$X_{03}|\widetilde{m}\rangle = -\sqrt{j_1^2 p^2 - s^2}\,|\widetilde{m}\rangle, \quad |\widetilde{m}\rangle = \left|\begin{array}{ccc} m_{13} & p & s \\ & q & \end{array}\right\rangle. \tag{3.92}$$

Компоненты схемы $|\widetilde{m}\rangle$ удовлетворяют вытекающим из (3.81) при $j_1 = j_2 = 1$ неравенствам: $m_{13} \geqslant 0$, $p \geqslant |s|$, $|q| \leqslant p$, $m_{13} \in \mathbb{Z}$, $p, q, s \in \mathbb{R}$. Спектр операторов Казимира равен $C_2(\iota_3) = s^2$, $C'_2(\iota_3) = -s(m_{13} + j_2)$. Из формул (3.74) и (3.92) следует, что генераторы $X_{13}, X_{23}, X_{03} \in T_3$ диагональны в непрерывном базисе $|\widetilde{m}\rangle$.

Отказываясь от фиксирования номеров координатных осей, замечаем, что алгебра $so(4; \iota_1, 1, 1)$ изоморфна алгебре $so(4; 1, 1, \iota_3)$ и обе они изоморфны неоднородной алгебре $iso(3)$. Изоморфизм устанавливается сопоставлением генератору X_{rs}, $r < s$ одной алгебры генератора $X_{3-s,3-r}$ другой алгебры. Тогда операторы (3.86) и (3.89) дают неприводимое представление алгебры $iso(3)$ в дискретном базисе, отвечающем цепочке подалгебр $iso(3) \supset so(3) \supset so(2)$, а операторы (3.91) и (3.74) описывают то же самое представление в непрерывном базисе, отвечающем цепочке $iso(3) \supset so(3; 1, \iota_3) \supset so(2; \iota_3)$. Такое же утверждение справедливо и для другого варианта перехода от представления алгебры $so(4)$ к представлениям алгебры $so(4; j)$, приводящего к формулам (3.86), (3.90) и (3.74), (3.92). Заметим также, что контракции представлений дают еще один способ построения неприводимых представлений алгебр (групп), имеющих структуру полупрямой суммы (произведения).

Операторы неприводимого представления алгебры $so(4; j_1, \iota_2, j_3)$ получаются из (3.86) при $j_2 = \iota_2$ и имеют вид

$$X_{01}|m\rangle = \frac{iks}{p^2} m_{11} |m\rangle + f(k, p, s)\left[2|m\rangle'_p + \right.$$

$$\left. + \frac{j_3^2 s^2}{p(p^2 - j_3^2 s^2)} |m\rangle - \frac{j_1^2 p^2}{k^2 - j_1^2 p^2} |m\rangle\right],$$

$$X_{02}|m\rangle = \frac{iks}{2p}(|m_{11} + j_3\rangle + |m_{11} - j_3\rangle) -$$

$$- \frac{1}{j_3} f(k, p, s)(|m_{11} + j_3\rangle - |m_{11} - j_3\rangle),$$

$$X_{03}|m\rangle = \frac{iks}{2p}(|m_{11} + j_3\rangle - |m_{11} - j_3\rangle) +$$

$$+ if(k, p, s)(|m_{11} + j_3\rangle + |m_{11} - j_3\rangle), \qquad (3.93)$$

$$f(k, p, s) = \frac{1}{2p}\sqrt{(k^2 - j_1^2 p^2)(p^2 - j_3^2 s^2)}, \quad |m\rangle = \left|\begin{matrix} k & & s \\ & p & \\ & m_{11} & \end{matrix}\right\rangle.$$

Компоненты схем $|m\rangle$ удовлетворяют неравенствам: $k \geqslant |s|$, $-\infty < s < \infty$, $k \geqslant p \geqslant |s|$, $-\infty < m_{11} < \infty$, $k, p, s \in \mathbb{R}$, $m_{11} \in \mathbb{Z}$, если $j_1 = j_3 = 1$. Спектр операторов Казимира: $C_2(\iota_2) = k^2 + j_1^2 j_3^2 s^2$, $C'_2(\iota_2) = -ks$.

Для алгебры $so(4; \iota_1, \iota_2, j_3)$ операторы представления даются формулами (3.86) при $j_1 = \iota_1, j_2 = \iota_2$:

$$X_{01}|m\rangle = \frac{iksm_{11}}{p^2}|m\rangle + \frac{k}{2p}\sqrt{p^2 - j_3^2 s^2}\left[2|m\rangle'_p + \frac{j_3^2 s^2}{p(p^2 - j_3^2 s^2)}|m\rangle\right],$$

$$X_{02}|m\rangle = \frac{iks}{2p}(|m_{11} + j_3\rangle + |m_{11} - j_3\rangle) -$$

$$- \frac{1}{j_3}\frac{k}{2p}\sqrt{p^2 - j_3^2 s^2}\,(|m_{11} + j_3\rangle - |m_{11} - j_3\rangle),$$

$$X_{03}|m\rangle = \frac{iks}{2p}(|m_{11} + j_3\rangle - |m_{11} - j_3\rangle) +$$

$$+ \frac{ik}{2p}\sqrt{p^2 - j_3^2 s^2}\,(|m_{11} + j_3\rangle + |m_{11} - j_3\rangle). \qquad (3.94)$$

Компоненты схем $|m\rangle$ при $j_3 = 1$ удовлетворяют неравенствам: $k \geqslant 0$, $-\infty < s < \infty$, $p \geqslant |s|$, $-\infty < m_{11} < \infty$, $k, p, s \in \mathbb{R}$, $m_{11} \in \mathbb{Z}$. Спектр операторов Казимира: $C_2(\iota_1, \iota_2) = k^2$, $C'_2(\iota_1, \iota_2) = -ks$.

Представление алгебры $so(4; j_1, \iota_2, \iota_3)$ задается операторами

$$X_{01}|m\rangle = \frac{iksq}{p}|m\rangle + \frac{1}{2}\sqrt{k^2 - j_1^2 p^2}\left[2|m\rangle'_p - \frac{j_1^2 p^2}{k^2 - j_1^2 p^2}|m\rangle\right],$$

$$X_{02}|m\rangle = \frac{iks}{p}|m\rangle - \sqrt{k^2 - j_1^2 p^2}\,|m\rangle'_q,$$

$$X_{03}|m\rangle = i\sqrt{k^2 - j_1^2 p^2}\,|m\rangle, \quad |m\rangle = \left|\begin{array}{ccc} k & & s \\ & p & \\ & q & \end{array}\right\rangle, \tag{3.95}$$

которые получаются из (3.86) при $j_2 = \iota_2$, $j_3 = \iota_3$. Если параметр $j_1 = 1$, то компоненты схемы $|m\rangle$ подчиняются неравенствам: $k \geqslant 0$, $-\infty < s < < \infty$, $k \geqslant p \geqslant 0$, $-\infty < q < \infty$, $k, p, s \in \mathbb{R}$. Спектр операторов Казимира такой же, как в случае (3.94).

Алгебра $so(4; \iota_1, \iota_2, j_3) = T_5 \oplus so(2; j_3)$, где $so(2; j_3) = \{X_{23}\}$, изоморфна алгебре $so(4; j_1, \iota_2, \iota_3) = T'_5 \oplus so(2; j_1)$, где $so(2; j_1) = \{X_{01}\}$, и обе они изоморфны алгебре $a = T_5 \oplus K$, где T_5 — нильпотентный радикал, а k — одномерная компактная подалгебра. Поэтому формулы (3.94) задают представление алгебры в базисе, отвечающем цепочке подалгебр $so(4; \iota_1, \iota_2, j_3) \supset so(3; \iota_2, j_3) \supset so(2; j_3)$, где $so(2; j_3) = \{X_{23}\}$ — компактная подалгебра с дискретными собственными значениями m_{11}, а формулы (3.95) описывают то же самое представление алгебры a в непрерывном базисе, определяемом цепочкой $so(4; j_1, \iota_2, \iota_3) \supset so(3; \iota_2, \iota_3) \supset so(2; \iota_3)$, где $so(2; \iota_3) = \{X_{23}\}$ и X_{23} уже некомпактный генератор с непрерывными собственными значениями q.

При $j_1 = \iota_1$, $j_3 = \iota_3$ формулы (3.86) дают представление алгебры $so(4; \iota_1, j_2, \iota_3)$ вида

$$X_{01}|m\rangle = \frac{ikqm_{23}}{p^2}|m\rangle + \frac{k}{2p}\sqrt{p^2 - j_2^2 q^2}\left[2|m\rangle'_p + \frac{j_2^2 q^2}{p(p^2 - j_2^2 q^2)}|m\rangle\right],$$

$$X_{02}|m\rangle = \frac{ikm_{23}}{p^2}\sqrt{p^2 - j_2^2 q^2}\,|m\rangle - \frac{k}{2p}\left[2j_2^2 q|m\rangle'_p + 2p|m\rangle'_q - j_2^2\frac{q}{p}|m\rangle\right],$$

$$X_{03}|m\rangle = ik|m\rangle, \quad |m\rangle = \left|\begin{array}{ccc} k & & m_{23} \\ & p & \\ & q & \end{array}\right\rangle. \tag{3.96}$$

Компоненты схемы $|m\rangle$ при $j_2 = 1$ подчиняются неравенствам: $k \geqslant 0$, $-\infty < m_{23} < \infty$, $p \geqslant 0$, $q \leqslant p$, $k, p, q \in \mathbb{R}$, $m_{23} \in \mathbb{Z}$. Спектр операторов Казимира равен $C_2(\iota_1, \iota_3) = k^2$, $C'_2(\iota_1, \iota_3) = -km_{23}$.

Трёхмерная контракция $j = \iota$ переводит (3.86) в представление максимально контрактированной алгебры $so(4; \iota)$, описываемое операторами

$$X_{01}|m\rangle = \frac{iksq}{p^2}|m\rangle + k|m\rangle'_p, \quad X_{03}|m\rangle = ik|m\rangle,$$

$$X_{02}|m\rangle = \frac{iks}{p}|m\rangle - k|m\rangle'_q, \quad |m\rangle = \left|\begin{array}{ccc} k & & s \\ & p & \\ & q & \end{array}\right\rangle, \tag{3.97}$$

с собственными значениями операторов Казимира: $C_2(\iota) = k^2$, $C'_2(\iota) = -ks$. Компоненты схемы $|m\rangle$ вещественны, непрерывны и удовлетворяют неравенствам: $k \geqslant 0$, $-\infty < s < \infty$, $p \geqslant 0$, $-\infty < q < \infty$.

3.4.4.   Алгебра $so(n; j)$. В разделе 3.4.2 подробно рассмотрены возможные варианты преобразований неприводимых представлений при переходе от алгебры $so(4)$ к алгебре $so(4; j)$. Для ортогональных алгебр произвольной размерности рассмотрим только базовый вариант, когда число параметров j, на которые умножаются компоненты схем Гельфанда–Цетлина какой-то строки, уменьшается с увеличением номера компоненты в этой строке. Вид преобразования компонент при переходе от алгебры $so(n)$ к $so(n; j)$ будем находить из закона преобразования операторов Казимира. Поскольку ортогональные алгебры четной и нечетной размерностей имеют разные наборы операторов Казимира, то эти случаи рассмотрим отдельно.

Алгебра $so(2k + 1; j)$, $j = (j_1, \ldots, j_{2k+1})$ характеризуется набором $k + 1$ инвариантных операторов, которые преобразуются согласно (1.50):

$$C_{2p}(\mathbf{j}) = \prod_{s=1}^{p-1} j_s^{2s} j_{2(k+1)-s}^{2s} \prod_{l=p}^{2(k+1)-p} j_l^{2p} C_{2p}^*(\to), \quad p = 1, 2, \ldots, k,$$

$$C_{k+1}'(\mathbf{j}) = j_{k+1}^{k+1} \prod_{l=1}^{k} j_l^l j_{2(k+1)-l}^l C_{k+1}^{*'}(\to). \tag{3.98}$$

Схемы Гельфанда–Цетлина для алгебры $so(2k + 2)$ имеют вид

$$|m\rangle =$$

$$= \left| \begin{matrix}
m_{1,2k+1}^* & & m_{2,2k+1}^* & \cdots & m_{k,2k+1}^* & & m_{k+1,2k+1}^* \\
& m_{1,2k}^* & \cdots & \cdots & \cdots & m_{k,2k}^* & \\
& m_{1,2k-1}^* & \cdots & \cdots & \cdots & m_{k,2k-1}^* & \\
& & m_{1,2k-2}^* & \cdots & m_{k-1,2k-2}^* & & \\
& & m_{1,2k-3}^* & \cdots & m_{k-1,2k-3}^* & & \\
& & \cdots & \cdots & \cdots & & \\
& & m_{12}^* & & & & \\
& & m_{11}^* & & & &
\end{matrix} \right\rangle$$

$$\tag{3.99}$$

Неприводимое представление, а также спектр операторов Казимира на этом неприводимом представлении полностью определяется компонентами $m_{p,2k+1}^*$ верхней строки схемы (3.99). Компонента $m_{1,2k+1}^*$ входит квадратично в спектр оператора Казимира C_2^*, поэтому в базовом варианте она преобразуется по закону $m_{1,2k+1} = m_{1,2k+1}^* \prod_{l=1}^{2k+1} j_l$.

Вид преобразования компоненты $m_{p,2k+1}^*$ совпадает с преобразованием алгебраической величины $\sqrt{C_{2p}^* / C_{2(p-1)}^*}$ и оказывается равным

$$m_{p,2k+1} = m_{p,2k+1}^* \prod_{l=p}^{2(k+1)-p} j_l = m_{p,2k+1}^* J_{p,2k+1}. \tag{3.100}$$

Компонента $m_{k+1,2k+1}^*$ преобразуется так же, как преобразуется соотношение $C_{k+1}^{*\,'} / \sqrt{C_{2k}^*}$, т.е. $m_{k+1,2k+1} = j_{k+1} m_{k+1,2k+1}^*$. Последняя формула получается из (3.100) при $p = k + 1$, также как и формула для преобразования компоненты $m_{1,2k+1}^*$, которая получается из (3.100) при $p = 1$. Таким образом, все компоненты старшего веса (верхней строки) преобразуются по формуле (3.100). Неравенства, которым они удовлетворяли в классическом случае, трансформируются в неравенства

$$\frac{m_{p,2k+1}}{J_{p,2k+1}} \geqslant \frac{m_{p+1,2k+1}}{J_{p+1,2k+1}}, \quad \frac{m_{k,2k+1}}{J_{k,2k+1}} \geqslant \frac{|m_{k+1,2k+1}|}{J_{p+1,2k+1}}, \quad p = 1, 2, \ldots, k - 1. \tag{3.101}$$

Вид преобразования компонент строки с номером $2k$ схемы (3.99) совершенно аналогично определяется через законы преобразования операторов Казимира подалгебры $so(2k + 1; j_2, \ldots, j_{2k+1})$ и дается формулой (3.100), в которой произведение параметров j_l начинается с $p + 1$. В общем случае закон преобразования компонент схемы (3.99) теперь находится легко:

$$m_{p,2s+1} = J_{p,2s+1} m_{p,2s+1}^*, \quad J_{p,2s+1} = \prod_{l=p+2(k-s)}^{2(k+1)-p} j_l,$$

$$s = 0, 1, \ldots, k, \quad p = 1, 2, \ldots, s + 1,$$

$$m_{p,2s} = m_{p,2s}^* J_{p,2s}, \quad J_{p,2s} = \prod_{l=p+2(k-s)+1}^{2(k+1)-p} j_l,$$

$$s = 1, 2, \ldots, k, \quad p = 1, 2, \ldots, s. \tag{3.102}$$

Преобразованные компоненты подчиняются неравенствам

$$\frac{m_{p,2s+1}}{J_{p,2s+1}} \geqslant \frac{m_{p,2s}}{J_{p,2s}} \geqslant \frac{m_{p+1,2s+1}}{J_{p+1,2s+1}}, \quad p = 1, 2, \ldots, s - 1,$$

$$\frac{m_{s,2s+1}}{J_{s,2s+1}} \geqslant \frac{m_{s,2s}}{J_{s,2s}} \geqslant \frac{|m_{s+1,2s+1}|}{J_{s+1,2s+1}},$$

$$\frac{m_{p,2s}}{J_{p,2s}} \geqslant \frac{m_{p,2s-1}}{J_{p,2s-1}} \geqslant \frac{m_{p+1,2s}}{J_{p+1,2s}}, \quad p = 1, 2, \ldots, s - 1,$$

$$\frac{m_{s,2s}}{J_{s,2s}} \geqslant \frac{m_{s,2s-1}}{J_{s,2s-1}} \geqslant -\frac{m_{s,2s}}{J_{s,2s}}, \tag{3.103}$$

которые при нильпотентных и мнимых значениях параметров j интерпретируются по правилам, описанным в разделе 3.2.1. Действие всей алгебры $so(2k + 2; j)$ можно воспроизвести, если задать действие генераторов $X_{2(k-s)+1,2(k-s+1)}$, $s = 1, 2, \ldots, k$,

$X_{2(k-s),2(k-s)+1}$, $s = 0, 1, \ldots, k-1$. Преобразуя выражения для этих генераторов, приведенные в [1], получаем

$$X_{2(k-s)+1,2(k-s+1)}|m\rangle = \sum_{p=1}^{s} \frac{1}{J_{p,2s-1}} \left\{ A(m_{p,2s-1}) \right.$$

$$\left.|m_{p,2s-1} + J_{p,2s-1}\rangle - A(m_{p,2s-1} - J_{p,2s-1})|m_{p,2s-1} - J_{p,2s-1}\rangle \right\},$$

$$X_{2(k-s),2(k-s)+1}|m\rangle = iC_{2s}|m\rangle + \sum_{p=1}^{s} \frac{1}{J_{p,2s}} \left\{ B(m_{2,2s}) \right.$$

$$\left.|m_{p,2s} + J_{p,2s}\rangle - B(m_{p,2s} - J_{p,2s})|m_{p,2s} + J_{p,2s}\rangle \right\},$$

$$C_{2s} = \prod_{p=1}^{s} l_{p,2s-1} \prod_{p=1}^{s+1} l_{p,2s+1} \prod_{p=1}^{s} \frac{1}{l_{p,2s}(l_{p,2s} - J_{2,2s})},$$

$$B(m_{p,2s}) = \left\{ \prod_{r=1}^{p-1}(l_{r,2s-1}^2 - l_{p,2s}^2 a_{r,p,s}^2) \prod_{r=p}^{s}(l_{r,2s-1}^2 a_{r,p,s}^{-2} - l_{p,2s}^2) \times \right.$$

$$\times \prod_{r=1}^{p}(l_{r,2s+1}^2 - l_{p,2s}^2 b_{r,p,s}^2) \prod_{r=p+1}^{s+1}(l_{r,2s+1}^2 b_{r,p,s}^{-2} - l_{p,2s}^2) \Big\}^{1/2} \times$$

$$\times \left\{ l_{p,2s}^2(4l_{p,2s}^2 - J_{p,2s}^2) \prod_{r=1}^{p-1}(l_{r,2s}^2 - l_{p,2s}^2 c_{r,p,s}^2)[(l_{r,2s} - J_{r,2s})^2 - \right.$$

$$\left. -l_{p,2s}c_{r,p,s}^2] \prod_{r=p+1}^{s}(l_{r,2s}^2 c_{r,p,s}^{-2} - l_{p,2s}^2)[(l_{r,2s} - J_{r,2s})^2 c_{r,p,s}^{-2} - l_{p,2s}^2] \right\}^{-1/2},$$

$$A(m_{p,2s-1}) = \frac{1}{2} \left\{ \prod_{r=1}^{p-1}(l_{r,2s-2} - l_{p,2s-1}a_{r,p,s-1/2} - J_{r,2s-2}) \right.$$

$$(l_{2,2s-2} + l_{p,2s-1}a_{r,p,s-1/2} \prod_{r=p}^{s-1}(l_{r,2s-2}a_{r,p,s-1/2}^{-1} - l_{p,2s-1} -$$

$$-J_{p,2s-1})(l_{r,2s-2}a_{r,p,s-1/2}^{-1} + l_{p,2s-1}) \prod_{r=1}^{p}(l_{r,2s} -$$

$$-l_{p,2s-1}b_{r,p,s-1/2} - J_{r,2s})(l_{r,2s} + l_{p,2s-1}b_{r,p,s-1/2})$$

$$\prod_{r=p+1}^{s}(l_{r,2s}b_{r,p,s-1/2}^{-1} - l_{p,2s-1} - J_{p,2s-1})(l_{r,2s}b_{r,p,s-1/2}^{-1} +$$

$$+l_{p,2s-1}) \Big\}^{1/2} \left\{ \prod_{r=p+1}^{s}(l_{r,2s-1}^2 c_{r,p,s-1/2}^{-2} - l_{p,2s-1}^2)[l_{r,2s-1}^2 - \right.$$

$$-(l_{p,2s-1} + J_{p,2s-1})c_{r,p,s-1/2}^2] \prod_{r=p+1}^{s} (l_{r,2s-1}^2 c_{r,p,s-1/2}^{-2} - l_{p,2s-1}^2)$$

$$[l_{r,2s-1}^2 c_{r,p,s-1/2}^{-2} - (l_{p,2s-1} + J_{p,2s-1})^2]\Bigg\}^{-1/2},$$

$$a_{r,p,s} = \frac{J_{r,2s-1}}{J_{p,2s}} \quad b_{r,p,s} = \frac{J_{r,2s+1}}{J_{p,2s}},$$

$$c_{r,p,s} = \frac{J_{r,2s}}{J_{p,2s}}, \quad l_{p,2s} = m_{p,2s} + (s-p+1)J_{p,2s}. \tag{3.104}$$

Для алгебры $so(2k+1)$ схема Гельфанда–Цетлина $|m^*\rangle$ имеет вид (3.99) без строки с номером $2k+1$. Верхней строкой, определяющей компоненты старшего веса, теперь является строка с номером $2k$, компоненты которой удовлетворяют неравенствам: $m_{1,2k}^* \geqslant m_{2,2k}^* \geqslant \ldots$ $\ldots \geqslant m_{k,2k}^* \geqslant 0$. При переходе от классической алгебры $so(2k+1)$ к алгебрам $so(2k+1;j)$, $j = (j_1, \ldots, j_{2k})$ компоненты схемы $|m\rangle$ преобразуются следующим образом:

$$m_{p,2s} = m_{p,2s}^* J_{p,2s}, \quad J_{p,2s} = \prod_{l=p+2(k-s)}^{2k+1-p} j_l,$$

$$m_{p,2s-1} = m_{p,2s-1}^* J_{p,2s-1}, \quad J_{p,2s-1} = \prod_{l=p+2(k-s)+1}^{2k+1-p} j_l, \tag{3.105}$$

$s = 1, 2, \ldots, k$, $p = 1, 2, \ldots, s$. Обратим внимание, что нижние пределы в произведениях, определяющих $J_{p,2s}, J_{p,2s-1}$, изменились по сравнению с (3.102). Это связано с уменьшением на единицу числа параметров j в случае алгебры $so(2k+1;j)$ по сравнению с алгеброй $so(2k+2;j)$. Компоненты верхней строки схемы $|m\rangle$ удовлетворяют неравенствам

$$\frac{m_{1,2k}}{J_{1,2k}} \geqslant \frac{m_{2,2k}}{J_{2,2k}} \geqslant \ldots \geqslant \frac{m_{k-1,2k}}{J_{k-1,2k}} \geqslant \frac{m_{k,2k}}{J_{k,2k}} \geqslant 0, \tag{3.106}$$

а остальные компоненты — неравенствам (3.103), в которых параметры $J_{p,2s}, J_{p,2s-1}$ определяются согласно (3.105). Операторы неприводимого представления алгебры $so(2k+1;j)$ задаются формулами (3.104) с параметрами из (3.105).

Тот факт, что операторы (3.104) удовлетворяют коммутационным соотношениям алгебры $so(n;j)$, следует из того, что генераторы (3.104) мы получили из генераторов алгебры $so(n)$ преобразованием (1.30), а также может быть проверен прямыми вычислениями. Неприводимость представления вытекает из рассмотрения действия повышающих и понижающих операторов на векторы старшего и младшего веса и неравенства нулю результата этого действия при нильпотентных и мнимых значениях параметров j. Хотя исходное представление алгебры $so(n)$ эрмитово, представление (3.104) таковым, вообще говоря, не является. Потребовав выполнения условий $X_{rs}^{\dagger} = -X_{rs}$, найдем те значения преобразованнных компонент схемы Гельфанда–Цетлина, при которых представление (3.104) будет эрмитовым.

Отметим, наконец, что при мнимых значениях параметров j формулы (3.104) дают представления псевдоортогональных алгебр различной сигнатуры, включая дискретные представления, описанные в работе [59]. Аналитические продолжения здесь не рассматривались. Внимание было сосредоточено на контракциях представлений.

Глава 4

ЭЛЕМЕНТЫ ПОЛУРИМАНОВОЙ ГЕОМЕТРИИ

Полвека назад Р. И. Пименов ввел новую геометрию — полуриманову геометрию как совокупность геометрических объектов, согласованных с расслоением pr : $\mathcal{M}_n \to \mathcal{M}_m$ подлежащего пространства, и обосновал эвристический принцип, согласно которому физически различные величины (метр, секунда, кулон и др.) геометрически моделируются размерностями пространства не совмещаемыми группами автоморфизмов. Поскольку в римановой геометрии имеется только один тип прямых, в псевдоримановой — три типа прямых, то для единого геометрического описания большего числа физически различных величин подходящим инструментом является многократно расслоенная полуриманова геометрия.

Полуевклидова геометрия $^3\mathbf{R}_5^4$ с одномерным слоем x^5 и с 4-мерным пространством–временем Минковского в качестве базы естественно интерпретируется как классическая электродинамика. Полуриманова геометрия $^3\mathbf{V}_5^4$, у которой базой является псевдориманово пространство–время общей теории относительности, а одномерный слой x^5 ответствен за электромагнетизм, дает единую полевую теорию гравитации и электромагнетизма.

В отличие от теорий типа Калуцы–Клейна, где пятая размерность появляется в рамках невырожденной римановой или псевдоримановой геометрии, теория, основанная на полуримановой геометрии, свободна от недостатков этого подхода, в частности не возникает никаких скалярных полей.

4.1. Геометрическое моделирование физических величин

Геометрическое моделирование физических величин понимается как объединение разных физических величин в рамках одного пространства с той или иной геометрией. Разные физические величины трактуются как величины разной физической размерности, например метр, секунда, кулон и др. Начнем с простейшего случая двумерного пространства.

Для пучка прямых на плоскости геометрически возможно одно из трех [69] (рис. 4.1):

I. Всякая прямая пучка постулированная.

II. В пучке есть единственная непостулированная прямая (изолированная).

III. В пучке есть две или более непостулированные прямые.

Автоморфизмы (движения) плоскости сохраняют свойство прямой быть постулированной.

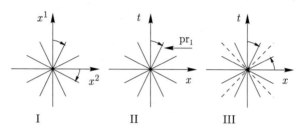

Рис. 4.1. Пучок прямых на евклидовой (I), полуевклидовой (II) и псевдоевклидовой (III) плоскостях

Постулат I приводит к евклидовой геометрии на плоскости. Вращения вокруг общей точки совмещают любые две прямые пучка. Это означает, что можно моделировать только одну физическую величину. Наиболее распространенная интерпретация — это пространство, т.е. размерность $[x^1] = [x^2] = [длина]$. Добавление новых координат $x^3, x^4, \ldots$ в евклидовой геометрии не изменяет тип прямых, следовательно евклидово пространство произвольной размерности позволяет моделировать физические величины только одной размерности.

При выборе постулата III получаем псевдоевклидову геометрию на плоскости, в которой есть три типа прямых, не совмещаемых друг с другом движениями. В кинематической интерпретации — это времениподобные, пространственноподобные и световые (нулевой длины). Дополнительные размерности в псевдоевклидовой геометрии могут быть либо времениподобными, либо пространственноподобными, но в любом случае это не приводит к появлению новых типов прямых, а следовательно не открывает возможностей для включения в геометрическую картину новых физических величин.

Постулат II приводит к расслоенной полуевклидовой геометрии на плоскости, характеризующейся наличием проекции pr_1 с одномерной базой $\{t\}$ и одномерным слоем $\{x\}$. Полуевклидова плоскость описывает пространство–время классической физики с абсолютным временем и абсолютным одномерным пространством. Вращения (преобразования Галилея) совмещают любые две постулированные (временные) прямые пучка и не совмещают постулированную с изолированной (пространственной) прямой. Два типа прямых на полуевклидовой плоскости позволяют моделировать две разные физические величины: время и пространство (в кинематической интерпретации).

Если в базе реализуется евклидова (риманова) геометрия, то увеличение ее размерности не приведет к появлению новых типов прямых.

Увеличение размерности базы в рамках псевдоевклидовой (псевдоримановой) геометрии добавляет один новый тип прямых с ненулевой длиной (пространственноподобные или времениподобные). И этим возможности для моделирования физических величин исчерпываются. Иная ситуация возникает при добавлении координат к слою. В двумерном слое, в свою очередь, можно реализовать геометрии I, II, III типов. Например, при выборе постулата II в слое $\{x, y\}$ имеется проекция pr_2 с базой $\{x\}$ и слоем $\{y\}$, что обеспечивает возможность получить прямую третьего типа y (рис. 4.2) и с ее помощью моделировать третью физическую величину отличную от предыдущих $[t] \neq [x] \neq [y]$.

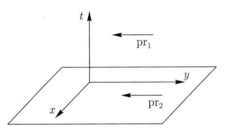

Рис. 4.2. Типы прямых в двукратно расслоенном пространстве

Подобный процесс построения последовательно вложенных проекций можно продолжать неограниченно. Иными словами, многократно расслоенная геометрия с последовательно вложенными проекциями может быть использована для объединения какого угодно количества разных физических величин в рамках одной геометрии.

Рассмотренные примеры являются иллюстрацией *эвристического принципа* [71]: **величины, соответствующие различным физическим размерностям, геометрически не могут совмещаться автоморфизмами.**

4.2. Расслоенная полуриманова геометрия $\mathbf{V}_n^m$

В работах [66, 67, 70] рассмотрен общий случай многократно расслоенных пространств. Здесь описывается однократно расслоенная полуриманова геометрия, что позволяет проиллюстрировать основные идеи, связанные с расслоением. Переход к общему случаю носит во многом технический характер.

4.2.1. Метрика и инварианты. Пусть $\mathcal{M}$ — гладкое многообразие, которое локально тривиально расслоено с базой $\mathcal{M}_m$ и слоем $\mathcal{M}_{n-m}$, т.е. определена проекция $\mathrm{pr} : \mathcal{M}_n \to \mathcal{M}_m$, где $\mathcal{M}_m$ — база, а $\mathcal{M}_{n-m} = \mathrm{pr}^{-1}(N)$, $N \in \mathcal{M}_m$ — слой. В окрестности любой точки $M \in \mathcal{M}_n$ можно выбрать систему координат так, чтобы первые m координат принадлежали базе

$$\mathrm{pr}(x^1, \ldots, x^m, x^{m+1}, \ldots, x^n) = (x^1, \ldots, x^m). \tag{4.1}$$

Преобразования координат, сохраняющие это свойство, имеют вид

$$\begin{aligned}
x^{\mu'} &= f^{\mu'}(x^1, \ldots, x^m), \quad 1 \leqslant \mu' \leqslant m, \\
x^{i'} &= f^{i'}(x^1, \ldots, x^n), \quad m < i' \leqslant n.
\end{aligned} \qquad (4.2)$$

Обозначим $D_\beta^{\alpha'} = \dfrac{\partial x^{\alpha'}}{\partial x^\beta}$, $\alpha, \beta = 1, \ldots, n$, тогда из (4.2) получаем, что матрица преобразований имеет вид

$$(D_\beta^{\alpha'}) = \begin{pmatrix} (D_\nu^{\mu'}) & 0 \\ (D_\nu^{i'}) & (D_k^{i'}) \end{pmatrix}, \quad \det(D_\nu^{\mu'}) \neq 0, \ \det(D_k^{i'}) \neq 0, \qquad (4.3)$$

т.е. $D_k^{\mu'} = 0$, а в обратных преобразованиях $D_{k'}^\mu = 0$.

В базе $\mathcal{M}_m$ расслоения задается невырожденная метрика $g_{\mu\nu}$. В слоях $\mathcal{M}_{n-m}$ тоже задается невырожденная метрика g_{ik}. При этом метрика в базе зависит только от координат базы, а метрика в слое — от всех координат из $\mathcal{M}_n$. Чтобы уравнять расслоенную геометрию с (псевдо)римановой по числу компонент метрики, дополнительно вводятся компоненты $g_{i\nu} = g_{\nu i}$, $i < m < \nu$, которые зависят от всех координат. Геометрически $g_{i\nu}$ задают m-распределение

$$\omega_i = g_{\alpha i} dx^\alpha, \qquad (4.4)$$

ортогональное (трансверсальное) к слою. Здесь и далее в этом параграфе по повторяющимся индексам подразумевается суммирование. В результате метрический флагтензор полуриманова пространства V_n^m принимает вид $g_{\alpha\beta} = (g_{\mu\nu}, g_{ik}, g_{i\nu})$. Его можно записать и в более привычной форме

$$g_{\alpha\beta} = \begin{pmatrix} (g_{\mu\nu}) & (g_{i\nu}) \\ (g_{i\nu}) & (g_{ik}) \end{pmatrix}. \qquad (4.5)$$

Метрический флагтензор преобразуется при преобразовании координат (4.2),(4.3) по формулам

$$\begin{aligned}
g_{\mu'\nu'} &= g_{\mu\nu}\mathcal{D}_{\mu'}^\mu \mathcal{D}_{\nu'}^\nu + g_{\mu k}\mathcal{D}_{\mu'}^\mu \mathcal{D}_{\nu'}^k + g_{i\rho}\mathcal{D}_{\mu'}^i \mathcal{D}_{\nu'}^\rho + g_{il}\mathcal{D}_{\mu'}^i \mathcal{D}_{\nu'}^l, \\
g_{i'\nu'} &= g_{i\nu}\mathcal{D}_{i'}^i \mathcal{D}_{\nu'}^\nu + g_{ik}\mathcal{D}_{i'}^i \mathcal{D}_{\nu'}^k, \\
g_{i'k'} &= g_{ik}\mathcal{D}_{i'}^i \mathcal{D}_{k'}^k,
\end{aligned} \qquad (4.6)$$

что отличается от преобразований компонент метрики в невырожденной (псевдо)римановой геометрии. Это отличие подчеркивается названием — флагтензор.

По метрическому флагтензору $g_{\alpha\beta}$ строятся компоненты «флагаффинной связности» $\Gamma_{\beta\gamma}^\alpha = \Gamma_{\gamma\beta}^\alpha$ (символы Кристоффеля), согласующиеся с этой метрикой. Последнее означает, что для ковариантного дифференцирования ∇ относительно связности $\Gamma_{\beta\gamma}^\alpha$ имеют место $\nabla g_{\mu\nu} = 0$ и $\nabla g_{ik} = 0$, но условие $\nabla g_{\mu i} = 0$ не налагается. Флагаффинная связность согласуется с расслоением, что приводит к двум результатам. Во-первых,

$$\Gamma_{i\alpha}^\mu = 0, \quad 1 \leqslant \mu \leqslant m < i \leqslant n, \qquad (4.7)$$

причем в силу (4.3) это условие инвариантно относительно координатных преобразований (4.2). Во-вторых, компоненты $\Gamma^i_{\mu\nu}$ не выражаются через компоненты метрики, оставаясь совершенно произвольными функциями всех координат. В расслоенной полуримановой геометрии, в отличие от невырожденной, нет взаимно однозначного соответствия между метрикой и связностью [71].

По компонентам связности обычным образом строится флагтензор кривизны $R^\alpha_{\beta\gamma\delta}$. Он также в двух отношениях отличается от риманового тензора кривизны. Во-первых, имеют место инвариантные условия: $R^\mu_{i\alpha\beta} = R^\mu_{\alpha i\beta} = 0$, а во-вторых, хотя $R^\alpha_{\beta\gamma\delta}$ выражается через символы Кристоффеля обычным образом, $R^\alpha_{\beta\gamma\delta}$ через метрику $g_{\alpha\beta}$ не выражается (из-за произвольности $\Gamma^i_{\mu\nu}$). Инвариантами полуриманового пространства $\mathbf{V}_n^m$ являются:

1. Для вектора общего положения $d\mathbf{x} = (dx^\mu, dx^i)$, его длина в базе

$$ds \equiv |d\mathbf{x}| = \sqrt{g_{\mu\nu}dx^\mu dx^\nu}\,. \tag{4.8}$$

2. Для вектора в слое $\delta\mathbf{x} = (0, \delta x^k)$, его длина в слое

$$ds_{(2)} \equiv |\delta\mathbf{x}|_2 = \sqrt{g_{ik}\delta x^i \delta x^k}\,. \tag{4.9}$$

3. Для неколлинеарных в базе векторов $d\mathbf{x} = (dx^\mu, dx^i)$ и $d\mathbf{y} = (dy^\mu, dy^i)$, угол в базе между векторами

$$\cos\varphi = \frac{g_{\mu\nu}dx^\mu dy^\nu}{\sqrt{g_{\mu\nu}dx^\mu dx^\nu}\,\sqrt{g_{\mu\nu}dy^\mu dy^\nu}}\,. \tag{4.10}$$

4. Для коллинеарных в базе векторов $d\mathbf{x} = (dx^\mu, dx^k)$ и $d\mathbf{y} = (dx^\mu, dy^k)$ угол в слое между векторами

$$\varphi = \frac{\sqrt{g_{ik}(dy^i - dx^i)(dy^k - dx^k)}}{\sqrt{g_{\mu\nu}dx^\mu dx^\nu}} = \frac{|d\mathbf{y} - d\mathbf{x}|_2}{|d\mathbf{x}|}\,. \tag{4.11}$$

5. Поскольку угол ψ между вектором $d\mathbf{x} = (dx^\mu, dx^i)$ общего положения и вектором $\delta\mathbf{x} = (0, \delta x^i)$ в слое бесконечен, то в качестве инварианта берут дополняющий угол, т.е. угол между вектором $d\mathbf{x}$ и его проекцией на базу в 2-плоскости, натянутой на $d\mathbf{x}$ и $\delta\mathbf{x}$, а именно

$$\psi = \frac{g_{ik}dx^i \delta x^k + g_{\mu k}dx^\mu \delta x^k}{\sqrt{g_{\mu\nu}dx^\mu dx^\nu}\,\sqrt{g_{ik}\delta x^i \delta x^k}}\,. \tag{4.12}$$

Совокупность описанных выше объектов с законами преобразования (4.2),(4.3) определяет полуриманову геометрию $\mathbf{V}_n^m$.

4.2.2. Одинаковые перпендикуляры к слою. Чтобы лучше понять смысл метрических компонент $g_{i\nu}$, рассмотрим простейший случай полуримановой геометрии, а именно полуевклидово пространство $\mathbf{R}_2^1$ с одномерной базой и одномерным слоем: $\mu, \nu = 1$, $i, k = 2$. Уравнение (4.4) при $m = 1$ имеет вид $g_{12}x^1 + g_{22}x^2 = 0$ и задает прямую (1-распределение) общего положения. Параллельным переносом получаем семейство одинаковых перпендикуляров (трансверсалей) к слою (рис. 4.3), которые в кинематической интерпретации изображают класс инерциальных систем отсчета, если $x^1 = t$, $x^2 = x$.

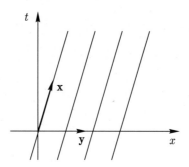

Рис. 4.3. Семейство одинаковых перпендикуляров (трансверсалей) к слою на полуевклидовой плоскости

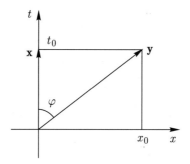

Рис. 4.4. Угол между векторами первого порядка на полуевклидовой плоскости

Если $\mathbf{x} = (t_0, 0)$, $\mathbf{y} = (t_0, x_0)$, то $\mathbf{z} = \mathbf{y} - \mathbf{x} = (0, x_0)$ и по формуле (4.11) находим

$$\varphi = \frac{|\mathbf{z}|_2}{|\mathbf{x}|} = \frac{|\mathbf{y} - \mathbf{x}|_2}{|\mathbf{x}|_1} = \frac{|x_0|}{|t_0|} = |v_0|.$$

Таким образом, угол φ между однопорядковыми векторами (рис. 4.4) интерпретируется как скорость v_0 одной инерциальной системы отсчета относительно другой инерциальной системы отсчета.

4.2.3. Геометрический смысл недиагональных компонент метрического тензора. Рассмотрим полуевклидово пространство $\mathbf{R}_4^1$ с одномерной базой и трехмерным слоем, т.е. $\mu, \nu = 1$, $i, k = 2, 3, 4$. В кинематической интерпретации $x^1 = t, x^2 = x, x^3 = y, x^4 = z$. Траектория частицы описывается вектором $\mathbf{x}(t) = (t, x(t), y(t), z(t))$, тогда ее скорость задается вектором $\dfrac{d\mathbf{x}(t)}{dt} = \dot{\mathbf{x}}(t) = (1, \dot{x}, \dot{y}, \dot{z}) = (1, v^1, v^2, v^3)$.

Общий метрический тензор

$$\begin{pmatrix} g_{11} & g_{12} & g_{13} & g_{14} \\ g_{12} & g_{22} & g_{23} & g_{24} \\ g_{13} & g_{23} & g_{33} & g_{34} \\ g_{14} & g_{24} & g_{34} & g_{44} \end{pmatrix}$$

преобразованиями координат приводится к виду

$$\begin{pmatrix} 1 & g_{12} & g_{13} & g_{14} \\ g_{12} & 1 & 0 & 0 \\ g_{13} & 0 & 1 & 0 \\ g_{14} & 0 & 0 & 1 \end{pmatrix}.$$

Выясним смысл компонент g_{12}, g_{13}, g_{14}. Рассмотрим векторы $\mathbf{y}^2 = (0,1,0,0)$, $\mathbf{y}^3 = (0,0,1,0)$, $\mathbf{y}^4 = (0,0,0,1)$ и найдем вектор $\mathbf{x}$, перпендикулярный слою. Так как $x^1 \neq 0$, положим $x^1 = 1$, т.е. $\mathbf{x} = (1, x^2, x^3, x^4)$. Условие ортогональности слою совпадает с равенством нулю скалярного произведения

$$\mathbf{x}\mathbf{y} = g_{1i}y^i + g_{ki}x^k y^i = 0, \qquad (4.13)$$

где $i, k = 2, 3, 4$. Записывая это условие для $\mathbf{y}^2, \mathbf{y}^3, \mathbf{y}^4$, получаем систему уравнений

$$\begin{cases} \mathbf{x}\mathbf{y}^2 = 0 & \Rightarrow \\ \mathbf{x}\mathbf{y}^3 = 0 & \Rightarrow \\ \mathbf{x}\mathbf{y}^4 = 0 & \Rightarrow \end{cases} \begin{cases} g_{12} + g_{i2}x^i = 0 \\ g_{13} + g_{i3}x^i = 0 \\ g_{14} + g_{i4}x^i = 0 \end{cases}.$$

Поскольку ее определитель отличен от нуля $\det(g_{ij}) \neq 0$, то решение системы существует и единственно $\mathbf{x} = (1, \dot{x}^2, \dot{x}^3, \dot{x}^4) = (1, v^1, v^2, v^3)$. Оно определяет поле скоростей частиц, заданное в каждой точке пространства.

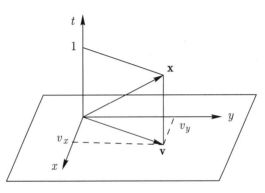

Рис. 4.5. Геометрический смысл компонент метрического тензора: $g_{12} = -v_x$, $g_{13} = -v_y$, $g_{14} = -v_z$

В ортогональной системе координат $g_{ik} = \delta_{ik}$, следовательно, $\dot{x}^2 = -g_{12}$, $\dot{x}^3 = -g_{13}$, $\dot{x}^4 = -g_{14}$. Поэтому g_{12}, g_{13}, g_{14} можно рассматривать как компоненты скорости частицы, движущейся в направлении **x** в ортогональной системе координат. Геометрически они представляют собой углы между осью времени t и пространственными компонентами вектора **x** (рис. 4.5).

4.3. Полуриманово пространство $\mathbf{V}_n^m$ с нильпотентными координатами

В предыдущем параграфе полуриманова геометрия строилась для вещественных объектов как структура, согласованная с расслоением. Вместе с тем вырожденную геометрию можно реализовать с помощью нильпотентных объектов. В частности, расслоенное пространство можно получить из риманова пространства умножением координат слоя на нильпотентную единицу ι, $\iota^2 = 0$. Такой подход позволяет показать, что переход от римановой геометрии к полуримановой связан с контракцией (предельным переходом) группы симметрии. Он оказался эффективным при изучении контракций ортогональных и других классических групп [28].

Получим $\mathbf{V}_n^m$ из риманова пространства $\mathbf{V}_n$ заменой части локально ортогональных координат x^i, $i = m+1, \ldots, n$ на ιx^i. При этом потребуем соблюдения следующих эвристических правил:

1. Делить на ι нельзя, т.е. для $a \in \mathbb{R}, \mathbb{C}$ выражение $\dfrac{a}{\iota}$ определено только при $a = 0$,

2. Однако ι можно сокращать, т.е. $\dfrac{\iota}{\iota} = 1$,

3. Кроме того, для $a, b \in \mathbb{R}$ будем считать

$$\sqrt{a^2 + \iota^2 b^2} = \begin{cases} |a|, & \text{если } a \neq 0, \\ \iota|b|, & \text{если } a = 0. \end{cases} \tag{4.14}$$

Замена $x^i \to \iota x^i$ индуцирует замену $g_{\mu i} \to \iota g_{\mu i}$, т.е. метрический тензор содержит нильпотентные компоненты

$$g_{\alpha\beta} = \begin{pmatrix} (g_{\mu\nu}) & \iota(g_{\mu i}) \\ \iota(g_{\mu i}) & (g_{ik}) \end{pmatrix}, \tag{4.15}$$

а условие его невырожденности $\det(g_{\alpha\beta}) = \det(g_{\mu\nu})\det(g_{ik}) \neq 0$ сводится к невырожденности метрики в базе $\det(g_{\mu\nu}) \neq 0$ и в слое $\det(g_{ik}) \neq 0$.

Элементы $D_i^{\mu'} = \dfrac{\partial x^{\mu'}}{\partial x^i}$ матрицы преобразований (4.3) заменяются

на $D_i^{\mu'} = \dfrac{1}{\iota}\dfrac{\partial x^{\mu'}}{\partial x^i}$, т.е. $\dfrac{\partial x^{\mu'}}{\partial x^i} = 0$, а элементы $D_\mu^{i'} = \dfrac{\partial x^{i'}}{\partial x^\mu}$ заменяются на $\iota \dfrac{\partial x^{i'}}{\partial x^{\mu}} = \iota D_{\mu}^{i'}$. Поэтому преобразование дифференциалов координат запишем так:

$$\begin{pmatrix} (dx^{\mu'}) \\ \iota dx^{i'} \end{pmatrix} = \begin{pmatrix} (D_{\mu}^{\mu'}) & 0 \\ \iota(D_{\mu}^{i'}) & (D_{i}^{i'}) \end{pmatrix} \begin{pmatrix} (dx^{\mu}) \\ \iota dx^{i} \end{pmatrix}, \qquad (4.16)$$

а преобразования координат принимают согласованный с расслоением вид (4.2),(4.3). Из общей формулы $g_{\alpha'\beta'} = g_{\alpha\beta} D_{\alpha'}^{\alpha} D_{\beta'}^{\beta}$ для метрики (4.5) с помощью матрицы (4.16) получаем преобразования (4.6) метрического тензора.

Инварианты полуриманова пространства $\mathbf{V}_n^m$ находятся из инвариантов риманова пространства $\mathbf{V}_n$:

$$ds = \sqrt{g_{\alpha\beta} dx^{\alpha} dx^{\beta}} = \sqrt{g_{\mu\nu} dx^{\mu} dx^{\nu} + \iota^2 \left(g_{ik} dx^i dx^k + 2g_{\mu k} dx^{\mu} dx^k\right)} =$$

$$= \begin{cases} \sqrt{g_{\mu\nu} dx^{\mu} dx^{\nu}} = ds_{(1)}, & \text{если } \exists \mu \ \ dx^{\mu} \neq 0 \ - \text{ длина в базе,} \\ \iota \sqrt{g_{ik} dx^i dx^k} = \iota ds_{(2)}, & \text{если } \forall \mu \ \ dx^{\mu} = 0 \ - \text{ длина в слое.} \end{cases}$$
$$(4.17)$$

Дополняющий угол между вектором $d\mathbf{x} = (dx^{\mu}, \iota dx^i)$ общего положения и вектором $\delta\mathbf{x} = (0, \iota \delta x^i)$ в слое находится из формулы для синуса угла ψ дополнительного до прямого между векторами $d\mathbf{x}$ и $\delta\mathbf{x}$ в римановом пространстве

$$\cos(\frac{\pi}{2} - \psi) = \sin \psi = \frac{g_{\alpha\beta} dx^{\alpha} \delta x^{\beta}}{|d\mathbf{x}||\delta\mathbf{x}|} \qquad (4.18)$$

заменой $x^i \to \iota x^i$, $g_{\mu i} \to \iota g_{\mu i}$, $\psi \to \iota\psi$. Поскольку $|d\mathbf{x}| = \sqrt{g_{\mu\nu} dx^{\mu} dx^{\nu}}$, $|\delta\mathbf{x}| = \iota \sqrt{g_{ik} \delta x^i \delta x^k}$, $\sin \iota\psi = \iota\psi$ (функции нильпотентного аргумента определяются их разложением в ряд) и $g_{\alpha\beta} dx^{\alpha} \delta x^{\beta} = \iota g_{\alpha i} dx^{\alpha} \delta x^i = \iota \delta x^i \left(g_{ik} \iota dx^k + \iota g_{\mu i} dx^{\mu}\right) = \iota^2 \delta x^i \left(g_{\mu i} dx^{\mu} + g_{ik} dx^k\right)$, то из (4.18) имеем

$$\iota\psi = \frac{\iota^2 \delta x^i \left(g_{\mu i} dx^{\mu} + g_{ik} dx^k\right)}{\sqrt{\iota g_{\mu\nu} dx^{\mu} dx^{\nu}} \sqrt{g_{ik} \delta x^i \delta x^k}} = \iota \frac{\left(g_{\mu i} dx^{\mu} \delta x^i + g_{ik} \delta x^i dx^k\right)}{\sqrt{\iota g_{\mu\nu} dx^{\mu} dx^{\nu}} \sqrt{g_{ik} \delta x^i \delta x^k}}, \qquad (4.19)$$

что совпадает с (4.12) после сокращения на ι. Аналогично находятся инварианты (4.10), (4.11).

Независимость геометрии в базе от геометрии в слое получается автоматически. Действительно, производные $\dfrac{1}{\iota} \dfrac{\partial g_{\mu\nu}}{\partial x^i}$ определены лишь при $\dfrac{\partial g_{\mu\nu}}{\partial x^i} = 0$, т.е. $g_{\mu\nu}(x^1, \dots, x^m)$ не зависит от $x^{m+1}, \dots, x^n$.

Подобным образом псевдориманову геометрию ${}^k\mathbf{V}_m$ в базе можно получить из римановой $\mathbf{V}_m$ аналитическим продолжением локально ортогональных координат, заменив x^r на ix^r, $r = k+1, \dots, m$.

4.4. Полуриманова геометрия $^3\mathbf{V}_5^4$ как пространство–время–электричество

4.4.1. Определение полуриманова пространства $^3\mathbf{V}_5^4$.

Расслоенное полуриманово пространство $^3\mathbf{V}_5^4$ характеризуется проекцией pr : $^3\mathbf{V}_5^4 \to {}^3\mathbf{V}_4$ с 4-мерной базой $^3\mathbf{V}_4$ расслоения и одномерным слоем $\{x^5\}$. В базе расслоения задается псевдориманова геометрия с метрикой $g_{\mu\nu}$, $\mu,\nu = 1,2,3,4$ сигнатуры $(+ - - -)$, причем $\det(g_{\mu\nu}) \neq 0$. Из условия согласования с расслоением следует, что $g_{\mu\nu}$ зависят только от координат базы $x^1,\dots,x^4$. Компоненты $g_{55} \neq 0$ задают метрику в слое и зависят, вообще говоря, от всех координат $x^1,\dots,x^5$. Они могут рассматриваться как масштаб для измерения пятой координаты. Чтобы уравнять расслоенную геометрию с римановой по числу компонент метрики, вводятся компоненты $g_{\mu 5} = g_{5\mu}$, зависящие от всех координат. Геометрически эти компоненты задают 4-распределение

$$\omega = \{g_{\alpha 5}dx^\alpha = 0\} \tag{4.20}$$

ортогональное (трансверсальное) к слою. Здесь и далее подразумевается суммирование по повторяющимся индексам. В результате метрический флагтензор полуриманова пространства $^3\mathbf{V}_5^4$ имеет вид $g_{\alpha\beta} = (g_{\mu\nu}, g_{\mu 5}, g_{55})$, $\alpha, \beta = 1,\dots,5$.

Согласованное с расслоением преобразование локально ортогональных координат

$$\begin{cases} x^{\mu'} &= f^{\mu'}(x^1,\dots,x^4) \\ x^{5'} &= f^{5'}(x^1,\dots,x^4,x^5) \end{cases} \tag{4.21}$$

приводит к матрице преобразований вида

$$(D_\beta^{\alpha'}) = \begin{pmatrix} (D_\nu^{\mu'}) & 0 \\ (D_\nu^{5'}) & D_5^{5'} \end{pmatrix}, \quad \det(D_\nu^{\mu'}) \neq 0, \; D_5^{5'} \neq 0, \tag{4.22}$$

где $D_\beta^{\alpha'} = \dfrac{\partial x^{\alpha'}}{\partial x^\beta} \equiv \partial_\beta x^{\alpha'}$.

Метрический (флаг)тензор $g_{\alpha\beta} = (g_{\mu\nu}, g_{\mu 5}, g_{55})$ преобразуется при преобразованиях координат (4.21),(4.22) следующим образом:

$$g_{\mu'\nu'} = g_{\mu\nu}\mathcal{D}_{\mu'}^\mu \mathcal{D}_{\nu'}^\nu, \quad g_{5'5'} = g_{55}\mathcal{D}_{5'}^5 \mathcal{D}_{5'}^5,$$

$$g_{5'\mu'} = g_{5\mu}\mathcal{D}_{5'}^5 \mathcal{D}_{\mu'}^\mu + g_{55}\mathcal{D}_{5'}^5 \mathcal{D}_{\mu'}^5. \tag{4.23}$$

Компоненты g_{55} в точке — константы. За счет изменения масштаба $\mathcal{D}_{5'}^5 = \dfrac{\partial x^5}{\partial x^{5'}} = \dfrac{1}{\sqrt{g_{55}}}$ можно всегда считать $g_{55} = 1$, а дальше масштаб не менять $\mathcal{D}_{5'}^5 = \mathcal{D}_5^{5'} = 1$, тогда

$$g_{5'\mu'} = g_{5\mu}\mathcal{D}_{5'}^5 \mathcal{D}_{\mu'}^\mu + g_{55}\mathcal{D}_{5'}^5 \mathcal{D}_{\mu'}^5 = g_{5\mu}\mathcal{D}_{\mu'}^\mu + \mathcal{D}_{\mu'}^5. \tag{4.24}$$

Если считать, что в базе, которая интерпретируется как пространство-время, ничего не происходит $\mathcal{D}_{\mu'}^\mu = \delta_{\mu'}^\mu$, то преобразование компонент $g_{5\mu} = g_{\mu5}$ метрического флагтензора сводится к прибавлению градиента от произвольной функции

$$g_{\mu5} \longmapsto g_{\mu5} + \partial_\mu x^5. \tag{4.25}$$

По метрическому флагтензору $g_{\alpha\beta}$ строятся компоненты флагаффинной связности $\Gamma_{\beta\gamma}^\alpha = \Gamma_{\gamma\beta}^\alpha$ (символы Кристоффеля). Согласование флагаффинной связности с метрикой означает выполнение условий $\nabla g_{\mu\nu} = 0$ и $\nabla g_{55} = 0$ для ковариантного дифференцирования ∇ относительно этой связности, но условие $\nabla g_{\mu5} = 0$ не налагается. Согласование флагаффинной связности с расслоением приводит к тому, что $\Gamma_{5\mu}^\mu = 0$ и компоненты $\Gamma_{\mu\nu}^5$ не выражаются через компоненты метрики, оставаясь совершенно произвольными функциями всех пяти координат.

Инвариантами полуриманова пространства $^3\mathbf{V}_5^4$ являются:

1. Псевдориманов элемент длины в базе

$$ds = \sqrt{g_{\mu\nu}dx^\mu dx^\nu}\,. \tag{4.26}$$

2. Евклидова длина в слое

$$ds_{(2)} = \sqrt{g_{55}dx^5 dx^5} = |dx^5| \quad \text{(при } g_{55} = 1\text{)}. \tag{4.27}$$

3. Дополняющий угол ψ между вектором $d\mathbf{x} = (dx^\mu, dx^5)$ общего положения и вектором $\delta\mathbf{x} = (0, \delta x^5)$ в слое, т.е. угол между вектором $d\mathbf{x}$ и его проекцией на базу в 2-плоскости, натянутой на $d\mathbf{x}$ и $\delta\mathbf{x}$

$$\psi = g_{\mu5}\frac{dx^\mu}{ds} + \frac{dx^5}{ds}. \tag{4.28}$$

Совокупность описанных объектов с законами преобразования (4.21), (4.22) определяет полуриманову геометрию $^3\mathbf{V}_5^4$.

4.4.2. Интерпретация полуевклидовой геометрия $^3\mathbf{R}_5^4$ как классической электродинамики. Слой можно рассматривать как «внутреннее пространство» частицы. Геометрия слоя в полуримановой геометрии полностью определяется метрикой $g_{55}(x^1,\ldots,x^5)$ и не зависит от метрики $g_{\mu\nu}(x^1,\ldots,x^4)$ в базе (этого нет в невырожденной геометрии). Функция $g_{55}(x^1,\ldots,x^5)$ интерпретируется как скалярное поле [47, 76, 206], которое модифицирует кулоновский потенциал на малых расстояниях, делая его регулярным в нуле. Компоненты $g_{\mu5}$ зависят от всех переменных $g_{\mu5}(x^1,\ldots,x^5)$.

Наложим на пространство $^3\mathbf{V}_5^4$ дополнительное требование, а именно **зададим в слое евклидову геометрию так, чтобы она не зависела от координат** $x^1,\ldots,x^4$ **из базы расслоения.** Соответствующие условия $\nabla_\mu g_{55} = 0$, $R_{5\alpha\beta}^5 = 0$ инвариантны относительно допустимых преобразований (4.21),(4.22), поэтому такое задание корректно. Тогда в области (а не в одной точке) можно выбрать карту, в которой все коэффициенты связности равны нулю, а для метрики выполнено

$\partial_\mu g_{55} = 0$, $\partial_5 g_{55} = 0$, $\partial_5 g_{\mu 5} = 0$, т.е. g_{55} постоянная, которую можно положить равной единице: $g_{55} = 1$, а компоненты $g_{\mu 5}$ зависят только от координат в базе $g_{\mu 5}(x^1, \ldots, x^4)$.

В геометрических терминах это требование означает, что гарантирован абсолютно-параллельный перенос любого вектора из слоя по любому пути во всем 5-многообразии. Такая возможность возникает из структуры полуримановой геометрии и ее нет в римановой невырожденной геометрии.

Указанное дополнительное условие дает возможность определить полуриманово пространство нулевой кривизны — полуевклидово пространство. В полуевклидовом пространстве ${}^3\mathbf{R}_5^4$ база представляет собой пространство–время Минковского с координатами $x^1 = t$, $x^2 = = x$, $x^3 = y$, $x^4 = z$ и метрическим тензором $g_{\mu\nu} = \mathrm{diag}(1, -1, -1, -1)$. Слой — евклидова прямая $\{x^5\}$ и $g_{55} = 1$. Помимо этого метрический флагтензор имеет ненулевые компоненты $g_{\mu 5}(t, x, y, z)$. Инварианты (4.26),(4.27) можно записать в интегральной форме

$$s = \sqrt{t^2 - x^2 - y^2 - z^2}, \quad t \geqslant \sqrt{x^2 + y^2 + z^2},$$
$$s_{(2)} = |x^5|, \quad t = x = y = z = 0. \tag{4.29}$$

Преобразования координат, согласованные с расслоением, запишем в виде

$$\begin{cases} (\widetilde{t}, \widetilde{x}, \widetilde{y}, \widetilde{z}) = \mathcal{P}(t, x, y, z), \\ \widetilde{x}^5 = x^5 + f(t, x, y, z), \end{cases} \tag{4.30}$$

где $\mathcal{P}$ — элемент группы Пуанкаре, а $f(t, x, y, z)$ — произвольная функция.

Действие классической электродинамики инвариантно относительно группы Пуанкаре (Лоренца) и определено с точностью до прибавления произвольной функции от координат и времени. Преобразования (4.30) показывают, что пятая координата x^5 обладает таким свойством и, следовательно, может быть интерпретирована как действие.

Четырехмерный вектор-потенциал электромагнитного поля A_μ определен с точностью до прибавления градиента $\partial_\mu f$ произвольной функции от координат и времени. Из (4.25) следует, что таким свойством обладают компоненты $g_{\mu 5}$ метрического тензора, поэтому их можно отождествить с вектор-потенциалом $A_\mu = g_{\mu 5}$. Тензор напряженности электромагнитного поля строится стандартным образом $F_{\mu\nu} = \partial_\mu A_\nu - \partial_\nu A_\mu$.

Выясним **геометрический смысл** A_μ. Компоненты $g_{\mu 5}$ задают уравнение (4.20) трансверсали к слою, а именно $g_{\mu 5} x^\mu + g_{55} x^5 = 0$. Учитывая, что $g_{55} = 1$, его можно переписать

$$x^5 = -g_{\mu 5} x^\mu = -A_\mu x^\mu. \tag{4.31}$$

Последнее уравнение описывает 4-плоскость, проходящую через начало координат с вектором нормали $\mathbf{n} = (A_\mu, 1)$. При $A_1 \neq 0$, $A_2 = A_3 = = A_4 = 0$ уравнение (4.31) дает $x^5 = -A_1 t$, следовательно A_1 есть угол между осью времени и трансверсалью, как это изображено на рис. 4.6. Аналогично устанавливается геометрический смысл остальных компонент вектор-потенциала электромагнитного поля. *Принцип относительности не действует в отношении пятой координаты.*

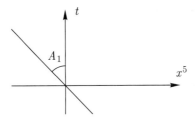

Рис. 4.6. Геометрический смысл A_1 : угол между осью времени t и трансверсалью к слою x^5

Действие должно быть инвариантно относительно группы автоморфизмов. Составим его из инвариантов (4.26), (4.28) полуевклидова пространства $^3\mathbf{R}_5^4$

$$S = a \int_A^B ds + b \int_A^B \psi ds = S_p + S_{int}, \tag{4.32}$$

где a, b — размерные коэффициенты. Третий инвариант $\int dx^5 = x^5(x^\mu)$ (4.27) есть произвольная функция от координат и времени и его можно отбросить. При $a = -mc$, где m — масса частицы, c — скорость света, получаем

$$S_p = -mc \int_A^B ds = -mc \int_A^B \sqrt{dt^2 - dx^2 - dy^2 - dz^2} =$$

$$= -mc^2 \int_{t_1}^{t_2} \sqrt{1 - \frac{v^2}{c^2}}\, dt, \tag{4.33}$$

т.е. действие для свободной частицы [51], §8. Учитывая (4.28), имеем $\int \psi ds = \int A_\mu dx^\mu + \int dx^5$. Второе слагаемое можно опустить и при $b = -\dfrac{e}{c}$, где e — заряд электрона, получаем

$$S_{int} = -\frac{e}{c} \int_A^B A_\mu dx^\mu, \tag{4.34}$$

т.е. действие, описывающее взаимодействие заряженной частицы (электрона), движущейся в заданном электромагнитном поле, с этим полем [51], §16.

В геометрическом описании отсутствует действие, которое зависит от свойств поля и описывает само поле. Однако имеется тензор напряженности поля $F_{\mu\nu}$. Поэтому, вводя дополнительный постулат: **действие для поля должно быть инвариантной функцией тензора напряженности поля**, с помощью стандартных рассуждений [51], §27 получаем

$$S_f = -\frac{1}{16\pi} \int F_{\mu\nu} F^{\mu\nu} d^4 x. \tag{4.35}$$

Сумма слагаемых (4.33)–(4.35)

$$S = S_p + S_{int} + S_f \tag{4.36}$$

есть полное действие для частицы в электромагнитном поле.

4.4.3. Полуриманово пространство $^3V_5^4$ как пространство–время–электричество.

В инвариантно определенном классе карт $g_{55} = 1$ компоненты метрики $g_{\mu 5}(x) = A_\mu(x)$, $x = (x^1, x^2, x^3, x^4)$ интерпретируются как 4-вектор-потенциал электромагнитного поля. Компоненты $g_{\mu\nu}(x)$ задают метрику в псевдоримановом пространстве $^3V_4$ — пространстве общей теории относительности. Геометрия в слое не влияет на геометрию в базе $^3\mathbf{V}_4$.

Уравнения Эйнштейна имеют вид

$$R_{\mu\nu} - \frac{1}{2} R g_{\mu\nu} + \Lambda g_{\mu\nu} = -8\pi G T_{\mu\nu}, \tag{4.37}$$

где $R_{\mu\nu} = R^\rho_{\mu\rho\nu}$ есть тензор Риччи, тензор кривизны $R^\pi_{\mu\rho\nu} = \partial_\rho \Gamma^\pi_{\nu\mu} - \partial_\nu \Gamma^\pi_{\rho\mu} + \Gamma^\pi_{\rho\tau} \Gamma^\tau_{\nu\mu} - \Gamma^\pi_{\nu\tau} \Gamma^\tau_{\rho\mu}$ определяется коэффициентами связности $\Gamma^\pi_{\mu\nu} = \frac{1}{2} g^{\pi\tau} \left(\partial_\nu g_{\tau\mu} + \partial_\mu g_{\tau\nu} - \partial_\tau g_{\mu\nu} \right)$, $g^{\mu\tau} g_{\tau\nu} = \delta^\mu_\nu$, скалярная кривизна $R = R^\mu_\mu = g^{\mu\nu} R_{\nu\mu}$, Λ — космологический член, $T_{\mu\nu}$ — тензор энергии-импульса. Таким образом, левая часть уравнений Эйнштейна определяется метрикой $g_{\mu\nu}(x)$, а в правой части стоит тензор энергии-импульса системы

$$T_{\mu\nu} = g_{\mu\rho} g_{\nu\tau} T^{\rho\tau}, \quad T^{\rho\tau} = T^{\rho\tau}_{em} + T^{\rho\tau}_p + T^{\rho\tau}_{fl}, \tag{4.38}$$

где

$$T^{\rho\tau}_{em} = \frac{1}{4\pi} \left(-F^{\rho\nu} F^\tau_\nu + \frac{1}{4} g^{\rho\tau} F_{\mu\nu} F^{\mu\nu} \right) \tag{4.39}$$

есть тензор энергии-импульса электромагнитного поля без зарядов,

$$T^{\rho\tau}_p = mc u^\rho u^\tau \frac{ds}{dt} \tag{4.40}$$

есть тензор энергии-импульса системы невзаимодействующих частиц («пыль»), m — плотность массы,

$$T^{\rho\tau}_{fl} = (p + \varepsilon) u^\rho u^\tau - p g^{\rho\tau} \tag{4.41}$$

есть тензор энергии-импульса макроскопических тел («идеальная жидкость»), ε — плотность энергии тела, p — давление.

Итак, полуриманово пространство $^3\mathbf{V}_5^4$ приводит к единой геометрической теории гравитационного и электромагнитного полей.

4.4.4. Сравнение с моделями типа Калуцы–Клейна.
Объединение гравитационного и электромагнитного взаимодействий в рамках пятимерной геометрии восходит к работам Т. Калуцы [168] и О. Клейна [170]. В моделях типа Калуцы–Клейна четырехмерное псевдориманово пространство общей теории относительности расширяется до пятимерного за счет введения одного дополнительного измерения [47, 76, 82], ответственного за электромагнетизм. Поскольку пятая координата вводится в рамках псевдоримановой геометрии, движениями в касательном пространстве она совмещается с одной из первых четырех и поэтому не может моделировать новую физическую величину. Для преодоления этих трудностей пятое измерение считается «скрученным» в петлю малого размера, и поэтому оно не рассматривается непосредственно как обычное пространственное или временное измерение.

Помимо этого имеются ограничения на допустимые преобразования пятимерной геометрии, относительно которых объединенная теория инвариантна. Действительно, вращения в двумерной плоскости, натянутой на пятую координату и, скажем, пространственную ось x

$$x' = x\cos\varphi + x^5\sin\varphi, \quad x'^5 = x^5\cos\varphi - x\sin\varphi,$$

немедленно приводят к зависимости пространственно-временных координат от пятого измерения, что, очевидно, неудовлетворительно. Более того, в моделях типа Калуцы–Клейна появляется дополнительное скалярное поле χ, которое нельзя отделить от обычного гравитационного поля. Это поле в 5-мерном метрическом тензоре появляется как $g_{55} = 1 + \chi$ и его наличие приводит к исчезновению особенностей у кулоновского потенциала при $r = 0$.

Использование полуримановой геометрии $^3\mathbf{V}_5^4$ позволяет избежать указанных трудностей, а именно:

1. Независимость $g_{\mu\nu}$ от x^5 заложена в самой геометрии. Необязательно, хотя и возможно, предполагать пятую координату циклической с очень малым радиусом.
2. Независимость $g_{\mu 5}$ от x^5 следует из дополнительного предположения о евклидовой геометрии в слое, не зависящей от координат базы расслоения.
3. Не возникает никаких скалярных полей.
4. Геометрию в 4-пространстве-времени и геометрию в слое («во внутреннем пространстве») можно брать совершенно независимыми друг от друга.
5. Уравнения Эйнштейна, выполняющиеся в 4-пространстве-времени, не налагают никаких ограничений на следующие координаты.

6. Градиентная инвариантность вектор-потенциала электромагнитного поля автоматически получается как следствие преобразования компонент метрического флагтензора.

7. Единая теория может применяться к пустому пространству-времени специальной теории относительности, в котором присутствует электромагнитное поле. (Этого невозможно добиться в псевдоримановом случае при $g_{55} = 1$, $\partial_5 g_{\mu 5} = 0$ из-за формулы $2R_{\mu 5 \mu 5} = 2\partial_\mu \partial_5 g_{\mu 5} - \partial_5 \partial_5 g_{\mu\mu} - \partial_\mu \partial_\mu g_{55}$, которая в полуримановой геометрии не имеет места.) Действие для заряженной частицы, взаимодействующей с заданным электромагнитным полем, строится как сумма инвариантов полуевклидовой геометрии.

8. Соблюдается эвристический принцип, требующий, чтобы физически различные величины геометрически не могли быть совмещаемы группами автоморфизмов.

4.4.5. Заключительные замечания. Единая геометрическая теория гравитации и электромагнетизма Р.И. Пименова, сформулированная с учетом эвристического принципа, согласно которому физически различные величины не могут совмещаться автоморфизмами, основывается на разработанном им математическом аппарате многократно расслоенной полуримановой геометрии. Частный случай однократно расслоенного полуевклидова пространства ${}^3\mathbf{R}_5^4$ с одномерным слоем x^5 и с 4-мерным пространством–временем Минковского в качестве базы естественно интерпретируется как классическая электродинамика. Полуриманова геометрия ${}^3\mathbf{V}_5^4$, у которой базой является псевдориманово пространство–время общей теории относительности, а одномерный слой x^5 ответственен за электромагнетизм, объединяет оба фундаментальных взаимодействия.

В отличие от теорий типа Калуцы–Клейна, где пятая размерность появляется в рамках невырожденной римановой или псевдоримановой геометрии, теория, основанная на полуримановой геометрии, не содержит дополнительного скалярного поля и ограничений на допустимые преобразования пятимерного пространства, относительно которых теория инвариантна.

Пятимерная полуриманова геометрия формулируется в вещественных геометрических терминах (координаты, компоненты метрического тензора и т.д.), но может быть также получена из римановой геометрии предельным переходом с помощью нильпотентной пятой координаты. Отметим, что в последнее время проявился интерес к объединению гравитации с электромагнетизмом в рамках пространства с нильпотентной пятой координатой [206]. Однако полуриманова геометрия там не была построена, поэтому в теории присутствует скалярное поле, которое регуляризует кулоновский потенциал в нуле.

Глава 5

ГРАДУИРОВАННЫЕ КОНТРАКЦИИ АЛГЕБРЫ ВИРАСОРО

В настоящей главе исследуются контракции алгебры Вирасоро и ее представлений с помощью метода градуированных контракций [191, 194]. Строятся представления старшего веса алгебры Вирасоро и анализируются на приводимость. В отличие от стандартных, контрактированные представления являются приводимыми, за исключением некоторых специальных случаев. Более того, имеются экзотические представления с нулевой плоскостью на пятом уровне.

5.1. Градуированные контракции алгебр Ли и их представлений

Контракции групп (алгебр) Ли предоставляют возможность получить новые группы (алгебры) Ли из исходных. Можно также построить представления контрактированных групп (алгебр) из представлений начальных групп (алгебр). Градуированные контракции [193, 194] определяются так, чтобы сохранялась градуировка как алгебры Ли, так и ее представлений.

Напомним некоторые определения. Пусть алгебра Ли L градуируется с помощью абелевой группы G:

$$L = \oplus L_j, \quad [L_j, L_i] \subseteq L_{j+i}, \quad j, i \in G. \tag{5.1}$$

Определение 5.1.1. Алгебра Ли L^ε называется G-градуированной контракцией алгебры L, если L^ε изоморфна L как векторное пространство, L^ε имеет градуировку (5.1), а новые коммутационные соотношения равны

$$[L_j^\varepsilon, L_k^\varepsilon]_\varepsilon := \varepsilon_{jk}[L_j, L_k] \subseteq \varepsilon_{jk} L_{j+k}^\varepsilon, \tag{5.2}$$

где матрица ε есть решение уравнений

$$\varepsilon_{jk}\varepsilon_{m,j+k} = \varepsilon_{km}\varepsilon_{j,m+k} = \varepsilon_{mj}\varepsilon_{k,m+j}, \quad \varepsilon_{jk} = \varepsilon_{kj}. \tag{5.3}$$

Первый набор уравнений в (5.3) есть следствие тождества Якоби, а второй вытекает из антисимметрии коммутаторов. G-градуировка представления V алгебры L получается из разложения (5.1) и выглядит следующим образом:

$$V = \oplus V_m, \quad L_j V_m \subseteq V_{j+m}, \tag{5.4}$$

$$[L_j, L_k]V_m = L_j L_k V_m - L_k L_j V_m \subseteq V_{j+k+m}. \tag{5.5}$$

Определение 5.1.2. G-градуированные контракции представлений алгебры задаются соотношениями

$$L_j^{\varepsilon} V_m^{\varepsilon,\psi} := \psi_{jm} L_j V_m \subseteq \psi_{jm} V_{j+m}^{\varepsilon,\psi}, \tag{5.6}$$

где матрица ψ удовлетворяет следующим уравнениям [191]:

$$\varepsilon_{jk}\psi_{j+k,m} = \psi_{km}\psi_{j,k+m} = \psi_{jm}\psi_{k,j+m}. \tag{5.7}$$

Далее градуировка будет осуществляться только с помощью циклической группы $G = \mathbb{Z}_2$. Удобно записать векторное пространство V и действие алгебры L на нем в случае $\mathbb{Z}_2$-градуировки в виде

$$V = \begin{pmatrix} V_0 \\ V_1 \end{pmatrix}, \quad LV = \begin{pmatrix} L_0 & L_1 \\ L_1 & L_0 \end{pmatrix}\begin{pmatrix} V_0 \\ V_1 \end{pmatrix} = \begin{pmatrix} L_0 V_0 + L_1 V_1 \\ L_1 V_0 + L_0 V_1 \end{pmatrix}, \tag{5.8}$$

явно показывающем структуру градуировки. Тогда градуированная контракция представлений выражается формулой

$$L^{\psi}V = \begin{pmatrix} L_0 & L_1 \\ L_1 & L_0 \end{pmatrix}^{\psi}\begin{pmatrix} V_0 \\ V_1 \end{pmatrix} = \begin{pmatrix} \psi_{00}L_0 & \psi_{11}L_1 \\ \psi_{10}L_1 & \psi_{01}L_0 \end{pmatrix}\begin{pmatrix} V_0 \\ V_1 \end{pmatrix}. \tag{5.9}$$

5.2. Градуировка алгебры Вирасоро

Начнем с определения.

Определение 5.2.1. Алгебра Вирасоро $\mathcal{L}(c)$ определяется как центральное расширение алгебры векторных полей на окружности с базисом c, l_n ($n \in \mathbb{Z}$) и коммутационными соотношениями

$$[l_n, l_m] = (n-m)l_{n+m} + \frac{c}{12}(n^3 - n)\delta_{n+m,0}, \tag{5.10}$$

где c есть центральный заряд, коммутирующий со всеми генераторами.

Эта алгебра имеет естественную $\mathbb{Z}$-градуировку: $\deg l_k = k$, $\deg c = 0$ и может также быть градуированной с помощью циклических групп $\mathbb{Z}_n$. $\mathbb{Z}_2$-градуировка алгебры Вирасоро состоит в следующем. Все генераторы алгебры делятся на четные $L_0 = \{A_n, c\}$ и нечетные $L_1 = \{B_n\}$, где

$$A_n = \frac{1}{2}\left(l_{2n} + \frac{c}{8}\delta_{n,0}\right), \quad B_n = \frac{1}{2}l_{2n+1}, \tag{5.11}$$

для которых выполняются условия $\mathbb{Z}_2$-градуировки

$$\mathcal{L} = L_0 \oplus L_1, \quad [L_0, L_0] \subseteq L_0, \quad [L_0, L_1] \subseteq L_1, \quad [L_1, L_1] \subseteq L_0. \tag{5.12}$$

Коммутационные соотношения новых генераторов алгебры Вирасоро записываются в виде

$$[A_n, A_m] = (n-m)A_{n+m} + \frac{2c}{12}(n^3 - n)\delta_{n+m,0},$$

$$[B_n, B_m] = (n - m)A_{n+m+1} + \frac{2c}{12}\left(n - \frac{1}{2}\right)\left(n + \frac{1}{2}\right)\left(n + \frac{3}{2}\right)\delta_{n+m+1,0},$$

$$[A_n, B_m] = \left(n - m - \frac{1}{2}\right)B_{n+m}. \tag{5.13}$$

Первая строка уравнений означает, что подалгебра $\{A_n, c\}$ снова есть алгебра Вирасоро, но с центральным зарядом $2c$. В случае $\mathbb{Z}_n$-градуировки получается алгебра Вирасоро с центральным зарядом nc.

5.3. Приводимость представлений алгебры Вирасоро

В этом параграфе напомним основные понятия и результаты теории представлений алгебры Вирасоро [80].

Определение 5.3.1. Пусть M есть представление алгебры $\mathcal{L}(c)$ и существует вектор $|v\rangle$ такой, что

$$l_0|v\rangle = h|v\rangle, \quad \widehat{c}|v\rangle = c|v\rangle, \quad l_k|v\rangle = 0, \; k > 0, \tag{5.14}$$

тогда $|v\rangle$ называется старшим вектором представления.

Пространство, натянутое на векторы $l_{-i_1}\ldots l_{-i_m}|v\rangle$, где $i_1 \geqslant \ldots \geqslant$ $\geqslant i_m > 0$, образует представление старшего веса $M(h, c)$. Все векторы представления классифицируются по уровням. Номер уровня равен $n = i_1 + \ldots + i_m$. Например, вектор $l_{-2}l_{-1}\ |\ v\ \rangle$ относится к третьему уровню. Поэтому представление имеет естественную $\mathbb{Z}$-градуировку $M(h, c) = \oplus M^n(h, c)$. Количество базисных векторов на n-м уровне совпадает с числом $p(n)$ разбиений n на положительные целые числа: $\dim M^n(h, c) = p(n)$. Некоторые из $p(n)$ таковы:

$$p(0) = 1, \; p(1) = 1, \; p(2) = 2, \; p(3) = 3, \; p(4) = 5, \; p(5) = 7.$$

Исследование условий приводимости представления является важной задачей.

Определение 5.3.2. Представление называется вырожденным, если существует ноль-вектор $|\chi_n\rangle$ такой, что

$$l_0|\chi_n\rangle = (h + n)|\chi_n\rangle, \quad l_k|\chi_n\rangle = 0, \quad k > 0. \tag{5.15}$$

Число n называется вырожденностью уровня.

Вырожденное представление содержит подпредставление со старшими векторами $|\chi_n\rangle$ на n-м уровне и поэтому является приводимым. Ноль-вектор отыскивается как линейная комбинация базисных векторов с неизвестными коэффициентами. Условия (5.15) приводят к системе линейных уравнений с двумя параметрами h и c. Количество уравнений и количество неизвестных равно $N_1(n) = p(n - 1) + p(n - 2)$ и $N_2(n) = p(n) - 1$ соответственно.

На втором уровне имеется два уравнения и только одно неизвестное. Связь между h и c на этом уровне дается выражением

$$h = \frac{1}{16}\left(5 - c \pm \sqrt{(c - 25)(c - 1)}\right). \tag{5.16}$$

Количество уравнений на последующих уровнях растет быстрее, чем количество неизвестных, поэтому появление ноль-векторов становится редкостью. Задача нахождения ноль-векторов полностью решается с помощью билинейной формы на $M(h,c)$. Пусть w есть антиавтоморфизм алгебры Вирасоро $\mathcal{L}(c)$, определяемый формулой $w(l_i) = l_{-i}$, $w(c) = c$, тогда существует симметричная билинейная форма (|) такая, что $(a|lb) = (w(l)a|b)$, где $a, b \in M(h,c)$, $l \in \mathcal{L}(c)$.

Пусть $p(n) \times p(n)$ матрица $K^n(h,c)$ есть матрица билинейной формы базисных векторов на n-ом уровне. Обращение в ноль детерминанта матрицы $K^n(h,c)$ совпадает с условием существования ноль-вектора [80]. В зависимости от значения параметров h, c имеется три возможности: 1) представление неприводимо, тогда нет ноль-векторов; 2) подпредставления, порождаемые ноль-векторами, содержатся друг в друге; 3) имеются два подпредставления, содержащие все другие подпредставления. В последнем случае представления $M(h,c)$ определяются соотношениями

$$c = 1 - \frac{6(q-p)^2}{pq}, \quad h = \frac{(qr-ps)^2 - (q-p)^2}{4pq}, \tag{5.17}$$

где $0 < r < p$, $0 < s < q$, в случае целых r, s и $q = p + 1 = 3, 4, \ldots$ Последние представления описывают пространство полей минимальных моделей в конформной теории поля. Вырожденность представления приводит к дифференциальным уравнениям на корреляторы полей [114].

Пусть алгебра Вирасоро $\mathbb{Z}_2$-градуирована описанным выше способом. Построим $\mathbb{Z}_2$-градуировку ее представления $M(h,c)$. Пространство представления разбивается на два подпространства:

$$M(h,c) = M_0(h,c) + M_1(h,c),$$
$$M_0(h,c) = \oplus M^{2n}(h,c), \quad M_1(h,c) = \oplus M^{2n+1}(h,c). \tag{5.18}$$

Градуировка элементов $l_{-i_1} \ldots l_{-i_m}$ обертывающей алгебры осуществляется разложением на два подмножества с четным и нечетным значением суммы $i_1 + \ldots + i_m$. Векторы из $M_0(h,c)$ и $M_1(h,c)$ в терминах генераторов A и B выглядят следующим образом:

$$AA \ldots AA \underbrace{BB \ldots BB}_{k} |v\rangle, \tag{5.19}$$

где k — четное в случае $M_0(h,c)$ и нечетное в случае $M_1(h,c)$. Выполняются уравнения $\mathbb{Z}_2$-градуировки:

$$AM_0 \subseteq M_0, \; AM_1 \subseteq M_1, \; BM_0 \subseteq M_1, \; BM_1 \subseteq M_0. \tag{5.20}$$

Структуру $\mathbb{Z}_2$-градуированного представления можно записать в виде

$$LM = \begin{pmatrix} A & B \\ B & A \end{pmatrix} \begin{pmatrix} M_0 \\ M_1 \end{pmatrix} = \begin{pmatrix} AM_0 + BM_1 \\ BM_0 + AM_1 \end{pmatrix}. \tag{5.21}$$

Отметим, что антиавтоморфизм w в $\mathbb{Z}_2$-градуированных обозначениях выглядит так: $w(A_i) = A_{-i}$, $w(B_i) = B_{-i+1}$, $w(c) = c$.

5.4. $\mathbb{Z}_2$-градуированные контракции алгебры Вирасоро и ее представлений

Рассмотрим контракцию, задаваемую решением $\varepsilon^\alpha = \begin{pmatrix} 1 & 1 \\ 1 & 0 \end{pmatrix}$ уравнений (5.3). Коммутационные соотношения (5.13) принимают вид

$$[A_n, A_m] = (n-m)A_{n+m} + \frac{2c}{12}(n^3 - n)\delta_{n+m,0},$$

$$[A_n, B_m] = (n - m - \tfrac{1}{2})B_{n+m}, \qquad [B_n, B_m] = 0. \qquad (5.22)$$

Контрактированная алгебра имеет структуру *полупрямой* суммы алгебры Вирасоро с двойным центральным зарядом $\mathcal{L}(2c) = \{A_n, 2c\}$ и бесконечномерной абелевой алгебры $\{B_n\}$. Ее можно назвать неоднородной алгеброй Вирасоро.

Второе решение уравнений (5.3) $\varepsilon^\beta = \begin{pmatrix} 1 & 0 \\ 0 & 0 \end{pmatrix}$ приводит к контрактированной алгебре Вирасоро, которая является *прямой* суммой $\mathcal{L}(2c)$ и абелевой $\{B_n\}$

$$[A_n, A_m] = (n-m)A_{n+m} + \frac{2c}{12}n(n^2 - 1)\delta_{n+m,0},$$

$$[A_n, B_m] = 0, \qquad [B_n, B_m] = 0. \qquad (5.23)$$

Используя соотношения (5.21) и (5.9), нетрудно понять строение контрактированного представления. Возьмем решение уравнений (5.7) вида $\psi^\alpha = \begin{pmatrix} 1 & 1 \\ 1 & 0 \end{pmatrix}$. В этом случае

$$LM = \begin{pmatrix} A & B \\ B & A \end{pmatrix} \begin{pmatrix} M_0 \\ M_1 \end{pmatrix} = \begin{pmatrix} AM_0 \\ BM_0 + AM_1 \end{pmatrix}. \qquad (5.24)$$

Поэтому все свойства контрактированного представления могут быть получены в предположении

$$BM_1 = 0, \qquad (5.25)$$

которое означает, что все векторы вида (5.19) с $k \geqslant 2$ исчезают. Другими словами, контрактированное представление получается из исходного факторизацией по условию $BB|v\rangle = 0$.

Из (5.11) следует, что параметры контрактированного $M_\psi(h, c)$ и исходного $M(h_0, c_0)$ представлений связаны соотношениями $c = 2c_0$, $h = \frac{1}{2}(h_0 + \frac{c_0}{8})$. Нетрудно понять, что строение векторов четного уровня $2n$ контрактированного представления и векторов уровня n исходного представления идентично. Поэтому $\dim M_\psi^{2n}(h, c) =$

$= \dim M^n(h, c) = p(n)$. Векторы нечетного уровня устроены следующим образом $A_{-i_1} \ldots A_{-i_n} B_{-q} |v\rangle$, а его размерность равна

$$\dim M_\psi^{2n+1}(h, c) = \sum_{k=0}^{n} p(k). \qquad (5.26)$$

Физическое требование, чтобы спектр был ограничен снизу, приводит к условиям (5.14). Поскольку любой элемент l_k выражается как многократный коммутатор l_1 и l_2, то в (5.14) вместо $l_k|v\rangle = 0$, $k > 0$ достаточно наложить два условия: $l_1|v\rangle = 0$, $l_2|v\rangle = 0$. Тогда условия (5.14) на старший вектор упрощаются:

$$A_0|v\rangle = h|v\rangle, \ \ \widehat{c}|v\rangle = c|v\rangle, \ \ B_0|v\rangle = 0, \ \ A_1|v\rangle = 0. \qquad (5.27)$$

Для ε^α-контрактированной алгебры Вирасоро эти условия необходимо модифицировать, добавив уравнение $A_2|v\rangle = 0$, поскольку в противном случае генераторы A_k, $k > 1$ не порождаются коммутаторами B_0 и A_1. Таким образом, условия существования ноль-векторов на уровне n принимают вид

$$A_0|\chi\rangle = (h + n)|\chi\rangle, \ \ B_0|\chi\rangle = 0, \ \ A_1|\chi\rangle = 0, \ \ A_2|\chi\rangle = 0. \qquad (5.28)$$

Увеличение числа уравнений на четных уровнях по сравнению с (5.27) приводит к исчезновению ноль-векторов на этих уровнях. Можно проверить этот факт прямыми подсчетами. Соотношение $B_0|\chi\rangle = 0$ для нечетных уровней выполняется благодаря (5.25). Поэтому число уравнений остается неизменным, т.е. следует ожидать наличия ноль-векторов на нечетных уровнях. Число N_1 уравнений и число N_2 неизвестных коэффициентов, которые определяют существование ноль-векторов на $(2n + 1)$-м уровне, легко находятся из (5.26) и (5.28):

$$N_1 = \sum_{k=0}^{n-1} p(k) + \sum_{k=0}^{n-2} p(k), \qquad N_2 = \sum_{k=0}^{n} p(k) - 1. \qquad (5.29)$$

Из этих выражений следует, что $N_1 = N_2$ вплоть до одиннадцатого уровня и $N_1 > N_2$ для более высоких уровней.

Рассмотрим подробнее несколько первых уровней. Прямыми расчетами устанавливаем наличие ноль-векторов на первом и третьем уровнях при любых значениях h и c:

$$|\chi\rangle_1 = B_{-1}|v\rangle, \quad |\chi\rangle_3 = \left(B_{-2} - \frac{5}{4h + 2} A_{-1} B_{-1}\right)|v\rangle. \qquad (5.30)$$

На пятом уровне ноль-вектор имеет вид

$$|\chi\rangle_5 = \left(B_{-3} + \alpha A_{-2} B_{-1} + \beta A_{-1} B_{-2} + \gamma A_{-1}^2 B_{-1}\right)|v\rangle, \qquad (5.31)$$

где α, β, γ — решения системы уравнений с параметрами h и c:

$$
\begin{aligned}
(4h+6)\beta &= 7 \\
(4+8h+c)\alpha + 15\beta + (12h+6)\gamma &= -9 \\
6\alpha + 5\beta + (8h+8)\gamma &= 0.
\end{aligned}
\tag{5.32}
$$

Из первого уравнения следует, что на прямой $h = -3/2$ нет ноль-векторов. Подстановка первого уравнения в оставшиеся сводит анализ системы к расположению прямых линий на плоскости (α, γ). Пусть $D(h, c)$ есть детерминант матрицы коэффициентов левой части системы уравнений, а $D_i(h, c)$, $i = 1, 2$ — детерминант матрицы, полученной из нее заменой i-го столбца столбцом правой части системы. В зависимости от параметров h и c имеются три возможности:
1) прямые линии пересекаются — в этом случае имеются ноль-векторы;
2) прямые линии параллельны — в этом случае нет ноль-векторов;
3) прямые линии совпадают — имеются ноль-векторы, более того, ноль-векторы становятся двумерными или «ноль-плоскостью».

На плоскости (h, c) второй случай реализуется на прямой $h = -\dfrac{3}{2}$ и на двух кривых $D(h, c) = 0$:

$$
h = \frac{1}{16}\left(-3 - c \pm \sqrt{(c-25)(c-1)}\right).
\tag{5.33}
$$

Третий случай плоскости (h, c) возможен в двух точках: $A(h_1 = -\dfrac{3}{2}, c_1 = 26)$ и $B(h_2 = \dfrac{11}{24}, c_2 = -\dfrac{184}{105})$, лежащих на пересечении прямой линии $D_2(h, c) = 0$ и кривой $D(h, c) = 0$, т.е. при $c = (176 - 496h)/35$. Однако точка A лежит на прямой $h = -\dfrac{3}{2}$, на которой нет ноль-векторов. Так что ноль-плоскость на пятом уровне появляется при единственном значении параметров, отвечающих точке $B(h_2, c_2)$. Аналогичный результат получен в работе [133], где было показано, что некоторые модули Верма над $N = 1$ алгеброй Рамона содержат вырожденные двумерные пространства сингулярных векторов. При остальных значениях параметров h и c реализуется первый случай.

На седьмом и девятом уровнях число уравнений совпадает с числом неизвестных коэффициентов и оказывается равным 6 и 11 соответственно. Однако выкладки становятся слишком громоздкими, хотя понятно, что ноль-векторы отсутствуют только в некоторых специальных случаях. Начиная с одиннадцатого уровня число уравнений превышает число неизвестных $N_1(11) = 19$, $N_2(11) = 18$ и ситуация становится похожей на случай неконтрактированных представлений. Попытка использовать обычную билинейную форму, как в случае неконтрактированных представлений, не приводит к решению задачи о поисках ноль-векторов. Дело в том, что все векторы четных уровней, согласно (5.25), взаимно ортогональны. Для конечномерных алгебр Ли форма Киллинга вырождается при контракции. В связи с этим может оказаться полезным результат работы [192], в которой предложен способ построения невырожденных форм для контрактированных алгебр.

Алгебра Вирасоро находит применение в теории струн, двумерной теории поля и интегрируемых моделях. Недавно построено расширение алгебры Вирасоро до W-алгебр, содержащих ее как подалгебру. W-алгебры использовались в интегрируемых моделях [15, 36] и в двумерной теории поля [42]. Впоследствии появились понятия W-струн, W-гравитации, были построены W-модели конформной теории поля [55]. Расширение симметрии на базе алгебры Вирасоро оказалось, таким образом, весьма полезным.

Другой способ выхода за рамки собственно алгебры Вирасоро — это контракции. В этом случае возникают новые неполупростые алгебры, содержащие алгебру Вирасоро как подалгебру. Подобные эффекты появляются при контракциях аффинных алгебр Каца–Муди [188, 191, 193]. Неполупростые алгебры используются как алгебры внутренней симметрии в калибровочных теориях [208], в WZNW-моделях [196, 198]. Для таких алгебр была построена конструкция Сугавары [167].

Глава 6
ГЕОМЕТРИЯ АФФИННЫХ КОРНЕВЫХ СИСТЕМ

В теории простых конечномерных алгебр Ли важную роль играет матрица Картана, которая может быть задана алгебраически, наложением определенных условий на ее элементы, или геометрически, с помощью корневой системы. Корневая система в евклидовом пространстве вводится как геометрическая аксиоматизация алгебраического понятия корней простой алгебры Ли. Корневые системы удается классифицировать и тем самым построить классификацию простых алгебр Ли. Аффинные алгебры Ли были открыты алгебраически — изменением условий на матрицу Картана [45]. Теория аффинных бесконечномерных алгебр во многом строится параллельно теории простых конечномерных алгебр. В ней, в частности, вводится понятие корневых систем. Основное отличие корневых систем, соответствующих аффинным алгебрам, — это наличие мнимого корня δ, обладающего свойством нильпотентности $\delta^2 = 0$ и приводящего к бесконечномерности алгебры. Естественно ожидать, что подходящее добавление этого свойства в систему аксиом обычной корневой системы приведет к аффинным корневым системам.

Сопоставление свойств нильпотентности мнимых корней аффинных алгебр и нильпотентных единиц подсказывает, что аффинным алгебрам отвечают корневые системы в пространствах с вырожденной метрикой. Обобщение этого наблюдения приводит к предложению: **изучать корневые системы в расслоенных пространствах постоянной кривизны и строить отвечающие им алгебры Ли**.

В данной главе находится пространство — пространство Кэррола, корневые системы которого отвечают аффинным алгебрам. Сначала напоминаются необходимые факты из теории простых алгебр Ли и аффинных алгебр Каца-Муди. Затем вводится понятие вырожденной корневой системы и показывается, что ее матрица Картана аффинная. Далее, используя геометрические соображения, изучается строение (вырожденных) корневых систем в пространстве Кэррола и демонстрируется, что вырожденные корневые системы и корневые системы аффинных алгебр Каца-Муди суть одно и тоже. Показано, что возникновение подгруппы сдвигов у аффинных групп Вейля легко объясняется метрическими свойствами вырожденных корневых систем.

6.1. Простые алгебры Ли и аффинные алгебры Каца–Муди

Простая алгебра Ли может быть задана некоторой числовой матрицей $A = (a_{ij})$, называемой матрицей Картана, соотношениями Шевалле

$$[h_i, h_j] = 0, \quad [h_i, e_j] = a_{ij}e_j, \quad [h_i, f_j] = -a_{ij}f_j, \quad [e_i, f_j] = \delta_{ij}h_j, \quad (6.1)$$

и тождествами Серра

$$(\mathrm{ad}e_i)^{1-a_{ij}} e_j = (\mathrm{ad}f_i)^{1-a_{ij}} f_j = 0, \tag{6.2}$$

где h_i, e_i, f_i, $i = 1, 2, \ldots, r$ — образующие Вейля. Матрица Картана A удовлетворяет условиям:
1) $a_{ij} \in Z$,
2) $a_{ij} < 0$ при $i \neq j$,
3) $a_{ij}a_{ji} \leqslant 3$,
4) $a_{ij} = 0 \Longleftrightarrow a_{ji} = 0$,
5) $\det(a_{ij}) \neq 0$.

Все такие матрицы перечислены и, таким образом, классифицированы все простые алгебры Ли. Если переписать соотношения Шевалле в виде

$$[h_i, e_j] = \alpha_j(h_i)e_j, \quad [h_i, f_j] = -\alpha_j(h_i)f_j, \tag{6.3}$$

то линейные функционалы $\alpha_j(h_i)$, называемые системой корней алгебры Ли, можно интерпретировать как набор векторов со специальными свойствами. Развитие этой идеи приводит к аксиоматическому определению корневых систем.

Пусть задано евклидово r-мерное пространство $\mathbf{V}(r)$ с невырожденным скалярным произведением $(\,,\,)$.

Определение 6.1.1. Множество векторов $\widetilde{\Pi}_0 = \{\alpha, \beta, \ldots\}$ в пространстве $\mathbf{V}(r)$ называется корневой системой, если
1. отражения $s_\alpha : \mathbf{V}(r) \to \mathbf{V}(r)$

$$s_\alpha(\beta) = \beta - 2\frac{(\alpha, \beta)}{(\alpha, \alpha)}\alpha \tag{6.4}$$

не выводят из $\widetilde{\Pi}_0$;
2. $\forall \alpha, \beta \in \widetilde{\Pi}_0$, $2n(\alpha, \beta) = \dfrac{(\alpha, \beta)}{(\alpha, \alpha)} \in \mathbb{Z}$ — целые числа;
3. линейная оболочка множества $\widetilde{\Pi}_0$ совпадает с $\mathbf{V}(r)$: $\mathcal{L}(\widetilde{\Pi}_0) = \mathbf{V}(r)$.

Определение 6.1.2. Корневая система называется приведенной, если в ней отсутствуют параллельные корни (корни α и $-\alpha$ считаются антипараллельными).

Пусть $\mathbf{V}(r) = \mathbf{V}_1 \oplus \mathbf{V}_2$ есть прямая сумма векторных пространств, а Π_1 и Π_2 являются корневыми системами подпространств $\mathbf{V}_1$ и $\mathbf{V}_2$ соответственно.

Определение 6.1.3. Корневая система $\widetilde{\Pi}_0 = \Pi_1 \cup \Pi_2$ называется приводимой. В противном случае корневая система называется неприводимой.

Приведенные неприводимые корневые системы обозначаем Π_0.

Определение 6.1.4. Базисом $K = \{\alpha_i, i = 1, \ldots, r\}$ корневой системы Π_0 называется подмножество векторов $K \subset \Pi_0$:

1. образующее базис пространства $\mathbf{V}(r)$,
2. $\forall \alpha \in \Pi_0 \ \alpha = \sum_{i=1}^{r} m_i \alpha_i$, где $\alpha_i \in K$, $m_i \in \mathbb{Z}$ и все $m_i \geqslant 0$ (положительные корни) или все $m_i \leqslant 0$ (отрицательные корни).

Иными словами, любой корень представляется в виде целочисленной линейной комбинации базисных корней, причем с коэффициентами одного знака.

Определение 6.1.5. Матрицей Картана $\widetilde{A}$ корневой системы называется матрица

$$(\widetilde{A})_{ij} = n(\alpha_i, \alpha_j) = 2\frac{(\alpha_i, \alpha_j)}{(\alpha_i, \alpha_i)}, \quad \alpha_i, \alpha_j \in K. \tag{6.5}$$

Множество отражений образует группу W_0, называемую группой Вейля корневой системы.

Корневые системы допускают классификацию. Связь корневых систем и простых алгебр Ли устанавливает следующая теорема.

Теорема 6.1.1. *Классификация приведенных неприводимых корневых систем эквивалентна классификации простых алгебр Ли.*

Теорема означает, что корневая система с матрицей $\widetilde{A}$ удовлетворяет перечисленным выше свойствам матрицы A и соответствующая ей алгебра Ли определяется с точностью до изоморфизма. Обратно, линейные функционалы $\alpha_j(h_i)$ генерируют базис некоторой корневой системы с матрицей Картана $\widetilde{A}$. Таким образом, алгебру Ли можно задавать алгебраическими соотношениями с элементами матрицы A в качестве параметров и сопоставлять ее геометрический объект — корневую систему с той же матрицей.

Другие классы алгебр Ли, допускающие и алгебраический, и геометрический подход, могут быть описаны с помощью как алгебраических, так и геометрических обобщений. Алгебры Каца–Муди были открыты алгебраически. Наиболее изучены из них аффинные алгебры.

Определение 6.1.6. Аффинная алгебра определяется соотношениями Шевалле (6.1), тождествами Серра (6.2) и аффинной матрицей Картана $\widehat{A} = (a_{ij})$, удовлетворяющей условиям 1), 2), 4), а также

3а) $a_{ij}a_{ji} \leqslant 4$,

5а) $\det(a_{ij}) = 0$, а уравнение $\sum a_{ij}x_j = 0$ имеет ровно один корень.

Все такие матрицы классифицированы и, таким образом, перечислены все аффинные алгебры Ли.

Понятие корневых систем удается распространить на случай аффинных алгебр, однако, кроме корней $\alpha_i \in \Pi_0$ приходится вводить особый корень δ, ортогональный всем остальным корням $(\delta, \alpha_i) = 0$

и имеющий нулевую длину $(\delta, \delta) = 0$. Аффинные корневые системы устроены следующим образом [45]:

$$\Delta = \Delta^{re} \cup \Delta^{im}, \qquad (6.6)$$

где мнимые корни кратны особому корню δ:

$$\Delta^{im} = \{k\delta, \ k \in \mathbb{Z}\}, \qquad (6.7)$$

а вещественные корни имеют вид

a) $\Delta^{re} = \{\alpha + n\delta | \alpha \in \Pi_0, \ n \in \mathbb{Z}\}$, если $r = 1$.

b) $\Delta^{re} = \{\alpha + n\delta | \alpha \in \Pi_s, \ n \in \mathbb{Z}\} \cup \{\alpha + nr\delta | \alpha \in \Pi_l, \ n \in \mathbb{Z}\}$,
     если $r = 2$ или 3, а A не является матрицей типа $A_{2l}^{(2)}$.

c) $\Delta^{re} = \{\frac{1}{2}(\alpha + (2n - 1)\delta) | \alpha \in \Pi_l, \ n \in \mathbb{Z}\} \cup$
     $\cup \{\alpha + n\delta | \alpha \in \Pi_s, \ n \in \mathbb{Z}\} \cup \{\alpha + 2n\delta | \alpha \in \Pi_l, \ n \in \mathbb{Z}\}$,
     если A является матрицей типа $A_{2l}^{(2)}$.

d) $\Delta^{re} + r\delta = \Delta^{re}$.

e) $\Delta_+^{re} = \{\alpha \in \Delta^{re}$ при $n > 0\} \cup \Pi_0^+$. $\qquad (6.8)$

Здесь Π_0 — корневая система простой алгебры Ли, $\Pi_s, \Pi_l \subset \Pi_0$ — множества коротких и длинных корней соответственно. Отражения порождают группу Вейля. Группа Вейля W аффинной алгебры Каца–Муди и группа Вейля W_0 соответствующей ей простой алгебры Ли связаны формулой полупрямого произведения $W = T \rtimes W_0$, где T — подгруппа трансляций.

Далее будет показано, что можно было, наоборот, стартуя с обобщения понятия корневой системы, получить ослабленные условия на матрицу Картана и подойти к понятию аффинных алгебр геометрически. При этом устройство корневых систем аффинных алгебр устанавливается с помощью достаточно простого алгоритма.

6.2. Вырожденные корневые системы

Рассмотрим $(r + 1)$-мерное векторное пространство $\mathbf{V}(r, 1)$ с вырожденной метрикой сигнатуры $(0, +, \ldots, +,)$, т.е. скалярное произведение векторов $\nu = (\nu_0, \nu_1, \ldots, \nu_r)$ и $w = (w_0, w_1, \ldots, w_r)$ определяется как $(\nu, w) = \sum_{k=1}^{r} \nu_k w_k$. Геометрически $\mathbf{V}(r, 1)$ есть тривиальное расслоение, базой которого является r-мерное евклидово пространство $\mathbf{V}(r)$, слоем — одномерное пространство, ортогональное $\mathbf{V}(r)$, а проекцией — отображение $\pi : \mathbf{V}(r, 1) \to \mathbf{V}(r)$. При $r = 3$ пространство $V(3, 1)$ может быть интерпретировано как одна из возможных четырехмерных моделей пространства–времени, а именно кинематика Кэрролла [28, 98, 179] (см. также раздел 2.2), поэтому будем называть $\mathbf{V}(r, 1)$ пространством Кэрролла. Его можно также получить из $\mathbf{V}(r + 1)$

с помощью нильпотентной единицы. Пусть $\{e_0, e_1, \ldots, e_r\}$ — ортонормированный базис евклидова пространства $\mathbf{V}(r+1)$ со скалярным произведением $(e_i, e_j) = \delta_{ij}$, $i = 0, 1, \ldots, r$. Преобразуем базис, умножив базисный вектор e_0 на нильпотентную единицу:

$$\{e_0, e_1, \ldots, e_r\} \to \{\iota e_0, e_1, \ldots, e_r\} = \{\varepsilon_0, \varepsilon_1, \ldots, \varepsilon_r\}, \tag{6.9}$$

тогда отличный от нуля базисный вектор $\varepsilon_0 \neq 0$ имеет нулевую длину $(\varepsilon_0, \varepsilon_0) = 0$, ортогонален остальным базисным векторам $(\varepsilon_0, \varepsilon_k) = 0$ и $(\varepsilon_k, \varepsilon_p) = \delta_{kp}$, $k, p = 1, 2, \ldots, r$.

Указанные выше свойства особого корня мотивируют следующие определения.

Определение 6.2.1. Множество векторов $\widetilde{\Pi}$ в пространстве Кэрролла $\mathbf{V}(r, 1)$ назовем вырожденной корневой системой, если оно удовлетворяет свойствам 1)–3) корневой системы из определения 6.1.1 (с заменой $\widetilde{\Pi}_0$ на $\widetilde{\Pi}$, $\mathbf{V}(r)$ на $\mathbf{V}(r, 1)$) и 4) $\forall \alpha \in \widetilde{\Pi}$ $\pi\alpha \neq 0$, где $\pi : \mathbf{V}(r, 1) \to \mathbf{V}(r)$ есть проекция на подпространство $\mathbf{V}(r)$.

Понятия *приведенных* и *неприводимых* вырожденных корневых систем определяются аналогично случаю корневых систем. Приведенные неприводимые вырожденные корневые системы будем обозначать Π.

Определение 6.2.2. Базисом $B = \{\alpha_i, i = 0, \ldots, r\}$ вырожденной корневой системы Π назовем подмножество векторов $B \subset \Pi$, удовлетворяющее свойствам 1), 2) из определения 6.1.4 базиса корневой системы с естественными заменами.

Определение 6.2.3. Матрицей Картана вырожденной корневой системы Π назовем матрицу $\overline{A}$, определяемую формулой (6.5) для $\alpha_i, \alpha_j \in B$.

Мнимому корню естественно сопоставить вектор в $\mathbf{V}(r, 1)$, указывающий направление вырождения ε_0. Требование 4) из определения 6.2.1 о том, что коллинеарные ε_0 векторы не содержатся в Π, наложено для сохранения свойства 4) матрицы Картана аффинной алгебры.

Утверждение 6.2.1. *Проекция π вырожденной корневой системы Π на $\mathbf{V}(r)$ дает корневую систему $\widetilde{\Pi}_0$ простой алгебры Ли $\pi : \Pi \to \widetilde{\Pi}_0$.*

Доказательство. Разобьем векторы вырожденной корневой системы $\Pi = \{\alpha, \beta, \ldots\}$ на коллинеарные и перпендикулярные ε_0 компоненты: $\alpha = \alpha_0 + \alpha_\perp$, $\beta = \beta_0 + \beta_\perp, \ldots$. Из свойства 4) вырожденной корневой системы имеем $\alpha_\perp \neq 0, \beta_\perp \neq 0, \ldots$. Отражения в Π

$$s_{\alpha_0 + \alpha_\perp}(\beta_0 + \beta_\perp) = \left(\beta_0 - 2\frac{(\beta_\perp, \alpha_\perp)}{(\alpha_\perp, \alpha_\perp)}\alpha_0\right) + \left(\beta_\perp - 2\frac{(\beta_\perp, \alpha_\perp)}{(\alpha_\perp, \alpha_\perp)}\alpha_\perp\right) \tag{6.10}$$

при проекции π перейдут в отражения в $\widetilde{\Pi}_0$

$$s_{\alpha_\perp}(\beta_\perp) = \beta_\perp - 2\frac{(\beta_\perp, \alpha_\perp)}{(\alpha_\perp, \alpha_\perp)}\alpha_\perp, \tag{6.11}$$

т.е. для $\widetilde{\Pi}_0 = \{\alpha_\perp, \beta_\perp, \ldots\}$ выполнено свойство 1) корневой системы. Далее из

$$n(\alpha, \beta) = 2\frac{(\alpha, \beta)}{(\alpha, \alpha)} = 2\frac{(\alpha_0 + \alpha_\perp, \beta_0 + \beta_\perp)}{(\alpha_0 + \alpha_\perp, \alpha_0 + \alpha_\perp)} = 2\frac{(\alpha_\perp, \beta_\perp)}{(\alpha_\perp, \alpha_\perp)} = n(\alpha_\perp, \beta_\perp) \in \mathbb{Z}$$

$$(6.12)$$

следует выполнение свойства 2) корневой системы. Наконец, из $\mathcal{L}(\Pi) =$ $= \mathbf{V}(r, 1)$ вытекает, что линейная оболочка $\widetilde{\Pi}_0$ совпадает с $\mathbf{V}(r)$, т.е. справедливо свойство 3), поэтому $\widetilde{\Pi}_0$ есть корневая система простой алгебры Ли. $\square$

Замечание 6.2.1. При проектировании приведенных вырожденных корневых систем могут получаться неприведенные корневые системы. Забегая вперед отметим, что так случается, если вырожденная корневаясистема соответствует скрученной аффинной алгебре из серии $\widehat{A}_{2l}^{(2)}$.

Утверждение 6.2.2. *Матрицы Картана вырожденных корневых систем — аффинные.*

Доказательство. Достаточно показать, что условия 1), 2), 3а), 4), 5а), которым удовлетворяет аффинная матрица Картана, вытекают из определения вырожденных корневых систем. Целочисленность 1) следует из свойства 2) вырожденной корневой системы. Далее, аналогично случаю обычной корневой системы [77] показывается, что разность $\alpha - \beta$ является корнем, если $n(\alpha, \beta) > 0$, т.е. угол между проекциями векторов на $\mathbf{V}(r)$ острый. Для простых (базисных) корней $n(\alpha, \beta) < 0$, т.е. угол между проекциями векторов тупой, поэтому выполнено условие 2). Пусть $\alpha, \beta \in \Pi$ — произвольные корни. Имеем выражение $n(\alpha, \beta)n(\beta, \alpha) = 4\cos\varphi$, где, в отличие от невырожденного случая, φ — угол между проекциями векторов на $\mathbf{V}(r)$. Поскольку коллинеарность проекций не означает коллинеарности самих векторов, случай $\varphi = 0$ или $n(\alpha, \beta)n(\beta, \alpha) = 4\cos\varphi$ теперь не может быть отброшен, что отвечает условию 3а). Условие 4) следует из симметричности скалярного произведения. Остается доказать условие 5а). Ясно, что все метрические свойства вырожденной корневой системы определяются свойствами проекций ее векторов. В утверждении 6.2.1 показано, что они образуют корневую систему простой алгебры Ли. Все базисные корни вырожденной корневой системы будут проектироваться на подпространство $\mathbf{V}(r)$, образуя неострые углы друг с другом. При этом один из корней станет линейно зависимым, так как корневая система, образованная проекциями векторов вырожденной корневой системы, имеет ровно на один базисный корень меньше. Следовательно, матрица Грамма, составленная из базисных векторов вырожденной корневой системы, удовлетворяет свойству 5а). Деля столбцы на соответствующие квадраты длин базисных векторов, имеем то же свойство для матрицы Картана. $\square$

Замечание 6.2.2. В книге [10] введено понятие допустимой системы векторов и показано, что если эта система линейно зависима, то ее матрица Картана аффинная. Классификация линейно зависимых допустимых систем векторов дается аффинными диаграмами Дынкина, и их матрицы Картана также аффинные. Сопоставляя определения и свойства вырожденной корневой системы и линейно зависимой допустимой системы векторов, легко понять, что набор векторов, получающийся после проектирования и отождествления векторов вырожденной корневой системы, — это в точности линейно зависимая допустимая система векторов.

Определение 6.2.4. Назовем вырожденные корневые системы эквивалентными, если их матрицы Картана одинаковы.

Поскольку матрицы Картана вырожденных корневых систем определяются их проекциями, класс эквивалентности образуют все вырожденные корневые системы с одинаковыми проекциями на $\mathbf{V}(r)$. В общем случае проекция Π на $\mathbf{V}(r)$ не содержится в Π.

Определение 6.2.5. Назовем Π канонической вырожденной корневой системы, если фактор-система $\pi\Pi/P = \Pi_0 \subset \Pi$, где $P = \{\beta \in \pi\Pi \mid 2\beta \in$ $\in \pi\Pi\}$ или $P = \{\beta \in \pi\Pi \mid \frac{1}{2}\beta \in \pi\Pi\}$, т.е. если приведенная корневая система Π_0 содержится в подпространстве $\mathbf{V}(r)$.

Построим базис $B = \{\alpha_0, K\} = \{\alpha_0, \alpha_1, \ldots, \alpha_r\}$ канонической вырожденной корневой системы. Ясно, что в качестве K следует взять базис корневой системы Π_0. Осталось построить $(r+1)$-й базисный корень $\alpha_0 = \pi\alpha_0 + \delta\varepsilon_0 \in \mathbf{V}(r, 1)$, $\delta \in \mathbb{R}$, т.е. фактически выбрать проекцию $\pi\alpha_0$ в подпространстве $\mathbf{V}(r)$ так, чтобы набор векторов $\{\pi\alpha_0, K\}$ в соответствии с утверждением 6.2.2 порождал аффинную матрицу Картана. Ясно, что $\pi\alpha_0$ есть линейная комбинация векторов из K, причем такая, что $(\pi\alpha_0, \alpha_k) \leqslant 0$, $k = 1, \ldots, r$. Как отмечалось в утверждении 6.2.1, $\widetilde{\Pi}_0 = \pi\Pi$ может быть как приведенной корневой системой, так и неприведенной.

Пусть $\widetilde{\Pi}_0 = \Pi_0$ — приведенная корневая система, тогда $\pi\alpha_0 \in \Pi_0$. Если среди $K = \{\alpha_1, \ldots, \alpha_r\}$ есть корни разной длины, т.е. длинные α_l и короткие α_s корни, то возможны два варианта:

1) $|\pi\alpha_0| = |\alpha_l|$. Все корневые системы Π_0 простых алгебр Ли имеют старший вектор $\theta = \sum_{k=1}^{r} a_k\alpha_k$, где a_k — метки на диаграммах Дынкина простых алгебр Ли, удовлетворяющий свойству $(\theta, \alpha_k) \leqslant 0$, $k = 1, \ldots, r$, причем $|\theta| = |\alpha_l|$. (Если все корни в K одинаковой длины, то считаем их длинными корнями.) Полагая $\pi\alpha_0 = -\theta$, получаем базисы B корневых систем всех нескрученных аффинных алгебр (см. [45], с. 104).

2) $|\pi\alpha_0| = |\alpha_s|$. Корневые системы Π_0 простых алгебр C_r, B_r, F_4, G_2, помимо θ, содержат корень $\widetilde{\theta} = \sum_{k=1}^{r} \widetilde{a}_k\alpha_k$, где $\widetilde{a}_k$ — метки Каца на диаграммах Дынкина аффинных алгебр, удовлетворяющий свойству $(\widetilde{\theta}, \alpha_k) \leqslant 0$, $k = 1, \ldots, r$, причем $|\widetilde{\theta}| = |\alpha_s|$. Полагая $\pi\alpha_0 = -\widetilde{\theta}$, получаем

базисы B корневых систем всех скрученных аффинных алгебр, кроме серии $\widehat{A}_{2r}^{(2)}$ (см. [45], с. 104).

Пусть теперь $\widetilde{\Pi}_0 = \Pi_0 \cup P$ — неприведенная корневая система (имеются коллинеарные векторы вдвое меньшей длины, чем длинные корни $\alpha_l \in \Pi_0$, или коллинеарные векторы вдвое большей длины, чем короткие корни $\alpha_s \in \Pi_0$). Если $\pi\alpha_0 \in \Pi_0$, то из рассмотренного выше следует, что $\pi\Pi = \Pi_0$ — приведенная корневая система, а здесь $\widetilde{\Pi}_0$ — неприведенная, т.е. таким способом требуемую вырожденную корневую систему мы не построим. Остается вариант $\pi\alpha_0 \notin \Pi_0$, тогда, если $|\pi\alpha_0| = \frac{1}{2}|\alpha_l|$, то $\pi\alpha_0 = -\frac{1}{2}\theta$, а если $|\pi\alpha_0| = 2|\alpha_s|$, то $\pi\alpha_0 = -2\theta$, где θ — старший корень Π_0. В этом случае получаем базисы B корневых систем скрученных аффинных алгебр серии $\widehat{A}_{2r}^{(2)}$ (см. [45], с. 104).

Таким образом, опираясь на свойства вырожденных корневых систем и свойства корневых систем простых алгебр Ли, мы построили базисы корневых систем всех аффинных алгебр.

Множество отражений вырожденной корневой системы образует группу Вейля W, которая порождается фундаментальными отражениями $s_{\alpha_0}, s_{\alpha_1}, \ldots, s_{\alpha_r}$ относительно базисных корней. Последние r фундаментальных отражений, очевидно, генерируют подгруппу W_0. Рассмотрим построенную из отражений k-ю степень оператора сдвига корня x вдоль ε_0:

$$t_\alpha^k(x) \stackrel{df}{=} s_{k\delta\varepsilon_0 - \alpha} s_\alpha(x) = x - 2\frac{(\alpha, x)}{(\alpha, \alpha)} k\delta\varepsilon_0, \qquad (6.13)$$

где α, $k\delta\varepsilon_0 - \alpha$, $x \in \Pi$ и корни α, x неортогональны $(\alpha, x) \neq 0$. Множество сдвигов вырожденной корневой системы образует коммутативную подгруппу сдвигов T. Нетрудно показать, что группа Вейля W есть полупрямое произведение своих подгрупп $W = T \rightthreetimes W_0$.

Выясним теперь устройство вырожденных корневых систем. Для этого достаточно учесть тот факт, что отражения не меняют длину корня и его $\varepsilon 1_0$ компоненту $w(\delta\varepsilon 1_0) = \delta\varepsilon 1_0$, т.е. подгруппа W_0 действует транзитивно на множествах корней одинаковой длины с одинаковыми $\varepsilon 1_0$ координатами, и построить операторы сдвигов корней разных длин. Полная система корней есть объединение мнимых и вещественных корней: $\Pi = \Pi_{re} \cup \Pi_{im}$, где $\Pi_{im} = \{n\delta\varepsilon 1_0 | n \in \mathbb{Z}\}$. Осталось построить Π_{re}.

Рассмотрим строение Π_{re} в случае нескрученных аффинных алгебр. Для этих алгебр корень α_0 имеет максимальную длину $|\alpha_0| = |\alpha_l|$. Действуя на $\alpha_0 = \pi\alpha_0 + \delta\varepsilon 1_0$, $\pi\alpha_0 \in \Pi_0$ отражениями из W_0, находим подмножество сдвинутых длинных корней $\{\Pi_0^l + \delta\varepsilon 1_0\}$. Короткий корень α_m сдвигаем оператором $t_{\alpha_{m-1}}(\alpha_m) = \alpha_m + \delta\varepsilon 1_0$, где α_{m-1} — длинный корень, не ортогональный α_m, т.е. соединенный с α_m на диаграмме Дынкина. Здесь $m = 1$ для $C_r^{(1)}$, $m = 2$ для $G_2^{(1)}$, $m = 3$ для $F_4^{(1)}$, $m = r$ для $B_r^{(1)}$. С помощью отражений из W_0 находим сдвиг множества коротких корней $\Pi_0^s + \delta\varepsilon 1_0$. Поскольку для нескрученных алгебр $\Pi_0^l \cup \Pi_0^s = \Pi_0$, то $\Pi_0 \subset V(r)$ переходит в $\Pi_0 + \delta\varepsilon 1_0 \subset V(r,1)$. Следующий шаг — сдвиг длинного корня $\alpha_0 :~t_{\alpha_p}(\alpha_0) = \alpha_0 + \delta\varepsilon_0$, где $p = 6$ для $E_6^{(1)}$, $p = 2$ для $B_r^{(1)}, D_r^{(1)}$, $p = 1$ для остальных нескрученных аффинных алгебр. Повторение процедуры сдвига длинных и коротких корней приводит к множеству $\{\Pi_0 + 2\delta\varepsilon_0\}$. Аналогично строятся сдвиги Π_0 в отрицательном направлении оси $\varepsilon 1_0$. Таким образом, вырожденные корневые системы нескрученных аффинных алгебр имеют вид

$$\Pi_{re} = \{\Pi_0 + n\delta\varepsilon_0|~n \in \mathbb{Z}\}. \tag{6.14}$$

Для скрученных алгебр (кроме $A_{2r}^{(2)}$) корень α_0 имеет минимальную длину $|\alpha_0| = |\alpha_s|$. Действуя на $\alpha_0 = \pi\alpha_0 + \delta\varepsilon 1_0$, $\pi\alpha_0 \in \Pi_0$ отражениями из W_0, находим подмножество сдвинутых коротких корней $\{\Pi_0^s + \delta\varepsilon 1_0\}$. Длинный корень α_m сдвигаем оператором $t_{\alpha_{m-1}}(\alpha_m) = \alpha_m + 2\delta\varepsilon 1_0$, где α_{m-1} — короткий корень, не ортогональный α_m. Здесь $m = 1$ для $D_{r+1}^{(2)}$, $m = 2$ для $D_4^{(3)}$, $m = 3$ для $E_6^{(2)}$, $m = r$ для $A_{2r-1}^{(2)}$. С помощью отражений из W_0 находим сдвиг множества длинных корней $\{\Pi_0^l + 2\delta\varepsilon 1_0\}$. Следующий шаг — сдвиг коротких корней: корня α_0 по формуле $t_{\alpha_p}(\alpha_0) = \alpha_0 + \delta\varepsilon_0 = \pi\alpha_0 + 2\delta\varepsilon 1_0$, $p = 1$ для $D_4^{(3)}, E_6^{(2)}$, $p = 2$ для $A_{2r-1}^{(2)}$ и корня α_r в случае алгебры $D_{2r-1}^{(2)}$ по формуле $t_{\alpha_{r-1}}^2(\alpha_r) = \alpha_r + 2\delta\varepsilon 1_0$. (Оператор $t_{\alpha_{r-1}} = s_{\delta\varepsilon 1_0 - \alpha_{r-1}} s_{\alpha_{r-1}}$ не определен, поскольку $\delta\varepsilon 1_0 - \alpha_{r-1} \notin \Pi$, поэтому используем оператор $t_{\alpha_{r-1}}^2$.) Преобразования из подгруппы W_0 переводят сдвинутые короткие корни в множество $\{\Pi_0^s + 2\delta\varepsilon 1_0\}$. Длинные корни из множества $\{\Pi_0^l + 2\delta\varepsilon 1_0\}$ оператором $t_{\alpha_{m-1}}^2(\alpha_m) = \alpha_m + 4\delta\varepsilon 1_0$, и преобразованиями из W_0 переводятся в множество $\{\Pi_0^l + 4\delta\varepsilon 1_0\}$. Π_{re} скрученных аффинных алгебр (за исключением $A_{2r}^{(2)}$) есть объединение сдвинутых множеств коротких и длинных корней:

$$\Pi_{re} = \{\Pi_0^s + n\delta\varepsilon_0\} \cup \{\Pi_0^l + nk\delta\varepsilon_0\},~n \in \mathbb{Z},~k = 2, 3. \tag{6.15}$$

Найдем строение Π_{re} для алгебр $A_{2r}^{(2)}$, у которых $|\alpha_0| = \dfrac{1}{2}|\alpha_l| < |\alpha_s| < |\alpha_l|$ и $\pi\alpha_0 \notin \Pi_0$. Оператор t_{α_0} сдвигает короткий корень $\alpha_1 \in \Pi_0$, $|\alpha_1| = |\alpha_s|$ на $2\delta\varepsilon_0$: $t_{\alpha_0}(\alpha_1) = \alpha_1 + 2\delta\varepsilon_0$. Оператор $t_{\alpha_1} = s_{(\delta\varepsilon_0 - \alpha_1)} s_{\alpha_1}$ не определен, поскольку $\delta\varepsilon_0 - \alpha_1 \notin \Pi$, поэтому операторы сдвига коротких корней α_k имеют вид $t_{\alpha_k}^2(\alpha_{k+1}) = \alpha_{k+1} + 2\delta\varepsilon 1_0$, $k = 1, 2, \ldots, r - 2$. Преобразования из подгруппы W_0 переводят сдвинутые короткие базисные корни в множество $\Pi_0^s + 2\delta\varepsilon_0$. С помощью операторов $t_{\alpha_0}^n$, $t_{\alpha_k}^n$, $n \in \mathbb{Z}$ короткие базисные корни сдвигаются на $2n\delta\varepsilon_0$ и затем размножаются группой W_0, в результате получаем подмножество $\Pi_1 = \{\Pi_0^s + 2n\delta\varepsilon_0|n \in \mathbb{Z}\}$. Длинный корень $\alpha_r \in \Pi_0$, $|\alpha_r| = |\alpha_l|$ сдвигается на $4\delta\varepsilon_0$: $t_{\alpha_{r-1}}^2(\alpha_r) = \alpha_r + 4\delta\varepsilon_0$. Аналогично, с помощью операторов сдвига $t_{\alpha_{r-1}}^{2n}$ и отражений из W_0 находим подмножество длинных корней $\Pi_2 = \{\Pi_0^l + 4n\delta\varepsilon_0|n \in \mathbb{Z}\}$.

Осталось выяснить строение корней длиной $|\alpha_0| = \frac{1}{2}|\alpha_l|$. Отражения из W_0 переводят базисный корень $\alpha_0 = \pi\alpha_0 + \delta\varepsilon_0$ в набор корней $\{\frac{1}{2}\Pi_0^l + \delta\varepsilon_0\}$, поскольку $\pi\alpha_0 = -\frac{1}{2}\theta$. Оператор $t_{\alpha_1}^2$ сдвигает α_0 на $2\delta\varepsilon_0$: $t_{\alpha_1}^2(\alpha_0) = \alpha_0 + 2\delta\varepsilon_0 = \pi\alpha_0 + 3\delta\varepsilon_0$, а преобразование из подгруппы W_0 переводит сдвинутый корень в набор $\{\frac{1}{2}\Pi_0^l + 3\delta\varepsilon_0\}$. Степени $t_{\alpha_1}^{2n}$, $n \in \mathbb{Z}$ и отражения из W_0 порождают подмножество $\Pi_3 = \{\frac{1}{2}\Pi_0^l + (2n+1)\delta\varepsilon_0 | n \in \mathbb{Z}\}$. Вещественные корни алгебры $A_{2r}^{(2)}$ получаются объединением подмножеств Π_1, Π_2, Π_3 ($n \in \mathbb{Z}$):

$$\Pi_{re} = \{\frac{1}{2}\Pi_0^l + (2n+1)\delta\varepsilon_0\} \cup \{\Pi_0^s + 2n\delta\varepsilon_0\} \cup \{\Pi_0^l + 4n\delta\varepsilon_0\}. \quad (6.16)$$

Таким образом, корневая система в пространстве Кэрролла с вырожденной метрикой есть геометрическая аксиоматизация системы корней аффинной алгебры. Аффинные группы Вейля представляют собой группы отражений вырожденных корневых систем. Использование наглядных геометрических соображений дало возможность получить достаточно простое алгоритмическое построение базисов всех вырожденных корневых систем и описание их устройства.

Анализ обсуждаемых в литературе других типов алгебр Каца–Муди показывает, что их матрицы Картана могут быть получены геометрически. Например, корневые системы в псевдоевклидовых пространствах связаны с гиперболическими алгебрами Каца–Муди [197] и алгебрами Борхердса [117, 139]. При этом алгебраическое условие на симметризованную матрицу Картана $a_{ii} = 0$ геометрически соответствует случаю, когда базисный корень принадлежит конусу $(x, x) = 0$, а условие $a_{ii} < 0$ означает, что базисные корни имеют как положительную, так и отрицательную длину, т.е. расположены в разных полах конуса.

Корневые системы в пространстве с двукратно вырожденной метрикой связаны, по-видимому, с тороидальными алгебрами [136, 163]. Такая геометрическая интерпретация позволяет установить свойства их матриц Картана. Так, кроме изменения условия 5а), перестает выполняться свойство $a_{ij} < 0$ при $i \neq j$, поскольку невозможно разместить $n + 2$ проекции базисных корней на n-мерное евклидово подпространство так, чтобы все углы между ними были неострые, т.е. чтобы все скалярные произведения между ними были неположительные. Ясно, что это влечет модификацию тождеств Серра.

Глава 7

КОНТРАКЦИИ КЛАССИЧЕСКИХ СУПЕРАЛГЕБР И ИХ ПРЕДСТАВЛЕНИЙ

В настоящей главе определяется широкий класс ортосимплектических $osp(m; j|2n; \omega)$ и унитарных $sl(m; j|n; \varepsilon)$ супералгебр Кэли-Клейна, которые могут быть получены из супералгебр $osp(m|2n)$ и $sl(m|n)$ контракциями и аналитическими продолжениями подобно тому, как ортогональные, унитарные и симплектические алгебры Кэли-Клейна получаются из соответствующих классических алгебр. Операторы Казимира супералгебр Кэли-Клейна находятся подходящим преобразованием аналогичных операторов исходных супералгебр. Подробно рассмотрены контракции $osp(1|2)$ и ее представлений.

7.1. Предварительные замечания

Со времени открытия [11, 20, 212] в 1971 г. суперсимметрия используется в различных физических теориях, таких как супергравитация Калуцы-Клейна [213], суперсимметричные теории поля типа Весса–Зумино [161, 169] и безмассовые теории поля с большим спином [210]. В литературе обсуждалась S-теория [112], которая содержит теорию суперструн, и ее супер p-мембранные и D-мембранные [115] обобщения. Все подобные теории строятся алгебраически с помощью тех или иных супералгебр. В данной главе изучается широкий класс супералгебр Кэли-Клейна, которые могут быть использованы для построения на их основе различных суперсимметричных моделей.

Типичным (и привлекательным) свойством групп Кэли-Клейна является то, что все они зависят от того же числа независимых параметров, что и соответствующая простая классическая группа. На уровне алгебр Ли это означает, что все алгебры Кэли-Клейна данного типа имеют одинаковую размерность. Базовые супералгебры содержат простые классические алгебры как четные подалгебры, поэтому представляется естественным рассмотреть новый класс супералгебр Кэли-Клейна, содержащих алгебры КК в качестве четных подалгебр.

Супералгебра **A** как алгебраическая структура сравнительно с алгеброй Ли содержит дополнительную операцию, а именно $\mathbb{Z}_2$-градуировку. Как линейное пространство супералгебра может быть разложена в прямую сумму $\mathbf{A} = A_0 \oplus A_1$ четного A_0 и нечетного A_1 подпространств. Элементы из A_0 и A_1 называются однородными (четными и нечетными соответственно) элементами. Если $a \in A_k$, где $k \in \mathbb{Z}_2$, то функция $p(a) = k$ называется четность элемента a. Любой элемент (за исключением нуля) может быть единственным образом представлен в виде $a = a_0 + a_1$, где $a_k \in A_k$. Суперкоммутатор $[,]_s : \mathbf{A} \oplus \mathbf{A} \to \mathbf{A}$ определяется формулой

$$[a, b]_s = ab - (-1)^{p(a)p(b)} ba, \qquad (7.1)$$

т.е. является обычным коммутатором $[,]$ для обоих четных и четных-нечетных элементов и антикоммутатором $\{,\}$ для обоих нечетных элементов супералгебры. $\mathbb{Z}_2$-градуировка должна сохраняться при контракциях.

Контракция ортосимплектической супералгебры к суперкинематикам была рассмотрена в работе [202]. Детальное исследование контракций $osp(1|2)$ и $osp(1|4)$ к кинематическим супералгебрам Пуанкаре и Галилея проведено в работе [162]. Контракции унитарной супералгебры $Gsu(2) = sl(2|1)$ и ее представлений описаны в [199]. Позднее понятие контракций было обобщено [191, 194] на случай алгебр Ли и супералгебр с произвольной конечной градуировочной группой и известно как градуировочные контракции. Там же был определен новый тип дискретных контракций. Тем не менее частный случай простейшей $\mathbb{Z}_2$-градуировки представляет особый интерес и заслуживает отдельного рассмотрения. Следует подчеркнуть, что контракции квантовых деформаций супералгебр, упомянутые в [122], образуют отдельное направление исследований. В связи с теорией суперструн в работе [161] были предложены обобщенные контракции Вигнера–Иненю, которые учитывают следующий член разложения по контракционному параметру и в плоском пределе дают правильный член Весса–Зумино. Здесь применяются стандартные контракции Вигнера–Иненю [164], но вместо стремящихся к нулю контракционных параметров используются нильпотентные параметры.

7.2. Ортосимплектические супералгебры $osp(m; j|2n; \omega)$

Специальная линейная $sl(m)$, ортогональная $so(m)$ и симплектическая $sp(2n)$ алгебры являются четными подалгебрами основных классических супералгебр. Все они могут быть контрактированы и аналитически продолжены в алгебры Кэли–Клейна, что позволяет естественным образом определить супералгебры Кэли–Клейна.

Множество преобразований $L(j) : \mathbf{R}_m(j) \to \mathbf{R}_m(j)$ с единичным детерминантом $\det L(j) = 1$ образует специальные линейные группы Кэли–Клейна $SL(m; j)$, а соответствующие алгебры $sl(m; j)$ задаются $m \times m$ матрицами с нулевым следом $\operatorname{tr} l(j) = 0$. Подчеркнем, что в декартовом базисе все матрицы фундаментального представления групп и алгебр $SL(m; j)$, $SO(m; j)$, $sl(m; j)$, $so(m; j)$ имеют одинаковое распределение контракционных параметров j среди своих элементов, т. е. принадлежат к одному типу матриц с элементами из алгебры Пименова $\mathbf{P}(j)$.

Симплектическая группа Кэли–Клейна $Sp(2n; \omega)$ определяется как множество преобразований пространства $\mathbf{R}_n(\omega) \times \mathbf{R}_n(\omega)$, сохраняющих билинейную форму

$$S(\omega) = (y_1 z_{n+1} - y_{n+1} z_1) + \sum_{k=2}^{n} [1, k]^2 (y_k z_{n+k} - y_{n+k} z_k), \qquad (7.2)$$

где

$$[k, p] = \prod_{l=\min(k,p)}^{\max(k,p)-1} \omega_l, \quad [k, k] = 1, \qquad (7.3)$$

а $\omega_l = 1, \xi_l, i,\ \xi_l^2 = 0,\ \xi_k \xi_p = \xi_p \xi_k$. Распределение контракционных параметров ω_l среди матричных элементов фундаментального представления

$$M(\omega) = \begin{pmatrix} H(\omega) & E(\omega) \\ F(\omega) & -H^t(\omega) \end{pmatrix} \qquad (7.4)$$

симплектической алгебры Кэли–Клейна $sp(2n; \omega)$ имеет вид

$$B_{kp} = [k, p] b_{kp}, \quad B = H(\omega), E(\omega), F(\omega). \qquad (7.5)$$

Новые обозначения контракционных параметров ω_l и их произведений $[k, p]$ вида (7.3) введены для того, чтобы иметь возможность контрактировать ортосимплектические супералгебры независимо в ортогональном и симплектическом секторах.

7.2.1. Ортосимплектические супералгебра $osp(m|2n)$ и супергруппа $OSp(m|2n)$.

Элементарные матрицы $e_{IJ} \in M_{m+2n}$ имеют ненулевые элементы вида $(e_{IJ})_{KL} = \delta_{IK}\delta_{JL}$. Определим градуированную матрицу [138]:

$$G = \begin{pmatrix} I_m & 0 \\ \hline 0 & \begin{matrix} 0 & I_n \\ -I_n & 0 \end{matrix} \end{pmatrix}, \qquad (7.6)$$

где I_m, I_n — единичные матрицы.

Определение 7.2.1. Ортосимплектическая супералгебра состоит из матриц, удовлетворяющих условию

$$osp(m|2n) = \{M \in M_{m+2n} \mid M^{st}G + GM = 0\}. \qquad (7.7)$$

Пусть $i, j, \ldots = 1, \ldots, m,\ \bar{i}, \bar{j}, \ldots = m+1, \ldots, m+2n$. Генераторы ортосимплектической супералгебры $osp(m|2n)$ равны

$$E_{ij} = -E_{ji} = \sum_k (G_{ik} e_{kj} - G_{jk} e_{ki}),$$

$$E_{\bar{i}\bar{j}} = E_{\bar{j}\bar{i}} = \sum_{\bar{k}} (G_{\overline{ik}} e_{\overline{kj}} + G_{\overline{jk}} e_{\overline{ki}}),$$

$$E_{i\bar{j}} = E_{\bar{j}i} = \sum_k G_{ik} e_{k\bar{j}} + \sum_{\bar{k}} G_{\overline{jk}} e_{\bar{k}i}. \tag{7.8}$$

Четные (бозонные) генераторы E_{ij} порождают подалгебру $so(m)$, четные генераторы $E_{\overline{ij}}$ порождают подалгебру $sp(2n)$, а остальные $E_{i\bar{j}}$ являются нечетными (фермионными) генераторами супералгебры. Они удовлетворяют следующим (супер) коммутационным соотношениям:

$$[E_{ij}, E_{kl}] = G_{jk} E_{il} + G_{il} E_{jk} - G_{ik} E_{jl} - G_{jl} E_{ik},$$

$$[E_{\overline{ij}}, E_{\overline{kl}}] = -G_{\overline{jk}} E_{\overline{il}} - G_{\overline{il}} E_{\overline{jk}} - G_{\overline{jl}} E_{\overline{ik}} - G_{\overline{ik}} E_{\overline{jl}},$$

$$[E_{ij}, E_{k\bar{l}}] = G_{jk} E_{i\bar{l}} - G_{ik} E_{j\bar{l}}, \quad [E_{i\bar{j}}, E_{\overline{kl}}] = -G_{\overline{jk}} E_{i\bar{l}} - G_{\overline{jl}} E_{i\bar{k}},$$

$$[E_{ij}, E_{\overline{kl}}] = 0, \quad \{E_{i\bar{j}}, E_{k\bar{l}}\} = G_{ik} E_{\overline{jl}} - G_{\overline{jl}} E_{ik}. \tag{7.9}$$

Определение 7.2.2. Ортосимплектическая супергруппа определяется экспоненциальным отображением своей супералгебры

$$OSp(m|2n) = \Big\{ \mathcal{M} \in M_{m+2n} \mid \mathcal{M} = \exp M,$$

$$M = \sum_{i,j} a_{ij} E_{ij} + \sum_{\bar{i},\bar{j}} b_{\overline{ij}} E_{\overline{ij}} + \sum_{i\bar{j}} \mu_{i\bar{j}} E_{i\bar{j}} \Big\}, \tag{7.10}$$

где $a_{ij}, b_{\overline{ij}} \in \mathbb{R}$ (или $\mathbb{C}$), а $\mu_{i\bar{j}}$ есть нечетные нильпотентные элементы алгебры Грассмана $\mu_{i\bar{j}}^2 = 0$, $\mu_{i\bar{j}} \mu_{i'\bar{j}'} = -\mu_{i'\bar{j}'} \mu_{i\bar{j}}$.

Ее действие на (супер) векторном пространстве задается матричным умножением $\mathcal{X}' = \mathcal{M}\mathcal{X}$, где $\mathcal{X}^t = (x|\theta)^t$, причем x есть n-мерный четный вектор, а θ есть $2m$-мерный нечетный вектор с грассмановыми элементами. Относительно действия ортосимплектической супергруппы остается инвариантной квадратичная форма

$$\mathrm{inv} = \sum_{i=1}^m x_i^2 + 2 \sum_{k=1}^n \theta_{+k} \theta_{-k} = x^2 + 2\theta^2. \tag{7.11}$$

7.2.2. Ортосимплектические супералгебры Кэли–Клейна $osp(m; j|2n; \omega)$.

Ортосимплектические супералгебры Кэли–Клейна определим, отталкиваясь от инвариантной формы

$$\mathrm{inv}(j;\omega) = u^2 \sum_{k=1}^m (1,k)^2 x_k^2 + 2\nu^2 \sum_{\bar{k}=m+1}^{m+n} [1,\widehat{\overline{k}}]^2 \theta_{\widehat{\overline{k}}} \theta_{-\widehat{\overline{k}}} \equiv$$

$$\equiv u^2 x^2(j) + 2\nu^2 \theta^2(\omega), \tag{7.12}$$

где $\widehat{\overline{k}} = \overline{k} - m$, когда $\overline{k} = m+1, \dots, m+n$ и $\widehat{\overline{k}} = \overline{k} - m - n$, когда $\overline{k} = m+n+1, \dots, m+2n$, а u и ν — дополнительные контракционные параметры. Форма (7.12) представляет собой естественное объединение ортогональной и симплектической форм Кэли–Клейна.

Определение 7.2.3. Ортосимплектическая супералгебра Кэли–Клейна $osp(m; j|2n; \omega)$ в фундаментальном представлении порождается генераторами

$$E_{ik} = (i, k)E_{ik}^*, \quad E_{\overline{ik}} = [\widehat{i}, \widehat{k}]E_{\overline{ik}}^*, \quad E_{i\overline{k}} = u(1, i)\nu[1, \widehat{k}]E_{i\overline{k}}^*, \qquad (7.13)$$

где E^* есть генераторы (7.8) исходной супералгебры $osp(m|2n)$.

Преобразованные генераторы подчиняются (супер) коммутационным соотношениям

$$[E_{ij}, E_{kl}] = (i, j)(k, l)\left(\frac{G_{jk}E_{il}}{(i, l)} + \frac{G_{il}E_{jk}}{(j, k)} - \frac{G_{ik}E_{jl}}{(j, l)} - \frac{G_{jl}E_{ik}}{(i, k)}\right),$$

$$[E_{\overline{ij}}, E_{\overline{kl}}] = -[\widehat{i}, \widehat{j}][\widehat{k}, \widehat{l}]\left(\frac{G_{\overline{jk}}E_{\overline{il}}}{[\widehat{i}, \widehat{l}]} + \frac{G_{\overline{il}}E_{\overline{jk}}}{[\widehat{j}, \widehat{k}]} + \frac{G_{\overline{ik}}E_{\overline{jl}}}{[\widehat{j}, \widehat{l}]} + \frac{G_{\overline{jl}}E_{\overline{ik}}}{[\widehat{i}, \widehat{k}]}\right),$$

$$[E_{ij}, E_{\overline{kl}}] = 0, \quad [E_{ij}, E_{k\overline{l}}] = (i, j)(1, k)\left(\frac{G_{jk}E_{i\overline{l}}}{(1, i)} - \frac{G_{ik}E_{j\overline{l}}}{(1, j)}\right),$$

$$[E_{i\overline{j}}, E_{\overline{kl}}] = -[1, \widehat{j}][\widehat{k}, \widehat{l}]\left(\frac{G_{\overline{jk}}E_{i\overline{l}}}{[1, \widehat{l}]} + \frac{G_{\overline{jl}}E_{i\overline{k}}}{[1, \widehat{k}]}\right),$$

$$\{E_{i\overline{j}}, E_{k\overline{l}}\} = u^2\nu^2(1, i)[1, \widehat{j}](1, k)[1, \widehat{l}]\left(\frac{G_{ik}E_{\overline{jl}}}{[\widehat{j}, \widehat{l}]} - \frac{G_{\overline{jl}}E_{ik}}{(i, k)}\right). \qquad (7.14)$$

При $u = \iota$ или $\nu = \iota$, $\iota^2 = 0$ супералгебра $osp(m|2n)$ контрактируется в неоднородную супералгебру, которая представляет собой полупрямую сумму $\{E_{i\overline{j}}\} \uplus (so(m) \oplus sp(2n))$, причем все антикоммутаторы нечетных генераторов равны нулю $\{E_{i\overline{j}}, E_{k\overline{p}}\} = 0$. Именно такая контракция супералгебры $osp(1|2)$ приводит к алгебре BRS преобразований [113] плотности лагранжиана калибровочных теорий [175], как это показано в работе [199].

7.2.3. Пример: контракции супералгебры $osp(3|2)$.

Эта супералгебра содержит $so(3)$ как четную подалгебру, поэтому ее контракции к кинематическим $(1 + 1)$ Пуанкаре, Ньютона и Галилея супералгебрам могут быть осуществлены в рамках общей схемы контракций Кэли–Клейна ортогональных алгебр. В отличие от двух нечетных генераторов $osp(1|2)$, супералгебра $osp(3|2)$ содержит шесть нечетных генераторов. В базисе $X_{ik} = E_{ki}$, $k, i = 1, 2, 3$, $F = \frac{1}{2}E_{44}$, $E = -\frac{1}{2}E_{55}$, $H = -E_{45}$, $Q_k = E_{k4}$, $Q_{-k} = E_{k5}$ генераторы домножаются на контракционные параметры j_1, j_2 следующим образом:

$$X_{ik} \to (i, k)X_{ik}, \quad Q_{\pm k} \to (1, k)Q_{\pm k}, \qquad (7.15)$$

а H, F, E остаются неизменными. В результате (супер) коммутаторы $osp(3; j|2)$ принимают вид

$$[X_{12}, X_{13}] = j_1^2 X_{23}, \quad [X_{13}, X_{23}] = j_2^2 X_{12}, \quad [X_{23}, X_{12}] = X_{13},$$

$$[H, E] = 2E, \quad [H, F] = -2F, \quad [E, F] = H,$$

$$[X_{ik}, Q_{\pm i}] = Q_{\pm k}, \quad [X_{ik}, Q_{\pm k}] = -(i,k)^2 Q_{\pm i}^2, \quad i < k,$$

$$[H, Q_{\pm k}] = \mp Q_{\pm k}, \quad [E, Q_k] = -Q_{-k}, \quad [F, Q_{-k}] = -Q_k,$$

$$\{Q_k, Q_k\} = (1,k)^2 F, \quad \{Q_{-k}, Q_{-k}\} = -(1,k)^2 E,$$

$$\{Q_k, Q_{-k}\} = -(1,k)^2 H, \quad \{Q_{\pm i}, Q_{\mp k}\} = \pm(1,k)^2 X_{ik}. \tag{7.16}$$

Неминимальная супералгебра Пуанкаре (при $j_1 = \iota_1$, $j_2 = i$) имеет структуру полупрямой суммы $T \oplus (\{X_{23}\} \oplus osp(1|2))$ с абелевой $T = \{X_{12}, X_{13}, Q_{\pm 2}, Q_{\pm 3}\}$ и $osp(1|2) = \{H, E, F, Q_{\pm 1}\}$. Супералгебра Ньютона $osp(3; \iota_2|2) = T_2 \oplus osp(2|2)$, где $osp(2|2)$ порождается генераторами $X_{12}, H, E, F, Q_{\pm 1}, Q_{\pm 2}$, а подалгебра $T_2 = \{X_{13}, X_{23}, Q_{\pm 3}\}$. Наконец, неминимальная супералгебра Галилея может быть представлена в виде полупрямых сумм $osp(3; \iota_1, \iota_2|2) = (T \oplus \{X_{23}\}) \oplus osp(1|2) = T \oplus (\{X_{23}\} \oplus osp(1|2))$.

7.3. Унитарные супералгебры $sl(m; j|n; \varepsilon)$

7.3.1. Унитарная супералгебра $sl(m|n)$. Следуя [138], введем следующее определение.

Определение 7.3.1. Унитарная супералгебра $sl(m|n)$ порождается матрицами вида

$$M = \begin{pmatrix} X_{mm} & T_{mn} \\ T_{nm} & X_{nn} \end{pmatrix}, \tag{7.17}$$

где $X_{mm} \in gl(m)$, $X_{nn} \in gl(n)$, T_{mn} и T_{nm} есть матрицы размера $m \times n$ и $n \times m$ соответственно, с условием на суперслед

$$\operatorname{str}(M) = \operatorname{tr}(X_{mm}) - \operatorname{tr}(X_{nn}) = 0. \tag{7.18}$$

Эта матричная супералгебра есть набор преобразований суперпространства с m четными $x_1, \dots, x_m$ и n нечетными $\theta_1, \dots, \theta_n$ координатами.

Базис супералгебры $sl(m|n)$ может быть построен так. Определим $(m+n)^2 - 1$ генераторов

$$E_{ij} = e_{ij} - \frac{1}{m-n}\delta_{ij}\left(\sum_{k=1}^m e_{kk} + \sum_{\overline{k}=m+1}^{m+n} e_{\overline{k}\overline{k}}\right), \quad E_{i\overline{j}} = e_{i\overline{j}},$$

$$E_{\overline{ij}} = e_{\overline{ij}} + \frac{1}{m-n}\delta_{\overline{ij}}\left(\sum_{k=1}^m e_{kk} + \sum_{\overline{k}=m+1}^{m+n} e_{\overline{k}\overline{k}}\right), \quad E_{\overline{i}j} = e_{\overline{i}j}, \tag{7.19}$$

где индексы $i, j, \ldots$ пробегают значения от 1 до m, а $\bar{i}, \bar{j}, \ldots$ от $m + 1$ до $m + n$. Генераторы $sl(m|n)$ в базисе Картана–Вейля задаются формулами

$$H_i = E_{ii} - E_{i+1,i+1}, \quad 1 \leqslant i \leqslant m - 1,$$

$$H_{\bar{i}} = E_{\bar{i}\bar{i}} - E_{\bar{i}+1,\bar{i}+1}, \quad m + 1 \leqslant \bar{i} \leqslant m + n - 1,$$

E_{ij} для $sl(m)$, $E_{\bar{i}\bar{j}}$ для $sl(n)$, $E_{i\bar{j}}$ и $E_{\bar{i}j}$ для нечетной части ,

$$H_m = E_{mm} + E_{m+1,m+1} \tag{7.20}$$

и удовлетворяют коммутационным соотношениям $(K \neq m)$

$$[H_K, E_{IJ}] = \delta_{IK} E_{KJ} - \delta_{I,K+1} E_{K+1,J} - \delta_{KJ} E_{IK} + \delta_{K+1,J} E_{I,K+1},$$

$$[H_m, E_{IJ}] = \delta_{Im} E_{mJ} - \delta_{I,m+1} E_{m+1,J} - \delta_{mJ} E_{Im} + \delta_{m+1,J} E_{I,m+1},$$

$$[E_{IJ}, E_{KL}] = \delta_{JK} E_{IL} - \delta_{IL} E_{KJ}, \quad \text{для } E_{IJ} \text{ и } E_{KL} \text{ четных,}$$

$$[E_{IJ}, E_{KL}] = \delta_{JK} E_{IL} - \delta_{IL} E_{KJ}, \text{ для } E_{IJ} \text{ четных и } E_{KL} \text{ нечетных,}$$

$$\{E_{IJ}, E_{KL}\} = \delta_{JK} E_{IL} + \delta_{IL} E_{KJ}, \quad \text{для } E_{IJ} \text{ и } E_{KL} \text{ нечетных,}$$

$$[H_I, H_J] = 0. \tag{7.21}$$

7.3.2. Унитарные супералгебры Кэли–Клейна $sl(m; j|n; ε)$.
Эти супералгебры согласованы с преобразованиями (супер) векторов

$$\mathcal{X}^t(j, \varepsilon) =$$

$$= \left(x_1, j_1 x_2, \ldots, (1, m) x_m \mid \nu(x_{m+1}, \varepsilon_1 x_{m+2}, \ldots, [1, n] x_{m+n})\right)^t, \tag{7.22}$$

где нечетные компоненты обозначены $x_{m+1} = \theta_1, \ldots, x_{m+n} = \theta_n$ и $\widehat{\bar{i}} = \bar{i} - m, \widehat{\bar{k}} = \bar{k} - m = 1, \ldots, n$. Компоненты (супер) вектора $\mathcal{X}(j; \varepsilon)$ выбраны так, чтобы контракционные параметры нечетных ε_l и четных j_l координат были независимы. Преобразования стандартных генераторов (7.20) (помеченных звездочкой) специальной линейной супералгебры $sl(m|n)$ в генераторы $sl(m; j|n, \varepsilon)$ имеют вид

$$H_I = H_I^*, \quad E_{ij} = (i, j) E_{ij}^*, \quad E_{\bar{i}\bar{j}} = [\widehat{\bar{i}}, \widehat{\bar{j}}] E_{\bar{i}\bar{j}}^*, \quad i \neq j, \quad \bar{i} \neq \bar{j},$$

$$E_{i\bar{j}} = \nu(1, i)[1, \widehat{\bar{j}}] E_{i\bar{j}}^*, \quad E_{\bar{i}j} = \nu(1, j)[1, \widehat{\bar{i}}] E_{\bar{i}j}^*. \tag{7.23}$$

Ненулевые коммутаторы и антикоммутаторы легко находятся из соответствующих коммутационных соотношений (7.21) исходной супералгебры $sl(m|n)$.

Определение 7.3.2. Унитарные супералгебры Кэли–Клейна $sl(m; j|n; ε)$ порождаются генераторами (7.23) с коммутационными соотношениями

$$[H_K, E_{IJ}] = \delta_{IK} E_{KJ} - \delta_{I,K+1} E_{K+1,J} - \delta_{KJ} E_{IK} + \delta_{K+1,J} E_{I,K+1},$$

$$[E_{ij}, E_{jl}] = \begin{cases} E_{il}, & i < j < l,\ l < j < i,\ l \neq i, \\ (l, j)^2 E_{il}, & i < l < j \text{ или } j < l < i, \\ (i, j)^2 E_{il}, & l < i < j \text{ или } j < i < l, \end{cases}$$

$$[E_{ij}, E_{kj}] = \begin{cases} -E_{kj}, & k < i < j,\ j < i < k,\ k \neq j, \\ -(i,j)^2 E_{kj}, & i < j < k \text{ или } k < j < i, \\ -(i,k)^2 E_{kj}, & i < k < j \text{ или } j < k < i, \end{cases}$$

$$[E_{ij}, E_{ji}] = (i,j)^2 (E_{ii} - E_{jj}),$$

$$[E_{\overline{ij}}, E_{\overline{jl}}] = \begin{cases} E_{\overline{il}}, & \overline{i} < \overline{j} < \overline{l},\ \overline{l} < \overline{j} < \overline{i},\ \overline{l} \neq \overline{i}, \\ [\widehat{\overline{l},\overline{j}}]^2 E_{\overline{il}}, & \overline{i} < \overline{l} < \overline{j} \text{ или } \overline{j} < \overline{l} < \overline{i}, \\ [\widehat{\overline{i},\overline{j}}]^2 E_{\overline{il}}, & \overline{l} < \overline{i} < \overline{j} \text{ или } \overline{j} < \overline{i} < \overline{l}, \end{cases}$$

$$[E_{\overline{ij}}, E_{\overline{kj}}] = \begin{cases} -E_{\overline{kj}}, & \overline{k} < \overline{i} < \overline{j},\ \overline{j} < \overline{i} < \overline{k},\ \overline{k} \neq \overline{j}, \\ -[\widehat{\overline{i},\overline{j}}]^2 E_{\overline{kj}}, & \overline{i} < \overline{j} < \overline{k} \text{ или } \overline{k} < \overline{j} < \overline{i}, \\ -[\widehat{\overline{i},\overline{k}}]^2 E_{\overline{kj}}, & \overline{i} < \overline{k} < \overline{j} \text{ или } \overline{j} < \overline{k} < \overline{i}, \end{cases}$$

$$[E_{\overline{ij}}, E_{\overline{ji}}] = [\widehat{\overline{i},\overline{j}}]^2 (E_{\overline{ii}} - E_{\overline{jj}}),$$

$$[E_{ij}, E_{j\overline{l}}] = \begin{cases} (i,j)^2 E_{i\overline{l}}, & i < j, \\ E_{i\overline{l}}, & i > j, \end{cases} \qquad [E_{ij}, E_{\overline{k}i}] = \begin{cases} -E_{\overline{k}j}, & i < j, \\ -(j,i)^2 E_{\overline{k}j}, & i > j, \end{cases}$$

$$[E_{\overline{ij}}, E_{k\overline{i}}] = \begin{cases} -E_{k\overline{j}}, & \overline{i} < \overline{j}, \\ -[\widehat{\overline{j},\overline{i}}]^2 E_{k\overline{j}}, & \overline{i} > \overline{j}, \end{cases} \qquad [E_{\overline{ij}}, E_{\overline{j}l}] = \begin{cases} [\widehat{\overline{i},\overline{j}}]^2 E_{\overline{i}l}, & \overline{i} < \overline{j}, \\ E_{\overline{i}l}, & \overline{i} > \overline{j}, \end{cases}$$

$$\{E_{i\overline{j}}, E_{\overline{j}l}\} = \begin{cases} \nu^2 [1,\widehat{\overline{j}}]^2 (1,i)^2 E_{il}, & i < l, \\ \nu^2 [1,\widehat{\overline{j}}]^2 (1,l)^2 E_{il}, & i > l, \end{cases}$$

$$\{E_{i\overline{j}}, E_{\overline{k}i}\} = \begin{cases} \nu^2 (1,i)^2 [1,\widehat{\overline{j}}]^2 E_{\overline{kj}}, & \overline{j} < \overline{k}, \\ \nu^2 (1,i)^2 [1,\widehat{\overline{k}}]^2 E_{\overline{kj}}, & \overline{j} > \overline{k}, \end{cases}$$

$$\{E_{i\overline{j}}, E_{\overline{j}i}\} = \nu^2 (1,i)^2 [1,\widehat{\overline{j}}]^2 (E_{ii} + E_{\overline{jj}}). \tag{7.24}$$

При $\nu = \iota$ супералгебра $sl(m|n)$ контрактируется в неоднородную супералгебру, которая представляет собой полупрямую сумму $\{E_{i\overline{j}}, E_{\overline{i}j}\} \ni (sl(m) \oplus sl(n))$ с равными нулю антикоммутаторами всех нечетных генераторов.

7.3.3. Пример: контракции алгебры $sl(2|1)$.
Генераторы супералгебры $sl(2; j_1; \nu|1)$ равны

$$H = \begin{pmatrix} \frac{1}{2} & 0 & 0 \\ 0 & -\frac{1}{2} & 0 \\ \hline 0 & 0 & 0 \end{pmatrix}, \quad Z = \begin{pmatrix} \frac{1}{2} & 0 & 0 \\ 0 & \frac{1}{2} & 0 \\ \hline 0 & 0 & 1 \end{pmatrix},$$

$$E_{12} = E^+ = \begin{pmatrix} 0 & j_1 & 0 \\ 0 & 0 & 0 \\ \hline 0 & 0 & 0 \end{pmatrix}, \quad E_{21} = E^- = \begin{pmatrix} 0 & 0 & 0 \\ j_1 & 0 & 0 \\ \hline 0 & 0 & 0 \end{pmatrix},$$

$$E_{13} = \overline{F}^+ = \begin{pmatrix} 0 & 0 & \nu \\ 0 & 0 & 0 \\ \hline 0 & 0 & 0 \end{pmatrix}, \quad E_{31} = F^- = \begin{pmatrix} 0 & 0 & 0 \\ 0 & 0 & 0 \\ \hline \nu & 0 & 0 \end{pmatrix},$$

$$E_{32} = F^+ = \begin{pmatrix} 0 & 0 & 0 \\ 0 & 0 & 0 \\ \hline 0 & \nu j_1 & 0 \end{pmatrix}, \quad E_{23} = \overline{F}^- = \begin{pmatrix} 0 & 0 & 0 \\ 0 & 0 & \nu j_1 \\ \hline 0 & 0 & 0 \end{pmatrix} \quad (7.25)$$

и действуют на суперпространстве $(x_1, j_1 x_2 | \nu \theta_1)$. Коммутационные соотношения генераторов имеют вид

$$[Z, H] = [Z, E^\pm] = [E^\pm, \overline{F}^\pm] = [E^\pm, F^\pm] = 0,$$

$$[H, E^\pm] = \pm E^\pm, \quad [E^+, E^-] = 2j_1^2 H, \quad [H, \overline{F}^\pm] = \pm \frac{1}{2}\overline{F}^\pm,$$

$$[H, F^\pm] = \pm \frac{1}{2}F^\pm, \quad [Z, F^\pm] = \frac{1}{2}F^\pm, \quad [Z, \overline{F}^\pm] = -\frac{1}{2}\overline{F}^\pm,$$

$$[E^+, F^-] = -F^+, \quad [E^-, F^+] = -j_1^2 F^-, \quad [E^+, \overline{F}^-] = j_1^2 \overline{F}^+,$$

$$[E^-, \overline{F}^+] = \overline{F}^-, \quad \{F^+, \overline{F}^-\} = \nu^2 j_1^2 (Z - H), \quad \{\overline{F}^+, F^+\} = \nu^2 E^+,$$

$$\{F^-, \overline{F}^+\} = \nu^2(Z + H), \quad \{\overline{F}^-, F^-\} = \nu^2 E^-,$$

$$\{\overline{F}^+, \overline{F}^-\} = \{F^+, F^-\} = 0. \quad (7.26)$$

При $\nu = \iota$ получаем полупрямую сумму абелевой нечетной подалгебры с прямой суммой четных подалгебр, именно $sl(2; j_1; \iota|1) = \{F^\pm, \overline{F}^\pm\} {\supseteq}\!\!\!+ (u(1) \oplus sl(2))$. Двухпараметрическая контракция $\nu = \iota, j_1 = \iota_1$ приводит к подобной полупрямой сумме $sl(2; \iota_1; \iota|1) = \{F^\pm, \overline{F}^\pm\} {\supseteq}\!\!\!+ (u(1) \oplus sl(2; \iota_1))$, но с подалгеброй $sl(2; \iota_1) = \{H, E^\pm\}$ вместо $sl(2)$. При контракции $j_1 = \iota_1$ имеем полупрямую сумму $sl(2; \iota_1; \nu|1) = \{E^\pm, F^+, \overline{F}^-\} {\supseteq}\!\!\!+ \{H, Z, F^-, \overline{F}^+\}$ подсуперalgебр, каждая из которых порождается как четными, так и нечетными генераторами.

7.4. Операторы Казимира

Изучение операторов Казимира имеет большое значение в теории представлений простых алгебр Ли, поскольку их собственные значения характеризуют неприводимые представления. В случае супералгебр Ли собственные значения операторов Казимира полностью характеризуют только типичные представления, в то время как для атипичных представлений они тождественно равны нулю.

Определение 7.4.1. Элемент C универсальной обертывающей супералгебры $U(\mathbf{A})$, суперкоммутирующий со всеми ее элементами $[C, X]_s = 0 \,\forall X \in U(\mathbf{A})$, называется оператором Казимира супералгебры $\mathbf{A}$. Алгебра операторов Казимира супералгебры $\mathbf{A}$ образует $\mathbb{Z}_2$-центр $U(\mathbf{A})$, который является ($\mathbb{Z}_2$-градуированной) подалгеброй $U(\mathbf{A})$.

7.4.1. Операторы Казимира супералгебр $sl(m|n)$ и $osp(m|n)$.

Операторы Казимира основных супералгебр строятся следующим образом [88, 138, 178]. Пусть $\mathbf{A} = sl(m|n)$ с $m \neq n$ или $osp(m|n)$ — основные супералгебры Ли. Пусть $\{E_{IJ}\}$ есть матричный базис генераторов $\mathbf{A}$, где $I, J = 1, \ldots, m+n$. Первые m индексов $I = 1, \ldots, m$ четные $\deg I = 0$, а следующие m индексов $I = m+1, \ldots, m+n$ — нечетные $\deg I = 1$. Определяя $(\overline{E})_{IK} = (-1)^{\deg K} E_{IK}$, получаем стандартный набор операторов Казимира по формуле

$$C_p = \mathrm{str}(\overline{E}^p) = \sum_{I=1}^{m+n} (-1)^{\deg I} (\overline{E}^p)_{II} =$$

$$= \sum_{I, I_1, \ldots, I_{p-1}=1}^{m+n} E_{II_1}(-1)^{\deg I_1} \ldots E_{I_k I_{k+1}}(-1)^{\deg I_{k+1}} \ldots E_{I_{p-1}I}. \quad (7.27)$$

В случае супералгебры $sl(m|n)$ с $m \neq n$ находим, например, $C_1 = 0$,

$$C_2 = \sum_{i,j=1}^{m} E_{ij}E_{ji} - \sum_{\overline{k},\overline{l}=m+1}^{m+n} E_{\overline{kl}}E_{\overline{lk}} +$$

$$+ \sum_{i=1}^{m} \sum_{\overline{k}=m+1}^{m+n} (E_{\overline{k}i}E_{i\overline{k}} - E_{i\overline{k}}E_{\overline{k}i}) - \frac{m-n}{mn}Y^2. \quad (7.28)$$

Диагональные элемента матрицы $\overline{E}$ выбраны в виде $(\overline{E})_{ii} = E_{ii} + \frac{1}{m}Y$, $(\overline{E})_{\overline{kk}} = -E_{\overline{kk}} + \frac{1}{n}Y$, кроме того, приняты во внимание два условия на генераторы: $\sum_{i=1}^{m} E_{ii} = 0$, $\sum_{\overline{k}=m+1}^{m+n} E_{\overline{kk}} = 0$.

Для супералгебры $osp(m|n)$ получаем $C_1 = 0$,

$$C_2 = \sum_{i,j=1}^{m} E_{ij}E_{ji} - \sum_{\overline{k},\overline{l}=m+1}^{m+n} E_{\overline{kl}}E_{\overline{lk}} + \sum_{i=1}^{m} \sum_{\overline{k}=m+1}^{m+n} (E_{\overline{k}i}E_{i\overline{k}} - E_{i\overline{k}}E_{\overline{k}i}).$$

$$(7.29)$$

Следует подчеркнуть, что в отличие от обычных алгебр Ли центр универсальной обертывающей алгебры $U(\mathbf{A})$ для классических супералгебр Ли, вообще говоря, не является конечно порожденным. Только для $osp(1|2n)$ центр ее универсальной обертывающей супералгебры порождается n операторами Казимира степени $2, 4, \ldots, 2n$.

7.4.2. Операторы Казимира супералгебры $sl(m; j|n; \varepsilon)$.

Чтобы описать операторы Казимира супералгебры $sl(m; j|n; \varepsilon)$, поступим следующим образом. Во-первых, найдем матрицу $\overline{E}(j; \varepsilon)$. Для этого подставим в матрицу $\overline{E}$ новые генераторы супералгебры $sl(m; j|n; \varepsilon)$ вместо старых генераторов $sl(m; n)$ согласно (7.23) и обозначим полученную матрицу $\overline{E}(\rightarrow)$. В общем случае ее элементы не определены при нильпотентных значениях контракционных параметров j, ε, ν. Поэтому необходимо умножить матрицу $\overline{E}(\to)$ на минимальный множитель, который исключит все неопределенные выражения в матричных элементах, а именно $\nu(1, m)[1, n]$. В результате получим

$$\overline{E}(j; \varepsilon) = \nu(1, m)[1, n]\overline{E}(\to) \tag{7.30}$$

с матричными элементами $(k \neq p,\ \overline{k} \neq \overline{p})$

$$(\overline{E}(j; \varepsilon))_{kk} = \nu(1, m)[1, n](E_{kk} + \frac{1}{m}Y),$$

$$(\overline{E}(j; \varepsilon))_{\overline{kk}} = \nu(1, m)[1, n](-E_{\overline{kk}} + \frac{1}{n}Y),$$

$$(\overline{E}(j; \varepsilon))_{kp} = \nu(1, k)(p, m)[1, n]E_{kp}, \quad (\overline{E}(j; \varepsilon))_{\overline{kp}} = \nu(1, m)[1, \widehat{\overline{k}}][\widehat{\overline{p}}, n]E_{\overline{kp}},$$

$$(\overline{E}(j; \varepsilon))_{i\overline{k}} = -(i, m)[\widehat{\overline{k}}, n]E_{i\overline{k}}, \quad (\overline{E}(j; \varepsilon))_{\overline{i}k} = (k, m)[\widehat{\overline{i}}, n]E_{\overline{i}k}. \tag{7.31}$$

Максимальный множитель $\nu(1, m)[1, n]$ имеют диагональные элементы, а минимальный (единичный) множитель имеют матричные элементы $(\overline{E}(j; \varepsilon))_{m,m+n} = E_{m,m+n}$, $(\overline{E}(j; \varepsilon))_{m+n,m} = E_{m+n,m}$.

Теорема 7.4.1. *Операторы Казимира унитарной супералгебры Кэли–Клейна $sl(m; j|n; \varepsilon)$ описываются выражением*

$$C_p(j; \varepsilon) = str\overline{E}^p(j; \varepsilon) = \nu^p(1, m)^p[1, n]^p str(\overline{E}(\to))^p. \tag{7.32}$$

Доказательство. Действительно, пусть X^* есть произвольный генератор $sl(m|n)$. При вычислении суперкоммутатора $[C_p, X^*]_s = 0$ получаются одинаковые слагаемые с противоположными знаками (плюс и минус) так, что их сумма равна нулю. При преобразовании этого коммутатора в соответствующий коммутатор супералгебры Кэли–Клейна $sl(m; j|n; \varepsilon)$ одинаковые слагаемые домножаются на одинаковые множители, поэтому их сумма остается равной нулю, т. е. $[C_p(j; \varepsilon), X]_s = 0$. $\qquad \square$

Проиллюстрируем приведенные выше выражения на простом примере супералгебры $sl(2; j_1|1)$. Генераторы преобразуются следующим образом

$$E_{11} = E_{11}^\star, \quad Y = Y^\star, \quad E_{12} = j_1 E_{12}^\star, \quad E_{21} = j_1 E_{21}^\star, \quad E_{13} = \nu E_{13}^\star,$$

$$E_{31} = \nu E_{31}^\star, \quad E_{23} = \nu j_1 E_{23}^\star, \quad E_{32} = \nu j_1 E_{32}^\star, \tag{7.33}$$

а матрица $\overline{E}(j_1)$, согласно (7.31), равна

$$\overline{E}(j_1) = \nu j_1 \overline{E}(\to) =$$

$$= \nu j_1 \left(\begin{array}{cc|c} E_{11} + \frac{1}{2}Y & \frac{1}{j_1}E_{12} & -\frac{1}{\nu}E_{13} \\ \frac{1}{j_1}E_{21} & -E_{22} + \frac{1}{2}Y & -\frac{1}{\nu j_1}E_{23} \\ \hline \frac{1}{\nu}E_{31} & \frac{1}{\nu j_1}E_{32} & Y \end{array} \right) =$$

$$= \begin{pmatrix} \nu j_1(E_{11} + \frac{1}{2}Y) & \nu E_{12} & -j_1 E_{23} \\ \nu E_{21} & \nu j_1(-E_{22} + \frac{1}{2}Y) & -E_{23} \\ \hline j_1 E_{31} & E_{32} & \nu j_1 Y \end{pmatrix}. \qquad (7.34)$$

Оператор Казимира первого порядка тождественно обращается в ноль $C_1(j_1) = \mathrm{str}\overline{E}(j_1) = 0$. Оператор Казимира второго порядка имеет вид

$$C_2(j_1) = \mathrm{str}(\overline{E}(j_1))^2 = \left(\overline{E}^2(j)\right)_{11} + \left(\overline{E}^2(j)\right)_{22} - \left(\overline{E}^2(j)\right)_{33} =$$

$$= \nu^2 j_1^2 \left(2E_{11}^2 - \frac{1}{2}Y^2\right) + \nu^2\left(E_{12}E_{21} + E_{21}E_{12}\right) +$$

$$+ j_1^2 \left(E_{31}E_{13} + E_{13}E_{31}\right) + E_{32}E_{23} - E_{23}E_{32}. \qquad (7.35)$$

7.4.3. Операторы Казимира супералгебры $osp(m; j|2n; \omega)$.
В случае ортосимплектической супералгебры $osp(M|N)$ множитель в (7.31) равен $\nu(1, M)[1, N/2]$ и все формулы для матрицы $\overline{E}(j; \varepsilon)$ и матричных элементов $\left(\overline{E}(j; \varepsilon)\right)_{kp}$ получаются из формул для $sl(m; j|n; \varepsilon)$ подстановкой $m = M$ и $n = N/2$. Рассмотрим в качестве примера супералгебру $osp(1|2; \nu)$. Ее генераторы преобразуются следующим образом

$$E_{12} = \nu E_{12}^*, \quad E_{13} = \nu E_{13}^*,$$

$$E_{23} = E_{23}^*, \quad E_{32} = E_{32}^*, \quad E_{22} = E_{22}^*, \qquad (7.36)$$

а матрица $\overline{E}(\nu)$ дается выражением

$$\overline{E}(\nu) = -\nu \begin{pmatrix} 0 & \frac{1}{\nu}E_{12} & \frac{1}{\nu}E_{13} \\ \hline \frac{1}{\nu}E_{13} & E_{22} & E_{23} \\ -\frac{1}{\nu}E_{12} & E_{32} & -E_{22} \end{pmatrix} = -\begin{pmatrix} 0 & E_{12} & E_{13} \\ \hline E_{13} & \nu E_{22} & \nu E_{23} \\ -E_{12} & \nu E_{32} & -\nu E_{22} \end{pmatrix}.$$

$$(7.37)$$

Оператор Казимира первого порядка равен нулю тождественно, $C_1(\nu) = \mathrm{str}\overline{E}(\nu) = 0$, а оператор Казимира второго порядка имеет вид

$$C_2(\nu) = \nu^2 E_{22}^2 + (E_{12}E_{13} - E_{13}E_{12}) - \frac{1}{2}\nu^2\left(E_{32}E_{23} + E_{23}E_{32}\right). \quad (7.38)$$

7.5. Контракции представлений $osp(1|2)$

7.5.1. Представления супералгебры $osp(1|2)$. Неприводимые представления супералгебры $osp(1|2)$ реализуются линейными операторами в пространстве представления, которое является прямой суммой пространств $\mathbf{R}_+ \oplus \mathbf{R}_-$ размерностей $2\widetilde{l} + 1$ и $2\widetilde{l}$ соответственно. Генераторы супералгебры имеют вид

$$\widetilde{Q}_3 \left|\widetilde{l}, \widetilde{m}\right\rangle = i\widetilde{m} \left|\widetilde{l}, \widetilde{m}\right\rangle,$$

$$\widetilde{Q}_1 \left|\widetilde{l}, \widetilde{m}\right\rangle = \frac{1}{2}\sqrt{(\widetilde{l} - \widetilde{m})(\widetilde{l} + \widetilde{m} + 1)} \left|\widetilde{l}, \widetilde{m} + 1\right\rangle -$$

$$-\frac{1}{2}\sqrt{(\tilde{l}+\tilde{m})(\tilde{l}-\tilde{m}+1)}\left|\tilde{l},\tilde{m}-1\right\rangle,$$

$$\tilde{Q}_2\left|\tilde{l},\tilde{m}\right\rangle = \frac{i}{2}\sqrt{(\tilde{l}-\tilde{m})(\tilde{l}+\tilde{m}+1)}\left|\tilde{l},\tilde{m}+1\right\rangle +$$

$$+\frac{i}{2}\sqrt{(\tilde{l}+\tilde{m})(\tilde{l}-\tilde{m}+1)}\left|\tilde{l},\tilde{m}-1\right\rangle,$$

$$\tilde{V}_+\left|\tilde{l},\tilde{m}\right\rangle_+ = \frac{1}{2}\sqrt{\tilde{l}-\tilde{m}}\left|\tilde{l}',\tilde{m}'+1\right\rangle_-, \quad \tilde{V}_+\left|\tilde{l}',\tilde{m}'\right\rangle_- = \frac{1}{2}\sqrt{\tilde{l}+\tilde{m}}\left|\tilde{l},\tilde{m}\right\rangle_+,$$

$$\tilde{V}_-\left|\tilde{l},\tilde{m}\right\rangle_+ = -\frac{1}{2}\sqrt{\tilde{l}+\tilde{m}}\left|\tilde{l}',\tilde{m}'\right\rangle_-,$$

$$\tilde{V}_-\left|\tilde{l}',\tilde{m}'\right\rangle_- = \frac{1}{2}\sqrt{\tilde{l}-\tilde{m}+1}\left|\tilde{l},\tilde{m}-1\right\rangle_+, \tag{7.39}$$

где $\tilde{l}' = \tilde{l}-\frac{1}{2}$, $\tilde{m}' = \tilde{m}-\frac{1}{2}$, базисные векторы $\left|\tilde{l},\tilde{m}\right\rangle_\pm \in \mathbf{R}_\pm$, числа $\tilde{l},\tilde{m}$ принимают целые и полуцелые значения, причем $\tilde{m}$ (собственное значение оператора $\tilde{Q}_3$) изменяется от $-\tilde{l}$ до $\tilde{l}$, и удовлетворяют коммутационным соотношениям

$$[\tilde{Q}_1,\tilde{Q}_2] = \tilde{Q}_3, \quad [\tilde{Q}_2,\tilde{Q}_3] = \tilde{Q}_1, \quad [\tilde{Q}_3,\tilde{Q}_1] = \tilde{Q}_2,$$

$$[\tilde{Q}_3,\tilde{V}_\pm] = \pm\frac{i}{2}\tilde{V}_\pm, \quad [\tilde{Q}_1,\tilde{V}_\pm] = \mp\frac{1}{2}\tilde{V}_\mp, \quad [\tilde{Q}_2,\tilde{V}_\pm] = \frac{i}{2}\tilde{V}_\mp,$$

$$\left\{\tilde{V}_\pm,\tilde{V}_\pm\right\} = \frac{1}{2}\left(\tilde{Q}_1\mp i\tilde{Q}_2\right), \quad \left\{\tilde{V}_+,\tilde{V}_-\right\} = \frac{i}{2}\tilde{Q}_3. \tag{7.40}$$

Оператор Казимира $\tilde{C}_2 = \tilde{Q}_1^2 + \tilde{Q}_2^2 + \tilde{Q}_3^2 + \tilde{V}_-\tilde{V}_+ - \tilde{V}_+\tilde{V}_-$ имеет собственные значения $-\tilde{l}(\tilde{l}+\frac{1}{2})$ для данного представления.

7.5.2. Представления супералгебры $osp(1|2;j)$.
Зададим преобразование генераторов уравнениями

$$Q_1 = j_1\tilde{Q}_1, \quad Q_2 = j_1 j_2\tilde{Q}_2, \quad Q_3 = j_2\tilde{Q}_3, \quad V_{1,2} = \sqrt{j_1 j_2}\,\tilde{V}_{1,2}, \tag{7.41}$$

где $V_{1,2} = V_+ \pm iV_-$, тогда преобразованные генераторы удовлетворяют комммутационным соотношениям

$$[Q_1,Q_2] = j_1^2 Q_3, \quad [Q_2,Q_3] = j_2^2 Q_1, \quad [Q_3,Q_1] = Q_2,$$

$$[Q_1,V_{1,2}] = \pm j_1\frac{i}{2}V_{1,2}, \quad [Q_2,V_{1,2}] = \mp j_1 j_2\frac{1}{2}V_{2,1}, \quad [Q_3,V_{1,2}] = j_2\frac{i}{2}V_{2,1},$$

$$\{V_1,V_1\} = -\left(j_1 Q_3 + iQ_2\right), \quad \{V_2,V_2\} = j_1 Q_3 - iQ_2, \quad \{V_1,V_2\} = j_2 Q_1 \tag{7.42}$$

и определяют алгебру $osp(1|2;j)$. С помощью (7.41) получаем закон преобразования оператора Казимира и его вид

$$C_2(j) = j_1^2 j_2^2 \tilde{C}_2(\to) = j_2^2 Q_1^2 + Q_2^2 + j_1^2 Q_3^2 - j_1 j_2\frac{i}{2}(V_1 V_2 - V_2 V_1). \tag{7.43}$$

Собственные значения операторов преобразуются так же, как и сами операторы:

$$l = j_1 j_2 \widetilde{l}, \quad m = j_2 \widetilde{m}. \tag{7.44}$$

Используя (7.39), (7.41), (7.44), находим операторы представления супералгебры $osp(1|2;j)$

$$Q_3 |l, m\rangle = im |l, m\rangle,$$

$$Q_1 |l, m\rangle = \frac{1}{2j_2} \left(\sqrt{(l - j_1 m)(l + j_1 m + j_1 j_2)} \, |l, m + j_2\rangle - \right.$$
$$\left. - \sqrt{(l + j_1 m)(l - j_1 m + j_1 j_2)} \, |l, m - j_2\rangle \right),$$

$$Q_2 |l, m\rangle = \frac{i}{2} \left(\sqrt{(l - j_1 m)(l + j_1 m + j_1 j_2)} \, |l, m + j_2\rangle + \right.$$
$$\left. + \sqrt{(l + j_1 m)(l - j_1 m + j_1 j_2)} \, |l, m - j_2\rangle \right),$$

$$V_1 |l', m'\rangle_- = \frac{1}{2} \left(\sqrt{l + j_1 m} \, |l, m\rangle_+ + i\sqrt{l - j_1 m + j_1 j_2} \, |l, m - j_2\rangle_+ \right),$$

$$V_1 |l, m\rangle_+ = \frac{1}{2} \left(\sqrt{l - j_1 m} \, |l', m' + j_2\rangle_- - i\sqrt{l + j_1 m} \, |l', m'\rangle_- \right),$$

$$V_2 |l', m'\rangle_- = \frac{1}{2} \left(\sqrt{l + j_1 m} \, |l, m\rangle_+ - i\sqrt{l - j_1 m + j_1 j_2} \, |l, m - j_2\rangle_+ \right),$$

$$V_2 |l, m\rangle_+ = \frac{1}{2} \left(\sqrt{l - j_1 m} \, |l', m' + j_2\rangle_- + i\sqrt{l + j_1 m} \, |l', m'\rangle_- \right), \tag{7.45}$$

где $l' = l - \frac{1}{2}j_1 j_2$, $m' = m - \frac{1}{2}j_2$. Оператор Казимира (7.43) имеет собственные значения $-l(l + \frac{1}{2}j_1 j_2)$.

7.5.3. Представления супералгебры Евклида.
Рассмотрим контракцию по первому параметру $j_1 \to 0$, $j_2 = 1$. Размерность пространств представления $\mathbf{R}_\pm$ растет $l \to \infty$ так, что остается конечным предел $\widetilde{l}j_1 \to M \in \mathbb{R}$. Оператор Q_3 остается компактным ($j_2 = 1$), но его целые или полуцелые собственные значения меняются от минус до плюс бесконечности. Генераторы представления принимают вид

$$Q_3 |m\rangle = im |m\rangle, \quad Q_1 |m\rangle = \frac{1}{2} M (|m + 1\rangle - |m - 1\rangle),$$

$$Q_2 |m\rangle = \frac{i}{2} M (|m + 1\rangle + |m - 1\rangle),$$

$$V_{1,2} |m\rangle_+ = \frac{1}{2} \sqrt{M} \left(\left|m + \frac{1}{2}\right\rangle_- \mp i \left|m - \frac{1}{2}\right\rangle_- \right),$$

$$V_{1,2} |m\rangle_- = \frac{1}{2} \sqrt{M} \left(\left|m + \frac{1}{2}\right\rangle_+ \pm i \left|m - \frac{1}{2}\right\rangle_+ \right) \tag{7.46}$$

и подчиняются коммутационным соотношениям

$$[Q_1, Q_2] = 0, \quad [Q_2, Q_3] = Q_1, \quad [Q_3, Q_1] = Q_2,$$

$$[Q_1, V_{1,2}] = 0, \quad [Q_2, V_{1,2}] = 0, \quad [Q_3, V_{1,2}] = \frac{i}{2} V_{2,1},$$

$$\{V_1, V_1\} = \{V_2, V_2\} = -iQ_2, \quad \{V_1, V_2\} = Q_1. \tag{7.47}$$

Оператор Казимира $C_2 = Q_1^2 + Q_2^2$ в пространстве представления имеет собственное значение $-M^2$.

7.5.4. Представления супералгебры Галилея. При контракции по обоим параметрам $j_1 \to 0$, $j_2 \to 0$ размерность пространств представления $\mathbf{R}_\pm$ растет $l \to \infty$ так, что остается конечным предел $\tilde{l} j_1 j_2 \to A \in \mathbb{R}$. Оператор Q_3 становится некомпактным, а его собственные значения — непрерывными: $\tilde{m} j_2 \to k \in \mathbb{R}$. Генераторы представления принимают вид

$$Q_1 |k\rangle = A \frac{d}{dk} |k\rangle, \quad Q_2 |k\rangle = iA |k\rangle, \quad Q_3 |k\rangle = ik |k\rangle,$$

$$V_{1,2} |k\rangle_+ = \sqrt{\frac{A}{2}} \, e^{\mp i \frac{\pi}{4}} |k\rangle_-, \quad V_{1,2} |k\rangle_- = \sqrt{\frac{A}{2}} \, e^{\pm i \frac{\pi}{4}} |k\rangle_+ \tag{7.48}$$

и удовлетворяют коммутационным соотношениям

$$[Q_1, Q_2] = 0, \quad [Q_2, Q_3] = 0, \quad [Q_3, Q_1] = Q_2, \quad [Q_s, V_t] = 0,$$

$$\{V_1, V_1\} = \{V_2, V_2\} = -iQ_2, \quad \{V_1, V_2\} = 0, \tag{7.49}$$

где $s = 1, 2, 3$, $t = 1, 2$, а собственные значения оператора Казимира $C_2 = Q_2^2$ равны $-A^2$.

Глава 8

КОНТРАКЦИЯ ЭЛЕКТРОСЛАБОЙ МОДЕЛИ И ВЗАИМОДЕЙСТВИЕ НЕЙТРИНО С ВЕЩЕСТВОМ

В этой главе рассмотрена модифицированная электрослабая модель взаимодействия элементарных частиц с контрактированной калибровочной группой. Стремящийся к нулю контракционный параметр связывается с энергией нейтрино, что естественно объясняет весьма редкое взаимодействие нейтрино с веществом при малых энергиях и рост сечения этого взаимодействия с ростом энергии нейтрино.

8.1. Стандартная электрослабая модель

Единая теория электромагнитных и слабых взаимодействий (модель Глэшоу–Вайнберга–Салама) строится как калибровочная теория с калибровочной группой $SU(2) \times U(1)$, представляющей собой прямое произведение двух простых групп [60, 63, 75]. Она дает хорошее описание электрослабых процессов и рассматривается как стандартная электрослабая модель.

Модель включает в себя частицы с целыми спинами: фотон, ответственный за электромагнитное взаимодействие, нейтральный Z^0 и заряженные $W^{\pm}$ бозоны, являющиеся переносчиками слабого взаимодействия. Для каждой из подгрупп $SU(2)$, $U(1)$ калибровочной группы вводится своя константа связи g и g' соответственно. Комплексное пространство $\mathbf{C}_2$ фундаментального представления группы $SU(2)$ интерпретируется как пространство полей материи $\varphi = \begin{pmatrix} \varphi_1 \\ \varphi_2 \end{pmatrix} \in \mathbf{C}_2$. Калибровочные поля $A_\mu(x)$ для группы $SU(2)$ принимают значения в алгебре Ли $su(2)$

$$A_\mu(x) = -ig \sum_{k=1}^{3} T_k A_\mu^k(x), \tag{8.1}$$

где матрицы T_k, связанные с матрицами Паули τ^k соотношениями

$$T_1 = \frac{1}{2}\tau^1 = \frac{1}{2}\begin{pmatrix} 0 & 1 \\ 1 & 0 \end{pmatrix}, \quad T_2 = \frac{1}{2}\tau^2 = \frac{1}{2}\begin{pmatrix} 0 & -i \\ i & 0 \end{pmatrix},$$

$$T_3 = \frac{1}{2}\tau^3 = \frac{1}{2}\begin{pmatrix} 1 & 0 \\ 0 & -1 \end{pmatrix}, \tag{8.2}$$

удовлетворяют коммутационным соотношениям $[T_k, T_p] = i\varepsilon_{kpr}T_r$ и представляют алгебру $su(2)$ со структурными константами $C_{kpr} = \varepsilon_{kpr}$. В матричной форме калибровочные поля (8.1) такие:

$$A_\mu(x) = -i\frac{g}{2}\begin{pmatrix} A_\mu^3 & A_\mu^1 - iA_\mu^2 \\ A_\mu^1 + iA_\mu^2 & -A_\mu^3 \end{pmatrix}. \tag{8.3}$$

Для группы $U(1)$ с генератором $Y = \frac{1}{2}\mathbf{1}$ калибровочное поле имеет вид

$$B_\mu(x) = -i\frac{g'}{2}\begin{pmatrix} B_\mu & 0 \\ 0 & B_\mu \end{pmatrix} \tag{8.4}$$

и его тензор напряженности $B_{\mu\nu} = \partial_\mu B_\nu - \partial_\nu B_\mu$. Тензор напряженности поля $A_\mu(x)$

$$F_{\mu\nu}(x) = \mathcal{F}_{\mu\nu}(x) + [A_\mu(x), A_\nu(x)] \tag{8.5}$$

в компонентах равен

$$F_{\mu\nu}^1 = \mathcal{F}_{\mu\nu}^1 + g(A_\mu^2 A_\nu^3 - A_\mu^3 A_\nu^2) = \mathcal{F}_{\mu\nu}^1 + g\sum_{k,m=1}^3 \varepsilon_{1km}A_\mu^k A_\nu^m,$$

$$F_{\mu\nu}^2 = \mathcal{F}_{\mu\nu}^2 + g(A_\mu^3 A_\nu^1 - A_\mu^1 A_\nu^3) = \mathcal{F}_{\mu\nu}^2 + g\sum_{k,m=1}^3 \varepsilon_{2km}A_\mu^k A_\nu^m,$$

$$F_{\mu\nu}^3 = \mathcal{F}_{\mu\nu}^3 + g(A_\mu^1 A_\nu^2 - A_\mu^2 A_\nu^1) = \mathcal{F}_{\mu\nu}^3 + g\sum_{k,m=1}^3 \varepsilon_{3km}A_\mu^k A_\nu^m, \tag{8.6}$$

где $\mathcal{F}_{\mu\nu}^k = \partial_\mu A_\nu^k - \partial_\nu A_\mu^k$ — тензор напряженности для абелевой группы. Бозонный сектор электрослабой модели характеризуется лагранжианом

$$L_B = L_A + L_\varphi, \tag{8.7}$$

который состоит из двух частей:

$$L_A = \frac{1}{8g^2}\mathrm{Tr}(F_{\mu\nu})^2 - \frac{1}{4}(B_{\mu\nu})^2 =$$

$$= -\frac{1}{4}[(F_{\mu\nu}^1)^2 + (F_{\mu\nu}^2)^2 + (F_{\mu\nu}^3)^2] - \frac{1}{4}(B_{\mu\nu})^2 \tag{8.8}$$

есть лагранжиан калибровочных полей, а

$$L_\varphi = \frac{1}{2}(D_\mu\varphi)^\dagger D_\mu\varphi - V(\varphi) \tag{8.9}$$

есть лагранжиан полей материи. Потенциал выбирается в специальном виде

$$V(\varphi) = \frac{\lambda}{4}\left(\varphi^\dagger\varphi - v^2\right)^2, \tag{8.10}$$

λ, v — константы. Ковариантная производная

$$D_\mu \varphi = \partial_\mu \varphi - ig \left(\sum_{k=1}^{3} T_k A_\mu^k \right) \varphi - ig' Y B_\mu \varphi \qquad (8.11)$$

для полей материи φ_1, φ_2 равна

$$D_\mu \varphi_1 = \partial_\mu \varphi_1 - \frac{i}{2}(gA_\mu^3 + g'B_\mu)\varphi_1 - \frac{ig}{2}(A_\mu^1 - iA_\mu^2)\varphi_2,$$

$$D_\mu \varphi_2 = \partial_\mu \varphi_2 + \frac{i}{2}(gA_\mu^3 - g'B_\mu)\varphi_2 - \frac{ig}{2}(A_\mu^1 + iA_\mu^2)\varphi_1. \qquad (8.12)$$

Пространственно-временные переменные нумеруются греческими индексами, пробегающими значения $\mu, \nu, \ldots = 0, 1, 2, 3$.

Для получения масс у векторных бозонов используется специальный механизм спонтанного нарушения симметрии (или механизм Хиггса). Одно из основных состояний лагранжиана L_B

$$\varphi^{vac} = \left(\begin{array}{c} 0 \\ \dfrac{v}{\sqrt{2}} \end{array} \right), \quad A_\mu^k = B_\mu = 0 \qquad (8.13)$$

выбирается в качестве вакуума модели, а затем рассматриваются малые возбуждения полей

$$\varphi_1(x), \quad \varphi_2(x) = \frac{1}{\sqrt{2}}(v + \chi(x)), \quad A_\mu^a(x), \quad B_\mu(x) \qquad (8.14)$$

относительно этого вакуума. Матрица $Q = Y + T_3 = \left(\begin{array}{cc} 1 & 0 \\ 0 & 0 \end{array} \right)$, которая аннигилирует основное состояние $Q\varphi^{vac} = 0$, является генератором электромагнитной подгруппы $U(1)_{em}$. Вводятся новые поля

$$W_\mu^\pm = \frac{1}{\sqrt{2}} \left(A_\mu^1 \mp iA_\mu^2 \right), \quad Z_\mu = \frac{1}{\sqrt{g^2 + g'^2}} \left(gA_\mu^3 - g'B_\mu \right),$$

$$A_\mu = \frac{1}{\sqrt{g^2 + g'^2}} \left(g'A_\mu^3 + gB_\mu \right), \qquad (8.15)$$

где $W_\mu^\pm$ есть комплексные $\overline{W_\mu^-} = W_\mu^+$, а Z_μ, A_μ — вещественные поля.

Бозонный лагранжиан (8.7) можно записать в виде

$$L_B = L_B^{(2)} + L_B^{int}. \qquad (8.16)$$

Как обычно, члены второго порядка по полям

$$L_B^{(2)} = \frac{1}{2} \left(\partial_\mu \chi \right)^2 - \frac{1}{2} m_\chi^2 \chi^2 - \frac{1}{4} \mathcal{Z}_{\mu\nu} \mathcal{Z}_{\mu\nu} + \frac{1}{2} m_Z^2 Z_\mu Z_\mu -$$

$$- \frac{1}{4} \mathcal{F}_{\mu\nu} \mathcal{F}_{\mu\nu} - \frac{1}{2} \mathcal{W}_{\mu\nu}^+ \mathcal{W}_{\mu\nu}^- + m_W^2 W_\mu^+ W_\mu^-, \qquad (8.17)$$

где $\mathcal{Z}_{\mu\nu} = \partial_\mu Z_\nu - \partial_\nu Z_\mu$, $\mathcal{F}_{\mu\nu} = \partial_\mu A_\nu - \partial_\nu A_\mu$, $\mathcal{W}^\pm{}_{\mu\nu} = \partial_\mu W_\nu^\pm - \partial_\nu W_\mu^\pm$, описывают спектр бозонных частиц модели, а члены более высокого порядка L_B^{int} трактуются как их взаимодействия. Таким образом, лагранжиан (8.17) описывает заряженные W-бозоны с равными массами $m_W = \frac{1}{2}gv$, безмассовые фотоны A_μ, $m_A = 0$, нейтральные Z-бозоны с массой $m_Z = \frac{v}{2}\sqrt{g^2 + g'^2}$ и бозон Хиггса χ, $m_\chi = \sqrt{2\lambda}\,v$. W- и Z-бозоны обнаружены экспериментально и имеют массы $m_W = 80\,\text{ГэВ}$, $m_Z = 91\,\text{ГэВ}$. Бозон Хиггса до настоящего времени экспериментально не обнаружен.

Помимо калибровочных бозонов, электрослабая теория содержит частицы с полуцелыми спинами — фермионы, которые подразделяются на две группы: лептоны и кварки. Лептоны — это фермионы, не участвующие в сильных взаимодействиях. В природе имеется три типа заряженных лептонов: электрон e^-, мюон μ^-, τ-мюон τ^- и три типа нейтрино ν_e, ν_μ, ν_τ, а также соответствующие им античастицы. Массы всех нейтрино, если они имеются, крайне малы, поэтому в электрослабой модели нейтрино считаются безмассовыми. Нейтрино являются фермионами левой киральности, т.е. у них проекция спина противоположна направлению движения. В этом случае используют термин «левые фермионы». Пары (или поколения) лептонов (ν_e, e^-), (ν_μ, μ^-), (ν_τ, τ^-) ведут себя одинаково относительно всех взаимодействий. Поэтому достаточно рассмотреть только одно поколение, например (ν_e, e^-).

Лептонный лагранжиан выбирается в виде

$$L_L = L_l^\dagger i\tilde{\tau}_\mu D_\mu L_l + e_r^\dagger i\tau_\mu D_\mu e_r - h_e[e_r^\dagger(\varphi^\dagger L_l) + (L_l^\dagger \varphi)e_r], \qquad (8.18)$$

где $L_l = \begin{pmatrix} \nu_l \\ e_l \end{pmatrix}$ есть $SU(2)$-дублет (вектор из пространства $\mathbf{C}_2$), e_r есть $SU(2)$-синглет (скаляр относительно $SU(2)$), h_e — константа. Поля e_r, e_l, ν_l, в свою очередь, являются двухкомпонентными лоренцевыми спинорами. Здесь τ_μ — матрицы Паули, $\tau_0 = \tilde{\tau}_0 = \mathbf{1}$, $\tilde{\tau}_k = -\tau_k$. Указанное деление полей на дублеты и синглеты основывается на экспериментально установленном факте: с $W^\pm$-бозонными полями взаимодействуют только *левые* компоненты электрона и нейтрино, а правые компоненты электрона с $W^\pm$-бозонами не взаимодействуют.

Ковариантные производные лептонных полей $D_\mu L_l$ в (8.18) даются формулой (8.11) при $Y = -\frac{1}{2}$ с L_l вместо φ, а $D_\mu e_r = (\partial_\mu + ig'B_\mu)e_r$. Для новых полей (8.15) эти производные имеют вид

$$D_\mu e_r = \partial_\mu e_r + ig'A_\mu e_r \cos\theta_w - ig'Z_\mu e_r \sin\theta_w,$$

$$D_\mu = \partial_\mu - i\frac{g}{\sqrt{2}}\left(W_\mu^+ T_+ + W_\mu^- T_-\right) -$$

$$-i\frac{g}{\cos\theta_w}Z_\mu\left(T_3 - Q\sin^2\theta_w\right) - ieA_\mu Q, \qquad (8.19)$$

где $T_\pm = T_1 \pm iT_2$, а e есть заряд электрона

$$O = Y + T_3\big|_{Y=-\frac{1}{2}} = \begin{pmatrix} 0 & 0 \\ 0 & -1 \end{pmatrix}, \quad e = \frac{gg'}{\sqrt{g^2 + g'^2}},$$

$$g = \frac{e}{\sin\theta_w}, \quad \cos\theta_w = \frac{g}{\sqrt{g^2 + g'^2}}, \quad \sin\theta_w = \frac{g'}{\sqrt{g^2 + g'^2}}. \tag{8.20}$$

Тогда лептонный лагранжиан (8.18) через поля электрона и нейтрино имеет вид

$$L_L = e_l^\dagger i\tilde{\tau}_\mu \partial_\mu e_l + \nu_l^\dagger i\tilde{\tau}_\mu \partial_\mu \nu_l + e_r^\dagger i\tau_\mu \partial_\mu e_r + \frac{g}{2\cos\theta_w}\nu_l^\dagger \tilde{\tau}_\mu Z_\mu \nu_l +$$

$$+ \frac{g}{\sqrt{2}} e_l^\dagger \tilde{\tau}_\mu W_\mu^- \nu_l - e e_l^\dagger \tilde{\tau}_\mu A_\mu e_l + \frac{g\cos 2\theta_w}{2\cos\theta_w} e_l^\dagger \tilde{\tau}_\mu Z_\mu e_l +$$

$$+ \frac{g}{\sqrt{2}} \nu_l^\dagger \tilde{\tau}_\mu W_\mu^+ e_l - g'\cos\theta_w e_r^\dagger \tau_\mu A_\mu e_r + g'\sin\theta_w e_r^\dagger \tau_\mu Z_\mu e_r -$$

$$- h_e[e_r^\dagger \varphi_2^\dagger e_l + e_l^\dagger \varphi_2 e_r + e_r^\dagger \varphi_1^\dagger \nu_l + \nu_l^\dagger \varphi_1 e_r]. \tag{8.21}$$

Первые три слагаемые представляют собой кинетические члены левого электрона, левого нейтрино и правого электрона. Последние четыре слагаемые с множителем h_e есть массовые члены электрона. Оставшиеся слагаемые описывают взаимодействия полей электрона и нейтрино с полями калибровочных бозонов $A_\mu, Z_\mu, W_\mu^\pm$.

Следующие два поколения лептонов вводятся аналогично. Они представляют собой левые $SU(2)$-дублеты

$$\begin{pmatrix} \nu_\mu \\ \mu \end{pmatrix}_l, \quad \begin{pmatrix} \nu_\tau \\ \tau \end{pmatrix}_l, \quad Y = -\frac{1}{2} \tag{8.22}$$

и правые $SU(2)$-синглеты

$$\mu_r, \quad \tau_r, \quad Y = -1. \tag{8.23}$$

Полный лептонный лагранжиан есть сумма

$$L_L = L_{L,e} + L_{L,\mu} + L_{L,\tau}, \tag{8.24}$$

в которой каждое слагаемое имеет структуру (8.21) со своими константами h_e, h_μ, h_τ.

Кварки — это сильно взаимодействующие фермионы. Известно шесть типов кварков, которые, с точки зрения электрослабых взаимодействий, как и лептоны, разбиваются на три пары (семейства или поколения): (u, d), (c, s) и (t, b). Электрослабые взаимодействия кварков каждого семейства одинаковы, поэтому рассмотрим вначале кварки первого семейства. Кварковый лагранжиан равен

$$L_Q = Q_l^\dagger i\tilde{\tau}_\mu D_\mu Q_l + u_r^\dagger i\tau_\mu D_\mu d_r -$$

$$- h_d[d_r^\dagger(\varphi^\dagger Q_l) + (Q_l^\dagger \varphi)d_r] - h_u[u_r^\dagger(\tilde{\varphi}^\dagger Q_l) + (Q_l^\dagger \tilde{\varphi})u_r], \tag{8.25}$$

где левые поля u- и d-кварков первого поколения образуют дублет $Q_l = \begin{pmatrix} u_l \\ d_l \end{pmatrix}$ относительно электрослабой группы $SU(2)$, а правые поля u_r, d_r есть $SU(2)$-синглеты, $\widetilde{\varphi}_i = \varepsilon_{ik}\overline{\varphi}_k, \varepsilon_{00} = 1, \varepsilon_{ii} = -1$ есть представление группы $SU(2)$, сопряженное к фундаментальному, наконец, h_u, h_d — это константы при массовых слагаемых. Все поля u_l, d_l, u_r, d_r представляют собой двухкомпонентные лоренцевы спиноры.

Левые поля кварков поколений

$$\begin{pmatrix} c_l \\ s_l \end{pmatrix}, \quad \begin{pmatrix} t_l \\ b_l \end{pmatrix}, \quad Y = \frac{1}{6}, \tag{8.26}$$

описываются $SU(2)$-дублетами, а правые поля представляют собой $SU(2)$-синглеты

$$c_r, \; t_r, \quad Y = \frac{2}{3}; \quad s_r, \; b_r, \quad Y = -\frac{1}{3}. \tag{8.27}$$

Соответственно ковариантные производные задаются формулами

$$D_\mu Q_l = \left(\partial_\mu - ig \sum_{k=1}^{3} \frac{\tau_k}{2} A_\mu^k - ig' \frac{1}{6} B_\mu \right) Q_l,$$

$$D_\mu a_r = \left(\partial_\mu - ig' \frac{2}{3} B_\mu \right) a_r, \quad D_\mu f_r = \left(\partial_\mu + ig' \frac{1}{3} B_\mu \right) f_r, \tag{8.28}$$

где $a = u, c, t$ и $f = d, s, b$, а Q_l пробегают теперь левые поля всех трех поколений кварков. Полный кварковый лагранжиан есть сумма

$$L_Q = L_{Q,(u,d)} + L_{Q,(c,s)} + L_{Q,(t,b)}, \tag{8.29}$$

в которой каждое слагаемое имеет структуру (8.25) со своими константами $h_u, h_d, h_c, h_s, h_t, h_b$.

Стандартная электрослабая модель характеризуется лагранжианом

$$L = L_B + L_L + L_Q, \tag{8.30}$$

представляющим собой сумму бозонного L_B (8.7), (8.16), лептонного L_L (8.21), (8.24) и кваркового L_Q (8.25), (8.29) лагранжианов.

8.2. Электрослабая модель с контрактированной калибровочной группой

Поскольку все три поколения лептонов и кварков ведут себя одинаково, в дальнейшем будут рассматриваться только первые поколения. Контрактированная калибровочная группа $SU(2; j) \times U(1)$ действует в бозонном, лептонном и кварковом секторах. Контрактированная группа $SU(2; j)$ получается согласованным преобразованием пространства $\mathbf{C}_2$ и матрицы фундаментального представления группы $SU(2)$

вида [34, 158, 159]:

$$z'(j) = \begin{pmatrix} jz_1' \\ z_2' \end{pmatrix} = \begin{pmatrix} \alpha & j\beta \\ -j\overline{\beta} & \overline{\alpha} \end{pmatrix} \begin{pmatrix} jz_1 \\ z_2 \end{pmatrix} = u(j)z(j),$$

$$\det u(j) = |\alpha|^2 + j^2|\beta|^2 = 1, \quad u(j)u^\dagger(j) = 1, \tag{8.31}$$

где контракционный параметр $j \to 0$ или равен нильпотентной единице $j = \iota$. При таком действии остается инвариантной эрмитова форма $z^\dagger z(j) = j^2|z_1|^2 + |z_2|^2$. Действие унитарной группы $U(1)$ и электромагнитной подгруппы $U(1)_{em}$ в расслоенном пространстве $\mathbf{C}_2(\iota)$ с базой $\{z_2\}$ и слоем $\{z_1\}$ описывается теми же матрицами, что и в пространстве $\mathbf{C}_2$.

Пространство $\mathbf{C}_2(j)$ фундаментального представления группы $SU(2; j)$ можно получить из $\mathbf{C}_2$ заменой z_1 на jz_1. Подстановка $z_1 \to jz_1$ индуцирует замену генераторов алгебры Ли

$$T_1 \to jT_1, \quad T_2 \to jT_2, \quad T_3 \to T_3. \tag{8.32}$$

Поскольку калибровочные поля принимают значения в алгебре Ли, можно вместо подстановки (8.32) генераторов рассматривать преобразования калибровочных полей, а именно

$$A_\mu^1 \to jA_\mu^1, \quad A_\mu^2 \to jA_\mu^2, \quad A_\mu^3 \to A_\mu^3, \quad B_\mu \to B_\mu. \tag{8.33}$$

Действительно, вследствие коммутативности и ассоциативности умножения на j имеем

$$SU(2; j) \ni g(j) = \exp\left\{A_\mu^1(jT_1) + A_\mu^2(jT_2) + A_\mu^3 T_3\right\}$$
$$= \exp\left\{(jA_\mu^1)T_1 + (jA_\mu^2)T_2 + A_\mu^3 T_3\right\}. \tag{8.34}$$

Для калибровочных полей (8.15) преобразования (8.33) имеют вид

$$W_\mu^\pm \to jW_\mu^\pm, \quad Z_\mu \to Z_\mu, \quad A_\mu \to A_\mu. \tag{8.35}$$

Левые поля лептонов $L_l = \begin{pmatrix} \nu_l \\ e_l \end{pmatrix}$ и кварков $Q_l = \begin{pmatrix} u_l \\ d_l \end{pmatrix}$ являются $SU(2)$-дублетами, поэтому их компоненты преобразуются так же, как компоненты вектора z:

$$\nu_l \to j\nu_l, \quad e_l \to e_l, \quad u_l \to ju_l, \quad d_l \to d_l. \tag{8.36}$$

Поля правых лептонов и кварков являются $SU(2)$-синглетами, поэтому они не изменяются.

После преобразований (8.35), (8.36) и спонтанного нарушения симметрии (8.13) бозонный лагранжиан (8.7)–(8.9) принимает вид [158, 159]:

$$L_B(j) = L_B^{(2)}(j) + L_B^{int}(j) =$$
$$= \frac{1}{2}(\partial_\mu \chi)^2 - \frac{1}{2}m_\chi^2\chi^2 - \frac{1}{4}\mathcal{Z}_{\mu\nu}\mathcal{Z}_{\mu\nu} + \frac{1}{2}m_Z^2 Z_\mu Z_\mu - \frac{1}{4}\mathcal{F}_{\mu\nu}\mathcal{F}_{\mu\nu} +$$
$$+ j^2\left\{-\frac{1}{2}\mathcal{W}_{\mu\nu}^+\mathcal{W}_{\mu\nu}^- + m_W^2 W_\mu^+ W_\mu^-\right\} + L_B^{int}(j), \tag{8.37}$$

где по-прежнему слагаемые второго порядка соответствуют бозонам модели, а слагаемые $L_B^{int}(j)$ более высокого порядка описывают их взаимодействия. Лептонный лагранжиан (8.21) полей электрона и нейтрино преобразуется к виду

$$
L_L(j) = e_l^\dagger i\widetilde{\tau}_\mu \partial_\mu e_l + e_r^\dagger i\tau_\mu \partial_\mu e_r - m_e(e_r^\dagger e_l + e_l^\dagger e_r)+
$$

$$
+\frac{g\cos 2\theta_w}{2\cos\theta_w} e_l^\dagger \widetilde{\tau}_\mu Z_\mu e_l - e e_l^\dagger \widetilde{\tau}_\mu A_\mu e_l - g'\cos\theta_w e_r^\dagger \tau_\mu A_\mu e_r+
$$

$$
+g'\sin\theta_w e_r^\dagger \tau_\mu Z_\mu e_r + j^2\left\{\nu_l^\dagger i\widetilde{\tau}_\mu \partial_\mu \nu_l + \frac{g}{2\cos\theta_w}\nu_l^\dagger \widetilde{\tau}_\mu Z_\mu \nu_l+\right.
$$

$$
\left.+\frac{g}{\sqrt{2}}\left[\nu_l^\dagger \widetilde{\tau}_\mu W_\mu^+ e_l + e_l^\dagger \widetilde{\tau}_\mu W_\mu^- \nu_l\right]\right\} = L_{L,b} + j^2 L_{L,f}. \tag{8.38}
$$

Кварковый лагранжиан (8.25) после преобразования равен

$$
L_Q(j) = d^\dagger i\widetilde{\tau}_\mu \partial_\mu d + d_r^\dagger i\tau_\mu \partial_\mu d_r - m_d(d_r^\dagger d + d^\dagger d_r) - \frac{e}{3}d^\dagger \widetilde{\tau}_\mu A_\mu d-
$$

$$
-\frac{g}{\cos\theta_w}\left(\frac{1}{2} - \frac{2}{3}\sin^2\theta_w\right)d^\dagger \widetilde{\tau}_\mu Z_\mu d - \frac{1}{3}g'\cos\theta_w d_r^\dagger \tau_\mu A_\mu d_r+
$$

$$
+\frac{1}{3}g'\sin\theta_w d_r^\dagger \tau_\mu Z_\mu d_r + j^2\left\{u^\dagger i\widetilde{\tau}_\mu \partial_\mu u + u_r^\dagger i\tau_\mu \partial_\mu u_r-\right.
$$

$$
-m_u(u_r^\dagger u + u^\dagger u_r) + \frac{g}{\cos\theta_w}\left(\frac{1}{2} - \frac{2}{3}\sin^2\theta_w\right)u^\dagger \widetilde{\tau}_\mu Z_\mu u+
$$

$$
+\frac{2e}{3}u^\dagger \widetilde{\tau}_\mu A_\mu u + \frac{g}{\sqrt{2}}\left[u^\dagger \widetilde{\tau}_\mu W_\mu^+ d + d^\dagger \widetilde{\tau}_\mu W_\mu^- u\right]+
$$

$$
\left.+\frac{2}{3}g'\cos\theta_w u_r^\dagger \tau_\mu A_\mu u_r - \frac{2}{3}g'\sin\theta_w u_r^\dagger \tau_\mu Z_\mu u_r\right\}=
$$

$$
= L_{Q,b} + j^2 L_{Q,f}, \tag{8.39}
$$

где $m_e = h_e v/\sqrt{2}$ и $m_u = h_u v/\sqrt{2}$, $m_d = h_d v/\sqrt{2}$ есть массы электрона и кварков.

Полный лагранжиан модифицированной модели дается суммой

$$
L(j) = L_B(j) + L_Q(j) + L_L(j) = L_b + j^2 L_f. \tag{8.40}
$$

Бозонный лагранжиан $L_B(j)$ рассматривался в работах [158, 159], где было показано, что массы всех бозонов электрослабой модели не изменяются при контракциях $j^2 \to 0$ в обоих вариантах, как стандартном [158], так и без бозона Хиггса [159]. В этом пределе вклад $j^2 L_f$ полей нейтрино, W-бозонов и u-кварка, а также их взаимодействий с другими полями, в полный лагранжиан (8.40) становится исчезающе малым по сравнению с вкладом L_b электрона, d-кварка и оставшихся бозонных полей. Таким образом, лагранжиан (8.40) описывает очень редкое взаимодействие нейтрино с веществом, которое в стандартной модели состоит из кварков и лептонов. Вместе с тем, вклад нейтринной части $j^2 L_f$ в полный лагранжиан увеличивается с ростом параметра j^2, что находится в полном согласии с экспериментальным фактом увеличения сечения взаимодействия нейтрино с веществом с возрастанием энергии нейтрино. Отсюда следует, что контракционный параметр связан с энергией нейтрино, и эта зависимость может быть установлена из экспериментальных данных.

8.3. Описание физических систем и контракции групп

Стандартный способ описания сложных физических систем в теории поля состоит в их разложении на более простые независимые подсистемы, допускающие точные описания, с последующим рассмотрением взаимодействия между подсистемами. В лагранжевом формализме это выражается в том, что некоторые слагаемые описывают свободные поля (независимые подсистемы), а оставшиеся слагаемые трактуются как взаимодействия между полями. В том случае, когда подсистемы не взаимодействуют друг с другом, составная система является формальным объединением подсистем, а ее группа симметрии равна прямому произведению $G = G_1 \times G_2$, в котором G_1 и G_2 — группы симметрии подсистем. Стандартная электрослабая модель представляет собой пример такого подхода. Действительно, лагранжиан модели включает свободные поля бозонов, лептонов и кварков, а также слагаемые, описывающие взаимодействия между ними.

Операция контракции групп преобразует простую или полупростую группу G в неполупростую группу, представляющую собой полупрямое произведение $G = A \otimes G_1$, в котором A есть абелева, а $G_1 \subset G$ — инвариантная относительно контракции подгруппа. В то же время пространство фундаментального представления группы G расслаивается при контракции так, что подгруппа G_1 действует в слое. Калибровочная теория с контрактированной калибровочной группой описывает физическую систему с выделенными подсистемами S_b и S_f. Одна подсистема S_b включает все поля из базы расслоения, а другая подсистема S_f содержит поля из слоя. S_b образует замкнутую систему, поскольку, согласно полуримановой геометрии [67, 156], свойства базы не зависят от точек слоя. Физически это означает, что поля из слоя не взаимодействуют с полями из базы. Наоборот, свойства слоя зависят от точек базы, поэтому подсистема S_b влияет на S_f. Более точно, поля из базы являются внешними полями для подсистемы S_f и задают внешние условия в каждом слое.

В частности, простая группа $SU(2)$ контрактируется в неполупростую группу $SU(2; \iota)$, которая изоморфна евклидовой группе $E(2) = A_2 \otimes SO(1)$, с абелевой подгруппой A_2, порождаемой трансляциями [34, 158, 159]. Пространство полей стандартной электрослабой модели расслаивается при контракции так, что поля нейтрино, W-бозона и u-кварка оказываются в слое, а остальные поля — в базе.

Простой и наиболее известный пример расслоенного пространства дает нерелятивистское пространство–время с одномерной базой, интерпретируемой как время, и трехмерным слоем, интерпретируемым как собственно пространство. Хорошо известно, что в нерелятивистской физике время абсолютно и не зависит от пространственных координат, тогда как свойства пространства могут изменяться с течением времени. Простейшей демонстрацией этого служат преобразования Галилея $t' = t$, $x' = x + vt$. Релятивистское пространство–время преобразуется в нерелятивистское, когда размерный параметр — скорость света c — стремится к бесконечности, а безразмерный параметр v/c стремится к нулю.

8.4. Редкое взаимодействие нейтрино с веществом

Для того чтобы установить связь контракции калибровочной группы с предельным случаем электрослабой модели и прояснить физический смысл контракционного параметра, рассмотрим упругое рассеяние на электронах и кварках. Соответствующие диаграммы, описывающие взаимодействия посредством нейтральных и заряженных токов, представлены на рис. 8.1 и рис. 8.2.

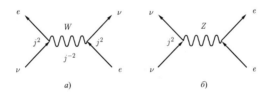

Рис. 8.1. Упругое рассеяние нейтрино на электроне

При подстановке (8.35), (8.36) обе вершины диаграммы на рис. 8.1, *а*) умножаются на j^2, как это следует из лептонного лагранжиана (8.38). Пропагатор виртуального поля W в соответствии с бозонным лагранжианом (8.37) умножается на j^{-2}. Действительно, пропагатор есть обратный оператор к оператору свободного поля, а последний для поля W умножается на j^2.

Таким образом, в целом амплитуда вероятности для взаимодействия заряженных слабых токов преобразуется по закону: $\mathcal{M}_W \to j^2 \mathcal{M}_W$. Для диаграммы на рис. 8.1, *б*) только одна вершина умножается на j^2, тогда как вторая вершина и пропагатор нейтрального поля Z не изменяются, поэтому соответствующая амплитуда для взаимодействия нейтральных слабых токов преобразуется точно так же $\mathcal{M}_Z \to j^2 \mathcal{M}_Z$. Сечение взаимодействия пропорционально квадрату амплитуды, следовательно, сечение упругого рассеяния нейтрино на электронах при контракции калибровочной группы умножается на j^4. При малых энергиях $s \ll m_W^2$ оно вносит основной вклад во взаимодействие нейтрино с электронами и имеет вид [60]

$$\sigma_{\nu e} = G_F^2 s f(\xi) = \frac{g^4}{m_w^4} s \widetilde{f}(\xi), \tag{8.41}$$

где $G_F = 10^{-5}\dfrac{1}{m_p^2} = 1,17 \cdot 10^{-5}$ ГэВ$^{-2}$ есть константа Ферми, s — квадрат энергии в системе центра масс, $\xi = \sin\theta_w$, $\widetilde{f}(\xi) = f(\xi)/32$ — функция угла Вайнберга. В лабораторной системе отсчета это сечение взаимодействия при энергии нейтрино $m_e \ll E_\nu \ll m_W$ дается выражением [203]

$$\sigma_{\nu e} = G_F^2 m_e E_\nu \widetilde{g}(\xi). \tag{8.42}$$

Вместе с тем, принимая во внимание, что параметр контракции j безразмерный, можно написать

$$\sigma_{\nu e} = j^4 \sigma_0 = (G_F s)(G_F f(\xi)) \tag{8.43}$$

и получить выражение контракционного параметра через константу Ферми и фундаментальные параметры электрослабой модели

$$j^2(s) = \sqrt{G_F s} \approx \frac{g\sqrt{s}}{m_W}. \tag{8.44}$$

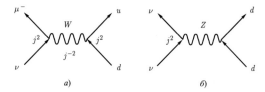

Рис. 8.2. Упругое рассеяние нейтрино на кварке

Упругое рассеяние нейтрино на кварках посредством нейтральных и заряженных токов изображено на диаграммах рис. 8.2. Сечение взаимодействия рассеяния нейтрино на кварках получается аналогично лептонному случаю и имеет вид [60]

$$\sigma_\nu^W = G_F^2 s \widehat{f}(\xi)), \quad \sigma_\nu^Z = G_F^2 s\, h(\xi). \tag{8.45}$$

Нуклоны представляют собой сложные образования из кварков, поэтому в выражении для сечения рассеяния нейтрино на нуклонах появляется формфактор. Окончательное выражение

$$\sigma_{\nu n} = G_F^2 s \widehat{F}(\xi) \tag{8.46}$$

совпадает с (8.41), т.е. это сечение рассеяния преобразуется как (8.43) с контракционным параметром (8.44). При низких энергиях упругое рассеяние вносит основной вклад в общее сечение взаимодействия нейтрино с веществом, поэтому последнее имеет такие же свойства (8.43), (8.44) относительно контракции калибровочной группы.

Таким образом, контракция калибровочной группы соответствует низкоэнергетическому пределу стандартной электрослабой модели. Стремящийся к нулю контракционный параметр зависит от энергии нейтрино так, как зависит от энергии сечение взаимодействия нейтрино с веществом.

Предельный переход $c \to \infty$ в специальной теории относительности инициировал понятие контракции групп [164]. В электрослабой модели, наоборот, контракция калибровочной группы позволяет объяснить экспериментально установленный фундаментальный предельный процесс в природе: уменьшение сечения взаимодействия нейтрино с веществом с уменьшением энергии нейтрино.

Часть II

КОНТРАКЦИИ КВАНТОВЫХ ГРУПП

Глава 9

КВАНТОВЫЕ ОРТОГОНАЛЬНЫЕ ГРУППЫ КЭЛИ–КЛЕЙНА

В данной главе рассматриваются квантовые ортогональные группы Кэли–Клейна с декартовыми образующими. Для этого систематическое определение квантовых деформаций классических простых групп и алгебр Ли в так называемом «симплектическом» базисе работы [72] переформулируется в декартов базис. Приводятся в явном виде коммутационные соотношения декартовых образующих для так называемых *евклидовых* квантовых ортогональных групп при произвольном N. Квантовые ортогональные алгебры Кэли–Клейна определяются как двойственные объекты к соответствующим квантовым группам. Полученные общие конструкции иллюстрируются на примерах квантовых групп и алгебр низших размерностей.

9.1. Линейные преобразования образующих квантовых групп Ли и квантовых векторных пространств

Квантовые группы и алгебры Ли как алгебраические структуры представляют собой некоммутативные и некокоммутативные алгебры Хопфа. Согласно [85], имеем следующие определения.

Определение 9.1.1. Ассоциативная алгебра A называется алгеброй Хопфа, если существуют два гомоморфизма: коумножение ($\Delta : A \to A \otimes A$) и коединица ($\varepsilon : A \to \mathbb{C}$) и антигомоморфизм (антипод $S : A \to A$) такие, что

$$(id \otimes \Delta)\Delta A = (\Delta \otimes id)\Delta A, \tag{9.1}$$

$$(id \otimes \varepsilon)\Delta A = (\varepsilon \otimes id)\Delta A = A, \tag{9.2}$$

$$m(id \otimes S)\Delta A = m(S \otimes id)\Delta A = \varepsilon(A)\mathbf{1}, \tag{9.3}$$

где m есть обычное умножение $m(a \otimes b) = ab$.

Определение 9.1.2. Алгебра A с коумножением и коединицей, удовлетворяющим условиям (9.1), (9.2), называется биалгеброй.

В соответствии с теорией квантования групп и алгебр Ли [72], алгебра $\mathbf{C}\langle t_{ij}\rangle$ некоммутативных многочленов от n^2 переменных есть свободная ассоциативная $\mathbb{C}$-алгебра с единицей, порожденная элементами $t_{ij}, i, j = 1, \ldots, n$. Для произвольной невырожденной матрицы

$R \in M_{n^2}(\mathbb{C})$ двусторонний идеал $\mathbf{I}_R$ в алгебре $\mathbf{C}\langle t_{ij}\rangle$ порождается коммутационными соотношениями

$$RT_1T_2 = T_2T_1R, \tag{9.4}$$

где $T_1 = T \otimes I$, $T_2 = I \otimes T \in M_{n^2}(\mathbf{C}\langle t_{ij}\rangle)$, $T = (t_{ij})_{i,j=1}^n \in M_n(\mathbf{C}\langle t_{ij}\rangle)$ — матрица порядка $n \times n$ с элементами из $\mathbf{C}\langle t_{ij}\rangle$, а I — единичная матрица в $M_n(\mathbf{C})$. Здесь $M_N(\mathbb{F})$ обозначает множество квадратных матриц размерности N с элементами из $\mathbb{F}$.

Определение 9.1.3. Фактор-алгебра $A_R(t) = \mathbf{C}\langle t_{ij}\rangle / \mathbf{I}_R$ называется алгеброй функций на квантовой матричной алгебре ранга n, ассоциированной с матрицей R.

Алгебра A_R является биалгеброй с коумножением Δ вида

$$\Delta T = T \dot{\otimes} T, \quad \Delta t_{ij} = \sum_{k=1}^n t_{ik} \otimes t_{ki} \tag{9.5}$$

и коsingle единицей ε

$$\varepsilon(T) = I, \ \varepsilon(t_{ij}) = \delta_{ij}. \tag{9.6}$$

Напомним данное в [72] определение квантового векторного пространства. Пусть $\mathbf{C}\langle x_1, \ldots, x_n\rangle$ — алгебра некоммутативных многочленов от переменных $x_1, \ldots, x_n$, а $P \in M_{n^2}(\mathbb{C})$ — матрица перестановки в $\mathbf{C}^n \otimes \mathbf{C}^n$. Она имеет матричные элементы $P_{ij,kl} = \delta_{il}\delta_{jk}$, $i, j, k, l = 1, \ldots, n$ и для любых $u, v \in \mathbf{C}^n$ $Pu \otimes v = v \otimes u$. Положим $\widehat{R} = PR$, где $R \in M_{n^2}(\mathbb{C})$ — произвольная невырожденная матрица порядка $n^2 \times n^2$, и для каждого многочлена $f(t) \in \mathbf{C}[t]$ обозначим через $\mathbf{I}_{f,R}$ двусторонний идеал в $\mathbf{C}\langle x_1, \ldots, x_n\rangle$, порожденный соотношениями

$$f(\widehat{R})(x \otimes x) = 0, \tag{9.7}$$

где $x = (x_1, \ldots, x_n)^t \in \oplus_{i=1}^n \mathbf{C}\langle x_1, \ldots, x_n\rangle$ — вектор-столбец с элементами из алгебры $\mathbf{C}\langle x_1, \ldots, x_n\rangle$. В терминах, образующих x_i, соотношения (9.7) принимают вид

$$\sum_{k,l=1}^n f(\widehat{R})_{ij,kl} x_k x_l = 0, \qquad i, j = 1, \ldots, n. \tag{9.8}$$

Определение 9.1.4. Фактор-алгебра

$$\mathbf{C}_{f,R}^n(x) = \mathbf{C}\langle x_1, \ldots, x_n\rangle / \mathbf{I}_{f,R}$$

называется алгеброй функций на квантовом n-мерном векторном пространстве, ассоциированном с многочленом $f(t)$ и матрицей R.

Действие квантовой матричной алгебры $A_R(t)$ на квантовом векторном пространстве $\mathbf{C}_{f,R}^n(x)$ определяется отображением

$$\delta : \mathbf{C}_{f,R}^n(x) \longrightarrow A_R(t) \otimes \mathbf{C}_{f,R}^n(x)$$

$$\delta(x) = T\dot{\otimes}x, \quad \delta(x_i) = \sum_{k=1}^{n} t_{ik} \otimes x_k, \quad i = 1, \ldots, n. \qquad (9.9)$$

Это действие не зависит от выбора матрицы R.

Рассмотрим, как трансформируются определяющие соотношения алгебры $A_R(t)$ и ее действие на квантовом векторном пространстве $\mathbf{C}^n_{f,R}(x)$ при линейном преобразовании образующих.

Перейдем в алгебре $\mathbf{C}\langle x_1, \ldots, x_n \rangle$ к новым образующим $y_1, \ldots, y_n$ с помощью невырожденной матрицы $D \in M_n(\mathbb{C})$ по формуле

$$y = D^{-1}x, \quad y_i = \sum_{k=1}^{n} r_{ik}x_k, \qquad (9.10)$$

где через $r_{ij} \in \mathbb{C}$ обозначены элементы обратной матрицы $D^{-1} = (r_{ij})_{i,j=1}^{n}$. Получим алгебру $\mathbf{C}\langle y_1, \ldots, y_n \rangle$ некоммутативных многочленов от переменных $y_1, \ldots, y_n$. Рассмотрим двусторонний идеал $\mathbf{I}_{f,R}$ в $\mathbf{C}\langle y_1, \ldots y_n \rangle$, порожденный соотношениями

$$f(\widetilde{\widehat{R}})(y \otimes y) = 0, \quad \widetilde{\widehat{R}} = (D \otimes D)^{-1}\widehat{R}(D \otimes D). \qquad (9.11)$$

Определение 9.1.5. Назовем фактор-алгебру

$$\mathbf{C}^n_{f,\widetilde{R}}(y) = \mathbf{C}\langle y_1, \ldots, y_n \rangle / \mathbf{I}_{f,\widetilde{R}} \qquad (9.12)$$

алгеброй функций на квантовом n-мерном векторном пространстве с образующими y, ассоциированном с многочленом $f(t)$ и матрицей $\widetilde{R}$.

Утверждение 9.1.1. *Пусть образующие* $U = (u_{ij})_{i,j=1}^{n}$ *квантовой матричной алгебры* $A_{\widetilde{R}}(t)$ *связаны с образующими* $T = (t_{ij})_{i,j=1}^{n}$ *алгебры* $A_R(t)$ *линейными соотношениями*

$$U = D^{-1}TD, \quad T = DUD^{-1}, \qquad (9.13)$$

тогда биалгебра $A_{\widetilde{R}}(u)$ *изоморфна биалгебре* $A_R(t)$, *если*

$$\widetilde{R} = (D \otimes D)^{-1}R(D \otimes D). \qquad (9.14)$$

Доказательство. Найдем связь матриц T_1, T_2 с матрицами $U_1 = U \otimes I$ и $U_2 = I \otimes U$. Имеем

$$T_1 = T \otimes I = DUD^{-1} \otimes I = (D \otimes I)(U \otimes I)(D^{-1} \otimes I) = D_1U_1D_1^{-1}, \qquad (9.15)$$

где $D_1 = D \otimes I$, $D_1^{-1} = D^{-1} \otimes I$. Аналогично

$$T_2 = D_2U_2D_2^{-1}, \quad D_2 = I \otimes D, \ D_2^{-1} = I \otimes D^{-1}. \qquad (9.16)$$

Вывод соотношений (9.15), (9.16) основан на формуле

$$(A \otimes B)(C \otimes D) = AC \otimes BD, \qquad (9.17)$$

справедливой и в некоммутативном случае, если элементы внутренних матриц B и C коммутируют между собой. Вставляя между сомножителями уравнения (9.4) единичную матрицу $I = (D \otimes D)(D \otimes D)^{-1}$ и домножая его слева на $(D \otimes D)^{-1}$ и справа на $D \otimes D$, получаем коммутационные соотношения для образующих u_{ij} в виде

$$\widetilde{R} U_1 U_2 = U_2 U_1 \widetilde{R}, \qquad (9.18)$$

где матрица $\widetilde{R}$ связана с матрицей R соотношением (9.14).

Запишем коумножение Δ для образующих U. Поскольку Δ гомоморфизм, то

$$\Delta U = D^{-1} \Delta T D = D^{-1} T \dot{\otimes} T D =$$
$$= D^{-1}(DUD^{-1}) \dot{\otimes}(DUD^{-1})D = UD^{-1} \dot{\otimes} DU = U \dot{\otimes} U. \qquad (9.19)$$

Здесь используется тот факт, что D — числовая матрица, поэтому операция $\dot{\otimes}$ для нее сводится к обычному умножению матриц. Аналогично коединица для образующих U

$$\varepsilon(U) = \varepsilon(D^{-1}TD) = D^{-1}\varepsilon(T)D = I. \qquad (9.20)$$

Таким образом, алгебра $A_{\widetilde{R}}(u)$ является биалгеброй с коумножением (9.19) и коединицей (9.20), задаваемыми формально теми же формулами, что и для образующих T, но коммутационные соотношения (9.18) образующих U отличаются от (9.4). $\qquad \square$

Чтобы получить действие квантовой матричной алгебры $A_{\widetilde{R}}(u)$ на квантовом векторном пространстве $\mathbf{C}^n_{f,\widetilde{R}}(y)$, подставим в формулу (9.9) вместо образующих x их выражения (9.10) через образующие y, а вместо матрицы T — ее выражение (9.13) через матрицу U, получим

$$\delta(Dy) = DUD^{-1} \otimes Dy = DU \otimes y,$$

где учтены свойства отображения δ, а именно: $\delta(\alpha x) = \alpha \delta(x)$, $\alpha \in C$ и $\delta(x + x') = \delta(x) + \delta(x')$. Домножая обе части предыдущего уравнения на D^{-1}, получаем

$$\delta(y) = U \dot{\otimes} y, \quad \delta(y_i) = \sum_{k=1}^{n} u_{ik} \otimes y_k. \qquad (9.21)$$

Отображение $\delta : \mathbf{C}^n_{f,\widetilde{R}}(y) \longrightarrow A_{\widetilde{R}}(u) \otimes \mathbf{C}^n_{f,\widetilde{R}}(y)$, определяемое формулой (9.21), задает действие квантовой матричной алгебры $A_{\widetilde{R}}(u)$ на квантовом векторном пространстве $\mathbf{C}^n_{f,\widetilde{R}}(y)$ с образующими y.

В коммутативном случае (матрица R равна единичной матрице) формулы (9.13) описывают преобразование подобия матриц, когда координаты x и y в векторном пространстве $\mathbf{C}^n$ связаны соотношением (9.10). При этом кодействия (9.9) и (9.21) индуцируются обычным действием матричной алгебры $M_n(\mathbb{C})$ на $\mathbf{C}^n$. Поэтому формулы данного раздела можно рассматривать как аналог преобразования подобия матриц с некоммутативными элементами при линейном преобразовании некоммутативных образующих квантового векторного пространства.

9.2. Квантовые ортогональные группы в декартовых образующих

9.2.1. Основные определения. Алгебра функций, определенных на квантовой ортогональной группе $Fun(SO_q(N))$, ассоциируется с $N^2 \times N^2$ матрицей R_q вида:

$$R_q = q \sum_{k=1, k\neq k'}^{N} e_{kk} \otimes e_{kk} + \sum_{k,r=1, k\neq r, r'}^{N} e_{kk} \otimes e_{rr} +$$

$$+ q^{-1} \sum_{k=1, k\neq k'}^{N} e_{k'k'} \otimes e_{kk} + (q - q^{-1}) \sum_{k,r=1,\ k>r}^{N} e_{kr} \otimes e_{rk} -$$

$$- (q - q^{-1}) \sum_{k,r=1,\ k>r}^{N} q^{\rho_k - \rho_r} e_{kr} \otimes e_{k'r'} + e_{pp} \otimes e_{pp}, \qquad (9.22)$$

последнее слагаемое присутствует лишь для $N = 2n + 1$ и $p = (N + 1)/2$. Здесь $e_{ij} \in M_N(\mathbb{C})$ — матричные единицы $(e_{ij})_{km} = \delta_{ik}\delta_{jm}$, $k' = N + 1 - k$, $r' = N + 1 - r$ и

$$(\rho_1, \ldots, \rho_N) = \begin{cases} (n - \frac{1}{2}, n - \frac{3}{2}, \ldots, \frac{1}{2}, 0, -\frac{1}{2}, \ldots, -n + \frac{1}{2}), & N = 2n + 1, \\ (n - 1, n - 2, \ldots, 1, 0, 0, -1, \ldots, -n + 1), & N = 2n. \end{cases}$$
$$(9.23)$$

Помимо коммутационных соотношений (9.4), в алгебре $Fun(SO_q(N))$ имеют место дополнительные соотношения:

$$T^t C T = C, \quad T C^{-1} T^t = C^{-1}, \qquad (9.24)$$

где $C = C_0 q^\rho$, причем $\rho = \mathrm{diag}(\rho_1, \ldots, \rho_N)$, $(C_0)_{ij} = \delta_{i'j}$, $i, j = 1, \ldots, N$, т.е. $(C)_{ij} = q^{\rho_{i'}} \delta_{i'j}$ и $C^{-1} = C$.

Определение 9.2.1. Фактор-алгебра $Fun(SO_q(N))$ алгебры $A_{R_q}(t)$ по соотношениям (9.24) называется алгеброй функций на квантовой группе $SO_q(N)$.

Она является алгеброй Хопфа с коумножением (9.5), коединицей (9.6) и антиподом

$$S(T) = C T^t C^{-1}, \quad S(t_{ij}) = q^{\rho_{i'} - \rho_{j'}} t_{j'i'}, \ i, j = 1, \ldots, N, \qquad (9.25)$$

обладающим свойством

$$S^2(T) = (CC^t) T (CC^t)^{-1}. \qquad (9.26)$$

Часто вместо алгебры функций $Fun(SO_q(N))$ на квантовой группе $SO_q(N)$ для упрощения речи говорят просто о квантовой группе $SO_q(N)$. В дальнейшем мы будем придерживаться этой терминологии.

С квантовой ортогональной группой $SO_q(N)$ связано квантовое векторное пространство.

Определение 9.2.2. Алгебра $\mathbf{O}_q^N(\mathbb{C})$ с образующими $x_1, \ldots, x_N$ и коммутационными соотношениями

$$\widehat{R}_q(x \otimes x) = qx \otimes x - \frac{q - q^{-1}}{1 + q^{N-2}} x^t C x W_q, \qquad (9.27)$$

где $\widehat{R}_q = PR_q$, $Pu \otimes v = v \otimes u$, $\forall u, v \in \mathbf{C}^n$, $W_q = \sum_{i=1}^{N} q^{\rho_{i'}} e_i \otimes e_{i'}$,

$$x^t C x = \sum_{i,j=1}^{N} x_i C_{ij} x_j = \varepsilon x_{n+1}^2 + \sum_{k=1}^{n} \left(q^{-\rho_k} x_k x_{k'} + q^{\rho_k} x_{k'} x_k \right), \qquad (9.28)$$

$\varepsilon = 1$ при $N = 2n + 1$, $\varepsilon = 0$ при $N = 2n$ и вектор $(e_i)_k = \delta_{ik}$, $i, k = 1, \ldots, N$, называется алгеброй функций на квантовом N-мерном евклидовом пространстве (или просто квантовым евклидовым пространством).

Действие квантовой группы $SO_q(N)$ на некоммутативном векторном пространстве $\mathbf{O}_q^N(\mathbb{C})$ определяется формулой

$$\delta(x) = T \dot\otimes x, \quad \delta(x_i) = \sum_{k=1}^{n} t_{ik} \otimes x_k, \quad i = 1, \ldots, n, \qquad (9.29)$$

и квадратичная форма (9.28) инвариантна относительного этого кодействия.

Вещественные формы квантовых групп классифицируются с помощью ∗-антиинволюции.

Определение 9.2.3. ∗-Антиинволюцией алгебры Хопфа A называется отображение $* : A \to A$, являющееся антиавтоморфизмом алгебр и автоморфизмом коалгебр, удовлетворяющее условиям антиинволюции

$$\forall a \in A \quad (a^*)^* = a, \quad S(S(a^*)^* = a. \qquad (9.30)$$

Для квантовых групп вещественные формы зависят от свойств параметра деформации и R-матрицы (9.22) относительно комплексного сопряжения. В случае квантовых ортогональных групп имеется две возможности [72].

При $|q| = 1$, т.е. $q = e^{i\alpha}$, $\alpha \in \mathbb{R}$, имеем $\overline{q} = q^{-1}$, $\overline{R_q} = R_q^{-1}$, где черта обозначает комплексное сопряжение. Коммутационные соотношения (9.4) перепишутся $R_q T_1^* T_2^* = T_2^* T_1^* R_q$, где матрица $T^* = (t_{ik}^*)_{i,k=1}^N$. Отсюда после несложных рассуждений следует равенство $T^* = T$, что приводит к определению.

Определение 9.2.4. Квантовыми группами $SO_q(n,n)$, $N = 2n$ и $SO_q(n, n+1)$, $N = 2n+1$ называется квантовая ортогональная группа $SO_q(N)$, снабженная ∗-антиинволюцией $t_{ik}^* = t_{ik}$, $i, k = 1, \ldots, N$.

Вторая возможность, более интересная, с точки зрения контракций, и которой мы будем придерживаться, если иное не указано явно, возникает при вещественном параметре деформации $q \in \mathbb{R}$, когда $\overline{R}_q = R_q$ и соотношения (9.4) перепишутся $R_q T_2^* T_1^* = T_1^* T_2^* R_q$. Из свойства $R_q^t = PR_q P$ и (9.4) следует, что ∗-антиинволюция имеет вид $T^* = S(T)^t = C^t T (C^{-1})^t$. Поэтому справедливы следующие определения.

Определение 9.2.5. Квантовой группой $SO_q(N; \mathbb{R})$ называется алгебра $SO_q(N)$, снабженная $*$-антиинволюцией $t_{ik}^* = S(t_{ki})$, $i, k = 1, \dots, N$.

Определение 9.2.6. Алгебра $\mathbf{O}_q^N(\mathbb{C})$, снабженная антиинволюцией $x^* = C^t x$, $x_k^* = q^{\rho_k} x_{k'}$, $k = 1, \dots, N$, называется квантовым N-мерным вещественным евклидовым пространством $\mathbf{O}_q^N(\mathbb{R})$.

Поскольку $T^* = C^t T (C^{-1})^t$ и $x^* = C^t x$, то $\delta^*(x) = \delta(x^*)$, и действие квантовой группы $SO_q(N; \mathbb{R})$ на квантовом евклидовом пространстве $\mathbf{O}_q^N(\mathbb{R})$ сохраняет квадратичную форму $x^t C x = x^{*t} x$ в том смысле, что $\delta(x^{*t} x) = 1 \otimes x^{*t} x$. Отсюда естественно вытекает определение.

Определение 9.2.7. Фактор-алгебра алгебры $\mathbf{O}_q^N(\mathbb{R})$ по соотношению $x^{*t} x = 1$ называется квантовой $(N-1)$-мерной ортогональной сферой $\mathbf{S}_q^{N-1}$.

Матрица C имеет ненулевые элементы только на побочной диагонали. Они равны единице в коммутативном пределе $q = 1$. Поэтому квантовая группа $SO_q(N)$ и квантовое векторное пространство $\mathbf{O}_q^N$ описываются уравнениями (9.22)–(9.24),(9.28) в так называемых «симплектических» или «кососимметрических» образующих t_{ij}, $i, j = 1, \dots, N$, которые в недеформированном случае $q = 1$ связаны с инвариантной формой $x^t C_0 x = \mathrm{inv}$, определяемой матрицей C_0, имеющей ненулевые единичные элементы только на побочной диагонали.

Получим описание алгебры $SO_q(N)$ в новых образующих u_{ij}, $i, j = 1, \dots, N$, связанных с t_{ij} соотношениями (9.13). Подставляя (9.13) в (9.25) и используя линейность антигомоморфизма S, имеем

$$S(T) = S(DUD^{-1}) = DS(U)D^{-1} = C(D^t)^{-1} U^t (D^t) C^{-1},$$

откуда после умножения слева на числовую матрицу D^{-1} и справа на матрицу D находим антипод S для образующих U

$$S(U) = C' U^t (C')^{-1}, \tag{9.31}$$

где

$$C' = D^{-1} C (D^{-1})^t. \tag{9.32}$$

Антипод обладает свойством

$$S^2(U) = (D^{-1} C C^t D) U (D^{-1} C C^t D)^{-1}. \tag{9.33}$$

Квантовая группа $SO_q(N)$ является алгеброй Хопфа, в которой для образующих U с коммутационными соотношениями (9.18), где матрица R заменена на матрицу R_q (9.22), коумножение и коединица задаются (9.19) и (9.20), а антипод — формулой (9.31). Дополнительные соотношения (9.24) в терминах образующих U имеют вид

$$U C' U^t = C', \quad U^t (C')^{-1} U = (C')^{-1}. \tag{9.34}$$

В неквантовом случае $q = 1$, матрица $C = C_0$, и если выбрать матрицу D из условия

$$D^t C_0 D = I, \tag{9.35}$$

то аналог соотношений (9.34): $UU^t = U^t U = I$ есть известное условие ортогональности матриц U в декартовом базисе. Поэтому в квантовом случае корректно определение.

Определение 9.2.8. Образующие U, полученные из симплектических образующих T преобразованием (9.13) с помощью матрицы D, являющейся решением уравнения (9.35), будем называть декартовыми образующими квантовой ортогональной группы $SO_q(N)$.

Уравнение (9.35) решается неоднозначно. Выберем одно из решений, а именно:

$$D = \frac{1}{\sqrt{2}} \begin{pmatrix} I & -i\widetilde{C}_0 \\ \widetilde{C}_0 & iI \end{pmatrix}, \ N = 2n,$$

$$D = \frac{1}{\sqrt{2}} \begin{pmatrix} I & 0 & -i\widetilde{C}_0 \\ 0 & \sqrt{2} & 0 \\ \widetilde{C}_0 & 0 & iI \end{pmatrix}, \ N = 2n+1, \tag{9.36}$$

где $\widetilde{C}_0$ — матрица размера $n \times n$ с единицами на второй диагонали. Матрица D унитарная, т.е. $D^\dagger \equiv \overline{D}^t = D^{-1}$, с ее помощью находим матрицу

$$C' = D^{-1}C(D^t)^{-1} = \frac{1}{2} \begin{pmatrix} q^{\widetilde{\rho}} + q^{-\widetilde{\rho}} & 0 & i(q^{\widetilde{\rho}} - q^{-\widetilde{\rho}})\widetilde{C}_0 \\ 0 & 2 & 0 \\ -i\widetilde{C}_0(q^{\widetilde{\rho}} - q^{-\widetilde{\rho}}) & 0 & \widetilde{C}_0(q^{\widetilde{\rho}} + q^{-\widetilde{\rho}})\widetilde{C}_0 \end{pmatrix} =$$

$$= \begin{pmatrix} \operatorname{ch} z\widetilde{\rho} & 0 & i\operatorname{sh} z\widetilde{\rho}\widetilde{C}_0 \\ 0 & 1 & 0 \\ -i\widetilde{C}_0 \operatorname{sh} z\widetilde{\rho} & 0 & \widetilde{C}_0 \operatorname{ch} z\widetilde{\rho}\widetilde{C}_0 \end{pmatrix} \tag{9.37}$$

для серии $B_n = SO(2n+1)$, а для серии $D_n = SO(2n)$ вид матрицы C' дается (9.37) без средней строки и столбца. Здесь $q = e^z$ и $\widetilde{\rho} = diag(\rho_1, \dots, \rho_n)$, где $\rho_k = n - k$ при $N = 2n$ и $\rho_k = n + \frac{1}{2} - k$ при $N = 2n+1$, $k = 1, \dots, n$. Отметим, что

$$(C')^{-1} = D^t C^{-1} D = \begin{pmatrix} \operatorname{ch} z\widetilde{\rho} & 0 & -i\operatorname{sh} z\widetilde{\rho}\widetilde{C}_0 \\ 0 & 1 & 0 \\ i\widetilde{C}_0 \operatorname{sh} z\widetilde{\rho} & 0 & \widetilde{C}_0 \operatorname{ch} z\widetilde{\rho}\widetilde{C}_0 \end{pmatrix}, \tag{9.38}$$

причем $(C')^{-1} = (C')^t = \overline{C'}$. Матрица $\widetilde{C} = D^{-1}CC^t D$ из (9.33) получается заменой $\widetilde{\rho}$ на $2\widetilde{\rho}$ в формуле (9.37).

Определение 9.2.9. Квантовая ортогональная группа $SO_q(N)$ порождается декартовыми образующими $U = (u_{ik})_{i,k=1}^N$ с коммутационными соотношениями

$$\widetilde{R}_q U_1 U_2 = U_2 U_1 \widetilde{R}_q \tag{9.39}$$

и дополнительными соотношениями q-ортогональности

$$UC'U^t = C', \quad U^t(C')^{-1}U = (C')^{-1}, \tag{9.40}$$

где

$$\widetilde{R}_q = (D \otimes D)^{-1}R_q(D \otimes D), \tag{9.41}$$

а матрица D дается (9.36).

Фактор-алгебра алгебры $SO_q(N)$ по соотношениям (9.39), (9.40) есть алгебра Хопфа. С помощью матрицы (9.37) по формуле (9.31) находим антипод для декартовых образующих квантовой группы $SO_q(N)$ и дополнительные соотношения q-ортогональности (9.34). Явный вид матрицы $\widetilde{R}_q$ (9.41) приведен в приложении А. Антипод и соотношения q-ортогональности для элементов матрицы U даются формулами приложений Б и В соответственно при тождественной перестановке $\sigma_k = k$ и $j_k = 1$.

Декартовы образующие $y = D^{-1}x$ квантового евклидова пространства $\mathbf{O}_q^N$ получаются с помощью невырожденной матрицы (9.36). Коммутационные соотношения (9.27) перепишем в виде

$$\widehat{R}(y \otimes y) = qy \otimes y - \frac{\lambda}{1 + q^{N-2}} y^t (C')^t y W, \tag{9.42}$$

где $\widehat{R} = (D \otimes D)^{-1}\widehat{R}_q(D \otimes D), \quad W = (D \otimes D)^{-1}W_q, \quad C' = D^t C^t D.$

Вещественная квантовая ортогональная группа $SO_q(N; \mathbb{R})$ при $q \in \mathbb{R}$ порождается декартовыми образующими, антиинволюция которых определяется соотношениями

$$U^* = (C')^{-1}UC'. \tag{9.43}$$

Она действует на декартовы образующие квантового евклидова пространства $\mathbf{Q}_q^N(\mathbb{R})$, удовлетворяющие условию $y^* = C'y$, и сохраняет диагональную квадратичную форму $y^{*t}y = y^t(C')^t y$.

9.2.2. Квантовая группа $SO_q(3)$ в симплектических и декартовых образующих.
Для иллюстрации перехода от стандартного компактного описания квантовых ортогональных групп в симплектических образующих t_{ik}, $i,k = 1,2,3$ к более громоздкому описанию в декартовых образующих u_{ik}, необходимому для построения квантовых групп Кэли–Клейна, рассмотрим простейшую квантовую группу

$SO_q(3)$. Ее R-матрица дается формулой (9.22) при $N = 3$

$$
R_q = \begin{pmatrix}
q & \cdot & \cdot & \cdot & \cdot & \cdot & \cdot & \cdot & \cdot \\
\cdot & 1 & \cdot & \cdot & \cdot & \cdot & \cdot & \cdot & \cdot \\
\cdot & \cdot & q^{-1} & \cdot & \cdot & \cdot & \cdot & \cdot & \cdot \\
\cdot & \lambda & \cdot & 1 & \cdot & \cdot & \cdot & \cdot & \cdot \\
\cdot & \cdot & -\lambda q^{-1/2} & \cdot & 1 & \cdot & \cdot & \cdot & \cdot \\
\cdot & \cdot & \cdot & \cdot & \cdot & 1 & \cdot & \cdot & \cdot \\
\cdot & \cdot & \lambda(1 - q^{-1}) & \cdot & -\lambda q^{-1/2} & \cdot & q^{-1} & \cdot & \cdot \\
\cdot & \cdot & \cdot & \cdot & \cdot & \lambda & \cdot & 1 & \cdot \\
\cdot & \cdot & \cdot & \cdot & \cdot & \cdot & \cdot & \cdot & q
\end{pmatrix}, \qquad (9.44)
$$

где $\lambda = q - q^{-1} = 2\,\mathrm{sh}\,z$ при $q = e^z$. Поскольку $\rho_1 = \dfrac{1}{2}, \rho_2 = 0, \rho_3 = -\dfrac{1}{2}$, то матрица C из соотношений (9.24) равна

$$
C = \begin{pmatrix}
\cdot & \cdot & q^{-1/2} \\
\cdot & 1 & \cdot \\
q^{1/2} & \cdot & \cdot
\end{pmatrix} = C^{-1}, \qquad (9.45)
$$

а сами соотношения q-ортогональности для декартовых образующих u_{ik} описываются формулами (9.70),(9.71), в которых все контракционные параметры следует положить равными единице $j_k = 1$, $k = 1, 2, 3$.

В декартовых образующих матрица $\widetilde{R}_q$ получается из (9.44) преобразованием (9.41) с помощью матрицы (9.36) и имеет вид

$$
\widetilde{R}_q = (D \otimes D)^{-1} R_q (D \otimes D) =
$$

$$
= \begin{pmatrix}
\mathrm{ch}\,z + e^{-z/2}\,\mathrm{sh}\,z\,\mathrm{sh}\,\dfrac{z}{2} & \cdot & ie^{-z/2}\,\mathrm{sh}\,z\,\mathrm{sh}\,\dfrac{z}{2} \\
\cdot & 1 & \cdot \\
ie^{-z/2}\,\mathrm{sh}\,z\,\mathrm{sh}\,\dfrac{z}{2} & \cdot & \mathrm{ch}\,z - e^{-z/2}\,\mathrm{sh}\,z\,\mathrm{sh}\,\dfrac{z}{2} \\
\cdot & \mathrm{sh}\,z & \cdot \\
-e^{-3z/2}\,\mathrm{sh}\,z & \cdot & -ie^{-3z/2}\,\mathrm{sh}\,z \\
\cdot & i\,\mathrm{sh}\,z & \cdot \\
-ie^{-z/2}\,\mathrm{sh}\,z\,\mathrm{sh}\,\dfrac{z}{2} & \cdot & \mathrm{sh}\,z\left(1 + e^{-z/2}\,\mathrm{sh}\,\dfrac{z}{2}\right) \\
\cdot & \cdot & \cdot \\
-e^{-z/2}\,\mathrm{sh}\,z\,\mathrm{sh}\,\dfrac{z}{2} & \cdot & ie^{-z/2}\,\mathrm{sh}\,z\,\mathrm{sh}\,\dfrac{z}{2}
\end{pmatrix}
$$

$$
\begin{pmatrix}
\cdot & -e^{-z/2}\,\mathrm{sh}\,z & \cdot \\
\mathrm{sh}\,z & \cdot & i\,\mathrm{sh}\,z \\
\cdot & -ie^{-z/2}\,\mathrm{sh}\,z & \cdot \\
1 & \cdot & \cdot \\
\cdot & 1 & \cdot \\
\cdot & \cdot & 1 \\
\cdot & ie^{-z/2}\,\mathrm{sh}\,z & \cdot \\
-i\,\mathrm{sh}\,z & \cdot & \mathrm{sh}\,z \\
\cdot & -e^{-z/2}\,\mathrm{sh}\,z & \cdot
\end{pmatrix}
$$

$$\left.\begin{pmatrix} -ie^{-z/2}\operatorname{sh}z\operatorname{sh}\frac{z}{2} & \cdot & -e^{-z/2}\operatorname{sh}z\operatorname{ch}\frac{z}{2} \\ \cdot & & \cdot \\ \operatorname{sh}z\left(1+e^{-z/2}\operatorname{sh}\frac{z}{2}\right) & \cdot & ie^{-z/2}\operatorname{sh}z\operatorname{sh}\frac{z}{2} \\ \cdot & -i\operatorname{sh}z & \cdot \\ ie^{-3z/2}\operatorname{sh}z & \cdot & -e^{-3z/2}\operatorname{sh}z \\ \cdot & \operatorname{sh}z & \cdot \\ \operatorname{ch}z-e^{-z/2}\operatorname{sh}z\operatorname{sh}\frac{z}{2} & \cdot & -ie^{-z/2}\operatorname{sh}z\operatorname{sh}\frac{z}{2} \\ \cdot & 1 & \cdot \\ -ie^{-z/2}\operatorname{sh}z\operatorname{sh}\frac{z}{2} & \cdot & \operatorname{ch}z+e^{-z/2}\operatorname{sh}z\operatorname{sh}\frac{z}{2} \end{pmatrix}\right). \quad (9.46)$$

Эта матрица уже не является нижнетреугольной и содержит больше ненулевых элементов по сравнению с (9.44).

Квантовая группа $SO_q(3)$ действует на квантовом векторном пространстве $\mathbf{O}_q^3$ по формуле (9.9). Алгебра $\mathbf{O}_q^3$ задается симплектическими образующими x_1, x_2, x_3 с коммутационными соотношениями

$$x_1x_2 = qx_2x_1, \quad x_2x_3 = qx_3x_2, \quad x_1x_3 - x_3x_1 = (q^{-\frac{1}{2}} - q^{\frac{1}{2}})x_2^2. \quad (9.47)$$

Относительно действия квантовой группы остается инвариантной квадратичная форма

$$x^t C x = q^{-\frac{1}{2}} x_1 x_3 + x_2^2 + q^{\frac{1}{2}} x_3 x_1. \quad (9.48)$$

Переход к декартовым образующим осуществляется по формулам (9.10), которые при $N = 3$ имеют вид

$$y_1 = \frac{1}{\sqrt{2}}(x_1 + x_3), \quad y_2 = x_2, \quad y_3 = \frac{i}{\sqrt{2}}(x_1 - x_3). \quad (9.49)$$

Новые образующие подчиняются коммутационным соотношениям

$$y_1 y_2 = y_2 y_1 \operatorname{ch}z - iy_2 y_3 \operatorname{sh}z, \quad y_2 y_3 = y_3 y_2 \operatorname{ch}z - iy_1 y_2 \operatorname{sh}z,$$
$$[y_1, y_3] = 2iy_2^2 \operatorname{sh}\frac{z}{2}, \quad q = e^z. \quad (9.50)$$

При действии квантовой группы сохраняется диагональная квадратичная форма

$$y^t C' y = (y_1^2 + y_3^2)\operatorname{ch}\frac{z}{2} + y_2^2 \operatorname{ch}z. \quad (9.51)$$

В случае вещественного параметра деформации q (или z) вещественные формы квантовой группы $SO_q(3;\mathbb{R})$ и квантового пространства $\mathbf{O}_q^3(\mathbb{R})$ получаются оснащением алгебр $SO_q(3)$ и $\mathbf{O}_q^3$ антиинволюцией

$$T^* = C^t T (C^t)^{-1}, \quad x^* = C^t x, \quad (9.52)$$

или в компонентах

$$t_{11}^* = t_{33}, \quad t_{22}^* = t_{22}, \quad t_{33}^* = t_{11}, \quad t_{13}^* = qt_{31}, \quad t_{31}^* = q^{-1}t_{13},$$
$$t_{12}^* = q^{\frac{z}{2}}t_{32}, \quad t_{21}^* = q^{-\frac{z}{2}}t_{23}, \quad t_{23}^* = q^{\frac{z}{2}}t_{21}, \quad t_{32}^* = q^{-\frac{z}{2}}t_{12},$$

$$x_1^* = q^{\frac{z}{2}} x_3, \quad x_2^* = x_2, \quad x_3^* = q^{-\frac{z}{2}} x_1. \tag{9.53}$$

В декартовых образующих антиинволюция задается подобными выражениями

$$U^* = C'U(C')^{-1}, \quad y^* = C'y \tag{9.54}$$

с матрицей C' из (9.37) и в компонентах имеет вид

$$u_{11}^* = u_{11}\,\mathrm{ch}^2\frac{z}{2} - u_{33}\,\mathrm{sh}^2\frac{z}{2} + \frac{i}{2}(u_{13}+u_{31})\,\mathrm{sh}\,z,$$

$$u_{33}^* = u_{33}\,\mathrm{ch}^2\frac{z}{2} - u_{11}\,\mathrm{sh}^2\frac{z}{2} - \frac{i}{2}(u_{13}+u_{31})\,\mathrm{sh}\,z,$$

$$u_{13}^* = u_{13}\,\mathrm{ch}^2\frac{z}{2} + u_{13}\,\mathrm{sh}^2\frac{z}{2} + \frac{i}{2}(u_{33}-u_{11})\,\mathrm{sh}\,z,$$

$$u_{31}^* = u_{31}\,\mathrm{ch}^2\frac{z}{2} + u_{31}\,\mathrm{sh}^2\frac{z}{2} + \frac{i}{2}(u_{33}-u_{11})\,\mathrm{sh}\,z,$$

$$u_{12}^* = u_{12}\,\mathrm{ch}\frac{z}{2} + iu_{32}\,\mathrm{sh}\frac{z}{2}, \quad u_{21}^* = u_{21}\,\mathrm{ch}\frac{z}{2} + iu_{23}\,\mathrm{sh}\frac{z}{2},$$

$$u_{23}^* = u_{23}\,\mathrm{ch}\frac{z}{2} - iu_{21}\,\mathrm{sh}\frac{z}{2}, \quad u_{32}^* = u_{32}\,\mathrm{ch}\frac{z}{2} - iu_{12}\,\mathrm{sh}\frac{z}{2}, \quad u_{22}^* = u_{22},$$

$$y_1^* = y_1\,\mathrm{ch}\frac{z}{2} + iy_3\,\mathrm{sh}\frac{z}{2}, \quad y_2^* = y_2, \quad y_3^* = y_3\,\mathrm{ch}\frac{z}{2} - iy_1\,\mathrm{sh}\frac{z}{2}. \tag{9.55}$$

Поскольку $\delta^*(y) = \delta(y^*)$ и действие квантовой группы $SO_q(3;R)$ сохраняет квадратичную форму (9.51), то факторизация алгебры $\mathbf{O}_q^3(\mathbb{R})$ по соотношению $y^t C'y = y^* t y = 1$ определяет двумерную квантовую единичную сферу $\mathbf{S}_q^2$ в декартовых образующих.

9.3. Квантовые группы Кэли–Клейна $SO_z(N;j)$

9.3.1. Преобразование квантовой ортогональной группы в квантовую группу Кэли–Клейна.
В настоящем разделе опишем квантовые деформации контрактированных ортогональных групп Кэли–Клейна $SO_z(N;j)$, т.е. когда параметры j_k принимают по два значения $j_k = 1, \iota_k$. Вместо алгебры $\mathbf{C}\langle t_{ik}\rangle$ начнем построение с алгебры $\mathbf{P}\langle u_{ik}\rangle$ некоммутативных многочленов от N^2 переменных над алгеброй Пименова $\mathbf{P}_{N-1}(\iota)$. Для этого вместо матрицы U декартовых образующих квантовой группы $SO_q(N)$ введем матрицу $U(j)$ по формуле

$$(U(j))_{kp} = (k,p)u_{kp} \tag{9.56}$$

и преобразуем параметр деформации $q = e^z$ следующим образом:

$$z \to Jz, \tag{9.57}$$

где J — пока неизвестный множитель, составленный из произведения контракционных параметров.

Во второй части монографии нумерация координат начинается с единицы, поэтому для обозначения произведения контракционных параметров вместо (1.27) вводится новое определение

$$(k,p) = \prod_{l=\min\{k,p\}}^{\max\{k,p\}-1} j_l, \quad (k,k) = 1. \tag{9.58}$$

Оно будет использоваться на протяжении второй части, за исключением главы 10, в которой вернемся к определению (1.27).

Обозначим $\widetilde{R}_z(j)$ матрицу, полученную из (9.22) по формуле (9.14), с последующей заменой параметра деформации согласно (9.57), а через $C'(j)$ обозначим матрицу C' (9.37) с заменой (9.57).

Определение 9.3.1. Квантовая ортогональная группа Кэли–Клейна $SO_z(N;j)$ порождается декартовыми образующими $U(j)$ (9.56) с коммутационными соотношениями

$$\widetilde{R}_z(j)U_1(j)U_2(j) = U_2(j)U_1(j)\widetilde{R}_z(j) \tag{9.59}$$

и дополнительными соотношениями (z,j)-ортогональности

$$U(j)C'(j)U^t(j) = C'(j), \quad U^t(j)(C'(j))^{-1}U(j) = (C'(j))^{-1}. \tag{9.60}$$

Утверждение 9.3.1. *Фактор-алгебра*

$$SO_z(N;j) = \mathbf{P}\langle u_{ik}\rangle/(9.59), (9.60) \tag{9.61}$$

есть алгебра Хопфа со следующими коумножением, коединицей и антиподом:

$$\Delta U(j) = U(j)\dot{\otimes}U(j), \quad \xi(U(j)) = I,$$
$$S(U(j)) = C'(j)U^t(j)(C'(j))^{-1}. \tag{9.62}$$

Утверждение проверяется непосредственными вычислениями. Явный вид антипода получается из формул приложения Б при тождественной перестановке $\sigma_i = i$.

Описанная конструкция является непротиворечивой, если при нильпотентных значениях контракционных параметров соответствующие формулы не содержат неопределенных (или сингулярных) членов. В частности, необходимым условием существования антипода является отсутствие неопределенных выражений в правых частях уравнений приложения Б при $\sigma_i = i$, $i = 1,\ldots,N$ и $j_k = \iota_k$, $k = 1,\ldots,N-1$. Анализ уравнений и, особенно, выражений для антипода $S(u_{1,n+1})$, $S(u_{2n+1,n+1})$ показывает, что минимальный множитель J в преобразовании (9.57) параметра деформации должен быть выбран равным произведению всех контракционных параметров:

$$J = (1,N) = \prod_{k=1}^{N-1} j_k. \tag{9.63}$$

Можно проверить, что при таком выборе J формулы данного раздела определены при любых значениях параметров j и описывают весь набор квантовых ортогональных групп Кэли–Клейна.

В симплектическом базисе квантовая группа Кэли–Клейна $SO_v(N; j)$ порождается матрицей генераторов $T(j) \in M_N(\mathbf{P}\langle t_{ik} \rangle)$, распределение контракционных параметров в которой задается в соответствии с (9.13) соотношением $T(j) = DU(j)D^{-1}$. Некоммутативные матричные элементы $T(j)$ подчиняются коммутационным соотношениям

$$R_z(j)T_1(j)T_2(j) = T_2(j)T_1(j)R_z(j), \tag{9.64}$$

а дополнительные соотношения (z, j)-ортогональности имеют вид

$$T^t(j)C(j)T(j) = C(j), \quad T(j)C^{-1}(j)T^t(j) = C^{-1}(j), \tag{9.65}$$

где нижнетреугольная R-матрица $R_z(j)$ и матрица $C(j)$ получаются из матриц R_q (9.22) и C (9.24), соответственно, заменой квантового параметра z на новый параметр деформации Jz :

$$R_z(j) = R_q(z \to Jz), \quad C(j) = C(z \to Jz). \tag{9.66}$$

При этом, как нетрудно показать, справедливо

Утверждение 9.3.2. *Фактор-алгебра*

$$SO_v(N; j) = \mathbf{P}\langle t_{ik} \rangle / (9.64), (9.65) \tag{9.67}$$

есть алгебра Хопфа с коумножением Δ, *коединицей* ε *и антиподом* S :

$$\Delta T(j) = T(j) \dot{\otimes} T(j), \quad \varepsilon(T(j)) = I,$$
$$S(T(j)) = C(j)T^t(j)C^{-1}(j). \tag{9.68}$$

Из всех операций, входящих в структуру алгебры Хопфа, наиболее простой, с точки зрения получения выражений для конкретных образующих, является коединица ε. Следующая по сложности операция — это коумножение Δ, которое фактически сводится к умножению матриц (9.5). Несколько более сложным является нахождение антипода S. Однако наиболее трудным делом оказывается получение коммутаторов для образующих t_{ik} или u_{ik} с помощью соотношений (9.59) или (9.64). В общем случае произвольного N решение этих уравнений для квантовой группы $SO_z(N; j)$ или даже $SO_q(N)$ неизвестно. В явном виде полный набор коммутаторов получен для простейшей квантовой группы $SO_z(3; j)$.

9.3.2. Квантовые группы $SO_z(3; j)$. Введем обозначения $C_1 = {\rm ch}\, Jz$, $S_1 = {\rm sh}\, Jz$, $J = j_1 j_2$. Матрица генераторов

$$U(j) = \begin{pmatrix} u_{11} & j_1 u_{12} & j_1 j_2 u_{13} \\ j_1 u_{21} & u_{22} & j_2 u_{23} \\ j_1 j_2 u_{31} & j_2 u_{32} & u_{33} \end{pmatrix} \tag{9.69}$$

удовлетворяет соотношениям (z, j)-ортогональности:

(i) $U(j)C'(j)U^t(j) = C'(j)$,

$$u_{11}u_{21}j_1C_1 - iu_{13}u_{21}j_1JS_1 + j_1u_{12}u_{22} + u_{13}u_{23}j_2JC_1 + iu_{11}u_{23}j_2S_1 = 0,$$
$$u_{11}u_{31}JC_1 - iu_{13}u_{31}J^2S_1 + Ju_{12}u_{32} + u_{13}u_{33}JC_1 + iu_{11}u_{33}S_1 = iS_1,$$
$$u_{21}u_{31}j_1JC_1 - iu_{23}u_{31}j_2JS_1 + j_2u_{22}u_{32} + j_2u_{23}u_{33}C_1 + iu_{21}u_{33}j_1S_1 = 0,$$
$$u_{21}u_{11}j_1C_1 - iu_{23}u_{11}j_2S_1 + j_1u_{22}u_{12} + u_{23}u_{13}j_2JC_1 + iu_{21}u_{13}j_1JS_1 = 0,$$
$$u_{31}u_{11}JC_1 - iu_{33}u_{11}S_1 + Ju_{32}u_{12} + u_{33}u_{13}JC_1 + iu_{31}u_{13}J^2S_1 = -iS_1,$$
$$u_{31}u_{21}j_1JC_1 - iu_{33}u_{21}j_1S_1 + j_2u_{32}u_{22} + u_{33}u_{23}j_2C_1 + iu_{31}u_{23}j_2JS_1 = 0,$$
$$iJS_1[u_{13}, u_{11}] = C_1(u_{11}^2 + J^2u_{13}^2 - 1) + j_1^2u_{12}^2,$$
$$iJS_1[u_{23}, u_{21}] = C_1(j_1^2u_{21}^2 + j_2^2u_{23}^2) + u_{22}^2 - 1,$$
$$iJS_1[u_{33}, u_{31}] = C_1(J^2u_{31}^2 + u_{33}^2 - 1) + j_2^2u_{32}^2, \tag{9.70}$$

(ii) $U(j)^t(C')^{-1}(j)U(j) = (C')^{-1}(j)$,

$$j_1u_{11}u_{12}C_1 + iu_{31}u_{12}j_1JS_1 + j_1u_{21}u_{22} + Ju_{31}u_{33}C_1 - iu_{11}u_{33}S_1 = 0,$$
$$Ju_{11}u_{13}C_1 + iu_{31}u_{13}J^2S_1 + Ju_{21}u_{23} + Ju_{13}u_{33}C_1 - iu_{11}u_{33}S_1 = -iS_1,$$
$$j_1Ju_{12}u_{13}C_1 + iu_{32}u_{13}j_2JS_1 + j_2u_{22}u_{23} + j_2u_{32}u_{33}C_1 - iu_{12}u_{33}j_1S_1 = 0,$$
$$j_1u_{12}u_{11}C_1 + iu_{32}u_{11}j_2S_1 + j_1u_{22}u_{21} + j_2Ju_{32}u_{31}C_1 - iu_{12}u_{31}j_1JS_1 = 0,$$
$$Ju_{13}u_{11}C_1 + iu_{33}u_{11}S_1 + Ju_{23}u_{21} + Ju_{33}u_{31}C_1 - iu_{13}u_{31}J^2S_1 = iS_1,$$
$$j_1Ju_{13}u_{12}C_1 + iu_{33}u_{12}j_1S_1 + j_2u_{23}u_{22} + j_2u_{33}u_{32}C_1 - iu_{13}u_{32}j_2JS_1 = 0,$$
$$iJS_1[u_{11}, u_{31}] = C_1(u_{11}^2 + J^2u_{31}^2 - 1) + j_1^2u_{21}^2,$$
$$iJS_1[u_{12}, u_{32}] = C_1(j_1^2u_{12}^2 + j_2^2u_{32}^2) + u_{22}^2 - 1,$$
$$iJS_1[u_{13}, u_{33}] = C_1(u_{33}^2 + J^2u_{13}^2 - 1) + j_2^2u_{23}^2. \tag{9.71}$$

Она содержит три независимых элемента, в качестве которых выберем u_{12}, u_{13}, u_{23}, расположенные над диагональю. Их коммутаторы находятся из соотношений (9.59) и имеют вид

$$[u_{12}, u_{23}] = iu_{22}(u_{11} - u_{33})\frac{1}{J}\,\text{sh}\,Jz,$$
$$[u_{13}, u_{23}] = u_{23}\left\{(\text{ch}\,Jz - 1)u_{13} - iu_{33}\frac{1}{J}\,\text{sh}\,Jz\right\},$$
$$[u_{12}, u_{13}] = \left\{(\text{ch}\,Jz - 1)u_{13} + iu_{11}\frac{1}{J}\,\text{sh}\,Jz\right\}u_{12}. \tag{9.72}$$

Ассоциативная алгебра $SO_z(3; j)$ является алгеброй Хопфа с коединицей $\varepsilon(U(j)) = I$, т.е. $\varepsilon(u_{ik}) = \delta_{ik}$, коумножением $\Delta U(j) = U(j) \otimes U(j)$ вида

$$\Delta u_{12} = u_{11} \otimes u_{12} + u_{12} \otimes u_{22} + j_2^2 u_{13} \otimes u_{32},$$
$$\Delta u_{21} = u_{21} \otimes u_{11} + u_{22} \otimes u_{21} + j_2^2 u_{23} \otimes u_{31},$$
$$\Delta u_{23} = u_{22} \otimes u_{23} + u_{23} \otimes u_{33} + j_1^2 u_{21} \otimes u_{13},$$

$$\Delta u_{32} = u_{32} \otimes u_{22} + u_{33} \otimes u_{32} + j_1^2 u_{31} \otimes u_{12},$$

$$\Delta u_{13} = u_{11} \otimes u_{13} + u_{12} \otimes u_{23} + u_{13} \otimes u_{33},$$

$$\Delta u_{31} = u_{31} \otimes u_{11} + u_{32} \otimes u_{21} + u_{33} \otimes u_{31},$$

$$\Delta u_{11} = u_{11} \otimes u_{11} + j_1^2 u_{12} \otimes u_{21} + J^2 u_{13} \otimes u_{31},$$

$$\Delta u_{22} = u_{22} \otimes u_{22} + j_1^2 u_{21} \otimes u_{12} + j_2^2 u_{23} \otimes u_{32},$$

$$\Delta u_{33} = u_{33} \otimes u_{33} + j_2^2 u_{32} \otimes u_{23} + J^2 u_{31} \otimes u_{13} \qquad (9.73)$$

и антиподом (9.62), где

$$S(u_{12}) = u_{21}\operatorname{ch}\frac{Jz}{2} + ij_2^2 u_{23}\frac{1}{J}\operatorname{sh}\frac{Jz}{2}, \quad S(u_{21}) = u_{12}\operatorname{ch}\frac{Jz}{2} + ij_2^2 u_{32}\frac{1}{J}\operatorname{sh}\frac{Jz}{2},$$

$$S(u_{23}) = u_{32}\operatorname{ch}\frac{Jz}{2} - ij_1^2 u_{12}\frac{1}{J}\operatorname{sh}\frac{Jz}{2}, \quad S(u_{32}) = u_{23}\operatorname{ch}\frac{Jz}{2} - ij_1^2 u_{21}\frac{1}{J}\operatorname{sh}\frac{Jz}{2},$$

$$S(u_{13}) = u_{31}\operatorname{ch}^2\frac{Jz}{2} + u_{13}\operatorname{sh}^2\frac{Jz}{2} + i\frac{1}{2}(u_{33} - u_{11})\frac{1}{J}\operatorname{sh}Jz,$$

$$S(u_{31}) = u_{13}\operatorname{ch}^2\frac{Jz}{2} + u_{31}\operatorname{sh}^2\frac{Jz}{2} + i\frac{1}{2}(u_{33} - u_{11})\frac{1}{J}\operatorname{sh}Jz,$$

$$S(u_{11}) = u_{11}\operatorname{ch}^2\frac{Jz}{2} - u_{33}\operatorname{sh}^2\frac{Jz}{2} + i\frac{1}{2}(u_{13} + u_{31})J\operatorname{sh}Jz,$$

$$S(u_{33}) = u_{33}\operatorname{ch}^2\frac{Jz}{2} - u_{11}\operatorname{sh}^2\frac{Jz}{2} - i\frac{1}{2}(u_{13} + u_{31})J\operatorname{sh}Jz,$$

$$S(u_{22}) = u_{22}. \qquad (9.74)$$

Подстановка конкретных значений контракционных параметров в формулы данного раздела дает описание квантовых деформаций всех ортогональных групп Кэли–Клейна при $N = 3$. Рассмотрим некоторые из них.

9.3.3. Квантовая группа Евклида $E_z^0(2)$.

При контракции $j_1 = \iota_1$ получаем квантовую группу Евклида $E_z^0(2) = SO_z(3; \iota_1, j_2 = 1)$, $J = \iota_1$. Из соотношений (z, j)-ортогональности находим $u_{11} = 1$, $u_{22} = u_{33}$, $u_{23} = -u_{32}$, а из уравнений (9.59) устанавливаем, что все эти генераторы коммутируют и образуют группу $SO(2)$. Это дает основания ввести обозначения $u_{22} = u_{33} = \cos\varphi$, $u_{23} = \sin\varphi = -u_{32}$, с учетом которых матрица генераторов запишется

$$U(\iota_1) = \begin{pmatrix} 1 & \iota_1 u_{12} & \iota_1 u_{13} \\ \iota_1 u_{21} & \cos\varphi & \sin\varphi \\ \iota_1 u_{31} & -\sin\varphi & \cos\varphi \end{pmatrix} \cong \begin{pmatrix} \cdot & \iota_1 & \iota_1 \\ & \cdot & \cdot \\ & & \cdot \end{pmatrix}, \qquad (9.75)$$

где из уравнений (z, j)-ортогональности

$$u_{21} = -(u_{12}\cos\varphi + u_{13}\sin\varphi + i\frac{z}{2}\sin\varphi),$$

$$u_{31} = u_{12}\sin\varphi - u_{13}\cos\varphi + i\frac{z}{2}(1 - \cos\varphi). \qquad (9.76)$$

В формуле (9.75) показано распределение нильпотентных параметров по элементам матрицы образующих, причем, учитывая симметрию этого распределения относительно главной диагонали, только над диагональю. Точка · отвечает комплексным элементам.

Коммутационные соотношения независимых образующих перепишем следующим образом:

$$[u_{12}, \sin\varphi] = iz\cos\varphi(1 - \cos\varphi),$$

$$[\sin\varphi, u_{13}] = iz\sin\varphi\cos\varphi, \quad [u_{12}, u_{13}] = izu_{12}. \tag{9.77}$$

Коумножение квантовой группы Евклида задается соотношениями

$$\Delta u_{12} = 1 \otimes u_{12} + u_{12} \otimes \cos\varphi - j_2^2 u_{13} \otimes \sin\varphi,$$

$$\Delta u_{13} = 1 \otimes u_{13} + u_{12} \otimes \sin\varphi + u_{13} \otimes \cos\varphi,$$

$$\Delta\sin\varphi = \cos\varphi \otimes \sin\varphi + \sin\varphi \otimes \cos\varphi, \quad \Delta\varphi = 1 \otimes \varphi + \varphi \otimes 1, \tag{9.78}$$

антипод имеет вид

$$S(u_{12}) = -u_{12}\cos\varphi - u_{13}\sin\varphi, \quad S(\varphi) = -\varphi,$$

$$S(u_{13}) = -u_{13}\cos\varphi + u_{12}\sin\varphi, \tag{9.79}$$

а коединица равна нулю: $\varepsilon(u_{12}) = \varepsilon(\varphi) = \varepsilon(u_{13}) = \varepsilon(u_{23}) = 0$.

Если взять за независимые образующие u_{21}, u_{31}, φ, то соотношения (9.76)–(9.79) перепишутся так: из уравнений (z,j)-ортогональности находим

$$u_{12} = -u_{21}\cos\varphi + u_{31}\sin\varphi - i\frac{z}{2}\sin\varphi,$$

$$u_{13} = -u_{21}\sin\varphi - u_{31}\cos\varphi - i\frac{z}{2}(1 - \cos\varphi), \tag{9.80}$$

коммутационные соотношения равны

$$[u_{21}, \sin\varphi] = iz\cos\varphi(1 - \cos\varphi),$$

$$[\sin\varphi, u_{31}] = -iz\sin\varphi\cos\varphi, \quad [u_{31}, u_{21}] = izu_{21}. \tag{9.81}$$

Алгебру Хопфа характеризуют коумножение

$$\Delta u_{21} = u_{21} \otimes 1 + \cos\varphi \otimes u_{21} + \sin\varphi \otimes u_{31}, \quad \Delta\varphi = 1 \otimes \varphi + \varphi \otimes 1,$$

$$\Delta u_{31} = u_{31} \otimes 1 - \sin\varphi \otimes u_{21} + \cos\varphi \otimes u_{31}, \tag{9.82}$$

антипод

$$S(u_{21}) = -u_{21}\cos\varphi + u_{31}\sin\varphi - iz\sin\varphi, \quad S(\varphi) = -\varphi,$$

$$S(u_{31}) = -u_{31}\cos\varphi - u_{21}\sin\varphi + iz(\cos\varphi - 1), \tag{9.83}$$

и коединица $\varepsilon(u_{21}) = \varepsilon(\varphi) = \varepsilon(u_{31}) = 0$.

9.3.4. Квантовая группа Ньютона $N_z^0(2)$.

Контракция по второму параметру $j_2 = \iota_2$ дает квантовый аналог цилиндрической группы или группы Ньютона $N_z^0(2) \equiv SO_z(3; j_1 = 1, \iota_2)$. Аналогично предыдущему случаю из условия (z, j)-ортогональности имеем матрицу генераторов

$$U(\iota_2) = \begin{pmatrix} \cos\psi & \sin\psi & \iota_2 u_{13} \\ -\sin\psi & \cos\psi & \iota_2 u_{23} \\ \iota_2 u_{31} & \iota_2 u_{32} & 1 \end{pmatrix} \cong \begin{pmatrix} \cdot & \cdot & \iota_2 \\ \cdot & \cdot & \iota_2 \\ & & \cdot \end{pmatrix}, \qquad (9.84)$$

где

$$u_{31} = u_{23}\sin\psi - u_{13}\cos\psi + i\frac{z}{2}(1 - \cos\psi),$$

$$u_{32} = -u_{23}\cos\psi - u_{13}\sin\psi - i\frac{z}{2}\sin\psi, \qquad (9.85)$$

с коммутационными соотношениями

$$[\sin\psi, u_{23}] = iz\cos\psi(\cos\psi - 1),$$

$$[u_{23}, u_{13}] = izu_{23}, \qquad [\sin\psi, u_{13}] = iz\sin\psi\cos\psi. \qquad (9.86)$$

Алгебра Хопфа определяется коумножением

$$\Delta(\sin\psi) = \cos\psi \otimes \sin\psi + \sin\psi \otimes \cos\psi, \quad \Delta(\psi) = 1 \otimes \psi + \psi \otimes 1,$$

$$\Delta u_{13} = u_{13} \otimes 1 + \cos\psi \otimes u_{13} + \sin\psi \otimes u_{23},$$

$$\Delta u_{23} = u_{23} \otimes 1 + \cos\psi \otimes u_{23} - j_1^2 \sin\psi \otimes u_{13}, \qquad (9.87)$$

антиподом вида

$$S(u_{13}) = u_{31} + i\frac{z}{2}(u_{33} - u_{11}) = u_{23}\sin\psi - u_{13}\cos\psi + iz(1 - \cos\psi),$$

$$S(u_{23}) = u_{32} - i\frac{z}{2}j_1^2 u_{12} = -u_{23}\cos\psi - u_{13}\sin\psi - iz\sin\psi,$$

$$S(\psi) = -\psi, \qquad (9.88)$$

а также коединицей $\varepsilon(u_{12}) = \varepsilon(\psi) = \varepsilon(u_{13}) = \varepsilon(u_{23}) = 0$.

Распределение нильпотентной единицы ι_1 в матрице (9.75) переходит при отражении от второй диагонали в распределение нильпотентной единицы ι_2 в матрице (9.84), а множитель $J = \iota_1$ переходит в множитель $J = \iota_2$. Это означает, что **квантовая группа Евклида** $E_z^0(2)$ **изоморфна квантовой группе Ньютона** $N_z^0(2)$, как это имеет место и в недеформированном случае. При замене образующих u_{31} на u_{13}, u_{21} на u_{23}, φ на $-\psi$, z на $-z$ коммутационные соотношения (9.81) квантовой группы Евклида переходят в коммутационные соотношения (9.86) квантовой группы Ньютона, коумножение (9.82) переходит в (9.87), антипод переходит в (9.88).

9.3.5. Квантовая группа Галилея $G_z^0(2)$. При контракции по двум параметрам $j_1 = \iota_1$, $j_2 = \iota_2$ получаем квантовую группу Галилея $G_z^0(2) = SO_z(3; \iota_1, \iota_2)$, $J = \iota_1\iota_2$. Условия (z, j)-ортогональности приводят к матрице образующих

$$U(\iota) = \begin{pmatrix} 1 & \iota_1 u_{12} & \iota_1\iota_2 u_{13} \\ -\iota_1 u_{12} & 1 & \iota_2 u_{23} \\ \iota_1\iota_2 u_{31} & -\iota_2 u_{23} & 1 \end{pmatrix} \cong \begin{pmatrix} \cdot & \iota_1 & \iota_1\iota_2 \\ \cdot & & \iota_2 \\ & & \cdot \end{pmatrix}, \qquad (9.89)$$

где $u_{31} = -u_{13} + u_{12}u_{23}$, а независимые генераторы подчиняются коммутационным соотношениям

$$[u_{12}, u_{23}] = 0, \quad [u_{23}, u_{13}] = izu_{23}, \quad [u_{12}, u_{13}] = izu_{12}. \tag{9.90}$$

Структура алгебры Хопфа задается коумножением

$$\Delta u_{12} = 1 \otimes u_{12} + u_{12} \otimes 1, \quad \Delta u_{23} = 1 \otimes u_{23} + u_{23} \otimes 1,$$
$$\Delta u_{13} = 1 \otimes u_{13} + u_{13} \otimes 1 + u_{12} \otimes u_{23}, \tag{9.91}$$

антиподом

$$S(u_{12}) = -u_{12}, \quad S(u_{13}) = -u_{13} + u_{12}u_{23}, \quad S(u_{23}) = -u_{23}, \tag{9.92}$$

а также стандартной коsingle единицей $\varepsilon(u_{12}) = \varepsilon(u_{13}) = \varepsilon(u_{23}) = 0$.

9.4. Квантовые группы евклидова типа $SO_z(N; \iota_1)$

9.4.1. Переход к новому базису.
Как уже упоминалось, в общем случае произвольного N найти решение RTT-уравнений (9.64) для квантовой группы $SO_z(N; j)$ или уравнений (9.4) для $SO_q(N)$ не удается в силу чрезвычайной громоздкости. Фактически в общем случае коммутационные соотношения образующих квантовых ортогональных групп и алгебр получены при $N = 3, 4$, т.е. для первых представителей бесконечных серий, соответствующих нечетному и четному N. При нильпотентном значении первого контракционного параметра $j_1 = \iota_1$, т.е. в случае квантовых групп евклидова типа $SO_z(N; \iota_1)$, явный вид коммутационных соотношений получен в работе [215] для произвольного N.

Квантовая группа $SO_q(N)$ рассматривается вместе со своим действием δ (9.29) на квантовом векторном пространстве $\mathbf{O}_q^N$ (9.27). Осуществляется переход от симплектических образующих $x_1, \ldots, x_N$ квантового пространства $\mathbf{O}_q^N$ к новым образующим $z_i = \sum_k M_{ik}x_k$ с помощью матрицы M:

$$M = \frac{1}{\sqrt{2}} \sum_{k=1, k \neq k'}^{N} (\alpha_k e_{kk} + i\alpha_k e_{k'k}) + \sqrt{2}\, e_{\frac{N+1}{2}\frac{N+1}{2}} =$$

$$= \frac{1}{\sqrt{2}} \begin{pmatrix} 1 & \ldots & 0 & 0 & 0 & \ldots & q^{\rho_1} \\ \vdots & \ddots & \vdots & \vdots & \vdots & \cdot\cdot & \vdots \\ 0 & \ldots & 1 & 0 & q^{\rho_n} & \ldots & 0 \\ 0 & \ldots & 0 & \sqrt{2} & 0 & \ldots & 0 \\ 0 & \ldots & i & 0 & -iq^{\rho_n} & \ldots & 0 \\ \vdots & \cdot\cdot & \vdots & \vdots & \vdots & \ddots & \vdots \\ i & \ldots & 0 & 0 & 0 & \ldots & -iq^{\rho_1} \end{pmatrix},$$

$$\alpha_p = 1, \ \alpha_{p'} = -iq^{\rho_p}, \ p = 1, \ldots, M, \quad M = \left[\frac{N-1}{2}\right]. \tag{9.93}$$

Обратная матрица дается выражением

$$M^{-1} = \frac{1}{\sqrt{2}} \sum_{k=1, k \neq k'}^{N} (\alpha_k^{-1} e_{kk} - i\alpha_{k'}^{-1} e_{k'k}) + \sqrt{2}\, e_{\frac{N+1}{2}\frac{N+1}{2}} =$$

$$= \frac{1}{\sqrt{2}} \begin{pmatrix} 1 & \ldots & 0 & 0 & 0 & \ldots & -i \\ \vdots & \ddots & \vdots & \vdots & \vdots & \ddots & \vdots \\ 0 & \ldots & 1 & 0 & -i & \ldots & 0 \\ 0 & \ldots & 0 & \sqrt{2} & 0 & \ldots & 0 \\ 0 & \ldots & q^{-\rho_n} & 0 & iq^{-\rho_n} & \ldots & 0 \\ \vdots & \ddots & \vdots & \vdots & \vdots & \ddots & \vdots \\ q^{-\rho_1} & \ldots & 0 & 0 & 0 & \ldots & iq^{-\rho_1} \end{pmatrix}. \tag{9.94}$$

В результате получаем квантовую группу $SO_q(N)$, описываемую соотношениями (9.18),(9.34), в которых матрица D^{-1} заменена на матрицу M. Коммутационные соотношения (9.27) образующих квантового пространства перепишем в виде

$$z_i z_k - qz_k z_i - z_{i'} z_{k'} + qz_{k'} z_{i'} = i(z_{i'} z_k - qz_k z_{i'} + z_i z_{k'} - qz_{k'} z_i),$$
$$i < k, \ i < i', \ k < k',$$

$$z_{k'} z_{i'} - qz_{k'} z_{i'} - z_k z_i + qz_i z_k = -i(z_{k'} z_i - qz_i z_{k'} + z_k z_{i'} - qz_{i'} z_{k'}),$$
$$i < k, \ i > i', \ k < k',$$

$$z_{i'} z_k - qz_k z_{i'} + z_i z_{k'} - qz_{k'} z_i = -i(z_i z_k - qz_k z_i - z_{i'} z_{k'} + qz_{k'} z_{i'}),$$
$$i < k, \ i < i', \ k > k',$$

$$[z_i, z_{i'}] = i\frac{q^2-1}{q^2+1} \sum_{k=i+1}^{M} \left(\frac{1+q^2}{2}\right)^{k-i} (z_k^2 + z_{k'}^2) +$$

$$+ i\frac{q^2-1}{q^2+1} \left(\frac{1+q^2}{2}\right)^{M-i} z_{\frac{N+1}{2}}^2. \tag{9.95}$$

Квадратичная форма (9.28) становится диагональной

$$z^t \widetilde{C} z = \frac{1+q^{2-N}}{1+q^2} \sum_{k=1}^{M} \left(\frac{1+q^2}{2}\right)^k (z_k^2 + z_{k'}^2) + \frac{1+q^{2-N}}{1+q} \left(\frac{1+q^2}{2}\right)^M z_{\frac{N+1}{2}}^2. \tag{9.96}$$

Последние слагаемые в формулах (9.95),(9.96), порождающие средние строки и столбцы в матрицах, присутствуют только при нечетном N.

Утверждение 9.4.1. *При вещественном $q \in \mathbb{R}$ новые образующие $z = Mx$ порождают вещественное квантовое пространство $\mathbf{O}_q^N(\mathbb{R})$.*

Антиинволюция $x^* = C^t x$ и свойство $M^* C^t = M$ матриц (9.93) и (9.24), где для числовой матрицы M антиинволюция сводится к комплексному сопряжению, немедленно приводят к вещественности новых

образующих $z^* = z$. Действительно, $z^* = (Mx)^* = M^*x^* = M^*C^t x =$
$= Mx = z$.

Аналогично, новые образующие $U = MTM^{-1}$ обладают свойством $U^* = U$ и порождают вещественную квантовую группу $SO_q(N; \mathbb{R})$ (напомним, что $T^* = C^t T(C^t)^{-1}$).

Образующие z, полученные из симплектических образующих x с помощью матрицы M (9.93), отличаются от декартовых образующих y, полученных с помощью матрицы D (9.36). У каждого варианта есть свои преимущества. Так, матрица D не зависит от параметра деформации q, в то время как матрица M зависит. Вместе с тем, для образующих z особенно просто задается антиинволюция $z^* = z$, тогда как $y^* = C'y$.

9.4.2. Контракция $j_1 = \iota_1$. Поскольку в новом базисе квадратичная форма (9.96) диагональна, переход к квантовому пространству $\mathbf{O}_v^N(j)$ и квантовой группе $SO_v(N; j)$ Кэли–Клейна осуществляется стандартными преобразованиями (9.56)–(9.57), т.е. заменой

$$z_k \to (1,k)z_k, \quad u_{kp} \to (k,p)u_{kp}, \quad z \to (1,N)v, \qquad (9.97)$$

где $k, p = 1, \ldots, N$ и $z = \ln q$ заменяется на новый параметр деформации v. При $j_1 = \iota_1, j_k = 1, k > 1$ квантовое пространство $\mathbf{O}_v^N(\iota_1)$ «расслаивается» на одномерную базу $\{z_1\}$, порождаемую образующей z_1, и $(N-1)$-мерный слой — квантовый аналог евклидова пространства $\mathbf{E}_{N-1}$. Подстановка (9.97) в формулы (9.95) приводит к квантовому евклидову пространству $\mathbf{E}_v^{N-1}(z_2, \ldots, z_N)$ с коммутаторами

$$[z_a, z_b] = 0, \quad a, b < N, \quad [z_a, z_N] = -ivz_a, \quad a = 2, \ldots, N-1. \quad (9.98)$$

Замечание 9.4.1. При $j_1 = \iota_1$ образующие z_k совпадают с образующими y_k, полученными из x_k по формуле (9.10) с матрицей D из (9.36), поскольку в рассматриваемом пределе матрицы M и D^{-1} равны.

Алгоритм нахождения коммутационных соотношений образующих квантовой евклидовой группы $SO_v(N; \iota_1) \equiv E_v(N-1)$ включает три этапа:

(i) подстановку преобразований (9.97) при $j_1 = \iota_1$ в действие $\delta(z_k)$ квантовой группы на квантовом пространстве, что дает часть коммутаторов;

(ii) анализ условий (v, j)-ортогональности (9.34) при $j_1 = \iota_1$;

(iii) нахождение недостающих коммутаторов из RUU-соотношений (9.18) после преобразований (9.97) при $j_1 = \iota_1$ и удержания слагаемых порядка j_1^2.

В результате получаются следующие коммутационные соотношения:

$$[u_{ab}, u_{cd}] = 0, \quad [u_a, u_b] = iv(\delta_{Na}u_b - \delta_{Nb}u_a),$$

$$[u_a, u_{cd}] = iv((u_{Nd} - \delta_{Nd})\delta_{ac} + (u_{cN} - \delta_{cN})u_{ad}), \qquad (9.99)$$

где $u_a \equiv u_{a1}$, $a, b, c, d = 2, \ldots, N$. Структура алгебры Хопфа описывается коединицей

$$\varepsilon(u_{ab}) = \delta_{ab}, \quad \varepsilon(u_a) = 0, \tag{9.100}$$

коумножением

$$\Delta(u_{ab}) = \sum_{c=2}^{N} u_{ac} \otimes u_{cb}, \quad \Delta(u_a) = u_a \otimes I + \sum_{b=2}^{N} u_{ab} \otimes u_b \tag{9.101}$$

и антиподом

$$S(u_{ab}) = u_{ba}, \quad S(u_a) = -\sum_{b=2}^{N} u_{ba} \otimes u_b. \tag{9.102}$$

Замечание 9.4.2. Из (9.99) и (ii) следует, что матрицы $\widehat{U} = (u_{ab})$ представляют собой обычные ортогональные матрицы с коммутативными элементами.

9.4.3. Квантовые евклидовы группы Кэли–Клейна.
Если применить преобразования (9.97) в полном объеме, т.е. не считать $j_k = 1$ при $k > 1$, то получим квантовые евклидовы группы Кэли–Клейна $E_v(N-1; j') \equiv SO(N; \iota_1, j')$, действующие на квантовом пространстве E_v^{N-1} с коммутационными соотношениями (9.98) при любых j'. Группы $E_v(N-1; j')$ характеризуются коммутационными соотношениями

$$[u_a, u_b] = 0, \quad [u_N, u_a] = iv u_a, \ a, b < N; \quad [u_{ab}, u_{cd}] = 0,$$

$$[u_a, u_{cd}] = iv \frac{(2, N)}{(2, a)(c, d)} \Big\{ \big((d, N)u_{Nd} - \delta_{Nd}\big)\delta_{ac} +$$

$$+ (a, d)\big((c, N)u_{cN} - \delta_{cN}\big)u_{ad} \Big\}, \tag{9.103}$$

коединицей (9.100), коумножением

$$\Delta(u_a) = u_a \otimes I + \sum_{b=2}^{a} u_{ab} \otimes u_b + \sum_{b=a+1}^{N} (a, b)^2 u_{ab} \otimes u_b,$$

$$\Delta(u_{ab}) = \sum_{c=2}^{p} (p, c)^2 u_{ac} \otimes u_{cb} + \sum_{c=p+1}^{r} u_{ac} \otimes u_{cb} +$$

$$+ \sum_{c=r+1}^{N} (r, c)^2 u_{ac} \otimes u_{cb}, \quad p = \min\{a, b\}, \ r = \max\{a, b\} \tag{9.104}$$

и антиподом

$$S(u_a) = -\sum_{b=2}^{a} u_{ba} \otimes u_b - \sum_{b=a+1}^{N} (a, b)^2 u_{ba} \otimes u_b, \quad S(u_{ab}) = u_{ba}. \tag{9.105}$$

9.4.4. Квантовая группа $E_v(2; j_2)$ евклидова типа. При $N = 3$ действие квантовой группы $E_v(2; j_2)$ на квантовом пространстве $E_v^2 = \{z_2, z_3 | [z_3, z_2] = ivz_2\}$ задается формулой

$$\delta \begin{pmatrix} 1 \\ z_2 \\ j_2 z_3 \end{pmatrix} = \begin{pmatrix} 1 & 0 & 0 \\ u_2 & u_{22} & j_2 u_{23} \\ j_2 u_3 & j_2 u_{32} & u_{33} \end{pmatrix} \dot\otimes \begin{pmatrix} 1 \\ z_2 \\ j_2 z_3 \end{pmatrix}. \qquad (9.106)$$

Образующие квантовой группы связаны условиями j-ортогональности

$$u_{22}^2 + j_2^2 u_{32}^2 = 1, \quad u_{33}^2 + j_2^2 u_{23}^2 = 1, \quad u_{22}u_{23} + u_{32}u_{33} = 0 \qquad (9.107)$$

и подчиняются коммутационным соотношениям

$$[u_3, u_2] = ivu_2, \quad [u_2, u_{22}] = iv(u_{32} + u_{23}u_{22}),$$

$$[u_2, u_{23}] = iv(u_{33} - 1 + j_2^2 u_{23}^2), \quad [u_2, u_{32}] = iv(u_{33} - 1)u_{22},$$

$$[u_2, u_{33}] = j_2^2 iv(u_{33} - 1)u_{23}, \quad [u_3, u_{22}] = j_2^2 ivu_{23}u_{32}, \quad [u_3, u_{23}] = ivu_{23}u_{33},$$

$$[u_3, u_{32}] = ivu_{33}u_{32}, \quad [u_3, u_{33}] = iv(u_{33}^2 - 1). \qquad (9.108)$$

Структура алгебры Хопфа задается коединицей (9.100), коумножением

$$\Delta(u_{22}) = u_{22} \otimes u_{22} + j_2^2 u_{23} \otimes u_{32}, \quad \Delta(u_{33}) = u_{33} \otimes u_{33} + j_2^2 u_{32} \otimes u_{23},$$

$$\Delta(u_{23}) = u_{22} \otimes u_{23} + u_{23} \otimes u_{33}, \quad \Delta(u_{32}) = u_{32} \otimes u_{22} + u_{33} \otimes u_{32},$$

$$\Delta(u_2) = u_2 \otimes 1 + u_{22} \otimes u_2 + j_2^2 u_{23} \otimes u_3,$$

$$\Delta(u_3) = u_3 \otimes 1 + u_{32} \otimes u_2 + u_{33} \otimes u_3 \qquad (9.109)$$

и антиподом, который находится из (9.105) в виде

$$S(u_{ab}) = u_{ba}, \quad S(u_2) = -u_{22}u_2 - j_2^2 u_{32}u_3, \quad S(u_3) = -u_{23}u_2 - u_{33}u_3. \qquad (9.110)$$

При контракции $j_2 = \iota_2$ для **квантовой группы Галилея** $G_v(2)$ из условия (9.107) получаем $u_{22} = u_{33} = 1$, $u_{23} = -u_{32}$. Среди коммутаторов (9.108) остаются только три

$$[u_3, u_2] = ivu_2, \quad [u_3, u_{23}] = ivu_{23}, \quad [u_3, u_{32}] = ivu_{32}, \qquad (9.111)$$

тогда как остальные обращаются в ноль. Эти коммутаторы, антипод

$$S(u_{32}) = u_{23} = -u_{32}, \quad S(u_2) = -u_2,$$

$$S(u_3) = -u_3 - u_{23}u_2 = -u_3 + u_{32}u_2 \qquad (9.112)$$

и коумножение

$$\Delta(u_2) = u_2 \otimes 1 + 1 \otimes u_2, \quad \Delta(u_{32}) = u_{32} \otimes 1 + 1 \otimes u_{32},$$

$$\Delta(u_3) = u_3 \otimes 1 + u_{32} \otimes u_2 + 1 \otimes u_3 \qquad (9.113)$$

совпадают с соответствующими выражениями (9.90)–(9.92) раздела 9.3.5, а также с формулами в работе [216].

9.5. Квантовые алгебры $so_z(N; j)$ как двойственные к $SO_z(N; j)$

9.5.1.   Определения. В соответствии с теорией квантовых деформаций групп и алгебр Ли [72] двойственное пространство $Hom(SO_z(N; j), \mathbb{C})$ к алгебре функций, заданных на квантовой группе $SO_z(N; j)$, есть алгебра с умножением, индуцированным коумножением Δ в $SO_z(N; j)$

$$l_1 l_2(a) = (l_1 \otimes l_2)(\Delta(a)), \qquad (9.114)$$

где $l_1, l_2 \in Hom(SO_z(N; j;), \mathbb{C})$, $a \in SO_z(N; j)$. Введем формально верхне- $(+)$ и нижне- $(-)$ треугольные матрицы $L^{(\pm)}(j)$ следующим образом: недиагональный матричный элемент матрицы $L^{(\pm)}(j)$ умножается на j_k^{-1}, если соответствующий матричный элемент матрицы $T(j)$ содержит параметр j_k. Например, если элемент $(T(j))_{12} = j_1 t_{12} + j_2 \tilde{t}_{12}$, то $(L^{(+)}(j))_{12} = j_1^{-1} l_{12} + j_2^{-1} \tilde{l}_{12}$. Формально матрицы $L^{(\pm)}(j)$ не определены при нильпотентных значениях параметров $j_k = \iota_k$, поскольку ι_k^{-1} не определены, но $l_{ik}^{(\pm)}$ представляют собой функционалы над t_{pr}, поэтому когда рассматривается действие матрицы функционалов $L^{(\pm)}(j)$ на элементы квантовой группы $SO_z(N; j)$, задаваемое соотношением двойственности

$$\langle L^{(\pm)}(j), T(j) \rangle = R^{(\pm)}(j), \qquad (9.115)$$

где

$$R^{(+)}(j) = PR_z(j)P, \quad R^{(-)}(j) = R_z^{-1}(j), \quad Pu \otimes w = w \otimes u, \quad (9.116)$$

то получаются вполне определенные выражения даже при $j_k = \iota_k$.

Элементы матрицы $L^{(\pm)}(j)$ удовлетворяют коммутационным соотношениям

$$R^{(+)}(j) L_1^{(\tau)}(j) L_2^{(\tau)}(j) = L_2^{(\tau)}(j) L_1^{(\tau)}(j) R^{(+)}(j), \quad \tau = \pm,$$
$$R^{(+)}(j) L_1^{(+)}(j) L_2^{(-)}(j) = L_2^{(-)}(j) L_1^{(+)}(j) R^{(+)}(j), \qquad (9.117)$$

а также дополнительным соотношениям (z, j)-ортогональности

$$L^{(\pm)}(j) C^t(j) (L^{(\pm)}(j))^t = C^t(j),$$
$$(L^{(\pm)}(j))^t (C^t(j))^{-1} L^{(\pm)}(j) = (C^t(j))^{-1},$$
$$l_{kk}^{(+)} l_{kk}^{(-)} = l_{kk}^{(-)} l_{kk}^{(+)} = 1, \quad l_{11}^{(+)} \dots l_{NN}^{(+)} = 1, \quad k = 1, \dots, N. \qquad (9.118)$$

Определение 9.5.1. Алгебра $so_z(N; j) = \{I, L^{(\pm)}(j)\}$, порождаемая образующими $L^{(\pm)}(j)$ и единицей I, называется квантовой ортогональной алгеброй Кэли–Клейна.

Она является алгеброй Хопфа с коумножением Δ, коединицей ε и антиподом S вида

$$\Delta L^{(\pm)}(j) = L^{(\pm)}(j) \dot{\otimes} L^{(\pm)}(j), \quad \varepsilon(L^{(\pm)}(j)) = I,$$

$$S(L^{(\pm)}(j)) = C^t(j)(L^{(\pm)}(j))^t (C^t(j))^{-1}. \qquad (9.119)$$

Можно показать, что алгебра $so_z(N; j)$ изоморфна квантовой деформации [104] универсальной обертывающей алгебры для алгебры Кэли–Клейна $so(N; j)$, которые подробно рассматриваются в главе 10. Таким образом, имеется по крайней мере два способа построения квантовых алгебр Кэли–Клейна.

9.5.2. Пример: $SO_z(3; j)$ и $so_z(3; j)$. Для простейшей квантовой ортогональной группы $SO_z(3; j)$, $j = (j_1, j_2)$ матрица симплектических образующих записывается в виде

$$T(j) = \begin{pmatrix} t_{11} + ij_1 j_2 \widetilde{t}_{11} & j_1 t_{12} - ij_2 \widetilde{t}_{12} & t_{13} - ij_1 j_2 \widetilde{t}_{13} \\ j_1 t_{21} + ij_2 \widetilde{t}_{21} & t_{22} & j_1 t_{21} - ij_2 \widetilde{t}_{21} \\ t_{13} + ij_1 j_2 \widetilde{t}_{13} & j_1 t_{12} + ij_2 \widetilde{t}_{12} & t_{11} - ij_1 j_2 \widetilde{t}_{11} \end{pmatrix}, \qquad (9.120)$$

а ее R-матрица получается из стандартной заменой параметра деформации (9.66):

$$R_z(j) \equiv R_q(z \to Jz) =$$

$$= \begin{pmatrix} e^{Jz} & \cdot & \cdot & \cdot & \cdot \\ \cdot & 1 & \cdot & \cdot & \cdot \\ \cdot & \cdot & e^{-Jz} & \cdot & \cdot \\ \cdot & 2\,\mathrm{sh}\,Jz & \cdot & 1 & \cdot \\ \cdot & \cdot & -2e^{-Jz/2}\,\mathrm{sh}\,Jz & \cdot & 1 \\ \cdot & \cdot & 2(1 - e^{-Jz})\,\mathrm{sh}\,Jz & \cdot & -2e^{-Jz/2}\,\mathrm{sh}\,Jz \\ \cdot & \cdot & \cdot & \cdot & \cdot \\ \end{pmatrix}$$

$$\begin{pmatrix} \cdot & \cdot & \cdot & \cdot \\ \cdot & \cdot & \cdot & \cdot \\ \cdot & \cdot & \cdot & \cdot \\ \cdot & \cdot & \cdot & \cdot \\ 1 & \cdot & \cdot & \cdot \\ \cdot & e^{-Jz} & \cdot & \cdot \\ 2\,\mathrm{sh}\,Jz & \cdot & 1 & \cdot \\ \cdot & \cdot & \cdot & e^{Jz} \end{pmatrix}, \qquad (9.121)$$

где $J = j_1 j_2$. Если хотя бы один из контракционных параметров j_1, j_2 равен нильпотентной единице, то R-матрицу можно записать в виде

$$R_z(j) = I + Jz\widetilde{R}, \qquad (9.122)$$

где

$$(\widetilde{R})_{11} = (\widetilde{R})_{99} = 1, \quad (\widetilde{R})_{33} = (\widetilde{R})_{77} = -1,$$

$$(\widetilde{R})_{42} = (\widetilde{R})_{86} = 2, \quad (\widetilde{R})_{53} = (\widetilde{R})_{75} = -2, \qquad (9.123)$$

а все остальные элементы матрицы $\widetilde{R}$ равны нулю. Коммутаторы образующих и дополнительные соотношения (z, j)-ортогональности можно получить из уравнений (9.64),(9.65) прямыми вычислениями, поэтому основное внимание уделим построению квантовой алгебры $so_v(3; j)$.

Матричные функционалы $L^{\pm}(j)$ имеют вид

$$
L^{(+)}(j) = \begin{pmatrix} l_{11} & j_1^{-1}l_{12} - ij_2^{-1}\widetilde{l}_{12} & l_{13} - ij_1^{-1}j_2^{-1}\widetilde{l}_{13} \\ 0 & 1 & j_1^{-1}l_{21} - ij_2^{-1}\widetilde{l}_{21} \\ 0 & 0 & l_{11}^{-1} \end{pmatrix}, \qquad (9.124)
$$

$$
L^{(-)}(j) = \begin{pmatrix} l_{11}^{-1} & 0 & 0 \\ -(j_1^{-1}l_{21} + ij_2^{-1}\widetilde{l}_{21}) & 1 & 0 \\ -(l_{13} + ij_1^{-1}j_2^{-1}\widetilde{l}_{13}) & -(j_1^{-1}l_{12} + ij_2^{-1}\widetilde{l}_{12}) & l_{11} \end{pmatrix}. \qquad (9.125)
$$

Их действие на генераторы (9.120) квантовой группы $SO_v(3; j)$ задается соотношениями (9.115) и оказывается равным [148]:

$$
l_{11}(t_{22}) = 1, \quad l_{11}(t_{11}) = \operatorname{ch} Jz, \quad l_{11}(\widetilde{t}_{11}) = -\frac{1}{J}\operatorname{sh} Jz,
$$

$$
l_{12}(\widetilde{t}_{21}) = -ij_1^2\frac{1}{J}\operatorname{sh} Jz, \quad l_{12}(\widetilde{t}_{12}) = ij_1^2\frac{1}{2J}\left(\operatorname{sh}\frac{3Jz}{2} + \operatorname{sh}\frac{Jz}{2}\right),
$$

$$
l_{12}(t_{12}) = \frac{1}{2}\left(\operatorname{ch}\frac{3Jz}{2} - \operatorname{ch}\frac{Jz}{2}\right) = \widetilde{l}_{12}(\widetilde{t}_{12}), \quad \widetilde{l}_{12}(t_{21}) = ij_2^2\frac{1}{J}\operatorname{sh} Jz,
$$

$$
\widetilde{l}_{12}(t_{12}) = -ij_2^2\frac{1}{2J}\left(\operatorname{sh}\frac{3Jz}{2} + \operatorname{sh}\frac{Jz}{2}\right), \quad l_{21}(\widetilde{t}_{12}) = -ij_1^2\frac{1}{J}\operatorname{sh} Jz,
$$

$$
l_{21}(\widetilde{t}_{21}) = ij_1^2\frac{1}{2J}\left(\operatorname{sh}\frac{3Jz}{2} + \operatorname{sh}\frac{Jz}{2}\right), \quad \widetilde{l}_{21}(t_{12}) = ij_2^2\frac{1}{J}\operatorname{sh} Jz,
$$

$$
\widetilde{l}_{21}(t_{21}) = -ij_2^2\frac{1}{2J}\left(\operatorname{sh}\frac{3Jz}{2} + \operatorname{sh}\frac{Jz}{2}\right), \quad l_{13}(t_{13}) = \frac{1}{2}\left(\operatorname{ch} 2Jz - 1\right) = \widetilde{l}_{13}(\widetilde{t}_{13}),
$$

$$
l_{13}(\widetilde{t}_{13}) = -i\frac{1}{J}\left(2\operatorname{sh} Jz - \operatorname{sh} 2Jz\right), \quad \widetilde{l}_{13}(t_{13}) = iJ\left(2\operatorname{sh} Jz - \operatorname{sh} 2Jz\right),
$$

$$
l_{21}(t_{21}) = \frac{1}{2}\left(\operatorname{ch}\frac{3Jz}{2} - \operatorname{ch}\frac{Jz}{2}\right) = \widetilde{l}_{21}(\widetilde{t}_{21}). \qquad (9.126)
$$

Здесь выписаны только ненулевые выражения. В соответствии с дополнительными соотношениями (9.118) квантовая алгебра $so_z(3; j)$ имеет три независимых генератора, например $l_{11}, l_{12}, \widetilde{l}_{12}$. Коммутаторы этих генераторов находятся из (9.117) и равны

$$
l_{11}l_{12}\operatorname{ch} Jz - l_{12}l_{11} = ij_1^2 l_{11}\widetilde{l}_{12}\frac{1}{J}\operatorname{sh} Jz,
$$

$$
l_{11}\widetilde{l}_{12}\operatorname{ch} Jz - \widetilde{l}_{12}l_{11} = -ij_2^2 l_{11}l_{12}\frac{1}{J}\operatorname{sh} Jz,
$$

$$
\left[l_{12}, \widetilde{l}_{12}\right] = 2i\left(1 - l_{11}^2\right)J\operatorname{sh}\frac{Jz}{2} - i\left(j_2^2 l_{12}^2 + j_1^2 \widetilde{l}_{12}^2\right)\frac{1}{J}\operatorname{th}\frac{Jz}{2}. \qquad (9.127)
$$

Квантовый аналог универсальной обертывающей алгебры для алгебры $so(3; j; X_{02}) = \{X_{01}, X_{02}, X_{12}\}$ с генератором вращения X_{02} в качестве примитивного элемента алгебры Хопфа получен в работах

[101, 125]. Структура алгебры Хопфа квантовой алгебры $so_z(3; j; X_{02})$ определяется соотношениями (10.14) раздела 10.3.1. Достаточно определить коумножение, коединицу, антипод и коммутаторы только для генераторов алгебры $so_z(3; j; X_{02})$. На всю универсальную обертывающую алгебру они распространяются по линейности.

Изоморфизм $so_z(3; j; X_{02})$ и квантовой алгебры $so_z(3; j)$ легко устанавливается с помощью следующих соотношений между генераторами и параметрами деформации:

$$l_{11} = e^{-zX_{02}}, \quad l_{12} = JQX_{01}e^{-zX_{02}/2}, \quad \tilde{l}_{12} = JQX_{12}e^{-zX_{02}/2},$$

$$z \to -iz, \quad Q = i\left(\frac{2z}{J}\sin Jz\right)^{1/2}. \tag{9.128}$$

Квантовые аналоги неполупростых групп и алгебр Кэли–Клейна получаются при нильпотентных значениях контракционных параметров. В частности, $j_1 = \iota_1, j_2 = 1$ приводит к квантовой евклидовой группе $E_v(2)$ и соответствующей алгебре (ср. [125, 205]), а $j_1 = \iota_1, j_2 = \iota_2$ дает квантовую галилееву группу $G_v(2)$ и алгебру (ср. [101, 124]). Таким образом, квантовые ортогональные алгебры Кэли–Клейна можно построить как двойственные объекты к соответствующим квантовым группам или с помощью контракций квантовых ортогональных алгебр.

При $j_1 = j_2 = 1$ имеем квантовую группу $SO_q(3)$ и квантовую алгебру $so_q(3)$. Пометим штрихом элементы матрицы образующих квантовой группы $SO_q(3)$, записанные в виде (11.6), и отвечающие им генераторы квантовой алгебры $so_q(3)$. Тогда все формулы для $SO_z(3; j)$ и $so_z(3; j)$ можно получить из соответствующих формул для $SO_q(3)$ и $so_q(3)$ следующим преобразованием образующих и параметра деформации:

$$t'_{11} = t_{11}, \ \tilde{t}'_{11} = j_1 j_2 \tilde{t}_{11}, \ t'_{12} = j_1 t_{12}, \ \tilde{t}'_{12} = j_2 \tilde{t}_{12},$$

$$t'_{13} = t_{13}, \ \tilde{t}'_{13} = j_1 j_2 \tilde{t}_{13}, \ t'_{21} = j_1 t_{21}, \ \tilde{t}'_{21} = j_2 \tilde{t}_{21},$$

$$z \to Jz,$$

$$l_{11} = l'_{11}, \ l_{12} = j_1 l'_{12}, \ \tilde{l}_{12} = j_2 \tilde{l}'_{12}, \ l_{21} = j_1 l'_{21}, \ \tilde{l}_{21} = j_2 \tilde{l}'_{21},$$

$$l_{13} = l'_{13}, \ \tilde{l}_{13} = j_1 j_2 \tilde{l}'_{13}. \tag{9.129}$$

Нетрудно заметить, что преобразование генераторов квантовой алгебры обратно к преобразованию образующих квантовой группы. Если образующие t_{ik} умножаются на некоторое произведение J_{ik} контракционных параметров, то генератор l_{ik} умножается на J_{ik}^{-1} с тем, чтобы действие $l_{ik}(t_{ik})$, вытекающее из соотношения двойственности (9.115), было определено при нильпотентных значениях параметров.

Глава 10

КВАНТОВЫЕ ОРТОГОНАЛЬНЫЕ АЛГЕБРЫ КЭЛИ–КЛЕЙНА ВО ВРАЩАТЕЛЬНОМ БАЗИСЕ

Компактные RTT-соотношения (9.4) предыдущей главы, задающие в неявном виде коммутационные соотношения образующих квантовых групп, весьма изящны с теоретической точки зрения, но являются чрезвычайно непрактичными при явном нахождении коммутаторов, поскольку приводят к необходимости решать переопределенную систему уравнений. Такие же соображения в полной мере применимы и к RLL-соотношениям (9.117) для образующих квантовых алгебр. В общем виде коммутационные соотношения образующих квантовых ортогональных групп и алгебр получены при $N = 3, 4$, т.е. только для первых представителей бесконечных серий соответствующих нечетному и четному N. При произвольном N в явном виде коммутационные соотношения образующих найдены для евклидовых квантовых ортогональных групп [215] и алгебр [104], отвечающих в недеформированном случае группам движений пространств с нулевой кривизной и их алгебрам Ли.

Для квантовых ортогональных алгебр Кэли–Клейна более подходящими являются вращательные образующие. В работах [101–104] развит рекурсивный метод (*an embedding method*) нахождения квантовой структуры евклидовой алгебры $so_z(N + 1; \iota_1)$, отталкиваясь от известной квантовой структуры всех ее подалгебр $so_z(N)$. В данной главе этот метод распространяется на все алгебры Кэли–Клейна $so_z(N + 1; \iota_1, j')$, $j' = (j_2, \dots, j_N)$.

10.1. Рекурсивный метод построения квантовой структуры евклидовых алгебр

10.1.1. Классические евклидовы алгебры $so(N + 1; \iota_1)$. Классическая алгебра $so(N + 1; \iota_1)$, отвечающая группе движений плоского евклидова пространства $\mathbf{E}(N)$ размерности N, порождается генераторами X_{ik}, $i, k = 0, 1, \dots, N$, $i < k$, удовлетворяющими коммутационным соотношениям вида

$$[X_{0i}, X_{0k}] = 0, \quad [X_{im}, X_{0k}] = \delta_{ik} X_{0m} - \delta_{mk} X_{0i},$$
$$[X_{im}, X_{pk}] = \delta_{ik} X_{pm} - \delta_{mp} X_{ik} + \delta_{mk} X_{ip} + \delta_{ip} X_{mk}. \tag{10.1}$$

Генератор X_{0k} при $k = 1, \dots, N$ представляет собой инфинитезимальный оператор трансляции вдоль декартовой оси x_k евклидова простран-

ства $\mathbf{E}(N)$, а генератор X_{ik} при $i, k = 1, \ldots, N$, $i < k$ есть инфинитезимальный оператор вращения в двумерной плоскости, натянутой на оси
x_i и x_k. Оператор Казимира (центральный элемент второго порядка)
имеет вид

$$C(2) = X_{0N}^2 + \sum_{k=1}^{N-1} X_{0k}^2. \qquad (10.2)$$

Универсальная обертывающая евклидовой алгебры $so(N + 1; \iota_1)$
есть классическая алгебра Хопфа с кокоммутативным коумножением,
коединицей и антиподом вида

$$\Delta X = I \otimes X + X \otimes I, \quad \Delta I = I \otimes I, \quad \varepsilon(X) = 0, \quad S(X) = -X, \quad (10.3)$$

где $X = X_{ik}$, $i < k$, $i, k = 1, 1, \ldots, N$.

Определение 10.1.1. Элемент Y алгебры Хопфа называется примитивным, если $\Delta(Y) = I \otimes Y + Y \otimes I$.

Классическая алгебра Хопфа имеет только примитивные элементы.

10.1.2. Квантовые евклидовы алгебры $so_z(N + 1; \iota_1)$.
Алгебра Евклида $so(N + 1; \iota_1)$ содержит N евклидовых подалгебр
$so(N; k; \iota_1)$, которые отвечают евклидовым пространствам размерности
$N - 1$, получающимся из $\mathbf{E}(N)$ удалением оси x_k, где k пробегает
значения от 1 до N. Пусть задана евклидова алгебра $so(N + 1; \iota_1)$
вместе с квантовой алгеброй $so_z(N; \iota_1)$. Рассмотрим $N - 1$ евклидовы
подалгебры $so_z(N; k; \iota_1)$, $k = 1, \ldots, N - 1$, и запишем для них
копроизведения и деформированные коммутационные соотношения.
Тогда

1. Принимаем, что структура алгебры Хопфа для подалгебр
   $so_z(N; k; \iota_1)$ при $k = 1, \ldots, N - 1$ представляет собой ограничение
   квантовой структуры алгебры $so_z(N + 1; \iota_1)$.

2. В качестве копроизведения и деформированных коммутационных
   соотношений квантовой алгебры $so_z(N + 1; \iota_1)$ выбираем простейшие выражения, согласованные с этими ограничениями.

3. Проверяем самосогласованность полученной квантовой структуры выполнением условия, что коумножение есть гомоморфизм
   алгебры Хопфа.

Последовательное применение алгоритма, начиная с $N = 3$, приводит к следующему коассоциативному отображению алгебры A (алгебре
формальных многочленов по z с коэффициентами из универсальной
обертывающей алгебры $Uso_z(N + 1; \iota_1)$):

$$\Delta X = I \otimes X + X \otimes I, \quad X \in \{X_{0N}; X_{ik}, \ i, k = 1, \ldots, N - 1\},$$

$$\Delta X_{0k} = e^{-(z/2)X_{0N}} \otimes X_{0k} + X_{0k} \otimes e^{(z/2)X_{0N}}, \quad k = 1, \ldots, N - 1,$$

$$\Delta X_{kN} = e^{-(z/2)X_{0N}} \otimes X_{kN} + X_{kN} \otimes e^{(z/2)X_{0N}} -$$

$$- \sum_{s=1}^{k-1} \frac{z}{2} X_{sk} e^{-(z/2)X_{0N}} \otimes X_{0s} + \sum_{s=1}^{k-1} X_{0s} \otimes e^{(z/2)X_{0N}} \frac{z}{2} X_{sk} +$$

$$+ \sum_{s=k+1}^{N-1} \frac{z}{2} X_{ks} e^{-(z/2)X_{0N}} \otimes X_{0s} - \sum_{s=k+1}^{N-1} X_{0s} \otimes e^{(z/2)X_{0N}} \frac{z}{2} X_{ks}, \quad (10.4)$$

а также к деформированным коммутационным соотношениям

$$[X_{kN}, X_{0k}] = \frac{1}{z} \operatorname{sh}(z X_{0N}), \quad k = 1, \dots, N-1,$$

$$[X_{iN}, X_{kN}] = X_{ik} \operatorname{ch}(z X_{0N}) + \frac{z^2}{4} \left(\sum_{s=1}^{i-1} X_{0s} W_{sik} - \right.$$

$$\left. - \sum_{s=i+1}^{k-1} X_{0s} W_{isk} + \sum_{s=k+1}^{N-1} X_{0s} W_{iks} \right), \quad i < k, \quad (10.5)$$

где

$$W_{iks} = X_{0i} X_{ks} - X_{0k} X_{is} + X_{0s} X_{ik} \quad (10.6)$$

при $i < k < s$, $i, k, s = 1, \dots, N-1$. Остальные коммутаторы не изменяются и даются формулами (10.1).

Следующая теорема доказывается прямыми вычислениями.

Теорема 10.1.1. *Для любого $N > 4$ алгебра A, оснащенная коумножением (10.4), деформированными коммутационными соотношениями (10.5), коединицей $\varepsilon(X_{0k}) = \varepsilon(X_{ik}) = 0, (i, k = 1, \dots, N)$ и антиподом*

$$S(X) = -e^{(N-1)(z/2)X_{0N}} X e^{-(N-1)(z/2)X_{0N}} = \quad (10.7)$$

$$= \begin{cases} -X_{0k}, \; k = 1, \dots, N, \text{при } X = X_{0k}, \\ -X_{lm}, \; l, m = 1, \dots, N-1, \text{при } X = X_{lm}, \\ -X_{lN} - (N-1)\frac{z}{2} X_{0l}, \; l = 1, \dots, N-1, \text{при } X = X_{lN}, \end{cases}$$

есть деформированная алгебра Хопфа (обозначаемая $U so_z(N+1; \iota_1)$ или просто $so_z(N+1; \iota_1)$) универсальной обертывающей алгебры для N-мерной евклидовой алгебры $so(N+1; \iota_1)$.

Замечание 10.1.1. В отличие от случая малой размерности в выражения (10.4) и (10.5), полученные вложением, не требуется добавлять слагаемые, чтобы обеспечить свойства копроизведения, требуемые структурой алгебры Хопфа. Поэтому четырехмерный случай можно рассматривать как краеугольный для полученной N-мерной деформации.

Замечание 10.1.2. Трехиндексные символы W_{iks} (10.6) — это квадратичные операторы Казимира классических трехмерных подалгебр Ли $so(2+1; \iota_1)$, которые интерпретируются как операторы Паули–Любаньского в $(2+1)$ алгебре Пуанкаре (отсюда обозначение W).

Замечание 10.1.3. Деформации евклидовых алгебр малых размерностей ($N = 2, 3$) также можно включить в формулировку теоремы 10.1.1. В этом случае суммы вне пределов описанных множеств следует рассматривать как нулевые, так что W_{iks} в (10.5) вообще не появляются. При таком соглашении теорема 10.1.1 справедлива для любого $N \geqslant 2$.

Замечание 10.1.4. Как и в случае квантовых ортогональных групп (см. раздел 9.4), полная структура алгебры Хопфа при произвольном N может быть найдена в явном виде только для контрактированных по первому параметру $j_1 = \iota_1$ квантовых евклидовых групп, а также квантовых евклидовых алгебр. В случае квантовых групп наибольшие трудности связаны с нахождением коммутационных соотношений образующих, а в случае квантовых алгебр с нахождением двойственной структуры — копроизведения образующих.

Утверждение 10.1.1. *Квантовый аналог оператора Казимира* (10.2) *равен*

$$C_z(2) = \frac{4}{z^2}\left[\operatorname{sh}\left(\frac{z}{2}X_{0N}\right)\right]^2 + \sum_{k=1}^{N-1} X_{0k}^2. \qquad (10.8)$$

Это утверждение, а также тот факт, что классический предел $z \to 0$ приводит к евклидовой алгебре $so(N+1; \iota_1)$, проверяется непосредственными вычислениями.

10.2. Квантовые евклидовы алгебры Кэли–Клейна

Стандартные преобразования генераторов алгебры $so(N+1; \iota_1)$, дополненные преобразованием параметра деформации, которые в данном случае имеют вид

$$X_{01} \to X_{01}, \quad X_{0k} \to (1,k)^{-1}X_{0k},$$

$$X_{ik} \to (i,k)^{-1}X_{ik}, \quad z \to (1,N)z, \quad i,k = 1,\dots,N, \qquad (10.9)$$

примененные к формулам предыдущего раздела, приводят к квантовым евклидовым алгебрам Кэли–Клейна $so_z(N+1; \iota_1, j')$, $j' = (j_2,\dots,j_N)$.

В этой главе значения индексов генераторов начинаются с нуля, а не с единицы, тогда как контракционные параметры по-прежнему нумеруются с единицы. Поэтому вместо (9.58) для обозначения произведения контракционных параметров используем определение (1.27), которого будем придерживаться на протяжении данной главы.

Алгебры $so_z(N+1; \iota_1, j')$ характеризуются (приведем только изменившиеся по сравнению с (10.4) и (10.5) формулы) коумножением

$$\Delta X_{kN} = e^{-(z/2)X_{0N}} \otimes X_{kN} + X_{kN} \otimes e^{(z/2)X_{0N}} -$$

$$-\frac{z}{2}(k,N)^2 \sum_{s=1}^{k-1}\left(X_{sk}e^{-(z/2)X_{0N}} \otimes X_{0s} - X_{0s} \otimes e^{(z/2)X_{0N}}X_{sk}\right) +$$

$$+\frac{z}{2}\sum_{s=k+1}^{N-1}(s,N)^2\left(X_{ks}e^{-(z/2)X_{0N}} \otimes X_{0s} - X_{0s} \otimes e^{(z/2)X_{0N}}X_{ks}\right), \qquad (10.10)$$

деформированными коммутационными соотношениями

$$[X_{iN}, X_{kN}] = (k, N)^2 \left\{ X_{ik}\,\text{ch}(zX_{0N}) + \frac{z^2}{4}\left(\sum_{s=1}^{i-1}(i, N)^2 X_{0s}W_{sik}(j) - \right. \right.$$

$$\left. \left. - \sum_{s=i+1}^{k-1}(s, N)^2 X_{0s}W_{isk}(j) + \sum_{s=k+1}^{N-1}(s, N)^2 X_{0s}W_{iks}(j) \right) \right\}, \quad i < k,$$

$$W_{iks}(j) = (i, k)^2 X_{0i}X_{ks} - X_{0k}X_{is} + X_{0s}X_{ik}, \quad i < k < s \qquad (10.11)$$

и антиподом

$$S(X) = -e^{(N-1)(z/2)X_{0N}} X e^{-(N-1)(z/2)X_{0N}} = \qquad (10.12)$$

$$= \begin{cases} -X_{0k}, & \text{при } X = X_{0k}, \\ -X_{lm}, & \text{при } X = X_{lm}, \\ -X_{lN} - (l, N)^2(N-1)\dfrac{z}{2}X_{0l}, & \text{при } X = X_{lN}, \end{cases}$$

где $k = 1, \ldots, N$, $l, m = 1, \ldots, N-1$. Квантовый оператор Казимира второго порядка находится из (10.8) преобразованием

$$C_z(2; j) = (1, N)^2 C_z(2; \rightarrow) = \frac{4}{z^2}\left[\text{sh}\left(\frac{z}{2}X_{0N}\right)\right]^2 + \sum_{k=1}^{N-1}(k, N)^2 X_{0k}^2.$$

$$(10.13)$$

Здесь стрелка обозначает подстановку (10.9).

10.3. Разные сочетания контракций Кэли–Клейна и структуры алгебры Хопфа для алгебр $so_z(3; j; \sigma)$

10.3.1. Квантовые алгебры $so_z(3; j; X_{02})$.
Рекурсивный метод построения квантовых деформаций ортогональных алгебр начинается при $N = 2$. Квантовый аналог $so_z(3; X_{02})$ универсальной обертывающей алгебры для алгебры $so(3)$ во вращательном базисе с генератором X_{02} в качестве примитивного элемента алгебры Хопфа определяется соотношениями

$$\Delta X_{02} = I \otimes X_{02} + X_{02} \otimes I,$$

$$\Delta X = X \otimes e^{\frac{z}{2}X_{02}} + e^{-\frac{z}{2}X_{02}} \otimes X, \quad X = X_{01}, X_{12},$$

$$\varepsilon(X_{01}) = \varepsilon(X_{02}) = \varepsilon(X_{12}) = 0, \quad S(X_{02}) = -X_{02},$$

$$S(X_{01}) = -X_{01}\cos\frac{z}{2} + X_{12}\sin\frac{z}{2}, \quad S(X_{12}) = -X_{12}\cos\frac{z}{2} - X_{01}\sin\frac{z}{2},$$

$$[X_{01}, X_{02}] = X_{12}, \quad [X_{02}, X_{12}] = X_{01}, \quad [X_{12}, X_{01}] = \frac{1}{z}\text{sh}(zX_{02}). \quad (10.14)$$

Элемент второго порядка, принадлежащий центру алгебры Хопфа, имеет вид

$$C_z(2) = \left[\frac{2}{z}\text{sh}\frac{zX_{02}}{2}\right]^2\cos\frac{z}{2} + \left[(X_{01})^2 + (X_{12})^2\right]\frac{2}{z}\sin\frac{z}{2} \qquad (10.15)$$

и в пределе $z \to 0$ переходит в оператор Казимира алгебры $so(3)$.

Квантовые алгебры Кэли–Клейна $so_z(3; j; X_{02})$ получаются из квантовой алгебры $so_z(3; X_{02})$ преобразованием структуры алгебры Хопфа (10.14) с помощью подстановки

$$X_{01} \to j_1^{-1} X_{01}, \quad X_{02} \to (j_1 j_2)^{-1} X_{02}, \quad X_{12} \to j_2^{-1} X_{12}, \quad z \to Jz.$$
$$(10.16)$$

Множитель J в преобразовании параметра деформации выбирается минимальным образом так, чтобы, во-первых, максимально сохранить квантовую структуру и, во-вторых, чтобы новая квантовая структура была вполне определённой при нильпотентных значениях контракционных параметров. Из анализа выражений (10.14) следует, что множитель J зависит от выбора примитивного элемента квантовой алгебры и его минимальное значение равно произведению $J = j_1 j_2$. При этом коумножение, антипод и деформированные коммутационные соотношения будут определены при всех значениях контракционных параметров. В результате получаем

$$\Delta X_{02} = I \otimes X_{02} + X_{02} \otimes I,$$
$$\Delta X = e^{-z X_{02}/2} \otimes X + X \otimes e^{z X_{02}/2}, \quad X = X_{01}, X_{12},$$
$$\varepsilon(X_{01}) = \varepsilon(X_{02}) = \varepsilon(X_{12}) = 0, \quad S(X_{02}) = -X_{02},$$
$$S(X_{01}) = -X_{01} \cos \frac{j_1 j_2 z}{2} + j_1^2 X_{12} \frac{1}{j_1 j_2} \sin \frac{j_1 j_2 z}{2},$$
$$S(X_{12}) = -X_{12} \cos \frac{j_1 j_2 z}{2} - j_2^2 X_{01} \frac{1}{j_1 j_2} \sin \frac{j_1 j_2 z}{2},$$
$$[X_{01}, X_{02}] = j_1^2 X_{12}, \ [X_{02}, X_{12}] = j_2^2 X_{01}, \ [X_{12}, X_{01}] = \frac{1}{z} \operatorname{sh} z X_{02}. \quad (10.17)$$

Оператор Казимира (10.15) принимает вид

$$C_z(2; j) = \left[\frac{2}{z} \operatorname{sh} \frac{z X_{02}}{2} \right]^2 \cos \frac{j_1 j_2 z}{2} + \left(j_2^2 X_{01}^2 + j_1^2 X_{12}^2 \right) \frac{2}{j_1 j_2 z} \sin \frac{j_1 j_2 z}{2}$$
$$(10.18)$$

и в пределе $z \to 0$ переходит в оператор Казимира алгебры $so(3; j)$. Квантовая группа $SO_z(3; j)$, отвечающая квантовой алгебре $so_z(3; j)$, рассмотрена в разделе 9.3.2.

10.3.2. Квантовые алгебры $so_z(3; j; \sigma)$. Коммутационные соотношения алгебры $so(3)$ во вращательном базисе настолько симметричны, что они сохраняются при замене любых двух генераторов друг на друга. В этом смысле генераторы эквивалентны. Введение структуры алгебры Хопфа эту эквивалентность нарушает, поскольку в алгебре $so_z(3)$ имеется выделенный примитивный элемент. Контракции Кэли–Клейна также нарушают эквивалентность генераторов, поскольку один из них умножается на $j_1 j_2$, а остальные два умножаются на j_1 или j_2. Ясно, что структура алгебры Хопфа и схема контракции Кэли–Клейна в квантовой алгебре Кэли–Клейна $so_z(3; j)$ могут быть скомбинированы по-разному [105, 147]. Для того чтобы получить разные комбинации, оставим неизменной схему контракций алгебры Ли (10.16), а квантовую структуру (10.14) изменим с помощью перестановки $\sigma = (\sigma_0, \sigma_1, \sigma_2) \in S(3)$ индексов вращательных генераторов $X_{ik} \to X_{\sigma_i \sigma_k}$, где $\sigma_i = 0, 1, 2$, $i, k = 0, 1, 2$, а $S(3)$ есть группа перестановок третьего порядка. Преобразование параметра деформации (10.16) с множителем $J = (\sigma_0, \sigma_2)$ обеспечивает существование структуры алгебры Хопфа для квантовой алгебры $so_z(3; j; X_{\sigma_0 \sigma_2})$, которая в самой общей форме дается выражениями

$$\Delta X_{\sigma_0 \sigma_2} = I \otimes X_{\sigma_0 \sigma_2} + X_{\sigma_0 \sigma_2} \otimes I,$$

$$\Delta X = e^{-z X_{\sigma_0 \sigma_2}/2} \otimes X + X \otimes e^{z X_{\sigma_0 \sigma_2}/2}, \quad X = X_{\sigma_0 \sigma_1}, X_{\sigma_1 \sigma_2},$$

$$\varepsilon(X_{\sigma_0 \sigma_1}) = \varepsilon(X_{\sigma_0 \sigma_2}) = \varepsilon(X_{\sigma_1 \sigma_2}) = 0, \quad S(X_{\sigma_0 \sigma_2}) = -X_{\sigma_0 \sigma_2},$$

$$S(X_{\sigma_0 \sigma_1}) = -X_{\sigma_0 \sigma_1} \cos \frac{Jz}{2} + X_{\sigma_1 \sigma_2} \frac{(\sigma_0, \sigma_2)}{(\sigma_1, \sigma_2)} \sin \frac{Jz}{2},$$

$$S(X_{\sigma_1 \sigma_2}) = -X_{\sigma_1 \sigma_2} \cos \frac{Jz}{2} - X_{\sigma_0 \sigma_1} \frac{(\sigma_1, \sigma_2)}{(\sigma_0, \sigma_1)} \sin \frac{Jz}{2},$$

$$[X_{\sigma_0 \sigma_1}, X_{\sigma_0 \sigma_2}] = \frac{(\sigma_0, \sigma_1)(\sigma_0, \sigma_2)}{(\sigma_1, \sigma_2)} X_{\sigma_1 \sigma_2},$$

$$[X_{\sigma_0 \sigma_2}, X_{\sigma_1 \sigma_2}] = \frac{(\sigma_0, \sigma_2)(\sigma_1, \sigma_2)}{(\sigma_0, \sigma_1)} X_{\sigma_0 \sigma_1},$$

$$[X_{\sigma_1 \sigma_2}, X_{\sigma_0 \sigma_1}] = \frac{(\sigma_0, \sigma_1)(\sigma_1, \sigma_2)}{(\sigma_0, \sigma_2)} \frac{1}{z} \operatorname{sh} z X_{\sigma_0 \sigma_2}. \tag{10.19}$$

Оператор Казимира (10.15) принимает вид

$$C_z(2; j; \sigma) = j_1^2 j_2^2 \left\{ \frac{1}{(\sigma_0, \sigma_2)^2} \left[\frac{2}{z} \operatorname{sh} \frac{z X_{\sigma_0 \sigma_2}}{2} \right]^2 \cos \frac{Jz}{2} + \right.$$

$$\left. + \left(\frac{X_{\sigma_0 \sigma_1}^2}{(\sigma_0, \sigma_1)^2} + \frac{X_{\sigma_1 \sigma_2}^2}{(\sigma_1, \sigma_2)^2} \right) \frac{2}{Jz} \sin \frac{Jz}{2} \right\}. \tag{10.20}$$

Напомним, что

$$(\sigma_i, \sigma_k) = \prod_{l=1+\min\{\sigma_i, \sigma_k\}}^{\max\{\sigma_i, \sigma_k\}} j_l. \tag{10.21}$$

Для сохранения копроизведения Δ будем рассматривать перестановки $\sigma \in S(3)$, у которых $\sigma_0 < \sigma_2$ (в противном случае из-за антисимметричности генераторов $X_{\sigma_2 \sigma_0} = -X_{\sigma_0 \sigma_2}$ необходимо дополнительно заменить z на $-z$, т.е. $q = e^z$ на $q^{-1} = e^{-z}$). Таким образом, остаются три перестановки. Рассмотренная квантовая алгебра Кэли–Клейна $so_z(3; j; X_{02})$ (10.17) и ее оператор Казимира (10.18) получаются из формул (10.19) и (10.20) при тождественной перестановке $\sigma_k = k$, $k = 0, 1, 2$.

10.3.3. Квантовые алгебры $so_z(3; j; X_{01})$. Перестановка $\sigma^{(I)} = (\sigma_0 = 0, \sigma_1 = 2, \sigma_2 = 1)$, при которой $z \to j_1 z$, приводит к квантовой алгебре Кэли–Клейна $so_z(3; j; X_{01})$ с примитивным генратором X_{01}. Структура ее алгебры Хопфа имеет вид

$$\Delta X_{01} = I \otimes X_{01} + X_{01} \otimes I,$$

$$\Delta X = e^{-zX_{01}/2} \otimes X + X \otimes e^{zX_{01}/2}, \quad X = X_{02}, X_{12},$$

$$\varepsilon(X_{01}) = \varepsilon(X_{02}) = \varepsilon(X_{12}) = 0, \quad S(X_{01}) = -X_{01},$$

$$S(X_{02}) = -X_{02} \cos \frac{j_1 z}{2} - X_{12} j_1 \sin \frac{j_1 z}{2},$$

$$S(X_{12}) = -X_{12} \cos \frac{j_1 z}{2} + X_{02} \frac{1}{j_1} \sin \frac{j_1 z}{2},$$

$$[X_{12}, X_{01}] = X_{02}, \ [X_{01}, X_{02}] = j_1^2 X_{12}, \ [X_{02}, X_{12}] = j_2^2 \frac{1}{z} \operatorname{sh} z X_{01}, \quad (10.22)$$

а квантовый аналог оператора Казимира равен

$$C_z(2; j; \sigma^{(I)}) = j_2^2 \left[\frac{2}{z} \operatorname{sh} \frac{zX_{01}}{2}\right]^2 \cos \frac{j_1 z}{2} + \left(X_{02}^2 + j_1^2 X_{12}^2\right) \frac{2}{j_1 z} \sin \frac{j_1 z}{2}. \quad (10.23)$$

Квантовая группа $SO_z(3; j; \sigma_I)$, отвечающая квантовой алгебре $so_z(3; j; X_{01})$, рассмотрена в разделе 11.4.2.

10.3.4. Квантовые алгебры $so_z(3; j; X_{12})$. Наконец, перестановка $\sigma^{(II)} = (1, 0, 2)$ в формулах (10.19) дает квантовую алгебру Кэли–Клейна $so_z(3; j; X_{12})$ со структурой

$$\Delta X_{12} = I \otimes X_{12} + X_{12} \otimes I,$$

$$\Delta X = e^{-zX_{12}/2} \otimes X + X \otimes e^{zX_{12}/2}, \quad X = X_{01}, X_{02},$$

$$\varepsilon(X_{01}) = \varepsilon(X_{02}) = \varepsilon(X_{12}) = 0, \quad S(X_{12}) = -X_{12},$$

$$S(X_{01}) = -X_{01} \cos \frac{j_2 z}{2} - X_{02} \frac{1}{j_2} \sin \frac{j_2 z}{2},$$

$$S(X_{02}) = -X_{02} \cos \frac{j_2 z}{2} + X_{01} j_2 \sin \frac{j_2 z}{2},$$

$$[X_{12}, X_{01}] = X_{02}, \ [X_{02}, X_{12}] = j_2^2 X_{01}, \ [X_{01}, X_{02}] = j_1^2 \frac{1}{z} \operatorname{sh} z X_{12}. \quad (10.24)$$

С помощью этой же перестановки в (10.20) получаем квантовый оператор Казимира

$$C_z(2; j; \sigma^{(II)}) = j_1^2 \left[\frac{2}{z} \operatorname{sh} \frac{zX_{12}}{2}\right]^2 \cos \frac{j_2 z}{2} + \left(j_2^2 X_{01}^2 + X_{02}^2\right) \frac{2}{j_2 z} \sin \frac{j_2 z}{2}. \quad (10.25)$$

Строго говоря, квантовые алгебры $so_z(3; j; X_{01})$ и $so_z(3; j; X_{12})$ изоморфны, тем не менее полезно рассматривать эти алгебры отдельно, учитывая их кинематическую и геометрическую интерпретацию. Отметим, что квантовые структуры (10.17), (10.22), (10.24), отвечающие различному выбору примитивного элемента, получены в работе [101] в том числе и для центральных расширений алгебр Кэли–Клейна. Квантовая группа $SO_z(3; j; \sigma)$, отвечающая квантовой алгебре $so_z(3; j; X_{12})$, рассмотрена в разделе 11.4.1.

10.3.5. Квантовые алгебры Евклида $e_z(2)$. При $j_1 = \iota_1, j_2 = 1$ квантовые ортогональные алгебры контрактируются в квантовые алгебры Евклида. Поскольку коумножение Δ и коединица ε не зависят от контракционных параметров, мы их выписывать не будем, так же как тривиальные выражения $S(X) = -X$ для антипода. Из формул (10.17), (10.18) для квантовой алгебры Евклида $e_z(2; X_{02}) \equiv so_z(3; \iota_1; X_{02})$ получаем

$$S(X_{12}) = -X_{12} - j_2^2 \frac{z}{2} X_{01}, \quad [X_{01}, X_{02}] = 0, \quad [X_{02}, X_{12}] = j_2^2 X_{01},$$

$$[X_{12}, X_{01}] = \frac{1}{z}\,\mathrm{sh}\,zX_{02}, \quad C_z(2; \iota_1; \sigma^{(0)}) = \left(\frac{2}{z}\,\mathrm{sh}\,\frac{zX_{02}}{2}\right)^2 + j_2^2 X_{01}^2, \quad (10.26)$$

у которой генератор трансляций X_{02} является примитивным элементом алгебры Хопфа. Формулы (10.22),(10.23), отвечающие перестановке $\sigma^{(I)}$, дают квантовую алгебру, изоморфную $e_z(2; X_{02})$.

Квантовая алгебра Евклида $e_z(2; X_{12}) \equiv so_z(3; \iota_1; X_{12})$, неизоморфная рассмотренной (10.26), находится из формул (10.24), (10.25) и характеризуется структурой алгебры Хопфа вида

$$S(X_{01}) = -X_{01}\cos\frac{j_2 z}{2} - X_{02}\frac{1}{j_2}\sin\frac{j_2 z}{2},$$

$$S(X_{02}) = -X_{02}\cos\frac{j_2 z}{2} + X_{01}j_2\sin\frac{j_2 z}{2},$$

$$[X_{12}, X_{01}] = X_{02}, \quad [X_{02}, X_{12}] = j_2^2 X_{01}, \quad [X_{01}, X_{02}] = 0,$$

$$C_z(2; \iota_1; \sigma^{(II)}) = \left(j_2^2 X_{01}^2 + X_{02}^2\right)\frac{2}{j_2 z}\sin\frac{j_2 z}{2}. \quad (10.27)$$

Эта алгебра в качестве примитивного элемента имеет генератор вращений на плоскости Евклида. Ее отличительной особенностью, по сравнению с $e_z(2; X_{02})$, являются недеформированные коммутационные соотношения. Таким образом, разные сочетания структуры алгебры Хопфа и контракций Кэли–Клейна приводят к двум неизоморфным квантовым аналогам для неполупростых алгебр Ли, отвечающих группам движений двумерных евклидовых плоскостей. При $j_2 = i$ в формулах (10.26),(10.27) получаем квантовые алгебры Пуанкаре $p_z(2; X_{02})$ и $p_z(2; X_{12})$.

10.3.6. Квантовые алгебры Ньютона $n_z(2)$. Контракция по второму параметру $j_1 = 1, j_2 = \iota_2$ приводит к квантовым аналогам алгебр Ньютона. Для квантовой алгебры $n_z(2; X_{02}) \equiv so_z(3; \iota_2; X_{02})$ из формул (10.17), (10.18) получаем

$$S(X) = -X, \quad X = X_{02}, X_{12}, \quad S(X_{01}) = -X_{01} + \frac{z}{2}X_{12},$$

$$[X_{01}, X_{02}] = X_{12}, \quad [X_{02}, X_{12}] = 0, \quad [X_{12}, X_{01}] = \frac{1}{z} \operatorname{sh} z X_{02},$$

$$C_z(2; \iota_2; \sigma^{(0)}) = \left[\frac{2}{z} \operatorname{sh} \frac{z X_{02}}{2} \right]^2 + X_{12}^2. \tag{10.28}$$

Из формул (10.22),(10.23) находим квантовую алгебру Ньютона $n_z(2; X_{01}) \equiv so_z(3; \iota_2; X_{01})$ вида

$$S(X_{01}) = -X_{01}, \quad S(X_{02}) = -X_{02} \cos \frac{z}{2} - X_{12} \sin \frac{z}{2},$$

$$S(X_{12}) = -X_{12} \cos \frac{z}{2} + X_{02} \sin \frac{z}{2},$$

$$[X_{12}, X_{01}] = X_{02}, \quad [X_{01}, X_{02}] = X_{12}, \quad [X_{02}, X_{12}] = 0,$$

$$C_z(2; \iota_2; \sigma^{(I)}) = \left(X_{02}^2 + X_{12}^2 \right) \frac{2}{z} \sin \frac{z}{2}. \tag{10.29}$$

Поскольку соотношения (10.27) переходят в (10.29) при замене $X_{01} \to -X_{12}$, $X_{12} \to X_{01}$, то получаем изоморфизм квантовых алгебр $e_z(2; X_{12})$ и $n_z(2; X_{01})$.

Подстановка $j_1 = 1$, $j_2 = \iota_2$ в выражения (10.24),(10.25) приводит к квантовой алгебре Ньютона $n_z(2; X_{12}) \equiv so_z(3; \iota_2; X_{12})$, характеризуемой соотношениями

$$S(X) = -X, \quad X = X_{02}, X_{12}, \quad S(X_{01}) = -X_{01} - \frac{z}{2} X_{02},$$

$$[X_{12}, X_{01}] = X_{02}, \quad [X_{02}, X_{12}] = 0, \quad [X_{01}, X_{02}] = \frac{1}{z} \operatorname{sh} z X_{12},$$

$$C_z(2; \iota_2; \sigma^{(II)}) = \left[\frac{2}{z} \operatorname{sh} \frac{z X_{12}}{2} \right]^2 + X_{02}^2. \tag{10.30}$$

Квантовые алгебры $n_z(2; X_{02})$ и $n_z(2; X_{12})$ изоморфны, поскольку формулы (10.28) переходят в (10.30) при замене $X_{02} \to X_{12}$, $X_{12} \to -X_{02}$ и изоморфны квантовой алгебре Евклида $e_z(2; X_{02})$ (10.26).

10.3.7. Квантовые алгебры Галилея $g_z(2)$. Контракции по обоим параметрам $j_1 = \iota_1$, $j_2 = \iota_2$ дают квантовые алгебры Галилея. Из формул (10.17), (10.18) находим квантовую алгебру $g_z(2; X_{02}) \equiv so_z(3; \iota; X_{02})$ с тривиальным антиподом $S(X) = -X$, но с деформированными коммутаторами и оператором Казимира

$$[X_{01}, X_{02}] = [X_{02}, X_{12}] = 0, \quad [X_{12}, X_{01}] = \frac{1}{z} \operatorname{sh} z X_{02},$$

$$C_z(2; \iota; \sigma^{(0)}) = \left(\frac{2}{z} \operatorname{sh} \frac{z X_{02}}{2} \right)^2. \tag{10.31}$$

Формулы (10.22), (10.23) при нильпотентных значениях обоих контракционных параметров описывают квантовую алгебру Галилея $g_z(2; X_{01}) \equiv so_z(3; \iota; X_{01})$ с нетривиальным антиподом, но недеформированными коммутаторами и оператором Казимира

$$S(X_{12}) = -X_{12} + \frac{z}{2} X_{02}, \quad C_z(2; \iota_1; \sigma^{(I)}) = X_{02}^2,$$

$$[X_{01}, X_{02}] = [X_{02}, X_{12}] = 0, \quad [X_{12}, X_{01}] = X_{02}, \tag{10.32}$$

которая оказывается неизоморфной, как алгебра Хопфа квантовой алгебре $g_z(2; X_{02})$ (10.31). Наконец, соотношения (10.24), (10.25) приводят к квантовой алгебре Галилея $g_z(2; X_{12}) \equiv so_z(3; \iota; X_{12})$ со структурой

$$S(X_{01}) = -X_{01} - \frac{z}{2} X_{02}, \quad C_z(2; \iota; \sigma^{(II)}) = X_{02}^2,$$

$$[X_{12}, X_{01}] = X_{02}, \quad [X_{02}, X_{12}] = [X_{01}, X_{02}] = 0. \tag{10.33}$$

Математически квантовые алгебры (10.32) и (10.33) изоморфны, как алгебры Хопфа, и обе неизоморфны алгебре (10.31). Однако квантовые алгебры (10.32) и (10.33) различны, с точки зрения их кинематической интерпретации. Действительно, примитивный оператор X_{01} алгебры (10.32) интерпретируется как генератор переноса вдоль оси времени в кинематике Галилея, в то время как примитивный оператор X_{12} алгебры (10.33) имеет физический смысл генератора галилеевского буста. Поскольку они входят в коумножение в виде $\exp(\frac{z}{2} X_{01})$ и $\exp(\frac{z}{2} X_{12})$ соответственно, то параметр деформации у этих квантовых алгебр имеет разные физические размерности: $[z] =$ время в случае $g_z(2; X_{01})$ и $[z] =$ скорость в случае $g_z(2; X_{12})$.

10.4. Квантовые алгебры Кэли–Клейна $so_z(4; j; \sigma)$

10.4.1. Квантовые алгебры $so_z(4; X_{03}, X_{12})$.
Как мы видели в разделе 10.3 при стандартной схеме контракций Кэли–Клейна разные ее сочетания со структурой алгебры Хопфа возникают за счет выбора разных генераторов алгебры Ли в качестве примитивных элементов. Примитивными элементами алгебры Ли являются максимальные наборы коммутирующих генераторов. В случае алгебры $so_z(4) = \{X_{ik}, \ i, k = 0, 1, 2, 3\}$ имеется шесть способов выбора двух некоммутирующих генераторов $X_{ik}, X_{i'k'} \ i \neq k \neq i' \neq k'$ примитивными элементами. Не все отвечающие им квантовые алгебры допускают любые контракции Кэли–Клейна. Однако для пары генераторов X_{03}, X_{12}, когда параметр деформации при переходе к квантовой алгебре Кэли–Клейна умножается на произведение первых степеней всех контракционных параметров, оказываются допустимыми все контракции схемы Кэли–Клейна. Квантовая алгебра $so_z(4; j; X_{03}, X_{12})$ получена в работе [102]. Начнем рассмотрение с алгебры $so_z(4; X_{03}, X_{12})$, которая имеет следующие коумножение Δ, коединицу ε, антипод S и деформированные коммутационные соотношения:

$$\Delta X = I \otimes X + X \otimes I, \quad X = X_{03}, X_{12},$$

$$\Delta X = A^- \otimes X + X \otimes A^+ \pm \left(B^- \otimes Y - Y \otimes B^+\right),$$

$$+ \text{ при } (X, Y) = (X_{02}, X_{13}), (X_{13}, X_{02}),$$

$$- \text{ при } (X, Y) = (X_{01}, X_{23}), (X_{23}, X_{01}),$$

$$A^{\pm} = e^{\pm z X_{03}/2} \operatorname{ch}(\tfrac{z}{2} X_{12}), \quad B^{\pm} = e^{\pm z X_{03}/2} \operatorname{sh}(\tfrac{z}{2} X_{12}),$$

$$\varepsilon(X_{ik}) = 0, \quad i, k = 0, 1, 2, 3,$$

$$S(X_{ik}) = -e^{z X_{03}} X_{ik} e^{-z X_{03}}, \quad S(X) = -X, \quad X = X_{03}, X_{12},$$

$$S(X) = -X \cos z \pm Y \sin z,$$

$$+ \text{ при } (X, Y) = (X_{01}, X_{13}), (X_{02}, X_{23}),$$

$$- \text{ при } (X, Y) = (X_{13}, X_{01}), (X_{23}, X_{02}),$$

$$[X_{12}, X_{01}] = X_{02}, \quad [X_{02}, X_{12}] = X_{01}, \quad [X_{01}, X_{02}] = D,$$

$$[X_{03}, X_{13}] = X_{01}, \quad [X_{13}, X_{01}] = F, \quad [X_{01}, X_{03}] = X_{13},$$

$$[X_{23}, X_{02}] = F, \quad [X_{03}, X_{23}] = X_{02}, \quad [X_{13}, X_{23}] = D,$$

$$[X_{23}, X_{12}] = X_{13}, \quad [X_{02}, X_{03}] = X_{23}, \quad [X_{12}, X_{13}] = X_{23}.$$

$$D = \frac{1}{z} \operatorname{sh}(z X_{12}) \operatorname{ch}(z X_{03}), \quad F = \frac{1}{z} \operatorname{sh}(z X_{03}) \operatorname{ch}(z X_{12}). \tag{10.34}$$

Квантовые аналоги операторов Казимира второго порядка имеют вид

$$C_1^z = \frac{4}{z^2} \cos(z) \left[\operatorname{sh}^2(\tfrac{z}{2} X_{03}) \operatorname{ch}^2(\tfrac{z}{2} X_{12}) + \operatorname{sh}^2(\tfrac{z}{2} X_{12}) \operatorname{ch}^2(\tfrac{z}{2} X_{03}) \right] +$$

$$+ \frac{1}{z} \sin(z) \left[X_{01}^2 + X_{02}^2 + X_{13}^2 + X_{23}^2 \right],$$

$$C_2^z = \frac{1}{z^2} \cos(z) \operatorname{sh}(z X_{03}) \operatorname{sh}(z X_{12}) + \frac{1}{z} \sin(z) \left[X_{01} X_{23} - X_{02} X_{13} \right]. \tag{10.35}$$

10.4.2. Квантовые алгебры $so_z(4; j; X_{03}, X_{12})$. Переход от деформированной алгебры $so_z(4; X_{03}, X_{12})$ к квантовой алгебре Кэли–Клейна $so_z(4; j; X_{03}, X_{12})$, где $j = (j_1, j_2, j_3)$, осуществляется подстановкой

$$X_{ik} \to (i, k)^{-1} X_{ik}, \quad z \to j_1 j_2 j_3 z \equiv J z, \tag{10.36}$$

в формулах (10.34), что дает

$$\Delta X = I \otimes X + X \otimes I, \quad X = X_{03}, X_{12},$$

$$\Delta X_{01} = A(X_{01}) - \frac{j_1}{j_3} B(X_{23}), \quad \Delta X_{02} = A(X_{02}) + \frac{j_1}{j_3} B(X_{13}),$$

$$\Delta X_{13} = A(X_{13}) + \frac{j_3}{j_1} B(X_{02}), \quad \Delta X_{23} = A(X_{23}) - \frac{j_3}{j_1} B(X_{01}),$$

$$A(X) = A^{-} \otimes X + X \otimes A^{+}, \quad B(X) = B^{-} \otimes X - X \otimes B^{+},$$

$$A^{\pm} = e^{\pm z X_{03}/2} \operatorname{ch}(\tfrac{j_1 j_3 z}{2} X_{12}), \quad B^{\pm} = e^{\pm z X_{03}/2} \operatorname{sh}(\tfrac{j_1 j_3 z}{2} X_{12}),$$

$$\varepsilon(X_{ik}) = 0, \quad i, k = 0, 1, 2, 3,$$

$$S(X_{ik}) = -e^{z X_{03}} X_{ik} e^{-z X_{03}}, \quad S(X) = -X, \ X = X_{03}, X_{12},$$

$$S(X_{01}) = -X_{01} \cos J z + j_1^2 X_{13} \frac{1}{J} \sin J z,$$

$$S(X_{02}) = -X_{02} \cos Jz + j_1^2 j_2^2 X_{23} \frac{1}{J} \sin Jz,$$

$$S(X_{13}) = -X_{13} \cos Jz - j_2^2 j_3^2 X_{01} \frac{1}{J} \sin Jz,$$

$$S(X_{23}) = -X_{23} \cos Jz - j_3^2 X_{02} \frac{1}{J} \sin Jz,$$

$$[X_{12}, X_{01}] = X_{02}, \quad [X_{02}, X_{12}] = j_2^2 X_{01}, \quad [X_{01}, X_{02}] = j_1^2 D,$$

$$[X_{03}, X_{13}] = j_2^2 j_3^2 X_{01}, \quad [X_{13}, X_{01}] = F, \quad [X_{01}, X_{03}] = j_1^2 X_{13},$$

$$[X_{23}, X_{02}] = F, \quad [X_{03}, X_{23}] = j_3^2 X_{02}, \quad [X_{13}, X_{23}] = j_3^2 D,$$

$$[X_{23}, X_{12}] = X_{13}, \quad [X_{02}, X_{03}] = j_1^2 j_2^2 X_{23}, \quad [X_{12}, X_{13}] = j_2^2 X_{23},$$

$$D = \frac{1}{j_1 j_3 z} \operatorname{sh}(j_1 j_3 z X_{12}) \operatorname{ch}(z X_{03}), \quad F = \frac{1}{z} \operatorname{sh}(z X_{03}) \operatorname{ch}(j_1 j_3 z X_{12}).$$

$$(10.37)$$

Из выражений (10.35) преобразованиями

$$C_1^z(j) = j_1^2 j_2^2 j_3^2 C_1^z(\rightarrow), \quad C_2^z(j) = j_1 j_2^2 j_3 C_2^z(\rightarrow), \tag{10.38}$$

где стрелка обозначает подстановку (10.36), находим квантовые операторы Казимира

$$C_1^z(j; \sigma^{(0)}) = \frac{4}{z^2} \cos(Jz) \left[\operatorname{sh}^2(\frac{z}{2} X_{03}) \operatorname{ch}^2(\frac{j_1 j_3 z}{2} X_{12}) + \right.$$

$$+ \operatorname{sh}^2(\frac{j_1 j_3 z}{2} X_{12}) \operatorname{ch}^2(\frac{z}{2} X_{03}) \left] + \right.$$

$$+ \frac{\sin Jz}{Jz} \left[j_2^2 j_3^2 X_{01}^2 + j_3^2 X_{02}^2 + j_1^2 X_{13}^2 + j_1^2 j_2^2 X_{23}^2 \right],$$

$$C_2^z(j; \sigma^{(0)}) = \frac{1}{j_1 j_3 z^2} \cos(Jz) \operatorname{sh}(z X_{03}) \operatorname{sh}(j_1 j_3 z X_{12}) +$$

$$+ \frac{\sin Jz}{Jz} \left[j_2^2 X_{01} X_{23} - X_{02} X_{13} \right]. \tag{10.39}$$

10.4.3. Квантовые алгебры $so_z(4; j; \sigma)$. Квантовая алгебра $so_z(4; j; X_{03}, X_{12}) \equiv so_z(4; j; \sigma^{(0)})$ является максимально контрактируемым объединением схемы Кэли–Клейна и структуры алгебры Хопфа, отвечающим тождественной перестановке. Другие комбинации этих структур находятся с помощью перестановок $\sigma = (\sigma_0, \sigma_1, \sigma_2, \sigma_3) \in S(4)$, $\sigma_k = 0, 1, 2, 3$ индексов генераторов $X_{ik} \rightarrow X_{\sigma_i \sigma_k}$ в формулах (10.34) и последующего преобразования генераторов типа (10.36). Множитель J в преобразовании параметра деформации $z \rightarrow J(\sigma)z$ выбирается минимальным из всех, обеспечивающих определенность входящих в коумножение выражений вида $J(\sigma)(\sigma_0, \sigma_3)^{-1} z X_{\sigma_0 \sigma_3}$ и $J(\sigma)(\sigma_1, \sigma_2)^{-1} z X_{\sigma_1 \sigma_2}$ при нильпотентных значениях контракционных параметров. В случае перестановок с $\sigma_0 > \sigma_3$ и $\sigma_1 > \sigma_2$ параметра деформации z меняет знак, т.е. q заменяется на q^{-1}. Будем рассматривать перестановки с $\sigma_0 < \sigma_3$ и $\sigma_1 < \sigma_2$, при которых сохраняется параметр деформации. Помимо тождественной $\sigma^{(0)}$, имеется еще пять перестановок с указанным свойством: $\sigma^{(I)} = (0, 1, 3, 2)$, $\sigma^{(II)} = (1, 0, 2, 3)$, $\sigma^{(III)} = (1, 0, 3, 2)$, $\sigma^{(IV)} = (0, 2, 3, 1)$ и $\sigma^{(V)} = (2, 0, 1, 3)$. Для двух последних перестановок множитель минимален $J(\sigma^{(IV)}) = J(\sigma^{(V)}) \equiv \tilde{J} = j_1 j_3$, а для остальных — максимален $J = j_1 j_2 j_3$. Квантовая алгебра $so_z(4; j; \sigma)$ характеризуется следующими соотношениями:

(i) коумножение

$$\Delta X = I \otimes X + X \otimes I, \quad X = X_{\sigma_0\sigma_3}, X_{\sigma_1\sigma_2},$$

$$\Delta X_{\sigma_0\sigma_1} = A^-(\sigma) \otimes X_{\sigma_0\sigma_1} + X_{\sigma_0\sigma_1} \otimes A^+(\sigma) -$$
$$- \frac{(\sigma_0, \sigma_1)}{(\sigma_2, \sigma_3)} \left[B^-(\sigma) \otimes X_{\sigma_2\sigma_3} - X_{\sigma_2\sigma_3} \otimes B^+(\sigma) \right],$$

$$\Delta X_{\sigma_0\sigma_2} = A^-(\sigma) \otimes X_{\sigma_0\sigma_2} + X_{\sigma_0\sigma_2} \otimes A^+(\sigma) +$$
$$+ \frac{(\sigma_0, \sigma_2)}{(\sigma_1, \sigma_3)} \left[B^-(\sigma) \otimes X_{\sigma_1\sigma_3} - X_{\sigma_1\sigma_3} \otimes B^+(\sigma) \right],$$

$$\Delta X_{\sigma_1\sigma_3} = A^-(\sigma) \otimes X_{\sigma_1\sigma_3} + X_{\sigma_1\sigma_3} \otimes A^+(\sigma) +$$
$$+ \frac{(\sigma_1, \sigma_3)}{(\sigma_0, \sigma_2)} \left[B^-(\sigma) \otimes X_{\sigma_0\sigma_2} - X_{\sigma_0\sigma_2} \otimes B^+(\sigma) \right],$$

$$\Delta X_{\sigma_2\sigma_3} = A^-(\sigma) \otimes X_{\sigma_2\sigma_3} + X_{\sigma_2\sigma_3} \otimes A^+(\sigma) -$$
$$- \frac{(\sigma_2, \sigma_3)}{(\sigma_0, \sigma_1)} \left[B^-(\sigma) \otimes X_{\sigma_0\sigma_1} - X_{\sigma_0\sigma_1} \otimes B^+(\sigma) \right],$$

$$A^{\pm}(\sigma) = e^{\pm J(\sigma)(\sigma_0,\sigma_3)^{-1} z X_{\sigma_0\sigma_3}/2} \operatorname{ch}\left(\frac{J(\sigma) z X_{\sigma_1\sigma_2}}{2(\sigma_1, \sigma_2)} \right),$$

$$B^{\pm}(\sigma) = e^{\pm J(\sigma)(\sigma_0,\sigma_3)^{-1} z X_{\sigma_0\sigma_3}/2} \operatorname{sh}\left(\frac{J(\sigma) z X_{\sigma_1\sigma_2}}{2(\sigma_1, \sigma_2)} \right), \tag{10.40}$$

(ii) коединица

$$\varepsilon(X_{ik}) = 0, \quad i, k = 0, 1, 2, 3, \tag{10.41}$$

(iii) антипод

$$S(X_{\sigma_i\sigma_k}) = -e^{Jz X_{\sigma_0\sigma_3}} X_{\sigma_i\sigma_k} e^{-Jz X_{\sigma_0\sigma_3}},$$

$$S(X) = -X, \quad X = X_{\sigma_0\sigma_3}, X_{\sigma_1\sigma_2},$$

$$S(X_{\sigma_0\sigma_1}) = -X_{\sigma_0\sigma_1} \cos Jz + X_{\sigma_1\sigma_3} \frac{(\sigma_0, \sigma_1)}{(\sigma_1, \sigma_3)} \sin Jz,$$

$$S(X_{\sigma_0\sigma_2}) = -X_{\sigma_0\sigma_2} \cos Jz + X_{\sigma_2\sigma_3} \frac{(\sigma_0, \sigma_2)}{(\sigma_2, \sigma_3)} \sin Jz,$$

$$S(X_{\sigma_1\sigma_3}) = -X_{\sigma_1\sigma_3} \cos Jz - X_{\sigma_0\sigma_1} \frac{(\sigma_1, \sigma_3)}{(\sigma_0, \sigma_1)} \sin Jz,$$

$$S(X_{\sigma_2\sigma_3}) = -X_{\sigma_2\sigma_3} \cos Jz - X_{\sigma_0\sigma_2} \frac{(\sigma_2, \sigma_3)}{(\sigma_0, \sigma_2)} \sin Jz, \tag{10.42}$$

(iv) ненулевые коммутационные соотношения

$$[X_{\sigma_1\sigma_2}, X_{\sigma_0\sigma_1}] = \frac{(\sigma_0,\sigma_1)(\sigma_1,\sigma_2)}{(\sigma_0,\sigma_2)}X_{\sigma_0\sigma_2},$$

$$[X_{\sigma_0\sigma_2}, X_{\sigma_1\sigma_2}] = \frac{(\sigma_0,\sigma_2)(\sigma_1,\sigma_2)}{(\sigma_0,\sigma_1)}X_{\sigma_0\sigma_1},$$

$$[X_{\sigma_0\sigma_1}, X_{\sigma_0\sigma_2}] = (\sigma_0,\sigma_1)(\sigma_0,\sigma_2)D(\sigma),$$

$$[X_{\sigma_0\sigma_3}, X_{\sigma_1\sigma_3}] = \frac{(\sigma_0,\sigma_3)(\sigma_1,\sigma_3)}{(\sigma_0,\sigma_1)}X_{\sigma_0\sigma_1},$$

$$[X_{\sigma_1\sigma_3}, X_{\sigma_0\sigma_1}] = (\sigma_0,\sigma_1)(\sigma_1,\sigma_3)F(\sigma),$$

$$[X_{\sigma_0\sigma_1}, X_{\sigma_0\sigma_3}] = \frac{(\sigma_0,\sigma_1)(\sigma_0,\sigma_3)}{(\sigma_1,\sigma_3)}X_{\sigma_1\sigma_3},$$

$$[X_{\sigma_2\sigma_3}, X_{\sigma_0\sigma_2}] = (\sigma_0,\sigma_2)(\sigma_2,\sigma_3)F(\sigma),$$

$$[X_{\sigma_0\sigma_3}, X_{\sigma_2\sigma_3}] = \frac{(\sigma_0,\sigma_3)(\sigma_2,\sigma_3)}{(\sigma_0,\sigma_2)}X_{\sigma_0\sigma_2},$$

$$[X_{\sigma_1\sigma_3}, X_{\sigma_2\sigma_3}] = (\sigma_1,\sigma_3)(\sigma_2,\sigma_3)D(\sigma),$$

$$[X_{\sigma_2\sigma_3}, X_{\sigma_1\sigma_2}] = \frac{(\sigma_1,\sigma_2)(\sigma_2,\sigma_3)}{(\sigma_1,\sigma_3)}X_{\sigma_1\sigma_3},$$

$$[X_{\sigma_0\sigma_2}, X_{\sigma_0\sigma_3}] = \frac{(\sigma_0,\sigma_2)(\sigma_0,\sigma_3)}{(\sigma_2,\sigma_3)}X_{\sigma_2\sigma_3},$$

$$[X_{\sigma_1\sigma_2}, X_{\sigma_1\sigma_3}] = \frac{(\sigma_1,\sigma_2)(\sigma_1,\sigma_3)}{(\sigma_2,\sigma_3)}X_{\sigma_2\sigma_3},$$

$$D(\sigma) = \frac{1}{J(\sigma)z}\,\text{ch}\left(\frac{J(\sigma)z}{(\sigma_0,\sigma_3)}X_{\sigma_0\sigma_3}\right)\text{sh}\left(\frac{J(\sigma)z}{(\sigma_1,\sigma_2)}X_{\sigma_1\sigma_2}\right),$$

$$F(\sigma) = \frac{1}{J(\sigma)z}\,\text{sh}\left(\frac{J(\sigma)z}{(\sigma_0,\sigma_3)}X_{\sigma_0\sigma_3}\right)\text{ch}\left(\frac{J(\sigma)z}{(\sigma_1,\sigma_2)}X_{\sigma_1\sigma_2}\right). \tag{10.43}$$

10.4.4. Квантовые алгебры $so_z(4;j;X_{01},X_{23})$**.** Квантовая алгебра $so_z(4;j;X_{01},X_{23})$ получается подстановкой $\sigma^{(IV)} = (0,2,3,1)$ в формулы раздела 10.4.3 и как алгебра Хопфа характеризуется следующей структурой:

$$\Delta X = I\otimes X + X\otimes I, \quad X = X_{01}, X_{23},$$

$$\Delta X_{02} = A(X_{02}) + \frac{j_1}{j_3}B(X_{13}), \quad \Delta X_{03} = A(X_{03}) - j_1 j_3 B(X_{23}),$$

$$\Delta X_{12} = A(X_{12}) - \frac{1}{j_1 j_3}B(X_{03}), \quad \Delta X_{13} = A(X_{13}) + \frac{j_3}{j_1}B(X_{02}),$$

$$A^{\pm} = e^{\pm j_3 z X_{01}/2}\,\text{ch}(\frac{j_1 z}{2}X_{23}), \quad B^{\pm} = e^{\pm j_3 z X_{01}/2}\,\text{sh}(\frac{j_1 z}{2}X_{23}),$$

$$\varepsilon(X_{ik}) = 0, \quad i,k = 0,1,2,3,$$

$$S(X_{ik}) = -e^{z X_{01}}X_{ik}e^{-z X_{01}}, \quad S(X) = -X, \quad X = X_{01}, X_{23},$$

$$S(X_{02}) = -X_{02}\cos j_1 j_3 z - X_{12} j_1 \sin j_1 j_3 z,$$

$$S(X_{03}) = -X_{03} \cos j_1 j_3 z - X_{13} j_1 \sin j_1 j_3 z,$$

$$S(X_{12}) = -X_{12} \cos j_1 j_3 z + X_{02} \frac{1}{j_1} \sin j_1 j_3 z,$$

$$S(X_{13}) = -X_{13} \cos j_1 j_3 z + X_{03} \frac{1}{j_1} \sin j_1 j_3 z,$$

$$[X_{23}, X_{02}] = X_{03}, \quad [X_{03}, X_{23}] = j_3^2 X_{02}, \quad [X_{02}, X_{03}] = j_1^2 j_2^2 D,$$

$$[X_{12}, X_{01}] = X_{02}, \quad [X_{23}, X_{02}] = j_2^2 F, \quad [X_{01}, X_{02}] = j_1^2 X_{12},$$

$$[X_{03}, X_{13}] = j_2^2 j_3^2 F, \quad [X_{13}, X_{01}] = X_{03}, \quad [X_{12}, X_{13}] = j_2^2 D,$$

$$[X_{13}, X_{23}] = j_3^2 X_{12}, \quad [X_{01}, X_{03}] = j_1^2 X_{13}, \quad [X_{23}, X_{12}] = X_{13},$$

$$D = \frac{1}{j_1 z} \operatorname{ch}(j_3 z X_{01}) \operatorname{sh}(j_1 z X_{23}), \quad F = \frac{1}{j_3 z} \operatorname{sh}(j_3 z X_{01}) \operatorname{ch}(j_1 z X_{23}).$$

$$(10.44)$$

Квантовые операторы Казимира находятся заменой k на σ_k индексов генераторов в формулах (10.35) с последующими преобразованиями (10.38) и даются выражениями

$$C_1^z(j; \sigma^{(IV)}) = \frac{4 j_2^2}{z^2} \cos(j_1 j_3 z) \left[\operatorname{sh}^2(\frac{j_3 z}{2} X_{01}) \operatorname{ch}^2(\frac{j_1 z}{2} X_{23}) + \right.$$

$$+ \operatorname{sh}^2(\frac{j_1 z}{2} X_{23}) \operatorname{ch}^2(\frac{j_3 z}{2} X_{01}) \Big] +$$

$$+ \frac{\sin(j_1 j_3 z)}{j_1 j_3 z} \left[j_3^2 X_{02}^2 + X_{03}^2 + j_1^2 j_2^2 X_{12}^2 + j_1^2 X_{13}^2 \right],$$

$$C_2^z(j; \sigma^{(IV)}) = \frac{j_2^2}{j_1 j_3 z^2} \cos(j_1 j_3 z) \operatorname{sh}(j_3 z X_{01}) \operatorname{sh}(j_1 z X_{23}) -$$

$$- \frac{\sin(j_1 j_3 z)}{j_1 j_3 z} [X_{02} X_{13} - X_{03} X_{12}]. \qquad (10.45)$$

10.4.5. Квантовые алгебры Пуанкаре $p_z(3)$. Квантовые аналоги $(2+1)$ алгебры Пуанкаре получаются при $j_1 = \iota_1$, $j_2 = i$, $j_3 = 1$ в формулах (10.37), (10.39) и (10.44), (10.45). В терминах физически интерпретированных генераторов: $X_{01} = H$ — перенос вдоль оси времени, $X_{02} = P_1$, $X_{03} = P_2$ — переносы вдоль пространственных осей, $X_{12} = K_1$, $X_{13} = K_2$ — бусты, $X_{23} = J_1$ — пространственное вращение, квантовая алгебра Пуанкаре $p_z(3; P_2, K_1) \equiv so_z(4; \iota_1, i, 1; X_{03}, X_{12})$ задается соотношениями (выписываем только ненулевые коммутаторы)

$$\Delta X = I(X), \ X = P_2, K_1, \quad \Delta X = A(X), \ X = H, P_1,$$

$$\Delta K_2 = A(K_2) + \frac{z}{2} \widehat{B}(P_1), \quad \Delta J_1 = A(J_1) - \frac{z}{2} \widehat{B}(H),$$

$$A^{\pm} = e^{\pm z P_2/2}, \quad \widehat{B}(X) = e^{-z P_2/2} K_1 \otimes X - X \otimes e^{z P_2/2} K_1,$$

$$\varepsilon(X) = 0, \ \forall X, \quad S(X) = -X, \quad X = P_2, K_1; H, P_1,$$

$$S(K_2) = -K_2 + zH, \quad S(J_1) = -J_1 - zP_1,$$

$$[K_1, H] = P_1, \quad [P_1, K_1] = -H, \quad [P_2, K_2] = -H,$$

$$[P_2, J_1] = P_1, \quad [J_1, K_1] = K_2, \quad [K_1, K_2] = -J_1,$$

$$[K_2, H] = \frac{1}{z}\,\text{sh}(zP_2), \quad [J_1, P_1] = \frac{1}{z}\,\text{sh}(zP_2),$$

$$[K_2, J_1] = K_1\,\text{ch}(zP_2) \tag{10.46}$$

и имеет операторы Казимира

$$C_1^z(\iota_1, i, 1; \sigma^{(0)}) = \frac{4}{z^2}\,\text{sh}^2(\frac{z}{2}P_2) - H^2 + P_1^2,$$

$$C_2^z(\iota_1, i, 1; \sigma^{(0)}) = K_1\frac{1}{z}\,\text{sh}(zP_2) - HJ_1 - P_1K_2. \tag{10.47}$$

Другая квантовая деформация алгебры Пуанкаре $p_z(3; H, J_1) \equiv$ $\equiv so_z(4; \iota_1, i, 1; X_{01}, X_{23})$ характеризуется соотношениями

$$\Delta X = I(X), \; X = H, J_1, \quad \Delta X = A(X), \; X = P_1, P_2,$$

$$\Delta K_1 = A(K_1) - \frac{z}{2}\widehat{B}(P_2), \quad \Delta K_2 = A(K_2) + \frac{z}{2}\widehat{B}(P_1),$$

$$A^{\pm} = e^{\pm zH/2}, \quad \widehat{B}(X) = e^{-zH/2}J_1 \otimes X - X \otimes e^{zH/2}J_1,$$

$$\varepsilon(X) = 0, \; \forall X, \quad S(X) = -X, \quad X = H, J_1; P_1, P_2,$$

$$S(K_1) = -K_1 + zP_1, \quad S(K_2) = -K_2 + zP_2,$$

$$[J_1, P_1] = P_2, \quad [P_2, J_1] = P_1, \quad [K_1, H] = P_1,$$

$$[K_2, H] = P_2, \quad [K_2, J_1] = K_1, \quad [J_1, K_1] = K_2,$$

$$[K_2, P_2] = \frac{1}{z}\,\text{sh}(zH), \quad [K_1, P_1] = \frac{1}{z}\,\text{sh}(zH),$$

$$[K_2, K_1] = J_1\,\text{ch}(zH). \tag{10.48}$$

Операторы Казимира этой алгебры равны

$$C_1^z(\iota_1, i, 1; \sigma^{(IV)}) = -\frac{4}{z^2}\,\text{sh}^2(\frac{z}{2}H) + P_1^2 + P_2^2,$$

$$C_2^z(\iota_1, i, 1; \sigma^{(IV)}) = -J_1\frac{1}{z}\,\text{sh}(zH) + P_2K_1 - P_1K_2. \tag{10.49}$$

Квантовые деформации $p_z(3; P_2, K_1)$ и $p_z(3; H, J_1)$ алгебры Пуанкаре физически различны, поскольку наборы примитивных элементов у них имеют разные физические интерпретации. Эти деформации получены в работе [102], где они названы алгебрами q-Пуанкаре типа (a) и (b) соответственно. Алгебра q-Пуанкаре типа (c) из [102] описывается формулами (10.40)–(10.43) при перестановке $\sigma^I = (0, 1, 3, 2)$ с генераторами P_1, K_2 в качестве примитивных элементов, т.е. физически принципиально не отличается от квантовой деформации $p_z(3; P_2, K_1)$ типа (a).

10.5. Квантовые евклидовы алгебры Кэли–Клейна $so_z(N + 1; \iota_1, j'; \sigma)$

В случае алгебры $so(N + 1; \iota_1)$ ось x_0 в соответствующем пространстве является выделенной, а остальные оси равноправны. Поэтому перестановка $\sigma = (\sigma_1, \ldots, \sigma_N) \in S(N)$ номеров $1, \ldots, N$ этих осей или индексов генераторов приводит к изоморфной алгебре. После этого преобразования генераторов, дополненные минимальным преобразованием параметра деформации, которые имеют вид

$$X_{01} \to X_{01}, \ X_{0\sigma_k} \to (1, \sigma_k)^{-1} X_{0\sigma_k}, \ \sigma_k > 1,$$

$$X_{\sigma_i\sigma_k} \to (\sigma_i, \sigma_k)^{-1} X_{\sigma_i\sigma_k}, \ i, k = 1, \ldots N, \quad z \to (1, \sigma_N)z, \qquad (10.50)$$

примененные к формулам раздела 10.2, приводят к квантовым евклидовым алгебрам Кэли–Клейна $so_z(N + 1; \iota_1, j')$, $j' = (j_2, \ldots, j_N)$. Они характеризуются копроизведением

$$\Delta X = 1 \otimes X + X \otimes 1 \equiv I(X), \quad X \in \{X_{0\sigma_N}; X_{\sigma_i\sigma_k}, \ i, k = 1, \ldots, N - 1\},$$

$$\Delta X_{0\sigma_k} = e^{-(z/2)X_{0\sigma_N}} \otimes X_{0\sigma_k} + X_{0\sigma_k} \otimes e^{(z/2)X_{0\sigma_N}} \equiv A(X_{0\sigma_k}),$$

$$\Delta X_{\sigma_k\sigma_N} = A(X_{\sigma_k\sigma_N}) + \frac{z}{2}(1, \sigma_N)(\sigma_k, \sigma_N)\left[-\sum_{s=1}^{k-1} \frac{\widehat{B}_{X_{\sigma_s\sigma_k}}(X_{0\sigma_s})}{(1, \sigma_s)(\sigma_s, \sigma_k)} + \right.$$

$$\left. + \sum_{s=k+1}^{N-1} \frac{\widehat{B}_{X_{\sigma_s\sigma_k}}(X_{0\sigma_s})}{(1, \sigma_s)(\sigma_s, \sigma_k)} \right], \quad k = 1, \ldots, N - 1,$$

$$\widehat{B}_{X_{\sigma_s\sigma_k}}(X_{0\sigma_s}) \equiv$$

$$\equiv X_{\sigma_k\sigma_s} e^{-(z/2)X_{0\sigma_N}} \otimes X_{0\sigma_s} - X_{0\sigma_s} \otimes e^{(z/2)X_{0\sigma_N}} X_{\sigma_k\sigma_s}, \qquad (10.51)$$

деформированными коммутационными соотношениями

$$[X_{\sigma_k\sigma_N}, X_{0\sigma_k}] = \frac{(1, \sigma_k)(\sigma_k, \sigma_N)}{(1, \sigma_N)} \frac{1}{z} \operatorname{sh}(zX_{0\sigma_N}), \quad k = 1, \ldots, N - 1,$$

$$[X_{\sigma_i\sigma_N}, X_{\sigma_k\sigma_N}] = \frac{(\sigma_i, \sigma_N)(\sigma_k, \sigma_N)}{(\sigma_i, \sigma_k)} X_{\sigma_i\sigma_k} \operatorname{ch}(zX_{0\sigma_N}) +$$

$$+ (1, \sigma_N)^2(\sigma_i, \sigma_N)(\sigma_k, \sigma_N) \frac{z^2}{4}\left[\sum_{s=1}^{i-1} \frac{X_{0\sigma_s} W_{\sigma_s\sigma_i\sigma_k}(j)}{(1, \sigma_s)} - \right.$$

$$\left. - \sum_{s=i+1}^{k-1} \frac{X_{0\sigma_s} W_{\sigma_i\sigma_s\sigma_k}(j)}{(1, \sigma_s)} + \sum_{s=k+1}^{N-1} \frac{X_{0\sigma_s} W_{\sigma_i\sigma_k\sigma_s}(j)}{(1, \sigma_s)} \right], \quad \sigma_i < \sigma_k,$$

$$W_{\sigma_i\sigma_k\sigma_s}(j) = \frac{X_{0\sigma_i} X_{\sigma_k\sigma_s}}{(1, \sigma_i)(\sigma_k, \sigma_s)} - \frac{X_{0\sigma_k} X_{\sigma_i\sigma_s}}{(1, \sigma_k)(\sigma_i, \sigma_s)} +$$

$$+ \frac{X_{0\sigma_s} X_{\sigma_i\sigma_k}}{(1, \sigma_s)(\sigma_i, \sigma_k)}, \quad \sigma_i < \sigma_k < \sigma_s \qquad (10.52)$$

и антиподом

$$S(X) = -e^{(N-1)(z/2)X_{0\sigma_N}}Xe^{-(N-1)(z/2)X_{0\sigma_N}} = \tag{10.53}$$

$$= \begin{cases} -X_{0\sigma_k}, \text{ при } X = X_{0\sigma_k}, \\ -X_{\sigma_l\sigma_m}, \text{ при } X = X_{\sigma_l\sigma_m}, \\ -X_{\sigma_l\sigma_N} - \dfrac{(1,\sigma_N)(\sigma_l,\sigma_N)}{(1,\sigma_l)}(N-1)\dfrac{z}{2}X_{0\sigma_l}, \text{ при } X = X_{\sigma_l\sigma_N}, \end{cases}$$

где $k = 1, \ldots, N$, $l, m = 1, \ldots, N - 1$. Квантовый оператор Казимира второго порядка находится из (10.8) таким же преобразованием, что и (10.13)

$$C_z(2; j; \sigma) = (1, N)^2 C_z(2; \sigma; \rightarrow) =$$

$$= (\sigma_N, N)^2 \frac{4}{z^2}\left[\operatorname{sh}\left(\frac{z}{2}X_{0\sigma_N}\right)\right]^2 + \sum_{k=1}^{N-1}(\sigma_k, N)^2 X_{0\sigma_k}^2. \tag{10.54}$$

Здесь стрелка обозначает подстановку (10.50).

Для квантовой ортогональной алгебры произвольного порядка $so_z(N + 1; j)$ можно указать набор примитивных операторов $X_{0N}, X_{1,N-1}, \ldots, X_{k-1,k}$, $k = [(N + 1)/2]$, отвечающих тождественной перестановке, для которого коумножение (а с ним и вся квантовая структура) определено при любой контракции $j_m = \iota_m$, $m = 1, \ldots, N$, если параметр деформации при переходе от ортогональной алгебры к алгебрам Кэли–Клейна умножить на произведение всех контракционных параметров $z \rightarrow Jz$, $J = (0, N)$.

10.6. Квантовые деформации кинематических алгебр

10.6.1. Квантовые алгебры Пуанкаре $p_z(3 + 1; P_3, K_1)$ и Галилея $g_z(3 + 1; P_3, K_1)$. Квантовые евклидовы алгебры Кэли–Клейна при $N = 4$ описывают квантовые деформации кинематических алгебр, отвечающих реалистичным кинематикам нулевой кривизны, т.е. Пуанкаре и Галилея. В случае алгебры $so(5)$ имеется 15 способов выбора двух коммутирующих генераторов (у которых все индексы различны) в качестве примитивных элементов алгебры Хопфа. Из них 12 содержат генератор X_{0k}, $k = 1, 2, 3$, переходящий в генератор трансляций евклидовых алгебр. Среди 12 пар имеется две, содержащие кинематически разные (с разной физической размерностью) генераторы. При $X_{01} = H$, $X_{0\,k+1} = P_k$, $X_{1\,k+1} = K_k$, $X_{23} = J_1$, $X_{24} = -J_2$, $X_{34} = J_3$ и тождественной перестановке $\sigma^{(0)}$ перенос вдоль пространственной оси P_3 и буст K_2 являются примитивными операторами, а при перестановке $\sigma^{(I)} = (0, 3, 2, 4, 1)$ — перенос вдоль оси времени H и пространственное вращение J_1.

Квантовая алгебра $so_z(4 + 1; \iota_1, j_2; \sigma^{(0)}) \equiv e_z(4; j_2; \sigma^{(0)})$, $j_3 = j_4 = 1$ получается из формул раздела 10.2, имеет тривиальную коединицу

$\varepsilon(X) = 0$, коумножение, антипод и ненулевые коммутационные соотношения вида [103]:

$$\Delta X = I(X), \; X = P_3, K_1, K_2, J_3, \quad \Delta X = A(X), \; X = H, P_1, P_2,$$

$$A(X) \equiv e^{-(z/2)P_3} \otimes X + X \otimes e^{(z/2)P_3},$$

$$\Delta J_1 = A(J_1) - \frac{z}{2}B_{K_2}(H) - \frac{z}{2}B_{J_3}(P_1),$$

$$\Delta J_2 = A(J_2) - \frac{z}{2}B_{K_1}(H) + \frac{z}{2}B_{J_3}(P_2),$$

$$\Delta K_3 = A(K_3) + \frac{z}{2}B_{K_1}(P_1) + \frac{z}{2}B_{K_2}(P_2),$$

$$B_Y(X) \equiv Ye^{-(z/2)P_3} \otimes X - X \otimes Ye^{(z/2)P_3},$$

$$S(X) = -X, \quad X = H, P_1, P_2, P_3, K_1, K_2, J_3,$$

$$S(K_3) = -K_3 - j_2^2\frac{3z}{2}H, \; S(J_1) = -J_1 - \frac{3z}{2}P_2, \; S(J_2) = -J_2 + \frac{3z}{2}P_1,$$

$$[J_1, J_2] = J_3\,\mathrm{ch}(zP_3) + \frac{z^2}{4}HW_4(j_2), \quad [J_2, J_3] = J_1, \quad [J_3, J_1] = J_2,$$

$$[J_1, P_2] = [P_1, J_2] = \frac{1}{z}\,\mathrm{sh}(zP_3), \quad [J_3, P_1] = P_2, \quad [P_3, J_1] = P_2,$$

$$[J_2, P_3] = P_1, \quad [P_2, J_3] = P_1, \quad [J_1, K_2] = K_3, \quad [K_1, J_2] = K_3,$$

$$[J_3, K_1] = K_2, \quad [K_3, J_1] = K_2\,\mathrm{ch}(zP_3) - \frac{z^2}{4}P_1W_4(j_2),$$

$$[J_2, K_3] = K_1\,\mathrm{ch}(zP_3) + \frac{z^2}{4}P_2W_4(j_2), \quad [K_i, K_k] = -j_2^2\varepsilon_{ikl}J_l,$$

$$[K_1, H] = P_1, \quad [K_2, H] = P_2, \quad [K_3, H] = \frac{1}{z}\,\mathrm{sh}(zP_3), \quad [K_2, J_3] = K_1,$$

$$[K_i, P_k] = j_2^2\delta_{ik}H, \quad W_4(j_2) = j_2^2HJ_3 - P_1K_2 + P_2K_1. \tag{10.55}$$

Квантовые операторы Казимира равны

$$C_1^z(j_2; \sigma^{(0)}) = \left[\frac{2}{z}\,\mathrm{sh}\left(\frac{z}{2}P_3\right)\right]^2 + P_1^2 + P_2^2 + j_2^2H^2,$$

$$C_2^z(j_2; \sigma^{(0)}) = j_2^2(W_1^z)^2 + (W_2^z(j_2))^2 + (W_3^z(j_2))^2 +$$

$$+ \left[\mathrm{ch}(zP_3) + \frac{z^2}{4}(j_2^2H^2 + P_1^2 + P_2^2)\right](W_4^z(j_2))^2, \tag{10.56}$$

где

$$W_1^z = -P_1J_1 - P_2J_2 - J_3\frac{1}{z}\,\mathrm{sh}(zP_3),$$

$$W_2^z(j_2) = j_2^2HJ_1 - P_2K_3 + K_2\frac{1}{z}\,\mathrm{sh}(zP_3),$$

$$W_3^z(j_2) = j_2^2HJ_2 + P_1K_3 - K_1\frac{1}{z}\,\mathrm{sh}(zP_3). \tag{10.57}$$

Квантовая деформация $e_z(4)$ алгебры Ли группы движений четырехмерного евклидова пространства соответствует единичному значению параметра $j_2 = 1$. Некоммутативный квантовый аналог алгебры Пуанкаре, отвечающей релятивистской кинематике, дается формулами (10.55)–(10.57) при $j_2 = i$ или в физически значимой параметризации при $j_2 = i/c$, где c есть скорость света. Квантовая алгебра Галилея нерелятивистской кинематики находится при $j_2 = \iota_2$, что эквивалентно пределу $c \to \infty$. Поскольку аргумент экспоненты в копроизведении, равный zP_3, должен быть безразмерным, а P_3 имеет смысл генератора переноса вдоль пространственной оси, то параметр деформации в обоих случаях имеет размерность длины $[z] = [\text{длина}]$.

10.6.2. Квантовые алгебры Пуанкаре $p_z(3 + 1; H, J_1)$ и Галилея $g_z(3 + 1; H, J_1)$. Квантовая алгебра $so_z(4 + 1; \iota_1, j_2; \sigma^{(I)}) \equiv$ $\equiv e_z(4; j_2; \sigma^{(I)})$, $j_3 = j_4 = 1$ получается из формул раздела 10.5 при $N = 4$, имеет тривиальную коединицу $\varepsilon(X) = 0$, а также коумножение, антипод и коммутационные соотношения вида

$$\Delta X = I(X), \ X = H, J_k, \quad \Delta P_k = A(P_k),$$

$$A(X) \equiv e^{-(z/2)H} \otimes X + X \otimes e^{(z/2)H},$$

$$\Delta K_1 = A(K_1) + \frac{z}{2}B_{J_3}(P_2) + \frac{z}{2}B_{J_2}(P_3),$$

$$\Delta K_2 = A(K_2) + \frac{z}{2}B_{J_3}(P_1) - \frac{z}{2}B_{J_1}(P_3),$$

$$\Delta K_3 = A(K_3) + \frac{z}{2}B_{J_1}(P_2) - \frac{z}{2}B_{J_2}(P_1),$$

$$B_Y(X) \equiv Ye^{-(z/2)H} \otimes X - X \otimes Ye^{(z/2)H},$$

$$S(X) = -X, \quad X = H, P_k, J_k, \quad S(K_k) = -K_k + \frac{3z}{2}P_k,$$

$$[P_i, K_k] = \delta_{ik}j_2^2\frac{1}{z}\,\text{sh}(zH), \quad [K_i, K_k] = \varepsilon_{ikl}\left[j_2^2 J_l\,\text{ch}(zH) - \frac{z^2}{4}P_l(\mathbf{P}, \mathbf{J})\right],$$

$$[H, \mathbf{P}] = [H, \mathbf{J}] = 0, \quad [\mathbf{K}, H] = \mathbf{P}, \quad [J_i, J_k] = \varepsilon_{ikl}J_l, \ i, k, l = 1, 2, 3$$

$$[P_i, J_k] = [J_i, P_k] = \varepsilon_{ikl}P_l, \quad [K_i, J_k] = [J_i, K_k] = \varepsilon_{ikl}K_l. \quad (10.58)$$

Квантовые аналоги операторов Казимира второго и четвертого порядков равны

$$C_1^z(j_2; \sigma^{(I)}) = j_2^2\frac{4}{z^2}\left[\text{sh}\left(\frac{z}{2}H\right)\right]^2 + \mathbf{P}^2,$$

$$C_2^z(j_2; \sigma^{(I)}) = (j_2^2\mathbf{J} - \mathbf{P} \times \mathbf{K})^2 + \left[\text{ch}(zH) + \frac{z^2}{4}\mathbf{P}^2\right](\mathbf{P}, \mathbf{J})^2. \quad (10.59)$$

При $j_2 = i$ (или $j_2 = i/c$) получаем квантовую деформацию алгебры Пуанкаре, а при $j_2 = \iota_2$ (или $c \to \infty$) — квантовую алгебру Галилея, у которых параметр деформации имеет размерность времени $[z] = [\text{время}]$. Поэтому они физически отличаются от (10.55)–(10.57). Умножая все генераторы в формулах (10.58), (10.59) на мнимую единицу и полагая $z = -\frac{1}{\varkappa}$, получаем алгебру $\varkappa$-Пуанкаре [183–186].

Глава 11

КВАНТОВЫЕ ГРУППЫ КЭЛИ–КЛЕЙНА
$SO_z(N; j; \sigma)$

В предыдущей главе показано, что в случае ортогональных квантовых алгебр возможны разные комбинации структуры алгебры Хопфа и схемы контракций Кэли–Клейна. В настоящей главе эта идея реализуется для двойственных объектов — ортогональных квантовых групп. Как и прежде, основным методом является перестановка индексов образующих квантовых групп в ортогональном базисе с последующим стандартным переходом к квантовым группам Кэли–Клейна $SO_z(N; j; \sigma)$.

11.1. $SO_z(N; j; \sigma)$ в симплектическом базисе

11.1.1. Ортогональные группы Кэли–Клейна в симплектическом базисе. Несмотря на то что группа Кэли–Клейна $SO(N; j)$ наиболее естественно описывается в декартовом базисе матрицами $(A(j))_{kp} = (k, p)a_{kp}$ с дополнительными соотношениями j-ортогональности $A(j)A^t(j) = A^t(j)A(j) = I$, она может быть реализована и в «симплектическом» базисе. Переход к симплектическому описанию осуществляется матрицами — решениями уравнения (9.35). Рассмотрим матрицу D_σ, полученную из (9.36) умножением справа на матрицу $V_\sigma \in M_N$ с элементами $(V_\sigma)_{ik} = \delta_{\sigma_i, k}$, где $\sigma \in S(N)$ есть перестановка N-го порядка. Легко проверить, что $D_\sigma = DV_\sigma$ удовлетворяет уравнению (9.35).

В случае ортогональных групп использование разных D_σ не имеет особого смысла, поскольку декартовы координаты евклидова пространства равноправны с точностью до выбора их нумерации и поэтому все $B_\sigma(j = 1)$ вида (11.1) есть комплексные матрицы. Иная ситуация для групп Кэли–Клейна. Здесь декартовы координаты $(1, k)x_k$, $k = 1, \ldots, N$ при нильпотентных значениях всех или некоторых параметров j представляют собой *разные* элементы алгебры Пименова $\mathbf{P}_{N-1}(j)$, поэтому одна и та же группа $SO(N; j)$ может быть реализована матрицами $B_\sigma(j)$ с *разным* распределением нильпотентных образующих по ее элементам.

В симплектическом базисе ортогональные группы Кэли–Клейна описываются матрицами

$$B_\sigma(j) = D_\sigma A(j) D_\sigma^{-1} \tag{11.1}$$

с дополнительными соотношениями j-ортогональности

$$B_\sigma(j)C_0 B_\sigma^t(j) = B_\sigma^t(j)C_0 B_\sigma(j) = C_0. \qquad (11.2)$$

Матрицы B_σ и $B_{\sigma'}$, отвечающие разным перестановкам σ и σ', связаны преобразованием подобия $B_{\sigma'} = D_1 B_\sigma D_1^{-1}$, где $D_1 = D_{\sigma'} D_\sigma^{-1}$. Элементы матрицы $B_\sigma(j)$ имеют вид

$$(B_\sigma)_{kk} = b_{kk} + i\widetilde{b}_{kk}(\sigma_k, \sigma_{k'}), \quad (B_\sigma)_{k'k'} = b_{kk} - i\widetilde{b}_{kk}(\sigma_k, \sigma_{k'}),$$

$$(B_\sigma)_{kk'} = b_{k'k} - i\widetilde{b}_{k'k}(\sigma_k, \sigma_{k'}), \quad (B_\sigma)_{k'k} = b_{k'k} + i\widetilde{b}_{k'k}(\sigma_k, \sigma_{k'}),$$

$$(B_\sigma)_{k,n+1} = b_{k,n+1}(\sigma_k, \sigma_{n+1}) - i\widetilde{b}_{k,n+1}(\sigma_{n+1}, \sigma_{k'}),$$

$$(B_\sigma)_{k',n+1} = b_{k,n+1}(\sigma_k, \sigma_{n+1}) + i\widetilde{b}_{k,n+1}(\sigma_{n+1}, \sigma_{k'}),$$

$$(B_\sigma)_{n+1,k} = b_{n+1,k}(\sigma_k, \sigma_{n+1}) + i\widetilde{b}_{n+1,k}(\sigma_{n+1}, \sigma_{k'}),$$

$$(B_\sigma)_{n+1,k'} = b_{n+1,k}(\sigma_k, \sigma_{n+1}) - i\widetilde{b}_{n+1,k}(\sigma_{n+1}, \sigma_{k'}), \ k \neq p,$$

$$(B_\sigma)_{kp} = b_{kp}(\sigma_k, \sigma_p) + b'_{kp}(\sigma_{k'}, \sigma_{p'}) + i\widetilde{b}_{kp}(\sigma_k, \sigma_{p'}) - i\widetilde{b}'_{kp}(\sigma_{k'}, \sigma_p),$$

$$(B_\sigma)_{kp'} = b_{kp}(\sigma_k, \sigma_p) - b'_{kp}(\sigma_{k'}, \sigma_{p'}) - i\widetilde{b}_{kp}(\sigma_k, \sigma_{p'}) - i\widetilde{b}'_{kp}(\sigma_{k'}, \sigma_p),$$

$$(B_\sigma)_{k'p} = b_{kp}(\sigma_k, \sigma_p) - b'_{kp}(\sigma_{k'}, \sigma_{p'}) + i\widetilde{b}_{kp}(\sigma_k, \sigma_{p'}) + i\widetilde{b}'_{kp}(\sigma_{k'}, \sigma_p),$$

$$(B_\sigma)_{k'p'} = b_{kp}(\sigma_k, \sigma_p) + b'_{kp}(\sigma_{k'}, \sigma_{p'}) - i\widetilde{b}_{kp}(\sigma_k, \sigma_{p'}) + i\widetilde{b}'_{kp}(\sigma_{k'}, \sigma_p),$$

$$(B_\sigma)_{n+1,n+1} = b_{n+1,n+1} \qquad (11.3)$$

и выражаются через элементы матрицы A формулами

$$b_{n+1,k} = \frac{1}{\sqrt{2}} a_{\sigma_{n+1},\sigma_{-k}}, \quad b_{k,n+1} = \frac{1}{\sqrt{2}} a_{\sigma_k,\sigma_{n+1}},$$

$$\widetilde{b}_{k,n+1} = \frac{1}{\sqrt{2}} a_{\sigma_{k'},\sigma_{n+1}}, \quad \widetilde{b}_{n+1,k} = \frac{1}{\sqrt{2}} a_{\sigma_{n+1},\sigma_{k'}},$$

$$b_{kk} = \frac{1}{2}(a_{\sigma_k \sigma_k} + a_{\sigma_{k'} \sigma_{k'}}), \quad \widetilde{b}_{kk} = \frac{1}{2}(a_{\sigma_k \sigma_{k'}} - a_{\sigma_{k'} \sigma_k}),$$

$$b_{k'k} = \frac{1}{2}(a_{\sigma_k \sigma_k} - a_{\sigma_{k'} \sigma_{k'}}), \quad \widetilde{b}_{k'k} = \frac{1}{2}(a_{\sigma_k \sigma_{k'}} + a_{\sigma_{k'} \sigma_k}),$$

$$b_{kp} = \frac{1}{2} a_{\sigma_k \sigma_p}, \quad b'_{kp} = \frac{1}{2} a_{\sigma_{k'} \sigma_{p'}}, \quad \widetilde{b}_{kp} = \frac{1}{2} a_{\sigma_k \sigma_{p'}},$$

$$\widetilde{b}'_{kp} = \frac{1}{2} a_{\sigma_{k'} \sigma_p}, \ k \neq p, \quad b_{n+1,n+1} = a_{\sigma_{n+1},\sigma_{n+1}}. \qquad (11.4)$$

Заметим, что при переходе от группы $SO(N)$ к группе Кэли–Клейна $SO(N; j)$ элементы b матрицы $B_\sigma(j)$ получаются из элементов b^* матрицы B_σ умножением на произведения контракционных параметров j:

$$
\begin{aligned}
&b^*_{n+1,n+1} = b_{n+1,n+1}, && b^*_{kk} = b_{kk}, \quad b^*_{k'k} = b_{k'k}, \\
&\widetilde{b}^*_{kk} = (\sigma_k, \sigma_{k'})\widetilde{b}_{kk}, && \widetilde{b}^*_{k'k} = (\sigma_k, \sigma_{k'})\widetilde{b}_{k'k}, \\
&b^*_{k,n+1} = (\sigma_k, \sigma_{n+1})b_{k,n+1}, && b^*_{n+1,k} = (\sigma_k, \sigma_{n+1})b_{n+1,k}, \\
&\widetilde{b}^*_{k,n+1} = (\sigma_{k'}, \sigma_{n+1})\widetilde{b}_{k,n+1}, && \widetilde{b}^*_{n+1,k} = (\sigma_{k'}, \sigma_{n+1})\widetilde{b}_{n+1,k}, \\
&b^*_{kp} = (\sigma_k, \sigma_p)b_{kp}, && b^{*'}_{kp} = (\sigma_{k'}, \sigma_{p'})b'_{kp}, \\
&\widetilde{b}^*_{kp} = (\sigma_k, \sigma_{p'})\widetilde{b}_{kp}, && \widetilde{b}^{*'}_{kp} = (\sigma_{k'}, \sigma_p)\widetilde{b}'_{kp}, \quad k \neq p.
\end{aligned}
\tag{11.5}
$$

Рассмотрим в качестве примера группу $SO(3; j)$. Для тождественной перестановки $\sigma^{(0)} = (1, 2, 3)$ матрица D_σ получается из (9.36) при $N = 3$ и в симплектическом базисе эта группа описывается матрицами

$$
B_{\sigma^{(0)}}(j) = \begin{pmatrix} b_{11} + ij_1 j_2 \widetilde{b}_{11} & j_1 b_{12} - ij_2 \widetilde{b}_{12} & b_{13} - ij_1 j_2 \widetilde{b}_{13} \\ j_1 b_{21} + ij_2 \widetilde{b}_{21} & b_{22} & j_1 b_{21} - ij_2 \widetilde{b}_{21} \\ b_{13} + ij_1 j_2 \widetilde{b}_{13} & j_1 b_{12} + ij_2 \widetilde{b}_{12} & b_{11} - ij_1 j_2 \widetilde{b}_{11} \end{pmatrix}.
\tag{11.6}
$$

Для перестановки $\sigma^{(I)} = (2, 1, 3)$ из уравнения (11.1) находим

$$
B_{\sigma^{(I)}}(j) = \begin{pmatrix} b_{11} + ij_2 \widetilde{b}_{11} & j_1 b_{12} - ij_1 j_2 \widetilde{b}_{12} & b_{13} - ij_2 \widetilde{b}_{13} \\ j_1 b_{21} + ij_1 j_2 \widetilde{b}_{21} & b_{22} & j_1 b_{21} - ij_1 j_2 \widetilde{b}_{21} \\ b_{13} + ij_2 \widetilde{b}_{13} & j_1 b_{12} + ij_1 j_2 \widetilde{b}_{12} & b_{11} - ij_2 \widetilde{b}_{11} \end{pmatrix},
\tag{11.7}
$$

наконец, перестановка $\sigma^{(II)} = (1, 3, 2)$ приводит к реализации группы $SO(3; j)$ матрицами вида

$$
B_{\sigma^{(II)}}(j) = \begin{pmatrix} b_{11} + ij_1 \widetilde{b}_{11} & j_1 j_2 b_{12} - ij_2 \widetilde{b}_{12} & b_{13} - ij_1 \widetilde{b}_{13} \\ j_1 j_2 b_{21} + ij_2 \widetilde{b}_{21} & b_{22} & j_1 j_2 b_{21} - ij_2 \widetilde{b}_{21} \\ b_{13} + ij_1 \widetilde{b}_{13} & j_1 j_2 b_{12} + ij_2 \widetilde{b}_{12} & b_{11} - ij_1 \widetilde{b}_{11} \end{pmatrix}.
\tag{11.8}
$$

При нильпотентных значениях обоих параметров $j_1 = \iota_1, j_2 = \iota_2$ имеем группу Галилея $G(2) = SO(3; \iota)$, которая с учетом соотношений j-ортогональности представлена в декартовом базисе матрицами

$$
A(\iota) = \begin{pmatrix} 1 & \iota_1 a_{12} & \iota_1 \iota_2 a_{13} \\ -\iota_1 a_{12} & 1 & \iota_2 a_{23} \\ \iota_1 \iota_2 a_{31} & -\iota_2 a_{23} & 1 \end{pmatrix},
\tag{11.9}
$$

где $a_{31} = -a_{13} + a_{12}a_{23}$. Три разные реализации группы Галилея в симплектическом описании имеют вид

$$
B_{\sigma^{(0)}}(\iota) = \begin{pmatrix} 1 + i\iota_1 \iota_2 \widetilde{b}_{11} & \iota_1 b_{12} - i\iota_2 \widetilde{b}_{12} & -i\iota_1 \iota_2 \widetilde{b}_{13} \\ -\iota_1 b_{12} - i\iota_2 \widetilde{b}_{12} & 1 & -\iota_1 b_{12} + i\iota_2 \widetilde{b}_{12} \\ i\iota_1 \iota_2 \widetilde{b}_{13} & \iota_1 b_{12} + i\iota_2 \widetilde{b}_{12} & 1 - i\iota_1 \iota_2 \widetilde{b}_{11} \end{pmatrix},
\tag{11.10}
$$

где $\widetilde{b}_{13} = -b_{12}\widetilde{b}_{12}$,

$$B_{\sigma(I)}(\iota) = \begin{pmatrix} 1 + i\iota_2\widetilde{b}_{11} & \iota_1 b_{12} - i\iota_1\iota_2\widetilde{b}_{12} & 0 \\ -\iota_1 b_{12} + i\iota_1\iota_2\widetilde{b}_{21} & 1 & -\iota_1 b_{12} - i\iota_1\iota_2\widetilde{b}_{21} \\ 0 & \iota_1 b_{12} + i\iota_1\iota_2\widetilde{b}_{12} & 1 - i\iota_2\widetilde{b}_{11} \end{pmatrix},$$

(11.11)

где $\widetilde{b}_{21} = -\widetilde{b}_{12} - b_{12}\widetilde{b}_{11}$,

$$B_{\sigma(II)}(\iota) = \begin{pmatrix} 1 + i\iota_1\widetilde{b}_{11} & \iota_1\iota_2 b_{12} - i\iota_2\widetilde{b}_{12} & 0 \\ \iota_1\iota_2 b_{21} - i\iota_2\widetilde{b}_{12} & 1 & \iota_1\iota_2 b_{21} + i\iota_2\widetilde{b}_{12} \\ 0 & \iota_1\iota_2 b_{12} + i\iota_2\widetilde{b}_{12} & 1 - i\iota_1\widetilde{b}_{11} \end{pmatrix},$$

(11.12)

где $b_{21} = -b_{12} + \widetilde{b}_{11}\widetilde{b}_{12}$. Эти представления получаются из матриц (11.6), (11.7), (11.8) соответственно с учетом соотношений j-ортогональности (11.2).

11.1.2. Симплектические образующие. Рассмотрим алгебру $\mathbf{P}\langle T_\sigma(j)\rangle$ некоммутативных многочленов от N^2 переменных — элементов алгебры Пименова $\mathbf{P}_{N-1}(j)$. В стандартном подходе [72] к квантованию групп некоммутативные элементы матрицы $T_\sigma(j)$ получим из матрицы $B_\sigma(j)$ (11.3) заменой коммутативных переменных $b, b', \widetilde{b}, \widetilde{b}'$ на некоммутативные переменные t, t', τ, τ' соответственно. Последние преобразуются по формулам (11.5). В дополнение к ним преобразуем параметр деформации $z \to Jz$, где J — некоторый множитель, составленный из произведения контракционных параметров j. Обозначим $R_z(j)$ и $C(j)$ матрицы, полученные из (9.22), (9.24) соответственно заменой параметра деформации

$$R_z(j) = R_q(z \to Jz), \quad C(j) = C(z \to Jz).$$

(11.13)

Коммутационные соотношения образующих $T_\sigma(j)$ определим уравнением

$$R_z(j)T_1(j)T_2(j) = T_2(j)T_1(j)R_z(j),$$

(11.14)

где $T_1(j) = T_\sigma(j) \otimes I$, $T_2(j) = I \otimes T_\sigma(j)$, и наложим дополнительные условия (z, j)-ортогональности

$$T_\sigma(j)C(j)T_\sigma^t(j) = T_\sigma^t(j)C(j)T_\sigma(j) = C(j).$$

(11.15)

Определение 11.1.1. Квантовая ортогональная группа Кэли–Клейна $SO_z(N; j; \sigma)$ в симплектических образующих есть фактор-алгебра алгебры $\mathbf{P}\langle T_\sigma(j)\rangle$ по соотношениям (11.14),(11.15).

Формально это есть алгебра Хопфа с коумножением Δ, коединицей ε и антиподом S:

$$\Delta T_\sigma(j) = T_\sigma(j)\dot{\otimes}T_\sigma(j), \quad \varepsilon(T_\sigma(j)) = I,$$

$$S(T_\sigma(j)) = C(j)T_\sigma^t(j)C^{-1}(j).$$

(11.16)

Не будем выяснять, при каких J соотношения (11.14)–(11.16) хорошо определены. Вместо этого перейдем к описанию в декартовом базисе.

11.2. Квантовые группы $SO_z(N;j;\sigma)$ в декартовых образующих

11.2.1. Формальное определение. Как и в предыдущих случаях, начнем рассмотрение с алгебры $\mathbf{P}\langle U(j;\sigma)\rangle$ некоммутативных многочленов от N^2 переменных, которые являются элементами матрицы $(U(j;\sigma))_{ik} = (\sigma_i, \sigma_k)u_{\sigma_i\sigma_k}$. Обозначим $\widetilde{R}_z(j), \widetilde{C}_z(j)$ матрицы, получаемые из матриц $\widetilde{R}_q$ (9.41) и C' (9.37) соответственно заменой параметра деформации z на Jz. Зададим коммутационные соотношения порождающих элементов $U(j;\sigma)$ уравнением

$$\widetilde{R}_z(j)U_1(j;\sigma)U_2(j;\sigma) = U_2(j;\sigma)U_1(j;\sigma)\widetilde{R}_z(j), \tag{11.17}$$

где, как обычно,

$$U_1(j;\sigma) = U(j;\sigma) \otimes I, \quad U_2(j;\sigma) = I \otimes U(j;\sigma),$$
$$U(j;\sigma) = V_\sigma U(j)V_\sigma^{-1}, \quad (V_\sigma)_{ik} = \delta_{\sigma_i k},$$
$$\widetilde{R}_z(j) = (D \otimes D)^{-1}R_z(j)(D \otimes D), \quad R_z(j) = R_q(z \to Jz). \tag{11.18}$$

Матрица D дается формулой (9.36), а явный вид матрицы $\widetilde{R}_q$ в декартовом базисе приведен в приложении А. Дополнительно наложим условия (z,j)-ортогональности:

$$U(j;\sigma)\widetilde{C}_z(j)U^t(j;\sigma) = \widetilde{C}_z(j), \quad U^t(j;\sigma)\widetilde{C}_z^{-1}(j)U(j;\sigma) = \widetilde{C}_z^{-1}(j). \tag{11.19}$$

Определение 11.2.1. Квантовая ортогональная группа Кэли–Клейна $SO_z(N;j;\sigma)$ в декартовых образующих есть фактор-алгебра алгебры $\mathbf{P}\langle U(j;\sigma)\rangle$ по соотношениям (11.17), (11.19).

Формально это есть алгебра Хопфа с коумножением Δ, коединицей ε и антиподом S

$$\varepsilon(U(j;\sigma)) = I, \quad \Delta U(j;\sigma) = U(j;\sigma)\dot{\otimes}U(j;\sigma),$$
$$S(U(j;\sigma)) = \widetilde{C}_z(j)U^t(j;\sigma)\widetilde{C}_z^{-1}(j). \tag{11.20}$$

Замечание 11.2.1. Все формулы квантовой группы $SO_z(N;j;\sigma)$ могут быть получены из соответствующих формул квантовой группы $SO_q(N)$ в ортогональном базисе (см. раздел 9.2) заменой $z \to Jz$ и $u_{ik} \to (\sigma_i, \sigma_k)u_{\sigma_i\sigma_k}$.

11.2.2. Анализ структуры алгебры Хопфа и условия (z,j)-ортогональности. Нужно найти, при каком множителе J в преобразовании параметра деформации формальные соотношения (11.17)–(11.20) действительно определяют квантовую группу. В соответствии с методологией контракций алгебраических структур во всех соотношениях предыдущего раздела учитываем при нильпотентных значениях параметров j только главные слагаемые, а остальными слагаемыми пренебрегаем. Соотношения, в которых можно выделить главные члены, называем *допустимыми*. В противном случае соотношения называются *недопустимыми*. Например, уравнения $a + \iota_1 b + \iota_2 c = a_1 + \iota_1 d$ или $\iota_1 \iota_2 e = \iota_1 \iota_2 f$ являются допустимым и эквивалентны $a = a_1$, $e = f$ соответственно, в то время как уравнения $\iota_1 b + \iota_2 c = \iota_1 d$ или $\iota_1 b + \iota_2 c = \iota_1 \iota_2 d$ представляют собой недопустимые соотношения.

Формальные определения 11.1.1 и 11.2.1 становятся действительными определениями контрактированной квантовой группы, если при нильпотентных значениях всех или некоторых параметров j описанная конструкция является непротиворечивой, т.е. дает алгебру Хопфа для главных частей всех соотношений, иными словами, если все соотношения предыдущего раздела являются допустимыми. Введем определение.

Определение 11.2.2. Объединение $(\sigma_k, \sigma_p) \cup (\sigma_m, \sigma_r)$ двух множителей понимается как произведение всех параметров j_k, которые входят по крайней мере в один из множителей, и степень j_k в объединении равна его максимальной степени в обоих множителях, например $(j_1 j_2^2) \cup (j_2 j_3) = j_1 j_2^2 j_3$.

Имеет место следующее утверждение.

Утверждение 11.2.1. *Аксиомы алгебры Хопфа (11.20) выполняются при контракциях по всем параметрам j при всех перестановках*

$$\sigma \in S_N, \text{ если } J = \bigcup_{k=1}^{n} (\sigma_k, \sigma_{k'}).$$

Доказательство. Покажем непротиворечивость конструкции в наиболее сингулярном случае при нильпотентных значениях всех параметров j. Коединица $\varepsilon(u_{\sigma_i \sigma_k}) = 0$, $i \neq k$, $\varepsilon(u_{\sigma_k \sigma_k}) = 1$, $k = 1, \ldots, n$ не дает ограничений на значения параметров j. В выражении для копроизведения $\Delta(u_{\sigma_i \sigma_k}) = \sum_{r=1}^{N} C_{ikr} u_{\sigma_i \sigma_r} \otimes u_{\sigma_r \sigma_k}$ множитель $C_{ikr} = (\sigma_i, \sigma_r)(\sigma_r, \sigma_k)(\sigma_i, \sigma_k)^{-1}$ равен 1, если $\sigma_i < \sigma_r < \sigma_k$, равен $(\sigma_k, \sigma_r)^2$, если $\sigma_i < \sigma_k < \sigma_r$, и равен $(\sigma_r, \sigma_k)^2$, если $\sigma_r < \sigma_k < \sigma_i$, (в силу симметричности произведения $(\sigma_i, \sigma_k) = (\sigma_k, \sigma_i)$ достаточно рассмотреть случай $\sigma_k < \sigma_i$), следовательно, все формулы для копроизведения образующих являются допустимыми при всех нильпотентных значениях j.

Проанализируем явные выражения для антипода $S(U(j; \sigma))$, которые приведены в приложении Б. Формулы при $p = n + 1 - k$ содержат слагаемые вида $(\sigma_k, \sigma_{k'})^{-1} \mathrm{sh}(J z \rho_k)$, $k = 1, \ldots, n$, избежать неопределенности в которых можно за счет выбора множителя J, положив его равным произведению первых степеней всех параметров, входящих хотя бы в один из множителей $(\sigma_k, \sigma_{k'})^{-1}$ при $k = 1, \ldots, n$. Иными словами, $J = \bigcup\limits_{k=1}^{n} (\sigma_k, \sigma_{k'})$. Убедимся, что при данном выборе J все выражения для антипода являются допустимыми. При нильпотентном J имеем $\mathrm{sh} J = J$, $\mathrm{ch} J = 1$. Анализ уравнений антипода показывает, что они содержат два типа множителей

$$A_{kM}(\alpha) = J\left(\frac{(\sigma_k, \sigma_M)}{(\sigma_{k'}, \sigma_M)}\right)^{\alpha}, \quad B_{kM}(\alpha) = J^2\left(\frac{(\sigma_k, \sigma_M)}{(\sigma_{k'}, \sigma_{M'})}\right)^{\alpha},$$

где $k = 1, \ldots, n$, $M = 1, \ldots, N$, $\alpha = \pm 1$. Все эти множители определены при любых нильпотентных значениях параметров j. Поскольку $\alpha = \pm 1$, то без ограничения общности считаем $\sigma_k < \sigma_{k'}$. В случае $A_{kM}(\alpha)$ возможны три расположения σ_M относительно $\sigma_k, \sigma_{k'}$, а именно: (i) $\sigma_k < \sigma_M < \sigma_{k'}$, (ii) $\sigma_M \leqslant \sigma_k < \sigma_{k'}$, (iii) $\sigma_k < \sigma_{k'} \leqslant \sigma_M$. При этом в случае (i) $A_{kM}(1) = (\sigma_k, \sigma_M)^2$, $A_{kM}(-1) = (\sigma_M, \sigma_{k'})^2$, в случае (ii) $A_{kM}(1) = 1$, $A_{kM}(-1) = (\sigma_k, \sigma_{k'})^2$, в случае (iii), наоборот, $A_{kM}(1) = (\sigma_k, \sigma_{k'})^2$, $A_{kM}(-1) = 1$. Множители $B_{kM}(\alpha)$ из-за наличия J^2 тем более не содержат неопределенных выражений типа деления на нильпотентные величины. В частности, в наиболее неблагоприятном случае при $\sigma_{M'} < \sigma_M < \sigma_k < \sigma_{k'}$ дробь $(\sigma_k, \sigma_M)(\sigma_{k'}\sigma_{M'})^{-1} = (\sigma_M, \sigma_{M'})^{-1}(\sigma_k, \sigma_{k'})^{-1}$, но в J^2 содержится множитель $(\sigma_M, \sigma_{M'})(\sigma_k, \sigma_{k'})$, что приводит к несингулярному выражению для $B_{kM}(1)$. Если $J = 1$, то легко получаем $A_{kM}(\alpha) = B_{kM}(\alpha) = 1$. В силу произвольности выбора индексов k и M, множители $A_{kM}(\alpha)$ и $B_{kM}(\alpha)$ определены при любых значениях индексов. $\qquad\square$

Помимо структуры алгебры Хопфа, квантовая группа Кэли–Клейна $SO_z(N; j; \sigma)$ содержит дополнительные условия (z, j)-ортогональности (11.19). Справедливо следующее утверждение.

Утверждение 11.2.2. *Соотношения (z, j)-ортогональности (11.19) определены при контракциях по всем параметрам j при всех перестановках $\sigma \in S_N$, если $J = \bigcup\limits_{k=1}^{n} (\sigma_k, \sigma_{k'})$.*

Доказательство. Явный вид условий (z, j)-ортогональности приведен в приложении B. Уравнения (B.5), а также (B.1) и (B.2) при $k = p$, очевидно, являются допустимыми. Уравнения (B.3), (B.4) при $p = n + 1 - k$ после деления обеих частей на $(\sigma_k, \sigma_{k'})$ содержат слагаемые с коэффициентами $C_{kMk'}$, которые, как выяснено ранее, равны 1, если $\sigma_k < \sigma_M < \sigma_{k'}$, и равны произведению квадратов параметров j в противном случае, т.е. уравнения допустимы. Остальные уравнения (z, j)-ортогональности содержат слагаемые с коэффициентами

$$A_{KPM} = \frac{(\sigma_K, \sigma_M)(\sigma_M, \sigma_P)}{(\sigma_K, \sigma_P)}, \quad B_{KPr} = J\frac{(\sigma_K, \sigma_r)(\sigma_P, \sigma_{r'})}{(\sigma_K, \sigma_P)},$$

где $K, P, M = 1, \ldots, N$, $r = 1, \ldots, n$. Эти коэффициенты определены при всех нильпотентных значениях параметров j. В случае A_{KPM} это нетрудно установить из анализа трех возможных случаев: (i) $\sigma_K < \sigma_M < \sigma_P$, (ii) $\sigma_M < \sigma_K < \sigma_P$, (iii) $\sigma_K < \sigma_P < \sigma_M$, причем в случае (i) $A_{KPM} = 1$ и соответствующие слагаемые являются комплексными. Определенность коэффициентов B_{KPr} следует из несложного анализа трех возможных случаев: (a) $\sigma_K < \sigma_r < \sigma_P < \sigma_{r'}$, (b) $\sigma_K < \sigma_P < \sigma_r < \sigma_{r'}$, (c) $\sigma_K < \sigma_r < \sigma_{r'} < \sigma_P$.

Таким образом, заключаем, что соотношения (z, j)-ортогональности имеют смысл при любых перестановках и нильпотентных значениях любых параметров j и, следовательно, не накладывают никаких ограничений на возможные контракции. $\square$

Последнее из соотношений квантовой структуры ортогональных групп Кэли–Клейна, условие (11.17), определяющее коммутационные соотношения образующих, является самым сложным. Дело в том, что для анализа выполнения переопределенной системы уравнений (11.17) при нильпотентных значениях контракционных параметров необходимо иметь ее решение в явном виде, что в общем случае удается сделать только при малых $N = 3, 4$ либо для евклидовых квантовых групп при произвольном N. Поэтому в общем виде проанализировать поведение коммутационных соотношений ортогональных групп Кэли–Клейна $SO_z(N; j; \sigma)$ при контракциях не удается. Это можно сделать для квантовых аналогов пространств постоянной кривизны (см. главы 14, 15). При этом оказывается, что для некоторых перестановок в преобразование параметра деформации необходимо включать вторые степени контракционных параметров.

11.3. Неизоморфные контрактированные квантовые группы

Если все $j_k = 1$, то преобразование $u_{ik} \to (\sigma_i, \sigma_k) u_{\sigma_i \sigma_k}$ является взаимно однозначным и все квантовые группы $SO_z(N; j; \sigma)$ при любом $\sigma \in S_N$, очевидно, изоморфны (как алгебры Хопфа). Неизоморфные квантовые группы могут возникать при контракциях, когда все или некоторые параметры принимают нильпотентные значения. Ясно, что контракции по разному числу параметров приводят к неизоморфным квантовым группам. Поскольку параметр деформации преобразуется домножением на J, то контракции по одинаковому числу параметров, но с разным числом множителей в J естественно приводят к неизоморфным квантовым группам. Изоморфные квантовые группы могут появляться при контракциях ортогональных квантовых групп $SO_z(N; j; \sigma)$ с разными σ по одинаковому числу параметров (при этом не обязательно по одним и тем же), когда множитель J содержит одинаковое количество контракционных параметров или $J = 1$. В нашем подходе контракции квантовых групп (даже по одинаковому числу параметров) различаются распределением параметров j в матрице образующих $U(j;\sigma)$. Действительно, во все определяющие соотношения квантовых групп (коммутаторы, условия (z,j)-ортогональности, антипод, коумножение и коединица) зависимость от перестановки σ входит через матрицу образующих, а матрицы $R_z(j), C_z(j)$ зависят от σ через преобразование параметра деформации, т.е. через множитель J. Изоморфизм контрактированных квантовых групп описывается следующей теоремой.

Теорема 11.3.1. *Квантовые группы* $SO_z(N;j;\sigma_1)$ *и* $SO_v(N;j;\sigma_2)$ *изоморфны, если их образующие связаны соотношениями*

$$U(j;\sigma_1) = W_\sigma U(j;\sigma_2) W_\sigma^{-1}, \qquad (11.21)$$

где для матрицы $W_\sigma \in S_N$ *выполнено*

$$(W_\sigma \otimes W_\sigma)\widetilde{R}_w(j)(W_\sigma \otimes W_\sigma)^{-1} = \widetilde{R}_z(j), \quad W_\sigma \widetilde{C}_w(j) W_\sigma^t = \widetilde{C}_z(j) \tag{11.22}$$

при $v = \pm z$ *и* $J_1 = J_2$ *с возможной заменой контракционных параметров* j_k *на* j_{N-k}, $k = 1, \ldots, N-1$.

Доказательство. Коммутационные соотношения (11.17) квантовой группы $SO_z(N;j;\sigma_1)$ при преобразовании (11.21) перепишем в виде

$$\widetilde{R}_z(j)(W_\sigma \otimes W_\sigma)U_1(j;\sigma_2)U_2(j;\sigma_2)(W_\sigma \otimes W_\sigma)^{-1} =$$
$$= (W_\sigma \otimes W_\sigma)U_2(j;\sigma_2)U_1(j;\sigma_2)(W_\sigma \otimes W_\sigma)^{-1}\widetilde{R}_z(j)$$

или, домножив слева на $(W_\sigma \otimes W_\sigma)^{-1}$ и справа на $W_\sigma \otimes W_\sigma$,

$$(W_\sigma \otimes W_\sigma)^{-1}\widetilde{R}_z(j)(W_\sigma \otimes W_\sigma)U_1(j;\sigma_2)U_2(j;\sigma_2) =$$
$$= U_2(j;\sigma_2)U_1(j;\sigma_2)(W_\sigma \otimes W_\sigma)^{-1}\widetilde{R}_z(j)(W_\sigma \otimes W_\sigma),$$

что дает первое соотношение в (11.22). Рассмотрим антипод (11.20), который при преобразовании (11.21) преобразуется:

$$W_\sigma S(U(j;\sigma_2))W_\sigma^{-1} = \widetilde{C}_z(j)\left(W_\sigma^{-1}\right)^t U^t(j;\sigma_2)W_\sigma^t \widetilde{C}_z^{-1}(j)$$

или

$$S(U(j;\sigma_2)) = W_\sigma^{-1}\widetilde{C}_z(j)\left(W_\sigma^{-1}\right)^t U^t(j;\sigma_2)W_\sigma^t \widetilde{C}_z^{-1}(j)W_\sigma.$$

Это выражение перейдет в антипод квантовой группы $SO_z(N;j;\sigma_2)$ как раз при втором условии (11.22). Наконец, соотношения (z,j)-ортогональности (11.19) при преобразовании (11.21) перепишем так:

$$W_\sigma U(j;\sigma_2)W_\sigma^{-1}\widetilde{C}_z(j)\left(W_\sigma^{-1}\right)^t U^t(j;\sigma_2)W_\sigma^t = \widetilde{C}_z(j)$$

или

$$U(j;\sigma_2)W_\sigma^{-1}\widetilde{C}_z(j)\left(W_\sigma^{-1}\right)^t U^t(j;\sigma_2) = W_\sigma^{-1}\widetilde{C}_z(j)\left(W_\sigma^t\right)^{-1},$$

что, очевидно, приводит к условию (11.22) для матрицы $\widetilde{C}_z(j)$. $\qquad\square$

Из теоремы вытекает следующий алгоритм построения неизоморфных контрактированных квантовых групп.

Определение 11.3.1. Два распределения нильпотентных контракционных параметров среди элементов матриц $U(j;\sigma_1)$ и $U(j;\sigma_2)$ называем *эквивалентными,* если они связаны следующими двумя операциями: 1) они переходят друг в друга перестановкой одних и тех же строк и столбцов этих матриц, т.е. преобразованием (11.21); 2) матрицы переходят друг в друга при отражении относительно второй диагонали с возможной одновременной заменой контракционных параметров j_k на j_{N-k}, $k = 1, \ldots, N - 1$.

Неизоморфные контрактированные квантовые группы отвечают, во-первых, матрицам образующих с неэквивалентными распределениями нильпотентных параметров среди ее элементов, а во-вторых, эквивалентным матрицам образующих, но с разными преобразованиями деформационного параметра $(J_1 \neq J_2)$. Для иллюстрации алгоритма подробно рассмотрим все неэквивалентные контракции квантовых групп $SO_z(N;j;\sigma)$ при $N = 3, 4, 5$.

11.4. Квантовые группы $SO_z(3;j;\sigma)$

Квантовая группа $SO_q(3)$ при контракции по одному параметру имеет две неизоморфные квантовые группы Евклида: $E_z^0(2) \equiv SO_z(3;\iota_1,j_2;\sigma_0)$, $J = \iota_1$ и $E_z(2) \equiv SO_z(3;\iota_1,1;\sigma)$, $J = 1$, где $\sigma_0 = (1,2,3)$, $\sigma = (2,1,3)$. При контракции по двум параметрам получаем две неизоморфные квантовые группы Галилея: $G_z^0(2) \equiv SO_z(3;\iota_1,\iota_2;\sigma_0)$, $J = \iota_1\iota_2$ и $G_z(2) \equiv SO_z(3;\iota_1,\iota_2;\sigma)$, $J = \iota_2$. Таким образом, всего имеется четыре неизоморфные контрактированные квантовые группы (аналитические продолжения не учитываются). Для сравнения, недеформированная группа вращений $SO(3)$ имеет в рамках схемы Кэли–Клейна только две неизоморфные контрактированные группы: Евклида $E(2)$ и Галилея $G(2)$. Квантовые группы при тождественной перестановке σ_0 описаны в разделе 9.3.2, а отвечающие им квантовые алгебры $so_z(3;j;X_{02})$ — в разделе 10.3.1, поэтому здесь мы рассмотрим квантовые группы, у которых сочетание некоммутативной деформации и схемы контракции Кэли–Клейна описываются с помощью перестановок $\sigma = (2,1,3)$ и $\sigma_I = (1,3,2)$.

11.4.1. Квантовые группы $SO_z(3;j;\sigma)$. Параметр деформации преобразуется домножением на $J = (\sigma_1,\sigma_3) = (2,3) = j_2$. Коммутаторы, соотношения (z,j)-ортогональности и антипод получаются из выражений для квантовой группы $SO_z(3)$ заменой индекса 1 на 2 и наоборот и последующим восстановлением контракционных параметров j по стандартным правилам. В частности, матрица генераторов имеет вид

$$U(j;\sigma) = \begin{pmatrix} u_{22} & j_1 u_{21} & j_2 u_{23} \\ j_1 u_{12} & u_{11} & j_1 j_2 u_{13} \\ j_2 u_{32} & j_1 j_2 u_{31} & u_{33} \end{pmatrix}, \qquad (11.23)$$

а коммутационные соотношения независимых генераторов (в качестве которых мы выбрали генераторы, стоящие над главной диагональю) равны

$$j_1^2[u_{21}, u_{13}] = i\frac{1}{j_2}\text{sh}(j_2 z)u_{11}(u_{22} - u_{33}),$$

$$[u_{23}, u_{13}] = u_{13}\left\{\frac{1}{j_2}(\text{ch}j_2 z - 1)u_{23} - i\frac{1}{j_2}\text{sh}(j_2 z)u_{33}\right\},$$

$$[u_{21}, u_{23}] = \left\{\frac{1}{j_2}(\text{ch}j_2 z - 1)u_{23} + i\frac{1}{j_2}\text{sh}(j_2 z)u_{22}\right\}u_{21}. \qquad (11.24)$$

Антипод легко находится преобразованием формул (9.74):

$$S(u_{21}) = u_{12}\text{ch}(j_2\frac{z}{2}) + ij_2^2 u_{13}\frac{1}{j_2}\text{sh}(j_2\frac{z}{2}),$$

$$S(u_{12}) = u_{21}\text{ch}(j_2\frac{z}{2}) + ij_2^2 u_{31}\frac{1}{j_2}\text{sh}(j_2\frac{z}{2}),$$

$$S(u_{13}) = u_{31}\text{ch}(j_2\frac{z}{2}) - iu_{21}\frac{1}{j_2}\text{sh}(j_2\frac{z}{2}),$$

$$S(u_{31}) = u_{13}\text{ch}(j_2\frac{z}{2}) - iu_{12}\frac{1}{j_2}\text{sh}(j_2\frac{z}{2}),$$

$$S(u_{23}) = u_{32}\text{ch}^2(j_2\frac{z}{2}) + u_{23}\text{sh}^2(j_2\frac{z}{2}) + \frac{i}{2}(u_{33} - u_{22})\frac{1}{j_2}\text{sh}(j_2 z),$$

$$S(u_{32}) = u_{23}\text{ch}^2(j_2\frac{z}{2}) + u_{32}\text{sh}^2(j_2\frac{z}{2}) + \frac{i}{2}(u_{33} - u_{22})\frac{1}{j_2}\text{sh}(j_2 z),$$

$$S(u_{22}) = u_{22}\text{ch}^2(j_2\frac{z}{2}) - u_{33}\text{sh}^2(j_2\frac{z}{2}) + \frac{i}{2}(u_{23} + u_{32})j_2\text{sh}(j_2 z),$$

$$S(u_{33}) = u_{33}\text{ch}^2(j_2\frac{z}{2}) - u_{22}\text{sh}^2(j_2\frac{z}{2}) - \frac{i}{2}(u_{23} + u_{32})j_2\text{sh}(j_2 z),$$

$$S(u_{11}) = u_{11}. \qquad (11.25)$$

Коумножение и коединица не изменяются и задаются приведенными выше формулами (9.73), соответствующими тождественной перестановке σ_0. Квантовые алгебры $so_z(3; j; X_{12})$, отвечающие квантовым группам $SO_z(3; j; \sigma)$, рассмотрены в разделе 10.3.4.

Контракция $j_1 = \iota_1$ оставляет неизменным параметр деформации, поскольку $J = j_2 = 1$, и дает **новую квантовую группу Евклида** $E_z(2) = SO_z(3; \iota_1, 1; \sigma)$,

$$U = \begin{pmatrix} \cos\varphi & \iota_1 u_{21} & \sin\varphi \\ \iota_1 u_{12} & 1 & \iota_1 u_{13} \\ -\sin\varphi & \iota_1 u_{31} & \cos\varphi \end{pmatrix} \cong \begin{pmatrix} \cdot & \iota_1 & \cdot \\ \cdot & & \iota_1 \\ & \cdot & \end{pmatrix}, \qquad (11.26)$$

у которой

$$u_{11} = 1, \quad u_{22} = u_{33} = \cos\varphi, \quad u_{23} = -u_{32} = \sin\varphi,$$

$$u_{12}\cos(\varphi - i\frac{z}{2}) = -(u_{21} + u_{13}\sin(\varphi - i\frac{z}{2})),$$

$$u_{31}\cos(\varphi - i\frac{z}{2}) = -(u_{13} + u_{21}\sin(\varphi - i\frac{z}{2})), \qquad (11.27)$$

а генераторы подчиняются коммутационным соотношениям

$$[u_{21}, u_{13}] = 0, \quad [u_{13}, \sin\varphi] = 2ish\frac{z}{2}u_{13}\cos(\varphi - i\frac{z}{2}),$$

$$[u_{21}, \sin\varphi] = 2ish\frac{z}{2}\cos(\varphi + i\frac{z}{2})u_{21}. \tag{11.28}$$

Условные обозначения в (11.26) объяснены в разделе 9.3.2. Антипод имеет вид

$$S(u_{21}) = u_{12}\mathrm{ch}\frac{z}{2} + iu_{13}\mathrm{sh}\frac{z}{2}, \quad S(u_{13}) = u_{31}\mathrm{ch}\frac{z}{2} - iu_{21}\mathrm{sh}\frac{z}{2}, \quad S(\varphi) = -\varphi, \tag{11.29}$$

и коумножение задается формулами

$$\Delta u_{13} = 1 \otimes u_{13} + u_{13} \otimes \cos\varphi + u_{12} \otimes \sin\varphi, \quad \Delta\varphi = 1 \otimes \varphi + \varphi \otimes 1,$$

$$\Delta u_{21} = \cos\varphi \otimes u_{21} + u_{21} \otimes 1 + \sin\varphi \otimes u_{31}. \tag{11.30}$$

Квантовая группа Ньютона $N_z(2) = SO_z(3;1,\iota_2;\sigma)$, $J = \iota_2$ описывается соотношениями $u_{33} = 1$, $u_{11} = u_{22} = \cos\psi$, $u_{21} = \sin\psi = -u_{12}$, т.е. матрица образующих имеет вид

$$U = \begin{pmatrix} \cos\psi & \sin\psi & \iota_2 u_{23} \\ -\sin\psi & \cos\psi & \iota_2 u_{13} \\ \iota_2 u_{32} & \iota_2 u_{31} & 1 \end{pmatrix} \cong \begin{pmatrix} \cdot & \cdot & \iota_2 \\ \cdot & \cdot & \iota_2 \\ & & \cdot \end{pmatrix}, \tag{11.31}$$

где

$$u_{31} = -u_{13}\cos\psi - u_{23}\sin\psi - i\frac{z}{2}\sin\psi,$$

$$u_{32} = -u_{23}\cos\psi + u_{13}\sin\psi + i\frac{z}{2}(1 - \cos\psi), \tag{11.32}$$

с коммутаторами независимых генераторов

$$[\sin\psi, u_{13}] = iz\cos\psi(\cos\psi - 1),$$

$$[\sin\psi, u_{23}] = iz\cos\psi\sin\psi, \quad [u_{23}, u_{13}] = -izu_{13}. \tag{11.33}$$

Антипод дается формулами

$$S(u_{13}) = -u_{13}\cos\psi - u_{23}\sin\psi - iz\sin\psi, \quad S(\psi) = -\psi,$$

$$S(u_{23}) = -u_{23}\cos\psi + u_{13}\sin\psi + iz(1 - \cos\psi), \tag{11.34}$$

а коумножение равно

$$\Delta u_{23} = u_{23} \otimes 1 + \cos\psi \otimes u_{23} + \sin\psi \otimes u_{13}, \quad \Delta\psi = 1 \otimes \psi + \psi \otimes 1,$$

$$\Delta u_{13} = u_{13} \otimes 1 + \cos\psi \otimes u_{13} - \sin\psi \otimes u_{23}. \tag{11.35}$$

Матрицы образующих (11.31) и (9.84) одинаковы с точки зрения распределения нильпотентных единиц, а формулы (11.32)–(11.35) переходят в (9.85)–(9.88) при замене u_{13} на u_{23} и u_{23} на u_{13}. Таким образом, имеем изоморфизм контрактированных квантовых групп $N_z(2) \simeq N_z^0(2) \simeq E_z^0(2)$. Двойственные квантовые алгебры Ньютона также изоморфны (см. раздел 10.3.6).

Для **квантовой группы Галилея** $G_z(2) = SO_z(3; \iota_1, \iota_2; \sigma)$, $J = \iota_2$ из (z, j)-ортогональности имеем $u_{11} = u_{22} = u_{33} = 1$ и матрицу образующих вида

$$U = \begin{pmatrix} 1 & \iota_1 u_{21} & \iota_2 u_{23} \\ -\iota_1 u_{12} & 1 & \iota_1 \iota_2 u_{13} \\ -\iota_2 u_{23} & \iota_1 \iota_2 u_{31} & 1 \end{pmatrix} \cong \begin{pmatrix} \cdot & \iota_1 & \iota_2 \\ \cdot & & \iota_1 \iota_2 \\ & & \cdot \end{pmatrix}, \qquad (11.36)$$

где $u_{31} = -u_{13} - u_{21} u_{23} + i\frac{z}{2} u_{21}$. Коммутаторы независимых образующих равны

$$[u_{21}, u_{13}] = 0, \quad [u_{23}, u_{13}] = -iz u_{13}, \quad [u_{21}, u_{23}] = iz u_{21}, \qquad (11.37)$$

антипод записывается как

$$S(u_{21}) = -u_{21}, \quad S(u_{23}) = -u_{23}, \quad S(u_{13}) = -u_{13} - u_{21} u_{23}, \qquad (11.38)$$

а коумножение имеет вид

$$\Delta u_{21} = 1 \otimes u_{21} + u_{21} \otimes 1, \quad \Delta u_{23} = 1 \otimes u_{23} + u_{23} \otimes 1,$$
$$\Delta u_{13} = 1 \otimes u_{13} + u_{13} \otimes 1 + u_{21} \otimes u_{23}. \qquad (11.39)$$

При другом выборе независимых образующих $\{u_{12}, u_{31}, u_{32}\}$ имеем $u_{13} = -u_{31} - u_{12} u_{32} - i\frac{z}{2} u_{12}$. Соотношения (11.37)–(11.39) выглядят так: коммутаторы

$$[u_{12}, u_{32}] = 0, \quad [u_{32}, u_{12}] = iz u_{12}, \quad [u_{32}, u_{31}] = iz u_{31}, \qquad (11.40)$$

коумножение

$$\Delta u_{12} = 1 \otimes u_{12} + u_{12} \otimes 1, \quad \Delta u_{32} = 1 \otimes u_{32} + u_{32} \otimes 1,$$
$$\Delta u_{31} = 1 \otimes u_{31} + u_{31} \otimes 1 - u_{32} \otimes u_{12} \qquad (11.41)$$

и антипод

$$S(u_{12}) = -u_{12}, \quad S(u_{31}) = -u_{31} - u_{32} u_{12}, \quad S(u_{32}) = -u_{32}. \qquad (11.42)$$

Отметим, что как алгебра Хопфа $G_z(2)$ неизоморфна квантовой группе $G_z^0(2)$. Хотя распределение нильпотентных параметров в матрицах (11.36) и (9.89) эквивалентно, параметры деформации преобразуются по-разному: $J = \iota_2$ и $J = \iota_1 \iota_2$. Поэтому коммутационные соотношения (9.90), (11.37), антипод (9.92) и коединица переходят друг в друга при замене u_{13} на u_{23} и наоборот, но в копроизведении (9.91) $\Delta(u_{13})$ не переходит в $\Delta(u_{23})$.

11.4.2.   Квантовые группы $SO_z(3; j; \sigma_I)$.

Покажем, что перестановка $\sigma_I = (1, 3, 2)$ не приводит к неизоморфным квантовым группам. Параметр деформации преобразуется домножением на $J = (\sigma_1, \sigma_3) = (1, 2) = j_1$. Коммутаторы, соотношения (z, j)-ортогональности и антипод получаются из соответствующих выражений квантовой группы $SO_z(3) = SO_z(3; 1, 1; \sigma_0)$ заменой индекса 2 на 3 и наоборот и последующим восстановлением контракционных параметров j по стандартным правилам. Матрица генераторов принимает вид

$$U(j) = \begin{pmatrix} u_{11} & j_1 j_2 u_{13} & j_1 u_{12} \\ j_1 j_2 u_{31} & u_{33} & j_2 u_{32} \\ j_1 u_{21} & j_2 u_{23} & u_{22} \end{pmatrix}, \tag{11.43}$$

а коммутационные соотношения стоящих над главной диагональю независимых генераторов равны

$$j_2^2[u_{13}, u_{32}] = i\frac{1}{j_1}\mathrm{sh}(j_1 z)u_{33}(u_{11} - u_{22}),$$

$$[u_{12}, u_{32}] = u_{32}\left(\frac{1}{j_1}(\mathrm{ch}j_1 z - 1)u_{12} - i\frac{1}{j_1}\mathrm{sh}(j_1 z)u_{22}\right),$$

$$[u_{13}, u_{12}] = \left(\frac{1}{j_1}(\mathrm{ch}j_1 z - 1)u_{12} + i\frac{1}{j_1}\mathrm{sh}(j_1 z)u_{11}\right)u_{13}. \tag{11.44}$$

Антипод получается преобразованием формул (9.74):

$$S(u_{13}) = u_{31}\mathrm{ch}(j_1\frac{z}{2}) + iu_{32}\frac{1}{j_1}\mathrm{sh}(j_1\frac{z}{2}),$$

$$S(u_{31}) = u_{13}\mathrm{ch}(j_1\frac{z}{2}) + iu_{23}\frac{1}{j_1}\mathrm{sh}(j_1\frac{z}{2}),$$

$$S(u_{32}) = u_{23}\mathrm{ch}(j_1\frac{z}{2}) - ij_1^2 u_{13}\frac{1}{j_1}\mathrm{sh}(j_1\frac{z}{2}),$$

$$S(u_{23}) = u_{32}\mathrm{ch}(j_1\frac{z}{2}) - ij_1^2 u_{31}\frac{1}{j_1}\mathrm{sh}(j_1\frac{z}{2}),$$

$$S(u_{12}) = u_{21}\mathrm{ch}^2(j_1\frac{z}{2}) + u_{12}\mathrm{sh}^2(j_1\frac{z}{2}) + \frac{i}{2}(u_{22} - u_{11})\frac{1}{j_1}\mathrm{sh}(j_1 z),$$

$$S(u_{21}) = u_{12}\mathrm{ch}^2(j_1\frac{z}{2}) + u_{21}\mathrm{sh}^2(j_1\frac{z}{2}) + \frac{i}{2}(u_{22} - u_{11})\frac{1}{j_1}\mathrm{sh}(j_1 z),$$

$$S(u_{11}) = u_{11}\mathrm{ch}^2(j_1\frac{z}{2}) - u_{22}\mathrm{sh}^2(j_1\frac{z}{2}) + \frac{i}{2}(u_{12} + u_{21})j_1\mathrm{sh}(j_1 z),$$

$$S(u_{22}) = u_{22}\mathrm{ch}^2(j_1\frac{z}{2}) - u_{11}\mathrm{sh}^2(j_1\frac{z}{2}) - \frac{i}{2}(u_{12} + u_{21})j_1\mathrm{sh}(j_1 z).$$

$$S(u_{33}) = u_{33}. \tag{11.45}$$

Коумножение и коединица не изменяются и задаются формулами (9.73), отвечающими тождественной перестановке σ_0. Квантовые алгебры $so_z(3; j; X_{01})$, сответствующие квантовым группам $SO_z(3; j; \sigma_I)$, рассмотрены в разделе 10.3.3. Проследим, как изменяются коммутаторы независимых образующих и антипод при контракциях.

Полагая $j_1 = \iota_1$, получаем **квантовую группу Евклида** $\tilde{E}_z(2) = SO_z(3; \iota_1, 1; \sigma_I)$ с образующими

$$U = \begin{pmatrix} 1 & \iota_1 u_{13} & \iota_1 u_{12} \\ \iota_1 u_{31} & \cos\varphi & \sin\varphi \\ \iota_1 u_{21} & -\sin\varphi & \cos\varphi \end{pmatrix} \cong \begin{pmatrix} \cdot & \iota_1 & \iota_1 \\ \cdot & \cdot & \cdot \\ \cdot & \cdot & \cdot \end{pmatrix}, \tag{11.46}$$

у которой

$$u_{11} = 1, \quad u_{22} = u_{33} = \cos\varphi, \quad u_{32} = \sin\varphi,$$
$$u_{21} = -u_{12}\cos\varphi + u_{13}\sin\varphi + i\frac{z}{2}(1 - \cos\varphi),$$
$$u_{31} = -(u_{12}\sin\varphi + u_{13}\cos\varphi + i\frac{z}{2}\sin\varphi), \tag{11.47}$$

а коммутаторы имеют вид

$$[u_{13}, \sin\varphi] = iz\cos\varphi(1 - \cos\varphi),$$
$$[u_{12}, \sin\varphi] = -iz\sin\varphi\cos\varphi, \quad [u_{13}, u_{12}] = izu_{13}. \tag{11.48}$$

Антипод дается формулами

$$S(u_{13}) = -u_{13}\cos\varphi - u_{12}\sin\varphi, \quad S(u_{12}) = -u_{12}\cos\varphi + u_{13}\sin\varphi,$$
$$S(\varphi) = -\varphi, \tag{11.49}$$

а коумножение равно

$$\Delta\varphi = 1 \otimes \varphi + \varphi \otimes 1, \quad \Delta(u_{12}) = 1 \otimes u_{12} + u_{12} \otimes \cos\varphi + u_{13} \otimes \sin\varphi,$$
$$\Delta u_{13} = 1 \otimes u_{13} + u_{13} \otimes \cos\varphi - u_{12} \otimes \sin\varphi. \tag{11.50}$$

Поскольку матрица образующих (11.46) совпадает с матрицей (9.75), то $\widetilde{E}_z(2)$ **изоморфна** $E_z^0(2)$. При замене u_{12} на u_{13} и u_{13} на u_{12} формулы (9.75)–(9.79) переходят в (11.47)–(11.50). Аналогичный изоморфизм имеет место и для соответствующих квантовых алгебр $e_z(2; X_{01}) \approx \approx e_z(2; X_{02})$ (см. раздел 10.3.5).

Квантовая группа Ньютона $\widetilde{N}_z(2) = SO_z(3; 1, \iota_2; \sigma_I)$ характеризуется неизменным параметром деформации z, образующими

$$u_{33} = 1, \quad u_{11} = u_{22} = \cos\psi, \quad u_{12} = \sin\psi = -u_{21},$$
$$u_{23}\cos(\psi - i\frac{z}{2}) = -\left(u_{32} + u_{13}\sin(\psi - i\frac{z}{2})\right),$$
$$u_{31}\cos(\psi - i\frac{z}{2}) = -\left(u_{13} + u_{32}\sin(\psi - i\frac{z}{2})\right), \tag{11.51}$$

организованными в матрицу вида

$$U = \begin{pmatrix} \cos\psi & \iota_2 u_{13} & \sin\psi \\ \iota_2 u_{31} & 1 & \iota_2 u_{32} \\ -\sin\psi & \iota_2 u_{23} & \cos\psi \end{pmatrix} \cong \begin{pmatrix} \cdot & \iota_2 & \cdot \\ \cdot & & \iota_2 \\ & \cdot & \end{pmatrix}, \tag{11.52}$$

коммутационными соотношениями

$$[u_{13}, u_{32}] = 0, \quad [u_{32}, \sin\psi] = 2i\,\mathrm{sh}\frac{z}{2}u_{32}\cos(\psi - i\frac{z}{2}),$$
$$[u_{13}, \sin\psi] = 2i\,\mathrm{sh}\frac{z}{2}\cos(\psi + i\frac{z}{2})u_{13}, \tag{11.53}$$

антиподом

$$S(u_{13}) = u_{31}\,\mathrm{ch}\frac{z}{2} + iu_{32}\,\mathrm{sh}\frac{z}{2}, \quad S(u_{32}) = u_{23}\,\mathrm{ch}\frac{z}{2} - iu_{13}\,\mathrm{sh}\frac{z}{2},$$
$$S(\psi) = -\psi \tag{11.54}$$

и коумножение

$$\Delta\psi = 1 \otimes \psi + \psi \otimes 1, \quad \Delta u_{32} = 1 \otimes u_{32} + u_{32} \otimes \cos\psi + u_{31} \otimes \sin\psi,$$
$$\Delta u_{13} = \cos\psi \otimes u_{13} + u_{13} \otimes 1 + \sin\psi \otimes u_{23}. \quad (11.55)$$

Эта **квантовая группа** $\tilde{N}_z(2)$ **изоморфна** как алгебра Хопфа **квантовой группе Евклида** $E_z(2)$ с неизменным параметром деформации ($J = 1$), поскольку матрица образующих (11.52) совпадает с (11.26), если вместо ι_2 подставить ι_1. Замена u_{13} на u_{21}, u_{32} на u_{13}, ψ на φ переводит коммутационные соотношения (11.53) квантовой группы Ньютона в коммутационные соотношения (11.28), антипод (11.54) переходит в (11.29), коумножение (11.55) переходит в (11.30). Изоморфизм соответствующих квантовых алгебр установлен в разделе 10.3.6.

Наконец, при двумерной контракции получаем **квантовую группу Галилея** $\tilde{G}_z(2) = SO_z(3; \iota_1, \iota_2; \sigma_I)$, у которой параметр деформации умножается на $J = \iota_1$, диагональные образующие равны единице $u_{11} = u_{22} = u_{33} = 1$, матрица образующих имеет вид

$$U = \begin{pmatrix} 1 & \iota_1\iota_2 u_{13} & \iota_1 u_{12} \\ \iota_1\iota_2 u_{31} & 1 & \iota_2 u_{32} \\ -\iota_1 u_{12} & -\iota_2 u_{32} & 1 \end{pmatrix} \cong \begin{pmatrix} \cdot & \iota_1\iota_2 & \iota_1 \\ \cdot & & \iota_2 \\ \cdot & & \end{pmatrix}, \quad (11.56)$$

где $u_{31} = -u_{13} - u_{12}u_{32} - i\dfrac{z}{2}u_{32}$, коммутаторы образующих равны

$$[u_{13}, u_{32}] = 0, \quad [u_{12}, u_{32}] = -izu_{32}, \quad [u_{13}, u_{12}] = izu_{13}. \quad (11.57)$$

Алгебра Хопфа задается антиподом

$$S(u_{13}) = -u_{13} - u_{12}u_{32}, \quad S(u_{32}) = -u_{32}, \quad S(u_{12}) = -u_{12}, \quad (11.58)$$

коумножением

$$\Delta u_{12} = 1 \otimes u_{12} + u_{12} \otimes 1, \quad \Delta u_{32} = 1 \otimes u_{32} + u_{32} \otimes 1,$$
$$\Delta u_{13} = 1 \otimes u_{13} + u_{13} \otimes 1 - u_{12} \otimes u_{32} \quad (11.59)$$

и стандартной коединицей.

Распределение нильпотентных параметров в матрице образующих (11.56) переходит в (11.36) при замене $\iota_1 \leftrightarrow \iota_2$ и отражении от побочной диагонали. Замена независимых образующих $u_{12} \leftrightarrow u_{32}$, $u_{31} \rightarrow u_{13}$, $\varphi \rightarrow -\varphi$ переводит соотношения (11.57)–(11.59) в соответствующие соотношения (11.40)–(11.42). Поэтому $\tilde{G}_z(2)$ **изоморфна квантовой группе Галилея** $G_z(2)$, так же как и соответствующие квантовые алгебры $g_z(2; X_{01}) \approx g_z(2; X_{12})$ (раздел 10.3.5).

11.5. Квантовые группы $SO_z(4; j; \sigma)$ и $SO_z(5; j; \sigma)$

11.5.1. Квантовые группы $SO_z(4; j; \sigma)$. Перечислим неизоморфные контракции квантовой группы $SO_q(4)$. Преобразование параметра деформации осуществляется с помощью множителя

$J = (\sigma_1, \sigma_4) \cup (\sigma_2, \sigma_3)$, который равен $J = j_1 j_2 j_3$ для перестановки $\sigma_0 = (1, 2, 3, 4)$ и $J = j_1 j_3$ для перестановки $\sigma' = (1, 3, 4, 2)$. Других значений множитель J не принимает. Указанные выражения для J отвечают неизоморфным, контрактированным по одинаковому числу параметров квантовым группам, имеющим неэквивалентные матрицы образующих при перестановках σ_0 и σ'.

В случае **одномерных контракций** при $j_1 = \iota_1$, $J = \iota_1$ получаем квантовую группу Евклида $E_z^0(3) = SO_z(4; \iota_1; \sigma_0)$, а при $j_2 = \iota_2$ имеем две неизоморфные квантовые группы Ньютона: $N_z^0(3) = SO_z(4; \iota_2; \sigma_0)$, $J = \iota_2$ и $N_z'(3) = SO_z(4; \iota_2; \sigma')$ при неизменном параметре деформации $J = 1$.

В случае **двумерных контракций** при $j_1 = \iota_1, j_2 = \iota_2$ получаем две неизоморфные квантовые группы Галилея: $G_z^0(3) = SO_z(4; \iota_1, \iota_2; \sigma_0)$, $J = \iota_1 \iota_2$ и $G_z'(3) = SO_z(4; \iota_1, \iota_2; \sigma')$, $J = \iota_1$. Контракция $j_1 = \iota_1, j_3 = \iota_3$ дает квантовую группу $H_z^0(4) = SO_z(4; \iota_1, \iota_3; \sigma_0)$, $J = \iota_1 \iota_3$, не имеющую специального наименования.

Максимальная **трехмерная контракция** $j_1 = \iota_1, j_2 = \iota_2, j_3 = \iota_3$ приводит к двум неизоморфным флаговым квантовым группам: $F_z^0(4) = SO_z(4; \iota; \sigma_0)$, $J = \iota_1 \iota_2 \iota_3$ и $F_z'(4) = SO_z(4; \iota; \sigma')$, $J = \iota_1 \iota_3$. Распределение нильпотентных единиц в матрицах образующих показано ниже:

$$E_z^0(3) \cong \begin{pmatrix} \cdot & \iota_1 & \iota_1 & \iota_1 \\ & & & \cdot \\ & & & \cdot \\ & & & \cdot \end{pmatrix}, \quad N_z^0(3) \cong \begin{pmatrix} \cdot & \cdot & \iota_2 & \iota_2 \\ & \cdot & \iota_2 & \iota_2 \\ & & & \cdot \\ & & & \cdot \end{pmatrix},$$

$$N_z'(3) \cong \begin{pmatrix} \cdot & \iota_2 & \iota_2 & \\ & \cdot & \cdot & \iota_2 \\ & & \cdot & \iota_2 \\ & & & \cdot \end{pmatrix}, \quad G_z^0(3) \cong \begin{pmatrix} \cdot & \iota_1 & \iota_1 \iota_2 & \iota_1 \iota_2 \\ & \cdot & \iota_2 & \iota_2 \\ & & \cdot & \cdot \\ & & & \cdot \end{pmatrix},$$

$$G_z'(3) \cong \begin{pmatrix} \cdot & \iota_1 \iota_2 & \iota_1 \iota_2 & \iota_1 \\ & & \cdot & \iota_2 \\ & & \cdot & \iota_2 \\ & & & \cdot \end{pmatrix}, \quad H_z^0(4) \cong \begin{pmatrix} \cdot & \iota_1 & \iota_1 & \iota_3 \\ & \cdot & \cdot & \iota_1 \iota_3 \\ & & \cdot & \iota_1 \iota_3 \\ & & & \cdot \end{pmatrix},$$

$$F_z^0(4) \cong \begin{pmatrix} \cdot & \iota_1 & \iota_1 \iota_2 & \iota_1 \iota_2 \iota_3 \\ & \cdot & \iota_2 & \iota_2 \iota_3 \\ & & \cdot & \iota_1 \iota_3 \\ & & & \cdot \end{pmatrix}, \quad F_z'(4) \cong \begin{pmatrix} \cdot & \iota_1 \iota_2 & \iota_1 \iota_2 \iota_3 & \iota_1 \\ & \cdot & \iota_1 \iota_3 & \iota_2 \\ & & \cdot & \iota_2 \iota_3 \\ & & & \cdot \end{pmatrix}.$$

$$(11.60)$$

Таким образом, в деформированном случае имеем восемь контрактированных квантовых групп, в то время как для обычной группы $SO(4)$ получается только пять неизоморфных контрактированных групп в рамках схемы Кэли–Клейна.

11.5.2. Квантовые группы $SO_z(5; j; \sigma)$. Преобразование параметра деформации осуществляется с помощью множителя $J = (\sigma_1, \sigma_5) \cup (\sigma_2, \sigma_4)$, который равен $J = j_1 j_2 j_3 j_4$ для перестановки

$\sigma_0 = (1, 2, 3, 4, 5)$, равен $J = j_1 j_2 j_3$ для перестановки $\sigma^{(1)} = (1, 2, 5, 3, 4)$, равен $J = j_1 j_2 j_4$ для перестановки $\sigma^{(2)} = (1, 4, 2, 5, 3)$, равен $J = j_1 j_3$ для перестановки $\sigma^{(3)} = (1, 3, 5, 4, 2)$, равен $J = j_1 j_4$ для перестановки $\sigma^{(4)} = (1, 4, 3, 5, 2)$, равен $J = j_2 j_4$ для перестановки $\sigma^{(5)} = (2, 4, 1, 5, 3)$, равен $J = j_1 j_3 j_4$ для перестановки $\sigma^{(6)} = (1, 3, 4, 5, 2)$, равен $J = j_2 j_3 j_4$ для перестановки $\sigma^{(7)} = (2, 3, 1, 4, 5)$.

Если рассматривать контракции по параметрам j_1, j_2, то получим две квантовые группы Евклида: $E_z^0(4) = SO_z(4; \iota_1; \sigma_0)$, $J = \iota_1$ и $E_z(4) = SO_z(4; \iota_1; \sigma^5)$, $J = 1$ с распределением нильпотентных параметров вида

$$
E_z^0(4) \cong
\begin{pmatrix}
\cdot & \iota_1 & \iota_1 & \iota_1 & \iota_1 \\
 & \cdot & \cdot & \cdot & \cdot \\
 & & \cdot & \cdot & \cdot \\
 & & & \cdot & \cdot \\
 & & & & \cdot
\end{pmatrix}, \quad
E_z(4) \cong
\begin{pmatrix}
\cdot & \iota_1 & \cdot & \cdot & \cdot \\
 & \cdot & \iota_1 & \iota_1 & \iota_1 \\
 & & \cdot & \cdot & \cdot \\
 & & & \cdot & \cdot \\
 & & & & \cdot
\end{pmatrix},
$$

(11.61)

две квантовые группы Ньютона: $N_z^0(4) = SO_z(4; \iota_2; \sigma_0)$, $J = \iota_2$ и $N_z(4) = SO_z(4; \iota_2; \sigma^3)$, $J = 1$, отвечающие матрицам

$$
N_z^0(4) \cong
\begin{pmatrix}
\cdot & \cdot & \iota_2 & \iota_2 & \iota_2 \\
 & \cdot & \iota_2 & \iota_2 & \iota_2 \\
 & & \cdot & \cdot & \cdot \\
 & & & \cdot & \cdot \\
 & & & & \cdot
\end{pmatrix}, \quad
N_z(4) \cong
\begin{pmatrix}
\cdot & \iota_2 & \cdot & \iota_2 & \iota_2 \\
 & \cdot & \iota_2 & \cdot & \cdot \\
 & & \cdot & \iota_2 & \iota_2 \\
 & & & \cdot & \cdot \\
 & & & & \cdot
\end{pmatrix}, \quad (11.62)
$$

и две квантовые группы Галилея: $G_z^0(4) = SO_z(4; \iota_1 \iota_2; \sigma_0)$, $J = \iota_1 \iota_2$ и $G_z(4) = SO_z(4; \iota_1 \iota_2; \sigma^3)$, $J = \iota_1$, порождаемые матрицами образующих с нильпотентными элементами

$$
G_z^0(4) \cong
\begin{pmatrix}
\cdot & \iota_1 & \iota_1 \iota_2 & \iota_1 \iota_2 & \iota_1 \iota_2 \\
 & \cdot & \iota_2 & \iota_2 & \iota_2 \\
 & & \cdot & \cdot & \cdot \\
 & & & \cdot & \cdot \\
 & & & & \cdot
\end{pmatrix},
$$

$$
G_z(4) \cong
\begin{pmatrix}
\cdot & \iota_1 \iota_2 & \iota_1 & \iota_1 \iota_2 & \iota_1 \iota_2 \\
 & \cdot & \iota_2 & \cdot & \cdot \\
 & & \cdot & \iota_2 & \iota_2 \\
 & & & \cdot & \cdot \\
 & & & & \cdot
\end{pmatrix}.
$$

(11.63)

По сравнению со случаем $N = 3$ добавились две квантовые группы Ньютона.

В рассмотренных примерах при $N = 3, 4, 5$ количество неизоморфных квантовых аналогов классических групп не превышало двух, и возникает соблазн сделать вывод о том, что эта закономерность справедлива при любых контракциях. Однако это не так. Число неизоморфных квантовых аналогов обычных групп Кэли–Клейна возрастает с увеличением размерности контракции, т.е. с увеличением количества нильпотентных параметров. Так, при максимальной контракции $j_k = \iota_k, k = 1, \ldots, 4$ получаем пять квантовых аналогов флаговой группы $F(5) = SO(5; \iota)$, а именно: $F_z^0(5) = SO_z(5; \iota; \sigma_0)$, $J = \iota_1 \iota_2 \iota_3 \iota_4$; $F_z^{(1)}(5) = SO_z(5; \iota; \sigma^{(1)})$, $J = \iota_1 \iota_2 \iota_3$; $F_z^{(2)}(5) = SO_z(5; \iota; \sigma^{(2)})$, $J = \iota_1 \iota_2 \iota_4$; $F_z^{(3)}(5) = SO_z(5; \iota; \sigma^{(3)})$, $J = \iota_1 \iota_3$; $F_z^{(4)}(5) = SO_z(5; \iota; \sigma^{(4)})$, $J = \iota_1 \iota_4$. Эти квантовые группы порождаются матрицами образующих с неэквивалентными распределениями нильпотентных параметров по элементам матриц.

Глава 12

КВАНТОВЫЕ УНИТАРНЫЕ ГРУППЫ КЭЛИ–КЛЕЙНА

В данной главе определяются квантовые унитарные группы Кэли–Клейна и находится структура алгебры Хопфа для контрактированных квантовых унитарных групп. В разделе 12.7 изучается изоморфизм квантовой унитарной алгебры $su_z(2;j)$ и квантовой ортогональной алгебры $so_z(3;j)$ при разных выборах примитивных элементов в алгебре Хопфа.

12.1. Квантовые группы $SL_q(N)$ и $SU_q(N)$

Для простых алгебр Ли серии A_{N-1} соответствующая R-матрица имеет вид [72]

$$R_q = q \sum_{i=1}^{N} e_{ii} \otimes e_{ii} + \sum_{i,j=1, i \neq j}^{N} e_{ii} \otimes e_{jj} + (q - q^{-1}) \sum_{i,j=1, i>j}^{N} e_{ij} \otimes e_{ji}$$

$$(e_{ij})_{km} = \delta_{ik}\delta_{jm}, \quad i,j,k,m = 1, \dots, N. \tag{12.1}$$

В общем случае, когда $q^r \neq 1$ для любого натурального r, центр алгебры $A_q = A_{R_q}$ порождается единицей и квантовым детерминантом

$$\det_q T = \sum_{\sigma \in S(N)} (-q)^{l(\sigma)} t_{1\sigma_1} \dots t_{N\sigma_N}, \tag{12.2}$$

где $l(\sigma)$ — четность подстановки σ.

Определение 12.1.1. Фактор-алгебра алгебры A_q по соотношению $\det_q T = 1$ называется алгеброй функций на квантовой группе $SL_q(N)$ или просто квантовой группой $SL_q(N)$.

Коммутационные соотношения образующих квантовой группы $SL_q(N)$ находятся подстановкой матрицы (12.1) в RTT-соотношения (9.4) и естественно разбиваются на три группы:

$$t_{ij}t_{ip} = t_{ip}t_{ij}, \quad p > j, \quad t_{ij}t_{kj} = t_{kj}t_{ij}, \quad k > i,$$

$$[t_{ip}, t_{kj}] = 0, \quad [t_{ij}, t_{kp}] = \lambda t_{ip}t_{kj}, \; i \neq k, \; k > i, \; p > j, \tag{12.3}$$

где $\lambda = q - q^{-1}$.

Биалгебра $SL_q(N)$ является алгеброй Хопфа с копроизведением $\Delta T = T \dot{\otimes} T$, коединицей $\varepsilon(T) = I$ и антиподом

$$S(t_{ij}) = (-q)^{i-j} \widetilde{t}_{ji}, \; i,j = 1, \dots, N, \tag{12.4}$$

где $\tilde{t}_{ij}$ — квантовые миноры

$$\tilde{t}_{ij} = \sum_{\sigma \in S(N-1)} (-q)^{l(\sigma)} t_{1\sigma_1} \ldots t_{i-1\sigma_{i-1}} t_{i+1\sigma_{i+1}} \ldots t_{N\sigma_N}$$

и $\sigma = (\sigma_1, \ldots, \sigma_{i-1}, \sigma_{i+1}, \ldots, \sigma_N) = \sigma(1, \ldots, j-1, j+1, \ldots, N)$. При этом $TS(T) = S(T)T = I$ и $S^2(T) = KTK^{-1}$, где $K = \mathrm{diag}(1, q^2, \ldots \ldots, q^{2N})$.

Если положить в общем определении 9.1.4 квантового векторного пространства $R = R_q$, а многочлен выбрать в виде $f(t) = t - q$, то придем к определению.

Определение 12.1.2. Алгебра функций с образующими $x_1, \ldots, x_N$, удовлетворяющими коммутационным соотношениям

$$x_i x_j = q x_j x_i, \quad 1 \leqslant i < j \leqslant N, \tag{12.5}$$

называется комплексным квантовым N-мерным векторным пространством и обозначается $\mathbf{C}_q^N$.

Векторное пространство $\mathbf{C}_q^N$ вложено в квантовую группу $SL_q(N)$ формулой $x \mapsto Te$, где $e_i = \delta_{i1}$, $i = 1, \ldots, N$, т.е. как первый столбец матрицы генераторов $x_i \mapsto t_{iN}$.

Определение 12.1.3. Алгебра с образующими $x_1, \ldots, x_N$, $y_1, \ldots, y_N$ и коммутационными соотношениями

$$x_i x_j = q x_j x_i, \quad y_i y_j = q^{-1} y_j y_i, \; 1 \leqslant i < j \leqslant N,$$
$$R^{t_2} P(y \otimes x) = q x \otimes y \tag{12.6}$$

называется комплексным квантовым векторным пространством $\mathbf{C}_{q,q^{-1}}^{2N}$.

Для матриц, действующих в тензорном произведении $\mathbf{C}^N \otimes \mathbf{C}^N$, верхний индекс t_2 означает транспонирование по второму сомножителю. Квантовая группа $SL_q(N)$ действует в алгебре $\mathbf{C}_{q,q^{-1}}^{2N}$ по формулам $\delta(x) = T \dot{\otimes} x$, $\delta(y) = S(T)^t \dot{\otimes} y$. Центр алгебры $\mathbf{C}_{q,q^{-1}}^{2N}$ порождается единицей и элементом $y^t x = y_1 x_1 + \ldots + y_N x_N$. Алгебра $\mathbf{C}_{q,q^{-1}}^{2N}$ вложена в квантовую группу $SL_q(N)$ формулами $x \mapsto Te$, $y \mapsto S(T)^t e$, где верхний индекс ^{t} означает транспонирование.

Определение 12.1.4. Фактор-алгебра алгебры $\mathbf{C}_{q,q^{-1}}^{2N}$ по соотношению $y^t x = 1$ называется алгеброй функций на однородном пространстве $SL_q(N)/SL_q(N-1)$.

Вещественные формы квантовой группы $SL_q(N)$ выделяются при помощи $*$-антиинволюции алгебры Хопфа. В зависимости от вида параметра деформации $q \in \mathbb{C}$ имеется два типа вещественных форм $SL_q(N)$:

I. При $|q| = 1$.

В этом случае $\overline{R}_q = R_{q^{-1}} = R_q^{-1}$, где черта обозначает комплексное сопряжение, и вещественная квантовая группа $SL_q(N, \mathbb{R})$ выделяется $*$-антиинволюцией $T^* = T$, т.е. $t_{ij}^* = t_{ij}$, $i, j = 1, \ldots, N$. Алгебра $\mathbf{C}_q^N$, снабженная антиинволюцией $x_i^* = x_i$, $i = 1, \ldots, N$, называется квантовым N-мерным вещественным векторным пространством $\mathbf{R}_q^N$. Поскольку отображение δ согласовано с антиинволюциями $\delta^*(x) = \delta(x^*)$, то квантовая группа $SL_q(N, \mathbb{R})$ действует на $\mathbf{R}_q^N$ обычным образом $\delta(x) = T \dot{\otimes} x$.

II. При вещественном $q \in \mathbb{R}$.

R-матрица обладает свойством $\overline{R}_q = R_q$, и алгебра $SL_q(N)$, снабженная антиинволюцией $t_{ij}^* = \varepsilon_i \varepsilon_j S(t_{ji})$, $i, j = 1, \ldots, N$, где $\varepsilon_i = \pm 1$, $i = 1, \ldots, N$, называется квантовой псевдоунитарной группой $SU_q(\varepsilon_1, \ldots, \varepsilon_N)$. При $\varepsilon_1 = \ldots = \varepsilon_N = 1$ получается квантовая унитарная группа $SU_q(N)$, которая задается соотношениями $TT^{*t} = T^{*t}T = I$. Алгебра $\mathbf{C}_{q,q^{-1}}^{2N}$, $q \in \mathbb{R}$, снабженная антиинволюцией $y_i^* = x_i$, $i = 1, \ldots$ $\ldots, N$, называется квантовым N-мерным эрмитовым пространством $\mathbf{U}_q^N$. Действие $\delta(x) = T \dot{\otimes} x$ квантовой группы $SU_q(N)$ на $\mathbf{U}_q^N$ сохраняет эрмитову квадратичную форму $x^{*t}x = x_1^* x_1 + \ldots + x_N^* x_N$, т.е. $\delta(x^{*t}x) = 1 \otimes x^{*t}x$. Тем самым фактор-алгебра алгебры $\mathbf{U}_q^N$ по соотношению $x^{*t}x = 1$ является квантовой $(2N - 1)$-мерной унитарной сферой и обозначается $\mathbf{SU}_q^N$.

12.2. Квантовые группы $SL_q(2)$ и $SU_q(2)$

Матрица (12.1) при $N = 2$ выглядит следующим образом:

$$R_q = \begin{pmatrix} q & 0 & 0 & 0 \\ 0 & 1 & 0 & 0 \\ 0 & \lambda & 1 & 0 \\ 0 & 0 & 0 & q \end{pmatrix}. \qquad (12.7)$$

Матрица образующих

$$T = \begin{pmatrix} t_{11} & t_{12} \\ t_{21} & t_{22} \end{pmatrix} \qquad (12.8)$$

с коммутационными соотношениями

$$t_{11}t_{12} = qt_{12}t_{11}, \quad t_{11}t_{21} = qt_{21}t_{11}, \quad t_{12}t_{21} = t_{21}t_{12},$$

$$t_{12}t_{22} = qt_{22}t_{12}, \quad t_{21}t_{22} = qt_{22}t_{21}, \quad t_{11}t_{22} - t_{22}t_{11} = \lambda t_{12}t_{21} \qquad (12.9)$$

имеет квантовый детерминант (12.2) вида $\det_q T = t_{11}t_{22} - qt_{12}t_{21}$. При условии $\det_q T = 1$ антипод (12.4) выражается формулой

$$S(T) = \begin{pmatrix} t_{22} & -q^{-1}t_{12} \\ -qt_{21} & t_{11} \end{pmatrix}, \qquad (12.10)$$

а последний коммутатор в (12.9) можно переписать в виде

$$t_{11}t_{22} - q^2 t_{22}t_{11} = 1 - q^2. \qquad (12.11)$$

Квантовое векторное пространство $\mathbf{C}_q^2 = \{x_1, x_2 | x_1 x_2 = q x_2 x_1\}$ вложено в матрицу (12.8) как первый столбец, т.е. $x_1 = t_{11}$, $x_2 = t_{21}$. Квантовое пространство $\mathbf{C}^4_{q,q^{-1}}$ порождается образующими x_1, x_2, y_1, y_2 с коммутационными соотношениями

$$x_1 x_2 = q x_2 x_1, \quad y_1 y_2 = q^{-1} y_2 y_1, \quad x_2 y_2 = y_2 x_2,$$

$$x_1 y_2 = q y_2 x_1, \quad x_2 y_1 = q y_1 x_2, \quad x_1 y_1 = y_1 x_1 + (1-q^2) y_2 x_2, \quad (12.12)$$

где образующие y определены по формуле $y \mapsto S(T)^t e$, т.е. $y_1 = t_{22}$, $y_2 = -q^{-1} t_{12}$. При действии квантовой группы $SL_q(2)$ сохраняется билинейная форма

$$y^t x = y_1 x_1 + y_2 x_2 = t_{22} t_{11} - q^{-1} t_{12} t_{21} = \det{}_q T = 1. \quad (12.13)$$

При $q \in \mathbb{R}$ вещественная форма $SL_q(2)$ есть квантовая унитарная группа $SU_q(2)$, удовлетворяющая соотношениям $t^*_{ij} = S(t_{ji})$, т.е.

$$T^* = \begin{pmatrix} t^*_{11} & t^*_{12} \\ t^*_{21} & t^*_{22} \end{pmatrix} = \begin{pmatrix} t_{22} & -q t_{21} \\ -q^{-1} t_{12} & t_{11} \end{pmatrix}. \quad (12.14)$$

Квантовое 2-мерное эрмитово пространство $\mathbf{U}^2_q = \{x_1, x_2, x^*_1, x^*_2\}$ получается из $\mathbf{C}^4_{q,q^{-1}}$ заданием антиинволюции $y_1 = x^*_1$, $y_2 = x^*_2$. Коммутационные соотношения образующих квантового эрмитова пространства $\mathbf{U}^2_q$ легко находятся подстановкой $y_1 = x^*_1$, $y_2 = x^*_2$ в (12.12). Действие δ квантовой унитарной группы $SU_q(2)$ на $\mathbf{U}^2_q$ сохраняет эрмитову квадратичную форму $x^{*t} x = x^*_1 x_1 + x^*_2 x_2 = 1$ в силу (12.13).

12.3. Квантовые группы $SL_q(3)$ и $SU_q(3)$

Коммутационные соотношения образующих

$$T = \begin{pmatrix} t_{11} & t_{12} & t_{13} \\ t_{21} & t_{22} & t_{23} \\ t_{31} & t_{32} & t_{33} \end{pmatrix} \quad (12.15)$$

с единичным квантовым детерминантом

$$\det{}_q T = t_{11} t_{22} t_{33} + t_{12} t_{23} t_{31} + t_{13} t_{21} t_{32} -$$
$$- q(t_{12} t_{21} t_{33} + t_{11} t_{23} t_{32} + t_{13} t_{22} t_{31}) = 1 \quad (12.16)$$

находятся из RTT-соотношений с матрицей R вида

$$R_q = \begin{pmatrix} q & \cdot & \cdot & \cdot & \cdot & \cdot & \cdot & \cdot & \cdot \\ \cdot & 1 & \cdot & \cdot & \cdot & \cdot & \cdot & \cdot & \cdot \\ \cdot & \cdot & 1 & \cdot & \cdot & \cdot & \cdot & \cdot & \cdot \\ \cdot & \lambda & \cdot & 1 & \cdot & \cdot & \cdot & \cdot & \cdot \\ \cdot & \cdot & \cdot & \cdot & q & \cdot & \cdot & \cdot & \cdot \\ \cdot & \cdot & \cdot & \cdot & \cdot & 1 & \cdot & \cdot & \cdot \\ \cdot & \cdot & \lambda & \cdot & \cdot & \cdot & 1 & \cdot & \cdot \\ \cdot & \cdot & \cdot & \cdot & \cdot & \lambda & \cdot & 1 & \cdot \\ \cdot & \cdot & \cdot & \cdot & \cdot & \cdot & \cdot & \cdot & q \end{pmatrix}. \quad (12.17)$$

Эти коммутационные соотношения удобно разделить на три группы:

(i) соотношения типа $AB = qBA$ или $AB - qBA \equiv [A,B]_q = 0$

$$t_{11}t_{12} = qt_{12}t_{11}, \quad t_{12}t_{13} = qt_{13}t_{12}, \quad t_{11}t_{13} = qt_{13}t_{11},$$
$$t_{21}t_{22} = qt_{22}t_{21}, \quad t_{22}t_{23} = qt_{23}t_{22}, \quad t_{21}t_{23} = qt_{23}t_{21},$$
$$t_{31}t_{32} = qt_{32}t_{31}, \quad t_{32}t_{33} = qt_{33}t_{32}, \quad t_{31}t_{33} = qt_{33}t_{31},$$
$$t_{11}t_{21} = qt_{21}t_{11}, \quad t_{21}t_{31} = qt_{31}t_{21}, \quad t_{11}t_{31} = qt_{31}t_{11},$$
$$t_{12}t_{22} = qt_{22}t_{12}, \quad t_{22}t_{32} = qt_{32}t_{22}, \quad t_{12}t_{32} = qt_{32}t_{12},$$
$$t_{13}t_{23} = qt_{23}t_{13}, \quad t_{23}t_{33} = qt_{33}t_{23}, \quad t_{13}t_{33} = qt_{33}t_{13};$$

(ii) коммутирующие образующие

$$[t_{13}, t_{22}] = 0, \quad [t_{12}, t_{31}] = 0, \quad [t_{21}, t_{13}] = 0,$$
$$[t_{22}, t_{31}] = 0, \quad [t_{31}, t_{23}] = 0, \quad [t_{13}, t_{32}] = 0,$$
$$[t_{13}, t_{31}] = 0, \quad [t_{12}, t_{21}] = 0, \quad [t_{23}, t_{32}] = 0;$$

(iii) соотношения типа $[A,B] = \lambda CD$

$$[t_{11}, t_{22}] = \lambda t_{21}t_{12}, \quad [t_{22}, t_{33}] = \lambda t_{32}t_{23}, \quad [t_{11}, t_{33}] = \lambda t_{31}t_{13},$$
$$[t_{12}, t_{23}] = \lambda t_{22}t_{13}, \quad [t_{21}, t_{32}] = \lambda t_{31}t_{22}, \quad [t_{11}, t_{23}] = \lambda t_{21}t_{13},$$
$$[t_{21}, t_{33}] = \lambda t_{31}t_{23}, \quad [t_{11}, t_{32}] = \lambda t_{31}t_{12}, \quad [t_{12}, t_{33}] = \lambda t_{32}t_{13}. \quad (12.18)$$

Структура алгебры Хопфа задается стандартными копроизведением $\Delta(t_{ik}) = \sum_{m=1}^{3} t_{im} \otimes t_{mk}$, $i,k = 1,2,3$, и коединицей $\varepsilon(t_{ik}) = \delta_{ik}$, а антипод выглядит следующим образом:

$$S\begin{pmatrix} t_{11} & t_{12} & t_{13} \\ t_{21} & t_{22} & t_{23} \\ t_{31} & t_{32} & t_{33} \end{pmatrix} = \begin{pmatrix} \widetilde{t}_{11} & -q^{-1}\widetilde{t}_{21} & q^{-2}\widetilde{t}_{31} \\ -q\widetilde{t}_{12} & \widetilde{t}_{22} & -q^{-1}\widetilde{t}_{32} \\ q^2\widetilde{t}_{13} & -q\widetilde{t}_{23} & \widetilde{t}_{33} \end{pmatrix} =$$

$$= \begin{pmatrix} t_{22}t_{33} - qt_{23}t_{32} & t_{13}t_{32} - q^{-1}t_{12}t_{33} & q^{-2}t_{12}t_{23} - q^{-1}t_{13}t_{22} \\ q^2 t_{23}t_{31} - qt_{21}t_{33} & t_{11}t_{33} - qt_{13}t_{31} & t_{13}t_{21} - q^{-1}t_{11}t_{23} \\ q^2 t_{21}t_{32} - q^3 t_{22}t_{31} & q^2 t_{12}t_{31} - qt_{11}t_{32} & t_{11}t_{22} - qt_{12}t_{21} \end{pmatrix}.$$
$$(12.19)$$

Инволюция определяется соотношением $T^* = S(T)^t$ и легко находится из (12.19).

Квантовое векторное пространство $\mathbf{C}_q^3 = \{x_1, x_2, x_3 | x_1 x_2 = qx_2 x_1, x_1 x_3 = qx_3 x_1, x_2 x_3 = qx_3 x_2\}$ вложено в матрицу (12.15) как первый столбец, т.е. $x_1 = t_{11}, x_2 = t_{21}, x_3 = t_{31}$. Квантовое пространство $\mathbf{C}_{q,q^{-1}}^6$ порождается образующими x_k, y_k, $k = 1,2,3$, где $y \mapsto S(T)^t e$, т.е. образующие y_k вложены в матрицу $S(T)$ (12.19) как первая строка:

$$y_1 = \widetilde{t}_{11} = t_{22}t_{33} - qt_{23}t_{32}, \quad y_2 = -q^{-1}\widetilde{t}_{21} = t_{13}t_{32} - q^{-1}t_{12}t_{33},$$
$$y_3 = q^{-2}\widetilde{t}_{31} = q^{-2}t_{12}t_{23} - q^{-1}t_{13}t_{22}. \quad (12.20)$$

Образующие пространства $\mathbf{C}_{q,q^{-1}}^6$ удовлетворяют коммутационным соотношениям

$$x_1x_2 = qx_2x_1, \quad x_1x_3 = qx_3x_1, \quad x_2x_3 = qx_3x_2,$$

$$x_1y_1 = y_1x_1 + (1-q^2)(y_2x_2 + y_3x_3), \; x_2y_2 = y_2x_2 + (1-q^2)y_3x_3,$$

$$x_3y_3 = y_3x_3, \quad x_1y_2 = qy_2x_1, \quad x_1y_3 = qy_3x_1, \quad x_2y_1 = qy_1x_2,$$

$$x_2y_3 = qy_3x_2, \quad x_3y_1 = qy_1x_3, \quad x_3y_2 = qy_2x_3,$$

$$y_1y_2 = q^{-1}y_2y_1, \quad y_1y_3 = q^{-1}y_3y_1, \quad y_2y_3 = q^{-1}y_3y_2. \qquad (12.21)$$

При действии квантовой группы $SL_q(3)$ сохраняется билинейная форма

$$y^t x = y_1x_1 + y_2x_2 + y_3x_3 = 1. \qquad (12.22)$$

Квантовое эрмитово пространство $\mathbf{U}_q^3 = \{x_k, x_k^*, k = 1,2,3\}$ получается из $\mathbf{C}_{q,q^{-1}}^6$ заданием антиинволюции $y_1 = x_1^*$, $y_2 = x_2^*$, $y_3 = x_3^*$. Коммутационные соотношения его образующих x_k, x_k^* легко находятся из (12.21). Действие $\delta(x_k) = \sum_{m=1}^3 t_{km} \otimes x_m$, $k = 1,2,3$ квантовой унитарной группы $SU_q(3)$ на пространстве $\mathbf{U}_q^3$ в соответствии с (12.14) сохраняет эрмитову квадратичную форму $x^{*t}x = x_1^*x_1 + x_2^*x_2 + x_3^*x_3 = 1$.

12.4. Квантовые группы $SL_q(N;j)$ и $SU_q(N;j)$

Зададим схему контракций Кэли–Клейна симметричным распределением контракционных параметров среди образующих квантовой группы $SL_q(N)$

$$T \to T(j), \quad t_{ik} \to (i,k)t_{ik}, \quad i,k = 1,\dots,N. \qquad (12.23)$$

Определение 12.4.1. Квантовая группа, получающаяся преобразованием (12.23) из $SL_q(N)$, называется квантовой группой Кэли–Клейна $SL_q(N;j)$.

Ее образующие $T(j)$, $\det_q T(j) = 1$ удовлетворяют коммутационным соотношениям

$$R_q T_1(j)T_2(j) = T_2(j)T_1(j)R_q, \qquad (12.24)$$

где $T_1(j) = T(j) \otimes I$, $T_2(j) = I \otimes T(j)$, а матрица R_q дается (12.1).

Квантовая группа $SL_q(N;j)$ является алгеброй Хопфа с коединицей $\varepsilon(T(j)) = I$, копроизведением $\Delta T(j) = T(j)\dot\otimes T(j)$ и антиподом $S(T(j)) = T^{-1}(j)$, которые в компонентах выглядят следующим образом: $\varepsilon(t_{ik}) = \delta_{ik}$,

$$\Delta t_{kk} = \sum_{m=1}^N (k,m)^2 t_{km} \otimes t_{mk} = t_{kk} \otimes t_{kk} + \sum_{m=1,m\neq k}^N (k,m)^2 t_{km} \otimes t_{mk},$$

$$\Delta t_{ik} = \sum_{m=1}^r t_{im} \otimes t_{mk} + \sum_{m=r+1}^N (r,m)^2 t_{im} \otimes t_{mk}, \quad r = \max\{i,k\},$$

$$(12.25)$$

$$S(t_{ik}) = (-1)^{i-k} e^{Jv(i-k)} (i,k)^{-1} \widetilde{t}_{ki}(j), \qquad (12.26)$$

где

$$\widetilde{t}_{ki}(j) = \sum_{\sigma \in S(N-1)} (-1)^{l(\sigma)} e^{Jvl(\sigma)} (1,\sigma_1) \dots (k-1,\sigma_{k-1})(k+1,\sigma_{k+1}) \dots$$

$$\dots (N,\sigma_N) t_{1\sigma_1} \dots t_{i-1\sigma_{i-1}} t_{i+1\sigma_{i+1}} \dots t_{N\sigma_N},$$

$S(N-1)$ есть группа перестановок $(N-1)$-го порядка и $\sigma = (\sigma_1, \dots$
$\dots, \sigma_{k-1}, \sigma_{k+1}, \dots, \sigma_N) = \sigma(1, \dots, i-1, i+1, \dots, N)$.

Чтобы получить комплексное квантовое N-мерное векторное пространство $\mathbf{C}_q^N(j)$, преобразуем образующие $x = (x_1, \dots, x_N)^t$ квантового пространства $\mathbf{C}_q^N$ следующим образом:

$$x \to x(j), \quad x_k \to (1,k) x_k, \quad k = 1, \dots, N. \qquad (12.27)$$

Коммутационные соотношения образующих при этом не изменяются, поэтому

$$\mathbf{C}_q^N(j) = \{ x_1, \dots, x_N \,|\, x_i x_k = q x_k x_i, \quad 1 \leqslant i < k \leqslant N \}. \qquad (12.28)$$

Некоммутативное векторное пространство $\mathbf{C}_q^N(j)$ вложено в квантовую группу $SL_q(N; j)$ как первый столбец матрицы образующих $T(j)$.

Квантовое пространство $\mathbf{C}_{q,q^{-1}}^{2N}(j)$ получается из $\mathbf{C}_{q,q^{-1}}^{2N}$ преобразованием (12.27) образующих x_k и таким же преобразованием образующих y_k. Квантовая группа $SL_q(N; j)$ действует в алгебре $\mathbf{C}_{q,q^{-1}}^{2N}(j)$ по формулам

$$\delta(x(j)) = T(j) \dot{\otimes} x(j), \quad \delta(y(j)) = S(T(j))^t \dot{\otimes} y(j) \qquad (12.29)$$

или в компонентах

$$\delta(x_i) = \sum_{k=1}^{i} t_{ik} \otimes x_k + \sum_{k=i+1}^{N} (i,k)^2 t_{ik} \otimes x_k,$$

$$\delta(y_i) = \sum_{k=1}^{i} S(t_{ki}) \otimes y_k + \sum_{k=i+1}^{N} (i,k)^2 S(t_{ki}) \otimes y_k. \qquad (12.30)$$

Центр алгебры $\mathbf{C}_{q,q^{-1}}^{2N}(j)$ порождается единицей и элементом

$$y^t x(j) = y_1 x_1 + (1,2)^2 y_2 x_2 + \dots + (1,N)^2 y_N x_N. \qquad (12.31)$$

Алгебра $\mathbf{C}_{q,q^{-1}}^{2N}(j)$ вложена в квантовую группу $SL_q(N; j)$ формулами $x(j) \mapsto T(j)e$, $y(j) \mapsto S(T(j))^t e$, где $e_i = \delta_{i1}$, $i = 1, \dots, N$, т.е. $x(j)$ — это первый столбец матрицы $T(j)$, а $y(j)$ есть первая строка матрицы $S(T(j))$. Фактор-алгебра алгебры $\mathbf{C}_{q,q^{-1}}^{2N}(j)$ по соотношению $y^t x(j) = 1$ является алгеброй функций на однородном пространстве Кэли–Клейна $SL_q(N; j)/SL_q(N-1; j)$.

Вещественные формы квантовой группы $SL_q(N; j)$ выделяются обычным способом. При $|q| = 1$ антиинволюции $t_{ij}^* = t_{ij}$ и $x_i^* = x_i$ вместе с преобразованиями (12.23),(12.27) определяют вещественную квантовую группу Кэли–Клейна $SL_q(N; j; \mathbb{R})$ и квантовое вещественное пространство Кэли–Клейна $\mathbf{R}_q^N(j)$ с действием $\delta(x(j)) = T(j) \dot{\otimes} x(j)$ (12.30).

При $q \in \mathbb{R}$ и антиинволюции $T(j)T^{*t}(j) = T^{*t}(j)T(j) = I$ или $t_{ik}^* = S(t_{ki})$ получаем квантовую унитарную группу Кэли–Клейна $SU_q(N; j)$. Алгебра $\mathbf{C}_{q,q^{-1}}^{2N}(j)$, снабженная антиинволюцией $y_i^* = x_i$, называется квантовым эрмитовым пространством Кэли–Клейна $\mathbf{U}_q^N(j)$. Действие квантовой группы $SU_q(N; j)$ на $\mathbf{U}_q^N(j)$ сохраняет эрмитову квадратичную форму $x^{*t}x(j) = x_1^* x_1 + (1,2)^2 x_2^* x_2 + \ldots + (1,N)^2 x_N^* x_N$. Тем самым фактор-алгебра алгебры $\mathbf{U}_q^{N;j}$ по соотношению $x^{*t}x(j) = 1$ является квантовой $(2N-1)$-мерной унитарной сферой Кэли–Клейна и обозначается $\mathbf{SU}_q^N(j)$.

12.5. Контракция квантовой унитарной группы $SU_q(2; j_1)$

Конкретные формулы для групп $SL_q(2; j_1)$, $SU_q(2; j_1)$ можно получить из соответствующих формул для групп $SL_q(2)$, $SU_q(2)$ заменой в последних $t_{12} \to j_1 t_{12}$, $t_{21} \to j_1 t_{21}$. В результате получаем матрицу образующих

$$T(j_1) = \begin{pmatrix} t_{11} & j_1 t_{12} \\ j_1 t_{21} & t_{22} \end{pmatrix} \qquad (12.32)$$

с коммутационными соотношениями

$$t_{11}t_{12} = qt_{12}t_{11}, \quad t_{11}t_{21} = qt_{21}t_{11}, \quad t_{12}t_{21} = t_{21}t_{12}, \quad t_{12}t_{22} = qt_{22}t_{12},$$

$$t_{21}t_{22} = qt_{22}t_{21}, \quad t_{11}t_{22} - t_{22}t_{11} = j_1^2 \lambda t_{12}t_{21} \qquad (12.33)$$

и квантовым детерминантом $\det_q T(j_1) = t_{11}t_{22} - j_1^2 q t_{12}t_{21} = 1$.

Структура алгебры Хопфа задается коединицей $\varepsilon(t_{11}) = \varepsilon(t_{22}) = 1$, $\varepsilon(t_{12}) = \varepsilon(t_{21}) = 0$, копроизведением

$$\triangle(t_{11}) = t_{11} \otimes t_{11} + j_1^2 t_{12} \otimes t_{21}, \quad \triangle(t_{22}) = t_{22} \otimes t_{22} + j_1^2 t_{21} \otimes t_{12},$$

$$\triangle(t_{12}) = t_{11} \otimes t_{12} + t_{12} \otimes t_{22}, \quad \triangle(t_{21}) = t_{21} \otimes t_{11} + t_{22} \otimes t_{21} \qquad (12.34)$$

и антиподом

$$S(T(j_1)) = \begin{pmatrix} t_{22} & -j_1 q^{-1} t_{12} \\ -j_1 q t_{21} & t_{11} \end{pmatrix}. \qquad (12.35)$$

Формулы для векторных пространств получаются заменой $x_2 \to j_1 x_2$, $y_2 \to j_1 y_2$. Квантовое векторное пространство $\mathbf{C}_q^2(j_1) = \{x_1, x_2 |\ x_1 x_2 = q x_2 x_1\}$ вложено в матрицу (12.32) как первый столбец. Квантовое пространство $\mathbf{C}^4_{q,q^{-1}}(j_1)$ порождается образующими x_1, x_2, y_1, y_2 с коммутационными соотношениями

$$x_1 x_2 = q x_2 x_1, \quad y_1 y_2 = q^{-1} y_2 y_1, \quad x_2 y_2 = y_2 x_2, \quad x_1 y_2 = q y_2 x_1,$$

$$x_2 y_1 = q y_1 x_2, \quad x_1 y_1 = y_1 x_1 + j_1^2(1 - q^2) y_2 x_2, \qquad (12.36)$$

где образующие y вложены в матрицу (12.35) как первая строка. При действии квантовой группы $SL_q(2; j_1)$ на $\mathbf{C}^4_{q,q^{-1}}(j_1)$

$$\delta(x_1) = t_{11} \otimes x_1 + j_1^2 t_{12} \otimes x_2, \quad \delta(x_2) = t_{22} \otimes x_2 + t_{21} \otimes x_1,$$

$$\delta(y_1) = S(t_{11}) \otimes y_1 + j_1^2 S(t_{21}) \otimes y_2 = t_{22} \otimes y_1 - j_1^2 q t_{21} \otimes y_2,$$

$$\delta(y_2) = S(t_{22}) \otimes y_2 + S(t_{12}) \otimes y_1 = t_{11} \otimes y_2 - q^{-1} t_{12} \otimes y_1 \qquad (12.37)$$

сохраняется билинейная форма

$$y^t x(j_1) = y_1 x_1 + j_1^2 y_2 x_2 = t_{22} t_{11} - j_1^2 q^{-1} t_{12} t_{21} = \det{}_q T(j_1) = 1. \quad (12.38)$$

При $q \in \mathbb{R}$ вещественная форма $SL_q(2; j_1)$ есть квантовая унитарная группа $SU_q(2; j_1)$, удовлетворяющая соотношениям $t_{ik}^* = S(t_{ki})$:

$$T^*(j_1) = \begin{pmatrix} t_{11}^* & j_1 t_{12}^* \\ j_1 t_{21}^* & t_{22}^* \end{pmatrix} = \begin{pmatrix} t_{22} & -j_1 q t_{21} \\ -j_1 q^{-1} t_{12} & t_{11} \end{pmatrix}. \qquad (12.39)$$

Квантовое 2-мерное эрмитово пространство $\mathbf{U}^2_q(j_1) = \{x_1, x_2, x_1^*, x_2^*\}$ получается из $\mathbf{C}^4_{q,q^{-1}}(j_1)$ заданием антиинволюции $y_1 = x_1^*, y_2 = x_2^*$. Коммутационные соотношения образующих квантового эрмитова пространства $\mathbf{U}^2_q(j_1)$ легко находятся подстановкой $y_1 = x_1^*, y_2 = x_2^*$ в (12.36). Действие квантовой унитарной группы $SU_q(2; j_1)$ на $\mathbf{U}^2_q(j_1)$

$$\delta(x_1) = t_{11} \otimes x_1 + j_1^2 t_{12} \otimes x_2, \quad \delta(x_2) = t_{22} \otimes x_2 + t_{21} \otimes x_1,$$

$$\delta(x_1^*) = t_{11}^* \otimes x_1^* + j_1^2 t_{12}^* \otimes x_2^* = t_{22} \otimes x_1^* - j_1^2 q t_{21} \otimes x_2^*,$$

$$\delta(x_2^*) = t_{22}^* \otimes x_2^* + t_{21}^* \otimes x_1^* = t_{11} \otimes x_2^* - q^{-1} t_{12} \otimes x_1^* \qquad (12.40)$$

сохраняет эрмитову квадратичную форму $x^{*t} x(j_1) = x_1^* x_1 + j_1^2 x_2^* x_2$.

При $j = i$ получаем формулы для квантовой псевдоунитарной группы $SU_q(1,1)$. При $j = \iota_1$ имеем квантовую контрактированную группу $SU_q(2; \iota_1)$. Рассмотрим ее подробнее. Поскольку $\det{}_q T(\iota_1) = t_{11} t_{22} = 1$, то $t_{22} = t_{11}^{-1}$, а на образующие t_{12}, t_{21} никаких ограничений не накладывается. Учитывая, что $t_{12}^* = -q t_{21}$, матрицу образующих запишем в виде

$$T(\iota_1) = \begin{pmatrix} t_{11} & \iota_1 t_{12} \\ \iota_1 t_{21} & t_{11}^{-1} \end{pmatrix} = \begin{pmatrix} t_{11} & \iota_1 t_{12} \\ -\iota_1 q^{-1} t_{12}^* & t_{11}^{-1} \end{pmatrix}. \qquad (12.41)$$

Коммутаторы образующих квантового векторного пространства $\mathbf{C}^2_q(\iota_1)$ совпадают с коммутаторами образующих $\mathbf{C}^2_q$, а для квантового пространства $\mathbf{C}^4_{q,q^{-1}}(\iota_1)$ коммутационные соотношения образующих даются формулами (12.36), в которых последний коммутатор заменен на $x_1 y_1 = y_1 x_1$. При $j_1 = \iota_1$ квантовое эрмитово пространство

$$U_q^2(\iota_1) = \{x_1, x_2, x_1^*, x_2^* \mid x_1 x_2 = q x_2 x_1, \ x_1^* x_2^* = q^{-1} x_2^* x_1^*,$$

$$x_1 x_1^* = x_1^* x_1, \ x_2 x_2^* = x_2^* x_2, \ x_1 x_2^* = q x_2^* x_1, \ x_2 x_1^* = q x_1^* x_2\}, \quad (12.42)$$

представляет собой некоммутативный аналог расслоенного пространства с базой $\{x_1, x_1^*\}$ и слоем $\{x_2, x_2^*\}$. Расслоение порождается проекцией pr : $U_q^2(\iota_1) \to \{x_2, x_2^*\}$. Относительно действия (12.40) общего элемента (12.41) контрактированной унитарной квантовой группы $SU_q(2; \iota_1)$ сохраняется эрмитова квадратичная форма $x^{*t} x(\iota_1) = x_1^* x_1$, а относительно элемента

$$T_0(\iota_1) = \begin{pmatrix} 0 & 0 \\ 0 & t_{11}^{-1} \end{pmatrix}, \quad (12.43)$$

действующего на образующие слоя и не затрагивающего базу, инвариантна вторая эрмитова квадратичная форма $\mathrm{inv}_2 = x_2^* x_2$.

Замечание 12.5.1. Терминология в случае контрактированных квантовых пространств еще не установилась. Геометрические термины «слой», «база», «проекция» и т. д. не определены для квантовых пространств, являющихся алгебрами, и используются по аналогии с коммутативным случаем.

Отметим, что контракция квантовой группы $SU_q(2)$ вида (12.32) в евклидову квантовую группу $E_q(2)$ осуществлялась в работе [205] предельным переходом $j_1 = \alpha \to 0$.

12.6. Контракции квантовой унитарной группы $SU_q(3; j_1, j_2)$

Матрица образующих квантовой унитарной группы $SU_q(3; j_1, j_2)$ вида

$$T(j_1, j_2) = \begin{pmatrix} t_{11} & j_1 t_{12} & j_1 j_2 t_{13} \\ j_1 t_{21} & t_{22} & j_2 t_{23} \\ j_1 j_2 t_{31} & j_2 t_{32} & t_{33} \end{pmatrix} \quad (12.44)$$

имеет единичный квантовый детерминант

$$\det{}_q T(j_1, j_2) = t_{11} t_{22} t_{33} + j_1^2 j_2^2 t_{12} t_{23} t_{31} + j_1^2 j_2^2 t_{13} t_{21} t_{32} -$$

$$- q(j_1^2 t_{12} t_{21} t_{33} + j_2^2 t_{11} t_{23} t_{32} + j_1^2 j_2^2 t_{13} t_{22} t_{31}) = 1. \quad (12.45)$$

Формулы, описывающие квантовую группу $SU_q(3; j_1, j_2)$, могут быть получены из соответствующих формул для квантовой группы $SU_q(3)$ подстановкой

$$t_{12} \to j_1 t_{12}, \ t_{21} \to j_1 t_{21}, \ t_{23} \to j_2 t_{23}, \ t_{32} \to j_2 t_{32},$$

$$t_{13} \to j_1 j_2 t_{13}, \ t_{31} \to j_1 j_2 t_{31}. \quad (12.46)$$

В частности, из (12.18) находим коммутационные соотношения для образующих. Соотношения типа $AB = qBA$, а также коммутирующие образующие не меняются, а соотношения типа $[A, B] = \lambda CD$ принимают вид

$$[t_{11}, t_{22}] = j_1^2 \lambda t_{21} t_{12}, \quad [t_{22}, t_{33}] = j_2^2 \lambda t_{32} t_{23}, \quad [t_{11}, t_{33}] = j_1^2 j_2^2 \lambda t_{31} t_{13},$$

$$[t_{12}, t_{23}] = \lambda t_{22} t_{13}, \quad [t_{21}, t_{32}] = \lambda t_{31} t_{22}, \quad [t_{11}, t_{23}] = j_1^2 \lambda t_{21} t_{13},$$

$$[t_{21}, t_{33}] = j_2^2 \lambda t_{31} t_{23}, \quad [t_{11}, t_{32}] = j_1^2 \lambda t_{31} t_{12}, \quad [t_{12}, t_{33}] = j_2^2 \lambda t_{32} t_{13}. \tag{12.47}$$

Структура алгебры Хопфа задается ко单единицей $\varepsilon(t_{ik}) = \delta_{ik}$, $i, k = 1, 2, 3$, копроизведением

$$\begin{aligned}
\Delta(t_{11}) &= t_{11} \otimes t_{11} + j_1^2 t_{12} \otimes t_{21} + j_1^2 j_2^2 t_{13} \otimes t_{31}, \\
\Delta(t_{12}) &= t_{11} \otimes t_{12} + t_{12} \otimes t_{22} + j_2^2 t_{13} \otimes t_{32}, \\
\Delta(t_{13}) &= t_{11} \otimes t_{13} + t_{12} \otimes t_{23} + t_{13} \otimes t_{33}, \\
\Delta(t_{21}) &= t_{21} \otimes t_{11} + t_{22} \otimes t_{21} + j_2^2 t_{23} \otimes t_{31}, \\
\Delta(t_{22}) &= j_1^2 t_{21} \otimes t_{12} + t_{22} \otimes t_{22} + j_2^2 t_{23} \otimes t_{32}, \\
\Delta(t_{23}) &= j_1^2 t_{21} \otimes t_{13} + t_{22} \otimes t_{23} + t_{23} \otimes t_{33}, \\
\Delta(t_{31}) &= t_{31} \otimes t_{11} + t_{32} \otimes t_{21} + t_{33} \otimes t_{31}, \\
\Delta(t_{32}) &= j_1^2 t_{31} \otimes t_{12} + t_{32} \otimes t_{22} + t_{33} \otimes t_{32}, \\
\Delta(t_{33}) &= j_1^2 j_2^2 t_{31} \otimes t_{13} + j_2^2 t_{32} \otimes t_{23} + t_{33} \otimes t_{33}
\end{aligned} \tag{12.48}$$

и антиподом, который получается из (12.19) и имеет вид

$$S \begin{pmatrix} t_{11} & j_1 t_{12} & j_1 j_2 t_{13} \\ j_1 t_{21} & t_{22} & j_2 t_{23} \\ j_1 j_2 t_{31} & j_2 t_{32} & t_{33} \end{pmatrix} =$$

$$= \begin{pmatrix} t_{22} t_{33} - j_2^2 q t_{23} t_{32} & j_1(j_2^2 t_{13} t_{32} - q^{-1} t_{12} t_{33}) \\ j_1(j_2^2 q^2 t_{23} t_{31} - q t_{21} t_{33}) & t_{11} t_{33} - j_1^2 j_2^2 q t_{13} t_{31} \\ j_1 j_2(q^2 t_{21} t_{32} - q^3 t_{22} t_{31}) & j_2(j_1^2 q^2 t_{12} t_{31} - q t_{11} t_{32}) \end{pmatrix}$$

$$\begin{matrix} j_1 j_2(q^{-2} t_{12} t_{23} - q^{-1} t_{13} t_{22}) \\ j_2(j_1^2 t_{13} t_{21} - q^{-1} t_{11} t_{23}) \\ t_{11} t_{22} - j_1^2 q t_{12} t_{21} \end{matrix} \Bigg). \tag{12.49}$$

Инволюция определяется соотношением $T^*(j_1, j_2) = S(T(j_1, j_2))^t$ и легко находится из (12.49).

Квантовые пространства получаются подстановкой

$$x_2 \to j_1 x_2, \ x_3 \to j_1 j_2 x_3, \ y_2 \to j_1 y_2, \ y_3 \to j_1 j_2 y_3. \tag{12.50}$$

Квантовое пространство $\mathbf{C}_q^3(j_1, j_2)$ имеет такие же коммутационые соотношения образующих, как и $\mathbf{C}_q^3$. Оно вложено в матрицу (12.44) как первый столбец.

Образующие y_k квантового пространства $\mathbf{C}^6_{q,q^{-1}}(j_1, j_2)$ вложены в матрицу (12.49) как первая строка и удовлетворяют коммутационным соотношениям (12.21) за исключением двух коммутаторов:

$$x_1 y_1 = y_1 x_1 + j_1^2 (1 - q^2)(y_2 x_2 + j_2^2 y_3 x_3),$$
$$x_2 y_2 = y_2 x_2 + j_2^2 (1 - q^2) y_3 x_3. \tag{12.51}$$

При действии квантовой группы $SL_q(3; j_1, j_2)$ на $\mathbf{C}^6_{q,q^{-1}}(j_1, j_2)$

$$
\begin{aligned}
\delta(x_1) &= t_{11} \otimes x_1 + j_1^2 t_{12} \otimes x_2 + j_1^2 j_2^2 t_{13} \otimes x_3, \\
\delta(x_2) &= t_{21} \otimes x_1 + t_{22} \otimes x_2 + j_2^2 t_{23} \otimes x_3, \\
\delta(x_3) &= t_{31} \otimes x_1 + t_{32} \otimes x_2 + t_{33} \otimes x_3, \\
\delta(y_1) &= S(t_{11}) \otimes y_1 + j_1^2 S(t_{21}) \otimes y_2 + j_1^2 j_2^2 S(t_{31}) \otimes y_3, \\
\delta(y_2) &= S(t_{12}) \otimes y_1 + S(t_{22}) \otimes y_2 + j_2^2 S(t_{32}) \otimes y_3, \\
\delta(y_3) &= S(t_{13}) \otimes y_1 + S(t_{23}) \otimes y_2 + S(t_{33}) \otimes y_3
\end{aligned}
\tag{12.52}
$$

сохраняется билинейная форма

$$y^t x(j_1, j_2) = y_1 x_1 + j_1^2 y_2 x_2 + j_1^2 j_2^2 y_3 x_3. \tag{12.53}$$

При $q \in \mathbb{R}$ вещественная форма $SL_q(3; j_1, j_2)$ есть квантовая унитарная группа Кэли–Клейна $SU_q(3; j_1, j_2)$, образующие которой удовлетворяют соотношениям $t^*_{ik} = S(t_{ki}), j, k = 1, 2, 3$. Квантовое эрмитово пространство Кэли–Клейна $\mathbf{U}^3_q(j_1, j_2) = \{x_k, x^*_k, k = 1, 2, 3\}$ получается из $\mathbf{C}^6_{q,q^{-1}}(j_1, j_2)$ заданием антиинволюции $y_1 = x^*_1, y_2 = x^*_2, y_3 = x^*_3$. Коммутационные соотношения его образующих $x_k, x^*_k, k = 1, 2, 3$ легко находятся из (12.21) и (12.51). Действие квантовой группы $SU_q(3; j_1, j_2)$ на пространстве $\mathbf{U}^3_q(j_1, j_2)$ получается из (12.52) заменой $y_k \to x^*_k, k = 1, 2, 3$, имеет, в частности, вид

$$
\begin{aligned}
\delta(x^*_1) &= (t_{22} t_{33} - j_2^2 q t_{23} t_{32}) \otimes x^*_1 + j_1^2 (j_2^2 q^2 t_{23} t_{31} - q t_{21} t_{33}) \otimes x^*_2 + \\
&\quad + j_1^2 j_2^2 (q^2 t_{21} t_{32} - q^3 t_{22} t_{31}) \otimes x^*_3, \\
\delta(x^*_2) &= (j_2^2 t_{13} t_{32} - q^{-1} t_{12} t_{33}) \otimes x^*_1 + (t_{11} t_{33} - j_1^2 j_2^2 q t_{13} t_{31}) \otimes x^*_2 + \\
&\quad + j_2^2 (j_1^2 q^2 t_{12} t_{31} - q t_{11} t_{32}) \otimes x^*_3, \\
\delta(x^*_3) &= (q^{-2} t_{12} t_{23} - q^{-1} t_{13} t_{22}) \otimes x^*_1 + (j_1^2 t_{13} t_{21} - q^{-1} t_{11} t_{23}) \otimes x^*_2 + \\
&\quad + (t_{11} t_{22} - j_1^2 q t_{12} t_{21}) \otimes x^*_3
\end{aligned}
\tag{12.54}
$$

и сохраняет эрмитову квадратичную форму

$$x^{*t} x(j_1, j_2) = x^*_1 x_1 + j_1^2 x^*_2 x_2 + j_1^2 j_2^2 x^*_3 x_3. \tag{12.55}$$

При вещественных и мнимых значениях параметров $j_1, j_2 = 1, i$ имеем квантовые псевдоунитарные группы $SU_q(1, 2)$ и $SU_q(2, 1)$ с сигнатурой $(+ - -)$ для $j_1 = i, j_2 = 1$, с сигнатурой $(+ + -)$ для $j_1 = 1, j_2 = i$ и с сигнатурой $(+ - +)$ для $j_1 = j_2 = i$. При нильпотентных значениях параметров j_1, j_2 получаем контрактированные квантовые унитарные группы. Рассмотрим эти случаи по отдельности.

12.6.1. **Контракция** $j_1 = \iota_1$. Квантовый детерминант (12.45) матрицы образующих принимает вид

$$\det{}_q T(\iota_1, j_2) = t_{11}(t_{22}t_{33} - j_2^2 q t_{23}t_{32}) = 1, \qquad (12.56)$$

откуда следует, что $t_{11}^{-1} = t_{22}t_{33} - j_2^2 q t_{23}t_{32}$. Из коммутационных соотношений для образующих при контракции изменяются только соотношения (12.47), которые теперь записываются в виде

$$[t_{11}, t_{22}] = [t_{11}, t_{33}] = [t_{11}, t_{23}] = [t_{11}, t_{32}] = 0,$$

$$[t_{12}, t_{23}] = \lambda t_{22}t_{13}, \quad [t_{21}, t_{32}] = \lambda t_{31}t_{22}, \quad [t_{22}, t_{33}] = j_2^2 \lambda t_{32}t_{23},$$

$$[t_{21}, t_{33}] = j_2^2 \lambda t_{31}t_{23}, \quad [t_{12}, t_{33}] = j_2^2 \lambda t_{32}t_{13}. \qquad (12.57)$$

Структура алгебры Хопфа задается ко单единицей $\varepsilon(t_{ik}) = \delta_{ik}$, $i, k = 1, 2, 3$, копроизведением (12.48), в котором

$$\Delta(t_{11}) = t_{11} \otimes t_{11}, \quad \Delta(t_{22}) = t_{22} \otimes t_{22} + j_2^2 t_{23} \otimes t_{32},$$

$$\Delta(t_{23}) = t_{22} \otimes t_{23} + t_{23} \otimes t_{33}, \quad \Delta(t_{32}) = t_{32} \otimes t_{22} + t_{33} \otimes t_{32},$$

$$\Delta(t_{33}) = j_2^2 t_{32} \otimes t_{23} + t_{33} \otimes t_{33}, \qquad (12.58)$$

и антиподом

$$S(t_{12}) = j_2^2 t_{13}t_{32} - q^{-1}t_{12}t_{33}, \quad S(t_{21}) = j_2^2 q^2 t_{23}t_{31} - q t_{21}t_{33},$$

$$S(t_{13}) = q^{-2}t_{12}t_{23} - q^{-1}t_{13}t_{22}, \quad S(t_{31}) = q^2 t_{21}t_{32} - q^3 t_{22}t_{31},$$

$$S(t_{11}) = t_{22}t_{33} - j_2^2 q t_{23}t_{32} = t_{11}^{-1}, \quad S(t_{22}) = t_{11}t_{33}, \quad S(t_{33}) = t_{11}t_{22},$$

$$S(t_{23}) = -q^{-1}t_{11}t_{23}, \quad S(t_{32}) = -q t_{11}t_{32}. \qquad (12.59)$$

Инволюция определяется соотношением $T^*(\iota_1, j_2) = S(T(\iota_1, j_2))^t$ и легко находится из (12.59)

$$t_{11}^* = t_{11}^{-1}, \ t_{22}^* = t_{11}t_{33}, \ t_{33}^* = t_{11}t_{22}, \ t_{23}^* = -q t_{11}t_{32}, \ t_{32}^* = -q^{-1}t_{11}t_{23},$$

$$t_{12}^* = j_2^2 q^2 t_{23}t_{31} - q t_{21}t_{33}, \quad t_{21}^* = j_2^2 t_{13}t_{32} - q^{-1}t_{12}t_{33},$$

$$t_{13}^* = q^2 t_{21}t_{32} - q^3 t_{22}t_{31}, \quad t_{31}^* = q^{-2}t_{12}t_{23} - q^{-1}t_{13}t_{22}. \qquad (12.60)$$

Квантовое пространство $\mathbf{C}_q^3(\iota_1, j_2)$ имеет такие же коммутационные соотношения образующих, как и $\mathbf{C}_q^3$. Образующие квантового пространства $\mathbf{C}_{q,q^{-1}}^6(\iota_1, j_2)$ удовлетворяют коммутационным соотношениям (12.21) за исключением двух коммутаторов

$$[x_1, y_1] = 0, \quad [x_2, y_2] = j_2^2 (1 - q^2)y_3 x_3. \qquad (12.61)$$

Действие квантовой группы $SL_q(3; \iota_1, j_2)$ на $\mathbf{C}_{q,q^{-1}}^6(\iota_1, j_2)$ описывается формулами

$$\delta(x_1) = t_{11} \otimes x_1, \quad \delta(x_2) = t_{21} \otimes x_1 + t_{22} \otimes x_2 + j_2^2 t_{23} \otimes x_3,$$

$$\delta(x_3) = t_{31} \otimes x_1 + t_{32} \otimes x_2 + t_{33} \otimes x_3, \quad \delta(y_1) = t_{11}^{-1} \otimes y_1,$$

$$\delta(y_2) = (j_2^2 t_{13} t_{32} - q^{-1} t_{12} t_{33}) \otimes y_1 + t_{11} t_{33} \otimes y_2 - j_2^2 q t_{11} t_{32} \otimes y_3,$$

$$\delta(y_3) = (q^{-2} t_{12} t_{23} - q^{-1} t_{13} t_{22}) \otimes y_1 - q^{-1} t_{11} t_{23} \otimes y_2 + t_{11} t_{22} \otimes y_3 \quad (12.62)$$

и сохраняет две билинейные формы: одну $y^t x(\iota_1, j_2) = y_1 x_1$ относительно общего действия (12.62), а другую $\mathrm{inv}_2 = y_2 x_2 + j_2^2 y_3 x_3$ относительно действия в слое $\{x_2, x_3, y_2, y_3\}$, т.е. при $t_{11} = t_{12} = t_{21} = t_{13} = t_{31} = 0$.

При $q \in \mathbb{R}$ образующие контрактированной квантовой унитарной группы $SU_q(3; \iota_1, j_2)$ удовлетворяют соотношениям (12.60). Квантовый аналог расслоенного эрмитова пространства $\mathbf{U}_q^3(\iota_1, j_2) = \{x_k, x_k^*, k = 1, 2, 3\}$ с базой $\{x_1, x_1^*\}$ и слоем $\{x_2, x_3, x_2^*, x_3^*\}$ получается из $\mathbf{C}_{q, q^{-1}}^6(\iota_1, j_2)$ заданием антиинволюции $y_1 = x_1^*, y_2 = x_2^*, y_3 = x_3^*$. Коммутационные соотношения его образующих $x_k, x_k^*, k = 1, 2, 3$ без труда находятся из (12.21) и (12.61). Действие квантовой группы $SU_q(3; \iota_1, j_2)$ на пространстве $\mathbf{U}_q^3(\iota_1, j_2)$ находится из (12.62) заменой $y_k \to x_k^*, k = 1, 2, 3$. Эрмитова квадратичная форма в расслоенном пространстве вырождена и распадается на две формы: одна $x^{*t} x(\iota_1, j_2) = x_1^* x_1$ инвариантна относительно общего действия группы $SU_q(3; \iota_1, j_2)$, а другая $\mathrm{inv}_2 = x_2^* x_2 + j_2^2 x_3^* x_3$ инвариантна относительно действия в слое $\{x_2, x_3, x_2^*, x_3^*\}$, т.е. при $t_{11} = t_{12} = t_{21} = t_{13} = t_{31} = 0$.

12.6.2. Контракция $j_2 = \iota_2$. Квантовый детерминант (12.45) матрицы образующих принимает вид

$$\det{}_q T(\iota_1, j_2) = (t_{11} t_{22} - j_1^2 q t_{12} t_{21}) t_{33} = 1, \quad (12.63)$$

откуда следует, что $t_{33}^{-1} = t_{11} t_{22} - j_1^2 q t_{12} t_{21}$. Из коммутационных соотношений для образующих при контракции изменяются только соотношения (12.47):

$$[t_{11}, t_{22}] = j_1^2 \lambda t_{21} t_{12}, \quad [t_{11}, t_{23}] = j_1^2 \lambda t_{21} t_{13}, \quad [t_{11}, t_{32}] = j_1^2 \lambda t_{31} t_{12},$$

$$[t_{12}, t_{23}] = \lambda t_{22} t_{13}, \quad [t_{21}, t_{32}] = \lambda t_{31} t_{22},$$

$$[t_{11}, t_{33}] = [t_{22}, t_{33}] = [t_{21}, t_{33}] = [t_{12}, t_{33}] = 0. \quad (12.64)$$

Структура алгебры Хопфа задается ко单единицей $\varepsilon(t_{ik}) = \delta_{ik}$, $i, k = 1, 2, 3$, копроизведением (12.48), в котором

$$\Delta(t_{33}) = t_{33} \otimes t_{33}, \quad \Delta(t_{22}) = j_1^2 t_{21} \otimes t_{12} + t_{22} \otimes t_{22},$$

$$\Delta(t_{12}) = t_{11} \otimes t_{12} + t_{12} \otimes t_{22}, \quad \Delta(t_{21}) = t_{22} \otimes t_{11} + t_{22} \otimes t_{21},$$

$$\Delta(t_{11}) = t_{11} \otimes t_{11} + j_1^2 t_{12} \otimes t_{21}, \quad (12.65)$$

а остальные формулы не изменились, и антиподом

$$S(t_{13}) = q^{-2} t_{12} t_{23} - q^{-1} t_{13} t_{22}, \quad S(t_{31}) = q^2 t_{21} t_{32} - q^3 t_{22} t_{31},$$

$$S(t_{23}) = j_1^2 t_{13} t_{21} - q^{-1} t_{11} t_{23}, \quad S(t_{32}) = j_1^2 q^2 t_{12} t_{31} - q t_{11} t_{32},$$

$$S(t_{11}) = t_{22} t_{33}, \quad S(t_{22}) = t_{11} t_{33}, \quad S(t_{33}) = t_{11} t_{22} - j_1^2 q t_{12} t_{21} = t_{33}^{-1},$$

$$S(t_{12}) = -q^{-1} t_{12} t_{33}, \quad S(t_{21}) = -q t_{21} t_{33}. \quad (12.66)$$

Инволюция $T^*(j_1, \iota_2) = S(T(j_1, \iota_2))^t$ легко находится с помощью (12.66):

$$t_{11}^* = t_{22}t_{33}, \; t_{22}^* = t_{11}t_{33}, \; t_{33}^* = t_{33}^{-1}, \; t_{12}^* = -qt_{21}t_{33}, \; t_{21}^* = -q^{-1}t_{12}t_{33},$$

$$t_{13}^* = q^2 t_{21}t_{32} - q^3 t_{22}t_{31}, \quad t_{31}^* = q^{-2}t_{12}t_{23} - q^{-1}t_{13}t_{22},$$

$$t_{23}^* = j_1^2 q^2 t_{12}t_{31} - qt_{11}t_{32}, \quad t_{32}^* = j_1^2 t_{13}t_{21} - q^{-1}t_{11}t_{23}. \tag{12.67}$$

Квантовое пространство $\mathbf{C}_q^3(j_1, \iota_2)$ имеет такие же коммутационые соотношения образующих, как и $\mathbf{C}_q^3$. Образующие квантового пространства $\mathbf{C}_{q,q^{-1}}^6(j_1, \iota_2)$ удовлетворяют коммутационным соотношениям (12.21) за исключением двух коммутаторов

$$[x_1, y_1] = j_1^2(1 - q^2)y_2 x_2, \quad [x_2, y_2] = 0. \tag{12.68}$$

Пространство $\mathbf{C}_{q,q^{-1}}^6(j_1, \iota_2)$ представляет собой квантовый аналог расслоенного пространства с базой $\{x_1, x_2, y_1, y_2\}$ и слоем $\{x_3, y_3\}$. Действие квантовой группы $SL_q(3; j_1, \iota_2)$ на $\mathbf{C}_{q,q^{-1}}^6(j_1, \iota_2)$ описывается формулами

$$\delta(x_1) = t_{11} \otimes x_1 + j_1^2 t_{12} \otimes x_2, \quad \delta(x_2) = t_{21} \otimes x_1 + t_{22} \otimes x_2,$$

$$\delta(x_3) = t_{31} \otimes x_1 + t_{32} \otimes x_2 + t_{33} \otimes x_3,$$

$$\delta(y_1) = t_{22}t_{33} \otimes y_1 - j_1^2 qt_{21}t_{33} \otimes y_2, \; \delta(y_2) = -q^{-1}t_{12}t_{33} \otimes y_1 + t_{11}t_{33} \otimes y_2,$$

$$\delta(y_3) = (q^{-2}t_{12}t_{23} - q^{-1}t_{13}t_{22}) \otimes y_1 +$$

$$+ (j_1^2 t_{13}t_{21} - q^{-1}t_{11}t_{23}) \otimes y_2 + t_{33}^{-1} \otimes y_3 \tag{12.69}$$

и сохраняет билинейную форму $y^t x(j_1, \iota_2) = y_1 x_1 + j_1^2 y_2 x_2$. Вторая форма $\mathrm{inv}_2 = y_3 x_3$ инвариантна относительно действия в слое $\{x_3, y_3\}$, т.е. когда $t_{33} \neq 0$, а остальные образующие $t_{ik} = 0$.

При вещественном $q \in \mathbb{R}$ образующие контрактированной квантовой унитарной группы $SU_q(3; j_1, \iota_2)$ удовлетворяют соотношениям (12.67). Расслоенное квантовое эрмитово пространство $\mathbf{U}_q^3(j_1, \iota_2)$ = $\{x_k, x_k^*, \; k = 1, 2, 3\}$ с базой $\{x_1, x_2, x_1^*, x_2^*\}$ и слоем $\{x_3, x_3^*\}$ получается из $\mathbf{C}_{q,q^{-1}}^6(j_1, \iota_2)$ заданием антиинволюции $y_1 = x_1^*$, $y_2 = x_2^*$, $y_3 = x_3^*$. Коммутационные соотношения его образующих $x_k, x_k^*, \; k = 1, 2, 3$ без труда находятся из (12.21) и (12.68). Действие квантовой группы $SU_q(3; j_1, \iota_2)$ на пространстве $\mathbf{U}_q^3(j_1, \iota_2)$ получается из (12.69) подстановкой $y_k \to x_k^*, k = 1, 2, 3$. Вырожденная эрмитова квадратичная форма распадается на две формы: одна $x^{*t}x(j_1, \iota_2) = x_1^* x_1 + j_1^2 x_2^* x_2$ инвариантна относительно общего действия группы $SU_q(3; j_1, \iota_2)$, а другая $inv_2 = x_3^* x_3$ инвариантна относительно действия в слое $\{x_3, x_3^*\}$.

12.6.3. Двумерная контракция $j_1 = \iota_1, j_2 = \iota_2$. Квантовый детерминант (12.45) матрицы образующих имеет особенно простой вид:

$$\det_q T(\iota_1, \iota_2) = t_{11}t_{22}t_{33} = 1. \tag{12.70}$$

Коммутационные соотношения для образующих квантовой группы $SL_q(3; \iota_1, \iota_2)$ описываются соотношениями (12.47), в которых коммутаторы типа $[A, B] = \lambda CD$ теперь равны

$$[t_{11}, t_{22}] = [t_{11}, t_{33}] = [t_{22}, t_{33}] = [t_{11}, t_{23}] = [t_{11}, t_{32}] = [t_{21}, t_{33}] = 0,$$
$$[t_{12}, t_{33}] = 0, \quad [t_{12}, t_{23}] = \lambda t_{22} t_{13}, \quad [t_{21}, t_{32}] = \lambda t_{31} t_{22}. \tag{12.71}$$

Алгебра Хопфа задается коединицей $\varepsilon(t_{ik}) = \delta_{ik}$, $i, k = 1, 2, 3$, копроизведением, полученным из (12.48):

$$\Delta(t_{11}) = t_{11} \otimes t_{11}, \quad \Delta(t_{22}) = t_{22} \otimes t_{22}, \quad \Delta(t_{33}) = t_{33} \otimes t_{33},$$
$$\Delta(t_{12}) = t_{11} \otimes t_{12} + t_{12} \otimes t_{22}, \quad \Delta(t_{21}) = t_{21} \otimes t_{11} + t_{22} \otimes t_{21},$$
$$\Delta(t_{13}) = t_{11} \otimes t_{13} + t_{12} \otimes t_{23} + t_{13} \otimes t_{33},$$
$$\Delta(t_{31}) = t_{31} \otimes t_{11} + t_{32} \otimes t_{21} + t_{33} \otimes t_{21},$$
$$\Delta(t_{23}) = t_{22} \otimes t_{23} + t_{23} \otimes t_{33}, \quad \Delta(t_{32}) = t_{32} \otimes t_{22} + t_{33} \otimes t_{32} \tag{12.72}$$

и антиподом, полученным из (12.49):

$$S(t_{12}) = -q^{-1} t_{12} t_{33}, \quad S(t_{21}) = -q t_{21} t_{33},$$
$$S(t_{13}) = q^{-2} t_{12} t_{23} - q^{-1} t_{13} t_{22}, \quad S(t_{31}) = q^2 t_{21} t_{32} - q^3 t_{22} t_{31},$$
$$S(t_{11}) = t_{22} t_{33} = t_{11}^{-1}, \quad S(t_{22}) = t_{11} t_{33} = t_{22}^{-1}, \quad S(t_{33}) = t_{11} t_{22} = t_{33}^{-1},$$
$$S(t_{23}) = -q^{-1} t_{11} t_{23}, \quad S(t_{32}) = -q t_{11} t_{32}. \tag{12.73}$$

Инволюция, определяемая соотношением $T^*(\iota_1, \iota_2) = S(T(\iota_1, \iota_2))^t$, находится из (12.73):

$$t_{11}^* = t_{11}^{-1}, \quad t_{22}^* = t_{11} t_{33} = t_{22}^{-1}, \quad t_{33}^* = t_{11} t_{22} = t_{33}^{-1},$$
$$t_{23}^* = -q t_{11} t_{32}, \quad t_{32}^* = -q^{-1} t_{11} t_{23}, \quad t_{12}^* = -q t_{21} t_{33}, \quad t_{21}^* = -q^{-1} t_{12} t_{33},$$
$$t_{13}^* = q^2 t_{21} t_{32} - q^3 t_{22} t_{31}, \quad t_{31}^* = q^{-2} t_{12} t_{23} - q^{-1} t_{13} t_{22}. \tag{12.74}$$

Квантовое пространство $\mathbf{C}_q^3(\iota_1, \iota_2)$ имеет такие же коммутационные соотношения образующих, как и $\mathbf{C}_q^3$. Образующие квантового пространства $\mathbf{C}_{q,q^{-1}}^6(\iota_1, \iota_2)$ удовлетворяют коммутационным соотношениям (12.21) за исключением двух нулевых коммутаторов

$$[x_1, y_1] = 0, \quad [x_2, y_2] = 0. \tag{12.75}$$

Оно является квантовым аналогом дважды расслоенного пространства. Первая проекция $\mathrm{pr}_1 : \mathbf{C}_{q,q^{-1}}^6(\iota_1, \iota_2) \to \{x_1, y_1\}$ имеет слой, порождаемый образующими x_2, x_3, y_2, y_3. В этом слое, в свою очередь, задана проекция $\mathrm{pr}_2 : \{x_2, x_3, y_2, y_3\} \to \{x_2, y_2\}$, имеющая второй слой, порождаемый образующими x_3, y_3. Действие квантовой группы $SL_q(3; \iota_1, \iota_2)$ на $\mathbf{C}_{q,q^{-1}}^6(\iota_1, \iota_2)$ описывается формулами

$$\delta(x_1) = t_{11} \otimes x_1, \quad \delta(x_2) = t_{21} \otimes x_1 + t_{22} \otimes x_2,$$
$$\delta(x_3) = t_{31} \otimes x_1 + t_{32} \otimes x_2 + t_{33} \otimes x_3,$$

$$\delta(y_1) = t_{11}^{-1} \otimes y_1, \quad \delta(y_2) = -q^{-1}t_{12}t_{33} \otimes y_1 + t_{22}^{-1} \otimes y_2,$$

$$\delta(y_3) = (q^{-2}t_{12}t_{23} - q^{-1}t_{13}t_{22}) \otimes y_1 - q^{-1}t_{11}t_{23} \otimes y_2 + t_{33}^{-1} \otimes y_3 \quad (12.76)$$

и сохраняет три билинейные формы: одну $y^t x(\iota_1, j_2) = y_1 x_1$ относительно общего действия (12.76), вторую $\mathrm{inv}_2 = y_2 x_2$ относительно действия в первом слое $\{x_2, x_3, y_2, y_3\}$, т.е. при $t_{11} = t_{12} = t_{21} = t_{13} = t_{31} = 0$, а третью $\mathrm{inv}_3 = y_3 x_3$ относительно действия во втором слое $\{x_3, y_3\}$, т.е. когда $t_{33} \neq 0$, а остальные образующие $t_{ik} = 0$.

При $q \in \mathbb{R}$ образующие контрактированной квантовой унитарной группы $SU_q(3; \iota_1, \iota_2)$ удовлетворяют соотношениям (12.74). Дважды расслоенное квантовое эрмитово пространство $\mathbf{U}_q^3(\iota_1, \iota_2) = \{x_k, x_k^*, \; k = 1, 2, 3\}$ получается из $\mathbf{C}_{q,q^{-1}}^6(\iota_1, \iota_2)$ заданием антиинволюции $y_1 = x_1^*$, $y_2 = x_2^*$, $y_3 = x_3^*$. Коммутационные соотношения образующих x_k, x_k^*, $k = 1, 2, 3$ этого пространства без труда находятся из (12.21) и (12.75). Действие квантовой группы $SU_q(3; \iota_1, \iota_2)$ на пространстве $\mathbf{U}_q^3(\iota_1, \iota_2)$ получается из (12.76) заменой $y_k \to x_k^*$, $k = 1, 2, 3$. Эрмитова квадратичная форма в расслоенном пространстве вырождена и распадается на три формы. Первая $x^{*t} x(\iota_1, \iota_2) = x_1^* x_1$ инвариантна относительно общего действия группы $SU_q(3; \iota_1, \iota_2)$, вторая $\mathrm{inv}_2 = x_2^* x_2 + j_2^2 x_3^* x_3$ инвариантна относительно действия в первом слое $\{x_2, x_3, x_2^*, x_3^*\}$, т.е. при $t_{11} = t_{12} = t_{21} = t_{13} = t_{31} = 0$, а третья $\mathrm{inv}_3 = x_3^* x_3$ инвариантна относительно действия во втором слое.

12.7. Изоморфизм квантовых алгебр $su_v(2; j)$ и $so_z(3; j)$

12.7.1. Квантовая унитарная группа $SU_q(2)$.
Квантовая унитарная группа $SU_q(2)$ порождается матрицей с некоммутативными элементами, которую с учетом (12.8) и (12.14) запишем в виде

$$T = \begin{pmatrix} \widetilde{a} & \widetilde{b} \\ -q^{-1}\widetilde{b}^* & \widetilde{a}^* \end{pmatrix} = \begin{pmatrix} \widetilde{a}_1 + i\widetilde{a}_2 & \widetilde{b}_1 + i\widetilde{b}_2 \\ -e^{-\widetilde{z}}(\widetilde{b}_1 - i\widetilde{b}_2) & \widetilde{a}_1 - i\widetilde{a}_2 \end{pmatrix},$$

$$\det\nolimits_q T = \widetilde{a}_1^2 + \widetilde{a}_2^2 + \left(\widetilde{b}_1^2 + \widetilde{b}_2^2\right) e^{-\widetilde{z}} \operatorname{ch} \widetilde{z} = 1, \quad (12.77)$$

где параметр деформации $q = e^{\widetilde{z}}$, а звездочка обозначает комплексное сопряжение. Коммутационные соотношения образующих задаются с помощью R-матрицы (12.7):

$$R_{\widetilde{z}} = \begin{pmatrix} q & 0 & 0 & 0 \\ 0 & 1 & 0 & 0 \\ 0 & \lambda & 1 & 0 \\ 0 & 0 & 0 & q \end{pmatrix} = \begin{pmatrix} e^{\widetilde{z}} & 0 & 0 & 0 \\ 0 & 1 & 0 & 0 \\ 0 & 2\operatorname{sh}\widetilde{z} & 1 & 0 \\ 0 & 0 & 0 & e^{\widetilde{z}} \end{pmatrix}. \quad (12.78)$$

Утверждение 12.7.1. *Квантовая группа $SU_v(2;j)$, $j = (j_1, j_2)$ задается соотношениями* (12.24)–(12.26) *с матрицей образующих*

$$T(j) = \begin{pmatrix} a(j) & b(j) \\ -e^{-j_1 j_2 v} b^*(j) & a^*(j) \end{pmatrix} =$$

$$= \begin{pmatrix} a_1 + i j_1 j_2 a_2 & j_1 b_1 + i j_2 b_2 \\ -e^{-j_1 j_2 v}(j_1 b_1 - i j_2 b_2) & a_1 - i j_1 j_2 a_2 \end{pmatrix},$$

$$\det{}_q T(j) = a_1^2 + j_1^2 j_2^2 a_2^2 + \left(j_1^2 b_1^2 + j_2^2 b_2^2\right) e^{-j_1 j_2 v} \operatorname{ch} j_1 j_2 v = 1. \quad (12.79)$$

В явном виде: антипод

$$S(T(j)) = \begin{pmatrix} a_1 - i j_1 j_2 a_2 & -e^{-j_1 j_2 v}(j_1 b_1 + i j_2 b_2) \\ j_1 b_1 - i j_2 b_2 & a_1 + i j_1 j_2 a_2 \end{pmatrix}, \quad (12.80)$$

R-матрица

$$R_v(j) = \begin{pmatrix} e^{j_1 j_2 v} & 0 & 0 & 0 \\ 0 & 1 & 0 & 0 \\ 0 & 2 \operatorname{sh} j_1 j_2 v & 1 & 0 \\ 0 & 0 & 0 & e^{j_1 j_2 v} \end{pmatrix} \quad (12.81)$$

и коммутационные соотношения

$$[b_1, b_2] = 0, \quad [a_1, a_2] = -i(j_1^2 b_1^2 + j_2^2 b_2^2) e^{-j_1 j_2 v} \frac{1}{j_1 j_2} \operatorname{sh} j_1 j_2 v,$$

$$a_1 b_1 = b_1 a_1 \operatorname{ch} j_1 j_2 v + i j_1 j_2 b_1 a_2 \operatorname{sh} j_1 j_2 v,$$

$$a_1 b_2 = b_2 a_1 \operatorname{ch} j_1 j_2 v + i j_1 j_2 b_2 a_2 \operatorname{sh} j_1 j_2 v,$$

$$a_2 b_1 = b_1 a_2 \operatorname{ch} j_1 j_2 v - i b_1 a_1 \frac{1}{j_1 j_2} \operatorname{sh} j_1 j_2 v,$$

$$a_2 b_2 = b_2 a_2 \operatorname{ch} j_1 j_2 v - i b_2 a_1 \frac{1}{j_1 j_2} \operatorname{sh} j_1 j_2 v. \quad (12.82)$$

В частности, когда оба параметра равны нильпотентным единицам $j_1 = \iota_1, j_2 = \iota_2$ получаем из (12.79) $a_1 = 1$, а коммутационные соотношения (12.82) становятся следующими:

$$[b_1, b_2] = 0, \quad [b_1, a_2] = i v b_1, \quad [b_2, a_2] = i v b_2. \quad (12.83)$$

Матрица образующих (12.79) и R-матрица (12.81) находятся из (12.77) и (12.78) следующим преобразованием параметра деформации и образующих:

$$\widetilde{z} = j_1 j_2 v, \quad \widetilde{a}_1 = a_1, \quad \widetilde{a}_2 = j_1 j_2 a_2, \quad \widetilde{b}_1 = j_1 b_1, \quad \widetilde{b}_2 = j_2 b_2. \quad (12.84)$$

12.7.2. Алгебра $su_v(2;j)$ как двойственная к $SU_v(2;j)$. Образующие двойственной к $SU_q(2)$ квантовой алгебры $su_{\widetilde{z}}(2)$ записываются в компактном виде с помощью матриц

$$L^{(+)} = \begin{pmatrix} \widetilde{t} & \widetilde{u}_1 + i\widetilde{u}_2 \\ 0 & \widetilde{t}^{-1} \end{pmatrix}, \quad L^{(-)} = \begin{pmatrix} \widetilde{t}^{-1} & 0 \\ -e^{\widetilde{z}}(\widetilde{u}_1 - i\widetilde{u}_2) & \widetilde{t} \end{pmatrix}. \quad (12.85)$$

Как и в разделе 9.5, определим квантовую алгебру $su_v(2;j)$, двойственную к квантовой группе $SU_v(2;j)$, соотношениями (9.115)

$$\langle L^{(\pm)}(j), T(j) \rangle = R^{(\pm)}(j), \tag{12.86}$$

где $L^{(\pm)}(j)$ имеют вид

$$L^{(-)}(\mathbf{j}) = \begin{pmatrix} t^{-1} & 0 \\ -e^{j_1 j_2 v}\overline{u} & t \end{pmatrix} = \begin{pmatrix} t^{-1} & 0 \\ -e^{j_1 j_2 v}(j_1^{-1}u_1 - ij_2^{-1}u_2) & t \end{pmatrix},$$

$$L^{(+)}(\mathbf{j}) = \begin{pmatrix} t & u \\ 0 & t^{-1} \end{pmatrix} = \begin{pmatrix} t & j_1^{-1}u_1 + ij_2^{-1}u_2 \\ 0 & t^{-1} \end{pmatrix} \tag{12.87}$$

и действуют на полиномы первого порядка от образующих квантовой группы $SU_v(2;j)$. Матрицы $R^{(\pm)}(j)$ выражаются через R-матрицу (12.81) формулами

$$R(j) = e^{-j_1 j_2 v} R_v(j), \quad \det R(j) = 1,$$

$$R^{(-)}(j) = R^{-1}(j), \quad R^{(+)}(j) = PR(j)P, \quad P(a \otimes b) = b \otimes a. \tag{12.88}$$

Матрицы (12.87) могут быть получены из (12.85) следующим (контракционным) преобразованием параметра деформации и образующих:

$$\widetilde{z} = j_1 j_2 v, \quad \widetilde{u}_1 = u_1/j_1, \quad \widetilde{u}_2 = u_2/j_2, \quad \widetilde{H} = H/j_1 j_2, \tag{12.89}$$

где $\widetilde{t} = \exp(\widetilde{z}\widetilde{H}/2)$, $t = \exp(vH/2)$. В явном виде действие (12.86) задается формулами

$$t(b) = t(\overline{b}) = u(b) = \overline{u}(\overline{b}) = u(a) = u(\overline{a}) = 0,$$

$$t(a) = x, \quad t(\overline{a}) = x^{-1}, \quad u(\overline{b}) = -x\lambda, \quad \overline{u}(b) = x^{-1}\lambda, \tag{12.90}$$

где $x = e^{j_1 j_2 v/2}$, $\lambda = 2\,\mathrm{sh}\,j_1 j_2 v$. Соотношения (12.90) преобразуются к виду

$$u_k(a_1) = u_k(a_2) = 0, \quad t(a_1) = \mathrm{ch}\,j_1 j_2 \frac{v}{2}, \quad t(a_2) = -i\frac{1}{j_1 j_2}\,\mathrm{sh}\,j_1 j_2 \frac{v}{2},$$

$$u_1(b_2) = -ij_1^2 \frac{\mathrm{sh}\,j_1 j_2 v}{j_1 j_2}\mathrm{ch}\,j_1 j_2 \frac{v}{2}, \quad u_2(b_1) = ij_2^2 \frac{\mathrm{sh}\,j_1 j_2 v}{j_1 j_2}\mathrm{ch}\,j_1 j_2 \frac{v}{2}.$$

$$u_k(b_k) = -\,\mathrm{sh}\,j_1 j_2\,\mathrm{sh}\,j_1 j_2 \frac{v}{2}, \quad k = 1, 2. \tag{12.91}$$

Замечание 12.7.1. Формулы (12.91) при $j_1 = j_2 = 1$ описывают квантовую алгебру $su_{\widetilde{z}}(2)$.

Замечание 12.7.2. На первый взгляд, недиагональные элементы матриц $L^{(\pm)}(j)$ (12.87) не определены при нильпотентных значениях контракционных параметров j_k, поскольку деление вещественных или комплексных чисел на нильпотентные единицы ι_k не определено. Однако матрицы $L^{(\pm)}(j)$ представляют собой *линейные* функционалы от нильпотентных переменных $j_k b_k$, поэтому результат их *действия* на образующие квантовой группы $SU_v(2;j)$ — это хорошо определенные выражения (12.91).

Определение 12.7.1. Квантовая унитарная алгебра $su_v(2;j)$ задается соотношениями

$$R^{(+)}(j)L_1^{(+)}(j)L_2^{(-)}(j) = L_2^{(-)}(j)L_1^{(+)}(j)R^{(+)}(j), \qquad (12.92)$$

$$u_1 t = tu_1 \operatorname{ch} j_1 j_2 v + i j_1^2 tu_2 \frac{\operatorname{sh} j_1 j_2 v}{j_1 j_2}, \quad u_2 t = tu_2 \operatorname{ch} j_1 j_2 v - i j_2^2 tu_1 \frac{\operatorname{sh} j_1 j_2 v}{j_1 j_2},$$

$$[j_1^{-1} u_1, j_2^{-1} u_2] = -2i e^{-j_1 j_2 v} \operatorname{sh} j_1 j_2 v \operatorname{sh} vH. \qquad (12.93)$$

$$\Delta L^{(\pm)}(j) = L^{(\pm)}(j) \dot{\otimes} L^{(\pm)}(j), \quad \varepsilon(L^{(\pm)}(j)) = I,$$

$$\Delta t = t \otimes t, \quad \Delta u_k = t \otimes u_k + u_k \otimes t^{-1}, \quad k = 1, 2,$$

$$\varepsilon(t) = 1, \quad \varepsilon(u_1) = \varepsilon(u_2) = 0, \qquad (12.94)$$

$$S(L^{(+)}(j)) = \begin{pmatrix} t^{-1} & -e^{j_1 j_2 v}(j_1^{-1} u_1 + i j_2^{-1} u_2) \\ 0 & t \end{pmatrix},$$

$$S(L^{(-)}(j)) = \begin{pmatrix} t & 0 \\ (j_1^{-1} u_1 - i j_2^{-1} u_2) & t^{-1} \end{pmatrix}. \qquad (12.95)$$

12.7.3. Изоморфизм $su_v(2;j)$ и $so_v(3;j)$ при разных сочетаниях схемы контракций Кэли–Клейна и структуры алгебры Хопфа. Квантовая унитарная алгебра $su_v(2;j)$ определена как *двойственный* объект к квантовой группе $SU_v(2;j)$. В этом разделе покажем, что она изоморфна ортогональной квантовой алгебре $so_z(3;j)$. Квантовый аналог универсальной обертывающей алгебры для алгебры $so(3;j)$ с вращательным генератором X_{02} в качестве примитивного элемента описан в разделе 10.3.1. Структура алгебры Хопфа для алгебры $so_z(3;j;X_{02})$ задается соотношениями (10.17). Как и для недеформированных алгебр, имеет место следующее утверждение.

Утверждение 12.7.2. *Квантовая унитарная алгебра $su_v(2;j)$ (12.92)–(12.95) изоморфна квантовой ортогональной алгебре Кэли–Клейна $so_z(3;j;X_{02})$ (10.17).*

Доказательство. Легко проверить, что соотношения предыдущего раздела переходят в соответствующие выражения (10.17) следующими заменами параметра деформации v и образующих $t, j_k^{-1} u_k$ на параметр деформации z и образующие X:

$$v = \frac{i}{2} z, \quad t = e^{vH/2}, \quad H = -2i X_{02}, \quad j_1^{-1} u_1 = 2i j_1 D e^{-i j_1 j_2 z/4} X_{12},$$

$$j_2^{-1} u_2 = 2i j_2 D e^{-i j_1 j_2 z/4} X_{01}, \quad D = i\left(\frac{z}{2 j_1 j_2} \sin j_1 j_2 \frac{z}{2}\right)^{1/2}. \qquad (12.96)$$

$$\square$$

Необходимо принять во внимание несколько разные определения антипода $\widetilde{S}$ в разделе 10.3.1:

$$\widetilde{S}(X) = -e^{z X_{02}/2} X e^{-z X_{02}/2} = -e^{vH/2} X e^{-vH/2} \qquad (12.97)$$

и антипода (12.95) квантовой алгебры $su_v(2; j)$

$$S(u_k) = -e^{-vH/2}u_k e^{vH/2}. \qquad (12.98)$$

Это различие приводит к различию в знаках, когда уравнения (12.95) преобразуются с помощью (12.96) по сравнению с (10.17).

При другом сочетании схемы контракций Кэли–Клейна с квантовой структурой, когда генератор X_{12} является примитивным элементом алгебры Хопфа, квантовая алгебра $so_z(3; j; X_{12})$ задается соотношениями (10.24). Прежде чем переходить к алгебрам, рассмотрим квантовую унитарную группу.

Обозначим $SU_v^{(II)}(2; j)$ квантовую унитарную группу, порождаемую образующими

$$T(j) = \begin{pmatrix} a_1 + ij_2 a_2 & j_1(b_1 + ij_2 b_2) \\ -e^{-j_2 v}j_1(b_1 - ij_2 b_2) & a_1 - ij_2 a_2 \end{pmatrix},$$

$$\det_q T(j) = a_1^2 + j_2^2 a_2^2 + j_1^2 \left(b_1^2 + j_2^2 b_2^2 \right) e^{-j_2 v} \operatorname{ch} j_2 v = 1 \qquad (12.99)$$

и R-матрицей

$$R_v(j) = \begin{pmatrix} e^{j_2 v} & 0 & 0 & 0 \\ 0 & 1 & 0 & 0 \\ 0 & 2\operatorname{sh} j_2 v & 1 & 0 \\ 0 & 0 & 0 & e^{j_2 v} \end{pmatrix}. \qquad (12.100)$$

Матрицы (12.99), (12.100) получаются из матриц (12.77), (12.78) преобразованиями

$$\tilde{z} = j_2 v, \quad \tilde{a}_1 = a_1, \quad \tilde{a}_2 = j_2 a_2, \quad \tilde{b}_1 = j_1 b_1, \quad \tilde{b}_2 = j_1 j_2 b_2. \qquad (12.101)$$

Двойственная к (12.99) квантовая алгебра $su_v^{(II)}(2; j)$ определяется уравнениями (12.86), где матрицы $L^{(\pm)}(j)$ имеют вид

$$L^{(+)}(j) = \begin{pmatrix} t & j_1^{-1}(u_1 + ij_2^{-1}u_2) \\ 0 & t^{-1} \end{pmatrix},$$

$$L^{(-)}(j) = \begin{pmatrix} t^{-1} & 0 \\ -e^{j_2 v}j_1^{-1}(u_1 - ij_2^{-1}u_2) & t \end{pmatrix} \qquad (12.102)$$

и получаются из (12.85) контракционными преобразованиями

$$\tilde{z} = j_2 v, \quad \tilde{H} = H/j_2, \quad \tilde{u}_1 = u_1/j_1, \quad \tilde{u}_2 = u_2/j_1 j_2, \qquad (12.103)$$

где $t = \exp(vH/2)$. Ненулевые действия функционалов t, u_k на a, b_k находятся из уравнений (12.86) и имеют вид

$$t(a_1) = \operatorname{ch} j_2 \frac{v}{2}, \quad t(a_2) = -\frac{i}{j_2}\operatorname{sh} j_2 \frac{v}{2}, \quad u_1(b_1) = u_2(b_2) = -\operatorname{sh} j_2 v \operatorname{sh} j_2 \frac{v}{2},$$

$$u_1(b_2) = -\frac{i}{j_2}\operatorname{sh} j_2 v \operatorname{ch} j_2 \frac{v}{2}, \quad u_2(b_1) = ij_2 \operatorname{sh} j_2 v \operatorname{ch} j_2 \frac{v}{2}. \qquad (12.104)$$

Коммутационные соотношения получаются из (12.92):

$$[H, u_1] = -2iu_2, \quad [H, u_2] = 2ij_2^2 u_1,$$
$$[u_2, u_1] = 2ij_1^2 j_2 e^{-j_2 v} \,\text{sh}\, j_2 v \,\text{sh}\, vH. \tag{12.105}$$

Утверждение 12.7.3. *Квантовая унитарная алгебра $su_v^{(II)}(2;j)$ (12.102)–(12.105) изоморфна $so_z(3;j;X_{12})$ (10.24).*

Доказательство. Оно сводится к предъявлению явных формул. Выражения образующих H, u_k через вращательные генераторы $X_{\mu\nu}$ алгебры $so_z(3;j;X_{12})$ имеют вид

$$v = i\frac{z}{2}, \quad H = -2iX_{12}, \quad u_1 = FX_{02}, \quad j_2^{-1}u_2 = -j_2 FX_{01},$$
$$F = e^{-ij_2 z/4}\left(\frac{2z}{j_2}\sin j_2 \frac{z}{2}\right)^{1/2}. \tag{12.106}$$

□

Контракции квантовых групп и алгебр отвечают нильпотентным значениям параметров j_k. В частности, квантовая евклидова алгебра $so_z(3;\iota_1,1;X_{12})$ описывается формулами (10.24) при $j_1 = \iota_1, j_2 = 1$. Параметр деформации не меняется, поскольку $j_2 = 1$. Двойственная к ней квантовая евклидова группа реализуется как алгебра Хопфа некоммутативных функций с нильпотентными переменными (ср. [8, 125, 189]).

Третье возможное сочетание структуры алгебры Хопфа и схемы контракций Кэли–Клейна связано с выбором X_{01} в качестве примитивного элемента, что приводит к квантовой ортогональной алгебре $so_z(3;j;X_{01})$ (10.22). Квантовая группа $SU_v^{(I)}(2;j)$ находится из (12.77) преобразованиями

$$\tilde{z} = j_1 v, \quad \tilde{a}_1 = a_1, \quad \tilde{a}_2 = j_1 a_2, \quad \tilde{b}_1 = j_1 j_2 b_1, \quad \tilde{b}_2 = j_2 b_2, \tag{12.107}$$

а матрицы $L^{(\pm)}(j)$, определяющие квантовую алгебру $su_v^{(I)}(2;j)$, получаются из (12.85) преобразованиями

$$\tilde{z} = j_1 v, \quad \tilde{H} = H/j_1, \quad \tilde{u}_1 = u_1/j_1 j_2, \quad \tilde{u}_2 = u_2/j_2. \tag{12.108}$$

Соотношения (10.22) при $j_1 = \iota_1$, $j_2 = 1$ описывают квантовую евклидову алгебру, которая была получена в работе [125] контракцией алгебры $su_q(2)$. Параметр деформации в этом случае преобразуется.

12.7.4. Представления алгебры $su_z(2;j_1)$ в базисе Гельфанда–Цетлина. В случае квантовой алгебры $su_q(2;j_1)$, следуя работам [165, 166, 209], заменим множители в окончательных выражениях (3.15) для генераторов $J_\pm$ их q-аналогами. В результате получим генераторы неприводимого представления

$$J_\pm|l,m\rangle = \frac{1}{\sqrt{2}}\sqrt{[l \mp j_1 m][l \pm j_1 m + j_1]}\,|l, m \pm 1\rangle,$$

$$J_3|l, m\rangle = m|l, m\rangle, \tag{12.109}$$

где q-аналог числа x определяется формулой

$$[x] = \frac{\mathrm{sh}(xh)}{\mathrm{sh}(h)}, \quad q = e^h. \tag{12.110}$$

Генераторы (12.109) удовлетворяют коммутационным соотношениям

$$[J_3, J_\pm] = \pm J_\pm, \quad [J_+, J_-] = [j_1][j_1 J_3], \tag{12.111}$$

которые при $j_1 = 1$ совпадают с хорошо известными коммутационными соотношениями квантовой алгебры $su_q(2)$.

Следующие выражения для коумножения Δ, коединицы ε и антипода S определяют структуру алгебры Хопфа на квантовой алгебре $su_q(2; j_1)$:

$$\varepsilon(J_\pm) = \varepsilon(J_3) = 0, \quad \gamma(J_3) = -J_3, \quad S(J_\pm) = -e^{hJ_3}J_\pm e^{-hJ_3} = -J_\pm e^{\pm h},$$

$$\Delta(J_\pm) = J_\pm \otimes e^{-hJ_3} + e^{hJ_3} \otimes J_\pm, \quad \Delta(J_3) = J_3 \otimes 1 + 1 \otimes J_3. \tag{12.112}$$

Из определения (12.110) получаем q-аналог нильпотентной единицы

$$[\iota_1] = \frac{\mathrm{sh}(\iota_1 h)}{\mathrm{sh}(h)} = \frac{\iota_1}{[1]_h}, \quad [1]_h = \frac{\mathrm{sh}(h)}{h}, \tag{12.113}$$

тогда второй коммутатор в (12.111) обращается в ноль $[J_+, J_-] = 0$, а генераторы (12.109) принимают вид

$$J_\pm|l, m\rangle = [l]|l, m \pm 1\rangle, \quad J_3|l, m\rangle = m|l, m\rangle, \quad l \geqslant 0, \ m \in Z \tag{12.114}$$

и реализуют бесконечномерное неприводимое представление контрактированной квантовой алгебры $su_q(2; \iota_1)$.

Глава 13
КВАНТОВЫЕ СИМПЛЕКТИЧЕСКИЕ ГРУППЫ КЭЛИ–КЛЕЙНА

В этой главе рассматриваются квантовые симплектические группы Кэли–Клейна и ассоциированные с ними некоммутативные квантовые пространства при разных сочетаниях схемы контракций Кэли–Клейна и структуры алгебры Хопфа.

13.1. Квантовые симплектические группы и пространства

Квантовая симплектическая группа $Sp_q(n)$ определяется вполне аналогично квантовой ортогональной группе. Она ассоциируется с матрицей R_q вида

$$R_q = q \sum_{\substack{i=1 \\ i \neq i'}}^{N} e_{ii} \otimes e_{ii} + \sum_{\substack{i,k=1 \\ i \neq k,k'}}^{N} e_{ii} \otimes e_{kk} + q^{-1} \sum_{\substack{i=1 \\ i \neq i'}}^{N} e_{i'i'} \otimes e_{ii} +$$

$$+ \lambda \sum_{\substack{i,k=1 \\ i>k}}^{N} e_{ik} \otimes e_{ki} - \lambda \sum_{\substack{i,k=1 \\ i>k}}^{N} q^{\rho_i - \rho_k} \varepsilon_i \varepsilon_k e_{ik} \otimes e_{i'k'}, \qquad (13.1)$$

где $N = 2n$, $\lambda = q - q^{-1}$, $(\rho_1, \dots, \rho_{2n}) = (n, n-1, \dots, 1, -1, \dots, -n + 1, -n)$, $\varepsilon_i = 1$ при $i = 1, \dots, n$ и $\varepsilon_i = -1$ при $i = n+1, \dots, N$, $i' = N + 1 - i$, с помощью которой определяются коммутационные соотношения (9.4) ее образующих $T = (t_{ij})_{i,j=1}^{2n}$. В алгебре $Sp_q(n)$ имеют место дополнительные соотношения вида

$$TCT^t = C, \quad T^t C^{-1} T = C^{-1}, \qquad (13.2)$$

где $C = C_0 q^\rho$, причем $\rho = diag(\rho_1, \dots, \rho_N)$, $(C_0)_{ij} = \varepsilon_i \delta_{i'j}$, $i, j = 1, \dots, N$ и $C^2 = -I$.

Алгебра функций на квантовой группе $Sp_q(n)$ и является алгеброй Хопфа с коумножением (9.5) и коединицей (9.6) Антипод задается выражением

$$S(T) = CT^t C^{-1}, \quad i, j = 1, \dots, n,$$

$$S(t_{ik}) = q^{i-k} t_{k'i'}, \quad S(t_{ik'}) = -q^{i-k'-1} t_{ki'},$$

$$S(t_{i'k}) = -q^{i'-k+1} t_{k'i}, \quad S(t_{i'k'}) = q^{k-i} t_{ki} = q^{i'-k'} t_{ki}, \qquad (13.3)$$

и обладает свойством

$$S^2(T) = (CC^t)T(CC^t)^{-1}. \tag{13.4}$$

Выбор многочлена $f(t) = t - q$ в соотношении (9.7) приводит к $2n$-мерному квантовому симплектическому пространству $\mathbf{Sp}_q^{2n}$ с образующими $\widehat{x}_1, \ldots, \widehat{x}_{2n}$ и коммутационными соотношениями

$$\widehat{R}_q(\widehat{x} \otimes \widehat{x}) = q(\widehat{x} \otimes \widehat{x}), \tag{13.5}$$

где $\widehat{R}_q = PR_q$, $P(a \otimes b) = b \otimes a$. В явном виде

$$\widehat{x}_i\widehat{x}_k = q\widehat{x}_k\widehat{x}_i, \quad 1 \leqslant i < k \leqslant 2n, \ i \neq k',$$

$$[\widehat{x}_{i'}, \widehat{x}_i] = \lambda q \sum_{l=1}^{i'-1} q^{\rho_{i'} - \rho_l} \varepsilon_{i'} \varepsilon_l \widehat{x}_l \widehat{x}_{l'}, \quad 1 \leqslant i < i' \leqslant 2n. \tag{13.6}$$

В алгебре $\mathbf{Sp}_q^N$ выполняется равенство

$$\widehat{x}^t C \widehat{x} = \sum_{k=1}^{N} q^{-\rho_k} \varepsilon_k \widehat{x}_k \widehat{x}_{k'} = 0, \tag{13.7}$$

с учетом которого последние коммутаторы в (13.6) можно переписать в виде

$$[\widehat{x}_i, \widehat{x}_{i'}] = \lambda q \sum_{k=1}^{i} q^{i-k} \widehat{x}_{k'} \widehat{x}_k, \quad i = 1, \ldots, n. \tag{13.8}$$

Квантовое симплектическое пространство $\mathbf{Sp}_q^{2n}$ вкладывается в квантовую группу $Sp_q(n)$ как первый столбец матрицы образующих $\widehat{x}_k = t_{k1}$, $k = 1, \ldots, n$. Не зависящее от выбора R-матрицы действие δ квантовой группы $Sp_q(n)$ на квантовом симплектическом пространстве $\mathbf{Sp}_q^{2n}$

$$\delta(\widehat{x}) = T \dot{\otimes} \widehat{x}, \quad \delta(\widehat{x}_i) = \sum_{k=1}^{n} t_{ik} \otimes \widehat{x}_k, \ i = 1, \ldots, n \tag{13.9}$$

сохраняет билинейную форму $\widehat{x}^t \dot{\otimes} C \widehat{y}$,

$$\widehat{x}^t \dot{\otimes} C \widehat{y} = \sum_{k=1}^{n} \left(q^{-(n+1-k)} \widehat{x}_k \otimes \widehat{y}_{k'} - q^{(n+1-k)} \widehat{x}_{k'} \otimes \widehat{y}_k \right), \tag{13.10}$$

т.е. $m(\delta \otimes \delta)(\widehat{x}^t \dot{\otimes} C \widehat{y}) = 1 \otimes \widehat{x}^t \dot{\otimes} C \widehat{y}$, где $m : Sp_q(n) \otimes Sp_q(n) \to Sp_q(n)$ есть отображение умножения.

Вещественные формы квантовой симплектической группы и пространства определены только при $|q| = 1$.

Определение 13.1.1. Алгебра $Sp_q(n)$, снабженная $*$-антиинволюцией $T^* = T$, называется вещественной квантовой симплектической группой $Sp_q(n; \mathbb{R})$.

Определение 13.1.2. Алгебра $\mathbf{Sp}_q^{2n}$, снабженная $*$-антиинволюцией $x_k^* = x_k$, $k = 1, \ldots, 2n$, называется $2n$-мерным вещественным симплектическим пространством $\mathbf{Sp}_q^{2n}(\mathbb{R})$.

Мы ограничимся в дальнейшем рассмотрением только комплексных квантовых симплектических групп и пространств.

13.2. Квантовые симплектические группы Кэли–Клейна

В недеформированном случае преобразования классических групп в группы Кэли–Клейна индуцируются преобразованием соответствующих пространств фундаментальных представлений. По аналогии с классическим случаем, определим $2n$-мерное квантовое симплектическое пространство Кэли–Клейна $\mathbf{Sp}_v^{2n}(j), j = (j_1, \ldots, j_{n-1})$ с помощью отображения

$$\psi \widehat{x}_k = (1,k)x_k, \quad \psi \widehat{x}_{k'} = (1,k)x_{k'}, \quad k = 1, \ldots, n, \qquad (13.11)$$

где образующие $\widehat{x}_k$ принадлежат первому сомножителю $x_k \in \mathbf{R}_n(j)$, а образующие $\widehat{x}_{k'} \in \widetilde{\mathbf{R}}_n(j)$ — второму сомножителю в тензорном произведении $\mathbf{R}_n(j) \otimes \widetilde{\mathbf{R}}_n(j)$.

Преобразование образующих следует дополнить преобразованием параметра деформации $q = e^z$ вида $z = Jv$, в котором минимальный множитель J находится из условия определенности всех коммутационных соотношений (13.6). Наиболее сингулярным является последний коммутатор при $i = n$ вида

$$[\widehat{x}_n, \widehat{x}_{n'}] = \frac{2\operatorname{sh} Jv}{(1,n)^2} \sum_{l=1}^{n} q^{n-l+1}(1,l)^2 x_l x_{l'}. \qquad (13.12)$$

Чтобы этот коммутатор имел смысл, когда все контракционные параметры принимают нильпотентные значения $j_k = \iota_k$, $k = 1, \ldots, n-1$, необходимо множитель J положить равным квадрату произведения всех контракционных параметров, т.е. вместо z ввести новый параметр деформации v по формуле

$$z = (1,n)^2 v. \qquad (13.13)$$

Матрицу T образующих квантовой группы $Sp_q(n)$ преобразуем так, чтобы согласовать ее с действием квантовой группы $Sp_q(n; j)$ на квантовом пространстве $\mathbf{Sp}_q^{2n}(j)$:

$$\delta(x(j)) = T(j) \dot{\otimes} x(j) =$$

$$= \begin{pmatrix} (i,k)t_{ik} & (i,k)t_{ik'} \\ (i,k)t_{i'k} & (i,k)t_{i'k'} \end{pmatrix} \dot{\otimes} \begin{pmatrix} (1,k)x_k \\ (1,k)x_{k'} \end{pmatrix}, \qquad (13.14)$$

сохраняющем билинейную форму

$$x^t(j) \dot\otimes C(j) y(j) =$$

$$= \sum_{k=1}^{n} (1,k)^2 \left(e^{-J(n+1-k)v} x_k \otimes y_{k'} - e^{J(n+1-k)v} x_{k'} \otimes y_k \right). \qquad (13.15)$$

Здесь $C(j) = C(z \to Jv)$.

Коммутационные соотношения образующих $T(j)$ находятся из переопределенной системы $(2n)^2$ уравнений

$$R_v T_1(j) T_2(j) = T_2(j) T_1(j) R_v, \qquad (13.16)$$

где $T_1(j) = T(j) \otimes I$, $T_2(j) = I \otimes T(j)$, $R_v = R_q(z \to Jv)$. Дополнительные соотношения (13.2) принимают вид

$$T(j) C(j) T^t(j) = C(j), \quad T^t(j) C^{-1}(j) T(j) = C^{-1}(j). \qquad (13.17)$$

Алгебра функций на квантовой группе $Sp_q(n;j)$ является алгеброй Хопфа с коумножением $(i,m = 1, \ldots, n)$

$$\Delta T(j) = T(j) \dot\otimes T(j),$$

$$\Delta t_{im} = \sum_{k=1}^{n} \frac{(i,k)(k,m)}{(i,m)} \left(t_{ik} \otimes t_{km} + t_{ik'} \otimes t_{k'm} \right),$$

$$\Delta t_{im'} = \sum_{k=1}^{n} \frac{(i,k)(k,m)}{(i,m)} \left(t_{ik} \otimes t_{km'} + t_{ik'} \otimes t_{k'm'} \right),$$

$$\Delta t_{i'm} = \sum_{k=1}^{n} \frac{(i,k)(k,m)}{(i,m)} \left(t_{i'k} \otimes t_{km} + t_{i'k'} \otimes t_{k'm} \right),$$

$$\Delta t_{i'm'} = \sum_{k=1}^{n} \frac{(i,k)(k,m)}{(i,m)} \left(t_{i'k} \otimes t_{km'} + t_{i'k'} \otimes t_{k'm'} \right), \qquad (13.18)$$

коединицей

$$\varepsilon(T(j)) = I, \; \varepsilon(t_{ij}) = \delta_{ij} \qquad (13.19)$$

и антиподом

$$S(T(j)) = C(j) T^t(j) C^{-1}(j), \qquad (13.20)$$

который в явном виде задается формулами (13.3) с заменой (13.13) параметра деформации.

13.2.1. Квантовая симплектическая группа $Sp_v(2; j_1)$ и квантовое симплектическое пространство $\mathbf{Sp}_v^4(j_1)$.

При $n = 2$ квантовое симплектическое пространство порождается образующими $\mathbf{Sp}_q^4 = \{x_1, x_2, x_3, x_4\}$. Здесь $i = 1,2$, $i' = 5 - i$, $i' = 2', 1'$, где $2' = 3$, $1' = 4$. При переходе от $\mathbf{Sp}_q^4$ к $\mathbf{Sp}_v^4(j_1)$ образующие преобразуются согласно

(13.11), а именно: $x_1 \to x_1$, $x_2 \to j_1 x_2$, $x_3 \to j_1 x_3$, $x_4 \to x_4$. В результате коммутационные соотношения (13.6) имеют вид

$$x_1 x_2 = q x_2 x_1, \quad x_1 x_3 = q x_3 x_1, \quad x_2 x_4 = q x_4 x_2, \quad x_3 x_4 = q x_4 x_3,$$

$$x_1 x_4 = q^2 x_4 x_1, \quad x_2 x_3 - q^2 x_3 x_2 = \frac{\lambda}{j_1^2} x_1 x_4, \tag{13.21}$$

где $q = e^{Jv}$, $\lambda = q - q^{-1} = 2\,\mathrm{sh}\,Jv$. Чтобы последний коммутатор имел смысл при $j_1 = \iota_1$, необходимо выбрать множитель $J = j_1^2$.

В соответствии с (13.14) часть образующих квантовой симплектической группы умножается на параметр

$$t_{12} \to j_1 t_{12}, \quad t_{21} \to j_1 t_{21}, \quad t_{13} \to j_1 t_{13}, \quad t_{31} \to j_1 t_{31},$$

$$t_{24} \to j_1 t_{24}, \quad t_{42} \to j_1 t_{42}, \quad t_{34} \to j_1 t_{34}, \quad t_{43} \to j_1 t_{43}, \tag{13.22}$$

а остальные не изменяются. Коммутационные соотношения образующих $Sp_v(2; j_1)$ находятся решением системы уравнений (13.16) и подразделяются на следующие семь типов:

1. коммутирующие $[a, b] = 0$,

$$[t_{12}, t_{31}] = [t_{13}, t_{31}] = [t_{12}, t_{21}] = [t_{34}, t_{43}] = [t_{32}, t_{41}] =$$
$$= [t_{21}, t_{13}] = [t_{24}, t_{43}] = [t_{34}, t_{42}] = [t_{24}, t_{42}] = [t_{22}, t_{41}] =$$
$$= [t_{23}, t_{41}] = [t_{33}, t_{41}] = [t_{23}, t_{14}] = [t_{32}, t_{14}] = [t_{22}, t_{14}] =$$
$$= [t_{41}, t_{14}] = [t_{33}, t_{14}] = 0,$$

2. q-коммутирующие $[a, b]_q = 0$ или $ab = qba$,

$$t_{11} t_{12} = q t_{12} t_{11}, \quad t_{11} t_{13} = q t_{13} t_{11}, \quad t_{13} t_{14} = q t_{14} t_{13},$$
$$t_{23} t_{24} = q t_{24} t_{23}, \quad t_{14} t_{24} = q t_{24} t_{14}, \quad t_{14} t_{34} = q t_{34} t_{14},$$
$$t_{13} t_{23} = q t_{23} t_{13}, \quad t_{43} t_{44} = q t_{44} t_{43}, \quad t_{11} t_{21} = q t_{21} t_{11},$$
$$t_{11} t_{31} = q t_{31} t_{11}, \quad t_{21} t_{41} = q t_{41} t_{21}, \quad t_{22} t_{42} = q t_{42} t_{22},$$
$$t_{12} t_{22} = q t_{22} t_{12}, \quad t_{21} t_{22} = q t_{22} t_{21}, \quad t_{31} t_{32} = q t_{32} t_{31},$$
$$t_{41} t_{43} = q t_{43} t_{41}, \quad t_{31} t_{41} = q t_{41} t_{31}, \quad t_{32} t_{42} = q t_{42} t_{32},$$
$$t_{41} t_{42} = q t_{42} t_{41}, \quad t_{31} t_{33} = q t_{33} t_{31}, \quad t_{33} t_{43} = q t_{43} t_{33},$$
$$t_{34} t_{44} = q t_{44} t_{34}, \quad t_{33} t_{34} = q t_{34} t_{33}, \quad t_{21} t_{23} = q t_{23} t_{21},$$
$$t_{41} t_{34} = q t_{34} t_{41}, \quad t_{41} t_{24} = q t_{24} t_{41}, \quad t_{12} t_{41} = q t_{41} t_{12},$$
$$t_{13} t_{41} = q t_{41} t_{13}, \quad t_{21} t_{14} = q t_{14} t_{21}, \quad t_{31} t_{14} = q t_{14} t_{31},$$
$$t_{14} t_{42} = q t_{42} t_{14}, \quad t_{14} t_{43} = q t_{43} t_{14}, \quad t_{22} t_{24} = q t_{24} t_{22},$$
$$t_{32} t_{34} = q t_{34} t_{32}, \quad t_{42} t_{44} = q t_{44} t_{42}, \quad t_{22} t_{42} = q t_{42} t_{22},$$
$$t_{23} t_{43} = q t_{43} t_{23}, \quad t_{24} t_{44} = q t_{44} t_{24}, \quad t_{12} t_{14} = q t_{14} t_{12},$$
$$t_{23} t_{24} = q t_{24} t_{23},$$

3. q^2-коммутирующие $[a, b]_{q^2} = 0$ или $ab = q^2ba$,

$$t_{11}t_{41} = q^2t_{41}t_{11}, \quad t_{12}t_{42} = q^2t_{42}t_{12}, \quad t_{13}t_{43} = q^2t_{43}t_{13},$$
$$t_{14}t_{44} = q^2t_{44}t_{14}, \quad t_{11}t_{14} = q^2t_{14}t_{11}, \quad t_{21}t_{24} = q^2t_{24}t_{21},$$
$$t_{31}t_{34} = q^2t_{34}t_{31}, \quad t_{41}t_{44} = q^2t_{44}t_{41},$$

4. $[a, b] = \lambda cd$,

$$[t_{11}, t_{22}] = j_1^2\lambda t_{21}t_{12}, \quad [t_{11}, t_{33}] = j_1^2\lambda t_{31}t_{13}, \quad [t_{11}, t_{32}] = j_1^2\lambda t_{31}t_{12},$$

$$[t_{12}, t_{24}] = \frac{\lambda}{j_1^2}t_{14}t_{22}, \quad [t_{13}, t_{34}] = \frac{\lambda}{j_1^2}t_{14}t_{33}, \quad [t_{13}, t_{24}] = \frac{\lambda}{j_1^2}t_{14}t_{23},$$

$$[t_{11}, t_{23}] = j_1^2\lambda t_{21}t_{13}, \quad [t_{12}, t_{34}] = \frac{\lambda}{j_1^2}t_{14}t_{32}, \quad [t_{23}, t_{44}] = j_1^2\lambda t_{43}t_{24},$$

$$[t_{32}, t_{44}] = j_1^2\lambda t_{42}t_{34}, \quad [t_{33}, t_{44}] = j_1^2\lambda t_{43}t_{34}, \quad [t_{31}, t_{42}] = \frac{\lambda}{j_1^2}t_{41}t_{32},$$

$$[t_{21}, t_{42}] = \frac{\lambda}{j_1^2}t_{41}t_{22}, \quad [t_{22}, t_{44}] = j_1^2\lambda t_{42}t_{24}, \quad [t_{31}, t_{43}] = \frac{\lambda}{j_1^2}t_{41}t_{33},$$

$$[t_{21}, t_{43}] = \frac{\lambda}{j_1^2}t_{41}t_{23}, \quad [t_{42}, t_{13}] = \frac{\lambda}{j_1^2}t_{14}t_{41}, \quad [t_{24}, t_{31}] = \frac{\lambda}{j_1^2}t_{14}t_{41},$$

5. $[a, b]_q = \lambda cd$,

$$[t_{42}, t_{33}]_q = \lambda t_{41}t_{34}, \quad [t_{24}, t_{33}]_q = \lambda t_{14}t_{43}, \quad [t_{42}, t_{23}]_q = \lambda t_{41}t_{24},$$
$$[t_{32}, t_{13}]_q = \lambda t_{31}t_{14}, \quad [t_{22}, t_{13}]_q = \lambda t_{21}t_{14}, \quad [t_{22}, t_{31}]_q = \lambda t_{12}t_{41},$$
$$[t_{13}, t_{44}]_q = \lambda t_{14}t_{43}, \quad [t_{11}, t_{42}]_q = \lambda t_{12}t_{41}, \quad [t_{11}, t_{24}]_q = \lambda t_{21}t_{14},$$
$$[t_{24}, t_{32}]_q = \lambda t_{14}t_{42}, \quad [t_{23}, t_{31}]_q = \lambda t_{13}t_{41}, \quad [t_{21}, t_{44}]_q = \lambda t_{41}t_{24},$$
$$[t_{11}, t_{34}]_q = \lambda t_{31}t_{14}, \quad [t_{11}, t_{43}]_q = \lambda t_{13}t_{41}, \quad [t_{31}, t_{44}]_q = \lambda t_{41}t_{34},$$
$$[t_{12}, t_{44}]_q = \lambda t_{14}t_{42},$$

6. $[a, b]_{q^2} = \lambda cd$,

$$[t_{12}, t_{13}]_{q^2} = \frac{\lambda}{j_1^2}t_{11}t_{14}, \quad [t_{21}, t_{31}]_{q^2} = \frac{\lambda}{j_1^2}t_{11}t_{41}, \quad [t_{42}, t_{43}]_{q^2} = \frac{\lambda}{j_1^2}t_{41}t_{44},$$
$$[t_{22}, t_{32}]_{q^2} = j_1^2\lambda t_{12}t_{42}, \quad [t_{32}, t_{33}]_{q^2} = j_1^2\lambda t_{31}t_{34}, \quad [t_{22}, t_{23}]_{q^2} = j_1^2\lambda t_{21}t_{24},$$
$$[t_{23}, t_{33}]_{q^2} = j_1^2\lambda t_{13}t_{43}, \quad [t_{24}, t_{34}]_{q^2} = \frac{\lambda}{j_1^2}t_{14}t_{44},$$

7. сложные

$$t_{11}t_{44} - q^2t_{44}t_{11} = \lambda q(t_{14}t_{41} - 1), \quad [t_{23}, t_{32}] = j_1^2\lambda\left(t_{13}t_{42} - t_{31}t_{24}\right),$$
$$[t_{22}, t_{33}] = \lambda\left(j_1^2t_{12}t_{43} + (q + q^{-1})t_{32}t_{23}\right),$$
$$[t_{21}, t_{34}] = \frac{\lambda}{j_1^2}\left(q^{-2}t_{14}t_{41} + j_1^2(q + q^{-1})t_{24}t_{31}\right),$$

$$[t_{12}, t_{43}] = \frac{\lambda}{j_1^2} \left(q^{-2} t_{14} t_{41} + j_1^2 (q + q^{-1}) t_{42} t_{13} \right),$$

$$t_{21} t_{32} - q t_{32} t_{21} = \lambda \left(t_{11} t_{42} + q t_{31} t_{22} \right),$$

$$t_{32} t_{43} - q t_{43} t_{32} = \lambda \left(t_{33} t_{42} + q t_{31} t_{44} \right),$$

$$t_{23} t_{34} - q t_{34} t_{23} = \lambda \left(t_{13} t_{44} + q t_{33} t_{24} \right),$$

$$t_{12} t_{23} - q t_{23} t_{12} = \lambda \left(q t_{13} t_{22} + t_{11} t_{24} \right),$$

$$t_{22} t_{34} - q t_{34} t_{22} = \lambda \left(t_{12} t_{44} + q t_{32} t_{24} \right),$$

$$t_{22} t_{43} - q t_{43} t_{22} = \lambda \left(t_{21} t_{44} + q t_{23} t_{42} \right),$$

$$t_{12} t_{33} - q t_{33} t_{12} = \lambda \left(t_{11} t_{34} + q t_{13} t_{32} \right),$$

$$t_{21} t_{33} - q t_{33} t_{21} = \lambda \left(t_{11} t_{43} + q t_{31} t_{23} \right). \qquad (13.23)$$

Кроме того, образующие удовлетворяют дополнительным соотношениям $T(j_1) C(j_1) T^t(j_1) = C(j_1)$, которые имеют явный вид:

$$q^{-2} t_{11} t_{44} + j_1^2 q^{-1} t_{12} t_{43} - j_1^2 q t_{13} t_{42} - q^2 t_{14} t_{41} = q^{-2},$$

$$j_1^2 q^{-2} t_{21} t_{34} + q^{-1} t_{22} t_{33} - q t_{23} t_{32} - j_1^2 q^2 t_{24} t_{31} = q^{-1},$$

$$j_1^2 q^{-2} t_{31} t_{24} + q^{-1} t_{32} t_{23} - q t_{33} t_{22} - j_1^2 q^2 t_{34} t_{21} = -q,$$

$$q^{-2} t_{41} t_{14} + j_1^2 q^{-1} t_{42} t_{13} - j_1^2 q t_{43} t_{12} - q^2 t_{44} t_{11} = -q^2,$$

$$q^{-2} t_{11} t_{14} + j_1^2 q^{-1} t_{12} t_{13} - j_1^2 q t_{13} t_{12} - q^2 t_{14} t_{11} = 0,$$

$$q^{-2} t_{11} t_{24} + q^{-1} t_{12} t_{23} - q t_{13} t_{22} - q^2 t_{14} t_{21} = 0,$$

$$q^{-2} t_{11} t_{34} + q^{-1} t_{12} t_{33} - q t_{13} t_{32} - q^2 t_{14} t_{31} = 0,$$

$$q^{-2} t_{21} t_{14} + q^{-1} t_{22} t_{13} - q t_{23} t_{12} - q^2 t_{24} t_{11} = 0,$$

$$j_1^2 q^{-2} t_{21} t_{24} + q^{-1} t_{22} t_{23} - q t_{23} t_{22} - j_1^2 q^2 t_{24} t_{21} = 0,$$

$$q^{-2} t_{21} t_{44} + q^{-1} t_{22} t_{43} - q t_{23} t_{42} - q^2 t_{24} t_{41} = 0,$$

$$q^{-2} t_{31} t_{14} + q^{-1} t_{32} t_{13} - q t_{33} t_{12} - q^2 t_{34} t_{11} = 0,$$

$$j_1^2 q^{-2} t_{31} t_{34} + q^{-1} t_{32} t_{33} - q t_{33} t_{32} - j_1^2 q^2 t_{34} t_{31} = 0,$$

$$q^{-2} t_{31} t_{44} + q^{-1} t_{32} t_{43} - q t_{33} t_{42} - q^2 t_{34} t_{41} = 0,$$

$$q^{-2} t_{41} t_{24} + q^{-1} t_{42} t_{23} - q t_{43} t_{22} - q^2 t_{44} t_{21} = 0,$$

$$q^{-2} t_{41} t_{34} + q^{-1} t_{42} t_{33} - q t_{43} t_{32} - q^2 t_{44} t_{31} = 0,$$

$$q^{-2} t_{41} t_{44} + j_1^2 q^{-1} t_{42} t_{43} - j_1^2 q t_{43} t_{42} - q^2 t_{44} t_{41} = 0, \qquad (13.24)$$

а также соотношениям $T^t(j_1) C^{-1}(j_1) T(j_1) = C^{-1}(j_1)$ вида

$$-q^{-2} t_{11} t_{44} - j_1^2 q^{-1} t_{21} t_{34} + j_1^2 q t_{31} t_{24} + q^2 t_{41} t_{14} = -q^{-2},$$

$$-j_1^2 q^{-2} t_{12} t_{43} - q^{-1} t_{22} t_{33} + q t_{32} t_{23} + j_1^2 q^2 t_{42} t_{13} = -q^{-1},$$

$$-j_1^2 q^{-2} t_{13} t_{42} - q^{-1} t_{23} t_{32} + q t_{33} t_{22} + j_1^2 q^2 t_{43} t_{12} = q,$$

$$-q^{-2} t_{14} t_{41} - j_1^2 q^{-1} t_{24} t_{31} + j_1^2 q t_{34} t_{21} + q^2 t_{44} t_{11} = q^2,$$

$$-q^{-2}t_{11}t_{41} - j_1^2q^{-1}t_{21}t_{31} + j_1^2qt_{31}t_{21} + q^2t_{41}t_{11} = 0,$$

$$-q^{-2}t_{11}t_{42} - q^{-1}t_{21}t_{32} + qt_{31}t_{22} + q^2t_{41}t_{12} = 0,$$

$$-q^{-2}t_{11}t_{43} - q^{-1}t_{21}t_{33} + qt_{31}t_{23} + q^2t_{41}t_{13} = 0,$$

$$-q^{-2}t_{12}t_{41} - q^{-1}t_{22}t_{31} + qt_{32}t_{21} + q^2t_{42}t_{11} = 0 =,$$

$$-j_1^2q^{-2}t_{12}t_{42} - q^{-1}t_{22}t_{32} + qt_{32}t_{22} + j_1^2q^2t_{42}t_{12} = 0,$$

$$-q^{-2}t_{12}t_{44} - q^{-1}t_{22}t_{34} + qt_{32}t_{24} + q^2t_{42}t_{14} = 0,$$

$$-q^{-2}t_{13}t_{41} - q^{-1}t_{23}t_{31} + qt_{33}t_{21} + q^2t_{43}t_{11} = 0,$$

$$-j_1^2q^{-2}t_{13}t_{43} - q^{-1}t_{23}t_{33} + qt_{33}t_{23} + j_1^2q^2t_{43}t_{13} = 0,$$

$$-q^{-2}t_{13}t_{44} - q^{-1}t_{23}t_{34} + qt_{33}t_{24} + q^2t_{43}t_{14} = 0,$$

$$-q^{-2}t_{14}t_{42} - q^{-1}t_{24}t_{32} + qt_{34}t_{22} + q^2t_{44}t_{12} = 0,$$

$$-q^{-2}t_{14}t_{43} - q^{-1}t_{24}t_{33} + qt_{34}t_{23} + q^2t_{44}t_{13} = 0,$$

$$0 = -q^{-2}t_{14}t_{44} - j_1^2q^{-1}t_{24}t_{34} + j_1^2qt_{34}t_{24} + q^2t_{44}t_{14}. \qquad (13.25)$$

Не все эти дополнительные соотношения независимы. Часть из них сводится к коммутационным соотношениям для образующих, а остальные позволяют выделить независимые образующие квантовой симплектической группы. Ясно, что при $j_1 = 1$ формулы этого раздела описывают квантовое пространство Sp_q^4 и квантовую группу $Sp_q(2)$.

13.2.2. Контрактированная квантовая группа $Sp_v(2; \iota_1)$ и квантовое расслоенное пространство $\mathbf{Sp}_v^4(\iota_1)$.

Контракции квантового пространства $\mathbf{Sp}_v^4(j_1)$ и квантовой группы $Sp_v(2; j_1)$ получаются, если в формулах предыдущего раздела выбрать нильпотентное значение параметра $j_1 = \iota_1$. При этом параметр деформации $q = e^{j_1^2 v}|_{j_1 = \iota_1} = 1$, а $\dfrac{\lambda}{j_1^2} = \dfrac{2}{j_1^2}\operatorname{sh} j_1^2 v|_{j_1 = \iota_1} = 2v$. Поскольку при контракции большинство коммутаторов обращается в ноль, мы будем выписывать только отличные от ноля.

Контрактированное квантовое симплектическое пространство характеризуется только одним ненулевым коммутатором

$$\mathbf{Sp}_v^4(\iota_1) = \{[x_2, x_3] = 2vx_1x_4\}. \qquad (13.26)$$

Оно представляет собой некоммутативный аналог расслоенного симплектического пространства с коммутативной базой $\{x_1, x_4 \equiv x_{1'}\}$ и некоммутативным слоем $\{x_2, x_3 \equiv x_{2'}\}$.

Квантовая симплектическая группа $Sp_v(2; \iota_1)$ имеет следующие ненулевые коммутационные соотношения образующих:

$$[t_{12}, t_{24}] = 2vt_{14}t_{22}, \quad [t_{13}, t_{34}] = 2vt_{14}t, \quad [t_{13}, t_{24}] = 2vt_{14}t_{23},$$

$$[t_{12}, t_{34}] = 2vt_{14}t_{32}, \quad [t_{31}, t_{42}] = 2vt_{41}t_{32}, \quad [t_{31}, t_{43}] = 2vt_{41}t_{33},$$

$$[t_{21}, t_{42}] = 2vt_{41}t_{22}, \quad [t_{24}, t_{31}] = 2vt_{14}t_{41}, \quad [t_{42}, t_{13}] = 2vt_{14}t_{41},$$

$$[t_{21}, t_{43}] = 2vt_{41}t_{23}, \quad [t_{12}, t_{13}] = 2vt_{11}t_{14}, \quad [t_{21}, t_{31}] = 2vt_{11}t_{41},$$

$$[t_{42}, t_{43}] = 2vt_{41}t_{44}, \quad [t_{24}, t_{34}] = 2vt_{14}t_{44}, \quad [t_{21}, t_{34}] = 2vt_{14}t_{41},$$
$$[t_{12}, t_{43}] = 2vt_{14}t_{41}. \tag{13.27}$$

Кроме того, образующие удовлетворяют дополнительным соотношениям

$$t_{11}t_{44} - t_{14}t_{41} = 1, \ t_{22}t_{33} - t_{23}t_{32} = 1, \ t_{11}t_{24} + t_{12}t_{23} - t_{13}t_{22} - t_{14}t_{21} = 0,$$

$$t_{11}t_{34} + t_{12}t_{33} - t_{13}t_{32} - t_{14}t_{31} = 0, \quad t_{21}t_{44} + t_{22}t_{43} - t_{23}t_{42} - t_{24}t_{41} = 0,$$

$$t_{31}t_{44} + t_{32}t_{43} - t_{33}t_{42} - t_{34}t_{41} = 0, \quad -t_{11}t_{42} - t_{21}t_{32} + t_{31}t_{22} + t_{41}t_{12} = 0,$$

$$-t_{11}t_{43} - t_{21}t_{33} + t_{31}t_{23} + t_{41}t_{13} = 0, \quad -t_{12}t_{44} - t_{22}t_{34} + t_{32}t_{24} + t_{42}t_{14} = 0,$$

$$-t_{13}t_{44} - t_{23}t_{34} + t_{33}t_{24} + t_{43}t_{14} = 0, \tag{13.28}$$

с помощью которых количество независимых образующих уменьшается до десяти.

13.3. Разные комбинации квантовой структуры и схемы контракций Кэли–Клейна для симплектических групп и пространств

Теория квантовых деформаций и схема контракций Кэли-Клейна пространств зависят от выбора базиса — они обе используют в качестве исходного объекта декартовы координаты евклидова пространства. Эти декартовы координаты равноправны в том смысле, что их перенумерация не меняет геометрические свойства пространства. Вместе с тем и квантовые деформации, и контракции нарушают указанную равноправность. В квантовом пространстве в качестве первой образующей схемы Кэли–Клейна, которая не домножается на контракционные параметры, можно взять любую из неэквивалентных декартовых образующих квантового пространства. В качестве второй образующей схемы Кэли–Клейна, которая домножается на параметр j_1, можно выбрать любую из оставшихся неэквивалентных образующих и т.д. Иными словами, обе структуры могут быть объединены в одном объекте — квантовом пространстве Кэли–Клейна — разными способами [147].

Разные комбинации квантовых деформаций и схемы Кэли–Клейна можно описать с помощью перестановок $\sigma \in S(n)$. Действительно, определим квантовое симплектическое пространство Кэли–Клейна $\mathbf{Sp}_v^{2n}(j; \sigma)$ с помощью отображения (ср. (13.11))

$$\psi \widehat{x}_{\sigma_k} = (1, \sigma_k) x_{\sigma_k}, \quad \psi \widehat{x}_{\sigma'_k} = (1, \sigma_k) x_{\sigma'_k}, \quad k = 1, \ldots, n, \tag{13.29}$$

где образующие $\widehat{x}_{\sigma_k}$ принадлежат первому сомножителю $x_{\sigma_k} \in \mathbf{R}_n(j)$, а образующие $\widehat{x}_{\sigma'_k} \in \widetilde{\mathbf{R}}_n(j)$ — второму сомножителю в тензорном произведении $\mathbf{R}_n(j) \otimes \widetilde{\mathbf{R}}_n(j)$. Замена (13.29) в формулах (13.6),(13.8) приводит к $2n$-мерному квантовому симплектическому пространству

$\mathbf{Sp}_v^{2n}(j;\sigma)$, образующие которого удовлетворяют коммутационным соотношениям

$$x_{\sigma_i}x_{\sigma_k} = e^{Jv}x_{\sigma_k}x_{\sigma_i}, \quad 1 \leqslant i < k \leqslant 2n, \ i \neq k',$$

$$[x_{\sigma_i}, x_{\sigma_i'}] = \frac{2e^{Jv}\operatorname{sh}Jv}{(1,\sigma_i)^2} \sum_{k=1}^{i} e^{J(i-k)v}x_{\sigma_k'}x_{\sigma_k}(1,\sigma_k)^2, \tag{13.30}$$

где $i = 1, \ldots, n$. В алгебре $\mathbf{Sp}_q^{2n}$ выполняется равенство

$$\widehat{x}^t C\widehat{x} = \sum_{k=1}^{2n} q^{-\rho_k}\varepsilon_k\widehat{x}_k\widehat{x}_{k'} = 0. \tag{13.31}$$

Преобразование образующих квантовой симплектической группы найдем из условия сохранения билинейной формы пространства $\mathbf{Sp}_v^{2n}(j;\sigma)$

$$x^t(j;\sigma)\dot{\otimes}C(j)y(j;\sigma) =$$

$$= \sum_{k=1}^{n}(1,\sigma_k)^2\left(e^{-J(n+1-k)v}x_{\sigma_k} \otimes y_{\sigma_k'} - e^{J(n+1-k)v}x_{\sigma_k'} \otimes y_{\sigma_k}\right). \tag{13.32}$$

В результате получим матрицу образующих квантовой группы $Sp_v(n;j;\sigma)$ вида

$$T(j;\sigma) = \begin{pmatrix} (\sigma_i,\sigma_k)t_{\sigma_i\sigma_k} & (\sigma_i,\sigma_k)t_{\sigma_i\sigma_k'} \\ (\sigma_i,\sigma_k)t_{\sigma_i'\sigma_k} & (\sigma_i,\sigma_k)t_{\sigma_i'\sigma_k'} \end{pmatrix}. \tag{13.33}$$

Коммутационные соотношения образующих $T(j;\sigma)$ находятся из системы уравнений (ср. (13.16))

$$R_vT_1(j;\sigma)T_2(j;\sigma) = T_2(j;\sigma)T_1(j;\sigma)R_v, \tag{13.34}$$

а дополнительные соотношения (13.17) принимают вид

$$T(j;\sigma)C(j)T^t(j;\sigma) = C(j), \quad T^t(j;\sigma)C^{-1}(j)T(j;\sigma) = C^{-1}(j). \tag{13.35}$$

Структура алгебры Хопфа в алгебре функций на квантовой группе $Sp_v(n;j;\sigma)$ задается соотношениями

$$\Delta T(j;\sigma) = T(j;\sigma)\dot{\otimes}T(j;\sigma), \quad \varepsilon(T(j)) = I,$$
$$S(T(j;\sigma)) = C(j)T^t(j;\sigma)C^{-1}(j), \tag{13.36}$$

совпадающими со стандартными, когда все контракционные параметры равны единице.

13.3.1. Квантовая симплектическая группа $Sp_v(2;j_1;\sigma)$ и квантовое симплектическое пространство $\mathbf{Sp}_v^4(j_1;\sigma)$.

При $n = 2$ квантовое симплектическое пространство порождается образующими $\mathbf{Sp}_q^4 = \{x_1, x_2, x_{2'}, x_{1'}\}$. Здесь $i = 1, 2$, $i' = 5 - i$, $i' = 2', 1'$, где $2' = 3$, $1' = 4$. При переходе от $\mathbf{Sp}_q^4$ к $\mathbf{Sp}_v^4(j_1;\sigma)$ образующие преобразуются согласно (13.29): $x_{\sigma_1} \to (1,\sigma_1)x_{\sigma_1}$, $x_{\sigma_2} \to (1,\sigma_2)x_{\sigma_2}$, $x_{1'} \to$

$\rightarrow (1, \sigma_2)x_{1'}$, $x_{\sigma_1'} \rightarrow (1, \sigma_1)x_{\sigma_1'}$. В результате коммутационные соотношения имеют вид

$$x_{\sigma_1}x_{\sigma_2} = qx_{\sigma_2}x_{\sigma_1}, \quad x_{\sigma_1}x_{\sigma_1'} = qx_{\sigma_1'}x_{\sigma_1},$$

$$x_{\sigma_2}x_{\sigma_1'} = qx_{\sigma_1'}x_{\sigma_2}, \quad x_{\sigma_1'}x_{\sigma_1'} = qx_{\sigma_1'}x_{\sigma_1'},$$

$$x_{\sigma_1}x_{\sigma_1'} = q^2 x_{\sigma_1'}x_{\sigma_1}, \quad x_{\sigma_2}x_{1'} - q^2 x_{1'}x_{\sigma_2} = \frac{(1,\sigma_1)^2}{(1,\sigma_2)^2}\lambda x_{\sigma_1}x_{\sigma_1'}, \qquad (13.37)$$

где $q = e^{Jv}$, $\lambda = q - q^{-1} = 2\operatorname{sh}Jv$, $J = j_1^2$.

Образующие квантовой симплектической группы преобразуются по правилу (13.33), где $i, k = 1, 2$. Коммутационные соотношения образующих $Sp_v(2; j_1; \sigma)$ находятся решением системы уравнений (13.34) и подразделяются на следующие семь типов:

1. коммутирующие $[a, b] = 0$,

$$[t_{\sigma_1\sigma_2}, t_{\sigma_2'\sigma_1}] = [t_{\sigma_1\sigma_2'}, t_{\sigma_2'\sigma_1}] = [t_{\sigma_1\sigma_2}, t_{\sigma_2\sigma_1}] = [t_{\sigma_2'\sigma_1'}, t_{\sigma_1'\sigma_2'}] =$$

$$= [t_{\sigma_2'\sigma_2}, t_{\sigma_1'\sigma_1}] = [t_{\sigma_2\sigma_1}, t_{\sigma_1\sigma_2'}] = [t_{\sigma_2\sigma_1'}, t_{\sigma_1'\sigma_2'}] = [t_{\sigma_2'\sigma_1'}, t_{\sigma_1'\sigma_2}] =$$

$$= [t_{\sigma_2\sigma_1'}, t_{\sigma_1'\sigma_2}] = [t_{\sigma_2\sigma_2}, t_{\sigma_1'\sigma_1}] = [t_{\sigma_2\sigma_2'}, t_{\sigma_1'\sigma_1}] = [t_{\sigma_2'\sigma_2'}, t_{\sigma_1'\sigma_1}] =$$

$$= [t_{\sigma_2\sigma_2'}, t_{\sigma_1\sigma_1'}] = [t_{\sigma_2'\sigma_2}, t_{\sigma_1\sigma_1'}] = [t_{\sigma_2\sigma_2}, t_{\sigma_1\sigma_1'}] = [t_{\sigma_1'\sigma_1}, t_{\sigma_1\sigma_1'}] =$$

$$= [t_{\sigma_2'\sigma_2'}, t_{\sigma_1\sigma_1'}] = 0;$$

2. q-коммутирующие $[a, b]_q = 0$ или $ab = qba$,

$$[t_{\sigma_1\sigma_1}, t_{\sigma_1\sigma_2}]_q = 0, \quad [t_{\sigma_1\sigma_1}, t_{\sigma_1\sigma_2'}]_q = 0, \quad [t_{\sigma_1\sigma_2'}, t_{\sigma_1\sigma_1'}]_q = 0,$$

$$[t_{\sigma_2\sigma_2'}, t_{\sigma_2\sigma_1'}]_q = 0, \quad [t_{\sigma_1\sigma_1'}, t_{\sigma_2\sigma_1'}]_q = 0, \quad [t_{\sigma_1\sigma_1'}, t_{\sigma_2\sigma_1'}]_q = 0,$$

$$[t_{\sigma_1\sigma_2'}, t_{\sigma_2\sigma_2'}]_q = 0, \quad [t_{\sigma_1'\sigma_2'}, t_{\sigma_1'\sigma_1'}]_q = 0, \quad [t_{\sigma_1\sigma_1}, t_{\sigma_2\sigma_1}]_q = 0,$$

$$[t_{\sigma_1\sigma_1}, t_{\sigma_2'\sigma_1}]_q = 0, \quad [t_{\sigma_2\sigma_1}, t_{\sigma_1'\sigma_1}]_q = 0, \quad [t_{\sigma_2\sigma_2}, t_{\sigma_1'\sigma_2}]_q = 0,$$

$$[t_{\sigma_1\sigma_2}, t_{\sigma_2\sigma_2}]_q = 0, \quad [t_{\sigma_2\sigma_1}, t_{\sigma_2\sigma_2}]_q = 0, \quad [t_{\sigma_2'\sigma_1}, t_{\sigma_2'\sigma_2}]_q = 0,$$

$$[t_{\sigma_1'\sigma_1}, t_{\sigma_1'\sigma_2'}]_q = 0, \quad [t_{\sigma_2'\sigma_1}, t_{\sigma_1'\sigma_1}]_q = 0, \quad [t_{\sigma_2'\sigma_2}, t_{\sigma_1'\sigma_2}]_q = 0,$$

$$[t_{\sigma_1'\sigma_1}, t_{\sigma_1'\sigma_2}]_q = 0, \quad [t_{\sigma_2'\sigma_1}, t_{\sigma_2'\sigma_2'}]_q = 0, \quad [t_{\sigma_2'\sigma_2'}, t_{\sigma_1'\sigma_2'}]_q = 0,$$

$$[t_{\sigma_2'\sigma_1'}, t_{\sigma_1'\sigma_1'}]_q = 0, \quad [t_{\sigma_2'\sigma_2'}, t_{\sigma_2'\sigma_1'}]_q = 0, \quad [t_{\sigma_2\sigma_1}, t_{\sigma_2\sigma_2'}]_q = 0,$$

$$[t_{\sigma_1'\sigma_1}, t_{\sigma_2'\sigma_1'}]_q = 0, \quad [t_{\sigma_1'\sigma_1}, t_{\sigma_2\sigma_1'}]_q = 0, \quad [t_{\sigma_1\sigma_2}, t_{\sigma_1'\sigma_1}]_q = 0,$$

$$[t_{\sigma_1\sigma_2'}, t_{\sigma_1'\sigma_1}]_q = 0, \quad [t_{\sigma_2\sigma_1}, t_{\sigma_1\sigma_1'}]_q = 0, \quad [t_{\sigma_2'\sigma_1}, t_{\sigma_1\sigma_1'}]_q = 0,$$

$$[t_{\sigma_1\sigma_1'}, t_{\sigma_1'\sigma_2}]_q = 0, \quad [t_{\sigma_1\sigma_1'}, t_{\sigma_1'\sigma_2'}]_q = 0, \quad [t_{\sigma_2\sigma_2}, t_{\sigma_2\sigma_1'}]_q = 0,$$

$$[t_{\sigma_2'\sigma_2}, t_{\sigma_2'\sigma_1'}]_q = 0, \quad [t_{\sigma_1'\sigma_2}, t_{\sigma_1'\sigma_1'}]_q = 0, \quad [t_{\sigma_2\sigma_2}, t_{\sigma_1'\sigma_2}]_q = 0,$$

$$[t_{\sigma_2\sigma_2'}, t_{\sigma_1'\sigma_2'}]_q = 0, \quad [t_{\sigma_2\sigma_1'}, t_{\sigma_1'\sigma_1'}]_q = 0, \quad [t_{\sigma_1\sigma_2}, t_{\sigma_1\sigma_1'}]_q = 0,$$

$$[t_{\sigma_2\sigma_2'}, t_{\sigma_2\sigma_1'}]_q = 0;$$

3. q^2-коммутирующие $[a,b]_{q^2} = 0$ или $ab = q^2 ba$,

$$[t_{\sigma_1\sigma_1}, t_{\sigma_1'\sigma_1}]_{q^2} = 0, \quad [t_{\sigma_1\sigma_2}, t_{\sigma_1'\sigma_2}]_{q^2} = 0, \quad [t_{\sigma_1\sigma_2'}, t_{\sigma_1'\sigma_2'}]_{q^2} = 0,$$

$$[t_{\sigma_1\sigma_1'}, t_{\sigma_1'\sigma_1'}]_{q^2} = 0, \quad [t_{\sigma_1\sigma_1}, t_{\sigma_1\sigma_1'}]_{q^2} = 0, \quad [t_{\sigma_2\sigma_1}, t_{\sigma_2\sigma_1'}]_{q^2} = 0,$$

$$[t_{\sigma_2'\sigma_1}, t_{\sigma_2'\sigma_1'}]_{q^2} = 0, \quad [t_{\sigma_1'\sigma_1}, t_{\sigma_1'\sigma_1'}]_{q^2} = 0;$$

4. $[a,b] = \lambda cd$,

$$[t_{\sigma_1\sigma_1}, t_{\sigma_2\sigma_2}] = (\sigma_1, \sigma_2)^2 \lambda t_{\sigma_2\sigma_1} t_{\sigma_1\sigma_2}, \quad [t_{\sigma_1\sigma_1}, t_{\sigma_2'\sigma_2'}] = (\sigma_1, \sigma_2)^2 \lambda t_{\sigma_2'\sigma_1} t_{\sigma_1\sigma_2'},$$

$$[t_{\sigma_1\sigma_1}, t_{\sigma_2'\sigma_2}] = (\sigma_1, \sigma_2)^2 \lambda t_{\sigma_2'\sigma_1} t_{\sigma_1\sigma_2}, \quad [t_{\sigma_1\sigma_2}, t_{\sigma_2\sigma_1'}] = \frac{\lambda}{(\sigma_1, \sigma_2)^2} t_{\sigma_1\sigma_1'} t_{\sigma_2\sigma_2},$$

$$[t_{\sigma_1\sigma_2'}, t_{\sigma_2'\sigma_1'}] = \frac{\lambda}{(\sigma_1, \sigma_2)^2} t_{\sigma_1\sigma_1'} t_{\sigma_2'\sigma_2'}, \quad [t_{\sigma_1\sigma_2'}, t_{\sigma_2\sigma_1'}] = \frac{\lambda}{(\sigma_1, \sigma_2)^2} t_{\sigma_1\sigma_1'} t_{\sigma_2\sigma_2'},$$

$$[t_{\sigma_1\sigma_1}, t_{\sigma_2\sigma_2'}] = (\sigma_1, \sigma_2)^2 \lambda t_{\sigma_2\sigma_1} t_{\sigma_1\sigma_2'}, \quad [t_{\sigma_1\sigma_2}, t_{\sigma_2'\sigma_1'}] = \frac{\lambda}{(\sigma_1, \sigma_2)^2} t_{\sigma_1\sigma_1'} t_{\sigma_2'\sigma_2},$$

$$[t_{\sigma_2\sigma_2'}, t_{\sigma_1'\sigma_1'}] = (\sigma_1, \sigma_2)^2 \lambda t_{\sigma_1'\sigma_2'} t_{\sigma_2\sigma_1'}, \quad [t_{\sigma_2'\sigma_2}, t_{\sigma_1'\sigma_1'}] = (\sigma_1, \sigma_2)^2 \lambda t_{\sigma_1'\sigma_2} t_{\sigma_2'\sigma_1'},$$

$$[t_{\sigma_2'\sigma_2'}, t_{\sigma_1'\sigma_1'}] = (\sigma_1, \sigma_2)^2 \lambda t_{\sigma_1'\sigma_2'} t_{\sigma_2'\sigma_1'}, \quad [t_{\sigma_2'\sigma_1}, t_{\sigma_1'\sigma_2}] = \frac{\lambda}{(\sigma_1, \sigma_2)^2} t_{\sigma_1'\sigma_1} t_{\sigma_2'\sigma_2},$$

$$[t_{\sigma_2\sigma_1}, t_{\sigma_1'\sigma_2}] = \frac{\lambda}{(\sigma_1, \sigma_2)^2} t_{\sigma_1'\sigma_1} t_{\sigma_2\sigma_2}, \quad [t_{\sigma_2\sigma_2}, t_{\sigma_1'\sigma_1'}] = (\sigma_1, \sigma_2)^2 \lambda t_{\sigma_1'\sigma_2} t_{\sigma_2\sigma_1'},$$

$$[t_{\sigma_2'\sigma_1}, t_{\sigma_1'\sigma_2'}] = \frac{\lambda}{(\sigma_1, \sigma_2)^2} t_{\sigma_1'\sigma_1} t_{\sigma_2'\sigma_2'}, \quad [t_{\sigma_2\sigma_1}, t_{\sigma_1'\sigma_2'}] = \frac{\lambda}{(\sigma_1, \sigma_2)^2} t_{\sigma_1'\sigma_1} t_{\sigma_2\sigma_2'},$$

$$[t_{\sigma_1'\sigma_2}, t_{\sigma_1\sigma_2'}] = \frac{\lambda}{(\sigma_1, \sigma_2)^2} t_{\sigma_1\sigma_1'} t_{\sigma_1'\sigma_1}, \quad [t_{\sigma_2\sigma_1'}, t_{\sigma_2'\sigma_1}] = \frac{\lambda}{(\sigma_1, \sigma_2)^2} t_{\sigma_1\sigma_1'} t_{\sigma_1'\sigma_1};$$

5. $[a,b]_q = \lambda cd$,

$$[t_{\sigma_1'\sigma_2}, t_{\sigma_2'\sigma_2'}]_q = \lambda t_{\sigma_1'\sigma_1} t_{\sigma_2'\sigma_1'}, \quad [t_{\sigma_2\sigma_1'}, t_{\sigma_2'\sigma_2'}]_q = \lambda t_{\sigma_1\sigma_1'} t_{\sigma_1'\sigma_2'},$$

$$[t_{\sigma_1'\sigma_2}, t_{\sigma_2\sigma_2'}]_q = \lambda t_{\sigma_1'\sigma_1} t_{\sigma_2\sigma_1'}, \quad [t_{\sigma_2'\sigma_2}, t_{\sigma_1\sigma_2'}]_q = \lambda t_{\sigma_2'\sigma_1} t_{\sigma_1\sigma_1'},$$

$$[t_{\sigma_2\sigma_2}, t_{\sigma_1\sigma_2'}]_q = \lambda t_{\sigma_2\sigma_1} t_{\sigma_1\sigma_1'}, \quad [t_{\sigma_2\sigma_2}, t_{\sigma_2'\sigma_1}]_q = \lambda t_{\sigma_1\sigma_2} t_{\sigma_1'\sigma_1},$$

$$[t_{\sigma_1\sigma_2'}, t_{\sigma_1'\sigma_1'}]_q = \lambda t_{\sigma_1\sigma_1'} t_{\sigma_1'\sigma_2'}, \quad [t_{\sigma_1\sigma_1}, t_{\sigma_1'\sigma_2}]_q = \lambda t_{\sigma_1\sigma_2} t_{\sigma_1'\sigma_1},$$

$$[t_{\sigma_1\sigma_1}, t_{\sigma_2\sigma_1'}]_q = \lambda t_{\sigma_2\sigma_1} t_{\sigma_1\sigma_1'}, \quad [t_{\sigma_2\sigma_1'}, t_{\sigma_2'\sigma_2}]_q = \lambda t_{\sigma_1\sigma_1'} t_{\sigma_1'\sigma_2},$$

$$[t_{\sigma_2\sigma_2'}, t_{\sigma_2'\sigma_1}]_q = \lambda t_{\sigma_1\sigma_2'} t_{\sigma_1'\sigma_1}, \quad [t_{\sigma_2\sigma_1}, t_{\sigma_1'\sigma_1'}]_q = \lambda t_{\sigma_1'\sigma_1} t_{\sigma_2\sigma_1'},$$

$$[t_{\sigma_1\sigma_1}, t_{\sigma_2'\sigma_1'}]_q = \lambda t_{\sigma_2'\sigma_1} t_{\sigma_1\sigma_1'}, \quad [t_{\sigma_1\sigma_1}, t_{\sigma_1'\sigma_2'}]_q = \lambda t_{\sigma_1\sigma_2'} t_{\sigma_1'\sigma_1},$$

$$[t_{\sigma_2'\sigma_1}, t_{\sigma_1'\sigma_1'}]_q = \lambda t_{\sigma_1'\sigma_1} t_{\sigma_2'\sigma_1'}, \quad [t_{\sigma_1\sigma_2}, t_{\sigma_1'\sigma_1'}]_q = \lambda t_{\sigma_1\sigma_1'} t_{\sigma_1'\sigma_2};$$

6. $[a,b]_{q^2} = \lambda cd$,

$$[t_{\sigma_1\sigma_2}, t_{\sigma_1\sigma_2'}]_{q^2} = \frac{\lambda}{(\sigma_1, \sigma_2)^2} t_{\sigma_1\sigma_1} t_{\sigma_1\sigma_1'}, \quad [t_{\sigma_2\sigma_1}, t_{\sigma_2'\sigma_1}]_{q^2} = \frac{\lambda}{(\sigma_1, \sigma_2)^2} t_{\sigma_1\sigma_1} t_{\sigma_1'\sigma_1},$$

$$[t_{\sigma_1'\sigma_2}, t_{\sigma_1'\sigma_2'}]_{q^2} = \frac{\lambda}{(\sigma_1, \sigma_2)^2} t_{\sigma_1'\sigma_1} t_{\sigma_1'\sigma_1'}, \quad [t_{\sigma_2\sigma_2}, t_{\sigma_2'\sigma_2'}]_{q^2} = (\sigma_1, \sigma_2)^2 \lambda t_{\sigma_1\sigma_2} t_{\sigma_1'\sigma_2},$$

$$[t_{\sigma'_2\sigma_2}, t_{\sigma'_2\sigma'_2}]_{q^2} = (\sigma_1, \sigma_2)^2 \lambda t_{\sigma'_2\sigma_1} t_{\sigma_2\sigma'_1}, \quad [t_{\sigma_2\sigma_2}, t_{\sigma_2\sigma'_2}]_{q^2} = (\sigma_1, \sigma_2)^2 \lambda t_{\sigma_2\sigma_1} t_{\sigma_2\sigma'_1},$$

$$[t_{\sigma_2\sigma'_2}, t_{\sigma'_2\sigma'_2}]_{q^2} = (\sigma_1, \sigma_2)^2 \lambda t_{\sigma_1\sigma'_2} t_{\sigma_1\sigma'_2}, \quad [t_{\sigma_2\sigma'_1}, t_{\sigma'_2\sigma'_1}]_{q^2} = \frac{\lambda}{(\sigma_1, \sigma_2)^2} t_{\sigma_1\sigma'_1} t_{\sigma'_1\sigma'_1};$$

7. сложные

$$[t_{\sigma_1\sigma_1}, t_{\sigma'_1\sigma'_1}]_{q^2} = \lambda q (t_{\sigma_1\sigma'_1} t_{\sigma'_1\sigma_1} - 1),$$

$$[t_{\sigma_2\sigma_2}, t_{\sigma'_2\sigma'_2}] = \lambda \left((\sigma_1, \sigma_2)^2 t_{\sigma_1\sigma_2} t_{\sigma'_1\sigma'_2} + (q + q^{-1}) t_{\sigma'_2\sigma_2} t_{\sigma_2\sigma'_2} \right),$$

$$[t_{\sigma_2\sigma'_2}, t_{\sigma'_2\sigma_2}] = (\sigma_1, \sigma_2)^2 \lambda \left(t_{\sigma_1\sigma'_2} t_{\sigma'_1\sigma_2} - t_{\sigma'_2\sigma_1} t_{\sigma_2\sigma'_1} \right),$$

$$[t_{\sigma_2\sigma_1}, t_{\sigma'_2\sigma'_1}] = \frac{\lambda}{(\sigma_1, \sigma_2)^2} \left(q^{-2} t_{\sigma_1\sigma'_1} t_{\sigma'_1\sigma_1} + (\sigma_1, \sigma_2)^2 (q + q^{-1}) t_{\sigma_2\sigma'_1} t_{\sigma'_2\sigma_1} \right),$$

$$[t_{\sigma_1\sigma_2}, t_{\sigma'_1\sigma'_2}] = \frac{\lambda}{(\sigma_1, \sigma_2)^2} \left(q^{-2} t_{\sigma_1\sigma'_1} t_{\sigma'_1\sigma_1} + (\sigma_1, \sigma_2)^2 (q + q^{-1}) t_{\sigma'_1\sigma_2} t_{\sigma_1\sigma'_2} \right),$$

$$[t_{\sigma_2\sigma_1}, t_{\sigma'_2\sigma_2}]_q = \lambda \left(t_{\sigma_1\sigma_1} t_{\sigma'_1\sigma_2} + q t_{\sigma'_2\sigma_1} t_{\sigma_2\sigma_2} \right),$$

$$[t_{\sigma'_2\sigma_2}, t_{\sigma'_1\sigma'_2}]_q = \lambda \left(t_{\sigma'_2\sigma'_2} t_{\sigma'_1\sigma_2} + q t_{\sigma'_2\sigma_1} t_{\sigma'_1\sigma'_1} \right),$$

$$[t_{\sigma_2\sigma'_2}, t_{\sigma'_2\sigma'_1}]_q = \lambda \left(t_{\sigma_1\sigma'_2} t_{\sigma'_1\sigma'_1} + q t_{\sigma'_2\sigma'_2} t_{\sigma_2\sigma'_1} \right),$$

$$[t_{\sigma_1\sigma_2}, t_{\sigma_2\sigma'_2}]_q = \lambda \left(q t_{\sigma_1\sigma'_2} t_{\sigma_2\sigma_2} + t_{\sigma_1\sigma_1} t_{\sigma_2\sigma'_1} \right),$$

$$[t_{\sigma_2\sigma_2}, t_{\sigma'_2\sigma'_1}]_q = \lambda \left(t_{\sigma_1\sigma_2} t_{\sigma'_1\sigma'_1} + q t_{\sigma'_2\sigma_2} t_{\sigma_2\sigma'_1} \right),$$

$$[t_{\sigma_2\sigma_2}, t_{\sigma'_1\sigma'_2}]_q = \lambda \left(t_{\sigma_2\sigma_1} t_{\sigma'_1\sigma'_1} + q t_{\sigma_2\sigma'_2} t_{\sigma'_1\sigma_2} \right),$$

$$[t_{\sigma_1\sigma_2}, t_{\sigma'_2\sigma'_2}]_q = \lambda \left(t_{\sigma_1\sigma_1} t_{\sigma'_2\sigma'_1} + q t_{\sigma_1\sigma'_2} t_{\sigma'_2\sigma_2} \right),$$

$$[t_{\sigma_2\sigma_1}, t_{\sigma'_2\sigma'_2}]_q = \lambda \left(t_{\sigma_1\sigma_1} t_{\sigma'_1\sigma'_2} + q t_{\sigma'_2\sigma_1} t_{\sigma_2\sigma'_2} \right). \tag{13.38}$$

Кроме того, образующие удовлетворяют дополнительным соотношениям (13.35) $T(j_1; \sigma) C(j_1) T^t(j_1; \sigma) = C(j_1)$, которые имеют вид

$$q^{-2} t_{\sigma_1\sigma_1} t_{\sigma'_1\sigma'_1} + (\sigma_1, \sigma_2)^2 q^{-1} t_{\sigma_1\sigma_2} t_{\sigma'_1\sigma'_2} -$$
$$- (\sigma_1, \sigma_2)^2 q t_{\sigma_1\sigma'_2} t_{\sigma'_1\sigma_2} - q^2 t_{\sigma_1\sigma'_1} t_{\sigma'_1\sigma_1} = q^{-2},$$

$$(\sigma_1, \sigma_2)^2 q^{-2} t_{\sigma_2\sigma_1} t_{\sigma'_2\sigma'_1} + q^{-1} t_{\sigma_2\sigma_2} t_{\sigma'_2\sigma'_2} -$$
$$- q t_{\sigma_2\sigma'_2} t_{\sigma'_2\sigma_2} - (\sigma_1, \sigma_2)^2 q^2 t_{\sigma_2\sigma'_1} t_{\sigma'_2\sigma_1} = q^{-1},$$

$$(\sigma_1, \sigma_2)^2 q^{-2} t_{\sigma'_2\sigma_1} t_{\sigma_2\sigma'_1} + q^{-1} t_{\sigma'_2\sigma_2} t_{\sigma_2\sigma'_2} -$$
$$- q t_{\sigma'_2\sigma'_2} t_{\sigma_2\sigma_2} - (\sigma_1, \sigma_2)^2 q^2 t_{\sigma'_2\sigma'_1} t_{\sigma_2\sigma_1} = -q,$$

$$q^{-2} t_{\sigma'_1\sigma_1} t_{\sigma_1\sigma'_1} + (\sigma_1, \sigma_2)^2 q^{-1} t_{\sigma'_1\sigma_2} t_{\sigma_1\sigma'_2} -$$
$$- (\sigma_1, \sigma_2)^2 q t_{\sigma'_1\sigma'_2} t_{\sigma_1\sigma_2} - q^2 t_{\sigma'_1\sigma'_1} t_{\sigma_1\sigma_1} = -q^2,$$

$$q^{-2} t_{\sigma_1\sigma_1} t_{\sigma_1\sigma'_1} + (\sigma_1, \sigma_2)^2 q^{-1} t_{\sigma_1\sigma_2} t_{\sigma_1\sigma'_2} -$$
$$- (\sigma_1, \sigma_2)^2 q t_{\sigma_1\sigma'_2} t_{\sigma_1\sigma_2} - q^2 t_{\sigma_1\sigma'_1} t_{\sigma_1\sigma_1} = 0,$$

$$q^{-2} t_{\sigma_1\sigma_1} t_{\sigma_2\sigma'_1} + q^{-1} t_{\sigma_1\sigma_2} t_{\sigma_2\sigma'_2} - q t_{\sigma_1\sigma'_2} t_{\sigma_2\sigma_2} - q^2 t_{\sigma_1\sigma'_1} t_{\sigma_2\sigma_1} = 0,$$

$$q^{-2}t_{\sigma_1\sigma_1}t_{\sigma_2'\sigma_1'} + q^{-1}t_{\sigma_1\sigma_2}t_{\sigma_2'\sigma_2'} - qt_{\sigma_1\sigma_2'}t_{\sigma_2'\sigma_2} - q^2t_{\sigma_1\sigma_1'}t_{\sigma_2'\sigma_1} = 0,$$

$$q^{-2}t_{\sigma_2\sigma_1}t_{\sigma_1\sigma_1'} + q^{-1}t_{\sigma_2\sigma_2}t_{\sigma_1\sigma_2'} - qt_{\sigma_2\sigma_2'}t_{\sigma_1\sigma_2} - q^2t_{\sigma_2\sigma_1'}t_{\sigma_1\sigma_1} = 0,$$

$$(\sigma_1,\sigma_2)^2q^{-2}t_{\sigma_2\sigma_1}t_{\sigma_2\sigma_1'} + q^{-1}t_{\sigma_2\sigma_2}t_{\sigma_2\sigma_2'} -$$
$$- qt_{\sigma_2\sigma_2'}t_{\sigma_2\sigma_2} - (\sigma_1,\sigma_2)^2q^2t_{\sigma_2\sigma_1'}t_{\sigma_2\sigma_1} = 0,$$

$$q^{-2}t_{\sigma_2\sigma_1}t_{\sigma_1'\sigma_1'} + q^{-1}t_{\sigma_2\sigma_2}t_{\sigma_1'\sigma_2'} - qt_{\sigma_2\sigma_2'}t_{\sigma_1'\sigma_2} - q^2t_{\sigma_2\sigma_1'}t_{\sigma_1'\sigma_1} = 0,$$

$$q^{-2}t_{\sigma_2'\sigma_1}t_{\sigma_1\sigma_1'} + q^{-1}t_{\sigma_2'\sigma_2}t_{\sigma_1\sigma_2'} - qt_{\sigma_2'\sigma_2'}t_{\sigma_1\sigma_2} - q^2t_{\sigma_2'\sigma_1'}t_{\sigma_1\sigma_1} = 0,$$

$$(\sigma_1,\sigma_2)^2q^{-2}t_{\sigma_2'\sigma_1}t_{\sigma_2'\sigma_1'} + q^{-1}t_{\sigma_2'\sigma_2}t_{\sigma_2'\sigma_2'} -$$
$$- qt_{\sigma_2'\sigma_2'}t_{\sigma_2'\sigma_2} - (\sigma_1,\sigma_2)^2q^2t_{\sigma_2'\sigma_1'}t_{\sigma_2'\sigma_1} = 0,$$

$$q^{-2}t_{\sigma_2'\sigma_1}t_{\sigma_1'\sigma_1'} + q^{-1}t_{\sigma_2'\sigma_2}t_{\sigma_1'\sigma_2'} - qt_{\sigma_2'\sigma_2'}t_{\sigma_1'\sigma_2} - q^2t_{\sigma_2'\sigma_1'}t_{\sigma_1'\sigma_1} = 0,$$

$$q^{-2}t_{\sigma_1'\sigma_1}t_{\sigma_2\sigma_1'} + q^{-1}t_{\sigma_1'\sigma_2}t_{\sigma_2\sigma_2'} - qt_{\sigma_1'\sigma_2'}t_{\sigma_2\sigma_2} - q^2t_{\sigma_1'\sigma_1'}t_{\sigma_2\sigma_1} = 0,$$

$$q^{-2}t_{\sigma_1'\sigma_1}t_{\sigma_2'\sigma_1'} + q^{-1}t_{\sigma_1'\sigma_2}t_{\sigma_2'\sigma_2'} - qt_{\sigma_1'\sigma_2'}t_{\sigma_2'\sigma_2} - q^2t_{\sigma_1'\sigma_1'}t_{\sigma_2'\sigma_1} = 0,$$

$$q^{-2}t_{\sigma_1'\sigma_1}t_{\sigma_1'\sigma_1'} + (\sigma_1,\sigma_2)^2q^{-1}t_{\sigma_1'\sigma_2}t_{\sigma_1'\sigma_2'} -$$
$$- (\sigma_1,\sigma_2)^2qt_{\sigma_1'\sigma_2'}t_{\sigma_1'\sigma_2} - q^2t_{\sigma_1'\sigma_1'}t_{\sigma_1'\sigma_1} = 0, \tag{13.39}$$

а также соотношениям $T^t(j_1;\sigma)C^{-1}(j_1)T(j_1;\sigma) = C^{-1}(j_1)$ вида

$$-q^{-2}t_{\sigma_1\sigma_1}t_{\sigma_1'\sigma_1'} - (\sigma_1,\sigma_2)^2q^{-1}t_{\sigma_2\sigma_1}t_{\sigma_2'\sigma_1'} +$$
$$+ (\sigma_1,\sigma_2)^2qt_{\sigma_2'\sigma_1}t_{\sigma_2\sigma_1'} + q^2t_{\sigma_1'\sigma_1}t_{\sigma_1\sigma_1'} = -q^{-2},$$

$$-(\sigma_1,\sigma_2)^2q^{-2}t_{\sigma_1\sigma_2}t_{\sigma_1'\sigma_2'} - q^{-1}t_{\sigma_2\sigma_2}t_{\sigma_2'\sigma_2'} +$$
$$+ qt_{\sigma_2'\sigma_2}t_{\sigma_2\sigma_2'} + (\sigma_1,\sigma_2)^2q^2t_{\sigma_1'\sigma_2}t_{\sigma_1\sigma_2'} = -q^{-1},$$

$$-(\sigma_1,\sigma_2)^2q^{-2}t_{\sigma_1\sigma_2'}t_{\sigma_1'\sigma_2} - q^{-1}t_{\sigma_2\sigma_2'}t_{\sigma_2'\sigma_2} +$$
$$+ qt_{\sigma_2'\sigma_2'}t_{\sigma_2\sigma_2} + (\sigma_1,\sigma_2)^2q^2t_{\sigma_1'\sigma_2'}t_{\sigma_1\sigma_2} = q,$$

$$-q^{-2}t_{\sigma_1\sigma_1'}t_{\sigma_1'\sigma_1} - (\sigma_1,\sigma_2)^2q^{-1}t_{\sigma_2\sigma_1'}t_{\sigma_2'\sigma_1} +$$
$$+ (\sigma_1,\sigma_2)^2qt_{\sigma_2'\sigma_1'}t_{\sigma_2\sigma_1} + q^2t_{\sigma_1'\sigma_1'}t_{\sigma_1\sigma_1} = q^2,$$

$$-q^{-2}t_{\sigma_1\sigma_1}t_{\sigma_1'\sigma_1} - (\sigma_1,\sigma_2)^2q^{-1}t_{\sigma_2\sigma_1}t_{\sigma_2'\sigma_1} +$$
$$+ (\sigma_1,\sigma_2)^2qt_{\sigma_2'\sigma_1}t_{\sigma_2\sigma_1} + q^2t_{\sigma_1'\sigma_1}t_{\sigma_1\sigma_1} = 0,$$

$$-q^{-2}t_{\sigma_1\sigma_1}t_{\sigma_1'\sigma_2} - q^{-1}t_{\sigma_2\sigma_1}t_{\sigma_2'\sigma_2} + qt_{\sigma_2'\sigma_1}t_{\sigma_2\sigma_2} + q^2t_{\sigma_1'\sigma_1}t_{\sigma_1\sigma_2} = 0,$$

$$-q^{-2}t_{\sigma_1\sigma_1}t_{\sigma_1'\sigma_2'} - q^{-1}t_{\sigma_2\sigma_1}t_{\sigma_2'\sigma_2'} + qt_{\sigma_2'\sigma_1}t_{\sigma_2\sigma_2'} + q^2t_{\sigma_1'\sigma_1}t_{\sigma_1\sigma_2'} = 0,$$

$$-q^{-2}t_{\sigma_1\sigma_2}t_{\sigma_1'\sigma_1} - q^{-1}t_{\sigma_2\sigma_2}t_{\sigma_2'\sigma_1} + qt_{\sigma_2'\sigma_2}t_{\sigma_2\sigma_1} + q^2t_{\sigma_1'\sigma_2}t_{\sigma_1\sigma_1} = 0,$$

$$-(\sigma_1,\sigma_2)^2q^{-2}t_{\sigma_1\sigma_2}t_{\sigma_1'\sigma_2} - q^{-1}t_{\sigma_2\sigma_2}t_{\sigma_2'\sigma_2} +$$
$$+ qt_{\sigma_2'\sigma_2}t_{\sigma_2\sigma_2} + (\sigma_1,\sigma_2)^2q^2t_{\sigma_1'\sigma_2}t_{\sigma_1\sigma_2} = 0,$$

$$-q^{-2}t_{\sigma_1\sigma_2}t_{\sigma_1'\sigma_1'} - q^{-1}t_{\sigma_2\sigma_2}t_{\sigma_2'\sigma_1'} + qt_{\sigma_2'\sigma_2}t_{\sigma_2\sigma_1'} + q^2t_{\sigma_1'\sigma_2}t_{\sigma_1\sigma_1'} = 0,$$

$$-q^{-2}t_{\sigma_1\sigma_2'}t_{\sigma_1'\sigma_1} - q^{-1}t_{\sigma_2\sigma_2'}t_{\sigma_2'\sigma_1} + qt_{\sigma_2'\sigma_2'}t_{\sigma_2\sigma_1} + q^2t_{\sigma_1'\sigma_2'}t_{\sigma_1\sigma_1} = 0,$$

$$-(\sigma_1,\sigma_2)^2q^{-2}t_{\sigma_1\sigma_2'}t_{\sigma_1'\sigma_2'} - q^{-1}t_{\sigma_2\sigma_2'}t_{\sigma_2'\sigma_2'} +$$

$$+qt_{\sigma_2'\sigma_2'}t_{\sigma_2\sigma_2'} + (\sigma_1,\sigma_2)^2q^2t_{\sigma_1'\sigma_2'}t_{\sigma_1\sigma_2'} = 0,$$

$$-q^{-2}t_{\sigma_1\sigma_2'}t_{\sigma_1'\sigma_1'} - q^{-1}t_{\sigma_2\sigma_2'}t_{\sigma_2'\sigma_1'} + qt_{\sigma_2'\sigma_2'}t_{\sigma_2\sigma_1'} + q^2t_{\sigma_1'\sigma_2'}t_{\sigma_1\sigma_1'} = 0,$$

$$-q^{-2}t_{\sigma_1\sigma_1'}t_{\sigma_1'\sigma_2} - q^{-1}t_{\sigma_2\sigma_1'}t_{\sigma_2'\sigma_2} + qt_{\sigma_2'\sigma_1'}t_{\sigma_2\sigma_2} + q^2t_{\sigma_1'\sigma_1'}t_{\sigma_1\sigma_2} = 0,$$

$$-q^{-2}t_{\sigma_1\sigma_1'}t_{\sigma_1'\sigma_2'} - q^{-1}t_{\sigma_2\sigma_1'}t_{\sigma_2'\sigma_2'} + qt_{\sigma_2'\sigma_1'}t_{\sigma_2\sigma_2'} + q^2t_{\sigma_1'\sigma_1'}t_{\sigma_1\sigma_2'} = 0,$$

$$-q^{-2}t_{\sigma_1\sigma_1'}t_{\sigma_1'\sigma_1'} - (\sigma_1,\sigma_2)^2q^{-1}t_{\sigma_2\sigma_1'}t_{\sigma_2'\sigma_1'} +$$

$$+(\sigma_1,\sigma_2)^2qt_{\sigma_2'\sigma_1'}t_{\sigma_2\sigma_1'} + q^2t_{\sigma_1'\sigma_1'}t_{\sigma_1\sigma_1'} = 0. \tag{13.40}$$

Не все эти дополнительные соотношения независимы. Часть из них сводится к коммутационным соотношениям для образующих, а остальные позволяют выделить независимые образующие квантовой симплектической группы $Sp_v(2; j_1; \sigma)$.

13.3.2. Квантовая симплектическая группа $Sp_v(2; j_1; \widehat{\sigma})$ и квантовое пространство $\mathbf{Sp}_v^4(j_1; \widehat{\sigma})$.

При $n = 2$ группа перестановок $S(2)$ содержит два элемента: тождественную перестановку $\sigma_0 = (1,2)$ и перестановку $\widehat{\sigma} = (2,1)$. Случай тождественной перестановки подробно описан в разделе 13.2.1. Здесь мы рассмотрим квантовое пространство и квантовую группу, отвечающие перестановке $\widehat{\sigma} = (\sigma_1, \sigma_2) = (2,1)$.

Квантовое симплектическое пространство $\mathbf{Sp}_v^4(j_1; \widehat{\sigma})$ получим подстановкой $(\sigma_1, \sigma_2) = (2,1)$ в формулы (13.37). Оно порождается образующими с коммутационными соотношениями

$$[x_2, x_1]_q = 0, \quad [x_2, x_{1'}]_q = 0, \quad [x_1, x_{2'}]_q = 0, \quad [x_{1'}, x_{2'}]_q = 0,$$

$$[x_2, x_{2'}]_{q^2} = 0, \quad [x_1, x_{1'}]_{q^2} = j_1^2\lambda x_2 x_{2'}, \tag{13.41}$$

где $q = \exp(j_1^2 v)$, $\lambda = 2\,\mathrm{sh}\,j_1^2 v$.

Чтобы избежать повторения громоздких формул, в случае квантовой группы $Sp_v(2; j_1; \widehat{\sigma})$ выпишем только те коммутаторы, которые в явном виде содержат контракционный параметр. Формулы (41) дают

1. $[a, b] = \lambda cd$,

$$[t_{22}, t_{11}] = j_1^2\lambda t_{12}t_{21}, \quad [t_{22}, t_{1'1'}] = j_1^2\lambda t_{1'2}t_{21'}, \quad [t_{22}, t_{1'1}] = j_1^2\lambda t_{1'2}t_{21},$$

$$[t_{21}, t_{12'}] = \frac{\lambda}{j_1^2}t_{22'}t_{11}, \quad [t_{21'}, t_{1'2'}] = \frac{\lambda}{j_1^2}t_{22'}t_{1'1'}, \quad [t_{21'}, t_{12'}] = \frac{\lambda}{j_1^2}t_{22'}t_{11'},$$

$$[t_{22}, t_{11'}] = j_1^2\lambda t_{12}t_{21'}, \quad [t_{21}, t_{1'2'}] = \frac{\lambda}{j_1^2}t_{22'}t_{1'1}, \quad [t_{11'}, t_{2'2'}] = j_1^2\lambda t_{2'1'}t_{12'},$$

$$[t_{1'1}, t_{2'2'}] = j_1^2\lambda t_{2'1}t_{12'}, \quad [t_{1'1'}, t_{2'2'}] = j_1^2\lambda t_{2'1'}t_{1'2'}, \quad [t_{1'2}, t_{2'1}] = \frac{\lambda}{j_1^2}t_{2'2}t_{11'},$$

$$[t_{12}, t_{2'1}] = \frac{\lambda}{j_1^2} t_{2'2} t_{11}, \quad [t_{11}, t_{2'2'}] = j_1^2 \lambda t_{2'1} t_{12'}, \quad [t_{1'2}, t_{2'1'}] = \frac{\lambda}{j_1^2} t_{2'2} t_{1'1'},$$

$$[t_{12}, t_{2'1'}] = \frac{\lambda}{j_1^2} t_{2'2} t_{11'}, \quad [t_{2'1}, t_{21'}] = \frac{\lambda}{j_1^2} t_{22'} t_{2'2}, \quad [t_{12'}, t_{1'2}] = \frac{\lambda}{j_1^2} t_{22'} t_{2'2};$$

2. $[a, b]_{q^2} = \lambda cd,$

$$[t_{21}, t_{21'}]_{q^2} = \frac{\lambda}{j_1^2} t_{22} t_{22'}, \quad [t_{12}, t_{1'2}]_{q^2} = \frac{\lambda}{j_1^2} t_{22} t_{2'2},$$

$$[t_{2'1}, t_{2'1'}]_{q^2} = \frac{\lambda}{j_1^2} t_{2'2} t_{2'2'}, \quad [t_{11}, t_{1'1}]_{q^2} = j_1^2 \lambda t_{21} t_{2'1},$$

$$[t_{1'1}, t_{1'1'}]_{q^2} = j_1^2 \lambda t_{1'2} t_{1'2'}, \quad [t_{11}, t_{11'}]_{q^2} = j_1^2 \lambda t_{12} t_{12'},$$

$$[t_{11'}, t_{1'1'}]_{q^2} = j_1^2 \lambda t_{21'} t_{2'1'}, \quad [t_{12'}, t_{1'2'}]_{q^2} = \frac{\lambda}{j_1^2} t_{22'} t_{2'2'};$$

3. сложные

$$[t_{11}, t_{1'1'}] = \lambda \left(j_1^2 t_{21} t_{2'1'} + (q + q^{-1}) t_{1'1} t_{11'} \right),$$

$$[t_{11'}, t_{1'1}] = j_1^2 \lambda \left(t_{21'} t_{2'1} - t_{1'2} t_{12'} \right),$$

$$[t_{12}, t_{1'2'}] = \frac{\lambda}{j_1^2} \left(q^{-2} t_{22'} t_{2'2} + j_1^2 (q + q^{-1}) t_{12'} t_{1'2} \right),$$

$$[t_{21}, t_{2'1'}] = \frac{\lambda}{j_1^2} \left(q^{-2} t_{22'} t_{2'2} + j_1^2 (q + q^{-1}) t_{2'1} t_{21'} \right). \tag{13.42}$$

Кроме того, образующие удовлетворяют дополнительным соотношениям (13.39), которые имеют вид

$$q^{-2} t_{22} t_{2'2'} + j_1^2 q^{-1} t_{21} t_{2'1'} - j_1^2 q t_{21'} t_{2'1} - q^2 t_{22'} t_{2'2} = q^{-2},$$

$$j_1^2 q^{-2} t_{12} t_{1'2'} + q^{-1} t_{11} t_{1'1'} - q t_{11'} t_{1'1} - j_1^2 q^2 t_{12'} t_{1'2} = q^{-1},$$

$$j_1^2 q^{-2} t_{1'2} t_{12'} + q^{-1} t_{1'1} t_{11'} - q t_{1'1'} t_{11} - j_1^2 q^2 t_{1'2'} t_{12} = -q,$$

$$q^{-2} t_{2'2} t_{22'} + j_1^2 q^{-1} t_{2'1} t_{21'} - j_1^2 q t_{2'1'} t_{21} - q^2 t_{2'2'} t_{22} = -q^2,$$

$$q^{-2} t_{22} t_{22'} + j_1^2 q^{-1} t_{21} t_{21'} - j_1^2 q t_{21'} t_{21} - q^2 t_{22'} t_{22} = 0,$$

$$q^{-2} t_{22} t_{12'} + q^{-1} t_{21} t_{11'} - q t_{21'} t_{11} - q^2 t_{22'} t_{12} = 0,$$

$$q^{-2} t_{22} t_{1'2'} + q^{-1} t_{21} t_{1'1'} - q t_{21'} t_{1'1} - q^2 t_{22'} t_{1'2} = 0,$$

$$q^{-2} t_{12} t_{22'} + q^{-1} t_{11} t_{21'} - q t_{11'} t_{21} - q^2 t_{12'} t_{22} = 0,$$

$$j_1^2 q^{-2} t_{12} t_{12'} + q^{-1} t_{11} t_{11'} - q t_{11'} t_{11} - j_1^2 q^2 t_{12'} t_{12} = 0,$$

$$q^{-2} t_{12} t_{2'2'} + q^{-1} t_{11} t_{2'1'} - q t_{11'} t_{2'1} - q^2 t_{12'} t_{2'2} = 0,$$

$$q^{-2} t_{1'2} t_{22'} + q^{-1} t_{1'1} t_{21'} - q t_{1'1'} t_{21} - q^2 t_{1'2'} t_{22} = 0,$$

$$j_1^2 q^{-2} t_{1'2} t_{1'2'} + q^{-1} t_{1'1} t_{1'1'} - q t_{1'1'} t_{1'1} - j_1^2 q^2 t_{1'2'} t_{1'2} = 0,$$

$$q^{-2} t_{1'2} t_{2'2'} + q^{-1} t_{1'1} t_{2'1'} - q t_{1'1'} t_{2'1} - q^2 t_{1'2'} t_{2'2} = 0,$$

$$q^{-2} t_{2'2} t_{12'} + q^{-1} t_{2'1} t_{11'} - q t_{2'1'} t_{11} - q^2 t_{2'2'} t_{12} = 0,$$

$$q^{-2}t_{2'2}t_{1'2'} + q^{-1}t_{2'1}t_{1'1'} - qt_{2'1'}t_{1'1} - q^2t_{2'2'}t_{1'2} = 0,$$

$$q^{-2}t_{2'2}t_{2'2'} + j_1^2q^{-1}t_{2'1}t_{2'1'} - j_1^2qt_{2'1'}t_{2'1} - q^2t_{2'2'}t_{2'2} = 0, \qquad (13.43)$$

и соотношениям (13.40):

$$-q^{-2}t_{22}t_{2'2'} - j_1^2q^{-1}t_{12}t_{1'2'} + j_1^2qt_{1'2}t_{12'} + q^2t_{2'2}t_{22'} = -q^{-2},$$

$$-j_1^2q^{-2}t_{21}t_{2'1'} - q^{-1}t_{11}t_{1'1'} + qt_{1'1}t_{11'} + j_1^2q^2t_{2'1}t_{21'} = -q^{-1},$$

$$-j_1^2q^{-2}t_{21'}t_{2'1} - q^{-1}t_{11'}t_{1'1} + qt_{1'1'}t_{11} + j_1^2q^2t_{2'1'}t_{21} = q,$$

$$-q^{-2}t_{22'}t_{2'2} - j_1^2q^{-1}t_{12'}t_{1'2} + j_1^2qt_{1'2'}t_{12} + q^2t_{2'2'}t_{22} = q^2,$$

$$-q^{-2}t_{22}t_{2'2} - j_1^2q^{-1}t_{12}t_{1'2} + j_1^2qt_{1'2}t_{12} + q^2t_{2'2}t_{22} = 0,$$

$$-q^{-2}t_{22}t_{2'1} - q^{-1}t_{12}t_{1'1} + qt_{1'2}t_{11} + q^2t_{2'2}t_{21} = 0,$$

$$-q^{-2}t_{22}t_{2'1'} - q^{-1}t_{12}t_{1'1'} + qt_{1'2}t_{11'} + q^2t_{2'2}t_{21'} = 0,$$

$$-q^{-2}t_{21}t_{2'2} - q^{-1}t_{11}t_{1'2} + qt_{1'1}t_{12} + q^2t_{2'1}t_{22} = 0,$$

$$-j_1^2q^{-2}t_{21}t_{2'1} - q^{-1}t_{11}t_{1'1} + qt_{1'1}t_{11} + j_1^2q^2t_{2'1}t_{21} = 0,$$

$$-q^{-2}t_{21}t_{2'2'} - q^{-1}t_{11}t_{1'2'} + qt_{1'1}t_{12'} + q^2t_{2'1}t_{22'} = 0,$$

$$-q^{-2}t_{21'}t_{2'2} - q^{-1}t_{11'}t_{1'2} + qt_{1'1'}t_{12} + q^2t_{2'1'}t_{22} = 0,$$

$$-j_1^2q^{-2}t_{21'}t_{2'1'} - q^{-1}t_{11'}t_{1'1'} + qt_{1'1'}t_{11'} + j_1^2q^2t_{2'1'}t_{21'} = 0,$$

$$-q^{-2}t_{21'}t_{2'2'} - q^{-1}t_{11'}t_{1'2'} + qt_{1'1'}t_{12'} + q^2t_{2'1'}t_{22'} = 0,$$

$$-q^{-2}t_{22'}t_{2'1} - q^{-1}t_{12'}t_{1'1} + qt_{1'2'}t_{11} + q^2t_{2'2'}t_{21} = 0,$$

$$-q^{-2}t_{22'}t_{2'1'} - q^{-1}t_{12'}t_{1'1'} + qt_{1'2'}t_{11'} + q^2t_{2'2'}t_{21'} = 0,$$

$$-q^{-2}t_{22'}t_{2'2'} - j_1^2q^{-1}t_{12'}t_{1'2'} + j_1^2qt_{1'2'}t_{12'} + q^2t_{2'2'}t_{22'} = 0. \qquad (13.44)$$

Часть из дополнительных соотношений сводится к коммутационным соотношениям для образующих, а остальные позволяют выделить независимые образующие квантовой симплектической группы $Sp_v(2; j_1; \widehat{\sigma})$. При $j_1 = 1$ формулы этого раздела описывают квантовое пространство $\mathbf{Sp}_q^4$ и квантовую группу $Sp_q(2)$.

13.3.3. Контрактированная квантовая группа $Sp_v(2; \iota_1; \widehat{\sigma})$ и квантовое расслоенное пространство $\mathbf{Sp}_v^4(\iota_1; \widehat{\sigma})$.

При контракции $j_1 = \iota_1$, как это следует из (13.41), пространство $\mathbf{Sp}_v^4(\iota_1; \widehat{\sigma})$ становится коммутативным. Вместе с тем квантовая группа $Sp_v(2; \iota_1; \widehat{\sigma})$ имеет ненулевые коммутационные соотношения образующих:

$$[t_{21}, t_{12'}] = 2vt_{22}t_{11}, \quad [t_{21'}, t_{1'2'}] = 2vt_{22}t_{1'1'}, \quad [t_{21'}, t_{12'}] = 2vt_{22}t_{11'},$$

$$[t_{21}, t_{1'2'}] = 2vt_{22}t_{1'1}, \quad [t_{1'2}, t_{2'1}] = 2vt_{2'2}t_{1'1}, \quad [t_{12}, t_{2'1}] = 2vt_{2'2}t_{11},$$

$$[t_{1'2}, t_{2'1'}] = 2vt_{2'2}t_{1'1'}, \quad [t_{12}, t_{2'1'}] = 2vt_{2'2}t_{11'}, \quad [t_{2'1}, t_{21'}] = 2vt_{22}t_{2'2},$$

$$[t_{12'}, t_{1'2}] = 2vt_{22}t_{2'2}, \quad [t_{21}, t_{21'}]_{q^2} = 2vt_{22}t_{22'}, \quad [t_{12}, t_{1'2}]_{q^2} = 2vt_{22}t_{2'2},$$

$$[t_{2'1}, t_{2'1'}]_{q^2} = 2vt_{2'2}t_{2'2'}, \quad [t_{12'}, t_{1'2'}]_{q^2} = 2vt_{2'2'}t_{2'2'}, \quad [t_{12}, t_{1'2'}] = 2vt_{22'}t_{2'2},$$

$$[t_{21}, t_{2'1'}] = 2vt_{22'}t_{2'2}. \qquad (13.45)$$

Кроме того, образующие удовлетворяют дополнительным соотношениям (13.43),(13.44) в виде

$$t_{11}t_{21'} - t_{21}t_{11'} + t_{12}t_{22'} - t_{12'}t_{22} = 0,$$
$$t_{21}t_{1'1'} - t_{21'}t_{1'1} + t_{22}t_{1'2'} - t_{22'}t_{1'2} = 0,$$
$$t_{11}t_{2'1'} - t_{11'}t_{2'1} + t_{12}t_{2'2'} - t_{12'}t_{2'2} = 0,$$
$$t_{2'1}t_{1'1'} - t_{1'1}t_{2'1'} + t_{2'2}t_{1'2'} - t_{2'2'}t_{1'2} = 0,$$
$$t_{11}t_{1'2} - t_{12}t_{1'1} + t_{21}t_{2'2} - t_{22}t_{2'1} = 0,$$
$$t_{12}t_{1'1'} - t_{11'}t_{1'2} + t_{22}t_{2'1'} - t_{21'}t_{2'2} = 0,$$
$$t_{11}t_{1'2'} - t_{12'}t_{1'1} + t_{21}t_{2'2'} - t_{22'}t_{2'1} = 0,$$
$$t_{12'}t_{1'1'} - t_{11'}t_{1'2'} + t_{22'}t_{2'1'} - t_{21'}t_{2'2'} = 0,$$
$$t_{22}t_{2'2'} - t_{22'}t_{2'2} = 1, \quad t_{11}t_{1'1'} - qt_{11'}t_{1'1} = 1. \tag{13.46}$$

Данный пример показывает, что контрактированная квантовая симплектическая группа с некоммутативными образующими может действовать на коммутативном симплектическом пространстве, в отличие от раздела 13.2.2, где контрактированное симплектическое пространство порождалось некоммутативными образующими.

Глава 14

КВАНТОВЫЕ АНАЛОГИ ПРОСТРАНСТВ ПОСТОЯННОЙ КРИВИЗНЫ

В данной главе подробно описываются ассоциированные с квантовыми ортогональными группами неизоморфные квантовые векторные пространства Кэли–Клейна с двумя и тремя образующими, являющиеся квантовыми аналогами пространств с постоянной кривизной размерности два и три, а также квантовые ортогональные сферы.

14.1. Квантовые ортогональные группы и квантовые пространства Кэли–Клейна

С квантовой ортогональной группой $SO_q(N)$, описанной в разделе 9.2, связано квантовое векторное пространство $\mathbf{O}_q^N$ в симплектических образующих (определение 9.2.2). Декартовы образующие $y = D^{-1}x$ квантового евклидова пространства $\mathbf{O}_q^N$ получаются с помощью невырожденной матрицы D (9.36), которая является решением уравнения (9.35), и удовлетворяют коммутационным соотношениям (9.42). Уравнение (9.35) имеет много решений. Матрица D описывает одну из возможных комбинаций структуры квантовой группы и схемы Кэли–Клейна контракций групп. Все остальные подобные комбинации описываются матрицами $D_\sigma = DV_\sigma$, получаемыми из (9.36) умножением справа на матрицу $V_\sigma \in M_N$ с элементами $(V_\sigma)_{ik} = \delta_{\sigma_i,k}$, где $\sigma \in S(N)$ есть перестановка N-го порядка. Матрицы D_σ также являются решениями уравнения (9.35).

Мы получим квантовые пространства Кэли–Клейна таким же преобразованием декартовых генераторов, как и в коммутативном случае,

$$y = \psi\xi, \quad \psi = \operatorname{diag}(1, (1,2), \ldots, (1,N)). \tag{14.1}$$

В квантовом случае необходимо добавить преобразование $z = Jv$ параметра деформации $q = e^z$. Подставляя $x = DV_\sigma\psi\xi$ в уравнение (9.27) или $y = V_\sigma\psi\xi$ в (9.42), приходим к следующему определению.

Определение 14.1.1. Алгебра $\mathbf{O}_v^N(j;\sigma)$ с декартовыми образующими $\xi_1, \ldots, \xi_N$ и коммутационными соотношениями

$$\widehat{R}_\sigma(j)\xi \otimes \xi = e^{Jv}\xi \otimes \xi - \frac{2\operatorname{sh}Jv}{1 + e^{Jv(N-2)}}\xi^t C_\sigma(j)\xi W_\sigma(j),$$

$$\widehat{R}_\sigma(j) = (DV_\sigma\psi \otimes DV_\sigma\psi)^{-1}\widehat{R}_q(DV_\sigma\psi \otimes DV_\sigma\psi),$$

$$W_\sigma(j) = (DV_\sigma\psi \otimes DV_\sigma\psi)^{-1}W_\sigma, \quad C_\sigma(j) = \psi V_\sigma^t D^t C DV_\sigma\psi \tag{14.2}$$

называется N-мерным квантовым векторным пространством Кэли–Клейна.

В явном виде коммутационные соотношения (14.2) имеют вид

$$\xi_{\sigma_k}\xi_{\sigma_m} = \xi_{\sigma_m}\xi_{\sigma_k}\,\mathrm{ch}\,Jv - i\xi_{\sigma_m}\xi_{\sigma_{k'}}\frac{(1,\sigma_{k'})}{(1,\sigma_k)}\,\mathrm{sh}\,Jv,\ k < m < k',\ k \neq m',$$

$$\xi_{\sigma_k}\xi_{\sigma_m} = \xi_{\sigma_m}\xi_{\sigma_k}\,\mathrm{ch}\,Jv - i\xi_{\sigma_{m'}}\xi_{\sigma_k}\frac{(1,\sigma_{m'})}{(1,\sigma_m)}\,\mathrm{sh}\,Jv,\ m' < k < m,\ k \neq m',$$

$$\tag{14.3}$$

$$[\xi_{\sigma_k},\xi_{\sigma_{k'}}] = 2i\varepsilon\,\mathrm{sh}\,\frac{Jv}{2}(\mathrm{ch}\,Jv)^{n-k}\xi_{\sigma_{n+1}}^2\frac{(1,\sigma_{n+1})^2}{(1,\sigma_k)(1,\sigma_{k'})} +$$

$$+i\frac{\mathrm{sh}\,Jv}{(\mathrm{ch}\,Jv)^{k+1}(1,\sigma_k)(1,\sigma_{k'})}\sum_{m=k+1}^{n}(\mathrm{ch}\,Jv)^m\Big((1,\sigma_m)^2\xi_{\sigma_m}^2 +$$

$$+(1,\sigma_{m'})^2\xi_{\sigma_{m'}}^2\Big),\tag{14.4}$$

где $k,m = 1,2,\ldots,n$, $N = 2n+1$ or $N = 2n$, $k' = N+1-k$, $\varepsilon = 0$ для $N = 2n$. Перестановка $\sigma = (\sigma_1,\ldots,\sigma_N)$ описывает определенную комбинацию структуры квантовой группы и схемы Кэли–Клейна групповых контракций.

Инвариантная форма при кодействии соответствующей квантовой ортогональной группы на квантовом пространстве Кэли–Клейна $\mathbf{O}_v^N(j;\sigma)$ записывается следующим образом:

$$\mathrm{inv}(j;\sigma) = \Bigg(\varepsilon(1,\sigma_{n+1})^2\xi_{\sigma_{n+1}}^2\frac{(\mathrm{ch}\,Jv)^n}{\mathrm{ch}(Jv/2)} +$$

$$+\sum_{k=1}^{n}((1,\sigma_k)^2\xi_{\sigma_k}^2 + (1,\sigma_{k'})^2\xi_{\sigma_{k'}}^2)(\mathrm{ch}\,Jv)^{k-1}\Bigg)\mathrm{ch}(Jv\rho_1).\tag{14.5}$$

Подобно определению 9.2.6 введем определение квантового вещественного пространства Кэли–Клейна.

Определение 14.1.2. Квантовое векторное пространство Кэли–Клейна $\mathbf{O}_v^N(j;\sigma)$ с антиинволюцией

$$\xi_{\sigma_k}^* = \xi_{\sigma_k}\,\mathrm{ch}\,Jv\rho_k + i\xi_{\sigma_{k'}}\frac{(1,\sigma_{k'})}{(1,\sigma_k)}\,\mathrm{sh}\,Jv\rho_k,\quad \xi_{\sigma_{n+1}}^* = \xi_{\sigma_{n+1}},$$

$$\xi_{\sigma_{k'}}^* = \xi_{\sigma_{k'}}\,\mathrm{ch}\,Jv\rho_k - i\xi_{\sigma_k}\frac{(1,\sigma_k)}{(1,\sigma_{k'})}\,\mathrm{sh}\,Jv\rho_k,\quad k = 1,\ldots,N\tag{14.6}$$

называется квантовым вещественным векторным пространством Кэли–Клейна $\mathbf{O}_v^N(j;\sigma;\mathbb{R})$.

Множитель J в преобразовании $z = Jv$ деформационного параметра нужно подобрать таким, чтобы сокращались все неопределенные выражения, которые возникают при нильпотентных значениях контракционных параметров.

Теорема 14.1.1. *Квантовое N-мерное векторное пространство Кэли–Клейна $\mathbf{O}_v^N(j;\sigma)$ определено при всех контракциях $j_k = \iota_k$, $k = 1, \ldots, N-1$, если множитель J в преобразовании деформационного параметра выбрать в виде*

$$J = J_0 \bigcup J_1 = J_0 \bigcup_k J_1^{(k)}, \tag{14.7}$$

где $J_0, J_1^{(k)}, J_1$ даются формулами (14.8), (14.11), (14.12).

Доказательство. Поскольку множители $(1, \sigma_k)$ и $(1, \sigma_{k'})$ входят в коммутаторы (14.3), (14.4) симметричным образом, мы можем без потери общности положить $\sigma_k < \sigma_{k'}$. Тогда неопределенные выражения в коммутаторах (14.3) принимают вид $(1, \sigma_k)(1, \sigma_{k'})^{-1} = (\sigma_k, \sigma_{k'})$, где $k = 1, 2, \ldots, n$ при $N = 2n+1$ и $k = 1, 2, \ldots, n-1$ при $N = 2n$. Они устраняются множителем

$$J_0 = \bigcup_k (\sigma_k, \sigma_{k'}), \tag{14.8}$$

который состоит из произведения первых степеней контракционных параметров и является *минимальным* множителем, гарантирующим существование структуры алгебры Хопфа для соответствующей квантовой группы $SO_v(N; j; \sigma)$. Напомним, что «объединение» множителей понимается в смысле определения 11.2.2.

Если мы рассмотрим неопределенные выражения в коммутаторах (14.4), то придем к неминимальному множителю J, который состоит из произведения контракционных параметров в первой и во второй степенях. Неопределенные выражения в коммутаторах (14.4) имеют вид

$$\frac{\displaystyle\sum_{m=k+1}^{n} [(1, \sigma_m)^2 + (1, \sigma_{m'})^2]}{(1, \sigma_k)(1, \sigma_{k'})} = \frac{\displaystyle\sum_{m=k+1}^{n} (1, \sigma_m)^2}{(1, \sigma_k)^2 (\sigma_k, \sigma_{k'})} \tag{14.9}$$

при четном $N = 2n$ и

$$\frac{(1, \sigma_{n+1})^2 + \displaystyle\sum_{m=k+1}^{n} [(1, \sigma_m)^2 + (1, \sigma_{m'})^2]}{(1, \sigma_k)(1, \sigma_{k'})} = \frac{(1, \sigma_{n+1}) + \displaystyle\sum_{m=k+1}^{n} (1, \sigma_m)^2}{(1, \sigma_k)^2 (\sigma_k, \sigma_{k'})}, \tag{14.10}$$

при нечетном $N = 2n+1$. Введем числа

$$i_k = \min\{\sigma_{k+1}, \ldots, \sigma_n\}, \quad k = 1, \ldots, n-1, \ N = 2n,$$

$$i_k = \min\{\sigma_{k+1}, \ldots, \sigma_n, \sigma_{n+1}\}, \quad k = 1, \ldots, n, \ N = 2n+1,$$

тогда k-е выражение в (14.9) или (14.10) равно

$$\frac{(1,i_k)^2}{(1,\sigma_k)^2(\sigma_k,\sigma_{k'})} = \begin{cases} (i_k,\sigma_k)^{-2}(\sigma_k,\sigma_{k'})^{-1}, & i_k < \sigma_k, \\ (\sigma_k,i_k)(i_k,\sigma_{k'})^{-1}, & \sigma_k < i_k < \sigma_{k'}, \\ (\sigma_k,\sigma_{k'})(\sigma_{k'},i_k)^2, & i_k > \sigma_{k'}, \end{cases}$$

и компенсирующий множитель для этого выражения равен

$$J_1^{(k)} = \begin{cases} (i_k,\sigma_k)^2(\sigma_k,\sigma_{k'}), & i_k < \sigma_k, \\ (i_k,\sigma_{k'}), & \sigma_k < i_k < \sigma_{k'}, \\ 1, & i_k > \sigma_{k'}. \end{cases} \qquad (14.11)$$

Для всех выражений в (14.9) или (14.10) компенсирующий множитель J_1 получается объединением

$$J_1 = \bigcup_k J_1^{(k)}. \qquad (14.12)$$

Следовательно, неминимальный множитель J в преобразовании $z = Jv$ деформационного параметра дается формулой (14.7) и включает как первые, так и вторые степени контракционных параметров. $\square$

Введем квантовую ортогональную сферу Кэли–Клейна аналогично определению 9.2.7.

Определение 14.1.3. Фактор-алгебра $\mathbf{S}_v^{N-1}(j;\sigma)$ алгебры $\mathbf{O}_v^N(j;\sigma)$ по соотношению $\mathrm{inv}(j;\sigma) = 1$ (14.5) называется $(N-1)$-мерной квантовой ортогональной сферой Кэли–Клейна.

Квантовый аналог внутренних бельтрамиевых координат на квантовой сфере дается набором правых и левых образующих

$$r_{\sigma_i-1} = \xi_{\sigma_i}\xi_1^{-1}, \quad \widehat{r}_{\sigma_i-1} = \xi_1^{-1}\xi_{\sigma_i}, \quad i = 1,\dots,N, \quad i \neq k, \quad \sigma_k = 1.$$

Причина введения правых и левых образующих состоит в упрощении выражений для коммутационных соотношений. Можно использовать, скажем, только правые образующие, тогда выражения для коммутационных соотношений будут громоздкими, особенно когда все контракционные параметры не являются нильпотентными.

14.2. Квантовые векторные пространства Кэли–Клейна $\mathbf{O}_v^3(j;\sigma)$ и ортогональные сферы $\mathbf{S}_v^2(j;\sigma)$

Трехмерные квантовые векторные пространства Кэли–Клейна $\mathbf{O}_v^3(j;\sigma)$, $j = (j_1, j_2)$ порождаются образующими $\xi_{\sigma_1}, \xi_{\sigma_2}, \xi_{\sigma_3}$ с коммутационными соотношениями (см. (14.3),(14.4)):

$$\xi_{\sigma_1}\xi_{\sigma_2} = \xi_{\sigma_2}\xi_{\sigma_1}\,\mathrm{ch}\,Jv - i\xi_{\sigma_2}\xi_{\sigma_3}\frac{(1,\sigma_3)}{(1,\sigma_1)}\,\mathrm{sh}\,Jv,$$

$$\xi_{\sigma_2}\xi_{\sigma_3} = \xi_{\sigma_3}\xi_{\sigma_2}\,\mathrm{ch}\,Jv - i\xi_{\sigma_1}\xi_{\sigma_2}\frac{(1,\sigma_1)}{(1,\sigma_3)}\,\mathrm{sh}\,Jv,$$

$$[\xi_{\sigma_1}, \xi_{\sigma_3}] = 2i\xi_{\sigma_2}^2 \frac{(1,\sigma_2)^2}{(1,\sigma_1)(1,\sigma_3)} \operatorname{sh} J\frac{v}{2} \qquad (14.13)$$

и имеют инвариантную форму (14.5):

$$\operatorname{inv}(j;\sigma) = \left((1,\sigma_1)^2\xi_{\sigma_1}^2 + (1,\sigma_3)^2\xi_{\sigma_3}^2\right)\operatorname{ch} J\frac{v}{2} + (1,\sigma_2)^2\xi_{\sigma_2}^2 \operatorname{ch} Jv. \quad (14.14)$$

Антиинволюция (14.6) в декартовых координатах задается формулами

$$\xi_{\sigma_1}^* = \xi_{\sigma_1}\operatorname{ch} Jv\rho_1 + i\xi_{\sigma_3}\frac{(1,\sigma_3)}{(1,\sigma_1)}\operatorname{sh} Jv\rho_1, \quad \xi_{\sigma_2}^* = \xi_{\sigma_2}$$

$$\xi_{\sigma_3}^* = \xi_{\sigma_3}\operatorname{ch} Jv\rho_1 - i\xi_{\sigma_1}\frac{(1,\sigma_1)}{(1,\sigma_3)}\operatorname{sh} Jv\rho_1, \quad \rho_1 = \frac{1}{2},\ \rho_2 = 0. \qquad (14.15)$$

Анализируя множитель (14.7) при $N = 3$ и коммутационные соотношения (14.13) декартовых образующих квантового пространства, мы нашли три перестановки, приводящие к разным множителям J, а именно $J = j_1 j_2$, при $\sigma_0 = (1,2,3)$, $J = j_1$ при $\sigma' = (1,3,2)$ и $J = j_1^2 j_2$ при $\hat{\sigma} = (2,1,3)$.

Квантовые ортогональные 2-сферы

$$\mathbf{S}_v^2(j;\sigma) = \mathbf{O}_v^3(j;\sigma)/\{\operatorname{inv}(j;\sigma) = 1\}$$

описываются правыми r_k или левыми $\hat{r}_k$ квантовыми аналогами внутренних бельтрамиевых координат, коммутационные соотношения которых могут быть получены при фиксированной перестановке σ. Рассмотрим эти три случая разных перестановок по отдельности.

14.2.1. Перестановка $\sigma_0 = (1,2,3)$, множитель $J = j_1 j_2$.
Согласно (14.13), (14.15), соответствующее квантовое векторное пространство Кэли–Клейна характеризуется следующими коммутационными соотношениями:

$$\mathbf{O}_v^3(j;\sigma_0) = \Bigg\{ \xi_1\xi_2 = \xi_2\xi_1 \operatorname{ch} j_1 j_2 v - i\xi_2\xi_3 j_1 j_2 \operatorname{sh} j_1 j_2 v,$$

$$\xi_2\xi_3 = \xi_3\xi_2 \operatorname{ch} j_1 j_2 v - i\xi_1\xi_2 \frac{1}{j_1 j_2}\operatorname{sh} j_1 j_2 v, \quad [\xi_1,\xi_3] = 2i\xi_2^2 \frac{j_1^2}{j_1 j_2}\operatorname{sh} j_1 j_2 \frac{v}{2}\Bigg\} \tag{14.16}$$

и инволюцией образующих вида

$$\xi_1^* = \xi_1 \operatorname{ch} j_1 j_2 \frac{v}{2} + i\xi_3 j_1 j_2 \operatorname{sh} j_1 j_2 \frac{v}{2}, \quad \xi_2^* = \xi_2,$$

$$\xi_3^* = \xi_3 \operatorname{ch} j_1 j_2 \frac{v}{2} - i\xi_1 \frac{1}{j_1 j_2}\operatorname{sh} j_1 j_2 \frac{v}{2}. \qquad (14.17)$$

В коммутативном случае $(v = 0)$ нильпотентное значение первого контракционного параметра $j_1 = \iota_1$ вместе с $j_2 = 1$ дает полуевклидово пространство с одномерной базой $\{\xi_1\}$ и двумерным слоем $\{\xi_2,\xi_3\}$.

Некоммутативная деформация этого расслоенного полуевклидова пространства получается подстановкой $j_1 = \iota_1$ в (14.16):

$$\mathbf{O}_v^3(\iota_1; \sigma_0) =$$

$$= \left\{ [\xi_3, \xi_2] = iv\xi_1\xi_2, \ \xi_1^* = \xi_1, \ \xi_2^* = \xi_2, \ \xi_3^* = \xi_3 - i\xi_1\frac{v}{2} \right\}. \qquad (14.18)$$

Здесь и далее выписываем только ненулевые коммутаторы.

При $v = 0$ контракция $j_1 = 1$, $j_2 = \iota_2$ переводит евклидово пространство $\mathbf{E}_3$ в пространство с двумерной базой $\{\xi_1, \xi_2\}$ и одномерным слоем $\{\xi_3\}$. Его квантовый аналог получается такой же контракцией в (14.16):

$$\mathbf{O}_v^3(\iota_2; \sigma_0) = \left\{ [\xi_3, \xi_1] = iv\xi_2^2, \ [\xi_3, \xi_2] = iv\xi_1\xi_2 \right\}. \qquad (14.19)$$

Антиинволюция образующих ξ_k^* такая же, как в (14.18).

Инвариантная форма для перестановки σ_0 получается из (14.14):

$$\mathrm{inv}(j; \sigma_0) = (\xi_1^2 + j_1^2 j_2^2 \xi_3^2)\,\mathrm{ch}\,j_1 j_2 \frac{v}{2} + j_1^2 \xi_2^2\,\mathrm{ch}\,j_1 j_2 v. \qquad (14.20)$$

Квантовая ортогональная 2-сфера

$$\mathbf{S}_v^2(j; \sigma_0) = \mathbf{O}_v^3(j; \sigma_0) / \{\mathrm{inv}(j; \sigma_0) = 1\}$$

описывается образующими — квантовыми аналогами бельтрамиевых координат — с коммутационными соотношениями

$$\mathbf{S}_v^2(j; \sigma_0) = \left\{ r_1 = \widehat{r}_1(\mathrm{ch}\,j_1 j_2 v - ir_2 j_1 j_2\,\mathrm{sh}\,j_1 j_2 v), \ r_2 - \widehat{r}_2 = 2i\widehat{r}_1 r_1\,\mathrm{sh}\,j_1 j_2 \frac{v}{2}, \right.$$

$$\left. \widehat{r}_1 r_2 = (\widehat{r}_2\,\mathrm{ch}\,j_1 j_2 v - i\frac{1}{j_1 j_2}\,\mathrm{sh}\,j_1 j_2 v)r_1 \right\}. \qquad (14.21)$$

При $j_1 = \iota_1$, $j_2 = 1$ из (14.21) получаем, что левые образующие совпадают с правыми $\widehat{r}_1 = r_1$, $\widehat{r}_2 = r_2$ и квантовая плоскость имеет следующие коммутационные соотношения:

$$\mathbf{S}_v^2(\iota_1; \sigma_0) = \left\{ [r_2, r_1] = ivr_1 \right\}. \qquad (14.22)$$

При $j_2 = \iota_2$, $j_1 = 1$ из (14.21) получаем квантовый аналог цилиндра с циклической образующей $r_1 = \widehat{r}_1$ и некомпактной второй образующей $\widehat{r}_2 = r_2 - ivj_1^2 r_1^2$. Если $j_1 = i$, то цилиндр имеет гиперболическую вторую образующую. Бельтрамиевы образующие некоммутативного цилиндра удовлетворяют коммутационным соотношениям

$$\mathbf{S}_v^2(\iota_2; \sigma_0) = \left\{ [r_2, r_1] = ivr_1(1 + j_1^2 r_1^2) \right\}. \qquad (14.23)$$

При $j_1 = \iota_1$, $j_2 = \iota_2$ квантовая плоскость Галилея также описывается соотношениями (14.22).

14.2.2. Перестановка $\sigma' = (1,3,2)$, множитель $J = j_1$. Как следует из (14.13),(14.15), для перестановки σ' коммутационные соотношения и инволюция образующих квантового векторного пространства Кэли–Клейна $\mathbf{O}_v^3(j;\sigma')$ имеют вид

$$\mathbf{O}_v^3(j;\sigma') = \Bigg\{ \xi_1\xi_3 = \xi_3\xi_1 \operatorname{ch} j_1 v - i\xi_3\xi_2 j_1 \operatorname{sh} j_1 v,$$

$$\xi_3\xi_2 = \xi_2\xi_3 \operatorname{ch} j_1 v - i\xi_1\xi_3 \frac{1}{j_1} \operatorname{sh} j_1 v, \quad [\xi_1,\xi_2] = 2i\xi_3^2 \frac{j_1^2 j_2^2}{j_1} \operatorname{sh} j_1 \frac{v}{2},$$

$$\xi_1^* = \xi_1 \operatorname{ch}(j_1 \frac{v}{2} + i\xi_3 j_1 \operatorname{sh} j_1 \frac{v}{2},$$

$$\xi_2^* = \xi_2 \operatorname{ch} j_1 \frac{v}{2} - i\xi_1 \frac{1}{j_1} \operatorname{sh} j_1 \frac{v}{2}, \quad \xi_3^* = \xi_3 \Bigg\}. \tag{14.24}$$

При $j_1 = \iota_1$ квантовое полуевклидово пространство $\mathbf{O}_v^3(\iota_1;\sigma')$ связано с пространством $\mathbf{O}_v^3(\iota_1;\sigma_0)$ (14.18) заменой $\xi_2 \to \xi_3$ и наоборот, т.е. перенумерацией образующих слоя. Поэтому оно не может рассматриваться как независимая неэквивалентная деформация расслоенного пространства. При $j_1 = 1, j_2 = \iota_2$ в (14.24) получаем некоммутативную деформацию расслоенного пространства с 2-мерной коммутативной базой $\{\xi_1,\xi_2\}$ и 1-мерным слоем $\{\xi_3\}$

$$\mathbf{O}_v^3(\iota_2;\sigma') = \Bigg\{ \xi_1\xi_3 = \xi_3\xi_1 \operatorname{ch} v - i\xi_3\xi_2 \operatorname{sh} v, \ \xi_3\xi_2 = \xi_2\xi_3 \operatorname{ch} v - i\xi_1\xi_3 \operatorname{sh} v,$$

$$\xi_3^* = \xi_3, \ \xi_1^* = \xi_1 \operatorname{ch} \frac{v}{2} + i\xi_2 \operatorname{sh} \frac{v}{2}, \ \xi_2^* = \xi_2 \operatorname{ch} \frac{v}{2} - i\xi_1 \operatorname{sh} \frac{v}{2} \Bigg\}. \tag{14.25}$$

Инвариантная форма для перестановки σ' находится из (14.14)

$$\operatorname{inv}(j;\sigma') = (\xi_1^2 + j_1^2\xi_2^2) \operatorname{ch} j_1 \frac{v}{2} + j_1^2 j_2^2 \xi_3^2 \operatorname{ch} j_1 v. \tag{14.26}$$

Квантовая ортогональная 2-сфера

$$\mathbf{S}_v^2(j;\sigma') = \mathbf{O}_v^3(j;\sigma') / \{\operatorname{inv}(j;\sigma') = 1\} \tag{14.27}$$

имеет две бельтрамиевы образующие с коммутационными соотношениями

$$\mathbf{S}_v^2(j;\sigma') = \Bigg\{ \widehat{r}_2 = (\operatorname{ch} j_1 v + i\widehat{r}_1 j_1 \operatorname{sh} j_1 v) r_2,$$

$$r_1 - \widehat{r}_1 = 2i\widehat{r}_2 r_2 \frac{j_1^2 j_2^2}{j_1} \operatorname{sh} j_1 \frac{v}{2}, \ \widehat{r}_2 r_1 = (\widehat{r}_1 \operatorname{ch} j_1 v - i\frac{1}{j_1} \operatorname{sh} j_1 v) r_2, \Bigg\}. \tag{14.28}$$

При $j_1 = \iota_1$ в (14.28) квантовая плоскость $\mathbf{S}_v^2(\iota_1;\sigma')$ связана с квантовой плоскостью $\mathbf{S}_v^2(\iota_1;\sigma_0)$ (14.22) заменой $r_1 \to r_2$ и наоборот. Таким образом, она не может рассматриваться как неэквивалентная квантовая деформация ортогональной квантовой плоскости.

При $j_2 = \iota_2$ получаем из (14.28) квантовый аналог цилиндра с образующей $r_1 = \widehat{r}_1$, являющейся или циклической ($j_1 = 1$), или гиперболической $(j_1 = i)$, и второй образующей $\widehat{r}_2 = (\operatorname{ch} j_1 v + i r_1 j_1 \operatorname{sh} j_1 v) r_2$. Квантовый цилиндр

$$\mathbf{S}_v^2(\iota_2; \sigma') = \left\{ [r_1, r_2] = i(r_2 + j_1^2 r_1 r_2 r_1) \frac{1}{j_1} \operatorname{th} j_1 v \right\} \qquad (14.29)$$

может рассматриваться как некоммутативная деформация полуриманова пространства с 1-мерной базой $\{r_1\}$ и 1-мерным слоем $\{r_2\}$. Пространства (14.25) и (14.29) представляют собой пример контракции, при которой параметр деформации не меняется. Физически эти пространства можно интерпретировать как квантовые аналоги $(1 + 1)$ нерелятивистских кинематик Ньютона с постоянной (положительной и отрицательной) кривизной.

14.2.3.   Перестановка $\widehat{\sigma} = (\mathbf{2}, \mathbf{1}, \mathbf{3})$, **множитель** $J = j_1^2 j_2$. Коммутационные соотношения и инволюция образующих квантового векторного пространства $\mathbf{O}_v^3(j; \widehat{\sigma})$ находятся из (14.13), (14.15) и описываются формулами

$$
\mathbf{O}_v^3(j; \widehat{\sigma}) = \Big\{ \xi_2 \xi_1 = \xi_1 \xi_2 \operatorname{ch}(j_1^2 j_2 v) - i \xi_1 \xi_3 j_2 \operatorname{sh}(j_1^2 j_2 v),
$$

$$
\xi_1 \xi_3 = \xi_3 \xi_1 \operatorname{ch}(j_1^2 j_2 v) - i \xi_2 \xi_1 \frac{1}{j_2} \operatorname{sh}(j_1^2 j_2 v),
$$

$$
[\xi_2, \xi_3] = 2 i \xi_1^2 \frac{1}{j_1^2 j_2} \operatorname{sh}(j_1^2 j_2 v / 2),
$$

$$
\xi_2^* = \xi_2 \operatorname{ch}(j_1^2 j_2 v / 2) + i \xi_3 j_2 \operatorname{sh}(j_1^2 j_2 v / 2),
$$

$$
\xi_3^* = \xi_3 \operatorname{ch}(j_1^2 j_2 v / 2) - i \xi_2 \frac{1}{j_2} \operatorname{sh}(j_1^2 j_2 v / 2), \quad \xi_1^* = \xi_1 \Big\}. \qquad (14.30)
$$

Нильпотентное значение первого контракционного параметра $j_1 = \iota_1$ и $j_2 = 1$ в (14.30) дают новое квантовое полуевклидово пространство

$$\mathbf{O}_v^3(\iota_1; \widehat{\sigma}) = \left\{ [\xi_2, \xi_3] = i v \xi_1^2, \ \xi_k^* = \xi_k, \ k = 1, 2, 3 \right\}, \qquad (14.31)$$

которое неизоморфно пространству (14.18).

При $j_1 = 1, j_2 = \iota_2$ квантовое пространство $\mathbf{O}_v^3(\iota_2; \widehat{\sigma})$ преобразуется в $\mathbf{O}_v^3(\iota_2; \sigma_0)$ заменой образующих базы $\xi_1 \to \xi_2$ и наоборот, поэтому оно не является новой некоммутативной деформацией. При $j_1 = \iota_1, j_2 = \iota_2$ коммутационные соотношения образующих даются формулами (14.31).

Инвариантная форма для перестановки $\widehat{\sigma}$ описывается уравнением (14.14) в виде

$$\operatorname{inv}(j; \widehat{\sigma}) = j_1^2 (\xi_2^2 + j_2^2 \xi_3^2) \operatorname{ch} j_1^2 j_2 \frac{v}{2} + \xi_1^2 \operatorname{ch} j_1^2 j_2 v. \qquad (14.32)$$

Квантовая ортогональная 2-сфера

$$\mathbf{S}_v^2(j; \widehat{\sigma}) = \mathbf{O}_v^3(j; \widehat{\sigma}) / \left\{ \operatorname{inv}(j; \widehat{\sigma}) = 1 \right\} \qquad (14.33)$$

характеризуется коммутационными соотношениями

$$\mathbf{S}_v^2(j;\widehat{\sigma}) = \left\{ \widehat{r}_1 = r_1\,\mathrm{ch}\,j_1^2 j_2 v - i r_2 j_2\,\mathrm{sh}\,j_1^2 j_2 v, \right.$$

$$\left. r_2 = \widehat{r}_2\,\mathrm{ch}\,j_1^2 j_2 v - i\widehat{r}_1\frac{1}{j_2}\,\mathrm{sh}\,j_1^2 j_2 v, \;\; \widehat{r}_1 r_2 - \widehat{r}_2 r_1 = 2i\frac{1}{j_1^2 j_2}\,\mathrm{sh}\,j_1^2 j_2\frac{v}{2} \right\}. \quad (14.34)$$

При $j_1 = \iota_1, j_2 = 1$ из (14.34) следует, что левые образующие равны правым $\widehat{r}_1 = r_1,\ \widehat{r}_2 = r_2$ и квантовая плоскость

$$\mathbf{S}_v^2(\iota_1;\widehat{\sigma}) = \left\{ [r_1, r_2] = iv \right\} \quad (14.35)$$

представляет собой простейшую деформацию плоскости Евклида, поскольку коммутатор пропорционален числу iv, а не оператору, как в (14.22).

При $j_2 = \iota_2, j_1 = 1$ имеем квантовый цилиндр

$$\mathbf{S}_v^2(\iota_2;\widehat{\sigma}) = \left\{ [r_1, r_2] = iv(1 + j_1^2 r_1^2) \right\}. \quad (14.36)$$

Полагая затем $j_1 = \iota_1$, получаем простейшую квантовую деформацию плоскости Галилея, которая одинакова с деформацией (14.35) плоскости Евклида.

14.3. Квантовые пространства $\mathbf{O}_v^4(j;\sigma)$ и $\mathbf{S}_v^3(j;\sigma)$

Квантовые векторные пространства $\mathbf{O}_v^4(j;\sigma)$, $j = (j_1, j_2, j_3)$ порождаются образующими ξ_{σ_l}, $l = 1,\dots,4$ с коммутационными соотношениями

$$\mathbf{O}_v^4(j;\sigma) = \left\{ \xi_{\sigma_1}\xi_{\sigma_k} = \xi_{\sigma_k}\xi_{\sigma_1}\,\mathrm{ch}(Jv) - i\xi_{\sigma_k}\xi_{\sigma_{1'}}\frac{(1,\sigma_{1'})}{(1,\sigma_1)}\,\mathrm{sh}(Jv), \right.$$

$$\xi_{\sigma_k}\xi_{\sigma_{1'}} = \xi_{\sigma_{1'}}\xi_{\sigma_k}\,\mathrm{ch}(Jv) - i\xi_{\sigma_1}\xi_{\sigma_k}\frac{(1,\sigma_1)}{(1,\sigma_{1'})}\,\mathrm{sh}(Jv), \quad [\xi_{\sigma_2},\xi_{\sigma_{2'}}] = 0,$$

$$\left. [\xi_{\sigma_1},\xi_{\sigma_{1'}}] = i\left(\xi_{\sigma_2}^2(1,\sigma_2)^2 + \xi_{\sigma_{2'}}^2(1,\sigma_{2'})^2 \right)\frac{\mathrm{sh}(Jv)}{(1,\sigma_1)(1,\sigma_{1'})} \right\}, \quad (14.37)$$

где $k = 2, 3$, $\sigma_{1'} = \sigma_4$, $\sigma_{2'} = \sigma_3$. Антиинволюция (14.6) декартовых образующих записывается в виде

$$\xi_{\sigma_1}^* = \xi_{\sigma_1}\,\mathrm{ch}\,Jv + i\xi_{\sigma_4}\frac{(1,\sigma_4)}{(1,\sigma_1)}\,\mathrm{sh}\,Jv, \quad \xi_{\sigma_2}^* = \xi_{\sigma_2},$$

$$\xi_{\sigma_4}^* = \xi_{\sigma_4}\,\mathrm{ch}\,Jv - i\xi_{\sigma_1}\frac{(1,\sigma_1)}{(1,\sigma_4)}\,\mathrm{sh}\,Jv, \quad \xi_{\sigma_3}^* = \xi_{\sigma_3}, \quad (14.38)$$

поскольку, согласно (9.23), $\rho_1 = 1, \rho_2 = 0$.

В результате анализа множителя (14.7) при $N = 4$ и коммутационных соотношений (14.37) образующих квантового пространства мы нашли минимальный множитель $J = (\sigma_1, \sigma_{1'})$, который принимает три значения: $J_0 = (1, 1') = (1, 4) = j_1 j_2 j_3$ для перестановки $\sigma_0 = (1, 2, 3, 4)$; $J_I = (1, 2') = (1, 3) = j_1 j_2$ для $\sigma_I = (1, 2, 4, 3)$; $J_{II} = (1, 3') = (1, 2) = j_1$ для $\sigma_{II} = (1, 3, 4, 2)$, т.е. для перестановок, у которых $\sigma_1 = 1$, и три неминимальных множителя вида $J = (1, \sigma_1)(1, \sigma_{1'})$, а именно: $J_{III} = (1, 2')(1, 1') = j_1^2 j_2^2 j_3$ для $\sigma_{III} = (3, 1, 2, 4)$; $J_{IV} = (1, 2)(1, 1') = j_1^2 j_2 j_3$ для $\sigma_{IV} = (2, 1, 3, 4)$; $J_V = (1, 2)(1, 2') = j_1^2 j_2$ для $\sigma_V = (2, 1, 4, 3)$, т.е. для перестановок, у которых $\sigma_1 \ne 1$.

14.3.1. Квантовые аналоги $\mathbf{O}_v^4(j; \sigma)$ расслоенных пространств.

Мы не будем детально рассматривать все шесть комбинаций схемы Кэли–Клейна и квантовой структуры, но сосредоточим внимание на квантовых деформациях расслоенных пространств, которые отвечают нильпотентным значениям контракционных параметров. Тщательный анализ коммутационных соотношений (14.37) для перечисленных выше перестановок при нильпотентном значении первого параметра $j_1 = \iota_1, j_2 = j_3 = 1$ дает две неизоморфные квантовые деформации расслоенных пространств с 1-мерной базой $\{\xi_1\}$ и 3-мерным слоем $\{\xi_2, \xi_3, \xi_4\}$. Эти квантовые деформации расслоенных пространств получаются для перестановок σ_0, σ_{III} и характеризуются следующими ненулевыми коммутационными соотношениями:

$$\mathbf{O}_v^4(\iota_1; \sigma_0) = \left\{ [\xi_4, \xi_p] = iv\xi_1\xi_p, \ p = 2, 3 \right\},$$

$$\mathbf{O}_v^4(\iota_1; \sigma_{III}) = \left\{ [\xi_3, \xi_4] = iv\xi_1^2 \right\}. \tag{14.39}$$

В обоих пространствах образующая ξ_1 базы коммутирует со всеми образующими слоя ξ_k, $k = 2, 3, 4$, а последние незамкнуты относительно коммутационных соотношений, как можно было бы ожидать. Иными словами, при этих перестановках квантовые деформации не согласованы с расслоением коммутативных пространств. Такие же свойства получаются при $j_1 = \iota_1, j_2 = \iota_2, j_3 = 1$; $j_1 = \iota_1, j_3 = \iota_3, j_2 = 1$; $j_1 = \iota_1, j_2 = \iota_2, j_3 = \iota_3$, т.е. в случае последовательно вложенных проекций или многократно расслоенных пространств.

Если второй контракционный параметр равен нильпотентной единице $j_2 = \iota_2, j_1 = j_3 = 1$, то в коммутативном случае получаем расслоенное пространство с 2-мерной базой $\{\xi_1, \xi_2\}$ и 2-мерным слоем $\{\xi_3, \xi_4\}$. Имеются три неизоморфных некоммутативных аналога этого пространства, которые описываются формулами (14.37) для перестановок $\sigma_0, \sigma_{II}, \sigma_{III}$. Ненулевые коммутаторы образующих этих квантовых пространств таковы:

$$\mathbf{O}_v^4(\iota_2; \sigma_{III}) = \left\{ [\xi_3, \xi_4] = iv\xi_1^2 \right\},$$

$$\mathbf{O}_v^4(\iota_2;\sigma_{II}) = \left\{ \xi_1\xi_k = \xi_k(\xi_1\operatorname{ch}v - i\xi_2\operatorname{sh}v), \right.$$

$$\left. \xi_k\xi_2 = (\xi_2\operatorname{ch}v - i\xi_1\operatorname{sh}v)\xi_k,\ k=3,4 \right\},$$

$$\mathbf{O}_v^4(\iota_2;\sigma_0) = \left\{ [\xi_4,\xi_k] = iv\xi_1\xi_k,\ k=2,3 \right\}. \tag{14.40}$$

Образующие базы коммутируют при всех перестановках. Образующие слоя коммутируют только в случае перестановки σ_{II}. Образующие базы не коммутируют с образующими слоя при всех перестановках. Образующие слоя незамкнуты относительно коммутационных соотношений для перестановок σ_0 и σ_{III}. Такие же свойства выполняются при $j_1 = 1$, $j_2 = \iota_2$, $j_3 = \iota_3$.

Расслоенное пространство с 3-мерной базой $\{\xi_1,\xi_2\,\xi_3\}$ и 1-мерным слоем $\{\xi_4\}$ получается при нильпотентном значении третьего параметра $j_3 = \iota_3$, $j_1 = j_2 = 1$. Мы нашли две неизоморфные квантовые деформации расслоенных пространств при таких значениях параметров, которые даются (14.37) для перестановок σ_0, σ_{II} и характеризуются следующими ненулевыми коммутационными соотношениями:

$$\mathbf{O}_v^4(\iota_3;\sigma_0) = \left\{ [\xi_4,\xi_k] = iv\xi_1\xi_k,\ k=2,3,\ [\xi_1,\xi_4] = iv(\xi_2^2 + \xi_3^2) \right\},$$

$$\mathbf{O}_v^4(\iota_3;\sigma_{II}) = \left\{ \xi_1\xi_k = \xi_k(\xi_1\operatorname{ch}v - i\xi_2\operatorname{sh}v), \right.$$

$$\left. \xi_k\xi_2 = (\xi_2\operatorname{ch}v - i\xi_1\operatorname{sh}v)\xi_k,\ k=3,4,\ [\xi_1,\xi_2] = i\xi_3^2\operatorname{sh}v \right\}. \tag{14.41}$$

Образующие базы коммутируют в случае перестановки σ_0, но не коммутируют для перестановки σ_{II}. В последнем случае они замкнуты относительно коммутационных соотношений.

В целом квантовые пространства $\mathbf{O}_v^4(j;\sigma)$ имеют коммутативные образующие базы для всех перестановок, если расслоение определяется $j_1 = \iota_1$ или $j_2 = \iota_2$. Если расслоение задается третьим параметром $j_3 = \iota_3$, то три образующие базы коммутируют только в случае перестановки σ_0. Единственным исключением является квантовое пространство $\mathbf{O}_v^4(\iota_3;\sigma_{II})$, у которого три образующие базы не коммутируют, но они замкнуты относительно коммутационных соотношений. Для всех перестановок и при всех нильпотентных значениях контракционных параметров образующие слоя не коммутируют и незамкнуты относительно коммутационных соотношений, за исключением пространства $\mathbf{O}_v^4(\iota_2;\sigma_{II})$, где и две образующие базы и две образующие слоя коммутативны. Можно сказать, что в общем квантовые деформации и расслоения не согласованы друг с другом.

Антиинволюция образующих легко получается из общих выражений (14.38). Для $\mathbf{O}_v^4(\iota_1;\sigma_0)$, $\mathbf{O}_v^4(\iota_2;\sigma_0)$, $\mathbf{O}_v^4(\iota_3;\sigma_0)$ имеем $\xi_m^* = \xi_m$, $m =$

$= 1, 2, 3, \quad \xi_4^* = \xi_m - iv\xi_1$. Для $\mathbf{O}_v^4(\iota_1; \sigma_{III})$, $\mathbf{O}_v^4(\iota_2; \sigma_{III})$ антиинволюция задается очень просто: $\xi_k^* = \xi_k$, $k = 1, 2, 3, 4$. Наиболее сложный вид

$$\xi_1^* = \xi_1 \operatorname{ch} j_1 v + i\xi_2 j_1 \operatorname{sh} j_1 v,$$

$$\xi_2^* = \xi_2 \operatorname{ch} j_1 v - i\xi_1 \frac{1}{j_1} \operatorname{sh} j_1 v, \quad \xi_s^* = \xi_s, \ s = 3, 4 \tag{14.42}$$

антиинволюция имеет в случае квантовых пространств $\mathbf{O}_v^4(\iota_2; \sigma_{II})$, $\mathbf{O}_v^4(\iota_3; \sigma_{II})$.

14.3.2. Квантовые деформации пространств постоянной кривизны $\mathbf{S}_v^3(j; \sigma)$.
Инвариантная форма пространства $\mathbf{O}_v^4(j; \sigma)$ дается формулой (14.5) при $N = 4$:

$$\operatorname{inv}(j; \sigma) = \big[(1, \sigma_1)^2 \xi_{\sigma_1}^2 + (1, \sigma_4)^2 \xi_{\sigma_4}^2 + $$
$$+ \big((1, \sigma_2)^2 \xi_{\sigma_2}^2 + (1, \sigma_3)^2 \xi_{\sigma_3}^2\big) \operatorname{ch} Jv\big] \operatorname{ch} Jv. \tag{14.43}$$

Трехмерная квантовая ортогональная сфера $\mathbf{S}_v^3(j; \sigma)$ получается как фактор-алгебра $\mathbf{O}_v^4(j; \sigma)$ по соотношению $\operatorname{inv}(j; \sigma) = 1$. Она описывается набором некоммутативных правых и левых образующих $r_k = \xi_{k+1}\xi^{-1}$, $\widehat{r}_k = \xi^{-1}\xi_{k+1}$, $k = 1, 2, 3$. Для разных перестановок $\sigma_0, \sigma_I, \ldots, \sigma_V$ эти сферы таковы:

$$\mathbf{S}_v^3(j; \sigma_0) = \left\{\widehat{r}_m r_3 = \left(\widehat{r}_3 \operatorname{ch} J_0 v - i\frac{1}{J_0} \operatorname{sh} J_0 v\right) r_m\right\}, \tag{14.44}$$

где

$$\widehat{r}_m = (\operatorname{ch} J_0 v + i\widehat{r}_3 J_0 \operatorname{sh} J_0 v)\, r_m, \quad m = 1, 2,$$

$$r_3 - \widehat{r}_3 = ij_1^2 \left(\widehat{r}_1 r_1 + j_2^2 \widehat{r}_2 r_2\right) \frac{1}{J_0} \operatorname{sh} J_0 v, \quad J_0 = j_1 j_2 j_3;$$

$$\mathbf{S}_v^3(j; \sigma_I) = \left\{\widehat{r}_m r_2 = \left(\widehat{r}_2 \operatorname{ch} J_I v - i\frac{1}{J_I} \operatorname{sh} J_I v\right) r_m\right\}, \tag{14.45}$$

где

$$\widehat{r}_m = (\operatorname{ch} J_I v + i\widehat{r}_2 J_I \operatorname{sh} J_I v)\, r_m, \quad m = 1, 3,$$

$$r_2 - \widehat{r}_2 = ij_1^2 \left(\widehat{r}_1 r_1 + j_2^2 j_3^2 \widehat{r}_3 r_3\right) \frac{1}{J_I} \operatorname{sh} J_I v, \quad J_I = j_1 j_2;$$

$$\mathbf{S}_v^3(j; \sigma_{II}) = \left\{\widehat{r}_m r_1 = \left(\widehat{r}_1 \operatorname{ch} J_{II} v - i\frac{1}{J_{II}} \operatorname{sh} J_{II} v\right) r_m\right\}, \tag{14.46}$$

где

$$\widehat{r}_m = (\operatorname{ch} J_{II} v + i\widehat{r}_1 J_{II} \operatorname{sh} J_{II} v)\, r_m, \quad m = 2, 3,$$

$$r_1 - \widehat{r}_1 = ij_1^2 j_2^2 \left(\widehat{r}_2 r_2 + j_3^2 \widehat{r}_3 r_3\right) \frac{1}{J_{II}} \operatorname{sh} J_{II} v, \quad J_{II} = j_1.$$

Коммутационные соотношения в случае неминимального множителя J более простые:

$$\mathbf{S}_v^3(j; \sigma_{III}) = \left\{[r_2, r_3] = i\left(1 + j_1^2 \mathbf{r}^2(j)\right) \frac{1}{J_{III}} \operatorname{th} J_{III} v\right\},$$

$$\mathbf{S}_v^3(j;\sigma_{IV}) = \left\{ [r_1,r_3] = i\left(1 + j_1^2\mathbf{r}^2(j)\right)\frac{1}{J_{IV}}\,\mathrm{th}\,J_{IV}v, \right\},$$

$$\mathbf{S}_v^3(j;\sigma_V) = \left\{ [r_1,r_2] = i\left(1 + j_1^2\mathbf{r}^2(j)\right)\frac{1}{J_V}\,\mathrm{th}\,J_V v, \right\}, \qquad (14.47)$$

где $\mathbf{r}^2(j) = r_1^2 + j_2^2 r_2^2 + j_2^2 j_3^2 r_3^2$, $J_{III} = j_1^2 j_2^2 j_3$, $J_{IV} = j_1^2 j_2 j_3$, $J_V = j_1^2 j_2$.

Все квантовые ортогональные сферы $\mathbf{S}_v^3(j;\sigma)$ можно разделить на два класса относительно их свойств, проявляемых при контракциях. Эти свойства зависят от преобразования деформационного параметра и различны для минимальных J_0, J_I, J_{II} и неминимальных J_{III}, J_{IV}, J_V множителей. Рассмотрим эти два класса отдельно.

Для **минимальных** множителей J все квантовые аналоги 3-мерного пространства нулевой кривизны $(j_1 = \iota_1)$ изоморфны и могут быть получены из пространства

$$\mathbf{S}_v^3(\iota_1;\sigma_0) = \left\{ [r_3,r_1] = ivr_1,\ [r_3,r_2] = ivr_2 \right\} \qquad (14.48)$$

перестановкой образующих r_k, $k = 1,2,3$.

При $j_2 = \iota_2$ в коммутативном случае пространство имеет 1-мерную базу $\{r_1\}$ и 2-мерный слой $\{r_2, r_3\}$. Соответствующее квантовое пространство

$$\mathbf{S}_v^3(\iota_2;\sigma_0) = \left\{ [r_3,r_m] = ivr_m(1 + j_1^2 r_1^2),\ m = 1,2 \right\} \qquad (14.49)$$

преобразуется в пространство $\mathbf{S}_v^3(\iota_2;\sigma_I)$ подстановкой $2 \to 3$, $3 \to 2$. Оба пространства имеют некоммутативные образующие слоя. Новая квантовая деформация с коммутативными образующими слоя есть

$$\mathbf{S}_v^3(\iota_2;\sigma_{II}) = \left\{ [r_1,r_m] = i(r_m + j_1^2 r_1 r_m r_1)\frac{1}{j_1}\,\mathrm{th}\,j_1 v,\ m = 2,3 \right\}. \quad (14.50)$$

Когда $j_3 = \iota_3$, имеется три неизоморфных квантовых пространства. Одно с коммутативными образующими базы $\{r_1, r_2\}$

$$\mathbf{S}_v^3(\iota_3;\sigma_0) = \left\{ [r_3,r_m] = ivr_m\left(1 + j_1^2(r_1^2 + j_2^2 r_2^2)\right),\ m = 1,2 \right\} \quad (14.51)$$

и два с некоммутативными образующими базы: $\mathbf{S}_v^3(\iota_3;\sigma_I)$, которое имеет коммутационные соотношения (14.45), где

$$r_2 - \widehat{r}_2 = ij_1^2 \widehat{r}_1 r_1 \frac{1}{J_I}\,\mathrm{sh}\,J_I v$$

и $\mathbf{S}_v^3(\iota_3;\sigma_{II})$, которое имеет коммутационные соотношения (14.46), где

$$r_1 - \widehat{r}_1 = ij_1^2 j_2^2 \widehat{r}_2 r_2 \frac{1}{J_{II}}\,\mathrm{sh}\,J_{II} v.$$

В случае **неминимальных** множителей J все квантовые аналоги евклидова пространства оказываются изоморфными пространству

$$\mathbf{S}_v^3(\iota_1; \sigma_V) = \left\{ [r_1, r_2] = iv \right\} \tag{14.52}$$

с простейшей деформацией.

При $j_2 = \iota_2$ два квантовых пространства с коммутативными образующими слоя изоморфны:

$$\mathbf{S}_v^3(\iota_2; \sigma_V) = \left\{ [r_1, r_2] = iv(1 + j_1^2 r_1^2) \right\} \cong \mathbf{S}_v^3(\iota_2; \sigma_{IV}), \tag{14.53}$$

но квантовое пространство с некоммутирующими образующими слоя

$$\mathbf{S}_v^3(\iota_2; \sigma_{III}) = \left\{ [r_2, r_3] = iv(1 + j_1^2 r_1^2) \right\} \tag{14.54}$$

представляет собой новую квантовую деформацию.

При $j_3 = \iota_3$, наоборот, два квантовых пространства с коммутирующими образующими базы являются изоморфными:

$$\mathbf{S}_v^3(\iota_3; \sigma_{III}) = \left\{ [r_1, r_3] = iv \left(1 + j_1^2(r_1^2 + j_2^2 r_2^2) \right) \right\} \cong \mathbf{S}_v^3(\iota_3; \sigma_{IV}). \tag{14.55}$$

Новая квантовая деформация с некоммутативной базой дается выражением

$$\mathbf{S}_v^3(\iota_3; \sigma_V) = \left\{ [r_1, r_2] = i \left(1 + j_1^2(r_1^2 + j_2^2 r_2^2) \right) \frac{1}{j_1^2 j_2} \operatorname{th} j_1^2 j_2 v \right\}. \tag{14.56}$$

Подчеркнем, что параметр деформации остается незатронутым при этой последней контракции (14.56).

Физически квантовые пространства (14.49), (14.50), (14.53), (14.54) с $j_2 = \iota_2$ могут быть интерпретированы как квантовые аналоги $(1 + 2)$ нерелятивистских кинематик: Ньютона с постоянной кривизной или кинематики Галилея с нулевой кривизной (при $j_1 = \iota_1$).

Полученные результаты демонстрируют широкое разнообразие квантовых деформаций расслоенных полуримановых пространств. Одним из примечательных свойств является то, что для некоторых из них (14.35), (14.52) коммутационные соотношения образующих пропорциональны *числам*, а не образующим, т.е. реализуются *простейшие* из возможных деформаций. Уникальная квантовая деформация жесткой алгебраической структуры простых групп и алгебр Ли [72] преобразуется в целый спектр неизоморфных деформаций более гибких контрактированных структур неполупростых групп Ли и ассоциированных с ними некоммутативых квантовых пространств.

Глава 15
НЕКОММУТАТИВНЫЕ КВАНТОВЫЕ КИНЕМАТИКИ

В этой главе рассмотрены некоммутативные квантовые аналоги релятивистских и нерелятивистских моделей пространства–времени с одной временно́й и тремя пространственными координатами. Некоммутативность координат пространства–времени неразрывно связана с наличием фундаментальной физической константы, являющейся мерой этой некоммутативности. Построены квантовые кинематики с фундаментальной длиной и фундаментальным временем.

15.1. Обоснование некоммутативности пространственно-временных координат

Пространство–время является фундаментальным понятием, лежащим в основе наиболее значимых физических теорий. Поэтому изучение возможных моделей пространства–времени (или кинематик) имеет принципиальное значение прежде всего для физики. Квантованные пространственно–временные координаты [207], приводящие к искривленному пространству импульсов, представляют собой первый пример применения некоммутативной геометрии в квантовой физике. Простейшая геометрия искривленного пространства — геометрия пространства де Ситтера с постоянной кривизной — использовалась вместо плоского пространства Минковского в качестве модели импульсного пространства в различных вариантах обобщения квантовой теории поля [44, 79, 190]. Универсальные константы, такие как фундаментальная длина l, фундаментальная масса M, связанные соотношением $l = \dfrac{\hbar}{Mc}$, где $\hbar$ — постоянная Планка, c — скорость света, с необходимостью появляются в этих теориях.

Давно предполагалось, что свойства пространства–времени радикально изменяются на масштабах, сравнимых с планковской длиной. В работах [131, 132] обосновано, что коммутаторы четырех пространственно–временных координат физической теории, в которой выполняются как принципы эйнштейновской теории гравитации, так и постулаты квантовой механики, не должны быть одновременно равны нулю. Кратко опишем эти аргументы. Из квантовой физики известно, что для зондирования пространственно-временной области размером планковской длины

$$L_P = \left(\frac{G\hbar}{c^3} \right) \approx 1{,}6 \times 10^{-33} \text{ см}$$

необходима пробная частица такой массы M, чтобы ее комптоновская длина волны была меньше характерного размера этой области, а именно планковской длины:

$$\lambda_C = \frac{\hbar}{Mc} \leqslant L_P \Rightarrow M \geqslant \frac{\hbar}{L_P c} \approx 1,6 \times 10^{19} \text{ ГэВ.}$$

Согласно эйнштейновской теории гравитации, радиус Шварцшильда, отвечающий этой массе, равен

$$R_S = \frac{2GM}{c^2} = 2\left(\frac{G\hbar}{c^3}\right) \geqslant 2L_P,$$

т. е. оказывается больше, чем размеры исследуемой области.

Таким образом, изучение пространства–времени на планковском масштабе порождает парадокс: в процессе зондирования создается горизонт событий, который препятствует доступу в исследуемую пространственно-временную область. Для того чтобы избежать коллапса исследуемой области, необходимо предположить, что невозможно одновременно измерить все четыре пространственно-временные координаты. В соответствии с постулатами квантовой теории такое требование означает некоммутативность координат. Простейший вариант такой некоммутативности можно записать в виде

$$[x_\mu, x_\nu] = \theta_{\mu\nu},$$

где $\theta_{\mu\nu} = -\theta_{\mu\nu}$ — константы. Квантовые группы и пространства предоставляют новую, более сложную возможность построения некоммутативных аналогов моделей пространства–времени.

15.2. Квантовые пространства $O_v^5(j;\sigma)$

Квантовые векторные пространства $\mathbf{O}_v^5(j;\sigma)$ порождаются образующими ξ_{σ_l}, $l = 1,\dots,5$ с коммутационными соотношениями

$$\xi_{\sigma_1}\xi_{\sigma_k} = \xi_{\sigma_k}\xi_{\sigma_1}\operatorname{ch} Jv - i\xi_{\sigma_k}\xi_{\sigma_5}\frac{(1,\sigma_5)}{(1,\sigma_1)}\operatorname{sh} Jv,$$

$$\xi_{\sigma_k}\xi_{\sigma_5} = \xi_{\sigma_5}\xi_{\sigma_k}\operatorname{ch} Jv - i\xi_{\sigma_1}\xi_{\sigma_k}\frac{(1,\sigma_1)}{(1,\sigma_5)}\operatorname{sh} Jv,$$

$$\xi_{\sigma_2}\xi_{\sigma_3} = \xi_{\sigma_3}\xi_{\sigma_2}\operatorname{ch} Jv - i\xi_{\sigma_3}\xi_{\sigma_4}\frac{(1,\sigma_4)}{(1,\sigma_2)}\operatorname{sh} Jv,$$

$$\xi_{\sigma_3}\xi_{\sigma_4} = \xi_{\sigma_4}\xi_{\sigma_3}\operatorname{ch} Jv - i\xi_{\sigma_2}\xi_{\sigma_3}\frac{(1,\sigma_2)}{(1,\sigma_4)}\operatorname{sh} Jv,$$

$$[\xi_{\sigma_2}, \xi_{\sigma_4}] = 2i\xi_{\sigma_3}^2\frac{(1,\sigma_3)^2}{(1,\sigma_2)(1,\sigma_4)}\operatorname{sh}\left(J\frac{v}{2}\right),$$

$$[\xi_{\sigma_1}, \xi_{\sigma_5}] = 2i\left(\xi_{\sigma_3}^2(1,\sigma_3)^2\operatorname{ch} Jv + (\xi_{\sigma_2}^2(1,\sigma_2)^2 + \right.$$

$$\left. +\xi_{\sigma_4}^2(1,\sigma_4)^2)\operatorname{ch} J\frac{v}{2}\right)\frac{\operatorname{sh}(Jv/2)}{(1,\sigma_1)(1,\sigma_5)}, \quad k = 2,3,4. \qquad (15.1)$$

Относительно действия квантовой группы $SO_v(5;j;\sigma)$ на квантовом векторном пространстве $\mathbf{O}_v^5(j;\sigma)$ инвариантна форма

$$\mathrm{inv}(j) = \left(\xi_{\sigma_3}^2(1,\sigma_3)^2 \frac{(\mathrm{ch}\, Jv)^2}{\mathrm{ch}\, J\frac{v}{2}} + \xi_{\sigma_1}^2(1,\sigma_1)^2 + \xi_{\sigma_5}^2(1,\sigma_5)^2 + \right.$$

$$\left. + \left(\xi_{\sigma_2}^2(1,\sigma_2)^2 + \xi_{\sigma_4}^2(1,\sigma_4)^2 \right) \mathrm{ch}\, Jv \right) \mathrm{ch}\, J\frac{3v}{2}. \qquad (15.2)$$

Квантовая ортогональная сфера Кэли–Клейна $\mathbf{S}_v^4(j;\sigma)$ получается факторизацией алгебры $\mathbf{O}_v^5(j;\sigma)$ по соотношению $\mathrm{inv}(j)=1$. Образующие

$$\zeta_{\sigma_1} = A u_{\sigma_1 \sigma_k}, \ \zeta_{\sigma_2} = A u_{\sigma_2 \sigma_k}, \ \zeta_{\sigma_3} = A u_{\sigma_3 \sigma_k},$$

$$\zeta_{\sigma_4} = A u_{\sigma_4 \sigma_k}, \ \zeta_{\sigma_5} = A u_{\sigma_5 \sigma_k}, \ \sigma_k = 1, \qquad (15.3)$$

квантовой ортогональной сферы $\mathbf{S}_v^4(j,\sigma)$, составляющие вектор

$$\zeta^t(j;\sigma) = \left((1,\sigma_1)\zeta_{\sigma_1}, (1,\sigma_2)\zeta_{\sigma_2}, (1,\sigma_3)\zeta_{\sigma_3})^t, (1,\sigma_4)\zeta_{\sigma_4}, (1,\sigma_5)\zeta_{\sigma_5} \right),$$

пропорциональны элементам первого столбца матрицы $U(j;\sigma)$. Они, как это вытекает из соотношений (v,j)-ортогональности для матрицы $U(j,\sigma)$, подчиняются дополнительному соотношению

$$\zeta^t(j;\sigma)C(j)\zeta(j;\sigma) = 1 \qquad (15.4)$$

и, следовательно, принадлежат $\mathbf{S}_v^4(j;\sigma)$. Квантовые аналоги внутренних (бельтрамиевых) координат на сфере задаются набором независимых образующих

$$x_{\sigma_{i-1}} = \zeta_{\sigma_i} \cdot \zeta_1^{-1}, \quad i = 1,\ldots,5, \quad i \neq k. \qquad (15.5)$$

Систематическое изучение контрактированных квантовых векторных пространств и квантовых ортогональных сфер при разных перестановках σ дает квантовые аналоги $(1+3)$ кинематик. Легко заметить, что коммутационные соотношения инвариантны относительно замены σ_1 на σ_5, σ_2 на σ_4 и наоборот, поэтому достаточно рассмотреть только 30 перестановок вместо 5!=120. Анализ указанных случаев показывает, что при $j_3 = j_4 = 1$, т.е. для релятивистских и нерелятивистских кинематик, только 7 из 30 перестановок приводят к неизоморфным квантовым кинематикам.

Множитель (14.7) равен $J = j_1 j_2$ для тождественной перестановки $\sigma_0 = (1,2,3,4,5)$ и $J = j_1$ для перестановки $\sigma' = (1,4,3,5,2)$. Оба множителя составлены из произведений первых степеней контракционных параметров и в этом смысле являются минимальными. Имеются три множителя (14.7), а именно $J = j_1^2 j_2$, $J = j_1 j_2^2$ и $J = j_1^2 j_2^2$, которые содержат вторые степени контракционных параметров. В первых двух случаях разные перестановки приводят к изоморфным кинематикам, так что можно рассматривать в каждом случае только одну перестановку, скажем, $\widehat{\sigma} = (2,1,3,4,5)$ при $J = j_1^2 j_2$ и $\breve{\sigma} = (1,3,2,4,5)$

при $J = j_1 j_2^2$. Множитель $J = j_1^2 j_2^2$ появляется при четырех перестановках: $\tilde{\sigma} = (2, 3, 1, 4, 5)$, $\sigma_I = (3, 1, 5, 2, 4)$, $\sigma_{II} = (3, 1, 2, 4, 5)$, $\sigma_{III} = (3, 2, 1, 4, 5)$.

Для того чтобы прояснить связь со стандартной процедурой контракций Вигнера–Иненю [164], заменим математический параметр j_1 на физический $\tilde{j}_1 T^{-1}$, а параметр j_2 заменим на ic^{-1}, так что кинематика де Ситтера $\mathbf{S}_4^{(-)}$ с постоянной отрицательной кривизной получается при $\tilde{j}_1 = i$, а кинематика анти-де Ситтера с положительной кривизной отвечает $\tilde{j}_1 = 1$. Предел $T \to \infty$ соответствует контракции $j_1 = \iota_1$, а предел $c \to \infty$ соответствует $j_2 = \iota_2$. Параметр T интерпретируется как радиус кривизны и имеет физическую размерность времени $[T] = [\text{время}]$. Параметр c есть скорость света $[c] = [\text{длина}][\text{время}]^{-1}$. Поскольку аргумент Jv гиперболической функции должен быть безразмерным, отсюда следует, что размерность параметра деформации (после введения T и c) совпадает с размерностью J, т.е. $[v] = [J]$. Для $J = j_1 j_2$ получаем $[v] = [cT] = [\text{длина}]$, для $J = j_1$ имеем $[v] = [T] = [\text{время}]$. Неминимальные множители приводят к следующим размерным параметрам деформации: $[v] = [cT^2] = [\text{длина}][\text{время}]$ при $J = j_1^2 j_2$; $[v] = [c^2 T] = [\text{длина}]^2[\text{время}]^{-1} = [\text{длина}][\text{скорость}]$ при $J = j_1 j_2^2$ и $[v] = [c^2 T^2] = [\text{длина}]^2$ при $J = j_1^2 j_2^2$.

Поскольку образующая ξ_1 не коммутирует с ξ_s, $s = 2, 3, 4, 5$, удобно ввести правые и левые образующие времени $t = \xi_2 \xi_1^{-1}$, $\hat{t} = \xi_1^{-1} \xi_2$ и пространства $r_k = \xi_{k+2} \xi_1^{-1}$, $\hat{r}_k = \xi_1^{-1} \xi_{k+2}$, $k = 1, 2, 3$. Смысл такого введения заключается в том, чтобы упростить запись коммутационных соотношений в случае квантовых кинематик анти-де Ситтера. Можно обойтись одним набором, но тогда коммутаторы будут иметь громоздкий вид.

15.3. Квантовые кинематики (анти) де Ситтера

При тождественной перестановке σ_0 множитель $J = j_1 j_2$ заменяется на $i\tilde{j}_1/cT$, а коммутационные соотношения независимых образующих находятся из (15.1) в виде

$$\mathbf{S}_v^{4(\pm)}(\sigma_0) = \left\{ t, \mathbf{r} \mid \ \hat{t}r_1 = \hat{r}_1 t \cos \frac{\tilde{j}_1 v}{cT} + i\hat{r}_1 r_2 \frac{1}{c} \sin \frac{\tilde{j}_1 v}{cT}, \right.$$

$$\hat{t}r_2 - \hat{r}_2 t = -2i\hat{r}_1 r_1 \frac{1}{c} \sin \frac{\tilde{j}_1 v}{2cT}, \quad \hat{t}r_3 = \hat{r}_3 t \cos \frac{\tilde{j}_1 v}{cT} - it \frac{cT}{\tilde{j}_1} \sin \frac{\tilde{j}_1 v}{cT},$$

$$\hat{r}_1 r_2 = \hat{r}_2 r_1 \cos \frac{\tilde{j}_1 v}{cT} - i\hat{t}r_1 c \sin \frac{\tilde{j}_1 v}{cT},$$

$$\left. \hat{r}_p r_3 = \hat{r}_3 r_p \cos \frac{\tilde{j}_1 v}{cT} - ir_p \frac{cT}{\tilde{j}_1} \sin \frac{\tilde{j}_1 v}{cT} \right\}. \tag{15.6}$$

Связь левых и правых образующих дается соотношениями

$$r_3 - \widehat{r}_3 = 2i\frac{\widetilde{j}_1}{cT}\left(\left(\widetilde{t}t - \frac{1}{c^2}\widehat{r}_2r_2\right)\cos\frac{\widetilde{j}_1v}{2cT} - i\frac{1}{c^2}\widehat{r}_1r_1\cos\frac{\widetilde{j}_1v}{cT}\right)\sin\frac{\widetilde{j}_1v}{2cT},$$

$$\widehat{r}_p = r_p\cos\frac{\widetilde{j}_1v}{cT} - i\widehat{r}_3r_p\frac{\widetilde{j}_1}{cT}\sin\frac{\widetilde{j}_1v}{cT},\ p = 1, 2,$$

$$\widehat{t} = t\cos\frac{\widetilde{j}_1v}{cT} - i\widehat{r}_2t\frac{\widetilde{j}_1}{cT}\sin\frac{\widetilde{j}_1v}{cT}. \tag{15.7}$$

Формулы (15.6) описывают коммутационные соотношения образующих времени $t, \widehat{t}$ и пространства $r_k, \widehat{r}_k$ некоммутативных аналогов $(1 + 3)$ кинематик де Ситтера $\mathbf{S}_v^{4(-)}(\sigma_0)$ (при $\widetilde{j}_1 = i$) и анти-де Ситтера $\mathbf{S}_v^{4(+)}(\sigma_0)$ (при $\widetilde{j}_1 = 1$). Параметр деформации v в системе единиц, в которой постоянная Планка равна единице ($\hbar = 1$), имеет физическую размерность длины $[v] = [cT] = [\text{длина}] = [\text{импульс}]^{-1}$ и может интерпретироваться как фундаментальная длина. Таким образом, $\mathbf{S}_v^{4(\pm)}(\sigma_0)$ есть **кинематика с фундаментальной длиной**.

Для перестановки $\sigma' = (1, 4, 3, 5, 2)$ множитель $J = j_1$ заменяется на $\widetilde{j}_1/c$, а из (15.1) получаем коммутационные соотношения новых образующих квантовых кинематик (анти) де Ситтера $\mathbf{S}_v^{4(\pm)}(\sigma')$ в виде

$$\mathbf{S}_v^{4(\pm)}(\sigma') = \left\{t, \mathbf{r}\right|\ \widehat{r}_kt = \widehat{t}r_k\,\mathrm{ch}\,\frac{\widetilde{j}_1v}{T} - ir_k\frac{T}{\widetilde{j}_1}\,\mathrm{sh}\,\frac{\widetilde{j}_1v}{T},$$

$$\widehat{r}_2r_1 = \widehat{r}_1r_2\,\mathrm{ch}\,\frac{\widetilde{j}_1v}{T} - i\widehat{r}_1r_3\,\mathrm{sh}\,\frac{\widetilde{j}_1v}{T},\ \ \widehat{r}_1r_3 = \widehat{r}_3r_1\,\mathrm{ch}\,\frac{\widetilde{j}_1v}{T} - i\widehat{r}_2r_1\,\mathrm{sh}\,\frac{\widetilde{j}_1v}{T},$$

$$\widehat{r}_2r_3 - \widehat{r}_3r_2 = 2i\widehat{r}_1r_1\,\mathrm{sh}\,\frac{\widetilde{j}_1v}{2T}\right\}. \tag{15.8}$$

Связь левых и правых образующих дается соотношениями

$$\widehat{r}_k = r_k\,\mathrm{ch}\,\frac{\widetilde{j}_1v}{T} + i\widehat{t}r_k\frac{\widetilde{j}_1}{T}\,\mathrm{sh}\,\frac{\widetilde{j}_1v}{T},$$

$$\widehat{t} = t + 2i\frac{\widetilde{j}_1}{c^2T}\left(\widehat{r}_1r_1\,\mathrm{ch}\,\frac{\widetilde{j}_1v}{T} + (\widehat{r}_2r_2 + \widehat{r}_3r_3)\,\mathrm{ch}\,\frac{\widetilde{j}_1v}{2T}\right)\mathrm{sh}\,\frac{\widetilde{j}_1v}{2T}. \tag{15.9}$$

Деформационный параметр v имеет размерность времени: $[v] = [T] = [\text{время}] = [\text{энергия}]^{-1}$ (при $\hbar = 1$), поэтому кинематики $\mathbf{S}_v^{4(\pm)}(\sigma')$ неизоморфны кинематикам $\mathbf{S}_v^{4(\pm)}(\sigma_0)$. Квантовые кинематики (анти) де Ситтера $\mathbf{S}_v^{4(\pm)}(\sigma')$ могут рассматриваться как **кинематики с фундаментальным временем**.

Для перестановки $\widehat{\sigma} = (2, 1, 3, 4, 5)$ математический множитель $J = j_1^2j_2$ заменяется на $J = i\widetilde{j}_1^2/cT^2 \equiv i\widehat{J}$. Коммутационные соотношения (15.1) образующих кинематик (анти) де Ситтера принимают вид

$$\mathbf{S}_v^{4(\pm)}(\widehat{\sigma}) = \left\{t, \mathbf{r}\right|\ \widehat{t}r_p = \widehat{r}_p\left(t\cos\widehat{J}v + ir_3\frac{1}{c}\sin\widehat{J}v\right),$$

$$\widehat{t}r_3 - \widehat{r}_3 t =$$

$$= 2i\left(-\frac{\widetilde{j}_1^2}{c^2 T^2}\widehat{r}_1 r_1 \cos \widehat{J}v + \left(1 - \frac{\widetilde{j}_1^2}{c^2 T^2}\widehat{r}_2 r_2\right)\cos\frac{\widehat{J}v}{2}\right)\frac{cT^2}{\widetilde{j}_1^2}\sin\frac{\widehat{J}v}{2},$$

$$\widehat{r}_p r_3 = \left(\widehat{r}_3 \cos \widehat{J}v - itc\sin \widehat{J}v\right)r_p, \quad p = 1, 2,$$

$$\widehat{r}_1 r_2 = \left(\widehat{r}_2 \cos \widehat{J}v - it\frac{cT}{\widetilde{j}_1}\sin \widehat{J}v\right)r_1\Bigg\}. \tag{15.10}$$

Правые и левые образующие связаны формулами

$$\widehat{t} = t\cos \widehat{J}v + ir_3\frac{1}{c}\sin \widehat{J}v, \quad r_1 = \widehat{r}_1\left(\cos \widehat{J}v + ir_2\frac{\widetilde{j}_1}{cT}\sin \widehat{J}v\right),$$

$$\widehat{r}_2 - r_2 = 2i\frac{\widetilde{j}_1}{cT}\widehat{r}_1 r_1 \sin\frac{\widehat{J}v}{2}, \quad \widehat{r}_3 = r_3\cos \widehat{J}v + itc\sin \widehat{J}v. \tag{15.11}$$

Параметр деформации имеет физическую размерность $[v] = [cT^2] =$ = [длина][время].

Для $\widetilde{\sigma} = (1, 3, 2, 4, 5)$ множитель $J = j_1 j_2^2$ переписывается в виде $J = -\widetilde{j}_1/c^2 T \equiv -\breve{J}$. Коммутационные соотношения образующих кинематик (анти) де Ситтера равны

$$\mathbf{S}_v^{4(\pm)}(\widetilde{\sigma}) = \left\{t, \mathbf{r}\big|\ \widehat{r}_1 t = \widehat{t}\left(r_1 \operatorname{ch}\breve{J}v + ir_2 \operatorname{sh}\breve{J}v\right),\right.$$

$$\widehat{t}r_2 = \left(\widehat{r}_2 \operatorname{ch}\breve{J}v + i\widehat{r}_1 \operatorname{sh}\breve{J}v\right)t, \quad \widehat{t}r_3 = \left(\widehat{r}_3 \operatorname{ch}\breve{J}v + \frac{cT}{\widetilde{j}_1}\operatorname{sh}\breve{J}v\right)t,$$

$$\widehat{r}_1 r_2 - r_2\widehat{r}_1 = 2i\widehat{t}tc^2 \operatorname{sh}\frac{\breve{J}v}{2}, \quad \widehat{r}_p r_3 = \left(\widehat{r}_3 \operatorname{ch}\breve{J}v + \frac{cT}{\widetilde{j}_1}\operatorname{sh}\breve{J}v\right)r_p\Bigg\}. \tag{15.12}$$

Правые и левые образующие связаны формулами

$$t = \widehat{t}\left(\operatorname{ch}\breve{J}v - \frac{\widetilde{j}_1}{cT}r_3 \operatorname{sh}\breve{J}v\right), \quad r_p = \widehat{r}_p\left(\operatorname{ch}\breve{J}v - \frac{\widetilde{j}_1}{cT}r_3 \operatorname{sh}\breve{J}v\right),$$

$$\widehat{r}_3 - r_3 = \frac{2}{\widetilde{j}_1}cT\left(\widehat{t}t \operatorname{ch}\breve{J}v - \frac{\widetilde{j}_1^2}{c^2 T^2}(\widehat{r}_1 r_1 + \widehat{r}_2 r_2)\operatorname{ch}\frac{\breve{J}v}{2}\right)\operatorname{sh}\frac{\breve{J}v}{2}. \tag{15.13}$$

Физическая размерность параметра деформации: $[v] = [c^2 T] =$ = [длина]^2[время]$^{-1}$.

Для перестановки $\widetilde{\sigma} = (2, 3, 1, 4, 5)$ множитель $J = j_1^2 j_2^2$ заменяется на $J = -\widetilde{j}_1^2/c^2 T^2 \equiv -\widetilde{J}$. Коммутационные соотношения образующих кинематик (анти) де Ситтера равны

$$\mathbf{S}_v^{4(\pm)}(\widetilde{\sigma}) = \left\{t, \mathbf{r}\big|\ \widehat{t}r_p = \widehat{r}_p\left(t \operatorname{ch}\widetilde{J}v - r_3\frac{1}{c}\operatorname{sh}\widetilde{J}v\right),\right.$$

$$\widehat{t}r_3 - \widehat{r}_3 t = -2\left[\operatorname{ch}\widetilde{J}v - \frac{\widetilde{j}_1^2}{c^2 T^2}(\widehat{r}_1 r_1 + \widehat{r}_2 r_2)\operatorname{ch}\frac{\widetilde{J}v}{2}\right]\frac{cT^2}{\widetilde{j}_1^2}\operatorname{sh}\frac{\widetilde{J}v}{2},$$

$$\widehat{r}_p r_3 = \left(\widehat{r}_3 \operatorname{ch} \widetilde{J}v + \widehat{t}c \operatorname{sh} \widetilde{J}v\right) r_p,$$

$$\left.\widehat{r}_1 r_2 - \widehat{r}_2 r_1 = -2i\frac{c^2 T^2}{\widetilde{j}_1^2} \operatorname{sh} \frac{\widetilde{J}v}{2}\right\}, \tag{15.14}$$

где $k = 1, 2, 3$, $p = 1, 2$. Правые и левые образующие связаны соотношениями

$$\widehat{t} = t \operatorname{ch} \widetilde{J}v - r_3\frac{1}{c} \operatorname{sh} \widetilde{J}v, \quad \widehat{r}_1 = r_1 \operatorname{ch} \widetilde{J}v + ir_2 \operatorname{sh} \widetilde{J}v,$$

$$\widehat{r}_2 = r_2 \operatorname{ch} \widetilde{J}v - ir_1 \operatorname{sh} \widetilde{J}v, \quad \widehat{r}_3 = r_3 \operatorname{ch} \widetilde{J}v - tc \operatorname{sh} \widetilde{J}v. \tag{15.15}$$

В случае множителя $\widetilde{J}$ параметр деформации имеет размерность $[v] = [c^2 T^2] = [\text{длина}]^2$.

Для перестановки $\sigma_I = (3, 1, 5, 2, 4)$ множитель $J = j_1^2 j_2^2$ равен $J = -\widetilde{j}_1^2/c^2 T^2 \equiv -\widetilde{J}$. Образующие кинематик (анти) де Ситтера удовлетворяют коммутационным соотношениям вида

$$\mathbf{S}_v^{4(\pm)}(\sigma_I) = \left\{t, \mathbf{r}\middle|\ \widehat{r}_1 t = \widehat{t}\left(r_1 \operatorname{ch} \widetilde{J}v + ir_2 \operatorname{sh} \widetilde{J}v\right),\right.$$

$$\widehat{t}r_2 = \left(\widehat{r}_2 \operatorname{ch} \widetilde{J}v + i\widehat{r}_1 \operatorname{sh} \widetilde{J}v\right), \quad \widehat{r}_3 t = \left(\widehat{t} \operatorname{ch} \widetilde{J}v + i\frac{T}{\widetilde{j}_1} \operatorname{sh} \widetilde{J}v\right) r_3,$$

$$\widehat{r}_1 r_3 = \widehat{r}_3\left(r_1 \operatorname{ch} \widetilde{J}v + ir_2 \operatorname{sh} \widetilde{J}v\right),$$

$$\widehat{r}_1 r_2 - \widehat{r}_2 r_1 = 2i\left[-\frac{\widetilde{j}_1^2}{c^2 T^2}\widehat{r}_3 r_3 \operatorname{ch} \widetilde{J}v + \left(1 + \frac{\widetilde{j}_1^2}{T^2}\widehat{t}t\right) \operatorname{ch} \frac{\widetilde{J}v}{2}\right]\frac{c^2 T^2}{\widetilde{j}_1^2} \operatorname{sh} \frac{\widetilde{J}v}{2},$$

$$\left.\widehat{r}_3 r_2 = \left(\widehat{r}_2 \operatorname{ch} \widetilde{J}v + i\widehat{r}_1 \operatorname{sh} \widetilde{J}v\right) r_3, \right\}. \tag{15.16}$$

Левые и правые образующие связаны формулами

$$\widehat{r}_1 = r_1 \operatorname{ch} \widetilde{J}v + ir_2 \operatorname{sh} \widetilde{J}v, \quad r_2 = \widehat{r}_2 \operatorname{ch} \widetilde{J}v + i\widehat{r}_1 \operatorname{sh} \widetilde{J}v,$$

$$r_3 = \widehat{r}_3\left(\operatorname{ch} \widetilde{J}v + i\frac{\widetilde{j}_1}{T}t \operatorname{sh} \widetilde{J}v\right), \quad t - \widehat{t} = 2i\widehat{r}_3 r_3 \frac{\widetilde{j}_1}{c^2 T} \operatorname{sh} \frac{\widetilde{J}v}{2}. \tag{15.17}$$

Для перестановки $\sigma_{II} = (3, 1, 2, 4, 5)$ коммутационные соотношения образующих пространства и времени кинематик (анти) де Ситтера имеют вид

$$\mathbf{S}_v^{4(\pm)}(\sigma_{II}) = \left\{t, \mathbf{r}\middle|\ \widehat{r}_1 t = \widehat{t}\left(r_1 \operatorname{ch} \widetilde{J}v + ir_3 \operatorname{sh} \widetilde{J}v\right),\right.$$

$$\widehat{t}r_2 = \left(\widehat{r}_2 \operatorname{ch} \widetilde{J}v + i\frac{cT}{\widetilde{j}_1} \operatorname{sh} \widetilde{J}v\right) t, \quad \widehat{t}r_3 = \left(\widehat{r}_3 \operatorname{ch} \widetilde{J}v + i\widehat{r}_1 \operatorname{sh} \widetilde{J}v\right) t,$$

$$\widehat{r}_1 r_2 = \widehat{r}_2\left(r_1 \operatorname{ch} \widetilde{J}v + ir_3 \operatorname{sh} \widetilde{J}v\right),$$

$$\widehat{r}_1 r_3 - \widehat{r}_3 r_1 = 2i\left[\frac{\widetilde{j}_1^2}{T^2}\widehat{t}t \operatorname{ch} \widetilde{J}v + \left(1 - \frac{\widetilde{j}_1^2}{c^2 T^2}\widehat{r}_2 r_2\right) \operatorname{ch} \frac{\widetilde{J}v}{2}\right]\frac{c^2 T^2}{\widetilde{j}_1^2} \operatorname{sh} \frac{\widetilde{J}v}{2},$$

$$\widehat{r}_2 r_3 = \left(\widehat{r}_3 \operatorname{ch} \widetilde{J}v + i\widehat{r}_1 \operatorname{sh} \widetilde{J}v\right) r_2 \bigg\}. \tag{15.18}$$

Левые и правые образующие связаны соотношениями

$$\widehat{r}_1 = r_1 \operatorname{ch} \widetilde{J}v + i r_3 \operatorname{sh} \widetilde{J}v, \quad \widehat{r}_2 = r_2 \operatorname{ch} \widetilde{J}v + 2\widehat{t}\widetilde{j}_1 \frac{c}{T} \operatorname{sh} \frac{\widetilde{J}v}{2},$$

$$r_3 = \widehat{r}_3 \operatorname{ch} \widetilde{J}v + i\widehat{r}_1 \operatorname{sh} \widetilde{J}v, \quad t = \widehat{t} \operatorname{ch} \widetilde{J}v - \widehat{t}r_2 \frac{\widetilde{j}_1}{cT} \operatorname{sh} \widetilde{J}v. \tag{15.19}$$

Наконец, для перестановки $\sigma_{III} = (3, 2, 1, 4, 5)$ коммутаторы образующих кинематик (анти) де Ситтера таковы:

$$\mathbf{S}_v^{4(\pm)}(\sigma_{III}) = \left\{t, \mathbf{r} \middle| \; \widehat{r}_1 t = \widehat{t}\left(r_1 \operatorname{ch} \widetilde{J}v + i r_3 \operatorname{sh} \widetilde{J}v\right),\right.$$

$$\widehat{t}r_2 - \widehat{r}_2 t = -2\frac{cT^2}{\widetilde{j}_1^2} \operatorname{sh} \widetilde{J}v, \quad \widehat{t}r_3 = \left(\widehat{r}_3 \operatorname{ch} \widetilde{J}v + i\widehat{r}_1 \operatorname{sh} \widetilde{J}v\right) t,$$

$$\widehat{r}_1 r_2 = \widehat{r}_2 \left(r_1 \operatorname{ch} \widetilde{J}v + i r_3 \operatorname{sh} \widetilde{J}v\right),$$

$$\widehat{r}_1 r_3 - \widehat{r}_3 r_1 = 2i\left[\operatorname{ch} \widetilde{J}v + \frac{\widetilde{j}_1^2}{T^2}\left(\widehat{t}t - \frac{1}{c^2}\widehat{r}_2 r_2\right) \operatorname{ch} \frac{\widetilde{J}v}{2}\right] \frac{c^2 T^2}{\widetilde{j}_1^2} \operatorname{sh} \frac{\widetilde{J}v}{2},$$

$$\widehat{r}_2 r_3 = \left(\widehat{r}_3 \operatorname{ch} \widetilde{J}v + i\widehat{r}_1 \operatorname{sh} \widetilde{J}v\right) r_2 \bigg\}. \tag{15.20}$$

Правые и левые образующие связаны соотношениями

$$\widehat{r}_1 = r_1 \operatorname{ch} \widetilde{J}v + i r_3 \operatorname{sh} \widetilde{J}v, \quad r_2 = \widehat{r}_2 \operatorname{ch} \widetilde{J}v + c\widehat{t} \operatorname{sh} \widetilde{J}v,$$

$$r_3 = \widehat{r}_3 \operatorname{ch} \widetilde{J}v + i\widehat{r}_1 \operatorname{sh} \widetilde{J}v, \quad \widehat{t} = t \operatorname{ch} \widetilde{J}v - r_2 \frac{1}{c} \operatorname{sh} \widetilde{J}v. \tag{15.21}$$

Таким образом, получаем восемь неэквивалентных квантовых кинематик (анти) де Ситтера.

15.4. Квантовые кинематики Минковского

В пределе бесконечного времени существования $T \to \infty$ (или нулевой кривизны) квантовые кинематики (анти) де Ситтера переходят в некоммутативный аналог $(1+3)$ кинематик Минковского. Для всех перестановок предыдущего раздела, кроме $\widetilde{\sigma}$, левые и правые образующие совпадают: $\widehat{t} = t$, $\widehat{r}_k = r_k$. Ненулевые коммутаторы образующих Минковского имеют вид ($k = 1, 2, 3$, $p = 1, 2$)

$$\mathbf{M}_v^4(\sigma_0) = \left\{t, \mathbf{r} \middle| \; [r_3, t] = ivt, \; [r_3, r_p] = ivr_p\right\}.$$

$$\mathbf{M}_v^4(\widetilde{\sigma}) = \left\{t, \mathbf{r} \middle| \; [t, r_3] = -\frac{v}{c}, \; [r_1, r_2] = -iv\right\},$$

$$\mathbf{M}_v^4(\sigma') = \left\{t, \mathbf{r} \middle| \; [t, r_k] = ivr_k\right\}, \quad \mathbf{M}_v^4(\widehat{\sigma}) = \left\{t, \mathbf{r} \middle| \; [t, r_3] = iv\right\},$$

$$\mathbf{M}_v^4(\sigma_I) = \left\{t, \mathbf{r} \middle| \; [r_1, r_2] = iv\right\}, \quad \mathbf{M}_v^4(\sigma_{II}) = \left\{t, \mathbf{r} \middle| \; [r_1, r_3] = iv\right\},$$

$$\mathbf{M}_v^4(\sigma_{III}) = \left\{ t, \mathbf{r} \mid [t, r_2] = -\frac{v}{c}, \ [r_1, r_3] = iv \right\}. \tag{15.22}$$

Для оставшейся перестановки $\breve{\sigma}$ имеем $\widehat{t} = t$, $\widehat{r}_p = r_p$, но $\widehat{r}_3 = r_3 - \frac{v}{c}t^2$ и кинематика Минковского задается соотношениями

$$\mathbf{M}_v^4(\breve{\sigma}) = \left\{ t, \mathbf{r} \mid [t, r_3] = \frac{v}{c}t(1 - t^2), \right.$$

$$\left. [r_2, r_3] = \frac{v}{c}r_2(1 - t^2), \ [r_1, r_3] = \frac{v}{c}r_1(1 - t^2) \right\}. \tag{15.23}$$

Кинематика $\mathbf{M}_v^4(\sigma_0)$ изоморфна тахионной κ-деформации кинематики Минковского, причем $v = \Lambda = \kappa^{-1}$. Кинематика $\mathbf{M}_v^4(\sigma')$ изоморфна стандартной κ-деформации Минковского пространства–времени [172, 182, 214].

Кинематики $\mathbf{M}_v^4(\sigma_I)$ и $\mathbf{M}_v^4(\sigma_{II})$ преобразуются друг в друга заменой r_2 на r_3 и наоборот, следовательно, их нужно рассматривать как эквивалентные кинематики. То же самое справедливо для кинематик $\mathbf{M}_v^4(\breve{\sigma})$ и $\mathbf{M}_v^4(\sigma_{III})$. Таким образом, получаем шесть неэквивалентных квантовых кинематик Минковского.

15.5. Квантовые кинематики Ньютона

Кинематики Ньютона с ненулевой кривизной получаются из кинематик (анти) де Ситтера в нерелятивистском пределе $c \to \infty$. Связь правых и левых образующих в этом пределе становится проще, что позволяет в записи коммутационных соотношений использовать только правые образующие. В результате получаем

$$\mathbf{N}_v^{4(\pm)}(\sigma_0) = \left\{ t, \mathbf{r} \mid [r_3, t] = ivt(1 + \widetilde{j}_1^2 \frac{t^2}{T^2}), \right.$$

$$\left. [r_3, r_p] = ivr_p(1 + \widetilde{j}_1^2 \frac{t^2}{T^2}), \ p = 1, 2 \right\},$$

$$\mathbf{N}_v^{4(\pm)}(\sigma') = \left\{ t, \mathbf{r} \mid [t, r_k] = i(r_k + \frac{\widetilde{j}_1^2}{T^2} tr_k t)\frac{T}{\widetilde{j}_1} \operatorname{th} \frac{\widetilde{j}_1 v}{T}, \right.$$

$$r_2 r_1 = r_1 r_2 \operatorname{ch} \frac{\widetilde{j}_1 v}{T} - ir_1 r_3 \operatorname{sh} \frac{\widetilde{j}_1 v}{T},$$

$$\left. r_1 r_3 = r_3 r_1 \operatorname{ch} \frac{\widetilde{j}_1 v}{T} - ir_2 r_1 \operatorname{sh} \frac{\widetilde{j}_1 v}{T}, \ [r_2, r_3] = 2ir_1^2 \operatorname{sh} \frac{\widetilde{j}_1 v}{2T} \right\},$$

$$\mathbf{N}_v^{4(\pm)}(\breve{\sigma}) = \left\{ t, \mathbf{r} \mid [r_1, r_2] = -iv \right\}, \quad \mathbf{N}_v^{4(\pm)}(\breve{\sigma}) = \left\{ t, \mathbf{r} \mid [r_1, r_2] = i\widetilde{j}_1 \frac{v}{T}t^2 \right\},$$

$$\mathbf{N}_v^{4(\pm)}(\sigma_I) = \left\{ t, \mathbf{r} \mid [r_1, r_2] = iv\left(1 + \frac{\widetilde{j}_1^2}{T^2}t^2\right) \right\},$$

$$\mathbf{N}_v^{4(\pm)}(\sigma_{II}) \cong \mathbf{N}_v^{4(\pm)}(\sigma_{III}) = \left\{ t, \mathbf{r} \middle| [r_1, r_3] = iv \left(1 + \frac{\tilde{j}_1^2}{T^2} t^2 \right) \right\}.$$

$$\mathbf{N}_v^{4(\pm)}(\widehat{\sigma}) = \left\{ t, \mathbf{r} \middle| [t, r_3] = iv \left(1 + \frac{\tilde{j}_1^2}{T^2} t^2 \right), \right.$$

$$\left. [r_1, r_2] = -i\tilde{j}_1 \frac{v}{T} t r_1, \ [r_p, r_3] = 0 \right\}. \tag{15.24}$$

При этом в случае кинематик $\mathbf{N}_v^{4(\pm)}(\sigma')$ параметр деформации не преобразуется при контракции. Неэквивалентные кинематики (анти) де Ситтера $\mathbf{S}_v^{4(\pm)}(\sigma_{II})$ и $\mathbf{S}_v^{4(\pm)}(\sigma_{III})$ в нерелятивистском пределе становятся идентичными $\mathbf{N}_v^{4(\pm)}(\sigma_{II}) \cong \mathbf{N}_v^{4(\pm)}(\sigma_{III})$. Кинематики $\mathbf{N}_v^4(\sigma_I)$ и $\mathbf{N}_v^4(\sigma_{II})$ преобразуются друг в друга заменой образующей r_2 на r_3 и наоборот, поэтому являются эквивалентными кинематиками. Таким образом, получаем шесть неэквивалентных квантовых кинематик Ньютона.

15.6. Квантовые кинематики Галилея

Кинематики Галилея можно получить либо нерелятивистским пределом $c \to \infty$ в кинематиках Минковского, либо из кинематик Ньютона в пределе нулевой кривизны $T \to \infty$. Левые и правые образующие кинематик Галилея идентичны и подчиняются коммутационным соотношениям

$$\mathbf{G}_v^4(\sigma_0) = \left\{ t, \mathbf{r} \middle| [r_3, t] = ivt, \ [r_3, r_p] = ivr_p, \ p = 1, 2 \right\},$$

$$\mathbf{G}_v^4(\sigma') = \left\{ t, \mathbf{r} \middle| [t, r_k] = ivr_k, \ k = 1, 2, 3 \right\},$$

$$\mathbf{G}_v^4(\widetilde{\sigma}) \cong \mathbf{G}_v^4(\sigma_I) \cong \mathbf{G}_v^4(\sigma_{II}) \cong \mathbf{G}_v^4(\sigma_{III}) = \left\{ t, \mathbf{r} \middle| [r_1, r_2] = iv \right\},$$

$$\mathbf{G}_v^4(\widehat{\sigma}) = \left\{ t, \mathbf{r} \middle| [t, r_3] = iv \right\}. \tag{15.25}$$

У квантовой кинематики Галилея $\mathbf{G}_v^4(\widetilde{\sigma})$ все образующие коммутируют. Для перестановок σ_0, σ', $\widehat{\sigma}$, σ_I, σ_{II} кинематики Минковского и Галилея имеют одинаковые коммутационные соотношения образующих. Таким образом, получаем четыре неэквивалентные кинематики Галилея с некоммутативными образующими.

15.7. Квантовые кинематики Кэрролла

Кинематики Кэрролла [98, 179] также реализуются как пространства постоянной кривизны при $j_4 = \iota_4, j_2 = j_3 = 1$, но при этом изменяется интерпретация бельтрамиевых координат, а именно: $r_k = \xi_{k+1}\xi_1^{-1}$, $k = 1, 2, 3$ есть пространственные образующие, а $t = \xi_5\xi_1^{-1}$ — временная образующая [27, 28]. Изменение интерпретации координат влечет изменение физической размерности контракционных параметров: параметр j_1 заменяется на $\widetilde{j}_1 R^{-1}$, где $R \to \infty$ и имеет размерность длины: $[R] = [\text{длина}]$, а параметр j_4 заменяется на c, где $[c] = [\text{скорость}]$ и контракции $j_4 = \iota_4$ соответствует предел нулевой скорости $c \to 0$. Для перестановок σ_0, σ' параметр деформации получает размерность времени: $[v] = [R][c]^{-1} = [\text{время}] = [\text{энергия}]^{-1}$ (при $\hbar = 1$) и интерпретируется как фундаментальное время.

Вводя $\widehat{t} = \xi_1^{-1}\xi_5$ и учитывая, что для перестановки σ_0 левая образующая времени $\widehat{t} = t - iv\dfrac{\widetilde{j}_1}{R^2}\mathbf{r}^2$, где $\mathbf{r}^2 = r_1^2 + r_2^2 + r_3^2$, получаем коммутационные соотношения квантовых кинематик Кэрролла $\mathcal{C}_v^{4(\pm)}(\sigma_0)$ с положительной ($\widetilde{j}_1 = 1$) и отрицательной ($\widetilde{j}_1 = i$) кривизной собственно пространства (геометрическое понятие кривизны неприменимо к алгебрам, поэтому, говоря о кривизне, мы имеем в виду коммутативный прототип квантовой кинематики)

$$\mathcal{C}_v^{4(\pm)}(\sigma_0) = \left\{t, \mathbf{r}\mid [t, r_k] = ivr_k\left(1 + \frac{\widetilde{j}_1^2}{R^2}\mathbf{r}^2\right)\right\}. \tag{15.26}$$

Переходя к пределу $R \to \infty$, находим $(1 + 3)$ квантовую кинематику Кэрролла с нулевой пространственной кривизной

$$\mathcal{C}_v^{4(0)}(\sigma_0) = \left\{t, \mathbf{r}\mid [t, r_k] = ivr_k\right\}, \tag{15.27}$$

являющуюся некоммутативным аналогом кинематики, описанной в [179].

Для перестановки σ' правые и левые образующие совпадают и коммутационные соотношения квантовых кинематик Кэрролла $\mathcal{C}_v^{4(\pm)}(\sigma')$ с кривизной равны

$$\mathcal{C}_v^{4(\pm)}(\sigma') = \left\{t, \mathbf{r}\mid [t, r_2] = iv\frac{\widetilde{j}_1}{R}r_3 r_2, \ [r_3, t] = iv\frac{\widetilde{j}_1}{R}r_1^2\right\}. \tag{15.28}$$

При $R \to \infty$ получаем $(1 + 3)$ квантовую кинематику Кэрролла с нулевой кривизной $\mathcal{C}_v^{4(0)}(\sigma')$, у которой все образующие коммутируют.

Для перестановки $\widetilde{\sigma}$ правые и левые пространственные образующие одинаковы, а образующие времени связаны формулой $\widehat{t} = t + ivr_1$. Коммутационные соотношения квантовых кинематик Кэрролла $\mathcal{C}_v^{4(\pm)}(\widetilde{\sigma})$ с кривизной равны

$$\mathcal{C}_v^{4(\pm)}(\widetilde{\sigma}) = \left\{t, \mathbf{r}\mid [r_1, t] = iv\left(\frac{R^2}{\widetilde{j}_1^2} + \mathbf{r}^2\right)\right\}. \tag{15.29}$$

Поскольку контракция $R \to \infty$ не определена, то квантовые кинематики Кэрролла $\mathcal{C}_v^{4(\pm)}(\widetilde{\sigma})$ не имеют в качестве своего предельного случая некоммутативный аналог кинематики Кэрролла с нулевой кривизной.

Неэквивалентные кинематики Кэрролла с неминимальным множителем $J = j_1^2 \iota_4$ получаются для трех перестановок: $\widehat{\sigma}$, $\sigma'' = (2, 1, 3, 5, 4)$, $\sigma''' = (2, 3, 1, 5, 4)$. Параметр деформации имеет физическую размерность квадрата длины: $[v] = [R^2] = [\text{длина}]^2$. Соответствующие квантовые кинематики задаются коммутационными соотношениями пространственно–временных образующих

$$\mathcal{C}_v^{4(\pm)}(\widehat{\sigma}) = \left\{ t, \mathbf{r} \middle|\ [r_1, t] = iv\left(1 + \frac{\widetilde{j_1^2}}{R^2} \mathbf{r}^2 t \right) \right\}, \tag{15.30}$$

где $\mathbf{r}^2 = r_1^2 + r_2^2 + r_3^2$ и $\widehat{r}_k = r_k$, но левые и правые образующие времени связаны формулами $\widehat{t} = t + i\dfrac{\widetilde{j_1^2}}{R^2} v r_1$;

$$\mathcal{C}_v^{4(\pm)}(\sigma'') =$$
$$= \left\{ t, \mathbf{r} \middle|\ [t, r_p] = iv\frac{\widetilde{j_1^3}}{R^3} r_2^2 r_p, \quad [t, r_2] = iv\frac{\widetilde{j_1}}{R}\left(1 + \frac{\widetilde{j_1^2}}{R^2} r_2^2 \right) r_2 \right\}, \tag{15.31}$$

где $p = 1, 3$, $\widehat{r}_k = r_k$, $\widehat{t} = t - i\dfrac{\widetilde{j_1^3}}{R^3} v r_2^2$; наконец

$$\mathcal{C}_v^{4(\pm)}(\sigma''') = \left\{ t, \mathbf{r} \middle|\ [r_1, r_2] = iv\left[1 + \frac{\widetilde{j_1^2}}{R^2}\left(t^2 + r_1^2 + r_3^2 \right) \right] \right\}, \tag{15.32}$$

где $\widehat{r}_2 = r_2 + i\dfrac{\widetilde{j_1^2}}{R^2} v r_1$, $\widehat{r}_1 = r_1$, $\widehat{r}_3 = r_3$, $\widehat{t} = t$. Кинематики $\mathcal{C}_v^{4(\pm)}(\widehat{\sigma})$ и $\mathcal{C}_v^{4(\pm)}(\sigma''')$ преобразуются друг в друга при замене $t \to r_2$, $r_2 \to t$, т.е. они математически изоморфны, но физически неэквивалентны. Таким образом, получаем пять неэквивалентных квантовых кинематик Кэрролла.

Квантовые аналоги кинематик Кэрролла с нулевой кривизной находятся переходом к пределу $R \to \infty$ в формулах этого раздела. У кинематики $\mathcal{C}_v^{4(0)}(\sigma'')$ все образующие коммутируют. Кинематика $\mathcal{C}_v^{4(0)}(\widehat{\sigma})$ имеет только один ненулевой коммутатор $[r_1, t] = iv$, а у кинематики $\mathcal{C}_v^{4(0)}(\sigma''')$ ненулевой коммутатор равен $[r_1, r_2] = iv$. Таким образом, получаем три неэквивалентные кинематики Кэрролла с нулевой кривизной, имеющие некоммутативные образующие.

Разные комбинации некоммутативной структуры и схемы контракций Кэли–Клейна, в сочетании с физической интерпретацией образующих, приводят к восьми неэквивалентным квантовым кинематикам (анти) де Ситтера с разными коммутационными соотношениями образующих пространства и времени. Предельные переходы $T \to \infty$ и $c \to \infty$, примененные по отдельности, уменьшают количество неэквивалентных квантовых кинематик Минковского и Ньютона до шести, а примененные одновременно дают четыре квантовые кинематики Галилея. Все это демонстрирует многообразие квантовых деформаций моделей пространства–времени.

Вместе с тем, физически разные квантовые кинематики имеют одинаковые коммутационные соотношения образующих. Например кинематики Минковского $\mathbf{M}_v^4(\sigma_0)$ и Галилея $\mathbf{G}_v^4(\sigma_0)$. У кинематик Минковского $\mathbf{M}_v^4(\sigma')$, Галилея $\mathbf{G}_v^4(\sigma')$ и Кэрролла $\mathcal{C}_v^{4(0)}(\sigma_0)$ образующая времени не коммутирует со всеми пространственными образующими: $[t, r_k] = ivr_k$, $k = 1, 2, 3$, а у кинематик $\mathbf{M}_v^4(\widehat{\sigma})$, $\mathbf{G}_v^4(\widehat{\sigma})$ и $\mathcal{C}_v^{4(0)}(\widehat{\sigma}_0)$ — только с одной пространственной образующей: $[t, r_3] = iv$. Единственный ненулевой коммутатор: $[r_1, r_2] = iv$ имеют все типы кинематик: Минковского $\mathbf{M}_v^4(\sigma_I)$, Ньютона $\mathbf{N}_v^{\pm}(\widetilde{\sigma})$, Галилея $\mathbf{G}_v^4(\widetilde{\sigma})$, $\mathbf{G}_v^4(\sigma_I)$, $\mathbf{G}_v^4(\sigma_{II})$, $\mathbf{G}_v^4(\sigma_{III})$ и Кэрролла $\mathcal{C}_v^{4(0)}(\sigma''')$. Математически изоморфные кинематики могут быть физически неэквивалентными.

Примечательным свойством предельных кинематик является то, что для некоторых из них коммутаторы образующих пропорциональны iv, т. е. числу, а не оператору, как это типично для квантовых деформаций. Более того, у кинематик Галилея $\mathbf{G}_v^4(\breve{\sigma})$ и Кэрролла $\mathcal{C}_v^{4(0)}(\sigma'')$ все образующие коммутируют.

R-МАТРИЦА КВАНТОВОЙ ГРУППЫ $SO_q(N)$
В ДЕКАРТОВЫХ ОБРАЗУЮЩИХ

$$\widetilde{R}_q = (D \otimes D)R_q(D \otimes D)^{-1} =$$

$$= I + \frac{1}{2}(q-1)(1-q^{-1}) \sum_{\substack{k=1 \\ k \neq k'}}^{N} (e_{kk} \otimes e_{kk} + e_{kk} \otimes e_{k'k'}) +$$

$$+ \frac{\lambda}{2} \sum_{\substack{k=1 \\ k \neq k'}}^{N} (e_{k'k} \otimes e_{kk'} - e_{k'k} \otimes e_{k'k}) +$$

$$+ \frac{\lambda}{2} \sum_{k=1}^{n} (e_{k',n+1} \otimes e_{n+1,k'} - ie_{k',n+1} \otimes e_{n+1,k} + ie_{k,n+1} \otimes e_{n+1,k'} +$$

$$+ e_{k,n+1} \otimes e_{n+1,k} + e_{n+1,k} \otimes e_{k,n+1} + ie_{n+1,k} \otimes e_{k',n+1} -$$

$$- ie_{n+1,k'} \otimes e_{k,n+1} + e_{n+1,k'} \otimes e_{k',n+1}) -$$

$$- \frac{\lambda}{2} \sum_{k=1}^{n} q^{-\rho_k} (-ie_{k',n+1} \otimes e_{k,n+1} + e_{k',n+1} \otimes e_{k',n+1} +$$

$$+ e_{k,n+1} \otimes e_{k,n+1} + ie_{k,n+1} \otimes e_{k',n+1} + ie_{n+1,k} \otimes e_{n+1,k'} +$$

$$+ e_{n+1,k} \otimes e_{n+1,k} + e_{n+1,k'} \otimes e_{n+1,k'} - ie_{n+1,k'} \otimes e_{n+1,k}) +$$

$$+ \frac{\lambda}{4} \sum_{\substack{k,p=1 \\ k>p,\, k,p \neq n+1}}^{N} (e_{kp} \otimes e_{pk} + e_{kp} \otimes e_{p'k'} + ie_{kp} \otimes e_{p'k} - ie_{kp} \otimes e_{pk'} +$$

$$+ e_{k'p'} \otimes e_{pk} + e_{k'p'} \otimes e_{p'k'} + ie_{k'p'} \otimes e_{p'k} - ie_{k'p'} \otimes e_{pk'} +$$

$$+ ie_{k'p} \otimes e_{pk} + ie_{k'p} \otimes e_{p'k'} - e_{k'p} \otimes e_{p'k} + e_{k'p} \otimes e_{pk'} -$$

$$- ie_{kp'} \otimes e_{pk} - ie_{kp'} \otimes e_{p'k'} + e_{kp'} \otimes e_{p'k} - e_{kp'} \otimes e_{pk'}) -$$

$$- \frac{\lambda}{4} \sum_{\substack{k,p=1 \\ k>p,\, k,p \neq n+1}}^{N} q^{\rho_k - \rho_p} (e_{kp} \otimes e_{k'p'} + e_{kp} \otimes e_{kp} + ie_{kp} \otimes e_{kp'} - ie_{kp} \otimes e_{k'p} +$$

$$+ e_{k'p'} \otimes e_{k'p'} + e_{k'p'} \otimes e_{kp} + ie_{k'p'} \otimes e_{kp'} - ie_{k'p'} \otimes e_{k'p} +$$

$$+ ie_{k'p} \otimes e_{k'p'} + ie_{k'p} \otimes e_{kp} - e_{k'p} \otimes e_{kp'} + e_{k'p} \otimes e_{k'p} -$$

$$- ie_{kp'} \otimes e_{k'p'} - ie_{kp'} \otimes e_{kp} + e_{kp'} \otimes e_{kp'} - e_{kp'} \otimes e_{k'p}),$$

$$\lambda = q - q^{-1} = 2\operatorname{sh} z, \quad q = e^z.$$

Приложение Б

АНТИПОД КВАНТОВОЙ ГРУППЫ $SO_v(N; j; \sigma)$ В ДЕКАРТОВЫХ ОБРАЗУЮЩИХ

С помощью матрицы $\widetilde{C}_v(j) = D^{-1} C_v(j)(D^t)^{-1}$ по формуле

$$S(U(j; \sigma)) = \widetilde{C}_v(j) U^t(j; \sigma) \widetilde{C}_v^{-1}(j)$$

находим антипод для декартовых образующих квантовой группы $SO_v(N; j; \sigma), N = 2n + 1$, в виде

$$S(u_{\sigma_k \sigma_{n+1}}) = u_{\sigma_{n+1} \sigma_k} \operatorname{ch}(Jv\rho_k) + i u_{\sigma_{n+1} \sigma_{k'}} \frac{(\sigma_{k'}, \sigma_{n+1})}{(\sigma_k, \sigma_{n+1})} \operatorname{sh}(Jv\rho_k),$$

$$S(u_{\sigma_{n+1} \sigma_k}) = u_{\sigma_k \sigma_{n+1}} \operatorname{ch}(Jv\rho_k) + i u_{\sigma_{k'} \sigma_{n+1}} \frac{(\sigma_{k'}, \sigma_{n+1})}{(\sigma_k, \sigma_{n+1})} \operatorname{sh}(Jv\rho_k),$$

$$S(u_{\sigma_{n+1+k} \sigma_{n+1}}) = u_{\sigma_{n+1} \sigma_{n+1+k}} \operatorname{ch}(Jv\rho_{n+1-k}) -$$
$$- i u_{\sigma_{n+1} \sigma_{n+1-k}} \frac{(\sigma_{n+1-k}, \sigma_{n+1})}{(\sigma_{n+1+k}, \sigma_{n+1})} \operatorname{sh}(Jv\rho_{n+1-k}),$$

$$S(u_{\sigma_{n+1} \sigma_{n+1+k}}) = u_{\sigma_{n+1+k} \sigma_{n+1}} \operatorname{ch}(Jv\rho_{n+1-k}) -$$
$$- i u_{\sigma_{n+1-k} \sigma_{n+1}} \frac{(\sigma_{n+1-k}, \sigma_{n+1})}{(\sigma_{n+1+k}, \sigma_{n+1})} \operatorname{sh}(Jv\rho_{n+1-k}),$$

$$S(u_{\sigma_k \sigma_p}) = u_{\sigma_p \sigma_k} \operatorname{ch}(Jv\rho_k) \operatorname{ch}(Jv\rho_p) -$$
$$- u_{\sigma_{p'} \sigma_{k'}} \frac{(\sigma_{k'}, \sigma_{p'})}{(\sigma_k, \sigma_p)} \operatorname{sh}(Jv\rho_k) \operatorname{sh}(Jv\rho_p) +$$
$$+ i \left(u_{\sigma_p \sigma_{k'}} \frac{(\sigma_{k'}, \sigma_p)}{(\sigma_k, \sigma_p)} \operatorname{sh}(Jv\rho_k) \operatorname{ch}(Jv\rho_p) + \right.$$
$$\left. + u_{\sigma_{p'} \sigma_k} \frac{(\sigma_k, \sigma_{p'})}{(\sigma_k, \sigma_p)} \operatorname{ch}(Jv\rho_k) \operatorname{sh}(Jv\rho_p) \right),$$

$$S(u_{\sigma_k \sigma_{n+1+p}}) = u_{\sigma_{n+1+p} \sigma_k} \operatorname{ch}(Jv\rho_k) \operatorname{ch}(Jv\rho_{n+1-p}) +$$
$$+ u_{\sigma_{n+1-p} \sigma_{k'}} \frac{(\sigma_{k'}, \sigma_{n+1-p})}{(\sigma_k, \sigma_{n+1+p})} \operatorname{sh}(Jv\rho_k) \operatorname{sh}(Jv\rho_{n+1-p}) +$$
$$+ i \left(u_{\sigma_{n+1+p} \sigma_{k'}} \frac{(\sigma_{k'}, \sigma_{n+1+p})}{(\sigma_k, \sigma_{n+1+p})} \operatorname{sh}(Jv\rho_k) \operatorname{ch}(Jv\rho_{n+1-p}) - \right.$$
$$\left. - u_{\sigma_{n+1-p} \sigma_k} \frac{(\sigma_k, \sigma_{n+1-p})}{(\sigma_k, \sigma_{n+1+p})} \operatorname{ch}(Jv\rho_k) \operatorname{sh}(Jv\rho_{n+1-p}) \right),$$

$$S(u_{\sigma_{n+1+k}\sigma_p}) = u_{\sigma_p\sigma_{n+1+k}} \operatorname{ch}(Jv\rho_{n+1-k})\operatorname{ch}(Jv\rho_p)+$$

$$+u_{\sigma_{p'}\sigma_{n+1-k}} \frac{(\sigma_{n+1-k},\sigma_{p'})}{(\sigma_{n+1+k},\sigma_p)}\operatorname{sh}(Jv\rho_{n+1-k})\operatorname{sh}(Jv\rho_p)+$$

$$+i\left(u_{\sigma_{p'}\sigma_{n+1+k}} \frac{(\sigma_{n+1+k},\sigma_{p'})}{(\sigma_{n+1+k},\sigma_p)}\operatorname{ch}(Jv\rho_{n+1-k})\operatorname{sh}(Jv\rho_p)-\right.$$

$$\left.-u_{\sigma_p\sigma_{n+1-k}} \frac{(\sigma_{n+1-k},\sigma_p)}{(\sigma_{n+1+k},\sigma_p)}\operatorname{sh}(Jv\rho_{n+1-k})\operatorname{ch}(Jv\rho_p)\right),$$

$$S(u_{\sigma_{n+1+k}\sigma_{n+1+p}}) = u_{\sigma_{n+1+p}\sigma_{n+1+k}}\operatorname{ch}(Jv\rho_{n+1-k})\operatorname{ch}(Jv\rho_{n+1-p})-$$

$$-u_{\sigma_{n+1-p}\sigma_{n+1-k}} \frac{(\sigma_{n+1-k},\sigma_{n+1-p})}{(\sigma_{n+1+k},\sigma_{n+1+p})}\operatorname{sh}(Jv\rho_{n+1-k})\operatorname{sh}(Jv\rho_{n+1-p})-$$

$$-i\left(u_{\sigma_{n+1-p}\sigma_{n+1+k}} \frac{(\sigma_{n+1+k},\sigma_{n+1-p})}{(\sigma_{n+1+k},\sigma_{n+1+p})}\operatorname{ch}(Jv\rho_{n+1-k})\operatorname{sh}(Jv\rho_{n+1-p})+\right.$$

$$\left.+u_{\sigma_{n+1+p}\sigma_{n+1-k}} \frac{(\sigma_{n+1-k},\sigma_{n+1+p})}{(\sigma_{n+1+k},\sigma_{n+1+p})}\operatorname{sh}(Jv\rho_{n+1-k})\operatorname{ch}(Jv\rho_{n+1-p})\right),$$

где $k,p = 1,\dots,n$. Для квантовой группы $SO_v(N;j;\sigma)$, $N = 2n$, в выражениях для антипода следует заменить $n+1$ на n.

Приложение В

СООТНОШЕНИЯ (z, j)-ОРТОГОНАЛЬНОСТИ КВАНТОВОЙ ГРУППЫ $SO_z(N; j; \sigma)$ В ДЕКАРТОВЫХ ОБРАЗУЮЩИХ

Дополнительные соотношения $U(j; \sigma) \widetilde{C}_v(j) U^t(j; \sigma) = \widetilde{C}_v(j)$ в компонентах имеют вид

$$u_{\sigma_k \sigma_{n+1}} u_{\sigma_p \sigma_{n+1}} (\sigma_k, \sigma_{n+1})(\sigma_p, \sigma_{n+1}) +$$

$$+ \sum_{s=1}^{n} \left\{ u_{\sigma_k \sigma_s} u_{\sigma_p \sigma_s} (\sigma_k, \sigma_s)(\sigma_p, \sigma_s) \operatorname{ch}(Jv\rho_s) + \right.$$

$$+ u_{\sigma_k \sigma_{n+1+s}} u_{\sigma_p \sigma_{n+1+s}} (\sigma_k, \sigma_{n+1+s})(\sigma_p, \sigma_{n+1+s}) \operatorname{ch}(Jv\rho_{n+1-s}) +$$

$$+ i \left[u_{\sigma_k \sigma_{n+1-s}} u_{\sigma_p \sigma_{n+1+s}} (\sigma_k, \sigma_{n+1-s})(\sigma_p, \sigma_{n+1+s}) \operatorname{sh}(Jv\rho_{n+1-s}) - \right.$$

$$\left. \left. - u_{\sigma_k \sigma_{s'}} u_{\sigma_p \sigma_s} (\sigma_k, \sigma_{s'})(\sigma_p, \sigma_s) \operatorname{sh}(Jv\rho_s) \right] \right\} = \delta_{kp} \operatorname{ch}(Jv\rho_k), \qquad \text{(В.1)}$$

$$u_{\sigma_{n+1+k} \sigma_{n+1}} u_{\sigma_{n+1+p} \sigma_{n+1}} (\sigma_{n+1+k}, \sigma_{n+1})(\sigma_{n+1+p}, \sigma_{n+1}) +$$

$$+ \sum_{s=1}^{n} \left\{ u_{\sigma_{n+1+k} \sigma_s} u_{\sigma_{n+1+p} \sigma_s} (\sigma_{n+1+k}, \sigma_s)(\sigma_{n+1+p}, \sigma_s) \operatorname{ch}(Jv\rho_s) + \right.$$

$$+ u_{\sigma_{n+1+k} \sigma_{n+1+s}} u_{\sigma_{n+1+p} \sigma_{n+1+s}} (\sigma_{n+1+k}, \sigma_{n+1+s}) \times$$

$$\times (\sigma_{n+1+p}, \sigma_{n+1+s}) \operatorname{ch}(Jv\rho_{n+1-s}) +$$

$$+ i \left[u_{\sigma_{n+1+k} \sigma_{n+1-s}} u_{\sigma_{n+1+p} \sigma_{n+1+s}} (\sigma_{n+1+k}, \sigma_{n+1-s}) \times \right.$$

$$\times (\sigma_{n+1+p}, \sigma_{n+1+s}) \operatorname{sh}(Jv\rho_{n+1-s}) -$$

$$\left. \left. - u_{\sigma_{n+1+k} \sigma_{s'}} u_{\sigma_{n+1+p} \sigma_s} (\sigma_{n+1+k}, \sigma_{s'})(\sigma_{n+1+p}, \sigma_s) \operatorname{sh}(Jv\rho_s) \right] \right\} =$$

$$= \delta_{kp} \operatorname{ch}(Jv\rho_{n+1-k}), \qquad \text{(В.2)}$$

$$u_{\sigma_k \sigma_{n+1}} u_{\sigma_{n+1+p} \sigma_{n+1}} (\sigma_k, \sigma_{n+1})(\sigma_{n+1+p}, \sigma_{n+1}) +$$

$$+ \sum_{s=1}^{n} \left\{ u_{\sigma_k \sigma_s} u_{\sigma_{n+1+p} \sigma_s} (\sigma_k, \sigma_s)(\sigma_{n+1+p}, \sigma_s) \operatorname{ch}(Jv\rho_s) + \right.$$

$$+ u_{\sigma_k \sigma_{n+1+s}} u_{\sigma_{n+1+p} \sigma_{n+1+s}} (\sigma_k, \sigma_{n+1+s})(\sigma_{n+1+p}, \sigma_{n+1+s}) \operatorname{ch}(Jv\rho_{n+1-s}) +$$

$$+ i \left[u_{\sigma_k \sigma_{n+1-s}} u_{\sigma_{n+1+p} \sigma_{n+1+s}} (\sigma_k, \sigma_{n+1-s}) \times \right.$$

$$\times (\sigma_{n+1+p}, \sigma_{n+1+s}) \operatorname{sh}(Jv\rho_{n+1-s}) -$$

$$\left. \left. - u_{\sigma_k \sigma_{s'}} u_{\sigma_{n+1+p} \sigma_s} (\sigma_k, \sigma_{s'})(\sigma_{n+1+p}, \sigma_s) \operatorname{sh}(Jv\rho_s) \right] \right\} =$$

$$= i \delta_{n+1-k, p} \operatorname{sh}(Jv\rho_k), \qquad \text{(В.3)}$$

$$u_{\sigma_{n+1+k}\sigma_{n+1}}u_{\sigma_p\sigma_{n+1}}(\sigma_{n+1+k},\sigma_{n+1})(\sigma_p,\sigma_{n+1})+$$

$$+\sum_{s=1}^{n}\big\{u_{\sigma_{n+1+k}\sigma_s}u_{\sigma_p\sigma_s}(\sigma_{n+1+k},\sigma_s)(\sigma_p,\sigma_s)\operatorname{ch}(Jv\rho_s)+$$

$$+u_{\sigma_{n+1+k}\sigma_{n+1+s}}u_{\sigma_p\sigma_{n+1+s}}(\sigma_{n+1+k},\sigma_{n+1+s})(\sigma_p,\sigma_{n+1+s})\operatorname{ch}(Jv\rho_{n+1-s})+$$

$$+i\big[u_{\sigma_{n+1+k}\sigma_{n+1-s}}u_{\sigma_p\sigma_{n+1+s}}(\sigma_{n+1+k},\sigma_{n+1-s})\times$$

$$\times(\sigma_p,\sigma_{n+1+s})\operatorname{sh}(Jv\rho_{n+1-s})-$$

$$-u_{\sigma_{n+1+k}\sigma_{s'}}u_{\sigma_p\sigma_s}(\sigma_{n+1+k},\sigma_{s'})(\sigma_p,\sigma_s)\operatorname{sh}(Jv\rho_s)\big]\big\}=$$

$$=-i\delta_{n+1-k,p}\operatorname{sh}(Jv\rho_p),\tag{B.4}$$

$$u_{\sigma_{n+1}\sigma_{n+1}}^2+\sum_{k=1}^{n}\big\{u_{\sigma_{n+1}\sigma_k}^2(\sigma_{n+1},\sigma_k)^2\operatorname{ch}(Jv\rho_k)+$$

$$+u_{\sigma_{n+1}\sigma_{n+1+k}}^2(\sigma_{n+1},\sigma_{n+1+k})^2\operatorname{ch}(Jv\rho_{n+1-k})+$$

$$+i\big[u_{\sigma_{n+1}\sigma_k}u_{\sigma_{n+1}\sigma_{k'}}(\sigma_{n+1},\sigma_k)(\sigma_{n+1},\sigma_{k'})\operatorname{sh}(Jv\rho_k)-$$

$$-u_{\sigma_{n+1}\sigma_{n+1+k}}u_{\sigma_{n+1}\sigma_{n+1-k}}(\sigma_{n+1},\sigma_{n+1+k})\times$$

$$\times(\sigma_{n+1},\sigma_{n+1-k})\operatorname{sh}(Jv\rho_{n+1-k})\big]\big\}=1,\tag{B.5}$$

$$u_{\sigma_k\sigma_{n+1}}u_{\sigma_{n+1}\sigma_{n+1}}(\sigma_k,\sigma_{n+1})+$$

$$+\sum_{s=1}^{n}\big\{u_{\sigma_k\sigma_s}u_{\sigma_{n+1}\sigma_s}(\sigma_k,\sigma_s)(\sigma_{n+1},\sigma_s)\operatorname{ch}(Jv\rho_s)+$$

$$+u_{\sigma_k\sigma_{n+1+s}}u_{\sigma_{n+1}\sigma_{n+1+s}}(\sigma_k,\sigma_{n+1+s})(\sigma_{n+1},\sigma_{n+1+s})\operatorname{ch}(Jv\rho_{n+1-s})+$$

$$+i\big[u_{\sigma_k\sigma_s}u_{\sigma_{n+1}\sigma_{s'}}(\sigma_k,\sigma_s)(\sigma_{n+1},\sigma_{s'})\operatorname{sh}(Jv\rho_s)-$$

$$-u_{\sigma_k\sigma_{n+1+s}}u_{\sigma_{n+1}\sigma_{n+1-s}}(\sigma_k,\sigma_{n+1+s})\times$$

$$\times(\sigma_{n+1},\sigma_{n+1-s})\operatorname{sh}(Jv\rho_{n+1-s})\big]\big\}=0,\tag{B.6}$$

$$u_{\sigma_{n+1}\sigma_{n+1}}u_{\sigma_k\sigma_{n+1}}(\sigma_k,\sigma_{n+1})+$$

$$+\sum_{s=1}^{n}\big\{u_{\sigma_{n+1}\sigma_s}u_{\sigma_k\sigma_s}(\sigma_{n+1},\sigma_s)(\sigma_k,\sigma_s)\operatorname{ch}(Jv\rho_s)+$$

$$+u_{\sigma_{n+1}\sigma_{n+1+s}}u_{\sigma_k\sigma_{n+1+s}}(\sigma_{n+1},\sigma_{n+1+s})(\sigma_k,\sigma_{n+1+s})\operatorname{ch}(Jv\rho_{n+1-s})-$$

$$-i\big[u_{\sigma_{n+1}\sigma_{s'}}u_{\sigma_k\sigma_s}(\sigma_{n+1},\sigma_{s'})(\sigma_k,\sigma_s)\operatorname{sh}(Jv\rho_s)-$$

$$-u_{\sigma_{n+1}\sigma_{n+1-s}}u_{\sigma_k\sigma_{n+1+s}}(\sigma_{n+1},\sigma_{n+1-s})\times$$

$$\times(\sigma_k,\sigma_{n+1+s})\operatorname{sh}(Jv\rho_{n+1-s})\big]\big\}=0,\tag{B.7}$$

$$u_{\sigma_{n+1}\sigma_{n+1}}u_{\sigma_{n+1+k}\sigma_{n+1}}(\sigma_{n+1+k},\sigma_{n+1})+$$

$$+ \sum_{s=1}^{n} \left\{ u_{\sigma_{n+1}\sigma_s} u_{\sigma_{n+1+k}\sigma_s} (\sigma_{n+1}, \sigma_s)(\sigma_{n+1+k}, \sigma_s)\,\mathrm{ch}(Jv\rho_s) + \right.$$

$$+ u_{\sigma_{n+1}\sigma_{n+1+s}} u_{\sigma_{n+1+k}\sigma_{n+1+s}} (\sigma_{n+1}, \sigma_{n+1+s}) \times$$
$$\times (\sigma_{n+1+k}, \sigma_{n+1+s})\,\mathrm{ch}(Jv\rho_{n+1-s}) -$$
$$- i \left[u_{\sigma_{n+1}\sigma_{s'}} u_{\sigma_{n+1+k}\sigma_s} (\sigma_{n+1+k}, \sigma_s)(\sigma_{n+1}, \sigma_{s'})\,\mathrm{sh}(Jv\rho_s) - \right.$$
$$- u_{\sigma_{n+1}\sigma_{n+1-s}} u_{\sigma_{n+1+k}\sigma_{n+1+s}} (\sigma_{n+1+k}, \sigma_{n+1+s}) \times$$
$$\left. \left. \times (\sigma_{n+1}, \sigma_{n+1-s})\,\mathrm{sh}(Jv\rho_{n+1-s}) \right] \right\} = 0, \qquad \text{(В.8)}$$

$$u_{\sigma_{n+1+k}\sigma_{n+1}} u_{\sigma_{n+1}\sigma_{n+1}} (\sigma_{n+1+k}, \sigma_{n+1}) +$$

$$+ \sum_{s=1}^{n} \left\{ u_{\sigma_{n+1+k}\sigma_s} u_{\sigma_{n+1}\sigma_s} (\sigma_{n+1}, \sigma_s)(\sigma_{n+1+k}, \sigma_s)\,\mathrm{ch}(Jv\rho_s) + \right.$$

$$+ u_{\sigma_{n+1+k}\sigma_{n+1+s}} u_{\sigma_{n+1}\sigma_{n+1+s}} (\sigma_{n+1+k}, \sigma_{n+1+s}) \times$$
$$\times (\sigma_{n+1}, \sigma_{n+1+s})\,\mathrm{ch}(Jv\rho_{n+1-s}) +$$
$$+ i \left[u_{\sigma_{n+1+k}\sigma_s} u_{\sigma_{n+1}\sigma_{s'}} (\sigma_{n+1+k}, \sigma_s)(\sigma_{n+1}, \sigma_{s'})\,\mathrm{sh}(Jv\rho_s) - \right.$$
$$- u_{\sigma_{n+1+k}\sigma_{n+1-s}} u_{\sigma_{n+1}\sigma_{n+1-s}} (\sigma_{n+1+k}, \sigma_{n+1+s}) \times$$
$$\left. \left. \times (\sigma_{n+1}, \sigma_{n+1-s})\,\mathrm{sh}(Jv\rho_{n+1-s}) \right] \right\} = 0, \qquad \text{(В.9)}$$

а дополнительные соотношения $U^t(j;\sigma)\widetilde{C}_v^{-1}(j)U(j;\sigma) = \widetilde{C}_v^{-1}(j)$ таковы:

$$u_{\sigma_{n+1}\sigma_k} u_{\sigma_{n+1}\sigma_p} (\sigma_{n+1}, \sigma_k)(\sigma_{n+1}, \sigma_p) +$$

$$+ \sum_{s=1}^{n} \left\{ u_{\sigma_s\sigma_k} u_{\sigma_s\sigma_p} (\sigma_s, \sigma_k)(\sigma_s, \sigma_p)\,\mathrm{ch}(Jv\rho_s) + \right.$$

$$+ u_{\sigma_{n+1+s}\sigma_k} u_{\sigma_{n+1+s}\sigma_p} (\sigma_{n+1+s}, \sigma_k)(\sigma_{n+1+s}, \sigma_p)\,\mathrm{ch}(Jv\rho_{n+1-s}) +$$
$$+ i \left[u_{\sigma_{s'}\sigma_k} u_{\sigma_s\sigma_p} (\sigma_{s'}, \sigma_k)(\sigma_s, \sigma_p)\,\mathrm{sh}(Jv\rho_s) - \right.$$
$$- u_{\sigma_{n+1-s}\sigma_k} u_{\sigma_{n+1+s}\sigma_p} (\sigma_{n+1-s}, \sigma_k)(\sigma_{n+1+s}, \sigma_p) \times$$
$$\left. \left. \times \mathrm{sh}(Jv\rho_{n+1-s}) \right] \right\} = \delta_{kp}\,\mathrm{ch}(Jv\rho_k),$$

$$u_{\sigma_{n+1}\sigma_{n+1+k}} u_{\sigma_{n+1}\sigma_{n+1+p}} (\sigma_{n+1}, \sigma_{n+1+k})(\sigma_{n+1}, \sigma_{n+1+p}) +$$

$$+ \sum_{s=1}^{n} \left\{ u_{\sigma_s\sigma_{n+1+k}} u_{\sigma_s\sigma_{n+1+p}} (\sigma_s, \sigma_{n+1+k})(\sigma_s, \sigma_{n+1+p})\,\mathrm{ch}(Jv\rho_s) + \right.$$

$$+ u_{\sigma_{n+1+s}\sigma_{n+1+k}} u_{\sigma_{n+1+s}\sigma_{n+1+p}} (\sigma_{n+1+s}, \sigma_{n+1+k}) \times$$
$$\times (\sigma_{n+1+s}, \sigma_{n+1+p})\,\mathrm{ch}(Jv\rho_{n+1-s}) +$$
$$+ i \left[u_{\sigma_{s'}\sigma_{n+1+k}} u_{\sigma_s\sigma_{n+1+p}} (\sigma_{s'}, \sigma_{n+1+k})(\sigma_s, \sigma_{n+1+p})\,\mathrm{sh}(Jv\rho_s) - \right.$$
$$- u_{\sigma_{n+1-s}\sigma_{n+1+k}} u_{\sigma_{n+1+s}\sigma_{n+1+p}} (\sigma_{n+1-s}, \sigma_{n+1+k})(\sigma_{n+1+s}, \sigma_{n+1+p}) \times$$
$$\left. \left. \times \mathrm{sh}(Jv\rho_{n+1-s}) \right] \right\} = \delta_{kp}\,\mathrm{ch}(Jv\rho_{n+1-k}),$$

$$u_{\sigma_{n+1}\sigma_k}u_{\sigma_{n+1}\sigma_{n+1+p}}(\sigma_{n+1},\sigma_k)(\sigma_{n+1},\sigma_{n+1+p})+$$

$$+\sum_{s=1}^{n}\left\{u_{\sigma_s\sigma_k}u_{\sigma_s\sigma_{n+1+p}}(\sigma_s,\sigma_k)(\sigma_s,\sigma_{n+1+p})\operatorname{ch}(Jv\rho_s)+\right.$$

$$+u_{\sigma_{n+1+s}\sigma_k}u_{\sigma_{n+1+s}\sigma_{n+1+p}}(\sigma_{n+1+s},\sigma_k)(\sigma_{n+1+s},\sigma_{n+1+p})\operatorname{ch}(Jv\rho_{n+1-s})+$$

$$+i\left[u_{\sigma_{s'}\sigma_k}u_{\sigma_s\sigma_{n+1+p}}(\sigma_{s'},\sigma_k)(\sigma_s,\sigma_{n+1+p})\operatorname{sh}(Jv\rho_s)-\right.$$

$$-u_{\sigma_{n+1-s}\sigma_k}u_{\sigma_{n+1+s}\sigma_{n+1+p}}(\sigma_{n+1-s},\sigma_k)(\sigma_{n+1+s},\sigma_{n+1+p})\times$$

$$\left.\left.\times\operatorname{sh}(Jv\rho_{n+1-s})]\right\}=-i\delta_{n+1-k,p}\operatorname{sh}(Jv\rho_k),$$

$$u_{\sigma_{n+1}\sigma_{n+1+k}}u_{\sigma_{n+1}\sigma_p}(\sigma_{n+1},\sigma_{n+1+k})(\sigma_{n+1},\sigma_p)+$$

$$+\sum_{s=1}^{n}\left\{u_{\sigma_s\sigma_{n+1+k}}u_{\sigma_s\sigma_p}(\sigma_s,\sigma_{n+1+k})(\sigma_s,\sigma_p)\operatorname{ch}(Jv\rho_s)+\right.$$

$$+u_{\sigma_{n+1+s}\sigma_{n+1+k}}u_{\sigma_{n+1+s}\sigma_p}(\sigma_{n+1+s},\sigma_{n+1+k})(\sigma_{n+1+s},\sigma_p)\operatorname{ch}(Jv\rho_{n+1-s})+$$

$$+i\left[u_{\sigma_{s'}\sigma_{n+1+k}}u_{\sigma_s\sigma_p}(\sigma_{s'},\sigma_{n+1+k})(\sigma_s,\sigma_p)\operatorname{sh}(Jv\rho_s)-\right.$$

$$-u_{\sigma_{n+1-s}\sigma_{n+1+k}}u_{\sigma_{n+1+s}\sigma_p}(\sigma_{n+1-s},\sigma_{n+1+k})(\sigma_{n+1+s},\sigma_p)\times$$

$$\left.\left.\times\operatorname{sh}(Jv\rho_{n+1-s})]\right\}=i\delta_{n+1-k,p}\operatorname{sh}(Jv\rho_p),$$

$$u_{\sigma_{n+1}\sigma_{n+1}}^2+\sum_{k=1}^{n}\left\{u_{\sigma_k\sigma_{n+1}}^2(\sigma_k,\sigma_{n+1})^2\operatorname{ch}(Jv\rho_k)+\right.$$

$$+u_{\sigma_{n+1+k}\sigma_{n+1}}^2(\sigma_{n+1+k},\sigma_{n+1})^2\operatorname{ch}(Jv\rho_{n+1-k})+$$

$$+i\left[u_{\sigma_{n+1+k}\sigma_{n+1}}u_{\sigma_{n+1-k}\sigma_{n+1}}(\sigma_{n+1+k},\sigma_{n+1})\times\right.$$

$$\times(\sigma_{n+1-k},\sigma_{n+1})\operatorname{sh}(Jv\rho_{n+1-k})-$$

$$\left.\left.-u_{\sigma_k\sigma_{n+1}}u_{\sigma_{k'}\sigma_{n+1}}(\sigma_k,\sigma_{n+1})(\sigma_{k'},\sigma_{n+1})\operatorname{sh}(Jv\rho_k)]\right\}=1,$$

$$u_{\sigma_{n+1}\sigma_k}u_{\sigma_{n+1}\sigma_{n+1}}(\sigma_{n+1},\sigma_k)+$$

$$+\sum_{p=1}^{n}\left\{u_{\sigma_p\sigma_k}u_{\sigma_p\sigma_{n+1}}(\sigma_p,\sigma_k)(\sigma_p,\sigma_{n+1})\operatorname{ch}(Jv\rho_p)+\right.$$

$$+u_{\sigma_{n+1+p}\sigma_k}u_{\sigma_{n+1+p}\sigma_{n+1}}(\sigma_{n+1+p},\sigma_k)(\sigma_{n+1+p},\sigma_{n+1})\operatorname{ch}(Jv\rho_{n+1-p})-$$

$$-i\left[u_{\sigma_p\sigma_k}u_{\sigma_{p'}\sigma_{n+1}}(\sigma_p,\sigma_k)(\sigma_{p'},\sigma_{n+1})\operatorname{sh}(Jv\rho_p)-\right.$$

$$-u_{\sigma_{n+1+p}\sigma_k}u_{\sigma_{n+1-p}\sigma_{n+1}}(\sigma_{n+1+p},\sigma_k)(\sigma_{n+1-p},\sigma_{n+1})\times$$

$$\left.\left.\times\operatorname{sh}(Jv\rho_{n+1-p})]\right\}=0,$$

$$u_{\sigma_{n+1}\sigma_{n+1}} u_{\sigma_{n+1}\sigma_k} (\sigma_{n+1}, \sigma_k) +$$

$$+ \sum_{p=1}^{n} \left\{ u_{\sigma_p \sigma_{n+1}} u_{\sigma_p \sigma_k} (\sigma_p, \sigma_{n+1})(\sigma_p, \sigma_k) \operatorname{ch}(Jv\rho_p) + \right.$$

$$+ u_{\sigma_{n+1+p}\sigma_{n+1}} u_{\sigma_{n+1+p}\sigma_k} (\sigma_{n+1+p}, \sigma_{n+1})(\sigma_{n+1+p}, \sigma_k) \operatorname{ch}(Jv\rho_{n+1-p}) +$$

$$+ i \left[u_{\sigma_{p'}\sigma_{n+1}} u_{\sigma_p \sigma_k} (\sigma_{p'}, \sigma_{n+1})(\sigma_p, \sigma_k) \operatorname{sh}(Jv\rho_p) - \right.$$

$$- u_{\sigma_{n+1+p}\sigma_{n+1}} u_{\sigma_{n+1+p}\sigma_k} (\sigma_{n+1+p}, \sigma_{n+1})(\sigma_{n+1+p}, \sigma_k) \times$$

$$\left. \left. \times \operatorname{sh}(Jv\rho_{n+1-p}) \right] \right\} = 0,$$

$$u_{\sigma_{n+1}\sigma_{n+1}} u_{\sigma_{n+1}\sigma_{n+1+k}} (\sigma_{n+1}, \sigma_{n+1+k}) +$$

$$+ \sum_{p=1}^{n} \left\{ u_{\sigma_p \sigma_{n+1}} u_{\sigma_p \sigma_{n+1+k}} (\sigma_p, \sigma_{n+1})(\sigma_p, \sigma_{n+1+k}) \operatorname{ch}(Jv\rho_p) + \right.$$

$$+ u_{\sigma_{n+1+p}\sigma_{n+1}} u_{\sigma_{n+1+p}\sigma_{n+1+k}} (\sigma_{n+1+p}, \sigma_{n+1}) \times$$

$$\times (\sigma_{n+1+p}, \sigma_{n+1+k}) \operatorname{ch}(Jv\rho_{n+1-p}) +$$

$$+ i \left[u_{\sigma_{p'}\sigma_{n+1}} u_{\sigma_p \sigma_{n+1+k}} (\sigma_{p'}, \sigma_{n+1})(\sigma_p, \sigma_{n+1+k}) \operatorname{sh}(Jv\rho_p) - \right.$$

$$- u_{\sigma_{n+1-p}\sigma_{n+1}} u_{\sigma_{n+1+p}\sigma_{n+1+k}} (\sigma_{n+1-p}, \sigma_{n+1})(\sigma_{n+1+p}, \sigma_{n+1+k}) \times$$

$$\left. \left. \times \operatorname{sh}(Jv\rho_{n+1-p}) \right] \right\} = 0,$$

$$u_{\sigma_{n+1}\sigma_{n+1+k}} u_{\sigma_{n+1}\sigma_{n+1}} (\sigma_{n+1}, \sigma_{n+1+k}) +$$

$$+ \sum_{p=1}^{n} \left\{ u_{\sigma_p \sigma_{n+1+k}} u_{\sigma_p \sigma_{n+1}} (\sigma_p, \sigma_{n+1+k})(\sigma_p, \sigma_{n+1}) \operatorname{ch}(Jv\rho_p) + \right.$$

$$+ u_{\sigma_{n+1+p}\sigma_{n+1+k}} u_{\sigma_{n+1+p}\sigma_{n+1}} (\sigma_{n+1+p}, \sigma_{n+1+k}) \times$$

$$\times (\sigma_{n+1+p}, \sigma_{n+1}) \operatorname{ch}(Jv\rho_{n+1-p}) -$$

$$- i \left[u_{\sigma_p \sigma_{n+1+k}} u_{\sigma_{p'}\sigma_{n+1}} (\sigma_p, \sigma_{n+1+k})(\sigma_{p'}, \sigma_{n+1}) \operatorname{sh}(Jv\rho_p) - \right.$$

$$- u_{\sigma_{n+1+p}\sigma_{n+1+k}} u_{\sigma_{n+1-p}\sigma_{n+1}} (\sigma_{n+1+p}, \sigma_{n+1+k})(\sigma_{n+1-p}, \sigma_{n+1}) \times$$

$$\left. \left. \times \operatorname{sh}(Jv\rho_{n+1-p}) \right] \right\} = 0, \tag{B.10}$$

где $k, p = 1, \ldots, n$. Для квантовой группы $SO_v(N; j; \sigma)$, $N = 2n$, в приведенных выше формулах нужно заменить $n + 1$ на n.

Список литературы

1. *Барут А., Рончка Р.* Теория представлений групп и ее приложения. — М.: Мир, 1980. Т. 1. — 456 с.; Т. 2. — 396 с.

2. *Бейтмен Г., Эрдейи А.* Высшие трансцендентные функции. — М.: Наука, 1974. Т. 2. — 295 с.

3. *Березин А.В., Курочкин Ю.А., Толкачев Е.А.* Кватернионы в релятивистской физике. — Минск: Наука и техника, 1989. — 198 с.

4. *Березин Ф.А.* Метод вторичного квантования. — М.: Наука и техника, 1989. — 198 с.

5. *Березин Ф.А.* Введение в алгебру и анализ с антикоммутирующими переменными. — М.: Изд-во МГУ, 1983. — 208 с.

6. *Блох А.Ш.* Числовые системы. — Минск: Высшэйшая школа, 1982. — 160 с.

7. *Бурбаки Н.* Дифференцируемые и аналитические многообразия. Сводка результатов. — М.: Мир, 1975. — 220 с.

8. *Ваксман Л.Л., Корогодский Л.И.* Алгебра ограниченных функций на квантовой группе движений плоскости и q-аналоги функций Бесселя // Доклады АН СССР, 1989. Т. 304, №5. С. 1036–1040.

9. *Виленкин Н.Я.* Специальные функции и теория представлений групп. — М.: Наука, 1965. — 588 с.

10. *Винберг Э.Б., Онищик А.Л.* Семинар по группам Ли и алгебраическим группам. — Москва: Наука, Гл. ред. физ.-мат. литер., 1988. — 344 с.

11. *Волков Д.В., Акулов В.П.* О возможном универсальном взаимодействии нейтрино // Письма в ЖЭТФ, 1972. Т. 16, вып. 11. С. 621–624.

12. *Гельфанд И.М.* Центр инфинитезимального группового кольца // Мат. сб., 1950. Т. 26(28), №1. С. 103–112.

13. *Гельфанд И.М., Граев М.И.* Конечномерные неприводимые представления унитарной и полной линейной группы и связанные с ними специальные функции // Изв. АН СССР. Сер. мат., 1965. Т. 29. С. 1329–1356.

14. *Гельфанд И.М., Граев М.И.* Неприводимые представления алгебры Ли группы $U(p, q)$ // Физика высоких энергий и теория элементарных частиц. Киев: Наукова думка, 1967. С. 216–226.

15. *Гельфанд И.М., Дикий Л.А.* Дробные степени операторов и гамильтоновы системы // Функцион. анализ и его прил., 1976. Т. 10, вып. 4. С. 13–29; Резольвента и гамильтоновы системы // 1977. Т. 11, вып. 2. С. 11–27.

16. *Гельфанд И.М., Минлос Р.А., Шапиро З.Я.* Представления группы вращений и группы Лоренца. — М.: Физматгиз, 1958. — 368 с.

17. *Гельфанд И.М., Цетлин М.Л.* Конечномерные представления группы унимодулярных матриц // Докл. АН СССР, 1950. Т. 71, №5. С. 825–828.

18. *Гершун В.Д., Ткач В.И.* Параграссмановы переменные и описание массивных частиц со спином, равным единице // Укр. физ. журн., 1984. Т. 29, №11. С. 1620–1627.

19. *Гершун В.Д., Ткач В.И.* Грассмановы и параграссмановы переменные и динамика безмассовых частиц со спином 1 // Пробл. ядер. физики и косм. лучей, 1985. Вып. 23. С. 42–60.

20. *Гольфанд Ю.А., Лихтман Е.П.* Расширение алгебры генераторов группы Пуанкаре и нарушение P-инвариантности // Письма в ЖЭТФ, 1971. Т. 13. С. 452–455.

21. *Громов Н.А.* Предельные переходы в пространствах постоянной кривизны. — Сыктывкар, 1978. — 26 с. (Сер. препринтов «Науч. докл.»/ АН СССР, Коми фил.; вып. 37).

22. *Громов Н.А.* Операторы Казимира групп движений пространств постоянной кривизны // Теорет. матем. физика, 1981. Т. 49, №2. С. 210–218.

23. *Громов Н.А.* О предельных переходах в множествах групп движений и алгебр Ли пространств постоянной кривизны // Мат. заметки, 1982. Т. 32, №3. С. 355–363.

24. *Громов Н.А.* Аналоги параметризации Ф.И. Федорова групп $SO_3(j)$, $SO_4(j)$ в расслоенных пространствах // Весцi АН БССР. Сер. физ.-мат. 1984, №2. С. 108–114.

25. *Громов Н.А.* Специальные унитарные группы в расслоенных пространствах. — Сыктывкар, 1984. — 20 с. (Сер. препринтов «Науч. докл.»/ АН СССР, Коми фил.; вып. 95).

26. *Громов Н.А.* Классические группы в пространствах Кэли–Клейна // Теоретико-групповые методы в физике. — М.: Наука, 1986. Т. 2. С. 183–190.

27. *Громов Н.А., Якушевич Л.В.* Кинематики как пространства постоянной кривизны // Теоретико-групповые методы в физике. — М.: Наука, 1986. Т. 2. С. 191–198.

28. *Громов Н.А.* Контракции и аналитические продолжения классических групп. Единый подход. — Сыктывкар: Коми НЦ УрО АН СССР, 1990. — 220 с.

29. *Громов Н.А.* Контракции и аналитические продолжения представлений группы $SU(2)$ // Квантовые группы, дифференциальные уравнения и теория вероятностей: Сб. статей. — Сыктывкар, 1994. С. 3–16. (Тр. Коми НЦ УрО РАН, №138.)

30. *Громов Н.А., Костяков И.В., Куратов В.В.* Квантовые группы и пространства Кэли–Клейна // Алгебра, дифференциальные уравнения и теория вероятностей. Сб. статей. — Сыктывкар, 1997. С. 3–29. (Тр. Коми НЦ УрО РАН, №151.)

31. *Громов Н.А., Костяков И.В., Куратов В.В.* Возможные контракции квантовых ортогональных групп // Алгебра, дифференциальные уравнения и теория вероятностей. Сб. статей. — Сыктывкар, 2000. С. 3–28. (Тр. Коми НЦ УрО РАН, №163.)

32. *Громов Н.А., Костяков И.В., Куратов В.В.* Геометрия аффинных корневых систем // Алгебра, дифференциальные уравнения и теория вероятностей. Сб. статей. — Сыктывкар, 2000. С. 29–42. (Тр. Коми НЦ УрО РАН, №163.)

33. *Громов Н.А., Куратов В.В.* Квантовые группы Кэли-Клейна $SO_v(N;j;\sigma)$ в ортогональном базисе // Алгебра, дифференциальные уравнения и теория вероятностей. Сб. статей. — Сыктывкар, 2003. С. 4–31. (Тр. Коми НЦ УрО РАН, №174.)

34. *Громов Н.А.* Возможные контракции группы $SU(2) \times U(1)$ // Известия Коми НЦ УрО РАН, 2010. Вып. 1. С. 5–10.

35. *Дайсон Ф.Дж.* Упущенные возможности // Усп. матем. наук, 1980. Т. 35, вып. 1. №211. С. 171–191.

36. *Дринфельд В.Г., Соколов В.* Уравнения типа Кортевега–де Фриза и простые алгебры Ли // Докл. АН СССР, 1981. Т. 258, №1. С. 11–16.

37. *Дуплий С.А.* Нильпотентная механика и суперсимметрия // Пробл. ядер. физики и косм. лучей, 1988. Вып. 30. С. 41–48.

38. *Желобенко Д.П.* Компактные группы Ли и их представления. — М.: Наука, 1970. — 664 с.

39. *Желобенко Д.П., Штерн А.И.* Представления групп Ли. — М.: Наука, 1983. — 360 с.

40. *Желтухин А.А.* Параграссманово обобщение суперконформной симметрии модели заряженной фермионной струны. — М., 1985. — 10 с. (Препринт/ ХФТИ, №85-38.)

41. *Зайцев Г.А.* Алгебраические проблемы математической и теоретической физики. — М.: Наука, 1974. — 192 с.

42. *Замолодчиков А.Б.* Бесконечные дополнительные симметрии в двумерной конформной квантовой теории поля // Теор. и матем. физика, 1985. Т. 65, №3. С. 347.

43. *Зейлигер Д.Н.* Комплексная линейчатая геометрия. — М.-Л.: ГТТИ, 1934. — 196 с.

44. *Кадышевский В.Г.* К теории дискретного пространства–времени // Докл. АН СССР, 1961. Т. 136, №1. С. 70–73.

45. *Кац В.* Бесконечномерные алгебры Ли. — М.: Мир, 1993. — 432 с.

46. *Кириллов А.А.* Элементы теории представлений. — М.: Наука, 1978. — 344 с.

47. *Коноплева Н.П., Попов В.Н.* Калибровочные поля. — М.: Эдиториал УРСС, 2000. — 240 с.

48. *Корн Г.А., Корн Т.М.* Справочник по математике для научных работников и инженеров. — М.: Наука, 1984. — 831 с.

49. *Котельников А.П.* Винтовое счисление и некоторые приложения его к геометрии и механике. — Казань, 1895.

50. *Кулиш П.П., Решетихин Н.Ю.* Квантовая линейная задача для уравнения синус-Гордон и высшие представления // Вопросы кв. теории поля и стат. физики. 2. — Л.: Наука, 1981. С. 101–110. (Зап. науч. сем. ЛОМИ, Т. 101.)

51. *Ландау Л.Д., Лифшиц Е.М.* Теория поля. — М.: Наука, 1988. — 512 с.

52. *Лапковский А.К.* Релятивистская кинематика, неевклидовы пространства и экспоненциальное отображение. — Минск: Наука и техника, 1985. — 264 с.

53. *Лезнов А.Н., Малкин И.А., Манько В.И.* Канонические преобразования и теория представлений групп Ли // Тр. ФИАН, 1977. Т. 96. С. 24–71.

54. *Лезнов А.Н., Савельев М.В.* Групповые методы интегрирования нелинейных динамических систем. — М.: Наука, 1985. — 280 с.

55. *Лукьянов С.А., Фатеев В.А.* Конформно инвариантные модели двумерной квантовой теории поля с Z_n-симметрией // ЖЭТФ, 1988. Т. 94. С. 23–37.

56. *Лыхмус Я.Х.* Предельные (сжатые) группы Ли. — Тарту, 1969. — 132 с.

57. Математическая энциклопедия. — М.: Советская энциклопедия, 1982. Т. 3. С. 258.

58. *Никифоров А.Ф., Уваров В.Б.* Основы теории специальных функций. — М.: Наука, 1974. — 304 с.

59. *Николов А.В.* Дискретная серия унитарных представлений алгебры Ли группы $O(p, q)$ // Функц. анализ и его прил., 1968. Т. 2, вып. 1. С. 99–100.

60. *Окунь Л.Б.* Лептоны и кварки. — М: Эдиториал УРСС, 2005. — 352 с.

61. *Переломов А.М., Попов В.С.* Операторы Казимира для групп $U(n)$ и $SU(n)$ // Ядерная физика, 1966. Т. 3, вып. 5. С. 924–930.

62. *Переломов А.М., Попов В.С.* Операторы Казимира для ортогональной и симплектической групп // Ядерная физика, 1966. Т. 3, вып. 6. С. 1127–1134.

63. *Пескин М., Шредер Д.* Введение в квантовую теорию поля. — Ижевск: НИЦ «Регулярная и хаотическая динамика», 2001. — 784 с.

64. *Пименов Р.И.* Аксиоматическое исследование пространственно-временных структур // Тр. III Всесоюз. мат. съезда, 1956. Т. 4. — М., 1959. С. 78–79.

65. *Пименов Р.И.* Применение полуримановой геометрии к единой теории поля // Докл. АН СССР, 1964. Т. 157, №4. С. 795–797.

66. *Пименов Р.И.* Алгебра флагтензоров // Вестник ЛГУ, 1964. №13. С. 150–155.

67. *Пименов Р.И.* К определению полуримановых пространств // Вестник ЛГУ, 1965. №1. С. 137–140.

68. *Пименов Р.И.* Полуриманова геометрия и единые теории // Проблемы гравитации. — Тбилиси, 1965. С. 111–114.

69. *Пименов Р.И.* Единая аксиоматика пространств с максимальной группой движений // Литовский матем. сб., 1966. Т. 5, №3. С. 457–486.

70. *Пименов Р.И.* Полуриманова геометрия // Тр. сем. вект. тенз. анал. МГУ, 1968. Т. 14. С. 154–173.

71. *Пименов Р.И.* Основы теории темпорального универсума. — Сыктывкар: Коми НЦ УрО РАН, 1991. — 196 с.

72. *Решетихин Н.Ю., Тахтаджян Л.А., Фаддеев Л.Д.* Квантование групп Ли и алгебр Ли // Алгебра и анализ, 1989. Т. 1, вып. 1. С. 178–206.

73. *Розенфельд Б.А.* Неевклидовы геометрии. — М.: ГИТТЛ, 1955. — 742 с.

74. *Розенфельд Б.А., Карпова Л.М.* Флаговые группы и сжатие групп Ли // Тр. сем. вект. тенз. анал. МГУ, 1966. Вып. 13. С. 168–202.

75. *Рубаков В.А.* Классические калибровочные поля. — М: Эдиториал УРСС, 1999. — 336 с.

76. *Румер Ю.Б.* Исследования по 5-оптике. — М.: Гостехиздат, 1956. — 152 с.

77. *Серр Ж.-П.* Алгебры Ли и группы Ли. — М.: Мир, 1969. — 376 с.

78. *Склянин Е.К.* Квантовый вариант метода обратной задачи рассеяния // Дифференциальная геометрия, группы Ли и механика. — Л.: Наука, 1980. С. 55–128. (Зап. науч. семинаров ЛОМИ. Т. 95.)

79. *Тамм И.Е.* О кривом импульсном пространстве // Собр. науч. трудов. — М.: Наука, 1975. Т. 2. С. 218–225.

80. *Фейгин Б.Л., Фукс Д.Б.* Кососимметрические инвариантные дифференциальные операторы на прямой и модули Верма над алгеброй Вирасоро // Функц. анализ и его прил., 1982. Т. 16, вып. 2. С. 47–63; Модули Верма над алгеброй Вирасоро // 1983. Т. 17, вып. 3. С. 91–92.

81. *Федоров Ф.И.* Группа Лоренца. — М.: Наука, 1979. — 384 с.

82. *Ходос А.* Теория Калуцы–Клейна: общий обзор // Усп. физ. наук, 1985. Т. 146, вып. 4. С. 647–654.

83. *Яглом И.М.* Принцип относительности Галилея и неевклидова геометрия. — М.: Наука, 1969. — 303 с.

84. *Яглом И.М., Розенфельд Б.А., Ясинская Е.У.* Проективные метрики // Усп. матем. наук, 1964. Т. 19, вып. 5. С. 51–113.

85. *Abe E.* Hopf Algebras. — Cambridge: Cambridge University Press, 1980. — 210 p. (Cambridge Tracts in Mathematics, №74.)

86. *Abellanas L., Martinez Alonso L.* A general setting for Casimir invariants // J. Math. Phys. 1975. V. 16, №8. P. 1580–1584.

87. *Araki S.* Finite dimensional irreducible representation of noncompact groups // J. Coll. Dairying. 1987. V. 12. P. 203–208.

88. *Arnaudon D., Chryssomalakos C., Frappat L.* Classical and quantum $sl(1|2)$ superalgebras, Casimir operators and quantum chain Hamiltonians // q-alg/9503021v2.

89. *Aschieri P., Castellani L.* R-matrix formulation of the quantum inhomogeneous groups $ISO_{q,r}(N)$ and $ISp_{q,r}(N)$ // Lett. Math. Phys. 1996. V. 34. P. 197–211.

90. *Azcárraga J.A. de, Kulish P.P., Ródenas F.* Non-commutative geometry and covariance: from the quantum plane to quantum tensors // Czech. J. Phys. 1994. V. 44, №11/12. P. 981–991.

91. *Azcárraga J.A. de, Kulish P.P., Ródenas F.* Reflection equations and q-Minkowski space algebras // Lett. Math. Phys. 1994. V. 32. P. 173–182.

92. *Azcárraga J.A. de, Kulish P.P., Ródenas F.* On the physical contents of q-deformed Minkowski spaces // Phys. Lett. B. 1995. V. 351. P. 123–130.

93. *Azcárraga J.A. de, Kulish P.P., Ródenas F.* Quantum groups and deformed special relativity // Fortschr. Phys. 1996. V. 44, №1. P. 1–40.

94. *Azcárraga J.A. de, Kulish P.P., F. Ródenas.* Twisted h-spacetimes and invariant equations // Zs. Phys. C. 1997. V. 76. P. 567–576.

95. *Azcárraga J.A. de, del Olmo M.A., Péres Bueno J.C., Santander M.* Graded contractions and bicrossproduct structure of deformed inhomogeneous algebras // J. Phys. A: Math. Gen. 1997. V. 30. P. 3069–3086.

96. *Azcárraga J.A. de, Péres Bueno J.C.* Relativistic and Newtonian k-space-times // J. Math. Phys. 1995. V. 36, №12. P. 6879–6896.

97. *Azcárraga J.A. de, Péres Bueno J.C.* Deformed and extended Galilei group Hopf algebras // J. Phys. A: Math. Gen. 1996. V. 29. P. 6353–6362.

98. *Bacry H., Levy-Leblond J.-M.* Possible kinematics // J. Math. Phys. 1968. V. 9, №10. P. 1605–1614.

99. *Bacry H., Nuyts J.* Classification of ten-dimensional kinematical groups with space isotropy // J. Math. Phys. 1986. V. 27, №10. P. 2455–2457.

100. *Balachandran A.P., Ibort A., Marmo G., Martone M.* Quantum fields on noncommutative spacetime: theory and phenomenology // SIGMA. 2010. V. 6. P. 052. e-print arXiv: hep-th/1003.4356.

101. *Ballesteros A., Herranz F.J., del Olmo M.A., Santander M.* Quantum structure of the motion groups of the two-dimensional Cayley–Klein geometries // J. Phys. A: Math. Gen. 1993. V. 26. P. 5801–5823.

102. *Ballesteros A., Herranz F.J., del Olmo M.A., Santander M.* Quantum $(2 + 1)$ kinematical algebras: a global approach // J. Phys. A: Math. Gen. 1994. V. 27. P. 1283–1297.

103. *Ballesteros A., Herranz F.J., del Olmo M.A., Santander M.* Four-dimensional quantum affine algebras and space-time q-symmetries // J. Math. Phys. 1994. V. 35. P. 4928–4940.

104. *Ballesteros A., Herranz F.J., del Olmo M.A., Santander M.* Quantum algebras for maximal motion groups of N-dimensional flat spaces // Lett. Math. Phys. 1995. V. 33. P. 273–281.

105. *Ballesteros A., Gromov N.A., Herranz F.J., del Olmo M.A., Santander M.* Lie bialgebra contractions and quantum deformations of quasi–orthogonal algebras // J. Math. Phys. 1995. V. 36. P. 5916–5936. hep–th/9412083.

106. *Ballesteros A., Celeghini E., Herranz F.J., del Olmo M.A., Santander M.* A universal non-quasitriangular quantization of the Heisenberg group // J. Phys. A: Math. Gen. 1994. V. 26. P. L369–L373.

107. *Herranz F.J., de Montigny M., del Olmo M.A., Santander M.* Cayley–Klein algebras as graded contractions of $so(N + 1)$ // J. Phys. A: Math. Gen. 1994. V. 27. P. 2515–2526.

108. *Ballesteros A., Herranz F.J., del Olmo M.A., Santander M.* Non-standard quantum $so(2,2)$ and beyond // J. Phys. A: Math. Gen. 1995. V. 28. P. 941–955.

109. *Ballesteros A., Celeghini E., Herranz F.J., del Olmo M.A., Santander M.* Universal R-matrices for non-standard $(1 + 1)$ quantum groups // J. Phys. A: Math. Gen. 1995. V. 27. P. 3129–3138.

110. *Ballesteros A., Herranz F.J., del Olmo M.A., Santander M.* Classical deformations, Poisson-Lie contractions and quantization of dual Lie bialgebras // J. Math. Phys. 1995. V. 36. P. 631–640.

111. *Bargmann V.* On unitary ray representations of continuous groups // Ann. Math. 1954. V. 59, №1. P. 1–46.

112. *Bars I.* Algebraic Structure of S-Theory // hep-th/9608061.

113. *Becchi C., Rouet A. and Stora R.* Renormalization of gauge theories // Ann. Phys. 1976. V. 98. P. 287–321.

114. *Belavin A.A., Polyakov A.M., Zamolodchikov A.B.* Infinite conformal symmetry in two-dimensional quantum field theory // Nucl. Phys. 1984. V. B241. P. 333–380.

115. *Bellucci S., Ivanov E., Krivonos S.* Superbranes and super Born-Infeld theories from nonlinear realizations // Nucl. Phys B (Proc. Suppl.). 2001. V. 102&103. P. 26–46.

116. *Biedenharn L.C.* The quantum group $SU_q(2)$ and q-analogue of the boson operators // J. Phys. A: Math. Gen. 1989. V. 22, №18. P. L873–L878.

117. *Borcherds R.E.* Generalized Kac–Moody algebras // J. Algebra. 1988. V. 115. P. 501–512.

118. *Celeghini E., Tarlini M.* Contractions of group representations. I // Nuovo Cimento. 1981. B61, №2. P. 265–277.

119. *Celeghini E., Tarlini M.* Contractions of group representations. II // Nuovo Cimento. 1981. B65, №1. P. 172–180.

120. *Celeghini E., Tarlini M.* Contractions of group representations. III // Nuovo Cimento. 1982. B68, №1. P. 133–141.

121. *Celeghini E., Giachetti R., Sorace E., Tarlini M.* Three-dimensional quantum groups from contractions of $SU_q(2)$ // J. Math. Phys. 1990. V. 31. P. 2548–2551.

122. *Celeghini E., Giachetti R., Kulish P.P., Sorace E., Tarlini M.* Hopf superalgebra contractions and R-matrix for fermions // J. Phys. A: Math. Gen. 1991. V. 24, №24. P. 5675–5682.

123. *Celeghini E., Giachetti R., Sorace E., Tarlini M.* The three-dimensional Euclidean quantum group $E(3)_q$ and its R-matrix // J. Math. Phys. 1991. V. 32, №5. P. 1159–1165.

124. *Celeghini E., Giachetti R., Sorace E., Tarlini M.* The quantum Heisenberg qroup $H(1)_q$ // J. Math. Phys. 1991. V. 32, №5. P. 1155–1158.

125. *Celeghini E., Giachetti R., Sorace E., Tarlini M.* Quantum Groups. — Berlin: Springer, 1992. P. 221. (Lecture Notes in Mathematics, №1510.)

126. *Chaichian M., de Azcárraga J.A., Prešnajder P., Ródenas F.* Oscillator realization of the q-deformed anti-de Sitter algebra // Phys. Lett. B. 1992. V. 291. P. 411–417.

127. *Chakrabarti A.* Class of representations of the $IU(n)$ and $IO(n)$ algebras and respective deformations to $U(n,1), O(n,1)$ // J. Math. Phys. 1968. V. 9, №12. P. 2087–2100.

128. *Clifford W.K.* Preliminary sketch of biquaternions // Proc. London Math. Soc. 1873. V. 5.

129. *Derom J.-R., Dubois J.-G.* Hooke's symmetries and nonrelativistic cosmological kinematics // Nuovo Cimento. 1972. V. 9B. P. 351–376.

130. *Dimitrijevic M., Jonke L., Möller L., Tsouchnika E., Wess J., Wohlgenannt M.* Field theory on kappa-spacetime // Czech. J. Phys. 2004. V. 54. P. 1243.

131. *Doplicher S., Fredenhagen K., Roberts J.E.* Spacetime quantization induced by classical gravity // Phys. Lett. B. 1994. V. 331. P. 39.

132. *Doplicher S., Fredenhagen K., Roberts J.E.* The quantum structure of spacetime at the Planck scale and quantum fields // Commun. Math. Phys. 1995. V. 172. P. 187. arXiv: hep-th/0303037.

133. *Dörrzapf M.* Highest weight representations of the N=1 Ramond algebra // DAMTP-99-28, hep-th/9905150.

134. *Dubois J.-G.* Hooke's symmetries and nonrelativistic cosmological kinematics. II. Irreducible projective representations // Nuovo Cimento. 1973. V. 15B, №1. P. 1–24.

135. *Dunne R.S., Macfarlane A.J., de Azcárraga J.A., Péres Bueno J.C.* Supersymmetry from a braided point of view // Phys. Lett. B. 1996. V. 387. P. 294–299.

136. *Eswara Rao S., Moody R. V.* Vertex representations for N-toroidal Lie algebras and generalization of the Virasoro algebra // Commun. Math. Phys. 1994. V. 159. P. 239–264.

137. *Fernandez Sanjuan M.A.* Group contraction and nine Cayley–Klein geometries // Int. J. Theor. Phys. 1984. V. 23, №1. P. 1–14.

138. *Frappat L., Sciarrino A., Sorba P.* Dictionary on Lie Superalgebras. 1996. hep-th/9607161.

139. *Gebert R. W.* On the fundamental representation of Borcherds algebras with one imaginary symple root // hep-th/9308151.

140. *Gromov N.A.* Transitions: contractions and analytical continuations of the Cayley–Klein groups // Int. J. Theor. Phys. 1990. V. 29, №6. P. 607–620.

141. *Gromov N.A., Man'ko V.I.* The Jordan–Schwinger representations of Cayley–Klein groups. I. The orthogonal groups // J. Math. Phys. 1990. V. 31, №5. P. 1047–1053.

142. *Gromov N.A., Man'ko V.I.* The Jordan–Schwinger representations of Cayley–Klein groups. II. The unitary groups // J. Math. Phys. 1990. V. 31, №5. P. 1054–1059.

143. *Gromov N.A., Man'ko V.I.* The Jordan–Schwinger representations of Cayley–Klein groups. III. The symplectic groups // J. Math. Phys. 1990. V. 31, №5. P. 1060–1064.

144. *Gromov N.A.* The Gel'fand–Tsetlin representations of the orthogonal Cayley–Klein algebras // J. Math. Phys. 1992. V. 33, №4. P. 1363–1373.

145. *Gromov N.A.* The matrix quantum unitary Cayley–Klein groups // J. Phys. A: Math. Gen. 1993. V. 26. P. L5–L8.

146. *Gromov N.A.* Contractions of the quantum matrix unitary groups // Group Theor. Meth. in Phys., 1992. Spain: Salamanca. Proc. XIX Int. Coll. / Anales de Fisica, Monografias./ Eds. del Olmo M.A., Santander M., Mateos Guilarte J. — Madrid: CIEMAT/RSEF, 1993. P. 111–114.

147. *Gromov N.A.* Contraction of algebraical structures and different couplings of Cayley–Klein and Hopf structures // Turkish J. of Physics. 1997. V. 3, №3. P. 377–383; Proc. Barut Mem. Conf. Group Theory in Physics, Edirne, Turkey, 21–27 December 1995. P. 113–119. q-alg/9602003.

148. *Gromov N.A., Kostyakov I.V., Kuratov V.V.* Quantum orthogonal Cayley–Klein groups in Cartesian basis // Int. J. Mod. Phys. A. 1997. V. 12. P. 33–41. q-alg/9610011.

149. *Gromov N.A., Kostyakov I.V., Kuratov V.V.* Quantum fiber spaces // Quantum Group Symposium at Group21./ Eds. H.-D. Doebner and V.K. Dobrev. — Sofia: Heron Press, 1997. P. 202–208.

150. *Gromov N.A., Kostyakov I.V., Kuratov V.V.* FRT quantization theory for the nonsemisimple Cayley–Klein groups // q-alg/9711024.

151. *Gromov N.A., Kostyakov I.V., Kuratov V.V.* Quantum orthogonal Cayley–Klein groups and algebras // Proc. 5th Wigner Symp., Vienna, Austria, 25-29 August 1997./ Eds. P. Kasperkovitz and D. Grau. — Singapore: World Scientific, 1998. P. 19–21. q-alg/9710009.

152. *Gromov N.A., Kostyakov I.V., Kuratov V.V.* Possible contractions of quantum orthogonal groups // Ядерная физика. 2001. Т. 64, №12. С. 2211–2215. Phys. Atom. Nucl. 2001. V. 64, №12. P. 1963–1967. math.QA/0102071.

153. *Gromov N.A., Kostyakov I.V., Kuratov V.V.* Cayley–Klein contractions of orthosymplectic superalgebras // Quantum Theory and Symmetries. — New Jersey: World Scientific, 2002. P. 360–365 (Proc. II Int. Symp., Krakow, Poland, July 18–21, 2001); hep-th/0110257.

154. *Gromov N.A., Kostyakov I.V., Kuratov V.V.* On contractions of classical basic superalgebras // J. Phys A: Math. Gen. 2003. V. 36. P. 2483–2492; hep-th/0209097.

155. *Gromov N.A., Kuratov V.V.* Possible quantum kinematics // J. Math. Phys. 2006. V. 47, №1. P. 013502-1-9.

156. *Gromov N.A.* The R.I. Pimenov unified gravitation and electromagnetism field theory as semi-Riemannian geometry // Ядерная физика. 2009. Т. 72, №5. С. 837–843. Phys. Atom. Nucl. 2009. V. 72. P. 794–800. arXiv:0810.0349 [gr-qc].

157. *Gromov N.A.* Possible quantum kinematics. II. Non-minimal case // J. Math. Phys. 2010. V. 51, №8. P. 083515-1-12.

158. *Gromov N.A.* Analog of Electroweak Model for Contracted Gauge Group // Ядерная физика. 2010. Т. 73, №2. С. 347–351.

159. *Gromov N.A.* Limiting Case of Modified Electroweak Model for Contracted Gauge Group // Ядерная физика. 2011. Т. 74, №6. С. 933–938;

160. *Harikumar E., Kapoor A.K.* Newton's equation on the kappa space-time and the Kepler problem // arXiv: hep-th/1003.4603.

161. *Hatsuda M., Sakaguchi M.* Wess–Zumino term for the AdS superstring and generalized Inönü–Wigner contraction // hep-th/0106114.

162. *Hussin V., Negro J., del Olmo M.A.* Kinematical superalgebras // J. Phys. A: Math. Gen. 1999. V. 32, №27. P. 5097–5121.

163. *Inami Takeo, Kanno Hiroaki, Ueno Tatsuya.* Two-toroidal Lie algebra as current algebra of four-dimensional Kähler WZW model // hep-th/9610187.

164. *Inönü E., Wigner E.P.* On the contraction of groups and their representations // Proc. Nat. Acad. Sci. USA. 1953. V. 39. P. 510–524.

165. *Jimbo M.* A q-difference analogue of $U(g)$ and the Yang–Baxter equation // Lett. Math. Phys. 1985. V. 10, №1. P. 63–69.

166. *Jimbo M.* A q-analogue of $U(gl(N + 1))$, Hecke algebra, and the Yang–Baxter equation // Lett. Math. Phys. 1986. V. 11, №3. P. 247–252.

167. *Jose M., Figueroa-O'Farrill, Stanciu S.* Nonsemisimple Sugawara Constructions // hep-th/9402035.

168. *Kaluza Th.* // Sitz. Preuss. Akad. Wiss. Math. Phys. Kl. 1921. P. 966.

169. *Keck B.W.* An alternative class of supersymmetries // J. Phys. A: Math. Gen. 1975. V. 8, №11. P. 1819–1827.

170. *Klein O.* // Zs. Phys. 1926. V. 37. P. 895.

171. *Knapp A.W.* Representation theory of semisimple groups. — Priceton University Press, 1986. — 774 p.

172. *Kosinski P., Maslanka P.* The κ-Weyl group and its algebra // From field theory to quantum groups./ Eds. B. Jancewicz and J. Sobczyk. — World Scientific, 1996. P. 41. q-alg/9512018.

173. *Kostyakov I.V., Gromov N.A., Kuratov V.V.* Affine root systems and dual numbers // Nuclear Physics B (Proc. Suppl.). 2001. V. 102&103. P. 311–315.

174. *Kostyakov I.V., Gromov N.A., Kuratov V.V.* Geometry of affine root systems // Proc. of XXIII Int. Coll. on Group Theoretical Methods in Physics./ Eds. A.N. Sissakian, G.S. Pogosyan and L.G. Mardoyan. — Dubna: JINR, 2002. V. 1. P. 149–154. hep-th/0102053.

175. *Kugo T., Ojima I.* Manifestly Covariant Canonical Formulation of Yang–Mills Field Theories. II // Prog. Theor. Phys. Suppl. 1979. V. 61, №1. P. 294–314.

176. *Kuriyan J.G., Mukunda N., Sudarshan E.C.G.* Master analytic representations: reduction of $O(2,1)$ in an $O(1,1)$ basis // J. Math. Phys. 1968. V. 9, №12. P. 2100–2108.

177. *Kuriyan J.G., Mukunda N., Sudarshan E.C.G.* Master analytic representations and unified representation theory of certain orthogonal and pseudo-orthogonal groups // Comm. Math. Phys. 1968. V. 8. P. 204–227.

178. *Leites D., Sergeev A.* Casimir operators for Lie superalgebras // math.RT/0202180v1.

179. *Levy-Leblond J.-M.* Une nouvelle limite non-relativiste du groupe de Poincare // Ann. Inst. H. Poincaré. 1965. V. A3, №1. P. 1–12.

180. *Linblad G., Nagel B.* Continuous bases for unitary irreducible representations of $SU(1,1)$ // Ann. Inst. H. Poincaré. 1970. V. 13, №1. P. 27–56.

181. *Lord E.A.* Geometrical interpretation of Inönü–Wigner contractions // Int. J. Theor. Phys. 1985. V. 24, №7. P. 723–730.

182. *Lukierski J., Lyakhovsky V., Mozrzymas M.* κ-deformations of $D = 4$ Weyl and conformal symmetries // hep-th/0203182.

183. *Lukierski J., Ruegg H., Nowicki A., Tolstoy V.* q-deformation of Poincaré algebra // Phys. Lett. B. 1991. V. 264. P. 331–338.

184. *Lukierski J., Nowicki A., Ruegg H.* Real forms of complex quantum anti-de Sitter algebra $U_q(Sp(4; C))$ and their contraction schemes // Phys. Lett. B. 1991. V. 271. P. 321–328.

185. *Lukierski J., Ruegg H., Nowicki A.* New quantum Poincaré algebra and κ-deformed field theory // Phys. Lett. B. 1992. V. 293. P. 344–352.

186. *Lukierski J., Ruegg H.* Quantum κ-Poincaré in any dimension // Phys. Lett. B. 1994. V. 329. P. 189–194.

187. *Macfarlane A.J.* On q-analogues to the quantum harmonic oscillator and the quantum group $SU(2)$ // J. Phys. A: Math. Gen. 1989. V. 22. P. 4581.

188. *Majumdar P.J.* Inönü–Wigner contraction of Kac–Moody algebras // J. Math. Phys. 1993. V. 34. P. 2059–2065.

189. *Maslanka P.* The $E_q(2)$ group via direct quantization of the Lie–Poisson structure and its Lie algebra // J. Math. Phys. 1994. V. 35, №4. P. 1976–1983.

190. *Mir-Kasimov R.M.* The Snyder space-time quantization, q-deformations and ultraviolet divergences // Phys. Lett. B. 1996. V. 378. P. 181–186.

191. *Montigny M. de, Patera J.* Discrete and continuous graded contractions of Lie algebras and superalgebras // J. Phys. A: Math. Gen. 1991. V. 24. P. 525–547.

192. *Montigny M. de* Graded contractions of bilinear invariant forms of Lie algebra // J. Phys. A: Math. Gen. 1994. V. 27, №13. P. 4537–4548.

193. *Montigny M. de* Graded contractions of affine Lie algebras // J. Phys. A: Math. Gen. 1996. V. 29, №14. P. 4019–4034.

194. *Moody R.V., Patera J.* Discrete and continuous graded contractions of representations of Lie algebras // J. Phys. A: Math. Gen. 1991. V. 24. P. 2227–2258.

195. *Mukunda N.* Unitary representations of the group $O(2,1)$ in an $O(1,1)$ basis // J. Math. Phys. 1967. V. 8, №11. P. 2210–2220.

196. *Nappi C.R., Witten E.* A WZW model based on a non-semi-simple group // hep-th/9310112.

197. *Nikulin V.V.* On the classification root systems of the rank three // alg-geom/9711032, alg-geom/9712033, alg-geom/9905150; A theory of lorentzian Kac–Moody algebras // alg-geom/9810001.

198. *Olive D.R., Rabinovici E., Schwimmer A.* A class of string backgrounds as a semiclassical limit of WZW models // hep-th/9311081.

199. *Patra M.K., Tripathy K.C.* Contraction of graded su(2) algebra // Lett. Math. Phys. 1989. V. 17, №1. P. 1–10.

200. *Perroud M.* The fundamental invariants of inhomogeneous classical groups // J. Math. Phys. 1983. V. 24, №6. P. 1381–1391.

201. *Podles P.* Quantum spheres // Lett. Math. Phys. 1987. V. 14. P. 193–202.

202. *Rembielinski J., Tybor W.* Possible Superkinematics // Acta Physica Polonica. 1984. V. B15, №7. P. 611–615.

203. 2010 Review of Particle Physics // http://pdg.lbl.gov, eq. (10.19).

204. *Schlieker M., Weich W., Weixler R.* Inhomogeneous quantum groups and their quantized universal enveloping algebras // Lett. Math. Phys. 1993. V. 27, № 3. P. 217–222.

205. *Schupp P., Watts P., Zumino B.* The two-dimensional quantum Euclidean algebra // Lett. Math. Phys. 1992. V. 24, № 2. P. 141–145.

206. *Searight T.P.* On degenerate metrics and electromagnetism // Gen. Rel. Grav. 2003. V. 35, №5. P. 791–805; hep-th/0405204.

207. *Snyder H.S.* Quantized space-time // Phys. Rev. 1947. V. 71. P. 38–41.

208. *Tseytlin A.A.* On gauge theories for non-semisimple groups // hep-th/9505129.

209. *Ueno K., Takebayashi T., Shibukawa Y.* Gelfand–Zetlin basis for $U_q(gl(N+1))$ modules// Lett. Math. Phys. 1989. V. 18, №3. P. 215–221.

210. *Vasiliev M.A.* Consistent equations for interacting gauge fields of all spins in 3+1 dimensions // Phys. Lett. B. 1990. V. 243. P. 378–382.

211. *Voisin J.* On some unitary representations of the Galilei group // J. Math. Phys. 1965. V. 6, №10. P. 1519–1529.

212. *Wess J., Zumino B.* Supergauge transformations in four dimensions // Nucl. Phys. 1974. V. B70. P. 39–50.

213. *West P.* Introduction to supersymmetry and supergravity. — Singapore: World Scientific, 1986. — 298 p.

214. *Zakrzewski S.* Quantum Poincaré group related to the kappa-Poincaré algebra // J. Phys. A: Math. Gen. 1994. V. 27. P. 2075–2082.

215. *Zaugg P.* The γ-Poincaré quantum group from quantum group contraction // J. Phys. A: Math. Gen. 1995. V. 28. P. 2589–2604.

216. *Zaugg P.* The quantum two-dimensional Poincaré group from quantum group contraction // J. Math. Phys. 1995. V. 36. P. 1547–1553.

Предметный указатель

◎ 编辑手记

　　本书是一部版权引进自俄罗斯的俄文原版数学专著，中文书名可译为《古典群和量子群的压缩》. 本书作者是尼古拉·阿列克谢耶维奇·格罗莫夫，俄罗斯人，俄罗斯科学院乌拉尔分院教授，主要研究方向包括数学物理问题、群论、李代数等.

　　本书主要介绍适用于代数结构的压缩（极限过程）方法，即正交、酉和辛级数的古典李群和李代数及其量子模拟、维拉索罗代数、超代数. 标准的威格纳－伊涅纽过程是基于将趋于零的一个或几个参数引入到群（代数）中，与此不同的是，本书中使用的替代过程与对带有幂零交换母线的代数结构研究有关. 本书研究了盖尔方德－采特林基数中不可约表示的酉代数和正交代数的多元收缩，该基数由维拉索罗代数和古典超代数表示. 作为已发展过程的应用，考虑了群（及其李代数）之间的运动学运动过程，即时－空模型，以及标准电弱模型（对应其规范群的收缩）的极限情况，这一情况可以解释中微子与物质的罕见相互作用.

本书建立量子正交、酉和辛凯利－克莱因群.获得非半单代数量子模拟,作为量子群的对偶对象,以及对于李代数的通用包络代数量子应变压缩.详细讨论了相对论和非相对论运动学的非交换量子模型.

本书包含了压缩方法的主要应用领域,可以激发李群和李代数领域专业人士,以及利用群论理论的物理领域研究者的兴趣.

本书的俄文版权编辑佟雨繁女士为了方便国内读者的阅读,特翻译了本书的目录如下:

正如本书作者在前言中所介绍的：

　　本书的第一部分研究的是古典群的压缩及其部分应用.第一章简要描述了带有幂零母线的皮门诺夫代数,给出了凯利 – 克莱因正交、酉和辛群的定义,通过古典群相应值的转换找到其生成子、交换子和卡济米尔算子.随后1.5节研究了群之间的过程结构,并确定,可以取任意非纤维空间中的群作为初始以获得凯利 – 克莱因群的全部集合.在第二章中详细研究了运动群,并给出了运动学说明,包括卡罗尔奇异运动学,作为常曲率空间.

　　第三章研究了盖尔方德 – 采特林母线中酉和辛代数的不可约表示的压缩,该母线在量子物理中应用特别广泛.寻找引起压缩代数不同不可约表示的可能压缩变体,并且详细研究一般形式的压缩,该类压缩导致所有卡济米尔算子带有非零谱的不可约表示.在多维压缩的情况下,当压缩代数存在幂零根和半简子代数的半直线和时,过渡方法基于众所周知的经典代数的不可约表示,建立了此类结构代数的不可约表示.在这种情况下,当不同参数压缩代数同构时,得到了不同基数(离散和连续)中的不可约表示.

　　第四章论证了启发式原则,据此,物理上不同的量(m,cm,C等)通过不重合的自同构群的空间维度进行几何建模,并且表明,对于大量不同物理量进行统一几何描述的合适工具是多纤维半黎曼几何.证明了,特殊形式的半黎曼空间能够作为空间 – 时间 – 电力的统一几何理论进行研究.

　　第五章针对维拉索罗无限维代数及其表示的分次压缩.研究了高权的压缩表示,除了某些特殊情况外,这种表示是可约的.

　　第六章研究了无限维代数的另一种形式——卡茨 – 穆迪仿射代数.仿射代数的 δ 具有幂零特征 $\delta^2 = 0$(这还会导致代数的无限维性),并且因此自然地解释为纤维空间的向量.定义了带有退化标量积的卡罗尔空间中的根系统,表明其与卡茨 – 穆迪仿射代数之间的对应.

　　第七章中定义了凯利 – 克莱因正交辛和酉超代数的分类,这可以从古代超代数 $osp(m \mid 2n)$ 和 $sl(m \mid n)$ 中通过凯

利 – 克莱因模式框架中压缩和解析延拓获得. 找到他们的卡济米尔算子. 详细研究了超代数 $osp(1|2)$ 及其表示的压缩.

作为物理中的压缩方法应用示例, 在第八章中研究了基本粒子与压缩规范群之间相互作用的修正弱电模型. 趋于零的压缩参数与中微子能量相关, 这解释了中微子和物质在低能量情况下的罕见相互作用以及这种相互作用与中微子能量增长的组合增长.

第二部分研究了量子群, 即霍普夫非交换代数, 这是通过 Л. Д. 法德捷耶夫方法[50,72,78] 在量子逆问题方法的框架中获得的.

第九章引入了凯利 – 克莱因量子正交群. 为此, 文献 [72] 在笛卡儿基数中重新构成了在所谓的 "辛" 基数中古典简单李群和李代数的量子应变系统定义. 凯利 – 克莱因量子正交代数被定义为对应于相关量子群的对偶对象. 获得的一般结构通过较低维的代数和量子群的例子进行说明.

第十章研究了直接寻找旋转母线中欧几里得类型的凯利 – 克莱因代数量子结构的递归法. 详细研究了在霍普夫代数中选择不同原始元素的情况下, 量子代数 $so_z(3)$ 和 $so_z(4)$ 的压缩. 需要指出的是, 首次通过文献[121, 124] 中的压缩方法获得低纬度非半简李代数的量子模拟.

对于凯利 – 克莱因压缩的标准模式, 由于选择了不同的原始元素, 产生了其带有霍普夫代数结构的不同组合. 在第十一章中这一想法被应用于笛卡儿母线中的量子正交群. 给出了一般定义, 并作为举例详细研究了量子群 $SO_z(N)$, $N = 3,4,5$ 的压缩.

第十二章定义了凯利 – 克莱因量子酉群, 并寻找针对压缩量子酉群的霍普夫代数结构. 在12.7节中研究量子酉代数 $su_z(2;j)$ 和量子正交代数 $so_z(3;j)$ 在霍普夫代数结构和凯利 – 克莱因压缩模式不同组合情况下的同构.

第十三章研究了凯利 – 克莱因量子辛群和与其相关的非交换量子空间.

量子正交矢量空间 (或量子欧几里得空间) 与量子正交

群有关.量子正交矢量空间(或量子欧几里得空间)被定义为由满足某些交换对应关系的母线集合生成的函数代数.第十四章中详细描述了带有二和三母线非同构量子矢量凯利－克莱因空间,这是二和三维度常曲率空间的量子模拟.

第十五章研究了对于在物理学中的应用来说最为有趣的四种情况.得到了反德西特、闵可夫斯基相对论运动学,牛顿、伽利略非相对论运动学,以及卡罗尔奇异运动学的非交换量子模拟.空间－时间坐标的非交换性与基本物理常数的存在密不可分,这是对这种非交换性的一种度量.构造了具有基本长度和基本时间的量子运动学.

本书第三章介绍了盖尔方德－采特林基数.这个内容纯属专业范畴了,即是那种懂的不用介绍,不懂的怎么科普也没用.所以倒不如介绍一下盖尔方德这位传奇数学家并以此向众多优秀的俄罗斯数学家致敬.

国内有一个高质量的微信公众号叫数学职业家,不久前刚发表了一篇题为《苏联数学三巨头之盖尔方德》的文章,其中就指出:

俄罗斯数学一直是数学界中强大的存在,孕育出了许多伟大的数学家.在苏联时期,这一地区的数学水平更是达到了相对的顶峰,诞生了许多数学最高奖——菲尔兹奖和沃尔夫数学奖得主.在这一时期,具有领袖作用的便是被称为苏联数学三巨头的柯尔莫哥洛夫、盖尔方德和沙法列维奇.实际上,他们三个人刚好是具有师徒关系的三代数学家,年龄也巧合地成为了差为10的等差数列.而今天我们所介绍的正是其中的盖尔方德.

对于盖尔方德在数学界的崇高地位,1990年沃尔夫数学奖得主,俄罗斯数学家沙皮罗说道:

苏联数学界有三位泰斗,他们就是柯尔莫哥洛夫、沙法列维奇和盖尔方德,其中盖尔方德是最伟大的.他既具有沙法列维奇那样极深的数学造诣,又具有柯尔莫哥洛夫那样广博的知识. 此外, 盖尔方德还有一个特别的才能: 他能够同时从事几个基本领域的研究而并不感到增加工作的困难. 在这些方面, 盖尔方德是无与伦比的.

在整个20世纪的数学家中, 盖尔方德也绝对是最耀眼的数学家之一, 堪称数学"发动机".

伊斯雷尔·盖尔方德 (Izrail Moiseevich Gelfand, 1913—2009) 是苏联著名数学家, 1978 年首届沃尔夫数学奖得主. 盖尔方德出生于一个乌克兰的犹太人家庭, 家境十分贫寒, 温饱都是很大的问题(有一种说法是, 盖尔方德的父亲原先是工厂的经理, 属于被打压的资产阶级分子, 因而变得贫穷). 迫于贫困的压力, 盖尔方德没有完成中学学业就辍学务工了. 盖尔方德自幼就迷恋数学, 上中学的时候常常想象更高级的数学是如何的有趣, 但贫困的父母却负担不起哪怕仅仅一本高等数学书的费用. 但 15 岁的时候, 他获得了这个机会. 盖尔方德不幸患上阑尾炎, 需要到敖德萨动手术, 于是他威胁父母如果不给他买高等数学的书, 那他就不去动手术. 尽管一贫如洗, 但爱他的父亲还是咬牙买了一套高等数学书的第一册给他, 他的父亲也只负担得起一册的费用.

带着这本讲述平面解析几何和初等微积分的书, 盖尔方德兴高采烈地去了敖德萨的医院. 在住院的几天时间里, 盖尔方德就轻松读完并掌握了书里的知识. 但残酷的现实几乎使得盖尔方德的理想破灭, 贫困交加的生活逼迫了他的父亲带着他前往莫斯科讨生活. 他们只能做些零零散散的杂活过日子, 总是饱一顿饥一顿. 这时的盖尔方德才17岁. 我们很难想象在这样艰难的环境下长大的盖尔方德居然日后将成为整个 20 世纪最伟大的数学家之一, 但他确实做到了, 这样坚韧不拔的品质是这个奇迹诞生的关键所在.

繁重的工作之余, 盖尔方德要么在列宁图书馆研读数学, 要么去莫斯科大学的课堂和讨论班听讲, 幸运的是, 无论是图书馆亦或大学, 都没有拒绝这位"一无所有", 甚至有些

"蓬头垢面"的年轻人. 在图书馆和大学里, 盖尔方德结识了不少数学方面的学生和老师, 通过和他们的交流和讨论, 加之本身过人的天赋, 自己的数学水平飞速提升, 没过多久就达到了甚至超过了一名数学本科生的水平. 有了这样的能力, 盖尔方德开始在夜校里教课, 刚开始还只能教初等数学, 后来完全可以教大学数学了. 尽管是"草根"出身, 但凭借高超的数学能力和天赋, 盖尔方德的名声还是逐渐流传开来.

盖尔方德学习数学绝不仅仅满足于书本知识和做题, 他非常喜欢思考知识背后更深层次的内涵. 据他自己说, 中学时候通过独立思考便已能推导出微积分中的泰勒公式等内容了

$$e^x = 1 + x + \frac{x^2}{2!} + \cdots + \frac{x^n}{n!} + o(x^n)$$

$$\sin x = x - \frac{x^3}{3!} + \frac{x^5}{5!} + \cdots + (-1)^n \frac{x^{2n+1}}{(2n+1)!} + o(x^{2n+1})$$

$$\cos x = 1 - \frac{x^2}{2!} + \frac{x^4}{4!} + \cdots + (-1)^n \frac{x^{2n}}{(2n)!} + o(x^{2n})$$

$$\ln(1+x) = x - \frac{x^2}{2} + \frac{x^3}{3} + \cdots + (-1)^{n-1} \frac{x^n}{n} + o(x^n)$$

$$\frac{1}{1-x} = 1 + x + x^2 + \cdots + x^n + o(x^n)$$

$$(1+x)^\alpha = 1 + \alpha x + \frac{\alpha(\alpha-1)}{2!} x^2 + \cdots + \frac{\alpha(\alpha-1)\cdots(\alpha-n+1)}{n!} x^n + o(x^n)$$

最终在1932年, 在盖尔方德不到20岁的时候, 莫斯科大学破格录取他为研究生, 并且当时正"如日中天"的柯尔莫哥洛夫成为了他的导师. 这对于连中学文凭都没有的盖尔方德来说, 确确实实是一个奇迹, 也是命运的转折点, 这是他个人的幸运, 更是数学的幸运.

泛函分析自巴拿赫创立以来, 日益显示出它的巨大潜力, 而20世纪30年代的泛函分析正方兴未艾, 它也理所当然

地进入了莫斯科数学学派的"领地"里. 在柯尔莫哥洛夫的指导下,盖尔方德一头扎进了泛函分析的汪洋大海之中,可能盖尔方德自己也没想到,他将成为20世纪泛函分析史上最重要的几个数学家之一.

　　盖尔方德的数学贡献十分广泛,主要集中在泛函分析、广义函数、调和分析、群表示论、积分几何、自守函数、李代数、椭圆偏微分方程上,还包括超几何函数、谱分析、示性类等,他在应用数学上也成果丰富,将自己的数学成果成功运用到了物理、经济学、生物学上,解决了许多实际问题. 在数学中,以盖尔方德命名的数学概念和定理多达上百个.

　　1935 年,盖尔方德以论文《抽象代数和线性算子》获得副博士学位,而 1938 年的博士论文则表明,他已经跻身一流数学家之列. 正是在他的著名博士论文中,盖尔方德创立了今天我们所称的赋范环论这门数学分支学科,奠定了巴拿赫代数的基础. 创立这样影响深远的数学之时,盖尔方德才不过 25 岁!

　　巴拿赫空间是泛函分析中最重要的数学概念之一,但之前的研究基本都只关心它的分析和几何结构,而盖尔方德创造性地赋予了这些函数空间合适的代数结构,从而开创了交换赋范环论的研究. 著名数学家维纳曾用复杂的分析方法证明过:

　　　　如果一个函数 $f(x)$ 恒不为 0,且傅里叶级数绝对收敛,则 $1/f(x)$ 的傅里叶级数也绝对收敛.

　　但盖尔方德运用赋范环论,十分简洁而优美地证明了这个结论,这充分显示了巴拿赫代数的巨大威力,之后迅速引发了研究相关问题的热潮,使得巴拿赫代数成为了一门重要的数学分支学科. 后来盖尔方德还与他人合作共同开创了 C^* 代数的研究,这也成为了当今泛函分析的重要内容之一.

　　总之,盖尔方德不仅开创了泛函分析的许多领域,并且从源头上深刻改变了学科面貌,取得了一系列重要成就,而且在盖尔方德的带领下,苏联形成了强大的泛函分析学派,引领了研究潮流.

除去泛函分析外,盖尔方德的主要成就还有广义函数论.泛函分析的迅速发展催生了广义函数论的严格化,法国数学家施瓦兹成功运用泛函分析奠定了广义函数论的严格基础,并且凭借在广义函数上的贡献荣获 1954 年菲尔兹奖.作为泛函分析巨擘,盖尔方德对广义函数也相当有兴趣.尽管广义函数有了严格的基础,但还仅仅只是理论,而盖尔方德的贡献在于将它的威力充分发挥了出来,在盖尔方德的研究下,广义函数论成功运用到了微分流形、群表示论上,尤其是在现代偏微分方程理论上发挥了重要作用.盖尔方德及其学生也著有《广义函数论》一书,曾经在我国流传得十分广泛,影响深远.

特别要提到的是,我们都知道阿蒂亚－辛格指标定理是 20 世纪最伟大的数学成就之一,但实际上,在阿蒂亚和辛格证明这个定理之前,它最早的形式是由盖尔方德首先提出来的.由此看来,我们不得不惊叹盖尔方德强大的数学思维和直觉.

盖尔方德其他的数学贡献还有很多,但难以再一一叙述.

提到盖尔方德就不得不说他组织的著名的泛函分析讨论班.作为莫斯科泛函分析学派领袖,1943 年起,他开始在莫斯科大学组织泛函分析讨论班,成员既有本科生,也包括著名学者,并且延续了几十年之久.在讨论班上,盖尔方德总会提出一系列深刻的问题,而且只有当参与人员领会问题的实质后讨论才会结束,这意味着一旦一次讨论班结束,那么新的数学成果就出来了.在这样的讨论班上,无数新的理论和结果被提出,极大地促进了相关学科的发展,可以说,这样具有世界影响力的讨论班是数学史上十分罕见的.

盖尔方德的数学研究领域十分广泛,几乎涉及数学所有重要的方面,这样的数学全才在20世纪的数学史也是不多见的.同时,盖尔方德不仅自身成就卓著,他还影响了一大批数学家的成长.在盖尔方德的数学生涯中,以个人名义发表的论文只有 33 篇,只占他所有发表论文总数的大约 7%,其余论文全部是和他人合作完成的,据不完全统计,这些合作者至少有 206 位. 在合作者们看来,盖尔方德不仅是研究过程中的"催化剂",更是遭遇困难时的"救火队长",在他深刻的数学见解下,困难的问题总是能够得到解决.

盖尔方德也非常注重教学,尽管已经是公认的国际数学大师,但盖尔方德总是喜欢"亲临一线",给学生上重要的基础课,这些基础课和他的讨论班相得益彰,孕育了许多数学人才.

2009 年 10 月 5 日,盖尔方德以 96 岁的高龄辞世,一个伟大而辉煌的数学时代也就此谢幕.

本书有很大一部分内容是量子群方面的,而所谓群与代数是相呼应的. 比如李群与李代数. 下面的这篇小文章或许与本书有些关联,它是描述量子环面导子李代数上的李双代数结构的.

1　　李双代数的基础知识

首先对李双代数的概念进行回顾. 令 L 是特征为零的域 F 上的线性空间,用 τ 表示 $L \otimes L$ 上的扭映射,且满足

$$\tau(x \otimes y) = y \otimes x \quad (\forall x, y \in L)$$

用 ξ 表示 $L \otimes L \otimes L$ 上的线性变换,且满足

$$\xi(x_1 \otimes x_2 \otimes x_3) = x_2 \otimes x_3 \otimes x_1 \quad (\forall x_1, x_2, x_3 \in L)$$

这里用 1 表示 $L \otimes L$ 上的恒等映射.

定义 1　设 L 是域 F 上的线性空间,$\varphi: L \otimes L \to L$ 是双线性映射,则二元对 (L, φ) 称为李代数,如果满足下列关系:

(i) $\ker(1 - \tau) \subset \ker \varphi$;

(ii) $\varphi \cdot (1 \otimes \varphi) \cdot (1 + \xi + \xi^2) = 0: L \otimes L \otimes L \to L$.

由于

$$\ker(1 - \tau) = \mathrm{span}\{x \otimes x \mid x \in L\}$$
$$\mathrm{Im}(1 + \tau) \subset \ker(1 - \tau)$$

且当 charc $F \neq 2$ 时等号成立,此时定义 1 中的条件(i) 就可以改写成(i′)$\varphi = -\varphi \cdot \tau$.

定义 2 设 L 是域 F 上的线性空间,$\Delta : L \to L \otimes L$ 是线性映射,则二元对 (L, Δ) 称为李余代数,如果满足下列关系:

(i) $\mathrm{Im}\, \Delta \subset \mathrm{Im}(1 - \tau)$;

(ii) $(1 + \xi + \xi^2) \cdot (1 \otimes \Delta) \cdot \Delta = 0 : L \to L \otimes L \otimes L$.

这里映射 Δ 称为 L 的余括号或余乘积,称定义 2 中的条件(i) 为强反交换性,称条件(ii) 为雅可比恒等式. 与定义 1 类似,由于

$$\mathrm{Im}(1 - \tau) \subset \ker(1 + \tau)$$

且 charc $F \neq 2$ 时等号成立,此时定义 2 中的条件(i) 就可以用下面的条件代替,即:

(i′) $\Delta' = -\tau\Delta$.

显然李代数和李余代数之间的关系是对偶的,因此我们可以通过已知的一个李代数 L,利用它的对偶空间 L^* 来作成一个李余代数. 当然我们也可以在已知一个李余代数的情况下,来定义 L^* 上的李代数结构.

定义 3 设 L 是域 F 上的线性空间,对于满足下列条件的三元组 (L, φ, Δ),我们就称为李双代数:

(i) (L, φ) 是一个李代数;

(ii) (L, Δ) 是一个李余代数;

(iii) $\Delta \cdot \varphi(x, y) = x \cdot \Delta y - y \cdot \Delta x, \forall x, y \in L.$ (也称为相容性)

这里用符号"·"表示下面的伴随作用,具体来说就是

$$x \cdot \sum_i a_i \otimes b_i = \sum_i ([x, a_i] \otimes b_i + a_i \otimes [x, b_i])$$
$$(\forall x, a_i, b_i \in L)$$

这里 $[x, y] = \varphi(x, y), \forall x, y \in L.$ 在不能引起混淆的情况下,我们常用 $[\cdot, \cdot]$ 来代替 φ.

定义 4 四元对 (L, φ, Δ, r) 称为余边沿李双代数,如果三元组 (L, φ, Δ) 为李双代数,且

$$r \in \mathrm{Im}(1 - \tau) \subset L \otimes L$$

使得 Δ 是 r 的一个余边缘,即满足

$$\Delta(x) = x \cdot r \quad (\forall x \in L)$$

定义 5　余边缘李双代数 (L, φ, Δ, r),如果满足如下经典的杨 – 巴克斯特方程(CYBE),我们就称它是三角的,即

$$c(r) = 0$$

其中 $c(r)$ 的定义为

$$c(r) := [r^{12}, r^{13}] + [r^{12}, r^{23}] + [r^{13}, r^{23}] \tag{1}$$

若 $r = \sum_i a_i \otimes b_i \in L \otimes L$, $U(L)$ 为 L 的泛包络代数,则

$$r^{12} = \sum_i a_i \otimes b_i \otimes 1 \in U(L) \otimes U(L) \otimes U(L)$$

$$r^{13} = \sum_i a_i \otimes 1 \otimes b_i \in U(L) \otimes U(L) \otimes U(L)$$

$$r^{23} = \sum_i 1 \otimes a_i \otimes b_i \in U(L) \otimes U(L) \otimes U(L)$$

其中 1 是 $U(L)$ 的恒等元,并且

$$[r^{12}, r^{13}] = \sum_{i,j} [a_i, a_j] \otimes b_i \otimes b_j \in L \otimes L \otimes L$$

$$[r^{12}, r^{23}] = \sum_{i,k} a_i \otimes [b_i, a_k] \otimes b_k \in L \otimes L \otimes L$$

$$[r^{13}, r^{23}] = \sum_{j,k} a_j \otimes a_k \otimes [b_j, b_k] \in L \otimes L \otimes L$$

设 L 是一个李代数,则 $L \otimes L$ 在 L 的伴随对角作用下是一个 L – 模,并且如果

$$r \in \mathrm{Im}(1 - \tau) \subset L \otimes L$$

则我们可以定义线性映射

$$\Delta = \Delta_r : L \to L \otimes L$$

其中

$$\Delta_r(x) = x \cdot r \tag{2}$$

则 $\mathrm{Im}\,\Delta \subset \mathrm{Im}(1 - \tau)$,并且

$$\Delta[x, y] = x \cdot \Delta y - y \cdot \Delta x$$

因此如果 Δ 满足雅可比恒等式,则 $(L, [\cdot, \cdot], \Delta)$ 就是余边缘李双代数.

命题 1　设 L 是一个李代数,则 $\Delta = \Delta_r$(其中 $r \in \mathrm{Im}(1 - \tau)$)使得三元组 $(L, [\cdot, \cdot], \Delta)$ 具有李双代数结构的充分必

要条件是 r 满足 Modern Yang-Baxter 方程(MYBE),即
$$x \cdot c(r) = 0 \quad (\forall x \in L)$$

命题2 设 L 是一个李代数,令
$$r = \sum_{i=1}^{n} (a_i \otimes b_i - b_i \otimes a_i) \in L \otimes L \quad (\forall a_i, b_i \in L)$$
令 $\Delta = \Delta_r$,则
$$(1 + \xi + \xi^2) \cdot (1 \otimes \Delta) \cdot \Delta(x) = x \cdot c(r)$$
$$(\forall x \in L)$$
其中 $c(r)$ 如(1)所定义. 特别地
$$(1 + \xi + \xi^2) \cdot (1 \otimes \Delta) \cdot \Delta(x) \Leftrightarrow x \cdot c(r) = 0$$
$$(\forall x \in L)$$

定义6 设 $L = \bigoplus_{n \in Z^2} L_n$ 是 Z^2 – 阶化的李代数,而 $V = \bigoplus_{n \in Z^2} V_n$ 是 Z^2 – 阶化的 L – 模. 线性映射 $D:L \rightarrow V$ 称为一个导子,如果满足以下关系
$$D([u,v]) = u \cdot D(v) - v \cdot D(u) \quad (\forall u, v \in L)$$
我们称具有以下形式的导子为内导子
$$D(u) = u \cdot v \quad (\forall u \in L, \text{对于某个固定的 } v \in V)$$
导子 D 称为阶 n 的齐次导子,如果满足
$$D(L_m) \subset V_{n+m} \quad (\forall m \in Z^2)$$
这里我们用 $\text{Der}(L,V)$ 表示全体导子的集合,用 $\text{Inn}(L,V)$ 表示全体内导子的集合. 记
$$\text{Der}(L,V)_n = \{D \in \text{Der}(L,V) \mid \deg D = n\}$$
一个熟知的结果是 $H^1(L,V) \cong \text{Der}(L,V)/\text{Inn}(L,V)$.

2 量子环面的导子李代数

设 $A = C_q[t_1^{\pm 1}, t_2^{\pm 1}]$ 为复数域上两个非交换未定元的洛朗多项式代数,其中 $q \neq 1$ 是 p 次本原单位根,并且满足
$$t_2 t_1 = q t_1 t_2$$
我们记 $t^n = t_1^{n_1} t_2^{n_2} \in A$,其中 $t = (t_1, t_2)$,$n = (n_1, n_2)$. 显然,A 是一个自然的 Z^2 分次. 记 $\partial_i = t_i \dfrac{\mathrm{d}}{\mathrm{d}t_i}$,则 ∂_i 为 A 的 0 – 度导子,其

中 $i = 1, 2$. 记

$$\Gamma = \{n \in Z^2 \mid q^{n_1 m_2 - n_2 m_1} = 1, \forall m \in Z^2\}$$

$$T = \operatorname*{span}_C \{\partial_1, \partial_2\}$$

令

$$W = \operatorname{span}\{t^n \partial \mid n \in \Gamma, \partial \in T\} \oplus \operatorname{span}\{\operatorname{ad} t^n \mid n \notin \Gamma\}$$

则 W 包含了 A 的所有导子,并且易见 W 有以下的交换关系

$$[t^n \partial, t^m \partial'] = q^{n_2 m_1} t^{n+m} (\partial(m) \partial' - \partial'(n) \partial)$$

$$(\forall m, n \in \Gamma, \partial, \partial' \in T) \tag{3}$$

$$[\operatorname{ad} t^n, t^m \partial] = -\partial(n) q^{m_2 n_1} \operatorname{ad} t^{m+n} \quad (\forall n \notin \Gamma) \tag{4}$$

$$[\operatorname{ad} t^n, \operatorname{ad} t^m] = (q^{n_2 m_1} - q^{m_2 n_1}) \operatorname{ad} t^{m+n}$$

$$(\forall m, n \notin \Gamma \text{ 且 } m + n \notin \Gamma) \tag{5}$$

其中 $\partial(n) = a_1 n_1 + a_2 n_2, \forall \partial = a_1 \partial_1 + a_2 \partial_2, n = (n_1, n_2)$. 我们称 W 为量子环面的导子李代数. 由 A 是 Z^2 分次的,所以 $W = \bigoplus_{n \in Z^2} W_n$ 也是 Z^2 分次的,其中

$$W_n = \begin{cases} C \operatorname{ad} t^n & (\forall n \notin \Gamma) \\ t^n T & (\forall n \in \Gamma) \end{cases}$$

令 $V = W \otimes W$,则 V 在 W 的对角作用下(即 $v \cdot (x \otimes y) = v \cdot x \otimes y + x \otimes v \cdot y$) 构成 W - 模. V 具有自然的 Z^2 分次

$$V = \bigoplus_{n \in Z^2} (\bigoplus_{p+q=n} W_p \otimes W_q)$$

接下来我们将讨论一些导子代数 $\operatorname{Der}(W, V)$ 的性质.

引理 1　设 $L = \bigoplus_{n \in Z^2} L_n$ 是 Z^2 - 阶化的李代数,而且 $V = \bigoplus_{n \in Z^2} V_n$ 是 Z^2 - 阶化的 L - 模. 那么 $\forall d \in \operatorname{Der}(L, V)$,有

$$d = \sum_{n \in Z^2} d_n \tag{6}$$

其中 $d_n \in \operatorname{Der}(L, V)_n$. 上式在下列意义下成立

$$d(u) = \sum_{n \in Z^2} d_n(u) \quad (\forall u \in L)$$

其中只有有限个 $d_n(u) \neq 0$.

引理 2　设 $L = \bigoplus_{n \in Z^2} L_n$ 是 Z^2 - 阶化的李代数,而 $V = \bigoplus_{n \in Z^2} V_n$ 是 Z^2 - 阶化的 L - 模,且满足以下要求:

(a) $H^1(L_0, V_n) = 0, \forall n \in Z^2 \setminus \{0\}$;

（b）$\mathrm{Hom}_{L_0}(L_n, V_m) = 0, \forall n \neq m$；

（c）$\dim L_0 = l < \infty$.

则
$$\mathrm{Der}(L, V) = \mathrm{Der}(L, V)_0 + \mathrm{Inn}(L, V)$$

命题3 设 W 是由（3）~（5）所定义的量子环面上的导子李代数，令
$$V = W \otimes W = \bigoplus_{n \in Z^2} V_n$$
则
$$\mathrm{Der}(W, V) = \mathrm{Der}(W, V)_0 + \mathrm{Inn}(W, V) \qquad (7)$$

证 由引理2可知，我们只需验证引理2的条件即可. 如果三条都成立的话，即证明了结论. 条件（c）是显然的.

首先，我们来验证条件（a）. 设 $D \in \mathrm{Der}(W_0, V_n)$，其中 $n \neq 0$，设 $\partial, \partial' \in T = W_0$. 由于 $[\partial', \partial] = 0$，将 D 作用在其两边得
$$\partial \cdot D(\partial') - \partial' \cdot D(\partial) = 0 \qquad (8)$$
其中 $D(\partial), D(\partial') \in V_n = \bigoplus_{p+q=n} W_p \otimes W_q$. 由于
$$\partial \cdot a = \partial(n)a \quad (\forall a \in V_n)$$
由式（8）可得
$$\partial(n)D(\partial') = \partial'(n)D(\partial) \qquad (9)$$
我们选取 $\partial' \in T$，使得 $\partial'(n) \neq 0$. 令
$$u = (\partial'(n))^{-1}D(\partial') \in V_n$$
则式（9）说明
$$D(\partial) = \partial \cdot u \quad (\forall \partial \in W_0)$$
即 D 是内导子，因此
$$H^1(W_0, V_n) = 0$$
其次，我们来验证条件（b）. 设 $f \in \mathrm{Hom}_{W_0}(W_n, V_m)$，其中 $n \neq m$，则
$$f(\partial \cdot a) = \partial \cdot f(a) \quad (\forall a \in W_n, \partial \in W_0)$$
存在 $\partial \in W_0$ 使得 $\partial(n) \neq \partial(m)$，因此上式的左端是 $\partial(n)f(a)$. 由于 $f(a) \in V_m$，则右端是 $\partial(m)f(a)$，这说明 $f = 0$.

命题 4 假设 $c \in W \otimes W$,如果对每个 $a \in W$ 均有 $a \cdot c = 0$,则 $c = 0$.

证 设 $c = \sum\limits_{n \in Z^2} c_n$,其中和号是有限和,并且 $c_n \in (W \otimes W)_n$. 由定义可知 $\partial \cdot c_n = \partial(n)c_n$,所以

$$0 = \partial \cdot c = \sum_{n \in Z^2} \partial(n)c_n$$

这说明 $c_n = 0, \forall n \neq 0$,从而 $c \in (W \otimes W)_0$. 于是可以设

$$c = \sum_{n \in \Gamma} \lambda_n(t^n \partial_k \otimes t^{-n}\partial_l) + \sum_{m \in Z^2 - \Gamma} \mu_m(\mathrm{ad}\, t^m \otimes \mathrm{ad}\, t^{-m})$$

其中 $N := \{n \in \Gamma \mid \lambda_n \neq 0\}$ 与 $M := \{m \in Z^2 - \Gamma \mid \mu_m \neq 0\}$ 为有限和. 我们在 Z^2 上定义全序

$$(a,b) < (c,d) \Leftrightarrow a < c \text{ 或 } a = c, b < d$$

若 $c \neq 0$,则 N 与 M 至少有一个非空. 由于

$$t^{p\varepsilon_j}\partial_j \cdot (t^n\partial_k \otimes t^{-n}\partial_l) = (n_j - \delta_{j,k}p) \times$$
$$(t^{n+p\varepsilon_j}\partial_k \otimes t^{-n}\partial_l) - (n_j + \delta_{j,l}p)(t^n\partial_k \otimes t^{-n+p\varepsilon_j}\partial_l)$$

及

$$t^{p\varepsilon_j}\partial_j \cdot (\mathrm{ad}\, t^m \otimes \mathrm{ad}\, t^{-m})$$
$$= m_j(\mathrm{ad}\, t^{m+p\varepsilon_j} \otimes \mathrm{ad}\, t^{-m}) - m_j(\mathrm{ad}\, t^m \otimes \mathrm{ad}\, t^{-m+p\varepsilon_j})$$

从而如果 N 非空,可取 n_0 为 N 的最大元,取 $p > 0$ 使得 $n_j - \delta_{j,k}p \neq 0$,于是 $t^{p\varepsilon_j}\partial_j \cdot c \neq 0$,矛盾. 若 M 非空,取 m_0 为 M 的最大元,进而 $m_0 \neq 0$,取 $p > 0$,则有 $t^{p\varepsilon_1}\partial_1 \cdot c \neq 0$ 或 $t^{p\varepsilon_2}\partial_2 \cdot c \neq 0$,矛盾. 于是 M, N 都是空集,这就说明 $c = 0$.

3 量子环面导子李代数上的李双代数结构

定理 1 $\mathrm{Der}(W,V) = \mathrm{Inn}(W,V)$.

证 由命题 3 可知

$$\mathrm{Der}(W,V) = \mathrm{Der}(W,V)_0 + \mathrm{Inn}(W,V)$$

因此只需证明任意导子 $D \in \mathrm{Der}(L,V)_0$ 都是内导子就可以了. 我们可以通过有限步用 $D - D'$ 来替代 D,其中 $D' \in \mathrm{Inn}(W,V)$,最后得到 $D = 0$,也就证明了 $D \in \mathrm{Inn}(W,V)$. 我们

将通过以下几个引理来完成证明.

引理 3 $D(\partial) = 0, \forall\, \partial \in T.$

证 首先

$$[\partial, t^n \partial'] = \partial(n) t^n \partial' \quad (\forall\, n \in Z^2, \partial' \in T)$$

将 D 作用到上式两边得

$$t^n \partial' \cdot D(\partial) = 0$$

利用命题 4 的结论可知 $D(\partial) = 0$.

这里我们取一组 Z-基 $\{\varepsilon_1, \varepsilon_2\} \subset Z^2$, 重新定义符号 $\{\partial_1, \partial_2\} \subset T$ 表示 $\{\varepsilon_1, \varepsilon_2\}$ 的对偶基, 其中

$$\langle \partial_i, \varepsilon_j \rangle = \delta_{i,j} \quad (\forall\, i, j = 1, 2)$$

设 $\lambda \in \{\pm p, \pm 2p\}, j \in \{1, 2\}$. 假设

$$\begin{aligned}
D(t^{\lambda \varepsilon_j} \partial_j) = & \sum_{n \in Z^2 - \Gamma} a_n^\lambda \mathrm{ad}\, t^{n + \lambda \varepsilon_j} \otimes \mathrm{ad}\, t^{-n} + \\
& \sum_{n \in \Gamma, 1 \leqslant k, l \leqslant 2} b_{n,k,l}^\lambda t^{n + \lambda \varepsilon_j} \partial_k \otimes t^{-n} \partial_l
\end{aligned} \tag{10}$$

其中 $M_\lambda := \{n \mid a_n^\lambda \neq 0\}$ 和 $N_\lambda := \{(n, k, l) \mid b_{n,k,l}^\lambda \neq 0\}$ 是有限集. 对 $u \in V$, 用 u_d 表示由 u 所确定的内导子 $u_d : w \mapsto w \cdot u$. 于是有

$$\begin{aligned}
(\mathrm{ad}\, t^n \otimes \mathrm{ad}\, t^{-n})_d (t^{p \varepsilon_j} \partial_j) = & \, n_j \mathrm{ad}\, t^{n + p \varepsilon_j} \otimes \mathrm{ad}\, t^{-n} - \\
& n_j \mathrm{ad}\, t^n \otimes \mathrm{ad}\, t^{-n + p \varepsilon_j}
\end{aligned} \tag{11}$$

及

$$\begin{aligned}
(t^n \partial_k \otimes t^{-n} \partial_l)_d (t^{p \varepsilon_j} \partial_j) = & \, (n_j - \delta_{j,k} p) t^{n + p \varepsilon_j} \partial_k \otimes t^{-n} \partial_l - \\
& (n_j + \delta_{j,l} p) t^n \partial_k \otimes t^{-n + p \varepsilon_j} \partial_l
\end{aligned} \tag{12}$$

于是由 (11) 及 (12) 容易知道, 我们可以找到 $u \in V_0$ 使得

$$\begin{aligned}
u_d \cdot (t^{p \varepsilon_j} \partial_j) = & \sum_{n \in Z^2 - \Gamma} \widetilde{a}_n^{\,p} \mathrm{ad}\, t^{n + p \varepsilon_j} \otimes \mathrm{ad}\, t^{-n} + \\
& \sum_{n \in \Gamma, 1 \leqslant k, l \leqslant 2} \widetilde{b}_{n,k,l}^{\,p} t^{n + p \varepsilon_j} \partial_k \otimes t^{-n} \partial_l
\end{aligned}$$

其中:

(1) $\widetilde{a}_n^{\,p} = a_n^p, \forall\, n_j \neq 0, -p$;

(2) 若 $k \neq j = l$ 时, $\widetilde{b}_{n,k,l}^{\,p} = b_{n,k,l}^p, \forall\, n_j \neq 0, -2p$;

(3) 若 $k = j \neq l$ 时, $\widetilde{b}_{n,k,l}^{\,p} = b_{n,k,l}^p, \forall\, n_j \neq p, -p$;

(4) 若 $k = j = l$ 时, $\widetilde{b}_{n,k,l}^{\,p} = b_{n,k,l}^p, \forall\, n_j \neq p, -2p$.

于是用 $D - u_d$ 替代 D,我们可以假设在(10)中

$$\begin{cases}
(\text{i}) \ a_n^p = 0, \forall \, n_j \neq 0, -p \\
(\text{ii}) \ \text{当} \ k \neq j = l \ \text{时}, b_{n,k,l}^p = 0, \forall \, n_j \neq 0, -2p \\
(\text{iii}) \ \text{当} \ k = j \neq l \ \text{时}, b_{n,k,l}^p = 0, \forall \, n_j \neq p, -p \\
(\text{iv}) \ \text{当} \ k = j = l \ \text{时}, b_{n,k,l}^p = 0, \forall \, n_j \neq p, -p
\end{cases} \quad (13)$$

用 D 作用在如下等式两端

$$\begin{cases}
[t^{-p\varepsilon_j}\partial_j, t^{p\varepsilon_j}\partial_j] = 2p\partial_j \\
[t^{-2p\varepsilon_j}\partial_j, t^{p\varepsilon_j}\partial_j] = 3pt^{-p\varepsilon_j}\partial_j \\
[t^{2p\varepsilon_j}\partial_j, t^{-p\varepsilon_j}\partial_j] = -3pt^{p\varepsilon_j}\partial_j \\
[t^{2p\varepsilon_j}\partial_j, t^{-2p\varepsilon_j}\partial_j] = -4p\partial_j
\end{cases} \quad (14)$$

得到

$$(n_j + p + p\delta_{j,k})b_{n,k,l}^p + (-n_j + p + p\delta_{j,l})b_{n-p\varepsilon_j,k,l}^p -$$
$$(n_j - p - p\delta_{j,k})b_{n,k,l}^{-p} + (n_j + p + p\delta_{j,l})b_{n+p\varepsilon_j,k,l}^{-p} = 0 \quad (15)$$

$$(n_j + p + 2p\delta_{j,k})b_{n,k,l}^p + (-n_j + 2p + 2p\delta_{j,l})b_{n-2p\varepsilon_j,k,l}^p -$$
$$(n_j - 2p - p\delta_{j,k})b_{n,k,l}^{2p} + (n_j + p + p\delta_{j,l})b_{n+p\varepsilon_j,k,l}^{-2p} = 3pb_{n,k,l}^{-p} \quad (16)$$

$$(n_j - p - 2p\delta_{j,k})b_{n,k,l}^{-p} - (n_j + 2p + 2p\delta_{j,l})b_{n+2p\varepsilon_j,k,l}^{-p} -$$
$$(n_j + 2p + p\delta_{j,k})b_{n,k,l}^{2p} + (n_j - p - p\delta_{j,l})b_{n-p\varepsilon_j,k,l}^{2p}$$
$$= -3pb_{n,k,l}^p \quad (17)$$

$$(n_j - 2p - 2p\delta_{j,k})b_{n,k,l}^{-2p} - (n_j + 2p + 2p\delta_{j,l})b_{n+2p\varepsilon_j,k,l}^{-2p} -$$
$$(n_j + 2p + 2p\delta_{j,k})b_{n,k,l}^{2p} + (n_j - 2p - 2p\delta_{j,l})b_{n-2p\varepsilon_j,k,l}^{2p} = 0 \quad (18)$$

用 D 作用在下式两边

$$[t^{s\varepsilon_k}\partial_k, t^{p\varepsilon_j}\partial_j] = 0 \quad (1 \leq k \neq j \leq 2, s \in pZ)$$

并比较 $\mathrm{ad}\, t^{n+(p+m)\varepsilon_j+s\varepsilon_k} \otimes \mathrm{ad}\, t^{-n-m\varepsilon_j}$ 和 $t^{n+(p+m)\varepsilon_j+s\varepsilon_k}\partial_k \otimes t^{-n-m\varepsilon_j}\partial_l$ 的系数,其中对任意的 $m \in pZ, 1 \leq j = l \leq 2$,可得

$$n_k a_{n+m\varepsilon_j}^p - (n_k + s)a_{n+m\varepsilon_j+s\varepsilon_k}^p$$
$$= (n_j + m)a_{n+m\varepsilon_j}^s - (n_j + m + p)a_{n+m\varepsilon_j+p\varepsilon_j}^s \quad (19)$$

$$(n_k - s)b_{n+m\varepsilon_j,k,l}^p - (n_k + s)b_{n+m\varepsilon_j+s\varepsilon_k,k,l}^p$$
$$= (n_j + m)b_{n+m\varepsilon_j,k,l}^s - (n_j + m + 2p)b_{n+m\varepsilon_j+p\varepsilon_j,k,l}^s \quad (20)$$

接下来我们证明 $D(t^{\lambda\varepsilon_j}\partial_j) = 0, \forall\, \lambda \in pZ$. 通过以下几个引理可以得到结论.

引理 4 $a_n^p = 0, \forall\, n \in Z^2 - \Gamma$.

证 由 M_λ 是有限集合,可固定 $s \gg 0$,使得 $a_{n+s\varepsilon_k+m\varepsilon_j}^p = 0$,

$\forall m, s \in pZ$. 又由于 $n_j \in Z$, 用 $n - n_j \varepsilon_j$ 代替 n, 可设 $n_j = 0$, 并且由 (13) 的 (i) 知, 至多存在 $m = 0$, $-p$ 使得 $a_{n+m\varepsilon_j}^p \neq 0$. 取 $k \neq j$, 从而式 (19) 可变为

$$n_k a_{n+m\varepsilon_j}^p = m a_{n+m\varepsilon_j}^s - (m+p) a_{n+m\varepsilon_j+p\varepsilon_j}^s$$

由于 $n \in Z^2 - \Gamma$ 及 $n_j = 0$, 所以 $n_k \neq 0$. 通过令 $m = p, 2p, \cdots$, 可得当 $m \geqslant p$ 时, $a_{n+m\varepsilon_j}^s = 0$; 令 $m = 0$, 得 $a_n^p = 0$; 令 $m = -2p$, $-3p, \cdots$, 可得当 $m \leqslant -p$ 时, $a_{n+m\varepsilon_j}^s = 0$; 最后令 $m = -p$, 得 $a_{n-p\varepsilon_j}^p = 0$. 这证明了 $a_{n+m\varepsilon_j}^p = 0$, $\forall m \in pZ$. 再由 (13) 的 (i), 所以有 $a_n^p = 0$, $\forall n \in Z^2 - \Gamma$.

引理 5 当 $k \neq j = l$ 或 $k = j \neq l$ 时, $b_{n,k,l}^p = 0$, $\forall n \in \Gamma$.

证 由对称性, 我们只对 $k \neq j = l$ 的情况给予证明, 而对于 $k = j \neq l$ 时, 证明是类似的.

我们先证明 $b_{n,k,l}^p = 0$, $\forall n \in \Gamma$. 由 N_λ 是有限集合, 可固定 $s \gg 0$, 使得 $n_k - s \neq 0$, $b_{n+s\varepsilon_k+m\varepsilon_j}^p = 0$, $\forall m, s \in pZ$. 由于 $n_j \in Z$, 用 $n - n_j\varepsilon_j$ 代替 n, 可设 $n_j = 0$, 并且由 (13) 的 (ii) 知, 至多存在 $m = 0$, $-2p$ 使得 $b_{n+m\varepsilon_j,k,l}^p \neq 0$, 取 $k \neq j = l$, 从而式 (20) 变为

$$(n_k - s) b_{n+m\varepsilon_j,k,l}^p = m b_{n+m\varepsilon_j,k,l}^s - (m+2p) b_{n+m\varepsilon_j+p\varepsilon_j,k,l}^s$$

通过令 $m = p, 2p, \cdots$, 可得当 $m \geqslant p$ 时, $b_{n+m\varepsilon_j,k,l}^s = 0$; 令 $m = 0$, 得 $b_{n,k,l}^p = 0$; 令 $m = -3p$, $-4p, \cdots$, 可得当 $m \leqslant -2p$ 时, $b_{n+m\varepsilon_j,k,l}^s = 0$; 最后令 $m = -2p$, 得 $a_{n-2p\varepsilon_j}^p = 0$. 这证明了 $b_{n+m\varepsilon_j,k,l}^p = 0$, $\forall m \in pZ$. 再由 (13) 的 (ii), 所以有 $b_{n,k,l}^p = 0$, $\forall n \in Z^2$.

由引理 4 及引理 5, 可设 (10) 为

$$D(t^{p\varepsilon_j}\partial_j) = \sum_{n \in \Gamma, 1 \leqslant j \leqslant 2} b_{n,j,j}^p t^{n+p\varepsilon_j} \partial_j \otimes t^{-n} \partial_j$$

其中 $b_{n,j,j}^p = 0$, $\forall n_j \neq p$, $-2p$.

引理 6 当 $k = j = l$ 时, $b_{n,k,l}^\lambda = 0$, $\lambda \in \{\pm p, \pm 2p\}$, $\forall n \in \Gamma$.

证 为了简单起见, 记

$$b_m^\lambda = b_{n+m\varepsilon_j,j,j}^\lambda$$

由于 $n_j \in Z$, 用 $n - n_j\varepsilon_j$ 代替 n, 可设 $n_j = 0$, 并且由式 (13) 的

（iv）可知，至多存在 $m = p, -2p$ 使得 $b^p_{n+m\varepsilon_j, j, j} \neq 0$，因此式（15）~（18）可分别变换为

$$(m + 2p)b^p_m - (m - 2p)b^p_{m-p} - (m - 2p)b^{-p}_m +$$
$$(m + 2p)b^{-p}_{m+p} = 0 \qquad (21)$$

$$(m + 3p)b^p_m - (m - 4p)b^p_{m-2p} - (m - 3p)b^{-2p}_m +$$
$$(m + 2p)b^{-2p}_m = 3pb^{-p}_m \qquad (22)$$

$$(m - 3p)b^{-p}_m - (m + 4p)b^{-p}_{m+2p} - (m + 3p)b^{2p}_m +$$
$$(m - 2p)b^{2p}_{m-p} = -3pb^p_m \qquad (23)$$

$$(m - 4p)b^{-2p}_m - (m + 4p)b^{-2p}_{m+2p} - (m + 4p)b^{2p}_m +$$
$$(m - 4p)b^{2p}_{m-2p} = 0 \qquad (24)$$

对于式（21），我们令 $m = 2p, 3p, \cdots$，可得当 $m \geqslant 3p$ 时，$b^{-p}_m = 0$；令 $m = -2p, -3p, \cdots$，可得当 $m \leqslant -2p$ 时，$b^{-p}_m = 0$；令 $m = p, 0, -p, \cdots$，得

$$\begin{cases} 3b^p_p + b^{-p}_p + 3b^{-p}_{2p} = 0 \\ b^{-p}_0 + b^{-p}_p = 0 \\ 3b^p_{-2p} + 3b^{-p}_{-p} + b^{-p}_0 = 0 \end{cases} \qquad (25)$$

对于式子（22），令 $m = 4p, 5p, \cdots$，可得当 $m \geqslant 4p$ 时，$b^{-2p}_m = 0$；令 $m = -3p, -4p, \cdots$，可得当 $m \leqslant -2p$ 时，$b^{-p}_m = 0$；令 $m = 3p, -2p$，得 $b^p_p = b^p_{-2p} = 0$；令 $m = 2p, p, 0, -p$，得

$$\begin{cases} b^{-2p}_{2p} + 4b^{-2p}_{3p} = 3b^{-p}_{2p} \\ 2b^{-2p}_p + 3b^{-2p}_{2p} = 3b^{-p}_p \\ 3b^{-2p}_0 + 2b^{-2p}_p = 3b^{-p}_0 \\ 4b^{-2p}_{-p} + b^{-2p}_0 = 3b^{-p}_{-p} \end{cases} \qquad (26)$$

如果取

$$u = t^{n+p\varepsilon_j}\partial_j \otimes t^{-n-p\varepsilon_j}\partial_j - 2t^n\partial_j \otimes t^{-n}\partial_j +$$
$$t^{n-p\varepsilon_j}\partial_j \otimes t^{-n+p\varepsilon_j}\partial_j$$

则直接验证得 $u_d(t^{\pm p\varepsilon_j}\partial_j) = 0$. 因此如果用 $D - b^{-2p}_{3p}u_d$ 代替 D，并比较式（12）后的陈述，则可设 $b^{-2p}_{3p} = 0$.

对于式（23），令 $m = 3p, 4p, \cdots$，可得当 $m \geqslant 2p$ 时，$b^{2p}_m = 0$；令 $m = -4p, -5p, \cdots$，可得当 $m \leqslant -4p$ 时，$b^{2p}_m = 0$；令 $m = 2p$，

$-3p$, 得 $b_{2p}^{-p} = b_{-p}^{-p} = 0$; 令 $m = p, 0, -p, -2p$, 得

$$\begin{cases} 2b_p^{-p} + 4b_p^{2p} + b_0^{2p} = 0 \\ 3b_0^{-p} + 3b_0^{2p} + 2b_{-p}^{2p} = 0 \\ 3b_p^{-p} + 2b_{-p}^{2p} + 3b_{-2p}^{2p} = 0 \\ 2b_0^{-p} + b_{-2p}^{2p} + 4b_{-3p}^{2p} = 0 \end{cases} \quad (27)$$

对于式(24), 令 $m = 4p, 5p, \cdots$, 可得当 $m \geqslant 3p$ 时, $b_m^{2p} = 0$; 令 $m = -4p, -5p, \cdots$, 可得当 $m \leqslant -5p$ 时, $b_m^{2p} = 0$; 令 $m = 3p$, 得 $b_p^{2p} = 0$; 把 $b_p^p = b_{-2p}^p = 0$, $b_{2p}^{-p} = b_{-p}^{-p} = 0$ 带入式(25), 可知 $b_m^{-p} = 0$; 把 $b_{3p}^{-2p} = 0$, $b_m^{-p} = 0$ 带入式(26), 可知 $b_m^{-2p} = 0$; 把 $b_p^{2p} = 0$, $b_m^{-p} = 0$ 带入式(27), 可知 $b_m^{2p} = 0$.

综上可得 $b_m^p = b_m^{2p} = b_m^{-p} = b_m^{-2p} = 0$.

通过以上几个引理可知 $D(t^{p\varepsilon_j}\partial_j) = 0$.

下面我们证明 $D(t^{\lambda\varepsilon_j}\partial_j) = 0$, $\forall \lambda \in pZ$.

用 D 作用在下式两边

$$[t^{\lambda\varepsilon_j}\partial_j, t^{p\varepsilon_j}\partial_j] = (p - \lambda)t^{(\lambda+p)\varepsilon_j}\partial_j$$

得到

$$-t^{p\varepsilon_j}\partial_j \cdot D(t^{\lambda\varepsilon_j}\partial_j) = (p - \lambda)D(t^{(\lambda+p)\varepsilon_j}\partial_j)$$

令 $\lambda = -p, -2p, \cdots$, 可以得到 $D(t^{\lambda\varepsilon_j}\partial_j) = 0$, $\forall \lambda \leqslant -p$. 下式两边用 D 作用

$$[t^{\lambda\varepsilon_j}\partial_j, t^{-p\varepsilon_j}\partial_j] = (-p - \lambda)t^{(\lambda-p)\varepsilon_j}\partial_j$$

得到

$$-t^{-p\varepsilon_j}\partial_j \cdot D(t^{\lambda\varepsilon_j}\partial_j) = (-p - \lambda)D(t^{(\lambda-p)\varepsilon_j}\partial_j)$$

令 $\lambda = 2p, 3p, \cdots$, 可以得到 $D(t^{\lambda\varepsilon_j}\partial_j) = 0$, $\forall \lambda \geqslant 2p$. 综上可知 $D(t^{\lambda\varepsilon_j}\partial_j) = 0$.

引理 7 $D = 0$.

证 首先我们已经推导出来

$$D(t^{sp\varepsilon_j}\partial_j) = 0 \quad (\forall j = 1, 2, s \in Z)$$

对任意的 $t^z\partial_j \in W_z$, 其中 $z \in \Gamma$. 假设存在式(10), 固定 $s_0 \gg 0$, 使得

$$a_{n \pm sp\varepsilon_j}^z = 0 \quad (\forall s > s_0, n \in Z^2 - \Gamma) \quad (28)$$

$$b^z_{n\pm sp\varepsilon_j,k,l} = 0 \quad (\forall s > s_0, n \in \Gamma, k,l = 1,2) \quad (29)$$

把 D 作用到下式两端

$$[t^{-sp\varepsilon_j}\partial_j, [t^{sp\varepsilon_j}\partial_j, t^z\partial_j]] = (\lambda_j - sp)(\lambda_j + 2sp)t^z\partial_j$$

并比较 $\mathrm{ad}\, t^{n+z} \otimes \mathrm{ad}\, t^{-n}$ 的系数,利用式(28),可以推出

$$((n_j + z_j)(n_j + z_j + sp) + (-n_j)(-n_j + sp) -$$
$$(z_j - sp)(z_j + 2sp))a^z_n = 0 \quad (\forall s > s_0)$$

比较 $t^{n+z}\partial_k \otimes t^{-n}\partial_l$ 的系数,利用式(29),可以推出

$$((n_j + z_j - sp)(n_j + z_j + 2sp) + (-n_j - sp) \cdot$$
$$(-n_j + 2sp) - (z_j - sp)(z_j + 2sp))b^z_{n,k,l} = 0$$
$$(\forall s > s_0)$$

因此 $a^z_n = 0, b^z_{n,k,l} = 0$.

对任意的 $\mathrm{ad}\, t^u \in W_u$,其中 $u \in Z^2 - \Gamma$, $j \in \{1,2\}$. 假设

$$D(\mathrm{ad}\, t^u) = \sum_{n \in Z^2-\Gamma} c^u_{n,j} t^{n+u}\partial_j \otimes \mathrm{ad}\, t^{-n} + \sum_{n \in \Gamma} d^u_{n,j}\mathrm{ad}\, t^{n+u} \otimes$$
$$t^{-n}\partial_j + \sum_{n \in Z^2-\Gamma} e^u_n \mathrm{ad}\, t^{n+u} \otimes \mathrm{ad}\, t^{-n} \quad (30)$$

其中 $M_u := \{(n,k) \mid c^u_{n,k} \neq 0\}, N_u := \{(n,l) \mid d^u_{n,l} \neq 0\}$ 及 $R_u = \{u \mid e^u_n \neq 0\}$ 是有限集. 固定 $s_0 \gg 0$,使得

$$c^u_{n\pm sp\varepsilon_j,j} = 0 \quad (\forall s > s_0, n \in Z^2 - \Gamma) \quad (31)$$

$$d^u_{n\pm sp\varepsilon_j,j} = 0 \quad (\forall s > s_0, n \in \Gamma) \quad (32)$$

$$e^u_{n\pm sp\varepsilon_j} = 0 \quad (\forall s > s_0, n \in Z^2 - \Gamma) \quad (33)$$

把 D 作用到下式两端

$$[[\mathrm{ad}\, t^u, t^{sp\varepsilon_j}\partial_j], t^{-sp\varepsilon_j}\partial_j] = u_j(u_j + sp)\mathrm{ad}\, t^u$$

对应系数可以得到以下三个式子

$$u_j(u_j + sp)c^u_{n,j} = (n_j + u_j - sp)(n_j + u_j + 2sp)c^u_{n,j} +$$
$$n_j(n_j - sp)c^u_{n,j} -$$
$$(n_j - sp)(n_j + u_j - 2sp)c^u_{n-sp\varepsilon_j,j} -$$
$$(n_j + sp)(n_j + u_j + 2sp)c^u_{n+sp\varepsilon_j,j} \quad (34)$$

$$u_j(u_j + sp)d^u_{n,j} = (n_j + u_j)(n_j + u_j + sp)d^u_{n,j} -$$
$$(n_j + sp)(-n_j + 2sp)d^u_{n,j} +$$
$$(n_j + u_j - sp)(-n_j + 2sp)d^u_{n-sp\varepsilon_j,j} -$$

$$(n_j + 2sp)(n_j + u_j + sp)d_{n+sp\varepsilon_j,j} \qquad (35)$$

$$\begin{aligned} u_j(u_j + sp)e_n^u = {} & (n_j + u_j)(n_j + u_j + sp)e_n^u + \\ & n_j(n_j - sp)e_n^u - (n_j - sp)(n_j + u_j - \\ & sp)e_{n-sp\varepsilon_j}^u - (n_j + sp)(n_j + u_j + \\ & sp)e_{n+sp\varepsilon_j}^u \end{aligned} \qquad (36)$$

利用式(31),则式(34)可变换为

$$(n_j^2 + n_j u_j - (sp)^2)c_{n,j}^u = 0 \quad (\forall s > s_0)$$

因此可得 $c_{n,j}^u = 0$.

利用式(32),则式(35)可变换为

$$(n_j^2 + n_j u_j - (sp)^2)d_{n,j}^u = 0 \quad (\forall s > s_0)$$

因此可得 $d_{n,j}^u = 0$.

式(30)可变换为

$$D(\operatorname{ad} t^u) = \sum_{n \in Z^2 - \Gamma} e_n^u \operatorname{ad} t^{n+u} \otimes \operatorname{ad} t^{-n} \qquad (37)$$

利用式(33),则式(36)可变换为

$$(n_j^2 + n_j u_j)e_n^u = 0 \quad (\forall s > s_0)$$

因此当 $n_j \neq 0, -u_j$ 时,可得 $e_n^u = 0$.

又由于对任意取定的 $s \in Z$

$$[\operatorname{ad} t^u, t^{sp\varepsilon_i}\partial_i] = 0$$

上式两边用 D 作用,并利用式(33),可得

$$n_i e_n^u = 0$$

因此当 $n_i \neq 0$ 时,可得 $e_n^u = 0$.

由于 $n, u, n + u \in Z^2 - \Gamma$,所以 $(0,0), (-u_1, -u_2)$ 不满足定义,即所有的 $e_n^u = 0$.

因此 $c_{n,j}^u = 0, d_{n,j}^u = 0, e_n^u = 0$.

综上可知 $D = 0$.

4　本文的主要结果

引理 8　假设 $r \in V$ 满足对所有的 $a \in W$ 都有 $a \cdot r \in \operatorname{Im}(1 - \tau)$ 成立,则 $r \in \operatorname{Im}(1 - \tau)$.

证 首先可以注意到 $W \cdot \mathrm{Im}(1-\tau) \subset \mathrm{Im}(1-\tau)$. 接下来我们证明通过有限步的用 $r-u$ 来代替 r, 最终可以约化为 0, 其中 $u \in \mathrm{Im}(1-\tau)$, 即证明了 $r \in \mathrm{Im}(1-\tau)$. 假设 r 可以写成

$$r = \sum_{n \in Z^2} r_n$$

显然

$$r \in \mathrm{Im}(1-\tau) \Leftrightarrow r_n \in \mathrm{Im}(1-\tau) \quad (\forall n \in Z^2) \quad (38)$$

对 $\forall n' \neq 0$, 选取 $\partial \in T$, 使得 $\partial(n') \neq 0$, 则

$$\sum_{n \in Z^2} \partial(n) r_n = \partial \cdot r \in \mathrm{Im}(1-\tau)$$

由式(38), 可知 $\partial(n) r_n \in \mathrm{Im}(1-\tau)$, 特别地, $r_{n'} \in \mathrm{Im}(1-\tau)$, 因此可用 $r - \sum_{0 \neq n \in Z^2} r_n$ 来替代 r, 之后可以假设 $r = r_0 \in V_0$. 设

$$r = \sum_{m \in Z^2 - \Gamma} a_m \mathrm{ad}\, t^m \otimes \mathrm{ad}\, t^{-m} + \sum_{n \in \Gamma} b_{n,k,l} t^n \partial_k \otimes t^{-n} \partial_l$$

我们在 Z^2 上定义全序

$$(a,b) < (c,d) \Leftrightarrow a < c \text{ 或 } a = c, b < d$$

因为

$$a'_m := \mathrm{ad}\, t^m \otimes \mathrm{ad}\, t^{-m} - \mathrm{ad}\, t^{-m} \otimes \mathrm{ad}\, t^m \quad (m \in Z^2 - \Gamma)$$

$$b'_{n,k,l} := t^n \partial_k \otimes t^{-n} \partial_l - t^{-n} \partial_l \otimes t^n \partial_k \quad (n \in \Gamma)$$

将 r 用 $r-u$ 替代, 其中 u 是 a'_m 与 $b'_{n,k,l}$ 的某一组合, 可设

$$a_m \neq 0, m \in Z^2 - \Gamma \Rightarrow m \geq 0$$

$$b_{n,k,l} \neq 0, n \in \Gamma \Rightarrow n \geq 0 \text{ 或 } n = (0,0), k \leq l$$

现在我们假设对某些 $m > 0$ 满足 $a_m \neq 0$. 当 $\varepsilon_k > 0$ 时, 固定 $s \gg 0$, 或当 $\varepsilon_k < 0$ 时, 固定 $s \ll 0$, 其中 $s \in \Gamma$, 使得 $m_k \neq 0$. 则我们可以看到若 $\mathrm{ad}\, t^{m+s\varepsilon_k} \otimes \mathrm{ad}\, t^{-m}$ 出现在 $t^{s\varepsilon_k} \partial_k \cdot r$ 中, 但 $\mathrm{ad}\, t^{-m} \otimes \mathrm{ad}\, t^{m+s\varepsilon_k}$ 不出现在 $t^{s\varepsilon_k} \partial_k \cdot r$ 中, 这与 $t^{s\varepsilon_k} \partial_k \cdot r \in \mathrm{Im}(1-\tau)$ 矛盾. 我们假设对某些 $n > 0$ 满足 $b_{n,k,l} \neq 0$. 当 $\varepsilon_k > 0$ 时, 固定 $s \gg 0$, 或当 $\varepsilon_k < 0$ 时, 固定 $s \ll 0$, 其中 $s \in \Gamma$, 使得 $n_k - s \neq 0$. 则我们可以看到若 $t^{n+s\varepsilon_k} \partial_k \otimes t^{-n} \partial_l$ 出现在 $t^{s\varepsilon_k} \partial_k \cdot r$ 中, 但 $t^{-n} \partial_l \otimes t^{n+s\varepsilon_k} \partial_k$ 不出现在 $t^{s\varepsilon_k} \partial_k \cdot r$ 中, 这与 $t^{s\varepsilon_k} \partial_k \cdot r \in \mathrm{Im}(1-$

τ) 矛盾. 同理我们可以验证如果 $b_{0,k,l} \neq 0$ 对某个 $k \leqslant l$ 成立时, 得到类似的矛盾, 因此 $r = 0$.

定理 2 令 $(W, [\,\cdot\,,\cdot\,])$ 为量子环面上的导子李代数, 则 W 上的任意李双代数结构都是三角上边缘的李双代数.

证 令 $(W, [\,\cdot\,,\cdot\,], \Delta)$ 是定义在 W 上的一个李双代数, 因此由定义 3 的 (iii) 知, $\Delta \in \mathrm{Der}(W, V)$. 又因为 $\mathrm{Der}(W, V) = \mathrm{Inn}(W, V)$, 则存在 $D \in \mathrm{Inn}(W, V)$, 使得 $\Delta = D$, 即

$$\Delta(x) = x \cdot r \quad (\forall x \in W)$$

其中 $r \in W \otimes W$ 为固定的, 因此 $\Delta = \Delta_r$ 是由式 (2) 来定义的, 且 $\Delta(x) = x \cdot r \in \mathrm{Im}\,\Delta$. 由定义 2 的 (i) 可知, $\mathrm{Im}\,\Delta \subset \mathrm{Im}(1 - \tau)$, 再由引理 8 可得 $r \in \mathrm{Im}(1 - \tau)$, 也就是说

$$r = \sum_{i=1}^{m} (a_i \otimes b_i - b_i \otimes a_i)$$

其中对某些 $a_i, b_i \in W$, 由定义 2 的 (ii) 可知

$$(1 + \xi + \xi^2) \cdot (1 \otimes \Delta) \cdot \Delta(x) = 0 \quad (x \in W)$$

由命题 2 可知, $x \cdot c(r) = 0$, 再由命题 4, $c(r) = 0$, 因此定义 4 与定义 5 说明 $(W, [\,\cdot\,,\cdot\,], \Delta)$ 是三角上边缘的李双代数.

李双代数是既具有李代数结构又具有李余代数结构, 并且满足相容性的. 在本文中, 我们通过验证量子环面导子李代数的所有导子都是内导子的方法来研究其上的李双代数结构, 并证明了量子环面导子李代数上的李双代数结构是三角上边缘的.

本书的最后一章论及了相对论中的闵可夫斯基理论. 鉴于涉及相对论的知识, 所以为了方便读者阅读, 兹补充若干预备知识.

1　光的量子理论

我们已经看到, 在相对论中, 静质量为 m_0 和运动速度为 u 的粒子的总能量和动量, 可由下列公式表示

$$E = \frac{m_0 c^2}{\sqrt{1 - \dfrac{u^2}{c^2}}} \tag{1}$$

$$\boldsymbol{p} = \frac{m_0 \boldsymbol{u}}{\sqrt{1 - \dfrac{u^2}{c^2}}} \tag{2}$$

从这两个公式中消去速度 u 后,我们可以求出能量与动量之间的关系.

从方程(1)和(2)中,我们有

$$\left(\frac{E}{c}\right)^2 = \frac{m_0^2 c^2}{1 - \dfrac{u^2}{c^2}}$$

$$p^2 = \frac{m_0^2 u^2}{1 - \dfrac{u^2}{c^2}}$$

将上述两式的两边相减,我们得到

$$\left(\frac{E}{c}\right)^2 - p^2 = m_0^2 c^2 \tag{3}$$

由此得

$$E = c\sqrt{p^2 + m_0^2 c^2} \tag{4}$$

我们现在提出下列问题,按照相对论原理,是否有可能存在着静质量为零的粒子,也就是 $m_0 = 0$ 的粒子. 显然,从经典力学的观点看来,实际上不可能存在这种粒子.

事实上,在经典力学中,质量往往被看作是表征粒子惯性的不变量. 质量等于零在物理意义上表明粒子不具有惯性,而且经典公式 $\boldsymbol{p} = m\boldsymbol{u}$,$T = \dfrac{mu^2}{2}$ 指出,这种粒子甚至既不具有动量,又不具有动能,也就是不具有一切物质通常所具有的属性. 但是在相对论中,则完全是另一回事. 我们看到,从相对论力学的观点看来,这种粒子的存在,既不与我们的实验发生矛盾,也不与任何物质的普遍性质的概念发生矛盾. 现在我们来看一看,这样的粒子究竟必须具有什么样的性质. 公式 (1) 和 (2) 指出, 如果除了 $m_0 = 0$ 以外, 同时令 $u = c$ 的话, 那么静质量等于零的粒子可以有不为零的能量和动量.

于是, 能量与动量的表达式就可以取不定的值: $E = \dfrac{0}{0}$ 和 $p = \dfrac{0}{0}$. 从数学中知道, 这表明能量与动量可以取从 0 至 ∞ 之间的任何值. 这时, 公式 (4) 指出, 静质量为零的粒子的能量与动量相互成正比

$$E = cp$$
$$p = \frac{E}{c} \tag{5}$$

因此, 我们可以得出这样一个结论, 按照相对论原理, 静质量为零的粒子是可能存在的, 而且这种粒子必须具有两种最重要的性质: (i) 它们的运动速度必须等于真空内的光速 c; (ii) 它们的能量和动量必须符合 (5) 的关系式.

我们看到, 这些性质使粒子 (暂时假定的粒子) 和光的辐射相接近, 而辐射在真空内也是以光速 c 传播的, 并且具有用公式 $p = \dfrac{E}{c}$ 所表示的和能量发生直接关系的动量 (在前一节中叙述爱因斯坦的车厢实验时已提到过这一点). 这样, 我们就可以在新的基础上重新建立起在 19 世纪初叶被抛弃过的光的微粒学说, 并把光看作是静质量为零的粒子流. 这种粒子即称为光量子或光子.

这样一来, 相对论本身就填满了当它出现以后, 在我们对于光的概念上所形成的一个 "真空". 这一 "真空" 是由于以太观念遭到彻底破产的结果而产生的, 而以太却曾经被看作是一种弹性的无所不入的媒质和电磁波的载波.

现在我们可以把光子的基本性质归纳如下:

1. 光子的静质量等于零, $m_0 = 0$.

2. 光子以真空内的光速运动着, $u = c$.

3. 因为光子的静能等于零, 因而它们的总能量等于动能, 而且与光子动量的关系为

$$\varepsilon = cf$$

（在这一节内,为了与具有静质量的粒子区别开来,我们用 ε 表示光子的能量,f 表示光子的动量）.

4. 光子不具有静质量,只具有动质量,显然动质量与总质量相等,并等于

$$m = \frac{\varepsilon}{c^2} = \frac{f}{c} \tag{6}$$

因此,光子具有惯性,而且光子的能量与动量越大,惯性也就越大.

5. 最后必须注意到,光子不具有静质量这一点,从物理意义上来讲,意味着在自然界中不存在着静止的光子. 光子运动的终止或者光子的停止,表明它已经被原子所吸收.

不言而喻,这时光子的质量、能量和动量都不是消失了,而是传递给吸收它的原子. 但是,也曾经有人天真地认为,光子可以继续存在于原子内. 被吸收的光子作为单个粒子而消失时,遵从能量和动量守恒定律.

以上我们已经详尽地阐述了从相对论导出的有关光子的全部知识. 至于对光子性质的进一步了解,只能在今后由实验来提供.

现在我们来研究光子理论中最为重要的现象 —— 光电效应.

大家知道,光电效应（由斯托列托夫最先进行了详细的研究）的原理是:照射到金属表面的光从金属内击出电子. 在实验中发现了光电效应具有下列基本性质:

1. 光电效应是无惯性的 —— 电子开始飞出和停止,实际上与光照的开始和停止同时发生.

2. 被击出的电子的数量与入射光的强度成正比.

3. 被击出的电子的动能与光的强度无关,而且是入射光频率的线性函数.

我们现在可以证明,光电效应的上述三种性质,在经典的光的波动理论范畴内是无法理解的,而利用光的量子论,则可以很容易和很自然地得到解释.

从波动理论的观点看来,电子从金属内被击出的机制如下.入射到金属上的电磁波的交变电场,迫使金属内的电子发生振动.随着这种振动振幅的增加,振动着的电子的能量也相应地增加.当这一能量足以克服保持电子在金属内的力时(做所谓脱出功),它就脱离金属.由于入射在金属上的波的能量分布在金属的所有表面,因而每一电子所得到的能量只是全部能量流的很小一部分而已.所以,从波动理论看来,在光照开始和电子飞出之间,应该通过某一时间(绝不是如计算所指出的那样无穷小),以便使电子发生振动.

相反,从量子论的观点看来,光流的能量并不是分布在金属的所有表面上,而是由量子传递的,并且是集中在个别的点上(量子射入点).因而每一量子含有很大一部分的能量,以至可以使电子立即飞出.利用量子理论来解释上述光电效应的第二个性质,同样地也是很自然的.因为每一电子之所以能够从金属内飞出,主要是由于吸收了一个光子的结果,因而在被击出的电子数和入射到金属上的量子数(它也决定光的强度)之间,应该存在着一个直接的正比关系.

最后,我们转到光电效应的第三个性质.首先必须指出,这一性质与光的波动理论是不相容的.事实上,从波动观点看来,入射光的强度越强,则每一电子所获得的能量越大,因而电子的动能必须取决于光的强度.但是从量子论的观点看来,每一电子由于系从一个光子获得能量,因而这一能量与光子数无关.

按照第三个性质,光电子的动能与入射光的频率呈线性关系.这一关系可以用图来表示.设横坐标轴表示入射光的频率,纵坐标轴表示电子的动能,则由实验所得到的点恰恰位于一条直线上,它与横坐标轴的倾角为 α(图1).如果我们假设 $\tan\alpha = h$,由这一直线的延长线在纵坐标上所截的线段为 A',则在数学上,这一关系可以用下列公式来表示

$$T(u) = h\omega - A' \tag{7}$$

实验指出,如果改变组成薄片的材料,则直线 KL 的斜率保持不变,而线段 A' 的数值则有所改变.这表明,h 是一个万有常

数. 测出直线 KL 的斜率, 即可求得这一常数的数值. 从式(7)可以看出, h 的量纲等于能量的量纲乘上时间

$$[h] = \frac{[E]}{[\omega]_1} = [E \cdot t]$$

其中 h 的数值等于

$$h = 1.05 \times 10^{-27} \text{尔格} \cdot \text{秒}$$

我们称 h 为普朗克常数(虽然严格说来, 普朗克常数为 h', 它比 h 大 2π 倍, 即 $h' = 2\pi h = 6.62 \times 10^{-27}$ 尔格·秒).

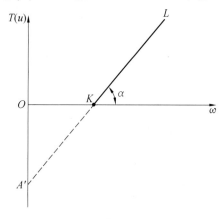

图 1

现在我们来研究式(7)的物理意义. 按照能量守恒定律, 在光电效应的每一过程中, 光子的能量 E 必须消耗于使电子从金属脱出所做的功 A 和传递给电子以动能

$$E = T(u) + A \tag{8}$$

将这一等式写成如下形式

$$T(u) = E - A$$

因为对于不同的金属, 脱出功 A 的数值亦不同, 而量子的能量 E 只与光的性质有关, 因而将这一等式与(7)相比较, 我们看到, 在物理内容上它们是完全等同的, 即两者都表示能量守恒定律. 这时, 式(7)内的量 A' 等于 A——脱出功, 而乘积 $h\omega$ 则表示光子的能量.

考虑到公式(5)和(6), 我们看到, 光子的能量、质量与动量, 取决于光的频率 ω, 并且可以用下列公式来表示

$$\varepsilon = h\omega \qquad (9)$$

$$m = \frac{h\omega}{c^2} \qquad (10)$$

$$f = \frac{h\omega}{c} \qquad (11)$$

如果引入方向和波方向相同的波矢量 $k = \dfrac{2\pi}{\lambda} = \dfrac{\omega}{c}$，则上述最后一个公式可以改写为

$$\boldsymbol{f} = h\boldsymbol{k}$$

显然，这些量也可以用光的波长来表示. 考虑到

$$\omega = \frac{2\pi}{T} = \frac{2\pi c}{\lambda}$$

（式中 T 为光的振动时间，而 λ 为光的波长），于是，我们得到

$$\varepsilon = \frac{2\pi hc}{\lambda} \qquad (9')$$

$$m = \frac{2\pi h}{c\lambda} \qquad (10')$$

$$f = \frac{2\pi h}{\lambda} \qquad (11')$$

利用光的量子观念，我们可以很容易地解释光与物质相互作用时所发生的一系列效应.

我们来研究下列一些较为特殊的例子.

1. 康普顿效应. 如果伦琴射线束入射到物质上，则很快地发生散射，也就是光线从散射体射向各个方向. 图 2 即为描述观察这种现象的示意图.

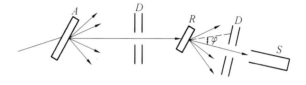

图 2

图中 A 为伦琴射线管的对阴极，R 为散射物质，D 为选择散射角为 φ 的射线束的光栅系统，S 为伦琴射线光谱仪，用以测出被散射光的波长.

从波动理论的观点看来,这种现象可以描述如下:

入射电磁波的交变电场使物质内的电子发生振动. 振动着的电子本身又成为向各个方向传播的二次电磁波的波源. 这种二次波组成被散射的伦琴射线束. 从受迫振动理论得出,电子的振动频率必须等于电磁场的振动频率.

因此,按照经典理论,被散射光线的频率与波长必须和入射光线的频率与波长相等.

但是,实验指出,在散射光线的光谱内,除了未位移的谱线外,还存在着一种比起入射光来相应于较小频率($\omega' < \omega$)和较大波长($\lambda' > \lambda$)的位移谱线. 这种现象在 1923 年由康普顿在实验上所发现,因此称为康普顿效应.

很容易看到,利用量子论可以很简单地来解释这种现象. 因为伦琴射线的量子与电子碰撞时,把本身的一部分能量传递给电子,因而这时它们的能量减小了 $E' < E$. 于是由公式 $E = h\omega$ 可以直接得出 $\omega' < \omega$ 和相应地可得 $\lambda' > \lambda$. 显然,散射角越大,碰撞时所传递的能量也越大. 因此,频率的改变必须随散射角 φ 的增加而增加,而且当 $\varphi = 180°$ 时达到最大值,这一点已经在实验上得到了证实. 此外,由于伦琴射线量子的散射体是单个的电子,因而康普顿效应与散射物质的性质无关,这也与实验数据很好地符合.

现在我们转到这种现象的定量理论. 我们来研究光子与自由电子(电子在原子内的结合能可以略去不计)的弹性碰撞. 用 f 和 f' 分别表示光子在碰撞前和碰撞后的动量,p 表示电子在碰撞后的动量,φ 为光子的散射角(图 3).

这种过程的动量守恒定律可以写为

$$\boldsymbol{f} = \boldsymbol{f}' + \boldsymbol{p}$$

因为光子在碰撞前和碰撞后的能量分别等于 $\varepsilon = cf$ 和 $\varepsilon' = cf'$,因而能量守恒定律可以写成如下形式

$$cf + m_0 c^2 = cf' + E$$

式中,E 为电子在碰撞后的能量. 把这些式子改写为

$$\boldsymbol{p} = \boldsymbol{f} - \boldsymbol{f}'$$

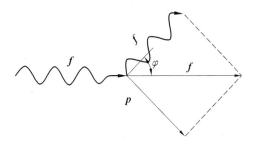

图 3

$$\frac{E}{c} = m_0 c + f - f'$$

并将上述等式的两边取平方,我们得到

$$p^2 = f^2 + f'^2 - 2ff'\cos\varphi$$

$$\frac{E^2}{c^2} = m_0^2 c^2 + f^2 + f'^2 + 2m_0 c(f - f') - 2ff'$$

现在从第二式减去第一式,并考虑到

$$\frac{E^2}{c^2} - p^2 = m_0^2 c^2 \left[等式(3) \right]$$

我们得到

$$2m_0 c(f - f') - 2ff'(1 - \cos\varphi) = 0$$

由此得

$$\frac{1}{f'} - \frac{1}{f} = \frac{2}{m_0 c}\sin^2\frac{\varphi}{2}$$

为了求得康普顿效应中波长的改变,我们按公式(11′)用散射前和散射后的波长 λ 和 λ' 表示光子的动量 f 和 f'. 于是,最后得到

$$\lambda' - \lambda = \frac{4\pi h}{m_0 c} \cdot \sin^2\frac{\varphi}{2}$$

常数 $\lambda_0 = \frac{2\pi h}{m_0 c} = 0.024\,27A$ 称为康普顿波长. 把它代入上式内,得到康普顿效应的基本公式为

$$\Delta\lambda = 2\lambda_0 \cdot \sin^2\frac{\varphi}{2} \qquad (12)$$

式(12)实际上表示我们在上面已经提到的康普顿效应的性

质:对于一切物质,波长的改变 $\Delta\lambda$ 都相同,而且散射角 φ 越大,改变也越大. 在 $\varphi = 0$ 时,我们得到 $\Delta\lambda = 0$;$\varphi = 90°$ 时, $\Delta\lambda = \lambda_0$;$\varphi = 180°$ 时,$\Delta\lambda = 2\lambda_0$.

2. 自由电子不能发射(或吸收)光子. 实际上,如果这种过程是可能的话,则可以用图 4 所示的图形来表示.

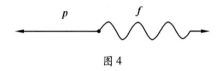

图 4

(为简单起见,我们从辐射前电子为静止的参照系来研究这一现象).

由能量和动量守恒定律得出

$$p = f$$
$$m_0 c^2 = c\sqrt{p^2 + m_0^2 c^2} + cf$$

式中,$c\sqrt{p^2 + m_0^2 c^2}$ 为电子在辐后的能量.

将 $p = f$ 代入后一式内,得到确定 f 的方程为

$$m_0 c^2 = c\sqrt{f^2 + m_0^2 c^2} + cf \tag{13}$$

不难看到,它只有一个根 $f = 0$.

3. 电子与光子的相互转化. 研究核反应时,我们曾经看到,在这些反应过程中,核的静质量,因而也是核的静能可以部分地转化为动质量和动能. 于是产生了这样的一个问题,在自然界中是否存在着这样的一种反应,即静质量和静能全部转变为动质量和动能. 显然,这种反应的实质可以归结为具有静质量的起始粒子转化为光子.

在 1932 年以前,物理学家还没有发现这种反应. 1932 年,安德逊在宇宙射线内首先发现了一种所谓"正电子"或者"正子",也就是静质量和电子相同而电荷符号和电子相反的粒子.

进一步的研究指出,在与电子发生碰撞时,这两个粒子(电子与正电子)开始消失,而转化为两个 γ 量子.

从电子与正电子以大小相等的速度 u 和 $-u$ 相向运动的

参照系来研究电子－正电子偶转化为两个 γ 量子的过程是最为方便的.

于是从动量守恒定律得出,在这种参照系内,两个 γ 量子同样地将以相反的方向飞出,而且具有相同的动量 $\dfrac{h\omega}{c}$,因而也具有相同的频率(图 5).

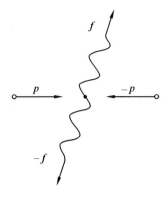

图 5

根据能量守恒定律,我们有

$$\frac{m_0 c^2}{\sqrt{1 - \dfrac{u^2}{c^2}}} = h\omega \tag{14}$$

由此得到 γ 量子的频率为

$$\omega = \frac{m_0 c^2}{h\sqrt{1 - \dfrac{u^2}{c^2}}}$$

我们看到,最小的频率值(这时很慢的粒子偶可以发生转化)等于

$$\omega_0 = \frac{m_0 c^2}{h}$$

也就是最大的波长

$$\lambda_0 = \frac{2\pi c}{\omega_0} = \frac{2\pi h}{m_0 c}$$

为康普顿波长.

必须注意到,在特定的参照系内来研究粒子偶转化为两个 γ 量子的过程,并不限制其普遍性,因为利用洛伦兹变换,我们往往可以将这一参照系变换到任何其他参照系,例如,变换到某一粒子处于静止状态的参照系.

我们已经研究了一种特殊的化学反应,其中包括粒子偶 —— 正电子和电子 —— 转化为两个 γ 量子的过程.

从动力学观点出发,这种反应可以发生在正方向上,也可以发生在反方向上. 因此,两个 γ 量子转化为正电子 – 电子偶的逆过程也是可能的. 但是,粒子偶转化为一个 γ 量子却是不可能的,因为这种过程与动量守恒定律发生矛盾(电子和正电子的总动量等于零,而光子的动量不等于零).

但是,如果这种过程发生在物质内(而不发生在真空内),则某一个旁粒子,例如原子核,将获得这一多余的动量.这时,能量守恒定律可以写为

$$\frac{2m_0c^2}{\sqrt{1 - \dfrac{u^2}{c^2}}} = h\omega \tag{15}$$

这里必须注意到我们没有把原子核的动能考虑在内,因为由于原子核的质量很大,当它带走多余的动量时不会获得很大的速度(换句话说,我们可以把原子核看作是固定的墙).

在物质内,一个 γ 量子转化为电子 – 正电子偶的逆反应也是可能的.

将式(15)从右向左读出,我们看到,γ 量子能够转化为电子 – 正电子偶的最小能量必须大于 $2m_0c^2 = 1.02$ 兆电子伏.

最后,我们注意到,通常把实验室内所发现的电子 – 正电子偶转化为 γ 量子的过程称之为电子偶的"湮灭"过程(即转化为乌有)是很不恰当的. 事实上,在这些过程中,根本不存在着任何转化为乌有的现象,而只是从一种形式的物质(具有静质量)转化为另一种形式的物质(不具有静质量),并且严格遵守总质量(电子和正电子的静质量转化为光子的动质量)、能量、动量和电荷的守恒定律.

因此,我们宁可将这一过程称之为粒子与 γ 量子的相互转化过程.

4. 静止原子的光的辐射. 如果辐射体不是基本粒子 —— 电子,而是原子,那么情况就大不相同. 在辐射过程中原子的一部分内能转化为光子和原子的动能. 这表明,原子的静能以及它的静质量由于辐射而减少. 我们用 M_0 表示辐射前原子的静质量. M'_0 表示辐射后原子的静质量,因而得到 $M'_0 < M_0$(对于电子和对于基本粒子一样,$m_0 = $ 常数).

于是,为了求出光子的动量 f,我们得到方程

$$M_0 c^2 = c\sqrt{f^2 + M'^2_0 c^2} + cf \tag{16}$$

它与式(13)的不同之处只是在右边用 M'_0 代替了 m_0 而已.

解出这一方程,我们得到

$$(M_0 c - f)^2 = f^2 + M'^2_0 c^2$$

或者

$$f = \frac{(M_0^2 - M'^2_0)c}{2M_0} \tag{17}$$

5. 运动原子的光的辐射. 多普勒效应. 在经典物理学中,大家知道,如果波源(不论属于哪一种性质 —— 声波、光波等都一样)和波的接收器彼此做相对运动,则被接收到的波的频率与波源和接收器都处于静止状态下的情况相比发生了显著的改变. 如果波源和接收器相互靠近,则被接收到的波的频率变大,反之如果彼此分开,则频率变小. 这时在经典物理学中必须区别开下列两种情况:

(1) 波源运动,接收器处于静止状态. 于是

$$\omega' = \frac{\omega}{1 - \dfrac{v}{c}\cos\varphi} \tag{18}$$

式中,ω' 为被接收器所接收到的波的频率,ω 为在波源系统内所发射出的波的频率,v 为波源的速度,c 为波的传播速度,φ 为速度 v 的方向与联结波源和接收器的直线之间的夹角(图6).

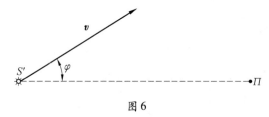

图 6

（2）波源处于静止状态，波的接收器运动. 于是

$$\omega' = \omega\left(1 + \frac{v}{c}\cos\theta\right) \tag{19}$$

式中，v 为接收器运动的速度，θ 为 v 方向与波源和接收器直线之间的夹角（图 7）.

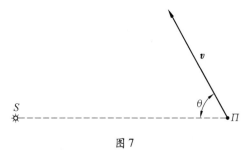

图 7

　　如果所指的是声波，则这两种情况之间的差别是完全可以得到解释的，这是因为在第一种情况下，波源相对于空气运动，也就是相对于波在其中传播的弹性媒质运动，而在第二种情况下，波源却并不是相对于媒质运动. 从经典的光的波动观点看来，在光学中的情况也完全相同，唯一的区别只是由以太起着作为传递媒质的空气的作用. 因此，由公式（16）和（17）的差别，可以在原则上求出光源或光的接收器的绝对运动速度. 但是，从相对论的观点看来，以太作为具有弹性的传递光波的力学媒质的观念是不存在的，因而在这两种情况之间不应有任何差别.

　　现在我们确信，从量子概念出发，可以建立起多普勒效应的相对论理论. 我们假定，光子是由运动原子所辐射出来的. 我们用 p 和 p'，E 和 E' 分别表示辐射前和辐射后原子的动量和能量，f' 表示由运动原子所辐射出来的光子的动量，φ 表示原子的速度(动量)方向与辐射方向之间的夹角(图 8).

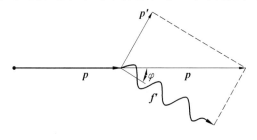

图 8

于是能量和动能守恒定律可以用下列方程式来表示

$$p = p' + f'$$
$$E = E' + cf'$$

式中,cf' 为辐射出来的光子的能量. 从这两个等式中求出 p' 和 E',并对它们取平方,我们得到

$$p'^2 = p^2 + f'^2 - 2pf'\cos\varphi$$
$$\frac{E'^2}{c^2} = \frac{E^2}{c^2} + f'^2 - \frac{2Ef'}{c}$$

从第二式中减去第一式,并考虑到

$$\frac{E'^2}{c^2} - p'^2 = M_0'^2 c^2 \ \text{和} \ \frac{E^2}{c^2} - p^2 = M_0^2 c^2$$

我们有

$$M_0'^2 c^2 = M_0^2 c^2 - 2f'\left(\frac{E}{c} - p\cos\varphi\right)$$

现在考虑到,根据公式(17)

$$M_0'^2 c^2 = M_0^2 c^2 - 2M_0 cf$$

式中,f 为由静止原子所辐射出来的光子的动量. 由此得到

$$f' = f\frac{M_0 c}{\dfrac{E}{c} - p\cos\varphi}$$

最后,在这一式子中代入原子的动量与能量值

$$E = \frac{M_0 c^2}{\sqrt{1 - \dfrac{u^2}{c^2}}}, p = \frac{M_0 u}{\sqrt{1 - \dfrac{u^2}{c^2}}}$$

并代入 $f = \dfrac{h\omega}{c}$ 和 $f' = \dfrac{h\omega'}{c}$，我们得到多普勒效应的相对论公式为

$$\omega' = \omega \frac{\sqrt{1 - \dfrac{u^2}{c^2}}}{1 - \dfrac{u}{c}\cos\varphi} \qquad (20)$$

我们注意到，按照相对论原理，频率的改变只与原子和接收器的相对运动有关，因而公式(20)对于辐射原子处于静止状态，而接收光的仪器处于运动状态的情况也是正确的. 关于这一点我们将在下一章中作充分的证明. 我们看到，精确到 $\dfrac{u}{c}$ 的二级小量，公式(20)与两个经典公式(18)和(19)相合（因为 $\dfrac{1}{1 - \dfrac{u}{c}\cos\varphi} \approx 1 + \dfrac{u}{c}\cos\varphi$）.

　　相对论公式(20)与经典公式(18)和(19)的重要差别在于：在相对论范围内，存在着所谓横多普勒效应，也就是当相对速度的方向与观测方向垂直时（$\varphi = 90°$），频率发生了改变；而在经典物理学中，在这种情况下是不存在这种效应的. 事实上，当 $\varphi = 90°$ 时，由公式(18)和(19)可以得出 $\omega' = \omega$.

　　当 $\varphi = 90°$ 时，由相对论公式(20)得出

$$\omega' = \omega\sqrt{1 - \dfrac{u^2}{c^2}} \qquad (21)$$

也就是频率的改变为 $\dfrac{u}{c}$ 的二级小量（注意到纵多普勒效应为 $\dfrac{u}{c}$ 的一级小量）. 由于这一点，在实验上发现横多普勒效应是相当复杂的，因为对运动方向与观察方向之间垂直度的极微小偏差，就会掩没这种效应.

　　但是，在1938年，阿福斯利用所谓氢的极隧射线（在放电管内产生的经过隧道发射到阴极上的快正离子束）作为运动源，发现了横多普勒效应. 由阿福斯的测量求得的频率变

化值与公式(21) 很好地符合.

因此,典型的波动现象 —— 多普勒效应 —— 也可以用光的光子理论来很好地解释.

但是,往往产生这样的一种不正确的概念,即认为光的量子理论意味着完全返回到19世纪所抛弃了的光的微粒理论. 然而事实却完全不是这样: 光的量子理论的基本公式: $E = h\omega$, $f = hk$ 相当明显地指出,在光子的能量和动量的定义中,包含了波动概念的基本要素 —— 波动过程的频率 ω 和波矢量 k.

此外,我们在推导这一节的公式时所利用的能量与动量守恒定律,丝毫没有述及到光强度的分布(例如在康普顿效应中没有谈到被散射的伦琴射线强度按方向的分布),而这只有从波动概念的观点出发才是可能的.

这样,我们就得出了下列结论:

光的量子理论绝不是排斥而只是补充了光的波动理论. 事实上,现代物理学已经建立起一种完整的光的理论(量子电动力学),在这些理论中,微粒概念和波动概念不但有机地结合在一起,并且是相互补充的.

但是,深入地叙述量子电动力学,已远远地超出了本书的范围.

2　闵可夫斯基四维几何学·四维矢量

我们来研究相对论力学中较为深奥和很有成效的一种几何解释,这种解释是由闵可夫斯基在相对论创立三年之后所提出的. 有趣的是,在当初,闵可夫斯基的这种奇异和非凡的思想曾使物理学家大为惊讶,并且被认为是一种纯粹形式的数学方式,丝毫也没有深远的物理意义.

只是在理论得到了进一步的发展,特别是建立了引力理论和基本粒子的现代理论以后,才能够清楚地阐明这种解释的有效性.

我们必须指出,在研究大速度的运动时所发现的空间与时间之间的深刻的相互联系,在经典力学的范围内是不明显的.实际上这种联系是存在的,这可以从下面一点得出.与伽利略变换不同,洛伦兹变换

$$x' = \frac{x - vt}{\sqrt{1 - \dfrac{v^2}{c^2}}}$$

$$y' = y$$
$$z' = z$$

$$t' = \frac{t - \dfrac{v}{c^2}x}{\sqrt{1 - \dfrac{v^2}{c^2}}}$$

不但改变了空间坐标 x,而且也改变了时间 t.

闵可夫斯基的思想是以二维坐标系的转动变换和洛伦兹变换之间的相似性作为基础的.

如果代替时间引进乘积 ict 作为新的变数,则洛伦兹变换公式在形式上可以看作是坐标轴在 x, ict 平面内转动一个虚角度 φ 的转动公式,这一角度可以由下列等式决定

$$\tan\varphi = \frac{i\dfrac{v}{c}}{\sqrt{1 - \dfrac{v^2}{c^2}}}$$

按照闵可夫斯基的想法,我们引入下面的符号

$$x_1 = x, x_2 = y, x_3 = z, x_4 = ict$$

在这些符号中,任何事件都由 x_1, x_2, x_3, x_4 四个数决定(自然,这四个数在不同的参照系内不同).

闵可夫斯基的意图在于把通常的三维空间和时间结合为一个四维空间(为简单起见,有时称为四维"世界").这种空间内的点代表着由四个数 x_1, x_2, x_3, x_4 所给定的事件,其中前三个为实数,代表三维半径矢量在 OX, OY, OZ 轴上的投影,而第四个则为虚数,代表事件的时间乘上 ic. 物质点的运

动与参量 x_1, x_2, x_3, x_4 的连续改变联系着,这在闵可夫斯基的图像中,用一系列连续的"世界点"来描述,因此我们说,世界点描述世界线.

洛伦兹变换公式$\left(\text{采用符号} \dfrac{v}{c} = \beta\right)$ 可以采取下面一种非常对称的形式,并且可以看作是四维坐标系转动时的坐标变换公式

$$\begin{cases} x_1' = \dfrac{x_1 + \mathrm{i}\beta x_4}{\sqrt{1 - \beta^2}} \\ x_2' = x_2 \\ x_3' = x_3 \\ x_4' = \dfrac{x_4 - \mathrm{i}\beta x_1}{\sqrt{1 - \beta^2}} \end{cases} \tag{22}$$

按照与三维空间解析几何的相似性,我们可以把四个数 x_1, x_2, x_3, x_4 看作是四维半径矢量在坐标轴 x_1, x_2, x_3, x_4 上的投影. 于是,由公式(22)可以得出四维坐标系"转动"时四维半径矢量 $\boldsymbol{R}$ 投影的变换定律.

最后,利用新的符号,则两事件之间的间距可以用下式来表示

$$S^2 = \Delta x^2 + \Delta y^2 + \Delta z^2 - c^2 \Delta t^2$$
$$= \Delta x_1^2 + \Delta x_2^2 + \Delta x_3^2 + \Delta x_4^2$$

并且可以看作是两世界点之间四维距离的平方. 从这一观点看来,间距的不变性就变成很自然的 —— 两点间的距离在转动变换时并不改变.

我们注意到,四维世界几何的性质是非常特殊的. 由于第四个坐标是纯虚数,因而两事件之间的间距(四维距离)可以等于零(虽然这些事件并不重合). 我们已经知道,在这种情况下,事件可以用光信号的传播来加以联系.

此外,这种特殊性还表现在一切间距可以分为两类 —— 实的或类空间距和虚的或类时间距. 这时,不能用任何的洛伦兹变换(四维转动)把一类间距变换成另一类间距.

　　与此相反,在三维几何中,非但不存在着将距离分为上述两类的类似分法,而且还常常存在这样的一种坐标系转动,这种转动把一个指定方向转变为另一个指定方向.

　　最后,我们指出,在四维几何公式中所出现的虚数单位 $(i = \sqrt{-1})$,是应用了纯粹数学方式的结果,这种数学方式给四维几何公式提供了在全部坐标 x_1, x_2, x_3, x_4 上的对称形式.在由任何计算所得到的最后公式中,虚数单位 i 消去,因为其中所出现的往往是三个实坐标 $x = x_1, y = x_2, z = x_3$ 和实时间

$$t = -\frac{i}{c}x_4$$

　　按照与四维半径矢量 $\boldsymbol{R}(x_1, x_2, x_3, x_4)$ 的相似性,可以构成一系列其他的四维矢量.

　　作为第一个例子,我们来研究四维速度矢量.这一四维速度矢量的投影,我们定义为粒子的四维半径矢量投影对不变时间(本征时间)τ 的导数

$$\begin{cases} u_1 = \dfrac{\mathrm{d}x_1}{\mathrm{d}\tau} \\[2mm] u_2 = \dfrac{\mathrm{d}x_2}{\mathrm{d}\tau} \\[2mm] u_3 = \dfrac{\mathrm{d}x_3}{\mathrm{d}\tau} \\[2mm] u_4 = \dfrac{\mathrm{d}x_4}{\mathrm{d}\tau} \end{cases} \tag{23}$$

　　这里必须记住,本征时间 τ 与实验室时间 t 的关系式为

$$\tau = t\sqrt{1 - \frac{u^2}{c^2}}, t = \frac{\tau}{\sqrt{1 - \dfrac{u^2}{c^2}}}$$

式中,u 为粒子的速度,于是求得

$$\begin{cases} u_1 = \dfrac{\mathrm{d}x_1}{\mathrm{d}t} \cdot \dfrac{\mathrm{d}t}{\mathrm{d}\tau} = \dfrac{u_x}{\sqrt{1 - \dfrac{u^2}{c^2}}} \\[4ex] u_2 = \dfrac{\mathrm{d}x_2}{\mathrm{d}t} \cdot \dfrac{\mathrm{d}t}{\mathrm{d}\tau} = \dfrac{u_y}{\sqrt{1 - \dfrac{u^2}{c^2}}} \\[4ex] u_3 = \dfrac{\mathrm{d}x_3}{\mathrm{d}t} \cdot \dfrac{\mathrm{d}t}{\mathrm{d}\tau} = \dfrac{u_z}{\sqrt{1 - \dfrac{u^2}{c^2}}} \\[4ex] u_4 = \dfrac{\mathrm{d}x_4}{\mathrm{d}t} \cdot \dfrac{\mathrm{d}t}{\mathrm{d}\tau} = \dfrac{\mathrm{i}c}{\sqrt{1 - \dfrac{u^2}{c^2}}} \end{cases} \qquad (24)$$

很容易看出,四维速度分量不是彼此独立的,因为它们的平方之和等于 $-c^2$

$$u_1^2 + u_2^2 + u_3^2 + u_4^2 = \frac{u^2 - c^2}{1 - \dfrac{u^2}{c^2}} = -c^2 \qquad (25)$$

可以很容易证明,由四维速度矢量的洛伦兹变换,使我们重新得到相对论的速度相加定理. 实际上,与(22)类似,我们有

$$\begin{cases} u'_1 = \dfrac{u_1 + \mathrm{i}\beta u_4}{\sqrt{1 - \beta^2}} \\[2ex] u'_2 = u_2 \\[1ex] u'_3 = u_3 \\[1ex] u'_4 = \dfrac{u_4 - \mathrm{i}\beta u_1}{\sqrt{1 - \beta^2}} \end{cases} \qquad (26)$$

从式(24)内代入 u_1, u_2, u_3, u_4 的值,我们得到

$$u'_x = \sqrt{\frac{1 - \dfrac{u'^2}{c^2}}{1 - \dfrac{u^2}{c^2}}} \cdot \frac{u_x - v}{\sqrt{1 - \beta^2}}$$

$$u'_y = \sqrt{\dfrac{1 - \dfrac{u'^2}{c^2}}{1 - \dfrac{u^2}{c^2}}} \cdot u_y$$

$$u'_z = \sqrt{\dfrac{1 - \dfrac{u'^2}{c^2}}{1 - \dfrac{u^2}{c^2}}} \cdot u_z$$

$$\dfrac{1}{\sqrt{1 - \dfrac{u'^2}{c^2}}} = \dfrac{1}{\sqrt{1 - \dfrac{u^2}{c^2}}} \cdot \dfrac{1 - \dfrac{vu_x}{c^2}}{\sqrt{1 - \beta^2}}$$

由上述最后一个式子得出

$$\sqrt{\dfrac{1 - \dfrac{u'^2}{c^2}}{1 - \dfrac{u^2}{c^2}}} = \dfrac{\sqrt{1 - \beta^2}}{1 - \dfrac{vu_x}{c^2}}$$

将这一值代入前面三个式子中,由此得到

$$\begin{cases} u'_x = \dfrac{u_x - v}{1 - \dfrac{u_x v}{c^2}} \\[4mm] u'_y = \dfrac{u_y \sqrt{1 - \beta^2}}{1 - \dfrac{u_x v}{c^2}} \\[4mm] u'_z = \dfrac{u_z \sqrt{1 - \beta^2}}{1 - \dfrac{u_x v}{c^2}} \end{cases} \tag{27}$$

这也就是爱因斯坦的速度相加定理.

　　将四维速度矢量的投影乘上粒子的不变的静质量 m_0 后,显然,我们得到一个新的四维矢量 $\boldsymbol{P}$,这一矢量可以很自然地称之为四维动量矢量. 用 $P_k(k = 1, 2, 3, 4)$ 表示它的投影,我们得到

$$\begin{cases} P_1 = m_0 u_1 = \dfrac{m_0 u_x}{\sqrt{1 - \dfrac{u^2}{c^2}}} = p_x \\[3em] P_2 = m_0 u_2 = \dfrac{m_0 u_y}{\sqrt{1 - \dfrac{u^2}{c^2}}} = p_y \\[3em] P_3 = m_0 u_3 = \dfrac{m_0 u_z}{\sqrt{1 - \dfrac{u^2}{c^2}}} = p_z \\[3em] P_4 = m_0 u_4 = \dfrac{\mathrm{i} m_0 c}{\sqrt{1 - \dfrac{u^2}{c^2}}} \end{cases} \qquad (28)$$

于是,前面三个四维动量投影构成一个三维的相对论动量矢量 $\boldsymbol{P}$,至于投影 P_4,则可以很容易地变换成

$$P_4 = \frac{\mathrm{i}}{c} \frac{m_0 c^2}{\sqrt{1 - \dfrac{u^2}{c^2}}} = \frac{\mathrm{i}}{c} E \qquad (28')$$

因此,四维动量的第四个投影代表粒子的总能量乘上系数 $\dfrac{\mathrm{i}}{c}$. 由于这一情况,我们可以把四维矢量 $\boldsymbol{P}$ 称之为能量 - 动量矢量.

根据能量 - 动量矢量的定义和式(25),我们可以写出矢量 $\boldsymbol{P}$ 的投影的平方之和为

$$P_1^2 + P_2^2 + P_3^2 + P_4^2 = -m_0^2 c^2 \qquad (29)$$

现在从式(28)和(28′)内代入投影 P_1, P_2, P_3, P_4 的值,我们得到

$$p^2 - \frac{E^2}{c^2} = -m_0^2 c^2$$

$$E = c\sqrt{p^2 + m_0^2 c^2}$$

也就是我们早已熟知的总能量和动量的关系式. 按照与(22)和(26)的相似性,我们现在写出矢量 $\boldsymbol{P}'$ 的投影的洛伦兹变换公式

$$\begin{cases} P'_1 = \dfrac{P_1 + i\beta P_4}{\sqrt{1 - \beta^2}} \\[3mm] P'_2 = P_2 \\[2mm] P'_3 = P_3 \\[2mm] P'_4 = \dfrac{P_4 - i\beta P_1}{\sqrt{1 - \beta^2}} \end{cases} \tag{30}$$

将 P_1, P_2, P_3, P_4 的值代入上述各式中,我们得到

$$\begin{cases} p'_x = \dfrac{p_x - \dfrac{v}{c^2} \cdot E}{\sqrt{1 - \dfrac{v^2}{c^2}}} \\[6mm] p'_y = p_y \\[2mm] p'_z = p_z \\[2mm] E' = \dfrac{E - vp_x}{\sqrt{1 - \dfrac{v^2}{c^2}}} \end{cases} \tag{31}$$

公式(31) 指出了从 k 系"语言"变换到 k' 系"语言"时,粒子的动量与能量将发生怎样的变化. 我们首先来看一看,在非相对论近似 $v \ll c$ 的情况下,这些公式采取哪一种形式. 在这种情况下,我们可以令

$$E = m_0 c^2 + \frac{m_0 u^2}{2} + \cdots$$

于是,精确到 $\dfrac{v}{c}$ 的二级小量,我们得到

$$p'_x = p_x - m_0 v$$
$$p'_y = p_y$$
$$p'_z = p_z$$
$$\frac{m_0 u'^2}{2} = \frac{m_0 u^2}{2} + \frac{m_0 v^2}{2} - vp_x$$

(在最后一个等式中,我们利用了展开式

$$\frac{1}{\sqrt{1 - \dfrac{v^2}{c^2}}} = 1 + \frac{1}{2}\frac{v^2}{c^2} + \cdots)$$

在上述等式内代入经典的动量表达式: $p_x = m_0 u_x$ 和 $p'_x = m_0 u'_x$,我们得到等式

$$m_0 u'_x = m_0(u_x - v)$$
$$m_0 u'_y = m_0 u_y$$
$$m_0 u'_z = m_0 u_z$$

$$\frac{m_0}{2}[u'^2_x + u'^2_y + u'^2_z] = \frac{m_0}{2}[(u_x - v)^2 + u^2_y + u^2_z]$$

显然,它们是经典速度相加定理的必然结果

$$u'_x = u_x - v, u'_y = u_y, u'_z = u_z$$

我们现在应用四维的能量 – 动量矢量 $\boldsymbol{P}$ 的变换来研究下面一个有趣的例子. 设有 n 个物质粒子的系统,这些粒子只在碰撞时发生相互作用(大家知道,在气体的分子运动理论中,这代表理想气体).

这种气体的相对论三维动量显然等于各个分子的动量之和. 我们用 m_{0i} 表示分子的静质量(如果是气体的混合物,它们可能是不一样的),u_i 表示分子的速度,于是得到

$$P_1 = p_x = \sum_{i=1}^{n} \frac{m_{0i} u_{xi}}{\sqrt{1 - \dfrac{u_i^2}{c^2}}}$$

$$P_2 = p_y = \sum_{i=1}^{n} \frac{m_{0i} u_{yi}}{\sqrt{1 - \dfrac{u_i^2}{c^2}}}$$

$$P_3 = p_z = \sum_{i=1}^{n} \frac{m_{0i} u_{zi}}{\sqrt{1 - \dfrac{u_i^2}{c^2}}}$$

和上述各式完全相似,第四个投影的表达式可以写为

$$P_4 = \frac{\mathrm{i}}{c}E = \frac{\mathrm{i}}{c}\sum_{i=1}^{n} \frac{m_{0i} c^2}{\sqrt{1 - \dfrac{u_i^2}{c^2}}}$$

首先,我们从气体全部处于静止状态的参照系 k 来研究气体的性质;我们用 E_0 表示气体在这一参照系内的能量,于是得到

$$P_1 = p_x = 0$$
$$P_2 = p_y = 0$$
$$P_3 = p_z = 0$$
$$P_4 = \frac{\mathrm{i}}{c} E_0$$

现在我们转到以速度 v 相对于 k 运动的参照系 k'. 利用洛伦兹变换(30),在新的参照系内,我们得到(令 $\beta = \dfrac{v}{c}$)

$$P'_1 = p'_x = \frac{\mathrm{i}\beta P_4}{\sqrt{1-\beta^2}} = -\frac{\dfrac{E_0}{c^2}v}{\sqrt{1-\beta^2}}$$

$$P'_2 = p'_y = p_y = 0$$

$$P'_3 = p'_z = p_z = 0$$

$$P'_4 = \frac{\mathrm{i}}{c}E = \frac{\dfrac{\mathrm{i}}{c}E_0}{\sqrt{1-\beta^2}}$$

将 $E_0 = \displaystyle\sum_{i=1}^{n} \frac{m_{0i}c^2}{\sqrt{1-\dfrac{u_i^2}{c^2}}}$ 代入,我们可以把第一式和第四式写成

$$
\begin{cases}
p'_x = -\dfrac{\displaystyle\sum_{i=1}^{n} \dfrac{m_{0i}}{\sqrt{1-\dfrac{u_i^2}{c^2}}} \cdot v}{\sqrt{1-\dfrac{v^2}{c^2}}} \\[6ex]
E = \dfrac{\displaystyle\sum_{i=1}^{n} \dfrac{m_{0i}}{\sqrt{1-\dfrac{u_i^2}{c^2}}} \cdot c^2}{\sqrt{1-\dfrac{v^2}{c^2}}}
\end{cases}
\tag{32}
$$

将这些公式与能量和动量的定义做一比较［公式(32)内的"–"号是由于在 k' 系内,气体的速度等于 $-v$］

$$p = -\frac{M_0 v}{\sqrt{1 - \dfrac{v^2}{c^2}}}, E = \frac{M_0 c^2}{\sqrt{1 - \dfrac{v^2}{c^2}}}$$

(式中 M_0 为气体的静质量). 我们看到

$$M_0 = \sum_{i=1}^{n} \frac{m_{0i}}{\sqrt{1 - \dfrac{u_i^2}{c^2}}} \qquad (33)$$

气体的静质量不等于其分子的静质量之和. 我们把后一式改写为

$$M_0 = \sum_{i=1}^{n} m_{0i} + \frac{1}{c^2} \sum_{i=1}^{n} m_{0i} \left\{ \frac{1}{\sqrt{1 - \dfrac{u_i^2}{c^2}}} - 1 \right\} c^2$$

$$= \sum_{i=1}^{n} m_{0i} + \frac{\displaystyle\sum_{i=1}^{n} T(u_i)}{c^2}$$

因为从微观的观点看来,分子的动能之和为理想气体的内能 $\displaystyle\sum_{i=1}^{n} T(u_i) = Q$,因而后一等式变为

$$M_0 = \sum_{i=1}^{n} m_{0i} + \frac{Q}{c^2} \qquad (34)$$

这再一次说明了质量与能量相互关系定律:我们看到,对气体加热 —— 传给气体以热量 Q —— 使气体的质量增加 $\dfrac{Q}{c^2}$.

我们现在把四维的能量 – 动量矢量定义应用到光子上.

考虑到光子的能量和动量的公式为 $\varepsilon = h\omega$,$\boldsymbol{f} = h\boldsymbol{k}$,我们得到

$$P_1 = hk_x$$
$$P_2 = hk_y$$
$$P_3 = hk_z$$
$$P_4 = \frac{i}{c} h\omega$$

用不变量 h 除四维动量的投影后,显然,我们得到另一四维矢量 $\boldsymbol{k}$ 的投影为

$$\begin{cases} k_1 = k_x \\ k_2 = k_y \\ k_3 = k_z \\ k_4 = \dfrac{\mathrm{i}}{c}\omega \end{cases} \qquad (35)$$

这通常称为四维波矢量. 不难看出,这一矢量的平方等于零. 事实上

$$k_1^2 + k_2^2 + k_3^2 + k_3^3 = k_x^2 + k_y^2 + k_z^2 - \frac{\omega^2}{c^2} = k^2 - \frac{\omega^2}{c^2}$$

现在记住

$$k = \frac{2\pi}{\lambda} = \frac{\omega}{c}$$

我们可以证明

$$\sum_{i=1}^{4} k_i^2 = 0$$

这完全和四维动量的平方式(29)

$$\sum_{i=1}^{4} P_i^2 = - m_0^2 c^2$$

一致,因为对于光子来说,$m_0 = 0$,因而 $\sum_{i=1}^{n} P_i^2$,也就是 $\sum_{i=1}^{n} k_i^2$,也必须等于零.

为了再一次说明相对论的四维解释的有效性,我们来研究利用四维波矢量的概念,从一个参照系变换到另一个参照系时光线的方向和光振动频率如何发生变化. 这样一来,我们得到了已熟知的由于多普勒效应而产生的光行差角和频率变化的公式.

设辐射体静止在 k 系内,光线方向位于 XOY 平面上,并与 OX 轴构成角 α. 于是,波矢量投影等于

$$k_1 = k\cos \alpha = \frac{\omega}{c}\cos \alpha$$

$$k_2 = k\sin \alpha = \frac{\omega}{c}\sin \alpha$$

$$k_3 = k_z = 0$$

$$k_4 = \mathrm{i}\,\frac{\omega}{c}$$

现在转到以速度 $-v$ 相对于 k 运动的参照系 k'（在这一参照系内，辐射体以速度 v 运动）. 在这一参照系内，四维波矢量的投影等于

$$k'_1 = k'\cos \alpha' = \frac{\omega'}{c}\cos \alpha'$$

$$k'_2 = k'\sin \alpha' = \frac{\omega'}{c}\sin \alpha'$$

$$k'_3 = 0$$

$$k'_4 = \mathrm{i}\,\frac{\omega'}{c}$$

我们写出四维波矢量分量的洛伦兹变换公式（我们在其中改变了 β 的符号，因为参照系 k' 相对于 k 的速度等于 $-v$）

$$k'_1 = \frac{k_1 - \mathrm{i}\beta k_4}{\sqrt{1 - \beta^2}}$$

$$k'_2 = k_2$$

$$k'_3 = k_3$$

$$k'_4 = \frac{k_4 + \mathrm{i}\beta k_1}{\sqrt{1 - \beta^2}}$$

将矢量分量 k_i 和 k'_i 的值代入，我们得到

$$\omega'\cos \alpha' = \frac{\omega(\cos \alpha + \beta)}{\sqrt{1 - \beta^2}} \tag{36}$$

$$\omega'\sin \alpha' = \omega\sin \alpha \tag{37}$$

$$\omega' = \frac{\omega(1 + \beta\cos \alpha)}{\sqrt{1 - \beta^2}} \tag{38}$$

我们看到，在变换到另一参照系时，无论光线方向或光振动频率都发生了变化.

用式（36）除式（37），消去频率后，得到

$$\tan \alpha' = \frac{\sin \alpha \sqrt{1 - \beta^4}}{\cos \alpha + \beta}$$

作为例子,我们来研究一种最简单的位于天顶中的恒星现象($\alpha = 90°$). 于是我们得到

$$\tan \alpha' = \frac{\sqrt{1 - \beta^2}}{\beta}$$

代替角 α',引进与它互补的光行差角 φ,我们得到

$$\tan \varphi = \cot \alpha' = \frac{\beta}{\sqrt{1 - \beta^2}}$$

公式(38)指出从 k 系变换到 k' 系时光振动的频率如何发生变化,因而这一公式也就是多普勒效应的公式.

至于这一公式和前一节中的式(20)不相符合,是不足为奇的——因为在公式(20)内,角 φ 是在辐射原子以速度 v 运动的参照系,也就是在本节中所提到的 k' 系内测得的,因而利用了本节的符号 $\varphi = \alpha'$.

用式(38)除式(36),我们得到

$$\cos \alpha' = \frac{\cos \alpha + \beta}{1 + \beta \cos \alpha}$$

由此得

$$\cos \alpha = \frac{\cos \alpha' - \beta}{1 - \beta \cos \alpha'}$$

将 $\cos \alpha$ 的值代入(38)内,我们得到公式

$$\omega' = \omega \frac{\sqrt{1 - \beta^2}}{1 - \beta \cos \alpha}$$

这一式子和式(20)完全符合.

现在转到本节的中心问题——证明相对论运动方程的相对论不变性

$$\frac{\mathrm{d}}{\mathrm{d}t}\left(\frac{m_0 \boldsymbol{u}}{\sqrt{1 - \dfrac{u^2}{c^2}}}\right) = \boldsymbol{F} \tag{39}$$

在上式左边,我们从对粒子的实验室时间 t 的微分变换

到对不变的本征时间 τ 的微分. 利用关系式 $t = \dfrac{\tau}{\sqrt{1 - \dfrac{v^2}{c^2}}}$, 我

们得到

$$\frac{\mathrm{d}}{\mathrm{d}t} = \frac{\mathrm{d}\tau}{\mathrm{d}t} \cdot \frac{\mathrm{d}}{\mathrm{d}\tau} = \sqrt{1 - \frac{v^2}{c^2}} \cdot \frac{\mathrm{d}}{\mathrm{d}\tau}$$

于是, 投影到坐标轴上, 方程(39) 的形式变为

$$\begin{cases} \dfrac{\mathrm{d}}{\mathrm{d}\tau}\left(\dfrac{m_0 u_x}{\sqrt{1 - \dfrac{u^2}{c^2}}} \right) = \dfrac{F_x}{\sqrt{1 - \dfrac{u^2}{c^2}}} \\[4mm] \dfrac{\mathrm{d}}{\mathrm{d}\tau}\left(\dfrac{m_0 u_y}{\sqrt{1 - \dfrac{u^2}{c^2}}} \right) = \dfrac{F_y}{\sqrt{1 - \dfrac{u^2}{c^2}}} \\[4mm] \dfrac{\mathrm{d}}{\mathrm{d}\tau}\left(\dfrac{m_0 u_z}{\sqrt{1 - \dfrac{u^2}{c^2}}} \right) = \dfrac{F_z}{\sqrt{1 - \dfrac{u^2}{c^2}}} \end{cases} \tag{40}$$

我们看到, 在左边微分号下的是四维能量 – 动量矢量的头三个投影. 因为是对不变时间求微分, 因而方程(40) 的左边整个地也代表四维矢量的头三个投影, 这样, 下列的量

$$\frac{F_x}{\sqrt{1 - \dfrac{u^2}{c^2}}}, \frac{F_y}{\sqrt{1 - \dfrac{u^2}{c^2}}}, \frac{F_z}{\sqrt{1 - \dfrac{u^2}{c^2}}}$$

就变为四维矢量的投影 f_1, f_2, f_3, 这一投影我们称之为四维力矢量(或闵可夫斯基矢量). 因此, 式(40) 可以改写为

$$\begin{cases} \dfrac{\mathrm{d}}{\mathrm{d}\tau}(m_0 u_1) = f_1 \\[3mm] \dfrac{\mathrm{d}}{\mathrm{d}\tau}(m_0 u_2) = f_2 \\[3mm] \dfrac{\mathrm{d}}{\mathrm{d}\tau}(m_0 u_3) = f_3 \end{cases} \tag{41}$$

式中闵可夫斯基力的头三个投影和通常的三维力的投影的

关系式为

$$\begin{cases} f_1 = \dfrac{F_x}{\sqrt{1 - \dfrac{u^2}{c^2}}} \\[3mm] f_2 = \dfrac{F_y}{\sqrt{1 - \dfrac{u^2}{c^2}}} \\[3mm] f_3 = \dfrac{F_z}{\sqrt{1 - \dfrac{u^2}{c^2}}} \end{cases} \tag{42}$$

现在我们来看一看第四个分量 $\dfrac{\mathrm{d}}{\mathrm{d}\tau}(m_0 u_4)$ 和 f_4 的等式的物理意义. (41) 的第四个方程的形式为

$$\frac{\mathrm{d}}{\mathrm{d}\tau}(m_0 u_4) = f_4 \tag{41'}$$

分别用 u_1, u_2, u_3, u_4 乘式(41) 和(41′),然后相加,我们得到

$$f_1 u_1 + f_2 u_2 + f_3 u_3 + f_4 u_4 = \frac{m_0}{2} \frac{\mathrm{d}}{\mathrm{d}\tau}(u_1^2 + u_2^2 + u_3^2 + u_4^2)$$

由于四维速度投影的平方之和为一常数,并且等于 $-c^2$ [式(25)],于是我们可以证明

$$f_1 u_1 + f_2 u_2 + f_3 u_3 + f_4 u_4 = 0$$

由此得

$$f_4 = -\frac{f_1 u_1 + f_2 u_2 + f_3 u_3}{u_4}$$

从式(42) 代入闵可夫斯基力的投影值和从式(24) 代入四维速度的投影值,我们得到

$$f_4 = \frac{\mathrm{i}}{c} \cdot \frac{F_x u_x + F_y u_y + F_z u_z}{\sqrt{1 - \dfrac{u^2}{c^2}}} = \frac{\mathrm{i}}{c} \frac{\boldsymbol{F} \cdot \boldsymbol{u}}{\sqrt{1 - \dfrac{u^2}{c^2}}} \tag{42'}$$

式中的标积 $\boldsymbol{F} \cdot \boldsymbol{u} = F \cdot \mathrm{d}r \cdot \cos \alpha$ 为 F 力在单位时间内所做的功,或功率.

将投影值 f_4 和 u_4 代入式(42′) 内,我们得到

$$\frac{\mathrm{i}}{c}\frac{\mathrm{d}}{\mathrm{d}\tau}\left(\frac{m_0 c^2}{\sqrt{1-\dfrac{u^2}{c^2}}}\right)=\frac{\mathrm{i}}{c}\frac{\boldsymbol{F}\cdot\boldsymbol{u}}{\sqrt{1-\dfrac{u^2}{c^2}}}$$

现在变换到实验室时间 t，$\mathrm{d}\tau=\mathrm{d}t\sqrt{1-\dfrac{u^2}{c^2}}$，最后得到方程

$$\frac{\mathrm{d}}{\mathrm{d}t}\left(\frac{m_0 c^2}{\sqrt{1-\dfrac{u^2}{c^2}}}\right)=\boldsymbol{F}\cdot\boldsymbol{u} \tag{43}$$

这一方程表示能量的基本性质：单位时间内的能量变化等于功率.

我们来研究闵可夫斯基力的洛伦兹变换，并且只限于粒子在 k 系内为静止时的情况（$u=0$）. 在这一参照系内，我们得到

$$f_1 = F_x$$
$$f_2 = F_y$$
$$f_3 = F_z$$
$$f_4 = 0$$

在以速度 v 运动的 k' 系内，于是得到

$$f'_1=\frac{f'_x}{\sqrt{1-\dfrac{u'^2}{c^2}}}=\frac{F_x}{\sqrt{1-\dfrac{v^2}{c^2}}}$$

$$f'_2=\frac{f'_y}{\sqrt{1-\dfrac{u'^2}{c^2}}}=F_y$$

$$f'_3=\frac{f'_z}{\sqrt{1-\dfrac{u'^2}{c^2}}}=F_z$$

$$f'_4=\frac{\mathrm{i}}{c}\frac{\boldsymbol{F}'\cdot\boldsymbol{u}'}{\sqrt{1-\dfrac{u'^2}{c^2}}}=-\frac{\mathrm{i}\dfrac{v}{c}F_x}{\sqrt{1+\dfrac{v^2}{c^2}}}$$

考虑到按照速度相加定理：$u'_x = -v, u'_y = u'_z = 0$，从头三个等式，我们得到三维力的变换定律为

$$\begin{cases} f'_x = F_x \\ f'_y = F_y \sqrt{1 - \dfrac{v^2}{c^2}} \\ f'_z = F_z \sqrt{1 - \dfrac{v^2}{c^2}} \end{cases} \tag{44}$$

不难看出，第四个等式恒被满足.

　　我们看到，三维力的投影不是洛伦兹变换的不变式. 与将力看作是绝对量的经典力学不同，在相对论中，力的投影与参照系的相对速度方向垂直，而且在不同的参照系内亦不同. 在粒子处于静止状态的参照系内，这些投影具有最大值. 不难看出，在小速度 $v \ll c$ 时，我们得到力的近似不变式 $F'_y \approx F_y, F'_z \approx F_z$. 相反，在速度接近光速时，垂直于运动方向的力的投影趋向于零，而力本身则趋向于与速度方向平行.

　　因此，采用四维符号，相对论的牛顿方程可以写成如下形式

$$\frac{\mathrm{d}}{\mathrm{d}\tau}(m_0 u_i) = f_i \tag{45}$$

　　在这种形式下，这个方程的相对论不变性就成为十分明显. 实际上，既然方程(45)的左边和右边是四维矢量的投影，因而在洛伦兹变换中，左边和右边按相同的规律变化，而式(45)在任何参照系内均适合. 于是我们看到，四维矢量（速度、能量－动量、闵可夫斯基力）的引入是极有成效的.

　　因此，在本节结束时，我们来简单地叙述一下关于四维矢量和四维标量(不变式)的普遍概念.

　　我们认为，如果从一个伽利略参照系变换到另一个伽利略参照系时，则四个数 A_1, A_2, A_3, A_4 和 x_1, x_2, x_3, x_4 同样地变化，也就是按照定律

$$\begin{cases} A'_1 = \dfrac{A_1 + i\beta A_4}{\sqrt{1 - \beta^2}} \\[2mm] A'_2 = A_2 \\[2mm] A'_3 = A_3 \\[2mm] A'_4 = \dfrac{A_4 - i\beta A_1}{\sqrt{1 - \beta^2}} \end{cases} \tag{46}$$

变化,因而它们构成一个四维矢量 A. 我们称在任何伽利略参照系内取相同值的量为四维标量(在洛伦兹变换中不改变).

利用任意四维矢量的变换式(46),不难证明(建议读者作为习题来进行证明),两个矢量 A 和 B 的四维标积等于

$$(A \cdot B) = A_1 B_1 + A_2 B_2 + A_3 B_3 + A_4 B_4$$

和矢量 A 的四维散度等于

$$\text{div } A = \frac{\partial A_1}{\partial x_1} + \frac{\partial A_2}{\partial x_2} + \frac{\partial A_3}{\partial x_3} + \frac{\partial A_4}{\partial x_4}$$

$(A \cdot B)$ 和 div A 都是洛伦兹变换的不变式

$$(A \cdot B) = 不变式$$

$$\text{div } A = 不变式$$

在笔者写此编辑手记之前惊闻昔日球星马拉多纳去世,享年仅 60 岁,惋惜之余也可由足球联想到中国的数学教育. 在 2019 年的一次教育会议上,《异数》(Outlier) 等畅销书的作者迈尔康姆·格莱德维尔发表了演讲. 演讲中他嘲笑了那些给哈佛等著名商学院捐款的所谓慈善家,说常青藤大学外加斯坦福,每个学校的发展基金,分摊在每个学生头上高达 140 万美元,为什么慈善家凑这热闹? 还不如把钢用在刀刃上,支持那些更需要的学校. 他说给哈佛捐款,是"强链思维"(strong link thinking),不是追求改进,而是一种趋炎附势. 他接着说到体育,说篮球就是一种强链思维:美国最出色的蓝球队,成功往往就靠前面三个人,例如乔丹或勒布朗·詹姆斯、凯文·杜兰特等. 他戏称:每个球队前三名对了就好了,第四名往往都是"来自澳洲的高大白人",人们往往记不得他们的名字,他们也不重要,随便去澳大利亚大街上抓一

个过来就行.

可是足球不一样:一场好的足球比赛,需要所有成员的配合,球在哪一个球员足下传丢,比赛都会输掉.足球队要想做大做强,必须每一个成员都要踢好,不能只围绕几个球星.一个球队的水平,止步于末位球员的水平.格莱德维尔恐怕也在无意中说到了中国足球的痛处所在:中国的人才培养模式过度强调拔尖和淘汰.这种环境下,出产些球星不难,难的是全队的共同进步.

中国足球是这样.数学呢? 值得深思!

刘培杰

2021 年 3 月 7 日

于哈工大

刘培杰数学工作室
已出版(即将出版)图书目录——原版影印

书　　名	出版时间	定　价	编号
数学物理大百科全书.第 1 卷	2016—01	418.00	508
数学物理大百科全书.第 2 卷	2016—01	408.00	509
数学物理大百科全书.第 3 卷	2016—01	396.00	510
数学物理大百科全书.第 4 卷	2016—01	408.00	511
数学物理大百科全书.第 5 卷	2016—01	368.00	512
zeta 函数,q-zeta 函数,相伴级数与积分	2015—08	88.00	513
微分形式:理论与练习	2015—08	58.00	514
离散与微分包含的逼近和优化	2015—08	58.00	515
艾伦·图灵:他的工作与影响	2016—01	98.00	560
测度理论概率导论,第 2 版	2016—01	88.00	561
带有潜在故障恢复系统的半马尔柯夫模型控制	2016—01	98.00	562
数学分析原理	2016—01	88.00	563
随机偏微分方程的有效动力学	2016—01	88.00	564
图的谱半径	2016—01	58.00	565
量子机器学习中数据挖掘的量子计算方法	2016—01	98.00	566
量子物理的非常规方法	2016—01	118.00	567
运输过程的统一非局部理论:广义波尔兹曼物理动力学,第 2 版	2016—01	198.00	568
量子力学与经典力学之间的联系在原子、分子及电动力学系统建模中的应用	2016—01	58.00	569
算术域	2018—01	158.00	821
高等数学竞赛:1962—1991 年的米洛克斯·史怀哲竞赛	2018—01	128.00	822
用数学奥林匹克精神解决数论问题	2018—01	108.00	823
代数几何(德文)	2018—04	68.00	824
丢番图逼近论	2018—01	78.00	825
代数几何学基础教程	2018—01	98.00	826
解析数论入门课程	2018—01	78.00	827
数论中的丢番图问题	2018—01	78.00	829
数论(梦幻之旅):第五届中日数论研讨会演讲集	2018—01	68.00	830
数论新应用	2018—01	68.00	831
数论	2018—01	78.00	832

刘培杰数学工作室
已出版(即将出版)图书目录——原版影印

书　　名	出版时间	定　价	编号
湍流十讲	2018－04	108.00	886
无穷维李代数:第3版	2018－04	98.00	887
等值、不变量和对称性:英文	2018－04	78.00	888
解析数论	2018－09	78.00	889
《数学原理》的演化:伯特兰·罗素撰写第二版时的 手稿与笔记	2018－04	108.00	890
哈密尔顿数学论文集(第4卷):几何学、分析学、天文学、 概率和有限差分等	2019－05	108.00	891
偏微分方程全局吸引子的特性:英文	2018－09	108.00	979
整函数与下调和函数:英文	2018－09	118.00	980
幂等分析:英文	2018－09	118.00	981
李群、离散子群与不变量理论:英文	2018－09	108.00	982
动力系统与统计力学:英文	2018－09	118.00	983
表示论与动力系统:英文	2018－09	118.00	984
分析学练习.第1部分	2021－01	88.00	1247
分析学练习.第2部分,非线性分析	2021－01	88.00	1248
初级统计学:循序渐进的方法:第10版	2019－05	68.00	1067
工程师与科学家微分方程用书:第4版	2019－07	58.00	1068
大学代数与三角学	2019－06	78.00	1069
培养数学能力的途径	2019－07	38.00	1070
工程师与科学家统计学:第4版	2019－06	58.00	1071
贸易与经济中的应用统计学:第6版	2019－06	58.00	1072
傅立叶级数和边值问题:第8版	2019－05	48.00	1073
通往天文学的途径:第5版	2019－05	58.00	1074
拉马努金笔记.第1卷	2019－06	165.00	1078
拉马努金笔记.第2卷	2019－06	165.00	1079
拉马努金笔记.第3卷	2019－06	165.00	1080
拉马努金笔记.第4卷	2019－06	165.00	1081
拉马努金笔记.第5卷	2019－06	165.00	1082
拉马努金遗失笔记.第1卷	2019－06	109.00	1083
拉马努金遗失笔记.第2卷	2019－06	109.00	1084
拉马努金遗失笔记.第3卷	2019－06	109.00	1085
拉马努金遗失笔记.第4卷	2019－06	109.00	1086
数论:1976年纽约洛克菲勒大学数论会议记录	2020－06	68.00	1145
数论:卡本代尔1979:1979年在南伊利诺伊卡本代尔大学 举行的数论会议记录	2020－06	78.00	1146
数论:诺德韦克豪特1983:1983年在诺德韦克豪特举行的 Journees Arithmetiques数论大会会议记录	2020－06	68.00	1147
数论:1985－1988年在纽约城市大学研究生院和大学中心 举办的研讨会	2020－06	68.00	1148

刘培杰数学工作室
已出版(即将出版)图书目录——原版影印

书　名	出版时间	定　价	编号
数论:1987年在乌尔姆举行的Journees Arithmetiques数论大会会议记录	2020—06	68.00	1149
数论:马德拉斯1987:1987年在马德拉斯安娜大学举行的国际拉马努金百年纪念大会会议记录	2020—06	68.00	1150
解析数论:1988年在东京举行的日法研讨会会议记录	2020—06	68.00	1151
解析数论:2002年在意大利切特拉罗举行的C.I.M.E.暑期班演讲集	2020—06	68.00	1152
量子世界中的蝴蝶:最迷人的量子分形故事	2020—06	118.00	1157
走进量子力学	2020—06	118.00	1158
计算物理学概论	2020—06	48.00	1159
物质,空间和时间的理论:量子理论	2020—10	48.00	1160
物质,空间和时间的理论:经典理论	2020—10	48.00	1161
量子场理论:解释世界的神秘背景	2020—07	38.00	1162
计算物理学概论	2020—06	48.00	1163
行星状星云	2020—10	38.00	1164
基本宇宙学:从亚里士多德的宇宙到大爆炸	2020—08	58.00	1165
数学磁流体力学	2020—07	58.00	1166
计算科学:第1卷,计算的科学(日文)	2020—07	88.00	1167
计算科学:第2卷,计算与宇宙(日文)	2020—07	88.00	1168
计算科学:第3卷,计算与物质(日文)	2020—07	88.00	1169
计算科学:第4卷,计算与生命(日文)	2020—07	88.00	1170
计算科学:第5卷,计算与地球环境(日文)	2020—07	88.00	1171
计算科学:第6卷,计算与社会(日文)	2020—07	88.00	1172
计算科学.别卷,超级计算机(日文)	2020—07	88.00	1173
代数与数论:综合方法	2020—10	78.00	1185
复分析:现代函数理论第一课	2020—07	58.00	1186
斐波那契数列和卡特兰数:导论	2020—10	68.00	1187
组合推理:计数艺术介绍	2020—07	88.00	1188
二次互反律的傅里叶分析证明	2020—07	48.00	1189
旋瓦兹分布的希尔伯特变换与应用	2020—07	58.00	1190
泛函分析:巴拿赫空间理论入门	2020—07	48.00	1191
卡塔兰数入门	2019—05	68.00	1060
测度与积分	2019—04	68.00	1059
组合学手册.第一卷	2020—06	128.00	1153
*一代数、局部紧群和巴拿赫*一代数丛的表示.第一卷,群和代数的基本表示理论	2020—05	148.00	1154
电磁理论	2020—08	48.00	1193
连续介质力学中的非线性问题	2020—09	78.00	1195

刘培杰数学工作室
已出版(即将出版)图书目录——原版影印

书　　名	出版时间	定　价	编号
典型群,错排与素数	2020—11	58.00	1204
李代数的表示:通过 gln 进行介绍	2020—10	38.00	1205
实分析演讲集	2020—10	38.00	1206
现代分析及其应用的课程	2020—10	58.00	1207
运动中的抛射物数学	2020—10	38.00	1208
2—纽结与它们的群	2020—10	38.00	1209
概率,策略和选择:博弈与选举中的数学	2020—11	58.00	1210
分析学引论	2020—11	58.00	1211
量子群:通往流代数的路径	2020—11	38.00	1212
集合论入门	2020—10	48.00	1213
酉反射群	2020—11	58.00	1214
探索数学:吸引人的证明方式	2020—11	58.00	1215
微分拓扑短期课程	2020—10	48.00	1216
抽象凸分析	2020—11	68.00	1222
费马大定理笔记	即将出版		1223
高斯与雅可比和	2021—03	78.00	1224
π 与算术几何平均:关于解析数论和计算复杂性的研究	2021—01	58.00	1225
复分析入门	2021—03	48.00	1226
爱德华·卢卡斯与素性测定	2021—03	78.00	1227
通往凸分析及其应用的简单路径	2021—01	68.00	1229
微分几何的各个方面.第一卷	2021—01	58.00	1230
微分几何的各个方面.第二卷	2020—12	58.00	1231
微分几何的各个方面.第三卷	2020—12	58.00	1232
沃克流形几何学	2020—11	58.00	1233
彷射和韦尔几何应用	2020—12	58.00	1234
双曲几何学的旋转向量空间方法	2021—02	58.00	1235
积分:分析学的关键	2020—12	48.00	1236
为有天分的新生准备的分析学基础教材	2020—11	48.00	1237
代数、生物信息和机器人技术的算法问题.第四卷,独立恒等式系统(俄文)	2020—08	118.00	1119
代数、生物信息和机器人技术的算法问题.第五卷,相对覆盖性和独立可拆分恒等式系统(俄文)	2020—08	118.00	1200
代数、生物信息和机器人技术的算法问题.第六卷,恒等式和准恒等式的相等 问题、可推导性和可实现性(俄文)	2020—08	128.00	1201

刘培杰数学工作室
已出版(即将出版)图书目录——原版影印

书　名	出版时间	定　价	编号
分数阶微积分的应用:非局部动态过程,分数阶导热系数(俄文)	2021—01	68.00	1241
泛函分析问题与练习:第2版(俄文)	2021—01	98.00	1242
集合论、数学逻辑和算法论问题:第5版(俄文)	2021—01	98.00	1243
微分几何和拓扑短期课程(俄文)	2021—01	98.00	1244
素数规律(俄文)	2021—01	88.00	1245
无穷边值问题解的递减:无界域中的拟线性椭圆和抛物方程(俄文)	2021—01	48.00	1246
微分几何讲义(俄文)	2020—12	98.00	1253
二次型和矩阵(俄文)	2021—01	98.00	1255
积分和级数.第2卷,特殊函数(俄文)	2021—01	168.00	1258
几何图上的微分方程(俄文)	2021—01	138.00	1259
数论教程:第2版(俄文)	2021—01	98.00	1260
非阿基米德分析及其应用(俄文)	2021—03	98.00	1261

联系地址:哈尔滨市南岗区复华四道街 10 号　哈尔滨工业大学出版社刘培杰数学工作室
网　　址:http://lpj.hit.edu.cn/
邮　　编:150006
联系电话:0451—86281378　　13904613167
E-mail:lpj1378@163.com